现代
机械设计手册

第二版

轴及其连接件设计

吴立言　秦大同　主编

化学工业出版社
·北京·

《现代机械设计手册》第二版单行本共20个分册，涵盖了机械常规设计的所有内容。各分册分别为：《机械零部件结构设计与禁忌》《机械制图及精度设计》《机械工程材料》《连接件与紧固件》《轴及其连接件设计》《轴承》《机架、导轨及机械振动设计》《弹簧设计》《机构设计》《机械传动设计》《减速器和变速器》《润滑和密封设计》《液力传动设计》《液压传动与控制设计》《气压传动与控制设计》《智能装备系统设计》《工业机器人系统设计》《疲劳强度可靠性设计》《逆向设计与数字化设计》《创新设计与绿色设计》。

本书为《轴及其连接件设计》，主要介绍了轴的结构设计、强度校核、刚度校核、临界转速校核、可靠度计算、轴的计算机辅助设计，软轴的典型结构、选择与使用，联轴器的分类、选用、性能参数与尺寸，离合器的选用与计算、制动器的选用与计算等。本书可作为机械设计人员和有关工程技术人员的工具书，也可供高等院校相关专业师生参考。

图书在版编目（CIP）数据

现代机械设计手册：单行本．轴及其连接件设计/吴立言，秦大同主编．—2版．—北京：化学工业出版社，2020.2

ISBN 978-7-122-35642-0

Ⅰ.①现… Ⅱ.①吴… ②秦… Ⅲ.①机械设计-手册②连接轴-手册 Ⅳ.①TH122-62②TH133.2-62

中国版本图书馆CIP数据核字（2019）第252642号

责任编辑：张兴辉　王烨　贾娜　邢涛　项潋　曾越　金林茹　　装帧设计：尹琳琳

责任校对：边涛　王静

出版发行：化学工业出版社（北京市东城区青年湖南街13号　邮政编码100011）

印　　装：大厂聚鑫印刷有限责任公司

787mm×1092mm　1/16　印张21　字数719千字　2020年2月北京第2版第1次印刷

购书咨询：010-64518888　　售后服务：010-64518899

网　　址：http://www.cip.com.cn

凡购买本书，如有缺损质量问题，本社销售中心负责调换。

定　　价：69.00元

《现代机械设计手册》第二版单行本出版说明

《现代机械设计手册》是一部面向“中国制造2025”，适应智能装备设计开发新要求、技术先进、数据可靠、符合现代机械设计潮流的现代化机械设计大型工具书，涵盖现代机械零部件设计、智能装备及控制设计、现代机械设计方法三部分内容。旨在将传统设计和现代设计有机结合，力求体现“内容权威、凸显现代、实用可靠、简明便查”的特色。

《现代机械设计手册》自2011年出版以来，赢得了广大机械设计工作者的青睐和好评，先后荣获全国优秀畅销书、中国机械工业科学技术奖等，第二版于2019年初出版发行。为了给读者提供篇幅较小、便携便查、定价低廉、针对性更强的实用性工具书，根据读者的反映和建议，我们在深入调研的基础上，决定推出《现代机械设计手册》第二版单行本。

《现代机械设计手册》第二版单行本，保留了《现代机械设计手册》（第二版6卷本）的优势和特色，结合机械设计人员工作细分的实际状况，从设计工作的实际出发，将原来的6卷35篇重新整合为20个分册，分别为：《机械零部件结构设计与禁忌》《机械制图及精度设计》《机械工程材料》《连接件与紧固件》《轴及其连接件设计》《轴承》《机架、导轨及机械振动设计》《弹簧设计》《机构设计》《机械传动设计》《减速器和变速器》《润滑和密封设计》《液力传动设计》《液压传动与控制设计》《气压传动与控制设计》《智能装备系统设计》《工业机器人系统设计》《疲劳强度可靠性设计》《逆向设计与数字化设计》《创新设计与绿色设计》。

《现代机械设计手册》第二版单行本，是为了适应机械设计行业发展和广大读者的需要而编辑出版的，将与《现代机械设计手册》第二版（6卷本）一起，成为机械设计工作者、工程技术人员和广大读者的良师益友。

化学工业出版社

前言

FORWORD

《现代机械设计手册》第一版自 2011 年 3 月出版以来，赢得了机械设计人员、工程技术人员和高等院校专业师生广泛的青睐和好评，荣获了 2011 年全国优秀畅销书（科技类）。同时，因其在机械设计领域重要的科学价值、实用价值和现实意义，《现代机械设计手册》还荣获 2009 年国家出版基金资助和 2012 年中国机械工业科学技术奖。

《现代机械设计手册》第一版出版距今已经 8 年，在这期间，我国的装备制造业发生了许多重大的变化，尤其是 2015 年国家部署并颁布了实现中国制造业发展的十年行动纲领——中国制造 2025，发布了针对“中国制造 2025”的五大“工程实施指南”，为机械制造业的未来发展指明了方向。在国家政策号召和驱使下，我国的机械工业获得了快速的发展，自主创新的能力不断加强，一批高技术、高性能、高精尖的现代化装备不断涌现，各种新材料、新工艺、新结构、新产品、新方法、新技术不断产生、发展并投入实际应用，大大提升了我国机械设计与制造的技术水平和国际竞争力。《现代机械设计手册》第二版最重要的原则就是紧密结合“中国制造 2025”国家规划和创新驱动发展战略，在内容上与时俱进，全面体现创新、智能、节能、环保的主题，进一步呈现机械设计的现代感。鉴于此，《现代机械设计手册》第二版被列入了“十三五国家重点出版物规划项目”。

在本版手册的修订过程中，我们广泛深入机械制造企业、设计院、科研院所和高等院校进行调研，听取各方面读者的意见和建议，最终确定了《现代机械设计手册》第二版的根本宗旨：一方面，新版手册进一步加强机、电、液、控制技术的有机融合，以全面适应机器人等智能化装备系统设计开发的新要求；另一方面，随着现代机械设计方法和工程设计软件的广泛应用和普及，新版手册继续促进传动设计与现代设计的有机结合，将各种新的设计技术、计算技术、设计工具全面融入传统的机械设计实际工作中。

《现代机械设计手册》第二版共 6 卷 35 篇，它是一部面向“中国制造 2025”，适应智能装备设计开发新要求、技术先进、数据可靠、符合现代机械设计潮流的现代化的机械设计大型工具书，涵盖现代机械零部件及传动设计、智能装备及控制设计、现代机械设计方法及应用三部分内容，具有以下六大特色。

1. 权威性。《现代机械设计手册》阵容强大，编、审人员大都来自设计、生产、教学和科研第一线，具有深厚的理论功底、丰富的设计实践经验。他们中很多人都是所属领域的知名专家，在业内有广泛的影响力和知名度，获得过多项国家和省部级科技进步奖、发明奖和技术专利，承担了许多机械领域国家重要的科研和攻关项目。这支专业、权威的编审队伍确保了手册准确、实用的内容质量。

2. 现代感。追求现代感，体现现代机械设计气氛，满足时代要求，是《现代机械设计手册》的基本宗旨。“现代”二字主要体现在：新标准、新技术、新材料、新结构、新工艺、新产品、智能化、现代的设计理念、现代的设计方法和现代的设计手段等几个方面。第二版重点加强机械智能化产品设计（3D 打印、智能零部件、节能元器件）、智能装备（机器人及智能化装备）控制及系统设计、数字化设计等内容。

（1）“零件结构设计”等篇进一步完善零部件结构设计的内容，结合目前的 3D 打印（增材制造）技术，增加 3D 打印工艺下零件结构设计的相关技术内容。

“机械工程材料”篇增加3D打印材料以及新型材料的内容。

(2) 机械零部件及传动设计各篇增加了新型智能零部件、节能元器件及其应用技术，例如“滑动轴承”篇增加了新型的智能轴承，“润滑”篇增加了微量润滑技术等内容。

(3) 全面增加了工业机器人设计及应用的内容：新增了“工业机器人系统设计”篇；“智能装备系统设计”篇增加了工业机器人应用开发的内容；“机构”篇增加了自动化机构及机构创新的内容；“减速器、变速器”篇增加了工业机器人减速器选用设计的内容；“带传动、链传动”篇增加并完善了工业机器人适用的同步带传动设计的内容；“齿轮传动”篇增加了RV减速器传动设计、谐波齿轮传动设计的内容等。

(4) “气压传动与控制”“液压传动与控制”篇重点加强并完善了控制技术的内容，新增了气动系统自动控制、气动人工肌肉、液压和气动新型智能元器件及新产品等内容。

(5) 继续加强第5卷机电控制系统设计的相关内容：除增加“工业机器人系统设计”篇外，原“机电一体化系统设计”篇充实扩充形成“智能装备系统设计”篇，增加并完善了智能装备系统设计的相关内容，增加智能装备系统开发实例等。

“传感器”篇增加了机器人传感器、航空航天装备用传感器、微机械传感器、智能传感器、无线传感器的技术原理和产品，加强传感器应用和选用的内容。

“控制元器件和控制单元”篇和“电动机”篇全面更新产品，重点推荐了一些新型的智能和节能产品，并加强产品选用的内容。

(6) 第6卷进一步加强现代机械设计方法应用的内容：在3D打印、数字化设计等智能制造理念的倡导下，“逆向设计”“数字化设计”等篇全面更新，体现了“智能工厂”的全数字化设计的时代特征，增加了相关设计应用实例。

增加“绿色设计”篇；“创新设计”篇进一步完善了机械创新设计原理，全面更新创新实例。

(7) 在贯彻新标准方面，收录并合理编排了目前最新颁布的国家和行业标准。

3. 实用性。新版手册继续加强实用性，内容的选定、深度的把握、资料的取舍和章节的编排，都坚持从设计和生产的实际需要出发：例如机械零部件数据资料主要依据最新国家和行业标准，并给出了相应的设计实例供设计人员参考；第5卷机电控制设计部分，完全站在机械设计人员的角度来编写——注重产品如何选用，摒弃或简化了控制的基本原理，突出机电系统设计，控制元器件、传感器、电动机部分注重介绍主流产品的技术参数、性能、应用场合、选用原则，并给出了相应的设计选用实例；第6卷现代机械设计方法中简化了烦琐的数学推导，突出了最终的计算结果，结合具体的算例将设计方法通俗地呈现出来，便于读者理解和掌握。

为方便广大读者的使用，手册在具体内容的表述上，采用以图表为主的编写风格。这样既增加了手册的信息容量，更重要的是方便了读者的查阅使用，有利于提高设计人员的工作效率和设计速度。

为了进一步增加手册的承载容量和时效性，本版修订将部分篇章的内容放入二维码中，读者可以用手机扫描查看、下载打印或存储在PC端进行查看和使用。二维码内容主要涵盖以下几方面的内容：即将被废止的旧标准（新标准一旦正式颁布，会及时将二维码内容更新为新标准的内容）；部分推荐产品及参数；其他相关内容。

4. 通用性。本手册以通用的机械零部件和控制元器件设计、选用内容为主，主要包括机械设计基础资料、机械制图和几何精度设计、机械工程材料、机械通用零部件设计、机械传动系统设计、液压和气压传动系统设计、机构设计、机架设计、机械振动设计、智能装备系统设计、控制元器件和控制单元等，既适用于传统的通用机械零部件设计选用，又适用于智能化装备的整机系统设计开发，能够满足各类机械设计人员的工作需求。

5. 准确性。本手册尽量采用原始资料，公式、图表、数据力求准确可靠，方法、工艺、技术力求成熟。所有材料、零部件和元器件、产品和工艺方面的标准均采用最新公布的标准资料，对于标准规范的编写，手册没有简单地照抄照搬，而是采取选用、摘录、合理编排的方式，强调其科学性和准确性，尽量避免差错和谬误。所有设计方法、计算公式、参数选用均经过长期检验，设计实例、各种算例均来自工程实际。手册中收录通用性强、标准化程度高的产品，供设计人员在了解企业实际生产品种、规格尺寸、技术参数，以及产品质量和用户的实际反映后选用。

6. 全面性。本手册一方面根据机械设计人员的需要，按照“基本、常用、重要、发展”的原则选取内容，另一方面兼顾了制造企业和大型设计院两大群体的设计特点，即制造企业侧重基础性的设计内容，而大型的设计院、工程公司侧重于产品的选用。因此，本手册力求实现零部件设计与整机系统开发的和谐统一，促进机械设计与控制设计的有机融合，强调产品设计与工艺技术的紧密结合，重视工艺技术与选用材料的合理搭配，倡导结构设计与造型设计的完美统一，以全面适应新时代机械新产品设计开发的需要。

经过广大编审人员和出版社的不懈努力，新版《现代机械设计手册》将以崭新的风貌和鲜明的时代气息展现在广大机械设计工作者面前。值此出版之际，谨向所有给过我们大力支持的单位和各界朋友表示衷心的感谢！

主　编

目录

CONTENTS

第6篇 轴和联轴器

第1章 轴

第2章 软　轴

第3章 联　轴　器

第16篇 离合器、制动器

第1章 离合器

第2章 制动器

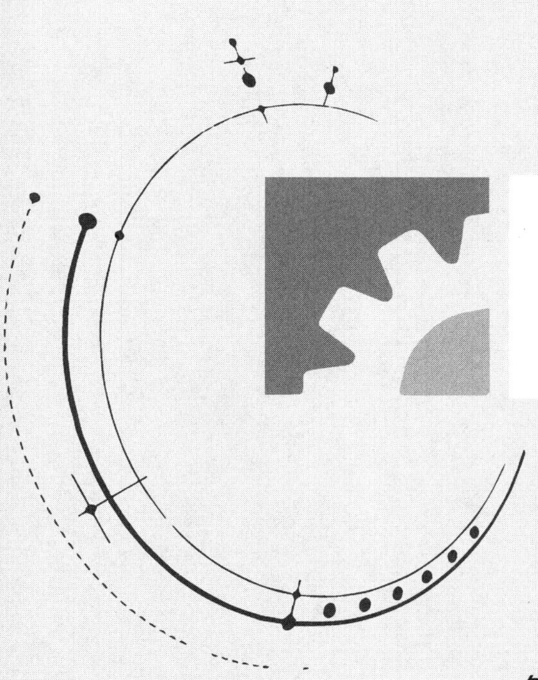

第 6 篇 轴和联轴器

篇主编：吴立言
撰　稿：刘　岚　李洲洋　吴立言
审　稿：陈国定

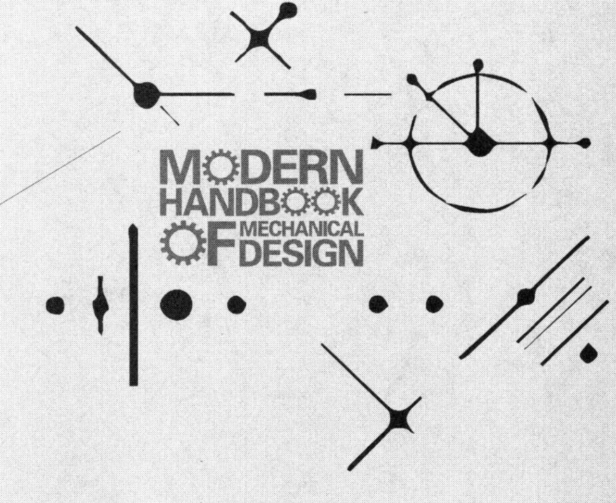

第1章 轴

1.1 轴的分类、材料和设计方法

轴是组成机械的重要零件之一，各类做回转运动的传动零件都是通过轴来传递运动和动力。通常轴与轴承和机架一同支承着回转零件，再通过联轴器或离合器实现运动和动力的传递。在轴的设计中，必须将轴与构成轴系部件的轴承、联轴器、机架以及传动零件等的设计要求一并考虑。

1.1.1 轴的分类

可以从轴所受载荷的不同、轴的形状以及轴的应用场合等方面对轴进行分类。

1）按轴所受载荷的不同，可将轴分为心轴、传动轴和转轴。

只承受弯矩不传递转矩的轴称为心轴。心轴又可分为工作时轴不转动的固定心轴和工作时轴转动的转动心轴两种。心轴主要用于支承各类机械零件。

只传递转矩不承受弯矩的轴称为传动轴。传动轴主要通过承受转矩作用来传递动力。

既传递转矩又承受弯矩的轴称为转轴。各类传动零件主要是通过转轴进行动力传递。

2）按结构形状的不同，可将轴分为光轴、阶梯轴、实心轴、空心轴等。由于空心轴的制造工艺较复杂，所以通常用于轴的直径较大并有减重要求的场合。

3）按几何轴线形状的不同，可将轴分为直轴和曲轴等。

此外，还有一类结构刚度较低的轴——软轴。软轴主要用于两个传动机件的轴线不在同一直线上时的传动。关于软轴的设计与使用，详见本篇第2章。

1.1.2 轴的常用材料

轴的材料种类很多，设计时主要根据对轴的强度、刚度、耐磨性等要求，以及为实现这些要求而采用的热处理方式，同时考虑制造工艺问题加以选用。由于轴在工作时通常受到交变应力的作用，轴最常见的失效形式是因交变应力的作用而产生断裂，因此轴的材料应具有一定的韧性和较好的抗疲劳性能，这是对轴的材料的基本要求。

轴的常用材料是含碳量适中的优质碳素结构钢。对于受载较小或不太重要的轴，也可用普通碳素结构钢。对于受力较大，轴的尺寸和重量受到限制，以及有某些特殊要求的轴，可采用中碳合金钢。合金钢对应力集中的敏感性高，所以采用合金钢的轴的结构形状应尽量减少应力集中源，并要求表面粗糙度值低。

由于铸铁的韧性较差，所以应尽量少用铸铁作为轴的材料。但对于结构复杂且不太重要的轴，也可选用球墨铸铁或高强度铸铁作为轴的材料。

虽然强度极限高的材料，其弹性模量也稍大，但由于各类钢材弹性模量的差异不大，所以只为了提高轴的刚度而选用强度极限高的材料是不合适的。

轴一般由轧制圆钢或锻件经切削加工制造。直径较小的轴，可用轧制圆钢制造。对于直径大或重要的轴，常采用锻件制造。

轴的常用材料及力学性能见表 6-1-1。

表 6-1-1 轴的常用材料及力学性能

材料牌号	热处理	毛坯直径 /mm	硬度 HBS	抗拉强度 $R_m(\sigma_b)$ /MPa	屈服强度 σ_s /MPa	弯曲疲劳极限 σ_{-1} /MPa	剪切疲劳极限 τ_{-1} /MPa	许用弯曲应力 $[\sigma_{-1}]$ /MPa	备注
Q235A	热轧或锻后空冷	≤100		400～420	225	170	105	40	用于不重要及受载荷不大的轴
		>100～250		375～390	215				
20	正火	25	≤156	420	250	180	100	40	用于载荷不大、要求韧性较高的轴
	正火	≤100	103～156	400	220	165	95		
		>100～300		380	200	155	90		
		>300～500		370	190	150	85		
	回火	>500～700		360	180	145	80		

续表

材料牌号	热处理	毛坯直径/mm	硬度 HBS	抗拉强度 $R_m(\sigma_b)$ /MPa	屈服强度 σ_s /MPa	弯曲疲劳极限 σ_{-1} /MPa	剪切疲劳极限 τ_{-1} /MPa	许用弯曲应力 $[\sigma_{-1}]$ /MPa	备注
35	正火	25	≤187	540	320	230	130	45	应用较广泛
	正火 回火	≤100 >100～300 >300～500 >500～700 >750～1000	149～187 143～187 137～187	520 500 480 460 440	270 260 240 230 220	210 205 190 185 175	120 115 110 105 100		
	调质	≤100 >100～300	156～207	560 540	300 280	230 220	130 125	50	
45	正火	25	≤241	610	360	260	150	55	应用最广泛
	正火 回火	≤100 >100～300 >300～500 >500～750	170～217 162～217 156～217	600 580 560 540	300 290 280 270	240 235 225 215	140 135 130 125		
	调质	≤200	217～255	650	360	270	155	60	
35SiMn (42SiMn)	调质	25		900	750	445	255	70	性能接近于40Cr，用于中小型轴
		≤100 >100～300 >300～400 >400～500	229～286 217～269 217～255 196～255	800 750 700 650	520 450 400 380	355 320 295 275	205 185 170 160		
40MnB	调质	25		1000	800	485	280	70	性能接近于40Cr，用于重要的轴
		≤200	241～286	750	500	335	195		
40Cr	调质	25		1000	800	485	280	70	用于载荷较大而无很大冲击的重要轴
		≤100 >100～300 >300～500 >500～800	241～286 229～269 217～255	750 700 650 600	550 500 450 350	350 320 295 255	200 185 170 145		
40CrNi	调质	25		1000	800	485	280	75	用于很重要的轴
		≤100 >100～300	270～300 240～270	900 785	735 570	430 370	260 210		
35CrMo	调质	25		1000	850	500	285	70	性能接近于40CrNi，用于重载荷的轴
		≤100 >100～300 >300～500 >500～800	207～269	750 700 650 600	550 500 450 400	350 320 295 270	200 185 170 155		
38SiMnMo	调质	≤100 >100～300 >300～500 >500～800	229～286 217～269 196～241 187～241	750 700 650 600	600 550 500 400	360 335 310 270	210 195 175 155	70	性能接近于40CrNi，用于重载荷的轴
38CrMoAlA	调质	30	229	1000	850	495	285	75	用于要求高耐磨性、高强度且热处理(氮化)变形很小的轴
		>30～60	293～321	930	785	440	280		
		>60～100	277～302	835	685	410	270		
		>100～160	241～277	785	590	375	220		
20Cr	渗碳 淬火 回火	15 30 ≤60	渗碳 56～62 HRC	850 650 650	550 400 400	375 280 280	215 160 160	60	用于要求强度及韧性均较高的轴，如齿轮轴、蜗杆等

续表

材料牌号	热处理	毛坯直径 /mm	硬度 HBS	抗拉强度 $R_m(\sigma_b)$ /MPa	屈服强度 σ_s /MPa	弯曲疲劳极限 σ_{-1} /MPa	剪切疲劳极限 τ_{-1} /MPa	许用弯曲应力 $[\sigma_{-1}]$ /MPa	备　注
20CrMnTi	渗碳 淬火 回火	15	渗碳 56～62 HRC	1100	850	525	300	100	
1Cr13	调质	≤60	182～217	600	420	275	155		用于腐蚀条件下工作的轴
2Cr13	调质	≤100	197～248	660	450	295	170		
3Cr13	调质	≤100	≥241	835	635	395	230	75	
1Cr18Ni9Ti	淬火	≤60 >60～100 >100～200	≤192	550 540 500	220 200 200	205 195 185	120 115 105	45	用于高、低温及腐蚀条件下工作的轴
QT400-15			156～197	400	300	145	125		用于制造复杂外形的轴
QT450-10			170～207	450	330	160	140		
QT500-7			187～255	500	380	180	155		
QT600-3			190～270	600	370	215	185		
QT800-2			245～335	800	480	290	250		

1.1.3　轴的设计方法概述

轴的设计必须考虑多方面因素和要求，主要包括材料选择、结构设计、强度和刚度分析。对于高速轴还应考虑振动稳定性问题。

轴的设计是以满足结构功能要求为出发点的，首先根据轴在具体系统中的作用，设计出满足功能要求的结构，然后再根据载荷与工作要求进行相应的承载能力验算。

事实上，在轴的具体结构未确定之前，轴上力的作用点是难以精确确定的，弯矩的大小和分布情况不能求出。所以，轴的计算通常都是在初步完成结构设计后进行校核计算，计算准则主要包括轴的强度准则、刚度准则以及轴的振动稳定性准则等。轴的设计通常是按照“结构设计—承载能力验算—结构改进设计—承载能力再验算—…”的顺序进行的。

通常轴设计的具体程序是：a. 根据机械传动方案的整体布局，拟定轴上零件的布置和装配方案；b. 选择轴的材料；c. 估算轴的最小直径；d. 进行轴的结构设计；e. 进行承载能力验算，通常包括强度验算、刚度验算和振动稳定性验算等；f. 根据承载能力验算结果，或者确定设计，或者改进设计；g. 绘制轴的零件工作图。

除了上述设计内容以外，还有键或花键的连接强度校核、滚动轴承的寿命验算、滑动轴承的承载能力验算等项工作，与轴的设计有一定的关系，需在轴的设计过程中一并考虑。

就设计方法而论，轴的设计可分为常规设计与计算机辅助设计。这两类设计方法的主要差异在于，常规设计中针对轴的承载能力的计算方法主要采用了较为简化的力学模型，计算结果通常欠准确，通常需要用经验数据对计算结果进行一定的校正。但常规设计方法已为广大工程设计人员熟悉，并为此积累了大量有价值的经验数据，在目前的工程设计中仍占主导地位。因此，本章仍以介绍轴的常规设计方法为主。

在采用计算机辅助设计轴时，其承载能力计算主要采用有限元法，可以获得较为准确的计算结果。对结构复杂的轴运用计算机辅助分析的手段具有明显的优势。关于轴的计算机辅助设计与辅助分析方法，详见本章 1.8 节的叙述。

通常，轴所传递的载荷、轴的极限应力等因素具有一定的随机性。在常规设计中，视这些因素为确定性变量，在判定轴的承载能力时，通过计入一定的安全系数来确保结构的安全裕度。若在设计中考虑载荷与极限应力的随机性，就可确定轴安全工作的概率——可靠度，这就有了轴的可靠性设计。可靠性设计方法是现代设计方法的重要内容，关于轴的可靠性设计方法的基本概念，详见本章 1.7 节的叙述。

1.2　轴的结构设计

轴的结构取决于轴的工作要求，包括轴上零件的类型、尺寸、布置和固定方式等。同时，轴的毛坯、制造和装配工艺、安装和运输等因素也会影响到轴的结构设计。

轴的结构设计首先应尽量使轴上零件定位准确、

固定可靠、装拆方便，以及有良好的工艺性。为了提高轴的强度，应考虑受力合理和减小应力集中。为了保证轴的刚度，应着重从轴的结构和支承点位置着手，达到减小轴的变形的目的。

由于轴的应用场合极为广泛，影响轴结构的因素较多，因此轴不可能有标准的结构型式。轴的结构应根据具体情况进行分析，确定合理的结构方案。

1.2.1　零件在轴上的定位与固定

安装在轴上的零件的位置通常是通过轴上的定位结构来保证的，定位准确是定位结构设计的基本要求。零件装到确定的位置后，应保证其受到工作载荷后不会改变原定的位置，这就需要设计轴上零件的固定措施。零件在轴上通常需从轴向和周向加以固定。

（1）轴上零件的轴向定位与固定

表 6-1-2　　轴上零件轴向定位与固定方法及特点

方法	简　图	特　点
轴肩轴环	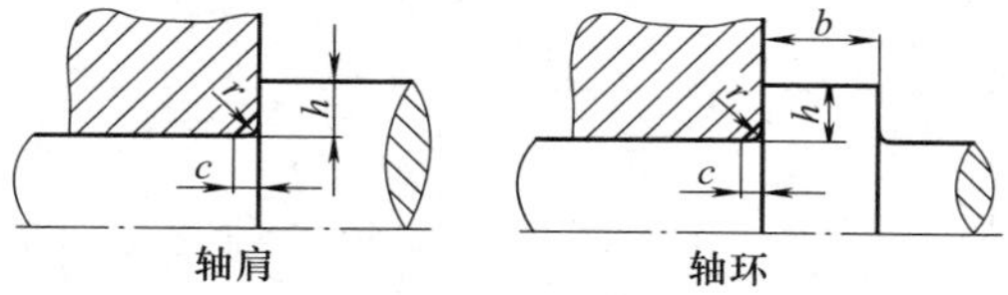 轴肩　轴环	结构简单，定位可靠，可承受较大的轴向力。常用于齿轮、链轮、带轮、联轴器和轴承等定位 为确保零件可靠定位，轴肩高度、圆角半径、轴环宽度应符合表 6-1-3 的规定
轴套	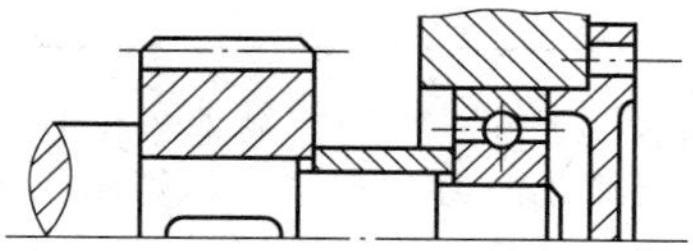	结构简单，定位可靠，可承受较大的轴向力。一般用于零件间距较小的场合，以免增加结构重量。轴的转速很高时不宜采用
锁紧挡圈	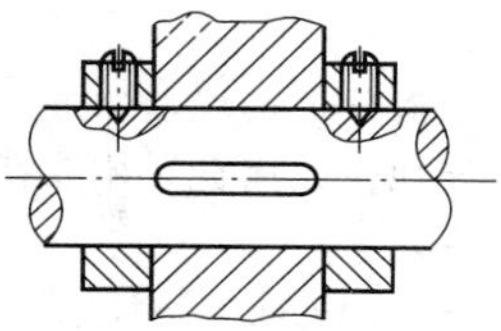	结构简单，不能承受大的轴向力，不宜用于高速。常用于光轴上零件的固定 螺钉锁紧挡圈的结构尺寸见 GB/T 884—1986
圆锥面	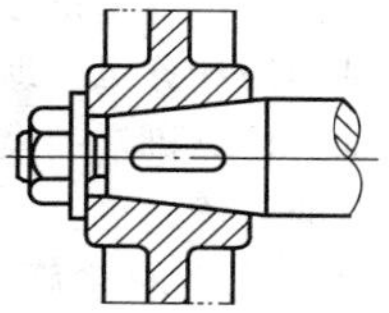	能消除轴与轮毂间的径向间隙，装拆方便，可兼作周向固定，能承受冲击载荷。多用于轴伸处的零件固定，可与轴端压板或螺母联合使用 圆锥形轴伸的结构尺寸见 1.2.3 的(2)
圆螺母	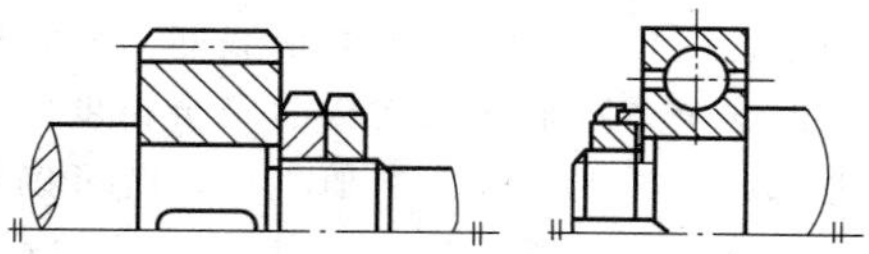	固定可靠，装拆方便，可承受较大的轴向力。由于轴上切制螺纹，会使轴的疲劳强度降低。用双圆螺母或圆螺母与止动垫圈固定轴端零件时，具有较好的防松作用 圆螺母和止动垫圈的结构尺寸见 GB/T 810—1988、GB/T 812—1988 及 GB/T 858—1988
轴端挡圈	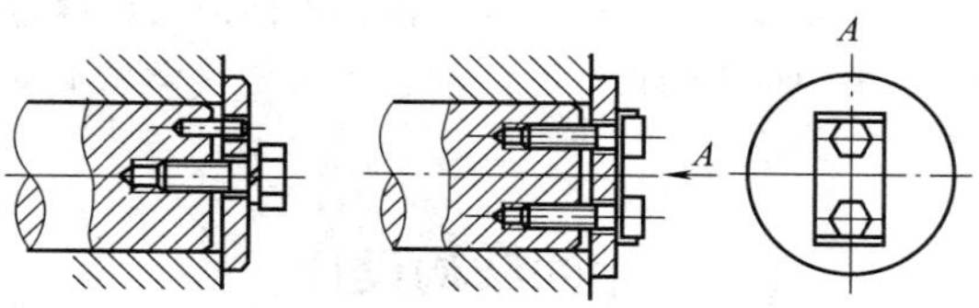	适于固定轴端零件，可承受剧烈振动和冲击载荷。轴端挡圈结构尺寸见 GB/T 891—1986、GB/T 892—1986
轴端挡板	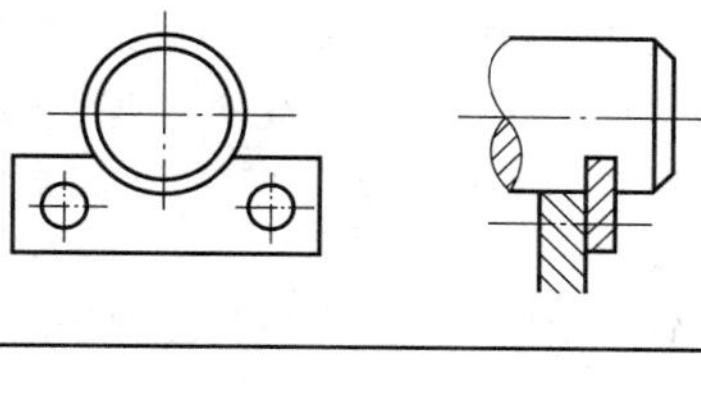	适用于对心轴的固定或轴端零件的固定

续表

方法	简图	特点
弹性挡圈		结构简单紧凑，使用方便。只能承受很小的轴向力，常用于固定滚动轴承内圈。轴用弹性挡圈的结构尺寸见 GB/T 894—2017
紧定螺钉		适用于轴向力很小、转速很低或仅为防止零件偶然沿轴向滑动的场合。为防止螺钉松动，可加锁圈。紧定螺钉同时亦起周向固定作用

表 6-1-3　轴肩配合处倒圆半径与倒角尺寸推荐值（GB/T 6403.4—2008）　mm

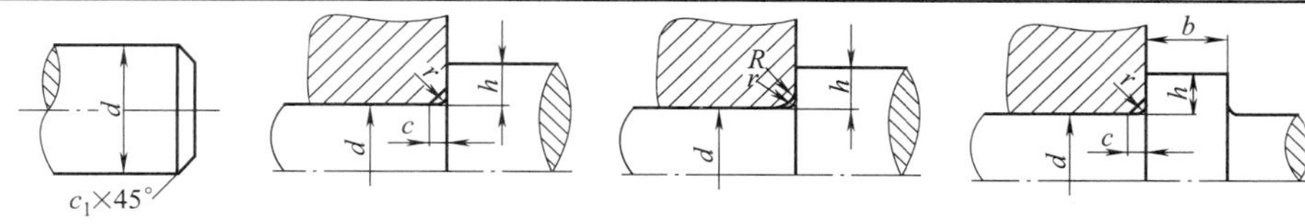

轴直径 d	<3	>3～6	>6～10	>10～18	>18～30	>30～50	>50～80	>80～120	>120～180
R、c 或 c_1	0.2	0.4	0.6	0.8	1.0	1.6	2.0	2.5	3.0
轴直径 d	>180～250	>250～320	>320～400	>400～500	>500～630	>630～800	>800～1000	>1000～1250	>1250～1600
R、c 或 c_1	4.0	5.0	6.0	8.0	10	12	16	20	25

注：1. 为确保零件可靠定位，应使 $r<c$ 或 $r<R$；轴肩高度 $h=(2\sim3)R$ 或 $h=(2\sim3)c$。轴环宽度 $b\approx1.4h$。

2. 与滚动轴承相配合处的 h 与 r 值应根据滚动轴承的类型与尺寸确定（见滚动轴承篇）。

（2）轴上零件的周向定位与固定

表 6-1-4　轴上零件的周向定位与固定方法及特点

方法	简图	特点
平键		制造简单，装拆方便，对中性好。用于较高精度、高转速及受冲击或变载荷作用下的固定连接，还可用于一般要求的导向连接 齿轮、蜗轮、带轮与轴的连接常用此形式 普通平键尺寸见 GB/T 1096—2003，导向平键尺寸见 GB/T 1097—2003，键槽尺寸见 GB/T 1095—2003
楔键		能同时传递转矩和承受单向轴向力。由于装配后造成轴上零件的偏心或偏斜，故不适于要求严格对中、有冲击载荷及高速传动连接 楔键及键槽的结构尺寸见 GB/T 1563—2017、GB/T 1564—2003 和 GB/T 1565—2003
切向键	120°	可传递较大的转矩，对中性差，对轴的削弱较大，常用于重型机械中。一个切向键只能传递一个方向的转矩，传递双向转矩时，需用两个并互成 120°，切向键及键槽的结构尺寸见 GB/T 1974—2003
花键	A A—A A	有矩形和渐开线花键之分。承载能力高、定心性及导向性好，制造困难，成本较高。适于载荷较大、对定心精度要求较高的滑动连接或固定连接 花键尺寸和公差见 GB/T 1144—2001（矩形花键）和 GB/T 3478.1～9—2008（渐开线花键）

续表

方法	简图	特点
滑键		键固定在轮毂上,键随轮毂一同沿轴上键槽作轴向移动。常用于轴向移动距离较大的场合
半圆键	轮毂 轴 工作面	键在轴上键槽中能绕其几何中心摆动,故便于轮毂往轴上装配,但轴上键槽很深,削弱了轴的强度 用于载荷较小的连接或作为辅助性连接,也用于锥形轴及轮毂连接 半圆键的尺寸见 GB/T 1098—2003、GB/T 1099.1—2003
圆柱销	$d_e\frac{H8}{X8}$ l_e $d_e\approx(0.1-0.3)d$ $l_e\approx(3\sim4)d_e$	适用于轮毂宽度较小、用键连接难以保证轮毂和轴可靠固定的场合。这种连接一般采用过盈配合,并可同时采用几只圆柱销。为避免钻孔时钻头偏斜,要求轴和轮毂的硬度差不大
圆锥销		用于不太重要和受力不大的场合。同时具有周向和轴向固定作用,或可作安全装置用。因在轴上钻孔,对强度削弱较大,故对重载的轴不宜采用。有冲击或振动时需采用开尾圆锥销
过盈配合		结构简单,对中性好,承载能力高,同时起到对零件的周向和轴向固定作用。对于过盈量在中等以下的配合,常与平键连接同时采用,以承受较大的交变、振动和冲击载荷。不宜用于常拆卸的场合

1.2.2 轴的结构与工艺性

结构的工艺性是指设计的结构应该便于加工、测量、装配和维修。为了达到良好的工艺性，在轴的结构设计时，应考虑以下几个主要问题。

1）考虑加工工艺所必需的结构要素，如中心孔、螺尾退刀槽和砂轮越程槽等。

2）合理确定轴与零件的配合性质、加工精度和表面粗糙度。

3）在轴上要求安装标准件（如滚动轴承、联轴器等）时，相应轴段的直径应按标准件的直径要求设计。其他有配合要求轴段的直径，应尽量按 GB/T 2822—2005 规定的标准尺寸系列设计。

4）确定各轴段长度时，既要保证必要的工作空间，又应尽可能使结构紧凑。例如，要保证零件所需的滑动距离、装配或调整所需空间、转动件不得与其他零件相碰撞、与轮毂配装的轴段长度应略小于轮毂 2～3mm，以保证轴向定位可靠等。

5）为了保证轴上零件安装方便，在到达配合轴段前，零件的孔与轴不应有过盈；轴的端部及有过盈配合的轴肩处都应制成倒角。

6）为了便于轴上零件的拆卸，定位轴肩直径的设计既要考虑定位的可靠，又要确保留出拆卸零件所需的施力空间。

7）为减少加工刀具种类和提高劳动生产率，轴上的倒角、圆角、键槽等应尽可能取相同尺寸。

1.2.3 轴伸的结构尺寸

（1）圆柱形轴伸的结构尺寸

圆柱形轴伸直径的基本尺寸、极限偏差及长度系列应符合表 6-1-5 的规定。

表 6-1-5　　　　圆柱形轴伸结构尺寸（GB/T 1569—2005）　　　　mm

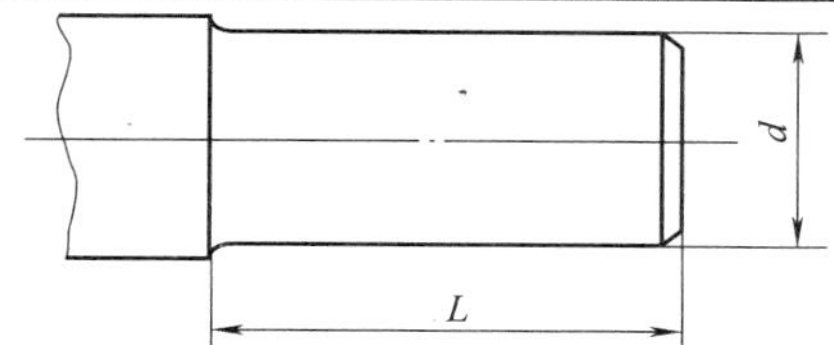

<table>
<tr><th colspan="3">轴伸直径 d</th><th colspan="2">轴伸长度 L</th></tr>
<tr><th>基本尺寸</th><th colspan="2">极限偏差</th><th>长系列</th><th>短系列</th></tr>
<tr><td>6</td><td>+0.006
−0.002</td><td rowspan="17">j6</td><td rowspan="2">16</td><td rowspan="4">—</td></tr>
<tr><td>7</td><td rowspan="4">+0.007
−0.002</td></tr>
<tr><td>8</td><td rowspan="2">20</td></tr>
<tr><td>9</td></tr>
<tr><td>10</td><td rowspan="2">23</td><td rowspan="2">20</td></tr>
<tr><td>11</td><td rowspan="5">+0.008
−0.003</td></tr>
<tr><td>12</td><td rowspan="2">30</td><td rowspan="2">25</td></tr>
<tr><td>14</td></tr>
<tr><td>16</td><td rowspan="3">40</td><td rowspan="3">28</td></tr>
<tr><td>18</td></tr>
<tr><td>19</td><td rowspan="7">+0.009
−0.004</td></tr>
<tr><td>20</td><td rowspan="3">50</td><td rowspan="3">36</td></tr>
<tr><td>22</td></tr>
<tr><td>24</td></tr>
<tr><td>25</td><td rowspan="2">60</td><td rowspan="2">42</td></tr>
<tr><td>28</td></tr>
<tr><td>30</td><td rowspan="4">80</td><td rowspan="4">58</td></tr>
<tr><td>32</td><td rowspan="8">+0.018
+0.002</td><td rowspan="8">k6</td></tr>
<tr><td>35</td></tr>
<tr><td>38</td></tr>
<tr><td>40</td><td rowspan="7">110</td><td rowspan="7">82</td></tr>
<tr><td>42</td></tr>
<tr><td>45</td></tr>
<tr><td>48</td></tr>
<tr><td>50</td></tr>
<tr><td>55</td><td rowspan="9">+0.030
+0.011</td><td rowspan="9">m6</td></tr>
<tr><td>56</td></tr>
<tr><td>60</td><td rowspan="6">140</td><td rowspan="6">105</td></tr>
<tr><td>63</td></tr>
<tr><td>65</td></tr>
<tr><td>70</td></tr>
<tr><td>71</td></tr>
<tr><td>75</td></tr>
<tr><td>80</td><td>170</td><td>130</td></tr>
</table>

<table>
<tr><th colspan="3">轴伸直径 d</th><th colspan="2">轴伸长度 L</th></tr>
<tr><th>基本尺寸</th><th colspan="2">极限偏差</th><th>长系列</th><th>短系列</th></tr>
<tr><td>85</td><td rowspan="6">+0.035
+0.013</td><td rowspan="36">m6</td><td rowspan="3">170</td><td rowspan="3">130</td></tr>
<tr><td>90</td></tr>
<tr><td>95</td></tr>
<tr><td>100</td><td rowspan="4">210</td><td rowspan="4">165</td></tr>
<tr><td>110</td></tr>
<tr><td>120</td></tr>
<tr><td>125</td><td rowspan="7">+0.040
+0.015</td></tr>
<tr><td>130</td><td rowspan="3">250</td><td rowspan="3">200</td></tr>
<tr><td>140</td></tr>
<tr><td>150</td></tr>
<tr><td>160</td><td rowspan="3">300</td><td rowspan="3">240</td></tr>
<tr><td>170</td></tr>
<tr><td>180</td></tr>
<tr><td>190</td><td rowspan="5">+0.046
+0.017</td><td rowspan="3">350</td><td rowspan="3">280</td></tr>
<tr><td>200</td></tr>
<tr><td>220</td></tr>
<tr><td>240</td><td rowspan="3">410</td><td rowspan="3">330</td></tr>
<tr><td>250</td></tr>
<tr><td>260</td><td rowspan="3">+0.052
+0.020</td></tr>
<tr><td>280</td><td rowspan="3">470</td><td rowspan="3">380</td></tr>
<tr><td>300</td></tr>
<tr><td>320</td><td rowspan="5">+0.057
+0.021</td></tr>
<tr><td>340</td><td rowspan="3">550</td><td rowspan="3">450</td></tr>
<tr><td>360</td></tr>
<tr><td>380</td></tr>
<tr><td>400</td><td rowspan="7">650</td><td rowspan="7">540</td></tr>
<tr><td>420</td><td rowspan="6">+0.063
+0.023</td></tr>
<tr><td>440</td></tr>
<tr><td>450</td></tr>
<tr><td>460</td></tr>
<tr><td>480</td></tr>
<tr><td>500</td></tr>
<tr><td>530</td><td rowspan="4">+0.070
+0.026</td><td rowspan="4">800</td><td rowspan="4">680</td></tr>
<tr><td>560</td></tr>
<tr><td>600</td></tr>
<tr><td>630</td></tr>
</table>

注：1. 直径大于 630～1250mm 的轴伸直径和长度系列可参见标准 GB/T 1569—2005 的附录 A。
2. 本表适用于一般机器之间的连接并传递运动和转矩的场合。

（2）圆锥形轴伸的结构尺寸

圆锥形轴伸分为长系列和短系列两种，可制成带键槽和不带键槽的。直径不大于 220mm 的圆锥形轴伸的结构型式和尺寸见表 6-1-6。直径大于 220mm 的圆锥形轴伸的结构型式和尺寸见表 6-1-7。

对于键槽底面平行于轴线的键槽，当按大端直径检验键槽深度时，应按表 6-1-8 对 t_2 的规定。此时，表 6-1-6 中的 t_1 作为参考尺寸。

圆锥形轴伸长度 L_1 的极限偏差见表 6-1-9；基本直径 d 的公差选用 GB/T 1800.2 中的 IT8；1∶10 圆锥角公差选用 GB/T 11334 中的 AT6。

表 6-1-6 直径≤220mm 圆锥形轴伸的结构型式和尺寸（GB/T 1570—2005） mm

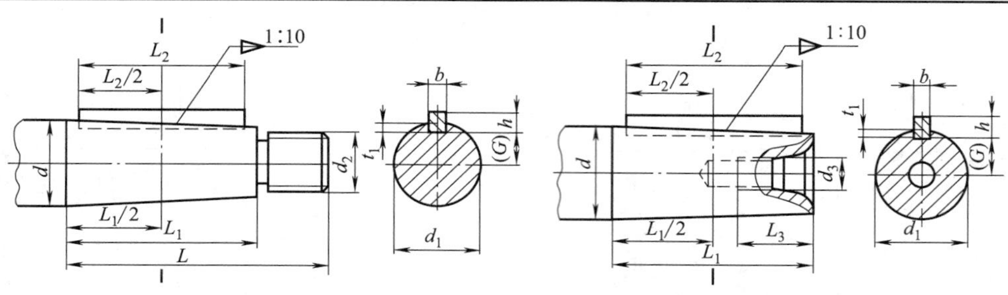

长系列圆锥形轴伸的尺寸

d	L	L1	L2	b	h	d1	t1	(G)	d2	d3	L3
6	16	10	6	—	—	5.5	—	—	M4	—	—
7						6.5					
8	20	12	8			7.4			M6		
9						8.4					
10	23	15	12			9.25					
11				2	2	10.25	1.2	3.9			
12	30	18	16			11.1		4.3	M8×1	M4	10
14				3	3	13.1	1.8	4.7			
16	40	28	25			14.6		5.5	M10×1.25		
18				4	4	16.6	2.5	5.8		M5	13
19						17.6		6.3			
20	50	36	32			18.2		6.6	M12×1.25	M6	16
22						20.2		7.6			
24				5	5	22.2		8.1			
25	60	42	36			22.9	3	8.4	M16×1.5	M8	19
28						25.9		9.9			
30	80	58	50			27.1		10.5	M20×1.5	M10	22
32				6	6	29.1	3.5	11.0			
35						32.1		12.5			
38						35.1		14.0	M24×2	M12	28
40	110	82	70	10	8	35.9	5	12.9			
42				10	8	37.9	5	13.9	M24×2	M12	28
45				12	8	40.9		15.4	M30×2	M16	36
48						43.9		16.9			
50						45.9		17.9	M36×2		
55				14	9	50.9	5.5	19.9		M20	42
56						51.9		20.4			
60	140	105	100	16	10	54.75	6	21.4	M42×3		
63						57.75		22.9			
65						59.75		23.9			
70				18	11	64.75	7	25.4	M48×3	M24	50
71						65.75		25.9			
75						69.75		27.9			
80	170	130	110	20	12	73.5	7.5	29.2	M56×4	—	—
85						78.5		31.7			

续表

长系列圆锥形轴伸的尺寸

d	L	L_1	L_2	b	h	d_1	t_1	(G)	d_2	d_3	L_3
90	170	130	110	22	14	83.5	9	32.7	M64×4	—	—
95						88.5		35.2			
100	210	165	140	25		91.75		36.9	M74×4		
110						101.75		41.9	M80×4		
120				28	16	111.75	10	45.9	M90×4		
125						116.75		48.3			
130	250	200	180			120		50	M100×4		
140				32	18	130	11	54			
150						140		59	M110×4		
160	300	240	220	36	20	148	12	62	M125×4		
170						158		67			
180				40	22	168	13	71	M140×6		
190	350	280	250			176		75			
200						186		80	M160×6		
220				45	25	206	15	88			

短系列圆锥形轴伸的尺寸

d	L	L_1	L_2	b	h	d_1	t_1	(G)	d_2	d_3	L_3
16	28	16	14	3	3	15.2	1.8	5.8	M10×1.25	M4	10
18				4	4	17.2	2.5	6.1		M5	13
19						18.2		6.6			
20	36	22	20			18.9		6.9	M12×1.25	M6	16
22						20.9		7.9			
24				5	5	22.9	3	8.4			
25	42	24	22			23.8		8.9	M16×1.5	M8	19
28						26.8		10.4			
30	58	36	32			28.2		11.1	M20×1.5	M10	22
32				6	6	30.2	3.5	11.6			
35						33.2		13.1			
38						36.2		14.6	M24×2	M12	28
40	82	54	50	10	8	37.3	5	13.6			
42						39.3		14.6			
45				12	8	42.3		16.1	M30×2	M16	36
48						45.3		17.6			
50						47.3		18.6	M36×3		
55				14	9	52.3	5.5	20.6		M20	42
56						53.3		21.1			
60	105	70	63	16	10	56.5	6	22.2	M42×3		
63						59.5		23.7			
65						61.5		24.7			
70				18	11	66.5	7	26.2	M48×3	M24	50
71						67.5		26.7			
75						71.5		28.7			
80	130	90	80	20	12	75.5	7.5	30.2	M56×4		
85						80.5		32.7			
90				22	14	85.5	9	33.7	M64×4		
95						90.5		36.2			
100	165	120	110	25	14	94		38	M72×4		
110						104		43	M80×4		

续表

短系列圆锥形轴伸的尺寸											
d	L	L_1	L_2	b	h	d_1	t_1	(G)	d_2	d_3	L_3
120	165	120	110	28	16	114	10	47	M90×4		
125						119		49.5			
130	200	150	125	28	16	122.5		51.2	M100×4		
140				32	18	132.5	11	55.2			
150						142.5		60.2	M110×4		
160	240	180	160	36	20	151	12	63.5	M125×4		
170						161		68.5			
180				40	22	171	13	72.5	M140×6		
190	280	210	180			179.5		76.7			
200						189.5		81.7	M160×6		
220				45	25	209.5	15	89.7			

注：1. 键槽深度 t_1 可用测量 G 来代替，或按表 6-1-7 的规定。

2. L_2 可根据需要选取表中的数值。

表 6-1-7　　直径＞220mm 的圆锥形轴伸的结构型式和尺寸（GB/T 1570—2005）　　mm

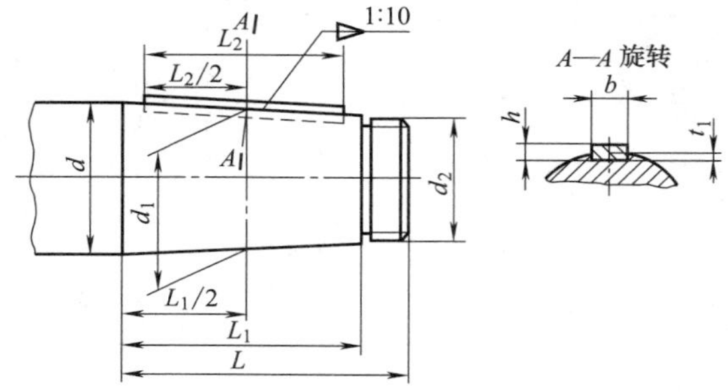

d	L	L_1	L_2	b	h	d_1	t_1	d_2
240	410	330	280	50	28	223.5	17	M180×6
250						233.5		
260						243.5		M200×6
280	470	380	320	56	32	261	20	M220×6
300				63		281		
320						301		M250×6
340	550	450	400	70	36	317.5	22	M280×6
360						337.5		
380						357.5		M300×6
400	650	540	450	80	40	373	25	M320×6
420						393		
440						413		M350×6
450				90	45	423	28	
460						433		M380×6
480						453		
500						473		M420×6
530	800	680	500	100	50	496	31	
560						526		M450×6
600						566		M500×6
630						596		M550×6

注：L_2 可根据需要选取表中的数值。

表 6-1-8　　圆锥形轴伸大端处键槽深度尺寸　　mm

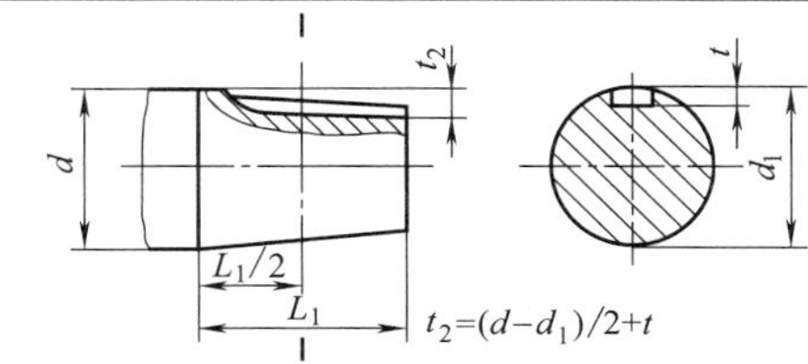

d	t_2		d	t_2		d	t_2	
	长系列	短系列		长系列	短系列		长系列	短系列
11	1.6	—	40	7.1	6.4	95	12.3	11.3
12	1.7	—	42			100	13.1	12.0
14	2.3	—	45			110		
16	2.5	2.2	48			120	14.1	13.0
18	3.2	2.9	50			125		
19			55	7.6	6.9	130	15.0	13.8
20	3.4	3.1	56			140	16.0	14.8
22			60	8.6	7.8	150		
24	3.9	3.6	65			160	18.0	16.5
25	4.1		70	9.6	8.8	170		
28			71			180	19.0	17.5
30	4.5	3.9	75			190	20.0	18.3
32	5.0	4.4	80	10.8	9.8	200		
35			85			220	22.0	20.3
38			90	12.3	11.3			

表 6-1-9　　圆锥形轴伸长度 L_1 的极限偏差　　mm

直径 d	L_1 的轴向极限偏差	直径 d	L_1 的轴向极限偏差	直径 d	L_1 的轴向极限偏差
6～10	0 −0.22	55～80	0 −0.46	260～300	0 −0.81
11～18	0 −0.27	85～120	0 −0.54	320～400	0 −0.89
19～30	0 −0.33	125～180	0 −0.63	420～500	0 −0.97
32～50	0 −0.39	190～250	0 −0.72	530～630	0 −1.10

1.2.4 提高轴疲劳强度的结构措施

在轴的设计阶段，除了采取提高轴强度的一般措施（如选用更好的材料、适当增大结构的尺寸等）外，还应重视通过以下一些设计措施来提高轴的疲劳强度。

1）尽可能降低轴上的应力集中的影响，是提高轴疲劳强度的首要措施。轴结构形状和尺寸的突变是应力集中的结构根源。为了降低应力集中，应尽量减少轴结构形状和尺寸的突变或使其变化尽可能地平滑和均匀。为此，要尽可能地增大过渡处的圆角半径；轴上相邻截面处的刚性变化应尽可能地小等。

2）选用疲劳强度高的材料和采用能够提高材料疲劳强度的热处理方法及强化工艺。表面强化处理的方法有：表面高频淬火等热处理；表面渗碳、氰化、氮化等化学热处理；碾压、喷丸等强化处理。通过碾压、喷丸进行表面强化处理时，可使轴的表层产生预压应力，从而提高轴的抗疲劳能力。

3）提高轴的表面质量。如将处在应力较高区域的轴表面加工得较为光洁；对于工作在腐蚀性介质中的轴，规定适当的表面保护等。

4）尽可能地减小或消除轴表面可能发生的初始裂纹的尺寸，对于延长轴的疲劳寿命有着比提高材料性能更为显著的作用。因此，对于重要的轴，在设计图纸上应规定出严格的检验方法及要求。

表 6-1-10 列出了降低轴上应力集中的主要措施。

表 6-1-10　　**降低轴上应力集中的主要措施举例**

结构名称	简图	措施
圆角	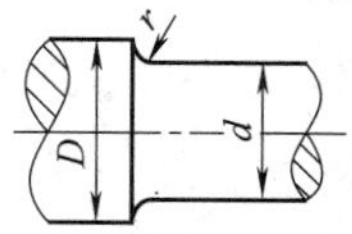	加大圆角半径 $r/d>0.1$ 减小直径差 $D/d<1.15\sim1.2$
	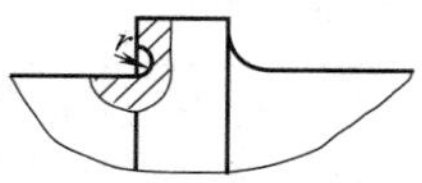	加内凹圆角
	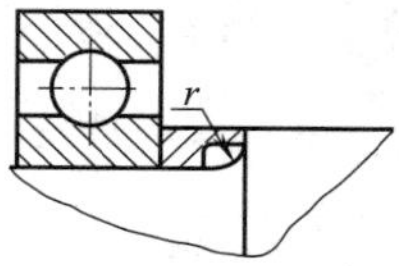	加大圆角半径，设中间环
	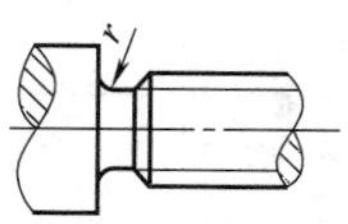	加退刀槽
横孔	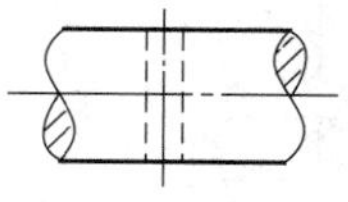	盲孔改成通孔，弯曲的有效应力集中系数减小 15%～25%
	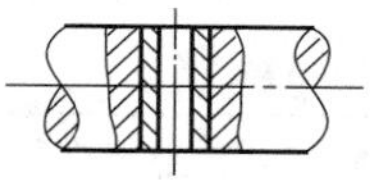	压入弹性的衬套
	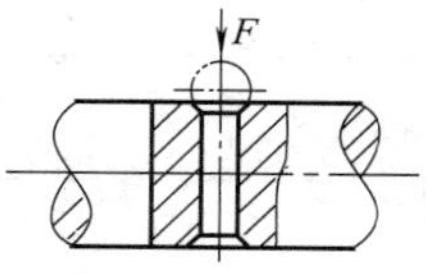	孔上倒角或用滚珠碾压
配合	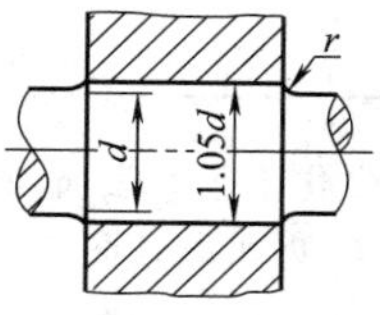	增大配合处直径，弯曲的有效应力集中系数减小 30%～40% $r>(0.1\sim0.2)d$
键槽	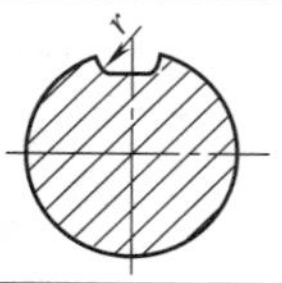	底部加圆角
	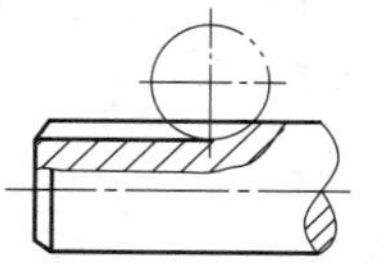	用圆盘铣刀
花键	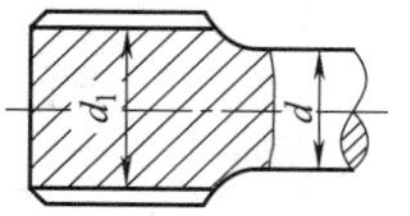	增大花键直径 $d_1=(1.1\sim1.3)d$
	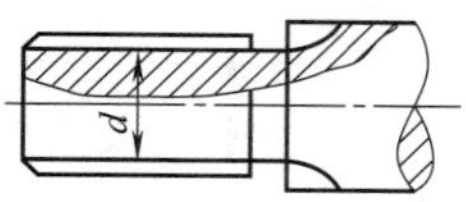	花键加退刀槽
卸载槽	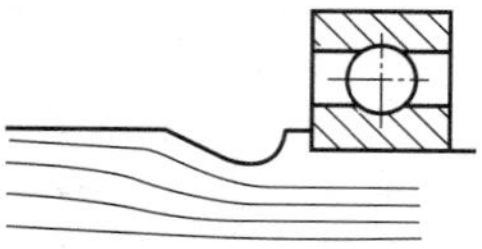	用加开环槽的办法来降低轴肩处的应力集中
	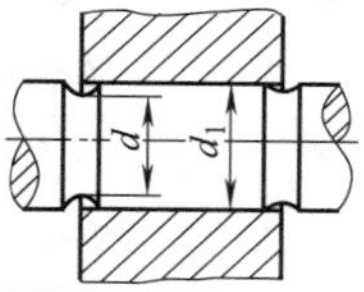	轴上开卸载槽并辊压，弯曲的有效应力集中系数减小约 40% $d_1=(1.06\sim1.08)d$
	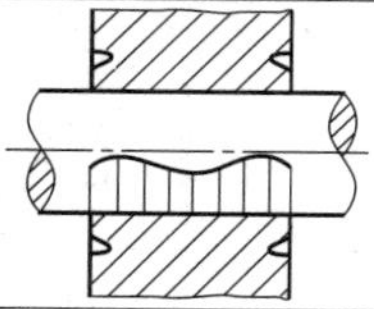	轮毂上开卸载槽，弯曲的有效应力集中系数减小 15%～25%
	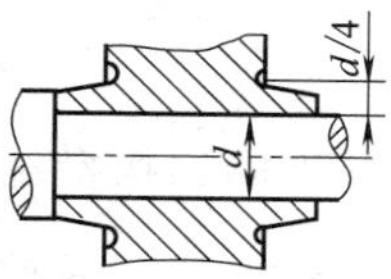	减小轮毂端部厚度，弯曲的有效应力集中系数减小 15%～25%

1.2.5　轴的结构示例

滚动轴承支承的轴的典型结构如图 6-1-1 所示。

滑动轴承支承的轴结构与滚动轴承的轴结构相仿，只是轴颈结构不同。滑动轴承支承的轴颈结构尺寸见表 6-1-11。

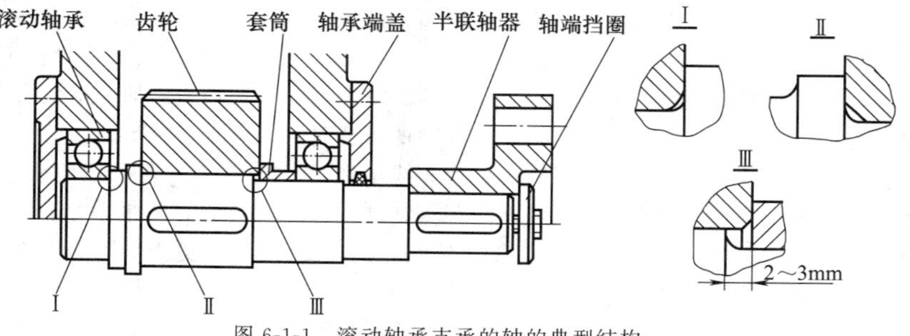

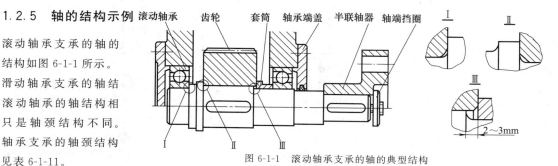

图 6-1-1　滚动轴承支承的轴的典型结构

表 6-1-11　滑动轴承支承的轴颈结构尺寸

向心滑动轴承支承的轴颈结构尺寸

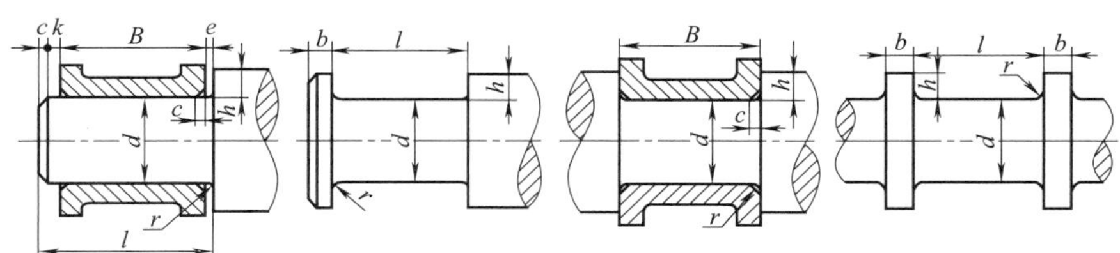

代号	名称	说明
d	轴颈直径	由计算确定，并按 GB/T 2822—2005 规定的标准尺寸系列设计
$c(r_1)$	轴承孔边倒角（倒圆半径，图中未标）	根据孔径大小，按零件倒角或倒圆半径标准系列确定
h	轴肩（环）高度	$h\approx(2\sim3)c$，或 $h\approx(0.07\sim0.1)d$，$d+2h$ 最好圆整为整数值
b	轴环宽度	$b\approx1.4h$
r	轴肩（环）圆角半径	为减小应力集中程度，应尽量取较大值，但必须满足 $r<c$（或 r_1）
B	轴承宽度	由轴承设计确定
l	轴颈长度	$l=B+k+e+c$，e 和 k 分别由热膨胀量和安装误差确定

止推滑动轴承支承的轴颈结构尺寸

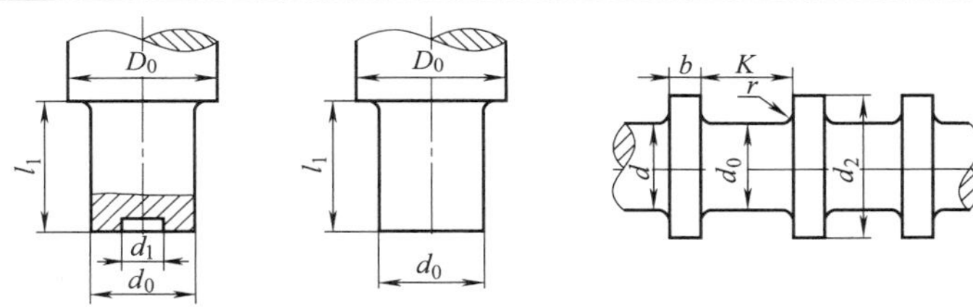

代号	名称	说明	代号	名称	说明
D_0	轴直径	计算确定	b	轴环宽度	$b=(0.1\sim0.15)d$
d	轴直径	计算确定	K	轴环距离	$K=(2\sim3)b$
d_0	止推轴颈直径	计算确定	l_1	止推轴颈长度	由计算和推力轴承结构确定
d_1	空心轴颈内径	$d_1=(0.4\sim0.6)d_0$	n	轴环数	$n\geqslant1$ 由计算和推力轴承结构确定
d_2	轴环外径	$d_2=(1.2\sim1.6)d$	r	轴环根部圆角半径	按 GB/T 6403.4—2008 选取，参见表 6-1-3

1.3　轴的强度校核计算

轴的强度计算主要是在初步完成轴的结构设计后进行的，因此称为强度校核计算。但也有一些强度计算是在轴结构的初步设计时进行的。

进行轴的强度校核计算时，应根据轴的具体受载及应力情况，采取相应的计算方法，并恰当地选取其许用应力。对于仅仅（或主要）承受转矩的传动轴，应按扭转强度条件计算；对于只承受弯矩的心轴，应按弯曲强度条件计算；对于既承受弯矩又承受转矩的转轴，应按弯扭合成强度条件进行计算，必要时还应按疲劳强度条件进行校核。

1.3.1　仅受扭转的强度校核计算

这种方法用于主要承受转矩轴的强度计算，或在初步设计轴的结构时，估算最小轴径。若主要承受转矩的轴还受有不大的弯矩，则可用降低许用扭转切应力的办法予以考虑。轴的扭转强度条件为

$$\tau_T=\frac{T}{W_T}\approx\frac{9550000\dfrac{P}{n}}{0.2d^3}\leqslant[\tau_T] \tag{6-1-1}$$

式中　τ_T——扭转切应力，MPa；

T——轴所受的转矩，N·mm；

W_T——轴的抗扭截面系数，mm^3；

n——轴的转速，r/min；

P——轴传递的功率，kW；

d——计算截面处轴的直径，mm；

$[\tau_T]$——许用扭转切应力，MPa，见表6-1-12。

式（6-1-1）是轴的扭转强度验算公式。在初步设计轴的结构时，可由式（6-1-1）得到轴径的估算公式

$$d \geqslant \sqrt[3]{\frac{9550000}{0.2[\tau_T]}} \times \sqrt[3]{\frac{P}{n}} = A\sqrt[3]{\frac{P}{n}} \qquad (6\text{-}1\text{-}2)$$

式中，$A=\sqrt[3]{9550000/(0.2[\tau_T])}$，是与许用扭转切应力$[\tau_T]$相关的系数，可查表6-1-12。对于空心轴，则有

$$d \geqslant A\sqrt[3]{\frac{P}{(1-\beta^4)n}} \qquad (6\text{-}1\text{-}3)$$

式中，$\beta=\frac{d_1}{d}$，是空心轴的内径d_1与外径d之比，通常取$\beta=0.5\sim0.6$。

当轴截面上开有键槽时，应增大轴径以考虑键槽对轴强度的削弱。对于直径$d>100$mm的轴，有一个键槽时，轴径增大3%；有两个键槽时，应增大7%。对于直径$d\leqslant100$mm的轴，有一个键槽时，轴径增大5%～7%；有两个键槽时，应增大10%～15%。这样求出的直径，只能作为承受转矩作用轴段的最小直径d_{min}。

1.3.2　受弯扭联合作用的强度校核计算

只有通过轴的结构设计，确定了轴的主要结构尺寸、轴上零件的位置以及外载荷和支反力的作用位置等后，轴上的弯矩和转矩才可确定。这时，才能按弯扭合成强度条件对轴进行强度校核计算。

轴所受的载荷是从轴上零件传来的。计算时，常将轴上的分布载荷简化为集中力，其作用点取为载荷分布段的中点。作用在轴上的转矩，一般从传动件轮毂宽度的中点算起。通常把轴当作置于铰链支座上的梁，支反力的作用点与轴承的类型和布置方式有关，可按图6-1-2来确定。图6-1-2（b）中的a值可查滚动轴承样本或手册，图6-1-2（d）中的e值与滑动轴承的宽径比B/d有关。当$B/d\leqslant1$时，取$e=0.5B$；当$B/d>1$时，取$e=0.5d$，但不小于（0.25～0.35）B；对于调心轴承，$e=0.5B$。

轴上零件所受的载荷通常为空间力系，计算时应把零件所受的空间力分解为圆周力、径向力和轴向力，然后把它们全部转化到轴线上，并将其分解为水平分力和垂直分力。在力的转化过程中，将圆周力平移到轴线上的同时，分解出轴所受到的转矩T。

根据轴所受的水平分力和垂直分力，可分别按水平面和垂直面计算各力产生的弯矩，并按式（6-1-4）计算总弯矩。

$$M=\sqrt{M_H^2+M_V^2} \qquad (6\text{-}1\text{-}4)$$

式中　M_H——轴在水平面所受到的弯矩；

M_V——轴在垂直面所受到的弯矩。

求得轴的弯矩和转矩后，可针对某些危险截面（即弯矩和转矩大而轴径可能不足的截面）作弯扭合成强度校核计算。若按第三强度理论确定计算应力σ_{ca}：

对于转轴，同时承受弯矩和转矩，应满足

$$\sigma_{ca}=\sqrt{\left(\frac{M}{W}\right)^2+4\left(\frac{\alpha T}{W_T}\right)^2} \approx \frac{\sqrt{M^2+(\alpha T)^2}}{W} \leqslant [\sigma_{-1}] \qquad (6\text{-}1\text{-}5)$$

对于心轴，仅承受弯矩，应满足

$$\sigma_{ca}=\frac{M}{W}\leqslant[\sigma_{-1}] \qquad (6\text{-}1\text{-}6)$$

对于传动轴，仅承受转矩，应满足

$$\sigma_{ca}=\frac{2\alpha T}{W_T}\leqslant[\sigma_{-1}] \qquad (6\text{-}1\text{-}7)$$

式中　σ_{ca}——轴的计算应力，MPa；

M，T——轴所受的弯矩和转矩，N·mm；

W，W_T——轴的抗弯和抗扭截面系数，mm^3，计算公式见表6-1-13；

$[\sigma_{-1}]$——对称循环变应力时轴的许用弯曲应力，其值按表6-1-1选用；

α——扭转切应力特性当量系数，当扭转切应力为静应力时，取$\alpha\approx0.3$，当扭转切应力为脉动循环变应力时，取$\alpha\approx0.6$，若扭转切应力亦为对称循环变应力时，则取$\alpha=1$。

表6-1-12　　轴常用几种材料的$[\tau_T]$及A值

轴的材料	Q235、20	Q275、35	45	1Cr18Ni9Ti	40Cr、35SiMn、42SiMn 40MnB、38SiMnMo、3Cr13
$[\tau_T]$/MPa	15～25	20～35	25～45	15～25	35～55
A	149～126	135～112	126～103	148～125	112～97

注：1. 表中$[\tau_T]$值是考虑了弯矩影响而降低了的许用扭转切应力。

2. 在下述情况时，$[\tau_T]$取较大值，A取较小值：弯矩较小或只受转矩作用、载荷较平稳、无轴向载荷或只有较小的轴向载荷、减速器的低速轴、轴只作单向旋转；反之，$[\tau_T]$取较小值，A取较大值。

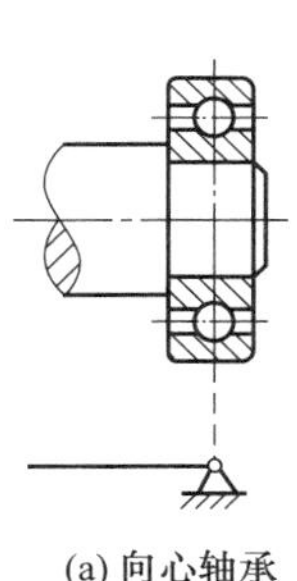

(a) 向心轴承

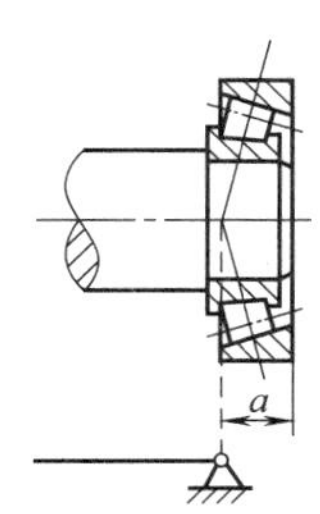

(b) 向心推力轴承

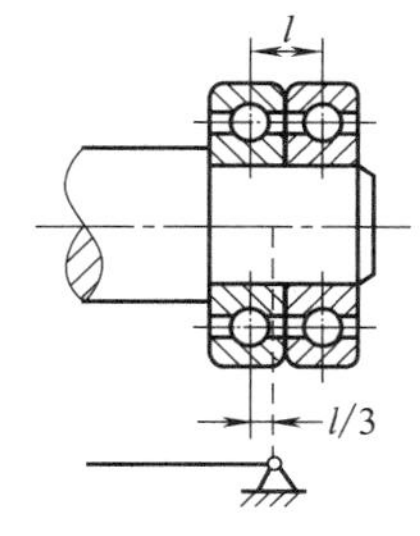

(c) 并列向心轴承

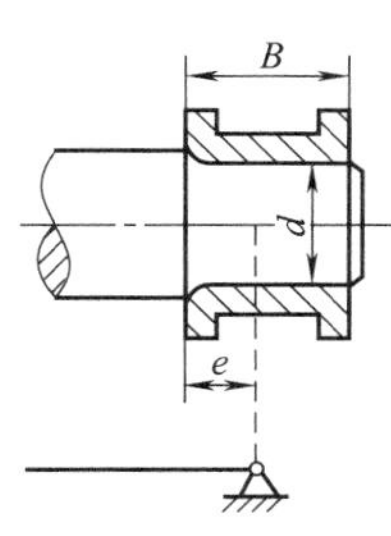

(d) 滑动轴承

图 6-1-2 轴的支反力作用点

表 6-1-13 常用截面的抗弯、抗扭截面系数计算公式

截面形状	抗弯截面系数 W	抗扭截面系数 W_T	截面形状	抗弯截面系数 W	抗扭截面系数 W_T
	$\frac{\pi d^3}{32}$	$\frac{\pi d^3}{16}$		$\frac{\pi d^3}{32}-\frac{bt(d-t)^2}{d}$	$\frac{\pi d^3}{16}-\frac{bt(d-t)^2}{d}$
	$\frac{\pi d^3}{32}(1-\beta^4)$	$\frac{\pi d^3}{16}(1-\beta^4)$		$\frac{\pi d^3}{32}\left(1-1.54\frac{d_1}{d}\right)$	$\frac{\pi d^3}{16}\left(1-\frac{d_1}{d}\right)$
	$\frac{\pi d^3}{32}-\frac{bt(d-t)^2}{2d}$	$\frac{\pi d^3}{16}-\frac{bt(d-t)^2}{2d}$		$[\pi d^4+(D-d)(D+d)^2 zb]/32D$ z——花键齿数	$[\pi d^4+(D-d)(D+d)^2 zb]/16D$ z——花键齿数

注：1. 近似计算时，单、双键槽一般可忽略，花键轴截面可视为直径等于平均直径的圆截面。

2. $\beta=\frac{d_1}{d}$，是空心轴的内径 d_1 与外径 d 之比，通常取 $\beta=0.5\sim0.6$。

1.3.3 考虑应力集中的强度校核计算

这种校核计算的实质在于计入应力集中等因素对轴的安全程度的影响。校核计算的主要工作是，在已知轴的外形、尺寸及载荷的基础上，通过分析确定出一个或几个危险截面。在考虑应力集中、绝对尺寸、表面质量和表面强化等因素对交变应力影响的基础上，计算出弯矩和转矩在危险截面引起的交变应力大小。求出计算安全系数，并应使其稍大于或至少等于设计安全系数 S。以安全系数表达的强度条件式为：

对于心轴，仅承受弯曲应力，应满足

$$S_\sigma=\frac{\sigma_{-1}}{K_\sigma\sigma_a+\varphi_\sigma\sigma_m}\geqslant S \quad (6\text{-}1\text{-}8)$$

对于传动轴，仅承受扭转切应力，应满足

$$S_\tau=\frac{\tau_{-1}}{K_\tau\tau_a+\varphi_\tau\tau_m}\geqslant S \quad (6\text{-}1\text{-}9)$$

对于转轴，同时承受弯曲应力和扭转切应力，应满足

$$S_{ca}=\frac{S_\sigma S_\tau}{\sqrt{S_\sigma^2+S_\tau^2}}\geqslant S \quad (6\text{-}1\text{-}10)$$

式中 S_σ，S_τ，S_{ca}——心轴、传动轴、转轴的计算安全系数；

S——轴的设计安全系数，对于材料均匀、载荷与应力计算精确的轴，$S=1.3\sim1.5$，对于材料不够均匀、计算精确度较低的轴，$S=1.5\sim1.8$，对于材料均匀性及计算精确度很低或直径 $d>200$mm 的轴，$S=1.8\sim2.5$；

σ_{-1}，τ_{-1}——对称循环交变应力时轴的弯曲和扭转剪切疲劳极限，其值按表 6-1-1 选用；

σ_a，σ_m——轴所受弯曲交变应力的应力幅值和平均应力；

τ_a，τ_m——轴所受扭转剪切交变应力的应力幅值和平均应力；

φ_σ，φ_τ——弯曲和扭转时的平均应力折合为应力幅的折算系数，是材料常数，根据试验，对碳钢，$\varphi_\sigma \approx 0.1 \sim 0.2$，对合金钢，$\varphi_\sigma \approx 0.2 \sim 0.3$，$\varphi_\tau \approx 0.5\varphi_\sigma$；

K_σ，K_τ——弯曲和剪切疲劳极限的综合影响系数，其值按式（6-1-11）计算。

$$K_\sigma=\left(\frac{k_\sigma}{\varepsilon_\sigma}+\frac{1}{\beta_\sigma}-1\right)\frac{1}{\beta_q},K_\tau=\left(\frac{k_\tau}{\varepsilon_\tau}+\frac{1}{\beta_\tau}-1\right)\frac{1}{\beta_q} \quad (6\text{-}1\text{-}11)$$

式中 k_σ，k_τ——弯曲和扭转时的有效应力集中系数，其值可查表 6-1-14 和表 6-1-15 或按式（6-1-12）计算；

ε_σ，ε_τ——弯曲和扭转时的绝对尺寸影响系数，其值可查表 6-1-15 或查图 6-1-3和图 6-1-4；

β_σ，β_τ——弯曲和扭转时的表面质量系数，弯曲疲劳时的钢材表面质量系数值 β_σ 可查图 6-1-5，当无试验资料时，扭转剪切疲劳的表面质量系数 β_τ 可取近似等于 β_σ；

β_q——影响疲劳强度的强化系数，其值可查表 6-1-16。

$$k_\sigma=1+q_\sigma(\alpha_\sigma-1),k_\tau=1+q_\tau(\alpha_\tau-1) \quad (6\text{-}1\text{-}12)$$

式中 α_σ，α_τ——弯曲和扭转时的理论应力集中系数，其值可查表 6-1-17；

q_σ，q_τ——弯曲和扭转时材料对应力集中的敏性系数，其值可查图 6-1-6。

表 6-1-14　　轴上的有效应力集中系数

轴上键槽处的有效应力集中系数									
轴材料的 R_m/MPa		400	500	600	700	800	900	1000	1200
k_σ	A 型键槽	1.5	1.64	1.76	1.89	2.01	2.14	2.26	2.50
	B 型键槽	1.30	1.38	1.46	1.54	1.62	1.69	1.77	1.92
k_τ(A、B 型键槽)		1.20	1.37	1.54	1.71	1.88	2.05	2.22	2.39
轴上外花键的有效应力集中系数									
轴材料的 R_m/MPa		400	500	600	700	800	900	1000	1200
k_σ		1.35	1.45	1.55	1.60	1.65	1.70	1.72	1.75
k_τ	矩形齿	2.10	2.25	2.35	2.45	2.55	2.65	2.70	2.80
	渐开线形齿	1.40	1.43	1.46	1.49	1.52	1.55	1.58	1.60

注：公称应力按照扣除键槽的净截面面积来计算。

表 6-1-15　　零件与轴过盈配合处的 $k_\sigma/\varepsilon_\sigma$（$k_\tau/\varepsilon_\tau$）值

直径 d/mm	配合	$k_\sigma/\varepsilon_\sigma$								k_τ/ε_τ							
		R_m/MPa															
		400	500	600	700	800	900	1000	1200	400	500	600	700	800	900	1000	1200
30	H7/r6	2.25	2.50	2.75	3.00	3.25	3.50	3.75	4.25	1.75	1.90	2.05	2.20	2.35	2.50	2.65	2.95
	H7/n6	2.25	2.50	2.75	3.00	3.25	3.50	3.75	4.25	1.75	1.90	2.05	2.20	2.35	2.50	2.65	2.95
	H7/m6	1.86	2.07	2.26	2.48	2.68	2.90	3.10	3.51	1.52	1.64	1.76	1.89	2.01	2.14	2.26	2.51
	H7/k6	1.69	1.88	2.06	2.25	2.44	2.63	2.82	3.19	1.41	1.53	1.64	1.75	1.86	1.98	2.09	2.31
	H7/h6	1.46	1.63	1.79	1.95	2.11	2.28	2.44	2.76	1.28	1.38	1.47	1.57	1.67	1.77	1.86	2.06
50	H7/r6	2.75	3.05	3.36	3.66	3.96	4.28	4.60	5.20	2.05	2.23	2.42	2.60	2.78	2.97	3.16	3.52
	H7/n6	2.75	3.05	3.36	3.66	3.96	4.28	4.60	5.20	2.05	2.23	2.42	2.60	2.78	2.97	3.16	3.52
	H7/m6	2.44	2.70	2.99	3.26	3.53	3.80	4.10	4.63	1.86	2.02	2.20	2.36	2.52	2.68	2.86	3.18
	H7/k6	2.06	2.28	2.52	2.76	2.97	3.20	3.45	3.90	1.64	1.77	1.93	2.05	2.18	2.32	2.48	2.74
	H7/h6	1.80	1.98	2.18	2.38	2.57	2.78	3.00	3.40	1.48	1.59	1.70	1.83	1.94	2.07	2.20	2.44
>100	H7/r6	2.95	3.28	3.60	3.94	4.25	4.60	4.90	5.60	2.17	2.37	2.56	2.76	2.95	3.16	3.34	3.76
	H7/n6	2.80	3.12	3.42	3.74	4.04	4.37	4.65	5.32	2.08	2.27	2.45	2.64	2.82	3.02	3.19	3.60
	H7/m6	2.54	2.83	3.10	3.39	3.66	3.96	4.21	4.81	1.92	2.10	2.26	2.44	2.60	2.78	2.93	3.29
	H7/k6	2.22	2.46	2.70	2.96	3.20	3.46	3.98	4.20	1.73	1.88	2.02	2.18	2.32	2.48	2.80	2.92
	H7/h6	1.92	2.13	2.34	2.56	2.76	3.00	3.18	3.64	1.55	1.68	1.80	1.94	2.06	2.20	2.31	2.58

注：1. 滚动轴承与轴配合处按表内所列 H7/r6 配合的 $k_\sigma/\varepsilon_\sigma$ 值。

2. 表中无相应的数值时，可按插值计算。

表 6-1-16　影响疲劳强度的强化系数 β_q

表面高频淬火的强化系数 β_q			
试件类型		试件直径/mm	β_q
无应力集中		7～20	1.3～1.6
		30～40	1.2～1.5
有应力集中		7～20	1.6～2.8
		30～40	1.5～2.5
备注：表中系数值用于旋转弯曲，淬硬层厚度为 0.9～1.5mm。应力集中严重时，强化系数较高			
化学热处理的强化系数 β_q			
化学热处理方法	试件类型	试件直径/mm	β_q
氮化，氮化层厚度 0.1～0.4mm，表面硬度 64HRC 以上	无应力集中	8～15	1.15～1.25
		30～40	1.10～1.15
	有应力集中	8～15	1.9～3.0
		30～40	1.3～2.0
渗碳，渗碳层厚度 0.2～0.6mm	无应力集中	8～15	1.2～2.1
		30～40	1.1～1.5
	有应力集中	8～15	1.5～2.5
		30～40	1.2～2.0
氰化，氰化层厚度 0.2mm	无应力集中	10	1.8
表面硬化加工的强化系数 β_q			
加工方法	试件类型	试件直径/mm	β_q
滚子滚压	无应力集中	7～20	1.2～1.4
		30～40	1.1～1.25
	有应力集中	7～20	1.5～2.2
		30～40	1.3～1.8
喷丸	无应力集中	7～20	1.1～1.3
		30～40	1.1～1.2
	有应力集中	7～20	1.4～2.5
		30～40	1.1～1.5

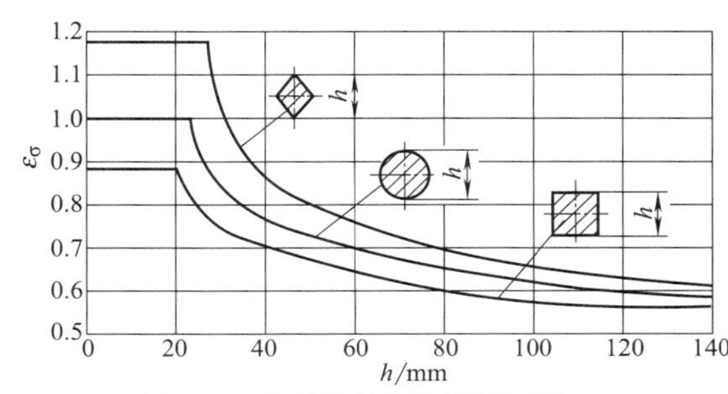

图 6-1-3　钢材的弯曲尺寸形状系数 ε_σ

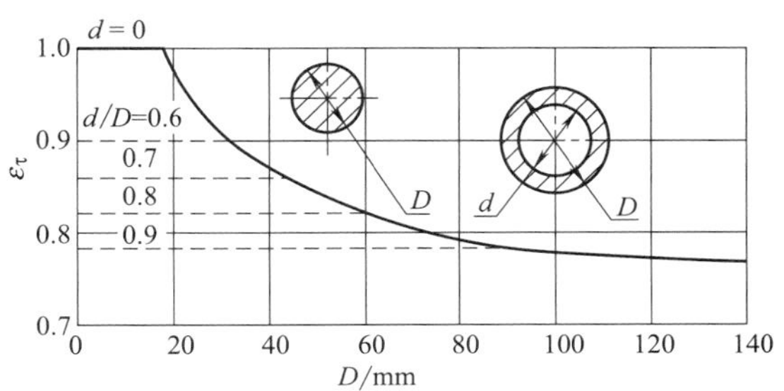

图 6-1-4　圆截面钢材的扭转剪切尺寸系数 ε_τ

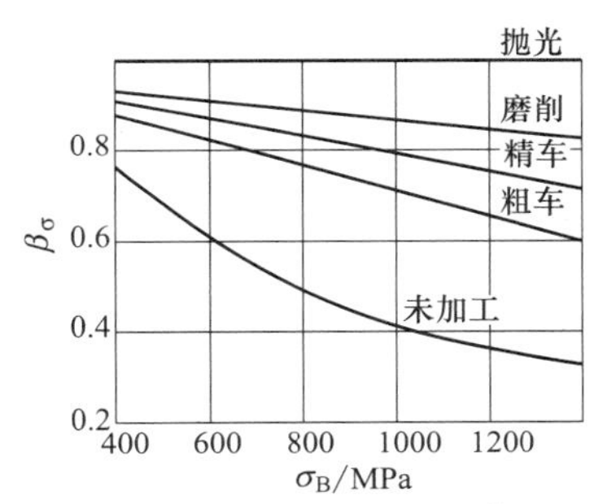

图 6-1-5　钢材的表面质量系数 β_σ

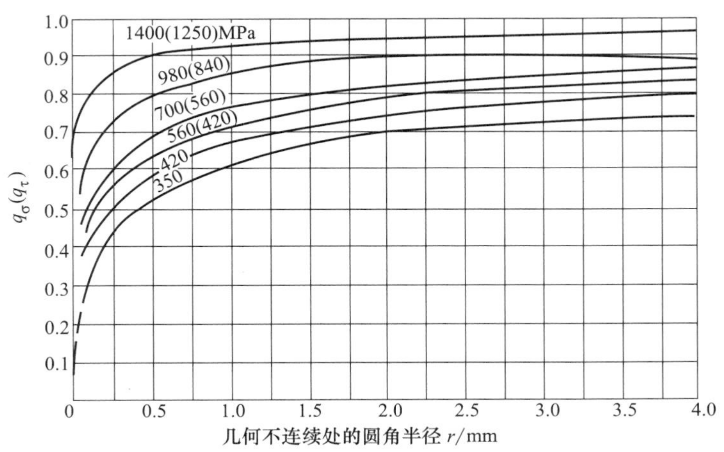

曲线上的数字为材料的强度极限，查 q_σ 时用不带括号的数字，查 q_τ 时用括号内的数字

图 6-1-6　钢材的敏性系数

表 6-1-17

轴上的理论应力集中系数

轴上环槽处的理论应力集中系数

α_σ（拉伸、弯曲）或 α_τ（扭转剪切）

应力	公称应力公式	r/d	D/d									
拉伸	$\sigma=\frac{4F}{\pi d^2}$		∞	2.00	1.50	1.30	1.20	1.10	1.05	1.03	1.02	1.01
		0.04						2.70	2.37	2.15	1.94	1.70
		0.10	2.45	2.39	2.33	2.27	2.18	2.01	1.81	1.68	1.58	1.42
		0.15	2.08	2.04	1.99	1.95	1.90	1.78	1.64	1.55	1.47	1.33
		0.20	1.86	1.83	1.80	1.77	1.73	1.65	1.54	1.46	1.40	1.28
		0.25	1.72	1.69	1.67	1.65	1.62	1.55	1.46	1.40	1.34	1.24
		0.30	1.61	1.59	1.58	1.55	1.53	1.47	1.40	1.36	1.31	1.22
弯曲	$\sigma_b=\frac{32M}{\pi d^3}$	r/d	∞	2.00	1.50	1.30	1.20	1.10	1.05	1.03	1.02	1.01
		0.04	2.83	2.79	2.74	2.70	2.61	2.45	2.22	2.02	1.88	1.66
		0.10	1.99	1.98	1.96	1.92	1.89	1.81	1.70	1.61	1.53	1.41
		0.15	1.75	1.74	1.72	1.70	1.69	1.63	1.56	1.49	1.42	1.33
		0.20	1.61	1.59	1.58	1.57	1.56	1.51	1.46	1.40	1.34	1.27
		0.25	1.49	1.48	1.47	1.46	1.45	1.42	1.38	1.34	1.29	1.23
		0.30	1.41	1.41	1.40	1.39	1.38	1.36	1.33	1.29	1.24	1.21
扭转剪切	$\tau_T=\frac{16T}{\pi d^3}$	r/d	∞	2.00	1.30	1.20	1.10	1.05	1.02	1.01		
		0.04	1.97	1.93	1.89	1.85	1.74	1.61	1.45	1.33		
		0.10	1.52	1.51	1.48	1.46	1.41	1.35	1.27	1.20		
		0.15	1.39	1.38	1.37	1.35	1.32	1.27	1.21	1.16		
		0.20	1.32	1.31	1.30	1.28	1.26	1.22	1.18	1.14		
		0.25	1.27	1.26	1.25	1.24	1.22	1.19	1.16	1.13		
		0.30	1.22	1.22	1.21	1.20	1.19	1.17	1.15	1.12		

轴肩圆角处的理论应力集中系数

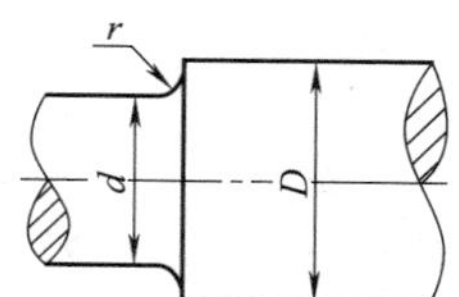

α_σ（拉伸、弯曲）或 α_τ（扭转剪切）

应力	公称应力公式	r/d	D/d									
拉伸	$\sigma=\frac{4F}{\pi d^2}$		2.00	1.50	1.30	1.20	1.15	1.10	1.07	1.05	1.02	1.01
		0.04	2.80	2.57	2.39	2.28	2.14	1.99	1.92	1.82	1.56	1.42
		0.10	1.99	1.89	1.79	1.69	1.63	1.56	1.52	1.46	1.33	1.23
		0.15	1.77	1.68	1.59	1.53	1.48	1.44	1.40	1.36	1.26	1.18
		0.20	1.63	1.56	1.49	1.44	1.40	1.37	1.33	1.31	1.22	1.15
		0.25	1.54	1.49	1.43	1.37	1.34	1.31	1.29	1.27	1.20	1.13
		0.30	1.47	1.43	1.39	1.33	1.30	1.28	1.26	1.24	1.19	1.12
弯曲	$\sigma_b=\frac{32M}{\pi d^3}$	r/d	6.0	3.0	2.0	1.50	1.20	1.10	1.05	1.03	1.02	1.01
		0.04	2.59	2.40	2.33	2.21	2.09	2.00	1.88	1.80	1.72	1.61
		0.10	1.88	1.80	1.73	1.68	1.62	1.59	1.53	1.49	1.44	1.36
		0.15	1.64	1.59	1.55	1.52	1.48	1.46	1.42	1.38	1.34	1.26
		0.20	1.49	1.46	1.44	1.42	1.39	1.38	1.34	1.31	1.27	1.20
		0.25	1.39	1.37	1.35	1.34	1.33	1.31	1.29	1.27	1.22	1.17
		0.30	1.32	1.31	1.30	1.29	1.27	1.26	1.25	1.23	1.20	1.14

续表

应力	公称应力公式	α_σ（拉伸、弯曲）或 α_τ（扭转剪切）				
		r/d	D/d			
			2.0	1.33	1.20	1.09
扭转剪切	$\tau_T=\dfrac{16T}{\pi d^3}$	0.04	1.84	1.79	1.66	1.32
		0.10	1.46	1.41	1.33	1.17
		0.15	1.34	1.29	1.23	1.13
		0.20	1.26	1.23	1.17	1.11
		0.25	1.21	1.18	1.14	1.09
		0.30	1.18	1.16	1.12	1.09

轴上径向孔处的理论应力集中系数

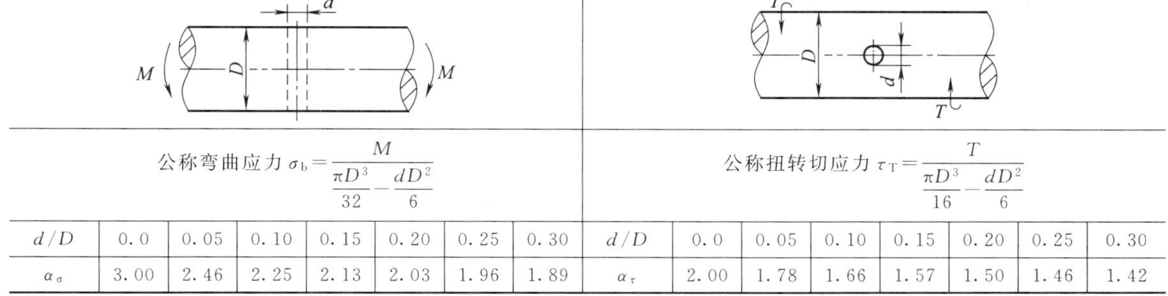

公称弯曲应力 $\sigma_b=\dfrac{M}{\dfrac{\pi D^3}{32}-\dfrac{dD^2}{6}}$　　公称扭转切应力 $\tau_T=\dfrac{T}{\dfrac{\pi D^3}{16}-\dfrac{dD^2}{6}}$

d/D	0.0	0.05	0.10	0.15	0.20	0.25	0.30	d/D	0.0	0.05	0.10	0.15	0.20	0.25	0.30
α_σ	3.00	2.46	2.25	2.13	2.03	1.96	1.89	α_τ	2.00	1.78	1.66	1.57	1.50	1.46	1.42

1.4　轴的刚度校核计算

轴在载荷作用下，将产生弯曲或扭转变形。若变形量超过允许的限度，就会影响轴上零件的正常工作，甚至会丧失机器应有的工作性能。因此，在设计有刚度要求的轴时，必须进行刚度的校核计算。

轴的弯曲刚度以挠度或偏转角来度量，扭转刚度以扭转角来度量。轴的刚度校核计算通常是计算出轴在受载时的变形量，并控制其不大于允许值。

1.4.1　轴的扭转刚度校核计算

轴的扭转变形以单位长度上的扭转角 φ［单位为(°)/m］来表示。圆截面轴扭转角 φ 的计算公式为

光轴　$$\varphi=5.73\times10^4\frac{T}{GI_p}\qquad(6\text{-}1\text{-}13)$$

阶梯轴　$$\varphi=5.73\times10^4\frac{1}{LG}\sum_{i=1}^{z}\frac{T_i l_i}{I_{pi}}\qquad(6\text{-}1\text{-}14)$$

式中　T——轴所承受的转矩，N·mm；

G——轴的材料的剪切弹性模量，MPa，对于钢材，$G=8.1\times10^4$ MPa；

I_p——轴截面的极惯性矩，mm^4，对于圆轴，$I_p=\dfrac{\pi d^4}{32}$；

L——阶梯轴受转矩作用的长度，mm；

T_i，l_i，I_{pi}——阶梯轴第 i 段上所受的转矩、长度和极惯性矩；

z——阶梯轴受转矩作用的轴段数。

轴的扭转刚度条件为

$$\varphi\leqslant[\varphi]\qquad(6\text{-}1\text{-}15)$$

允许扭转角［φ］的大小与轴的使用场合有关。对于一般传动轴，可取［φ］=0.5°～1°/m；对于精密传动轴，可取［φ］=0.25°～0.5°/m；对于精度要求不高的轴，［φ］可大于 1°/m。

1.4.2　轴的弯曲刚度校核计算

常见的轴大多可视为简支梁。若是光轴，可直接用材料力学中的公式计算其挠度或偏转角；若是阶梯轴，如果对计算精度要求不高，则可用当量直径法作近似计算。即把阶梯轴看成是当量直径为 d_v 的光轴，然后再按材料力学中的公式计算。当量直径 d_v（单位为 mm）为

$$d_v=\sqrt[4]{\frac{L}{\sum\limits_{i=1}^{z}\dfrac{l_i}{d_i^4}}}\qquad(6\text{-}1\text{-}16)$$

式中　l_i——阶梯轴第 i 段的长度，mm；

d_i——阶梯轴第 i 段的直径，mm；

L——阶梯轴的计算长度，mm；

z——阶梯轴计算长度内的轴段数。

当载荷作用于两支承之间时，$L=l$（l 为支承跨距）；当载荷作用于悬臂端时，$L=l+K$（K 为轴的悬臂长度，mm）。

表 6-1-18 **轴的允许挠度及允许偏转角**

名称	允许挠度$[y]$/mm	名称	允许偏转角$[\theta]$/rad
一般用途的轴	$(0.0003\sim0.0005)l$	滑动轴承	0.001
刚度要求较严的轴	$0.0002l$	向心球轴承	0.005
感应电动机轴	0.1Δ	调心球轴承	0.05
安装齿轮的轴	$(0.01\sim0.03)m_n$	圆柱滚子轴承	0.0025
安装蜗轮的轴	$(0.02\sim0.05)m_a$	圆锥滚子轴承	0.0016
		安装齿轮处轴的截面	0.001～0.002

注：l 为轴的跨距，mm；Δ 为电动机定子与转子间的气隙，mm；m_n 为齿轮的法面模数，mm；m_a 为蜗轮的端面模数，mm。

表 6-1-19 **光轴的挠度 y 及偏转角 θ 的计算公式**

轴受载情况简图	挠度 y/mm	最大挠度 y_{max}/mm	偏转角 θ/rad
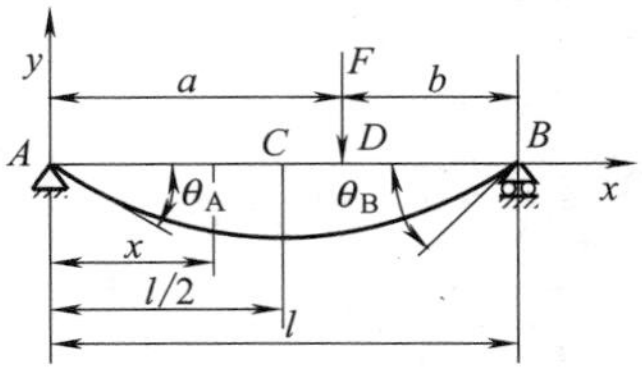	$y=-\frac{Fbx}{6EIl}(l^2-x^2-b^2),0\leqslant x\leqslant a$ $y=-\frac{Fa(l-x)}{6EIl}[l^2-a^2-(l-x)^2]$，$a\leqslant x\leqslant l$	设 $a>b$，在 $x=\sqrt{\frac{l^2-b^2}{3}}$ 处 $y_{max}=-\frac{\sqrt{3}Fb}{27EIl}(l^2-b^2)^{3/2}$ 在 $x=\frac{l}{2}$ 处 $y_c=-\frac{Fb}{48EI}(3l^2-4b^2)$	$\theta_A=-\frac{Fab}{6EIl}(l+b)$ $\theta_B=\frac{Fab}{6EIl}(l+a)$
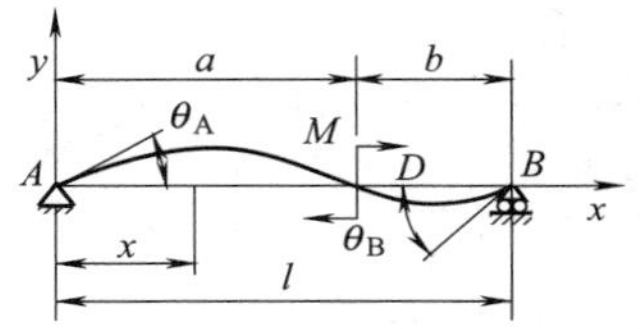	$y=\frac{Mx}{6EIl}(l^2-x^2-3b^2),0\leqslant x\leqslant a$ $y=-\frac{M(l-x)}{6EIl}[l^2-3a^2-(l-x)^2]$，$a\leqslant x\leqslant l$	设 $a>b$ 在 $x=\sqrt{\frac{l^2-3b^2}{3}}$ 处 $y_{max}=-\frac{\sqrt{3}M}{27EIl}(l^2-3b^2)^{3/2}$	$\theta_A=\frac{M}{6EIl}(l^2-3b^2)$ $\theta_B=\frac{M}{6EIl}(l^2-3a^2)$
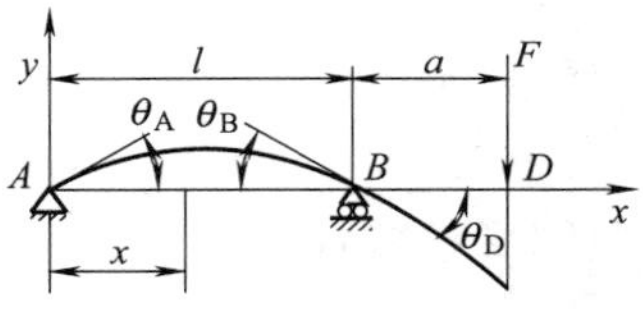	$y=\frac{Fax}{6EIl}(l^2-x^2),0\leqslant x\leqslant l$ $y=-\frac{F(x-l)}{6EI}[a(3x-l)-(x-l)^2]$，$l\leqslant x\leqslant l+a$	$y_D=-\frac{Fa^2}{3EI}(l+a)$ 在 $x=0.57735l$ 处 $y_{max}=\frac{Fal^2}{15.55EI}$	$\theta_A=-\frac{1}{2}\theta_B=\frac{Fal}{6EI}$ $\theta_D=-\frac{Fa}{6EI}(2l+3a)$
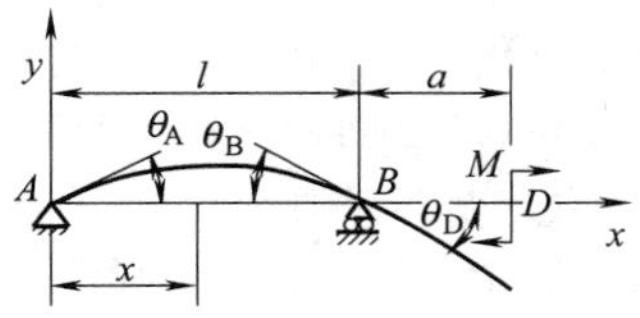	$y=\frac{Mx}{6EIl}(l^2-x^2),0\leqslant x\leqslant l$ $y=-\frac{M}{6EI}(3x-l)(x-l),l\leqslant x\leqslant l+a$	$y_D=-\frac{Ma}{6EI}(2l+3a)$ 在 $x=0.57735l$ 处 $y_{max}=\frac{Ml^2}{15.55EI}$	$\theta_A=-\frac{1}{2}\theta_B=\frac{Ml}{6EI}$ $\theta_D=-\frac{M}{3EI}(l+3a)$

轴的弯曲刚度条件为

挠度 $$y\leqslant[y] \quad (6\text{-}1\text{-}17)$$

偏转角 $$\theta\leqslant[\theta] \quad (6\text{-}1\text{-}18)$$

式中 $[y]$——轴的允许挠度，mm，见表 6-1-18；

$[\theta]$——轴的允许偏转角，rad，见表 6-1-18。

光轴的挠度 y 和偏转角 θ 的常用计算公式见表6-1-19。

1.5 轴的临界转速校核计算

轴是一个弹性体，当其旋转时，当由于某种原因在轴和轴上零件作用有周期性的干扰力时，会引起轴的振动。如果这种干扰力的频率与轴的自振频率相重合时，则会出现共振现象。

轴在引起共振时的转速称为轴的临界转速。当轴在临界转速或靠近临界转速运转时，轴将产生剧烈振动，从而破坏机器的正常工作状态，甚至会造成轴承或转子的损坏。而当轴在临界转速一定的范围之外工作时，轴将趋于平稳运转。因此，对于转速较高、跨度较大而刚性较小或外伸端较长的轴，应该进行临界转速校核计算。临界转速可以有许多个，最低的一个称为一阶临界转速，其余为二阶、三阶……。在一阶临界转速下，振动激烈，最为危险，所以通常主要计算一阶临界转速。但是，在某些情况下还需要计算高于一阶的临界转速。

校核计算就是要使轴的工作转速 n 在其临界转速 n_c 一定范围之外。当轴工作转速低于一阶临界转速时，其工作转速应取 $n<0.75n_{c1}$，工程上称这种轴为刚性轴；当轴工作转速高于一阶临界转速时，其工作转速应选在 $1.4n_{c1}<n<0.7n_{c2}$ 之间，通常称这种轴为挠性轴。满足上述条件的轴就具有了弯曲振动的稳定性。

轴的临界转速是轴的固有特性，其数值与轴的形状和尺寸、轴和轴上零件质量、轴的支承形式以及轴的材料特性等有关。

轴的振动类型有弯曲振动（横向振动）、扭转振动和纵向振动。轴的弯曲振动现象较扭转振动更为常见，纵向振动则由于轴的纵向自振频率很高，而常予以忽略，所以下面只对轴的弯曲振动问题加以说明。

运用有限元法可以对阶梯轴的临界转速做出精确计算（参见本章 1.8.4 节），作为近似计算，则可将阶梯轴视为当量直径为 d_v 的光轴进行计算，当量直径 d_v 按式（6-1-19）计算。

$$d_v=\xi\frac{\sum d_i\Delta l_i}{\sum \Delta l_i} \qquad (6\text{-}1\text{-}19)$$

式中　d_i——第 i 段轴的直径，mm；

Δl_i——第 i 段轴的长度，mm；

ξ——经验修正系数，若阶梯轴最粗一段或几段的轴段长度超过轴全长的 50%时，可取 $\xi=1$，小于 15%时，此段当作轴环，另按次粗轴段来考虑，在一般情况下，最好按照同系列机器的计算对象，选取有准确解的轴试算几例，从中找出 ξ 值，例如一般的压缩机、离心机、鼓风机转子可取 $\xi=1.094$。

1.5.1　不带圆盘均质轴的临界转速

各种支承条件下，等直径轴弯曲振动时第 1～3 阶临界转速的计算公式见表 6-1-20。

1.5.2　带圆盘的轴的临界转速

带单个圆盘且不计轴自重时轴的一阶临界转速 n_{c1} 的计算公式见表 6-1-20。

带 k 个圆盘且需计入轴自重时，可按式（6-1-20）计算轴的一阶临界转速 n_{c1}。

$$\frac{1}{n_{c1}^2}\approx\frac{1}{n_0^2}+\frac{1}{n_{01}^2}+\frac{1}{n_{02}^2}+\cdots+\frac{1}{n_{0k}^2} \qquad (6\text{-}1\text{-}20)$$

式中，n_0 为只考虑轴自重时轴的一阶临界转速；n_{01}，n_{02}，…，n_{0k} 分别表示轴上只装一个圆盘（盘 1，2，…，k）且不计轴自重时的一阶临界转速，均可按表 6-1-20 所列公式分别计算。

带有多个圆盘的轴，若在各圆盘重力的作用下，轴的挠度曲线或轴上各圆盘处的挠度值已知时，可用式（6-1-21）近似求得其一阶临界转速。阶梯轴可视为一种特殊的带有多个圆盘的轴，按式（6-1-21）近似求得其一阶临界转速。

$$n_{c1}=946\sqrt{\frac{\sum_{i=1}^{k}W_iy_i}{\sum_{i=1}^{k}W_iy_i^2}} \qquad (6\text{-}1\text{-}21)$$

式中　W_i——轴上所装各个圆盘（零件）的重力，N；

y_i——在 W_i 作用的截面内，由全部载荷（$W_1\sim W_k$）引起的轴的挠度，mm。

表 6-1-20　　轴弯曲振动时的临界转速 n_c　　r/min

均匀质量轴的临界转速 $n_{ci}=946\lambda_i\sqrt{\frac{EI}{W_0L^3}}$　（$i=1,2,3$ 为临界转速阶数）		带圆盘但不计轴自重时轴的一阶临界转速 $n_{c1}=946\sqrt{\frac{K}{W_1}}$	
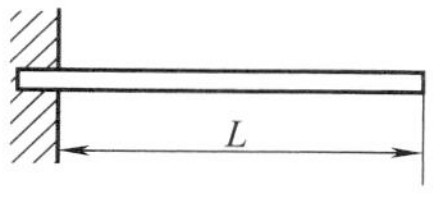 （悬臂轴，L）	$\lambda_1=3.52$ $\lambda_2=22.43$ $\lambda_3=61.83$	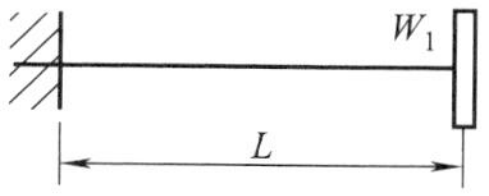 （悬臂轴，端部圆盘 W_1，L）	$K=\frac{3EI}{L^3}$
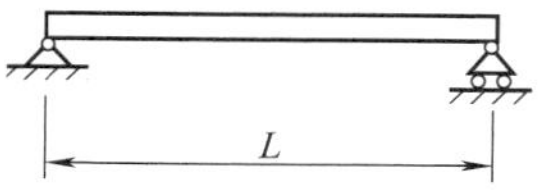 （两端铰支，L）	$\lambda_1=9.87$ $\lambda_2=39.48$ $\lambda_3=88.83$	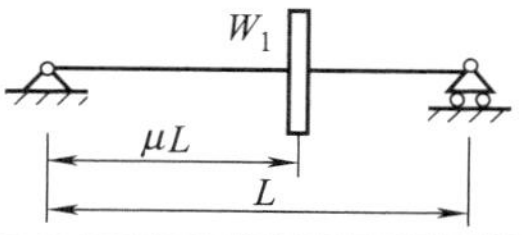 （两端铰支，圆盘 W_1 距左端 μL，L）	$K=\frac{3EI}{\mu^2(1-\mu)^2L^3}$
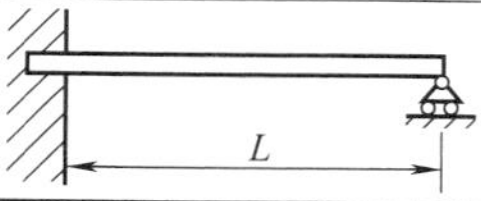 （一端固定一端铰支，L）	$\lambda_1=15.42$ $\lambda_2=49.97$ $\lambda_3=104.2$	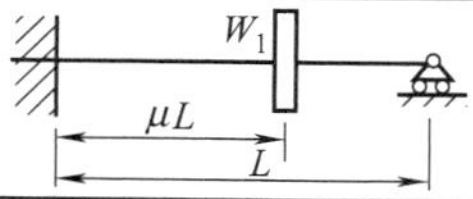 （一端固定一端铰支，圆盘 W_1 距固定端 μL，L）	$K=\frac{12EI}{\mu^3(1-\mu)^2(4-\mu)L^3}$

续表

<table>
<tr><th>均匀质量轴的临界转速
$n_{ci}=946\lambda_i\sqrt{\frac{EI}{W_0L^3}}$　($i=1,2,3$ 为临界转速阶数)</th><th>带圆盘但不计轴自重时轴的一阶临界转速
$n_{c1}=946\sqrt{\frac{K}{W_1}}$</th></tr>
<tr><td>L
$\lambda_1=22.37$
$\lambda_2=61.67$
$\lambda_3=120.9$</td><td>W_1　μL　L
$K=\frac{3EI}{\mu^3(1-\mu)^3L^3}$</td></tr>
<tr><td>μL　L
<table>
<tr><td>μ</td><td>0.5</td><td>0.55</td><td>0.6</td><td>0.65</td><td>0.7</td><td>0.75</td></tr>
<tr><td>λ_1</td><td>8.716</td><td>9.983</td><td>11.50</td><td>13.13</td><td>14.57</td><td>15.06</td></tr>
<tr><td>μ</td><td>0.8</td><td>0.85</td><td>0.9</td><td>0.95</td><td>1.0</td><td></td></tr>
<tr><td>λ_1</td><td>14.44</td><td>13.34</td><td>12.11</td><td>10.92</td><td>9.87</td><td></td></tr>
</table></td><td>W_1　μL　L
$K=\frac{3EI}{(1-\mu)^2L^3}$</td></tr>
</table>

注：W_0 为轴自重，N；W_1 为圆盘所受重力，N；L 为轴的长度，mm；λ_i 为支座形式系数；E 为轴材料的弹性模量，MPa；I 为轴截面的惯性矩，mm^4；μ 为支承间距离或圆盘处轴段长度与轴总长度之比；K 为轴的刚度系数，N/mm。

1.6　设计计算举例及轴的工作图

例 1　某设备中以圆锥-圆柱齿轮减速器作为减速装置，减速器输出轴的简图见图 6-1-7。输出轴通过弹性柱销联轴器与工作机相连，输出轴为单向旋转（从装有半联轴器的一端看为顺时针方向）。输送装置运转平稳，工作转矩变化很小，试设计该减速器的输出轴。

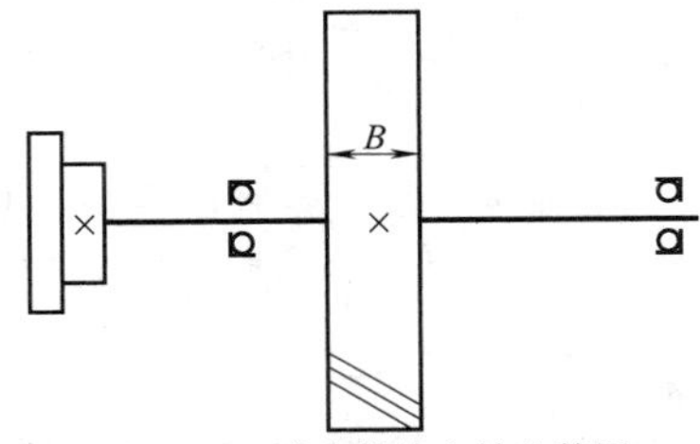

图 6-1-7　减速器输出轴的简图

(1) 确定设计原始数据

根据减速器设计资料，可求得输出轴设计相关数据，见表 6-1-21。

圆周力 F_t、径向力 F_r 及轴向力 F_a 的方向如图 6-1-8 所示。

(2) 初步确定轴的最小直径

先按式 (6-1-2) 初步估算轴的最小直径。选取轴的材料为 45 钢，调质处理。根据表 6-1-12，取 $A_0=112$，于是得

$$d_{min}=A_0\sqrt[3]{\frac{P}{n}}=112\times\sqrt[3]{\frac{9.41}{93.61}}=52.1\text{mm}$$

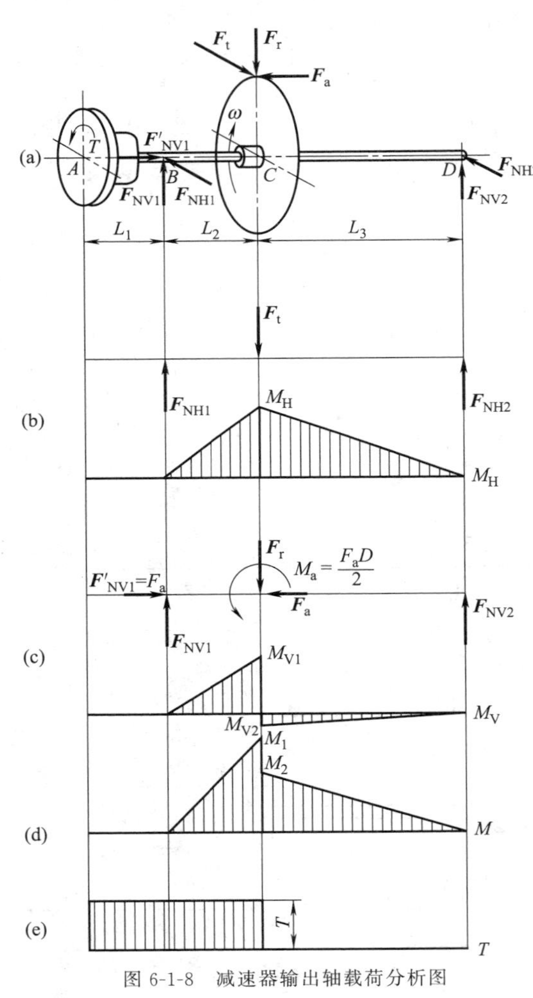

图 6-1-8　减速器输出轴载荷分析图

表 6-1-21　输出轴设计相关数据

传递功率 P/kW	转速 n/r·min^{-1}	齿宽 B/mm	转矩 T/N·mm	齿轮分度圆直径 d/mm	齿轮受到的力/N		
					圆周力 F_t	径向力 F_r	轴向力 F_a
9.41	93.61	80	960000	383.84	5002	1839	713

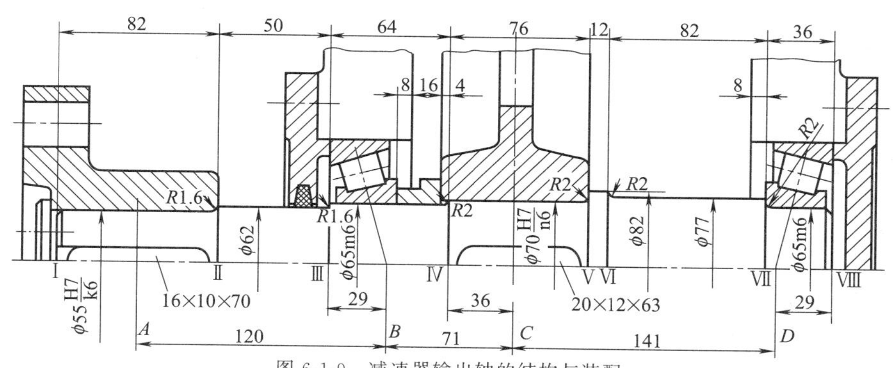

图 6-1-9　减速器输出轴的结构与装配

输出轴的最小直径应是安装联轴器处轴的直径 $d_{\text{I-II}}$（图 6-1-9）。为了使所选的轴直径 $d_{\text{I-II}}$ 与联轴器的孔径相适应，需同时选取联轴器型号。

联轴器的计算转矩 $T_{ca}=K_AT$，考虑到转矩变化很小，故取 $K_A=1.3$，则：

$$T_{ca}=K_AT=1.3\times960000=1248000\text{N}\cdot\text{mm}$$

按照计算转矩 T_{ca} 应小于联轴器公称转矩的条件，查标准 GB/T 5014 或本篇第 3 章，选用 LX4 型弹性柱销联轴器，其公称转矩为 2500000N·mm。半联轴器的孔径 $d_{\text{I}}=55$mm，故取 $d_{\text{I-II}}=55$mm；半联轴器长度 $L=112$mm，半联轴器与轴配合的毂孔长度 $L_1=84$mm。

(3) 轴的结构设计

1) 根据轴向定位的要求确定轴的各段直径和长度　为了满足半联轴器的轴向定位要求，Ⅰ-Ⅱ轴段右端需制出一轴肩，故取Ⅱ-Ⅲ段的直径 $d_{\text{II-III}}=62$mm；左端用轴端挡圈定位，按轴端直径取挡圈直径 $D=65$mm。半联轴器与轴配合的毂孔长度 $L_1=84$mm，为了保证轴端挡圈只压在半联轴器上而不压在轴的端面上，故Ⅰ-Ⅱ段的长度应比 L_1 略短一些，现取 $l_{\text{I-II}}=82$mm。

考虑轴承同时受有径向力和轴向力的作用，故选用单列圆锥滚子轴承。根据 $d_{\text{II-III}}=62$mm，由滚动轴承样本初步选取代号为 30313 的单列圆锥滚子轴承，其尺寸为 $d\times D\times T=65\text{mm}\times140\text{mm}\times36\text{mm}$，故 $d_{\text{III-IV}}=d_{\text{VII-VIII}}=65$mm；而 $l_{\text{VII-VIII}}=36$mm。

右端滚动轴承采用轴肩进行轴向定位。由滚动轴承样本查得 30313 型轴承的定位轴肩高度 $h=6$mm，因此，取 $d_{\text{VI-VII}}=77$mm。

取安装齿轮处的轴段Ⅳ-Ⅴ的直径 $d_{\text{IV-V}}=70$mm；齿轮的左端与左轴承之间采用套筒定位。已知齿轮轮毂的宽度为 80mm，为了使套筒端面可靠地压紧齿轮，此轴段应略短于轮毂宽度，故取 $l_{\text{IV-V}}=76$mm。齿轮的右端采用轴肩定位，轴肩高度 $h>0.07d$，故取 $h=6$mm，则轴环处的直径 $d_{\text{V-VI}}=82$mm。轴环宽度 $b>1.4h$，取 $l_{\text{V-VI}}=12$mm。

由减速器箱体结构及轴承端盖的结构设计，取轴承端盖的总宽度为 20mm。根据轴承端盖的装拆及便于对轴承添加润滑脂的要求，取端盖的外端面与半联轴器右端面间的距离 30mm，故取 $l_{\text{II-III}}=50$mm。

考虑齿轮、轴承等零件本身的轴向尺寸，以及各自需距箱体内壁一定距离等要求，取 $l_{\text{III-IV}}=64$mm，$l_{\text{VI-VIII}}=82$mm。

至此，已初步确定了轴的各段直径和长度。

2) 轴上零件的周向定位　齿轮、半联轴器与轴的周向定位均采用平键连接。按 $d_{\text{IV-V}}=70$mm 可查得平键截面 $b\times h=20\text{mm}\times12\text{mm}$，取键槽长为 63mm。为了保证齿轮与轴配合有良好的对中性，选择齿轮轮毂与轴的配合为 H7/n6；同样，半联轴器与轴的连接，选用平键为 16mm×10mm×70mm，半联轴器与轴的配合为 H7/k6。滚动轴承与轴的周向定位是由过渡配合来保证的，此处选轴的直径尺寸公差为 m6。

(4) 求轴上的载荷

首先根据轴的结构图（图 6-1-9）做出轴的载荷分析简图（图 6-1-8）。在确定轴承的支点位置时，应从机械设计手册中查取 a 值（参看图6-1-2）。对于 30313 型圆锥滚子轴承，由手册中查得 $a=29$mm。

表 6-1-22　　**输出轴截面 C 处的载荷数据**

载　荷	水平面 H	垂直面 V
支反力 F	$F_{NH1}=3327N, F_{NH2}=1675N$	$F_{NV1}=1869N, F_{NV2}=-30N$
弯矩 M	$M_H=236217N\cdot mm$	$M_{V1}=132699N\cdot mm, M_{V2}=-4140N\cdot mm$
总弯矩	$M_1=\sqrt{236217^2+132699^2}=270938N\cdot mm; M_2=\sqrt{236217^2+4140^2}=236253N\cdot mm$	
转矩 T	$T=960000N\cdot mm$	

因此，作为简支梁的轴的支承跨距 $L_2+L_3=71mm+141mm=212mm$。根据轴的计算简图做出轴的弯矩图和转矩图（图 6-1-8）。

从轴的结构图以及弯矩和转矩图中可以看出，截面 C 是轴的危险截面。现将计算出的截面 C 处的 M_H、M_V 及 M 的值列于表 6-1-22（参看图 6-1-8）。

（5）按弯扭合成应力校核轴的强度

进行校核时，通常只校核轴上承受最大弯矩和转矩的截面（即危险截面 C）的强度。根据式（6-1-5）及表 6-1-21 中的数据，以及轴单向旋转，扭转切应力为脉动循环变应力，取 $\alpha=0.6$，轴的计算应力

$$\sigma_{ca}=\frac{\sqrt{M_1^2+(\alpha T)^2}}{W}=\frac{\sqrt{270938^2+(0.6\times960000)^2}}{0.1\times70^3}\text{MPa}$$

$$=18.6\text{MPa}$$

前已选定轴的材料为 45 钢，调质处理，由表 6-1-1查得 $[\sigma_{-1}]=60\text{MPa}$。因此 $\sigma_{ca}<[\sigma_{-1}]$，故安全。

（6）精确校核轴的疲劳强度

首先应判断危险截面。从应力集中对轴的疲劳强度的影响来看，截面Ⅳ和Ⅴ处过盈配合引起的应力集中最严重；从受载的情况来看，截面 C 上的应力最大。截面Ⅴ的应力集中的影响和截面Ⅳ的相近，但截面Ⅴ不受转矩作用，同时轴径也较大，故不必作强度校核。截面 C 上虽然应力最大，但应力集中不大，而且这里轴的直径最大，故截面 C 也不必校核。由于键槽的应力集中系数比过盈配合的小，因而该轴只需校核截面Ⅳ左右两侧即可。

计算截面Ⅳ左侧截面系数、载荷、应力，并对其进行强度校核。

抗弯截面系数　$W=0.1d^3=0.1\times65^3=27463\text{mm}^3$

抗扭截面系数　$W_T=0.2d^3=0.2\times65^3=54925\text{mm}^3$

弯矩　$M=270938\times\frac{71-36}{71}=133561N\cdot mm$

转矩　$T=960000N\cdot mm$

弯曲应力　$\sigma_b=\frac{M}{W}=\frac{133561}{27463}=4.86\text{MPa}$

扭转切应力　$\tau_T=\frac{T}{W_T}=\frac{960000}{54925}=17.48\ \text{MPa}$

轴的材料为 45 钢，调质处理。由表 6-1-1 查得 $\sigma_B=640\text{MPa}$，$\sigma_{-1}=275\text{MPa}$，$\tau_{-1}=155\text{MPa}$。

由轴肩形成的理论应力集中系数 α_σ 及 α_τ 按表 6-1-15查取。因 $\frac{r}{d}=\frac{2.0}{65}=0.031$，$\frac{D}{d}=\frac{70}{65}=1.08$，经插值后可查得

$$\alpha_\sigma=2.0,\ \alpha_\tau=1.31$$

又由图 6-1-3 可得轴的材料的敏性系数为

$$q_\sigma=0.82,\ q_\tau=0.85$$

故有效应力集中系数按式（6-1-12）为

$$k_\sigma=1+q_\sigma(\alpha_\sigma-1)=1+0.82\times(2.0-1)=1.82$$

$$k_\tau=1+q_\tau(\alpha_\tau-1)=1+0.85\times(1.31-1)=1.26$$

由图 6-1-4 的尺寸系数 $\varepsilon_\sigma=0.67$；由图 6-1-5 的扭转尺寸系数 $\varepsilon_\tau=0.82$。

轴按磨削加工，由图 6-1-6 得表面质量系数为

$$\beta_\sigma=\beta_\tau=0.92$$

轴未经表面强化处理，即 $\beta_q=1$，则按式（6-1-11）得综合系数为

$$K_\sigma=\frac{k_\sigma}{\varepsilon_\sigma}+\frac{1}{\beta_\sigma}-1=\frac{1.82}{0.67}+\frac{1}{0.92}-1=2.80$$

$$K_\tau=\frac{k_\tau}{\varepsilon_\tau}+\frac{1}{\beta_\tau}-1=\frac{1.26}{0.82}+\frac{1}{0.92}-1=1.62$$

确定碳钢的特性系数，$\varphi_\sigma=0.1\sim0.2$，取 $\varphi_\sigma=0.1$；$\varphi_\tau=0.05\sim0.1$，取 $\varphi_\tau=0.05$。于是，计算安全系数 S_{ca}值，按式（6-1-8)～式（6-1-10）得

$$S_\sigma=\frac{\sigma_{-1}}{K_\sigma\sigma_a+\varphi_\sigma\sigma_m}=\frac{275}{2.80\times4.86+0.1\times0}=20.21$$

$$S_\tau=\frac{\tau_{-1}}{K_\tau\tau_a+\varphi_\tau\tau_m}=\frac{155}{1.62\times\frac{17.48}{2}+0.05\times\frac{17.48}{2}}=10.62$$

$$S_{ca}=\frac{S_\sigma S_\tau}{\sqrt{S_\sigma^2+S_\tau^2}}=\frac{20.21\times10.62}{\sqrt{20.21^2+10.62^2}}=9.40>S=1.5$$

故可知其安全。

与截面Ⅳ左侧的计算类似，对截面Ⅳ右侧计算可得安全系数为 $S_{ca}=7.75>S=1.5$，同样是安全的。

故该轴在截面Ⅳ右侧的强度也是足够的。因本例无大的瞬时过载及严重的应力循环不对称性，故可略去静强度校核。至此，轴的设计计算即告结束。

（7）绘制轴的工程图

根据上述设计，运用计算机绘图软件，绘制的输出轴的二维工程图如图 6-1-10 所示。

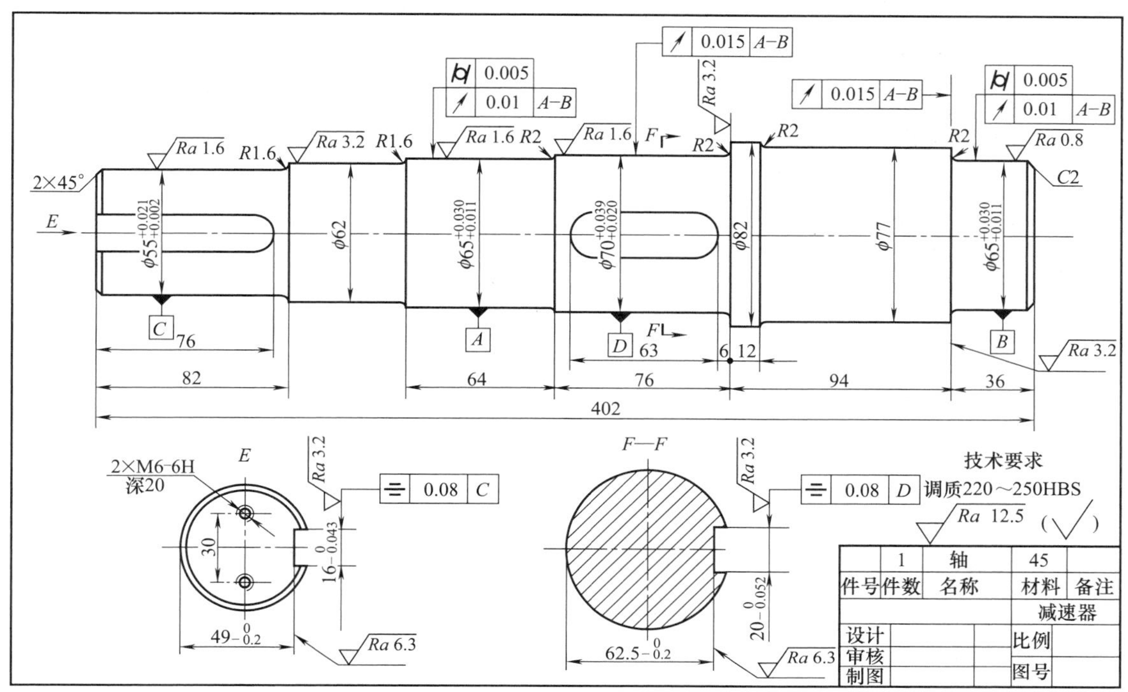

图 6-1-10　减速器输出轴的工程图

1.7　轴的可靠度计算

若从广义的概念把引起零件失效的外部因素称作应力，把零件自身抵抗失效的能力称作强度，则常规设计中就是通过判断应力是否超过强度来判断零件的安全性。若将应力与强度视为随机变量，通过计算强度高于应力的概率，就得到零件的可靠度。这就是机械零件可靠度计算的应力-强度干涉模型的基本概念。轴的可靠度计算可按这一基本概念进行。

1.7.1　轴可靠度计算的基本方法

将应力-强度干涉模型具体应用在轴的可靠度计算时，就是以轴的强度指标（例如轴的极限应力 $\sigma_{\lim}$）和作用应力 σ 都是随机变量的事实为基础。当用 r 表示轴的强度指标、s 表示作用应力时，轴安全的条件可描述为：

$$y=r-s>0 \tag{6-1-22}$$

式中，y 可理解为轴的安全裕度。这时，轴安全的概率 P（$y>0$）就是轴的工作可靠度 R，即：

$$R=P(y>0)=P(r>s) \tag{6-1-23}$$

若轴的应力和强度均服从正态分布，即强度 $r\sim N(\mu_r,\ \sigma_r^2)$，应力 $s\sim N(\mu_s,\ \sigma_s^2)$，则安全裕度 $y=r-s$ 也服从正态分布，即 $y\sim N(\mu_y,\ \sigma_y^2)$。其中：

$$\mu_y=\mu_r-\mu_s,\sigma_y=\sqrt{\sigma_r^2+\sigma_s^2} \tag{6-1-24}$$

式中　μ_r，μ_s——强度 r 和应力 s 的数学期望（均值）；

σ_r，σ_s——强度 r 和应力 s 的标准差（均方差）。

安全裕度 y 的概率密度函数为

$$f(y)=\frac{1}{\sqrt{2\pi}\sigma_y}\exp\left[-\frac{(y-\mu_y)^2}{2\sigma_y^2}\right] \tag{6-1-25}$$

因此，轴的可靠度为

$$R=P(y>0)=\int_0^{\infty}f(y)\mathrm{d}y=\phi\left(\frac{\mu_r-\mu_s}{\sqrt{\sigma_r^2+\sigma_s^2}}\right) \tag{6-1-26}$$

式中，ϕ 为标准正态分布随机变量的积分函数值，若令

$$\beta=\frac{\mu_r-\mu_s}{\sqrt{\sigma_r^2+\sigma_s^2}} \tag{6-1-27}$$

则有

$$R=\phi(\beta) \tag{6-1-28}$$

式（6-1-27）称为可靠性连接方程，β 称为可靠性系数或可靠度指数。β 的值取决于轴的强度和应力的均值与均方差。

利用式（6-1-27）和式（6-1-28），可以根据已知的 μ_r、μ_s、σ_r 和 σ_s 来决定强度及应力均服从正态分布时

轴的可靠度 R，这属于轴的可靠性评估或可靠性分析问题；也可以根据轴的可靠度要求，来决定 μ_r、μ_s、σ_r 和 σ_s 中的任何一个值，这属于轴的可靠性设计问题。

1.7.2 轴可靠度计算举例

例 1 某轴在工作时受到交变的弯曲应力作用，危险截面处弯曲应力的均值 $\mu_s=325\text{MPa}$，均方差为 $\sigma_s=30\text{MPa}$。轴用材料的弯曲疲劳极限的均值 $\mu_r=425\text{MPa}$，均方差 $\sigma_r=40\text{MPa}$。若弯曲疲劳极限和弯曲应力均是服从正态分布的随机变量，试求该轴弯曲疲劳强度的可靠度。

解 按式（6-1-27）给出的连接方程，求出可靠性系数 β

$$\beta=\frac{\mu_r-\mu_s}{\sqrt{\sigma_r^2+\sigma_s^2}}=\frac{425-325}{\sqrt{40^2+30^2}}=2.0$$

由机械设计手册可查得对应的可靠度 $R=\phi(\beta)=0.97725$。

例 2 有一轴在工作中受到扭转载荷的作用，扭转载荷的均值 $\mu_T=560\text{N}\cdot\text{m}$，其均方差 $\sigma_T=33.6\text{N}\cdot\text{m}$。轴用材料屈服极限的均值为 $\mu_r=240\text{MPa}$，其均方差 $\sigma_r=19.2\text{MPa}$。若扭转载荷与轴用材料屈服极限均为服从正态分布的随机变量，试按可靠度为 90%的要求设计轴危险截面的直径 d。

解 设轴危险截面处的抗扭截面模量为 W_T，则轴危险截面处剪应力的均值 μ_s 及均方差 σ_s 分别为：

$$\mu_s=\frac{\mu_T}{W_T}\quad \sigma_s=\frac{\sigma_T}{W_T}$$

按照可靠度为 90%的要求，由机械设计手册可查得 $R=\phi(\beta)=0.9$ 时，其对应的可靠性系数 $\beta=1.28$，于是按式（6-1-27）有

$$1.28=\frac{\mu_r-\mu_s}{\sqrt{\sigma_r^2+\sigma_s^2}}=\frac{240-\dfrac{560000}{W_T}}{\sqrt{19.2^2+\left(\dfrac{33600}{W_T}\right)^2}}$$

由上式可解出轴危险截面处的抗扭截面模量 $W_T\approx5689\text{mm}^3$。

则轴危险截面处的直径

$$d\approx\sqrt[3]{\frac{16W_T}{\pi}}=\sqrt[3]{\frac{16\times5689}{\pi}}=30.71\text{mm}$$

显然，只要将轴危险截面处的直径设计得大于 31mm，就可保证轴的工作可靠度不低于 90%。

1.8 轴的计算机辅助设计与分析

1.8.1 轴的计算机辅助设计

针对轴的计算机辅助设计与分析，在设计中需要用到二维或三维图形软件；在强度、刚度校核以及临界转速的计算中需要用到有限元分析软件；在从三维造型到有限元分析软件的数据交换中则要使用标准数据接口模块等。

使用 AutoCAD 软件设计绘制的轴的二维工程图如图 6-1-10 所示。本节重点介绍轴的三维设计。

一般来说，零件设计首先是零件形状体的设计，零件三维设计常采用基于特征的技术，它主要是通过形状特征的定义和组合实现，轴类零件也是一样。

（1）通用三维 CAD 系统的基本形状特征功能

当前的商业三维 CAD 系统，从构建各种形体的通用要求出发，一般都提供表 6-1-23 所列基本类型形状特征的定义和调用功能。

表 6-1-23 通用三维 CAD 系统的基本形状特征功能

特　征	功能说明
辅助(基准)特征	辅助特征不直接参与零件的形成，但是在其他特征的生成和组合过程中起到基准定义作用，也称基准特征。主要有基准面、基准轴、基准曲线、基准点和局部坐标系等
基特征	基特征是造型过程中第一个调用的特征，相当于零件的毛坯，其他特征直接或间接地以基特征为参考。在基特征上不断添加新的特征，即可构造出整个零件
附加特征	附加特征定义附加在被造型零件上的形体，可依附到基本的形状特征上，并对其存在有一定的修饰作用，如圆角、倒角、肋、阵列、镜像等
草图特征	草图特征是由横截面经过拉伸、旋转、扫描、放样等方式生成的几何形体，因为其生成横截面以草图方式绘制，故称草图特征。横截面草图生成往往与二维参数化技术联系在一起，通过截面二维轮廓的参数化实现特征的截面尺寸修改 草图特征是生成几何形体最基本的形状特征，可以单独或与其他特征组合成零件
专用的和自定义特征	对用户工作领域内通用、具有特定工程语义的形体或零件组件，将其定义为特征，可方便和加快构型过程。例如，造型软件通常可提供的键槽、阶梯孔、肋板等。此外，系统还允许用户另外自行扩充定义它所需要的特征

（2）轴类零件三维 CAD 建模过程

以图 6-1-10 所示的减速器输出轴为例，说明轴的三维 CAD 模型的建立过程。

图 6-1-10 所示的轴是一阶梯轴，轴上有两个键槽以及若干圆角与倒角。阶梯轴可以看成是连接在一起的多个直径不等的圆柱体的组合。因此，可以选择其中一段圆柱体作为基特征，该基特征通过圆形横截面的草图拉伸构建。在此基础上，经各级的拉伸获得其他圆柱体构成阶梯轴。其他的形体构成，如键槽、圆角、倒角等，可通过附加特征生成。

另外，阶梯轴也可以通过具有阶梯形状的矩形截面旋转构建而成，整个阶梯轴作为基特征，在此基础上生成键槽、圆角、倒角等附加特征。其具体过程如下。

1）采用草图特征创建基本特征

① 选取基准，勾画截面轮廓。在零件建模环境中，选取前视基准面作为草图轮廓的生成平面，在其上绘制二维草图，可不按比例绘制，因为尺寸可在其后调整。

② 定义轮廓组成约束及尺寸。定义二维草图轮廓的几何约束，如平行、垂直、等长、共线等。

添加驱动尺寸。在满足约束的情况下，调整二维轮廓的驱动尺寸，即可确定草图的几何形状。在欠约束或过约束的情况下，系统将给出提示。

③ 旋转草图截面，即可生成草图特征。

2）生成键槽特征

① 创建轴端键槽的基准面。创建一平面平行于前视基准面，并与轴端外圆相切，作为轴端键槽草图平面。

② 生成轴端键槽的拉伸截面。在轴端键槽的基准面上勾画键槽截面轮廓，定义轮廓约束及尺寸。

③ 选取拉伸方向，给定拉伸高度，即可生成轴端键槽。

④ 采用以上同样方法，生成中间键槽特征。

3）生成圆角及倒角特征。选取需要倒圆角的轴肩，定义圆弧半径生成圆角特征；选取轴端的倒角边，定义倒角的角度及尺寸，生成倒角特征。

图 6-1-11 就是对应于图 6-1-10 所示轴的三维 CAD 模型。这个三维 CAD 模型一方面具备了所设计轴的所有几何特征，同时也可作为轴的各类计算机辅助分析的原始模型。

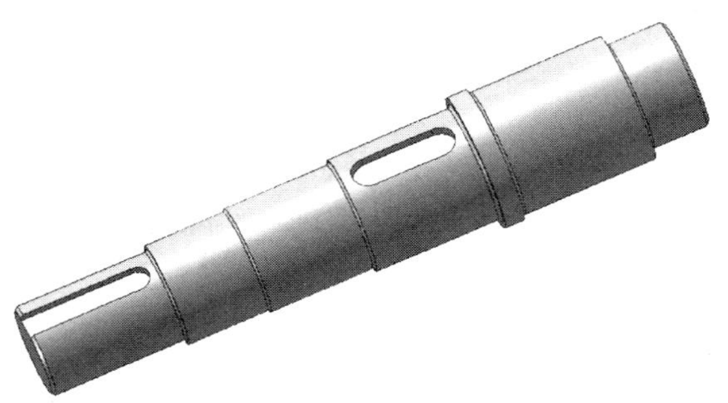

图 6-1-11　轴的三维 CAD 模型

1.8.2　轴的强度校核的有限元计算

有限元法的基本思路是通过连续体离散化的方法，用有限个通过节点相互连接的简单单元来表示复杂的对象，然后根据变形协调条件综合求解。它的具体做法是，先将物体离散化成许多小单元，用节点未知量通过插值函数近似地表征单元内部的各种物理量，并使它们在单元内部以积分的形式满足问题的控制方程，从而将每个单元对整体的影响和贡献转化到各自单元的节点上。将这些单元总装成一个整体，并使它们满足整个求解区域的边界条件和连续条件，得到一组有关节点未知量的联立方程。方程解出后，再用插值函数和有关公式，求得物体内部各节点所要求的各种物理量。

在有限元分析实际应用中，大量的工作是数据准备和整理计算结果。目前，许多软件都提供前后处理程序，自动生成有限元模型数据，自动处理分析结果数据并赋予图形显示。因此，利用有限元求解的过程就是正确使用有限元软件的过程。

（1）建立有限元模型的一般过程

建立有限元模型的一般过程见表 6-1-24。

表 6-1-24　建立有限元模型的一般过程

步　骤	说　明
1. 问题性质的确定	确定分析对象属于哪一类性质的问题，是线性问题还是非线性问题，是静力学问题还是动力学问题，是小变形问题还是大变形问题等。对此必须做出正确无误的判断，从而选择相应的分析方案 常用的有限元分析类型包括：静力分析、模态分析、频率响应分析、时域响应分析、弹塑性分析、接触分析、屈曲分析、几何非线性问题、物理非线性问题和热应力分析等
2. 结构模型的合理简化	一个好的有限元模型，首先应在几何上逼近原始结构，即选取的有限元网格模型尽可能与实际结构相一致。但是，在实际结构与有限元模型之间，几何形状上不可避免地存在某些不一致。这就是说，用有限元模型模拟实际结构时，在几何上要引入某些近似，如曲线的折线逼近、曲线边界的等参元逼近等

续表

步　骤	说　明
2. 结构模型的合理简化	另外，在分析处理一个大型复杂结构问题之前，应仔细分析结构的各个部分，按其几何上以及载荷分布上的特点，将其简化成杆、梁、板、壳、块体等典型构件来处理，这样做既减少了计算工作量，又不失去构件本来的力学特性，使得计算模型简单 此外，利用对称性和反对称性、周期性条件、子结构技术，对一个复杂的结构或构件，可根据它们在几何上、力学上、传热学上的特点，进行降维处理，用来缩小有限元的解题规模
3. 网格划分	网格划分得越细，计算精度越高，成本也越高。但如果网格划分得不适当，也不一定有好的结果。有限元网格一定要根据力学性能进行合理划分，这样解题的规模才不至于过大。在应力梯度大的区域，网格要细；在应力变化平缓的区域，网格可以粗一些；在网格疏密相交区域，可使用过渡单元。此外，还要根据问题性质及求解精度的要求选择合理的有限元单元
4. 边界条件的处理	边界条件包括位移约束条件和力边界条件。对于基于位移模式的有限元法，在结构的边界上必须严格满足已知的位移约束条件。例如某些边界上的位移、转角等于零或者已知值，计算模型必须让它能实现这一点。对于自由边的条件则可不予考虑。施加载荷的时候要尽量考虑与原结构实际受载情况保持一致，同时也可利用圣维南原理施加等效载荷
5. 有限元计算	在给有限元模型赋予一定的材料属性参数后，即可进行有限元计算。有限元计算主要是对含有物体内部各节点的各种物理量与边界条件的一组方程的求解。计算前应该检查各参数单位是否一致
6. 计算结果的后处理	后处理的主要目的是通过对结果的分析处理，获得响应量关键点的数值，包括最大值、最小值等；显示和输出响应量的分布情况；按照规范和标准，校核强度、刚度、稳定性等安全性指标是否满足要求，并将校核过程和结果输出 后处理显示和输出结果的方式主要有：列表输出；图形输出，如等值线、彩色云图等输出响应量的分布规律。分布规律不仅应包含物体表面的分布，还应包含典型的内部切面上的分布；计算机动画模拟结构的动态特性和时变响应。计算可视化技术为有限元分析的后处理提供了非常有效的工具。很多有限元分析软件配有图形及专业后处理模块，用户应了解其功能和特点，并充分加以利用

（2）轴强度的校核过程

针对上述三维CAD软件所设计的轴，给出有限元强度校核过程。

1）问题分析与模型修改　对轴进行有限元分析，首先要分析轴的受载情况。该轴为减速器的输出轴，轴所受的载荷从轴上的齿轮传递而来，如图6-1-8所示。如果在有限元中仅对轴计算，则需要将齿轮上的载荷移植到轴上。此时，轴上除了集中力系（切向力F_t、径向力F_r、轴向力F_a）外，还会有由此产生的转矩和弯矩。但是在很多有限元软件中，难以直接施加转矩和弯矩载荷。考虑到加载的方便，同时为了后期计算带齿轮轴的临界转速，给轴配合上一直径与齿轮分度圆直径相同的圆盘，然后在分度圆表面一母线上加载。这样做可使得在模型简化的情况下，最大限度地模拟齿轮与轴的受载情况。根据圣维南原理，虽然齿轮部分的计算结果与原始结构有一定差别，但是轴的计算结果不会受到影响。

2）导入轴的实体模型　为了建立有限元分析模型，需将由三维造型软件建立的轴的实体模型导入有限元分析软件中。这时，通常可在三维造型软件中，将轴的实体模型存储为“IGES”（*.igs）格式或“Parasolid”（*.x_t）格式的模型文件，然后在有限元分析软件中将模型文件导入。将轴以及带圆盘轴的实体模型导入有限元分析软件后的模型如图6-1-12所示。

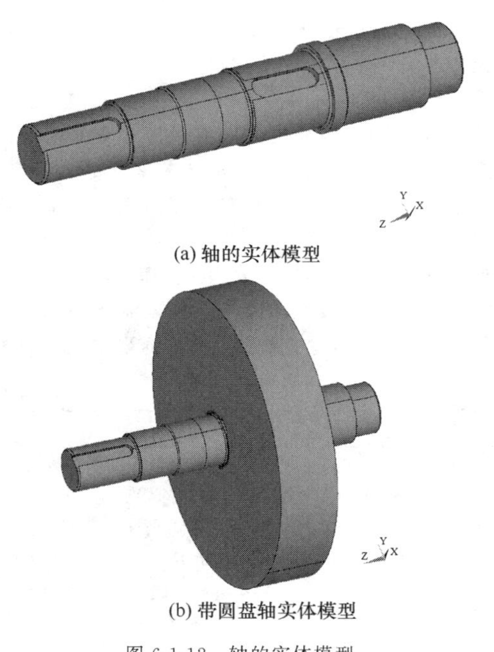

图6-1-12　轴的实体模型

3）划分有限元网格　虽然轴类零件可以简化成杆、梁单元进行计算，但是考虑到更精确地反映轴肩过渡圆角应力分布以及轴体内的应力分布，最常用的是直接对轴的三维实体进行有限元计算。对于三维实体来说，可以通过三维体单元离散来描述。常用的体单元有：四节点四面体单元、八节点六面体单元以及二十节点曲面六面体单元等。考虑到计算规模及精度要求，轴的有限元网格划分只需用到简单的四节点四面体单元或八节点六面体单元。

划分网格前需给定轴材料系数。例如，弹性模量 $E=210\text{GPa}$，泊松比 $\mu=0.3$ 等。

在划分网格的时候还需预计到轴的应力分布，比如轴肩圆角处或许有应力集中，则圆角处的网格需要更密化一些。划分的有限元网格如图 6-1-13 所示。

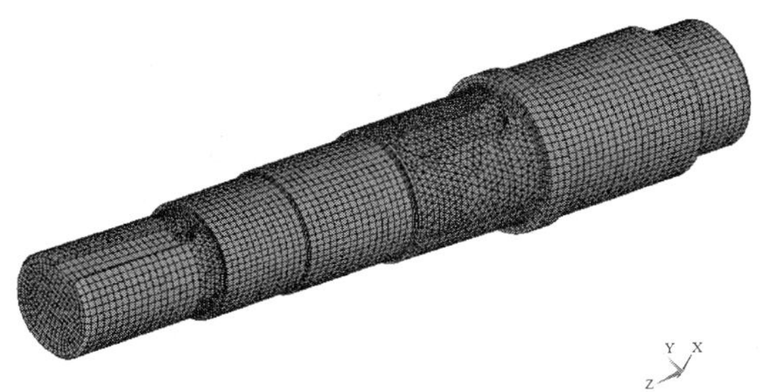

图 6-1-13　轴的有限元模型

4）给定边界条件　边界条件包括载荷边界条件和位移边界条件。施加边界条件前，应设定合适的坐标系。对于轴类零件，采用柱坐标系为宜。将载荷（切向力 $F_t=5002\text{N}$、径向力 $F_r=1839\text{N}$、轴向力 $F_a=713\text{N}$）施加在圆盘外圆柱表面的一条母线上。位移边界条件的设定则需要考虑轴的结构与装配方案，如图 6-1-14 所示。轴在联轴器配合部位以及两个轴承的配合部位受到约束，在与轴承配合的表面上施加径向约束，在与联轴器配合的表面上施加径向与周向约束，轴肩端面施加轴向约束。

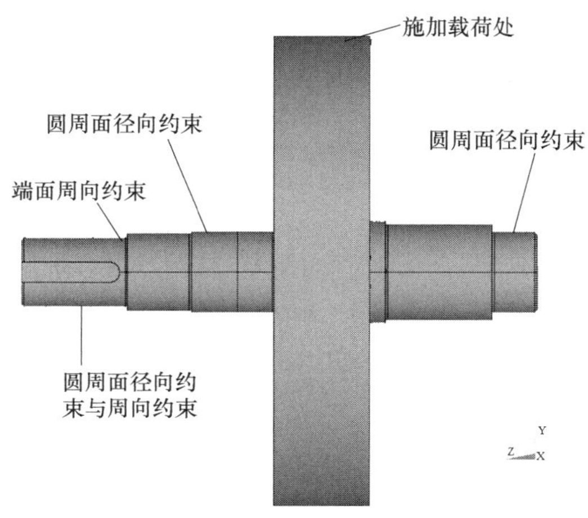

图 6-1-14　施加约束后轴的有限元模型

5）有限元计算　选择有限元软件中的静力分析模块，并进行有限元计算。

6）有限元后处理及强度校核

① 轴的静强度校核。单独取出轴的有限元模型，显示其 Von misses 应力（按第四强度理论的合成应力）分布云图，如图 6-1-15 所示。通常，Von misses 应力可以作为静强度校核的依据。从图 6-1-15 中可以看出，轴的薄弱环节在截面Ⅱ处与截面Ⅳ处。最大的 Von misses 应力在截面Ⅱ处，其值为 207MPa。若轴的材料为 45 钢，调质处理，由表 6-1-1 查得 $\sigma_s=355\text{MPa}$，满足静强度条件。

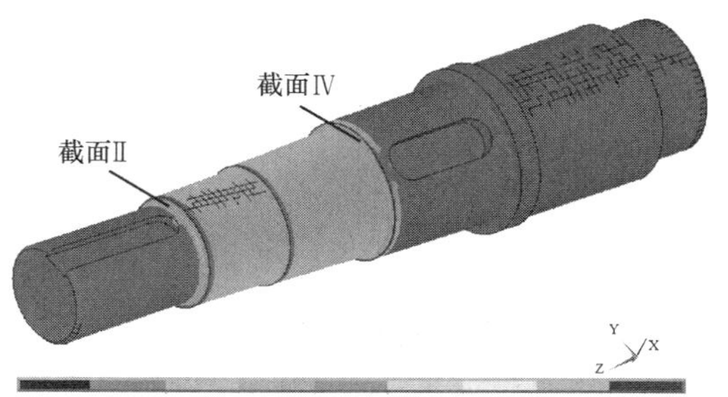

图 6-1-15　轴的 Von misses 应力云图

② 轴的疲劳强度校核。为了按弯扭合成进行轴的疲劳强度校核，应分别取出危险截面Ⅱ处和Ⅳ处的扭转切应力与弯曲应力，在计算出弯扭合成应力后进行轴的疲劳强度校核。运用有限元软件的后处理模块得到的整个轴段的扭转切应力与弯曲应力云图分别如图 6-1-16、图 6-1-17 所示。由图可知，截面Ⅱ处的扭转剪切应力较大，截面Ⅳ处的弯曲应力较大。

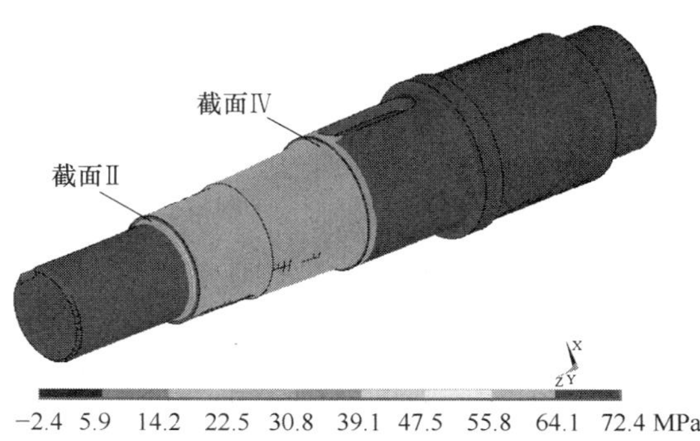

图 6-1-16　轴的扭转切应力云图

运用有限元软件中的后处理模块，可取出危险截面的最大应力。截面Ⅱ上最大切应力与最大弯曲应力分别为：$\tau=72.4\text{MPa}$，$\sigma=3\text{MPa}$；截面Ⅳ上最大切应力与最

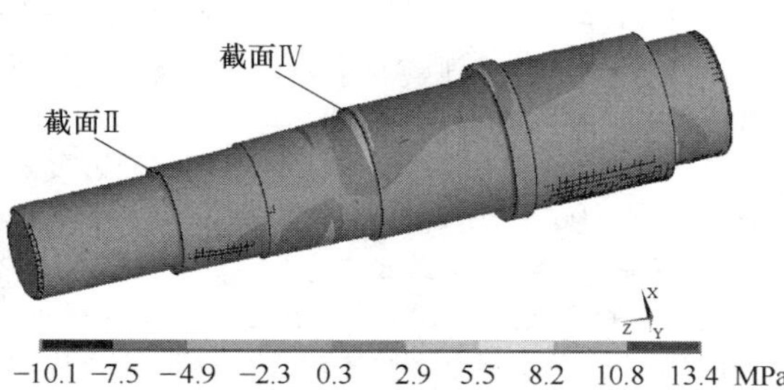

图 6-1-17　轴的弯曲应力云图

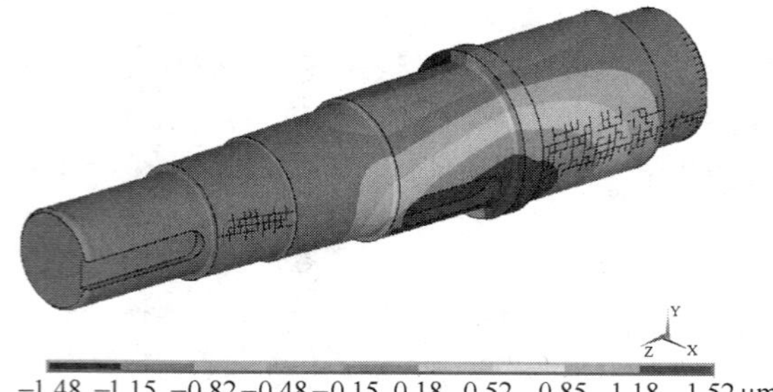

图 6-1-18　轴的弯曲变形云图

大弯曲应力分别为：$\tau=33.3\text{MPa}$，$\sigma=13.4\text{MPa}$。

为了将脉动循环的扭转剪切应力与对称循环的弯曲应力合成，需用式（6-1-5）计算弯扭合成应力。

对于截面Ⅱ：

$$\sigma_{ca\text{Ⅱ}}=\sqrt{\sigma^2+4(\alpha\tau)^2}=\sqrt{3^2+4\times(0.6\times72.4)^2}=86.9\text{MPa}$$

对于截面Ⅳ：

$$\sigma_{ca\text{Ⅳ}}=\sqrt{\sigma^2+4(\alpha\tau)^2}=\sqrt{13.4^2+4\times(0.6\times33.3)^2}=42.1\text{MPa}$$

若轴的材料为 45 钢，调质处理，由表 6-1-1 查得 $[\sigma_{-1}]=60\text{MPa}$。对于截面Ⅱ，$\sigma_{ca\text{Ⅱ}}>[\sigma_{-1}]$，不满足强度条件，其主要原因是此处的扭转剪切应力较大；而对于截面Ⅳ，$\sigma_{ca\text{Ⅳ}}<[\sigma_{-1}]$，满足强度条件。

需要特别说明的是，运用有限元方法计算得到的结构应力已经包含了应力集中效应，但是无法计入绝对尺寸、表面质量以及强化措施等对疲劳极限的影响。因此，上述对轴的疲劳强度的校核还是不够完善的。

1.8.3　轴的刚度校核的有限元计算

在上述有限元静力分析中，除了计算出应力分布外，还计算出了轴的变形。因此可在上述计算结果中直接进入后处理模块提取轴的变形量。

（1）轴的弯曲刚度校核

取出轴的有限元模型，显示其径向变形云图，如图 6-1-18 所示。图中所示最大弯曲变形区在齿轮的配合轴段上，轴的最大挠度值为 0.0015mm。作为简支梁的轴的支撑跨距 $l=L_2+L_3=71\text{mm}+141\text{mm}=212\text{mm}$。查表 6-1-18 可知，允许挠度为 $(0.0003\sim0.0005)l=0.0636\sim0.106\text{mm}$。因此，该轴满足弯曲刚度要求。

（2）轴的扭转刚度校核

取出轴的有限元模型，显示其扭转变形云图，如图 6-1-19 所示。图中所示最大扭转变形区在对齿轮定位的轴环上。取出截面Ⅴ的最大切向位移值为 0.041mm，根据轴环的直径可换算出截面Ⅴ的最大扭转角为 0.001rad=0.057°。轴的扭转变形用每米长的扭转角 φ 来表示，由于Ⅱ-Ⅴ轴段长为 190mm，因此 $\varphi=0.3°/\text{m}$。对于一般传动轴，许用扭转角 $[\varphi]=0.5°\sim1°/\text{m}$。因此 $\varphi<[\varphi]$，满足扭转刚度要求。

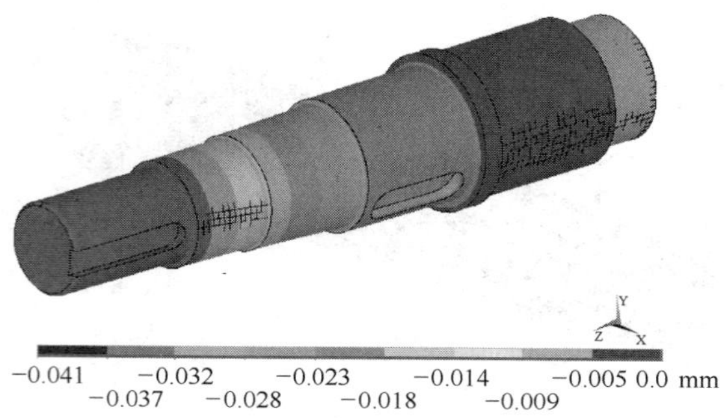

图 6-1-19　轴的扭转变形云图

1.8.4　轴临界转速的有限元计算

轴在引起共振时的转速称为临界转速，所以计算临界转速也就是计算轴引起共振的固有频率，需要用到有限元中的模态分析模块。考虑到轴上齿轮的质量对轴振动的影响，一般在计算轴的固有频率时都要带上齿轮，否则计算单一轴的模态没有意义。因此，在进行轴的临界转速有限元计算时可使用前面强度与刚度校核时的装配模型。

带齿轮盘的轴的有限元模态分析过程为：①将实体模型导入有限元系统；②划分有限元网格；③确定边界条件；④输入材料常数；⑤进入模态分析模块，选择计算方法；⑥确定需要计算模态的阶数，然后计算；⑦进入后处理模块，输出固有频率与振型。

上述过程中，第①步、第②步与前面强度校核时完全一致，第③步确定边界条件时只需要定义位移边界条件，第④步材料常数除了弹性模量与泊松比外，还需输入材料密度。

计算轴的前 10 阶模态后结果列于表 6-1-25 中。

工作转速低于 1 阶临界转速的轴称为刚性轴（工

作于亚临界区)，超过 1 阶临界转速的轴称为挠性轴(工作在超临界区)。该减速器输出轴的工作转速为 n=1450r/min，故属于刚性轴，而且其工作转速避开了所有临界转速，不会出现共振现象。

表 6-1-25　　**轴的临界转速计算结果**

阶　数	固有频率/Hz	临界转速/r·min^{-1}	振　　型
1	142.71	8562	扭转
2	825.46	49527	齿轮一节径
3	838.35	50301	齿轮一节径(方向与第 2 阶垂直)
4	1095.6	65736	轴向振动
5	1265.3	75918	轴一阶弯曲
6	1281.2	76872	轴一阶弯曲(弯曲方向与第 5 阶垂直)
7	2488.7	149322	齿轮二节径
8	2490.5	149430	齿轮二节径(方向与第 7 阶垂直)
9	4068.1	244086	齿轮伞形
10	5012.4	300744	齿轮三节径

第2章 软　轴

2.1 软轴的结构组成和规格

软轴主要用于两个传动机件的轴线不在同一直线上，或工作时彼此要求有相对运动的空间传动。也适合于受连续振动的场合以缓和冲击。软轴的适用场合如表 6-2-1 所示，它广泛应用于可移式机械化工具、主轴可调位的机床、混凝土振动器、砂轮机、医疗器械、里程表以及遥控仪等产品的传动系统。

软轴安装简便、结构紧凑、工作适应性较强。适用于高转速、小转矩场合。当转速低、转矩大时，从动端的转速往往不均匀，且扭转刚度也不易保证。

软轴传递功率可达几十千瓦，转速可达 20000r/min，最高甚至可达 50000r/min。

2.1.1 软轴

一根完整的软轴应该由软轴、软管、软轴接头以及软管接头等几部分组成，如图 6-2-1 所示。

软轴一般都为钢丝软轴，其结构如图 6-2-2 所示。它是由几层弹簧钢丝紧绕在一起而成，而每一层又用若干根钢丝卷绕而成。相邻钢丝层的缠绕方向相反。外层钢丝比内层的要选得粗些。当传递转矩时，相邻两层钢丝中的一层趋于绕紧，另一层趋于旋松，使各层钢丝相互压紧。轴的旋转方向应使表层钢丝趋于绕紧为合理。

钢丝软轴有左旋和右旋两种，区别在于不同层数

表 6-2-1　　软轴的适用场合

适用场合	说　明	适用场合	说　明
	作为无保护或者复杂结构传动装置的代用件，例如角传动、链式传动、万向节头等		用于操控危险区域的器械
	当传动或从动不在同一直线上或不足以对准时		远距离传动装置的器械必须进行机械或者手工操控
	动力传输到的位置不可能进行直线连接		用于减轻传动机的冲撞或者工具的振荡
	连接或者传动相互之间运动的元件		用于减轻手提工具的重量

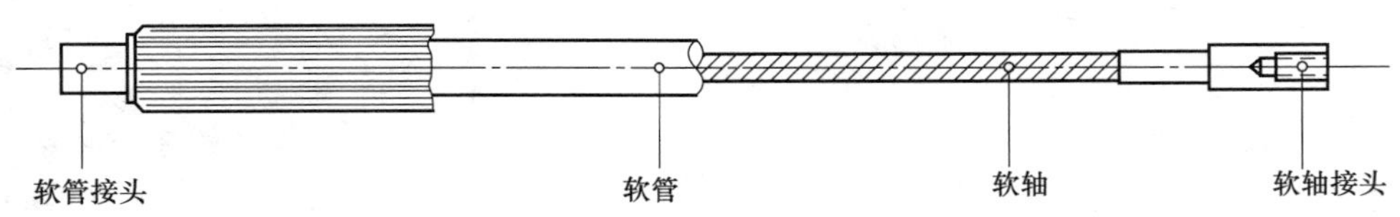

图 6-2-1　软轴的组成

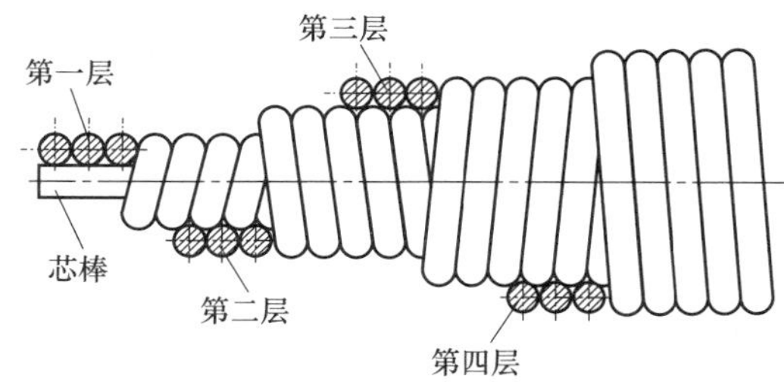

图 6-2-2 钢丝软轴的结构

的结构和其缠绕的方向。左旋软轴（指最外层钢丝为向左旋缠绕）在顺时针旋转时可以比在逆时针旋转时传输的转矩高；右旋软轴在逆时针旋转时可以比在顺时针旋转时传输的转矩高。钢丝软轴旋向与运动旋转方向的关系如图 6-2-3 所示。采用不同的设计，也可以实现在两个旋转方向达到基本相同的负载能力。

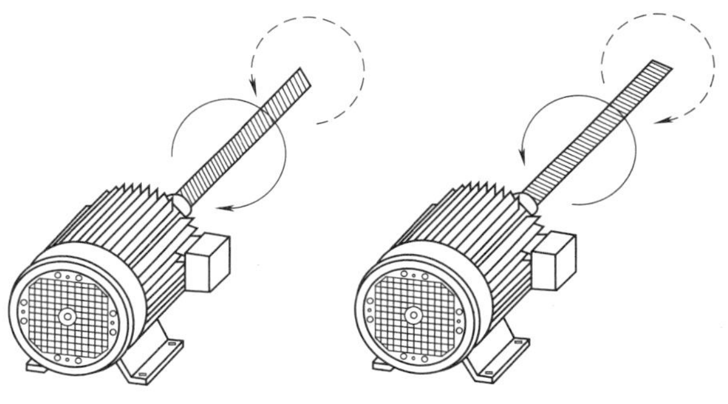

图 6-2-3 钢丝软轴旋向与运动旋转方向的关系

功率型钢丝软轴外层钢丝直径较大，有的不带芯棒，因而耐磨性和挠性都较好。控制型钢丝软轴都有芯棒，钢丝层数和每层钢丝的根数较多，扭转刚度较大。

此外，还出现了一些新兴的软轴结构型式，如齿条形软轴。齿条形软轴的结构如图 6-2-4 所示，该软轴的轴心结构与一般软轴结构类似，在最外圈绕有螺旋线，可以与齿轮相啮合。在螺旋线中间加入柔软的毛质材料，可以减小传动时的振动和噪声。该类软轴的传动原理如图 6-2-5 所示。在该传动中，若以软轴为主动件，软轴可以绕自身轴线转动，从而带动齿轮转动；软轴也可沿轴线方向运动，从而带动齿轮转动。若齿轮为主动件，则可带动软轴沿轴向运动。

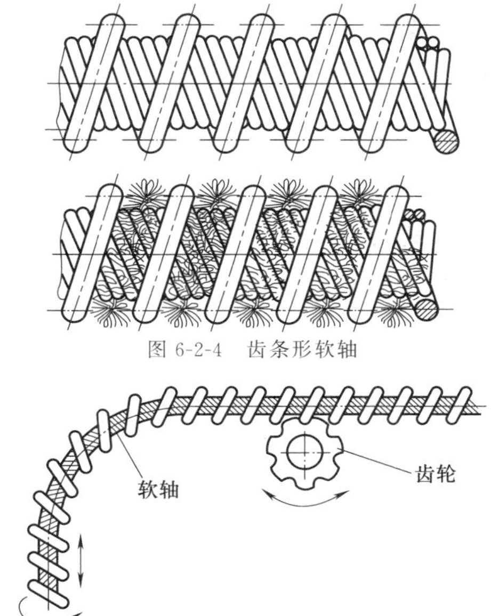

图 6-2-4 齿条形软轴

图 6-2-5 齿条形软轴的传动原理

常用钢丝软轴的规格及尺寸见表 6-2-2。

表 6-2-2 钢丝软轴规格及尺寸

公称直径/mm	1.8	2	2.2	2.5	3	3.3	3.8	4
最小弯曲半径/mm	35	40	45	50	60	65	75	80
最高转速/$r \cdot min^{-1}$	50000	50000	50000	50000	45000	45000	40000	40000
最大转矩/N·m	0.12	0.15	0.18	0.20	0.39	0.38	0.33	0.42
理论质量/$kg \cdot m^{-1}$	0.015	0.020	0.023	0.030	0.040	0.050	0.069	0.075
公称直径/mm	4.75	5	6	6.4	7	8	10	12
最小弯曲半径/mm	95	100	120	200	140	160	200	240
最高转速/$r \cdot min^{-1}$	30000	30000	25000	25000	20000	18000	15000	12000
最大转矩/N·m	0.95	1.20	2.30	5.00	2.40	3.45	4.70	10.0
理论质量/$kg \cdot m^{-1}$	0.105	0.116	0.165	0.179	0.229	0.302	0.460	0.660

注：由于目前尚未有软轴统一标准，各厂家生产的规格尺寸不尽相同，设计选用时应以各厂的产品样本为准，表中所列仅是部分产品规格。

2.1.2　软管

软管的作用是保护钢丝软轴，以免与外界零件接触，并保存润滑剂和防止尘垢侵入。工作时软管还起支承作用，使软轴便于操作。常用软管的结构型式与规格尺寸见表 6-2-3。

表 6-2-3　　常用软管的结构型式与规格尺寸

类型	结构简图	软管主要尺寸/mm				特　点
		软轴直径 d	软管内径 d_0	软管外径 D	最小弯曲半径 R_{min}	
金属软管	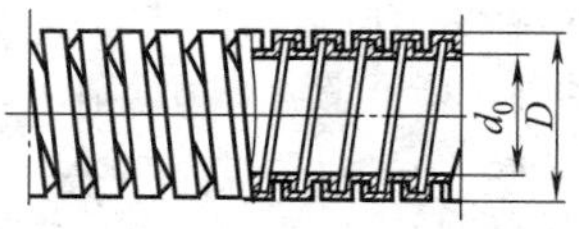 d_0　D	13 16 19	20±0.5 25±0.5 32±0.5	25±0.5 32±0.5 38±0.5	270 300 375	由镀锌的低碳钢带卷成，钢带镶口内填以石棉或棉纱绳，结构较简单，重量轻，但强度和耐磨性较差
橡胶金属软管	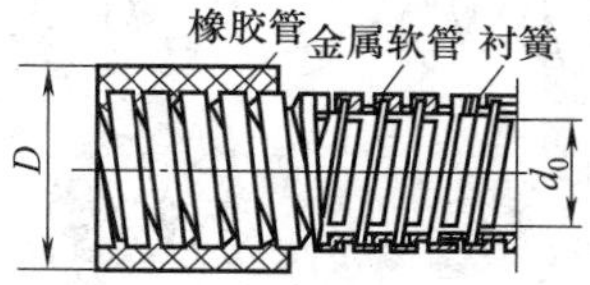 橡胶管　金属软管　衬簧　D　d_0	13	19±0.5 21±0.5	36^{+1}_{0} 40^{+1}_{0}	300 325	在金属软管内衬以衬簧、外面包上橡胶保护层。耐磨性及密封性比金属软管好
衬簧橡胶软管	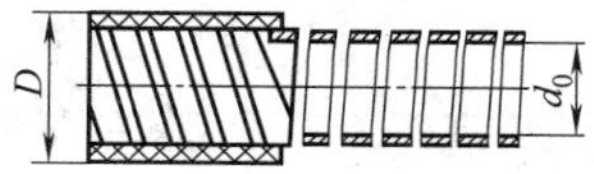 D　d_0	8 10 13 16	$14^{+0.5}_{0}$ $16^{+0.5}_{0}$ $20^{+0.5}_{0}$ $24^{+0.5}_{0}$	22^{+1}_{0} 30^{+1}_{0} 36^{+1}_{0} 40^{+1}_{0}	225 320 360 400	在橡胶管内衬以衬簧，比橡胶金属软管结构简单。混凝土振动器多用此种软管
衬簧编织软管	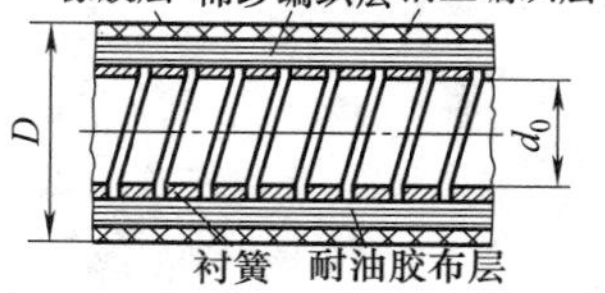 橡胶层　棉纱编织层　钢丝编织层　D　d_0　衬簧　耐油胶布层	13	$20^{+0.5}_{0}$	36^{+1}_{0}	360	衬簧由弹簧钢带卷成，外面依次包上耐油胶布层、棉纱、钢丝编织层和耐磨橡胶。强度、挠度、耐磨性、密封性均较好
小金属软管	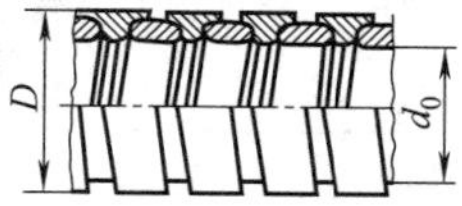 D　d_0	3.3 5	5.5±0.1 8±0.2	8±0.1 10.5±0.2	150 175	由两层成形钢带卷成，挠性较好，密封性较差，用于控制型软轴
合成材料软管	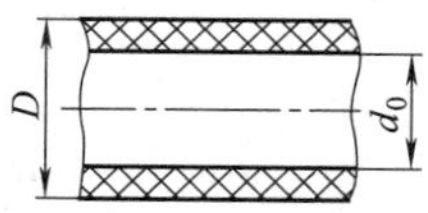 D　d_0	3 6	4.1 7.5	8.1 10.0		聚丁烯材料制成的合成材料软管，用于简单用途

注：由于目前尚未有软管统一标准，各厂家生产的规格尺寸不尽相同，设计选用时应以各厂的产品样本为准，表中所列仅是部分产品规格。

2.1.3　软轴接头

软轴接头用于连接动力输出轴及工作部件。其连接方式分固定式和滑动式两种。固定式多用于软轴较短或工作中弯曲半径变化不大的场合。当工作中弯曲半径变化较大时，滑动式允许软轴在软管内有较大的轴向窜动，以补偿软管弯曲时的长度变化。但弯曲半径不能过小，以防止接头滑出。常用软轴接头结构型式见表 6-2-4。常用软轴接头与轴端连接方式见表 6-2-5。为便于软轴拆卸检查和润滑，应使软轴接头一端的外径小于软管和软管接头的内径。

表 6-2-4 常用软轴接头结构型式

型式	结构简图	特点	型式	结构简图	特点
固定式		用紧定螺钉连接，装拆方便	滑动式		用鸭舌形插头连接，制造容易，装拆方便
		用螺纹连接，简单可靠，装拆较费时			用键连接，能传递较大转矩
		用内螺纹连接，简单可靠，装拆较费时			用方形插头连接，制造容易，装拆方便
				A—A 放大	用非圆形型面连接，装拆方便，允许有轴向位移，避免软轴产生拉应力

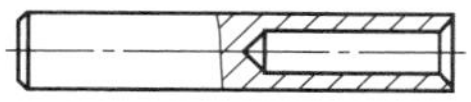

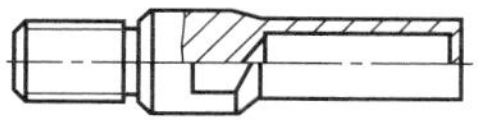

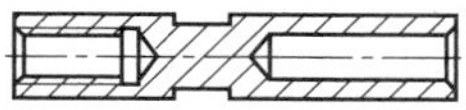

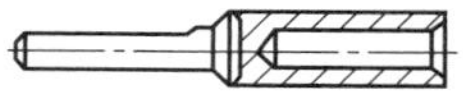

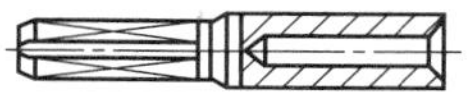

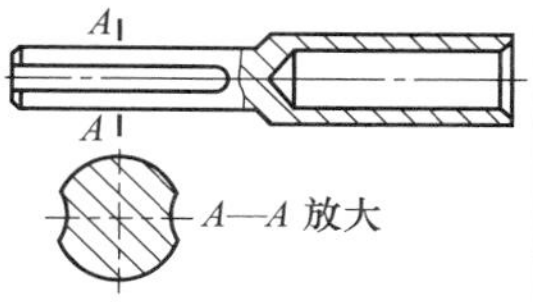

表 6-2-5 常用软轴接头与轴端连接方式

方式	结构简图	特点
焊接	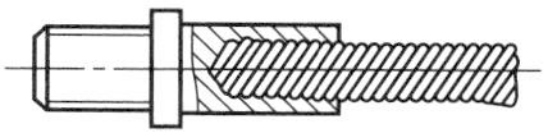	接头用锡焊，可重复使用，但费工费料，使用渐少
镦压	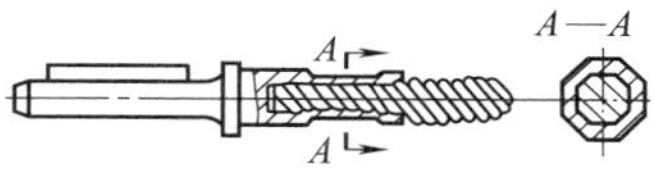 A—A	工艺简单，应用广泛
滚压	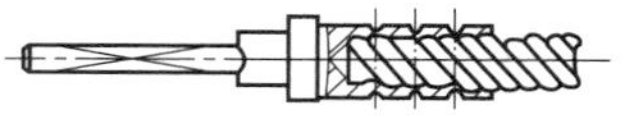	工艺简单，应用广泛

2.1.4 软管接头

软管接头是连接传动装置及工作部件的机体，有时也是软轴接头的轴承座。其连接方式分固定式和滑动式两种。软管与软管接头常用的连接方式见表 6-2-6。

表 6-2-6 常用软管接头型式及连接方式

方式		结构简图	特点	方式		结构简图	特点
固定式	焊接		用锡焊，用于金属软管与接头的连接	固定式	滚压		工艺简单，用于有橡胶保护层的软管与接头的连接
	镦压	A—A	工艺简单，用于金属软管与接头的连接	滑动式			软管接头为伸缩套式，用于钢丝软轴两端均为固定式连接的场合
	嵌套连接		装拆较方便，但结构较复杂，用于有橡胶保护层的软管与接头的连接				

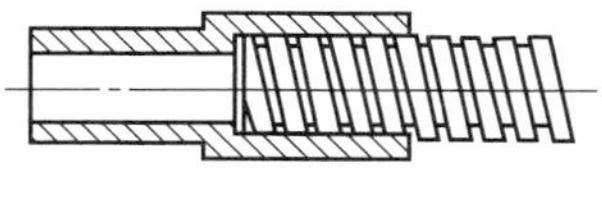

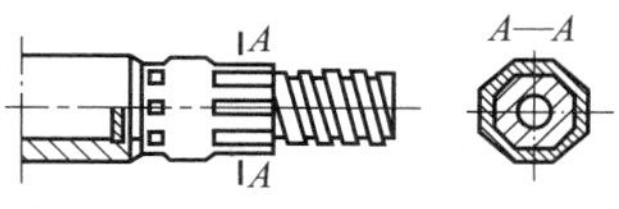

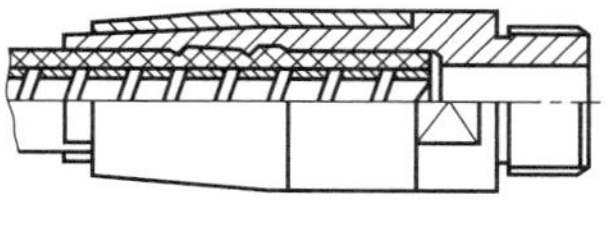

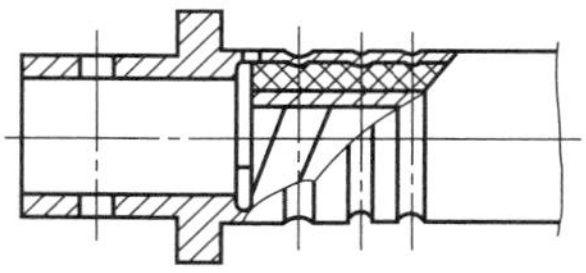

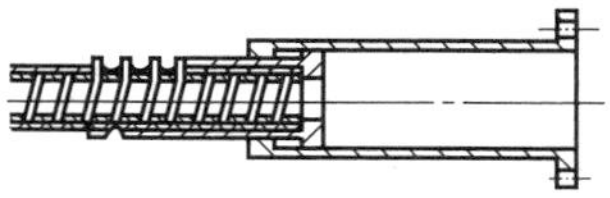

2.2 常用软轴的典型结构

按照用途不同，软轴又分功率型（CG 型）和控制型（CK 型）两种。功率型软轴一般有防逆转装置，以保证单向传动。表 6-2-7 是 G 型和 K 型软轴的常用结构型式。

表 6-2-7 软轴常用的结构型式

类 型	结 构	特 点
功率型 G 型软轴	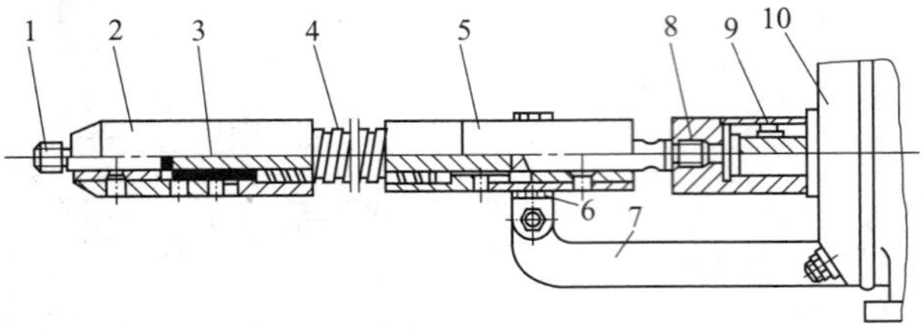 1,8—软轴接头；2,5—管接头；3—钢丝软轴；4—软管；6—卡箍；7—托架；9—联轴器；10—电动机	钢丝软轴接头端部为固定式（螺纹连接），软管接头内带滑动轴套
控制型 K 型软轴	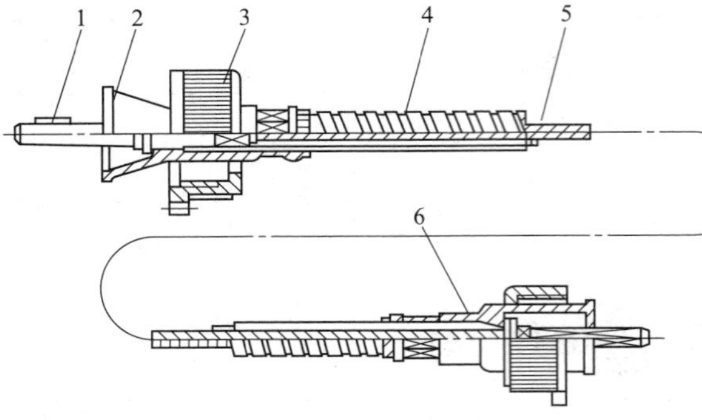 1—软轴接头；2,6—软管接头；3—连接螺母；4—软管；5—钢丝软轴	钢丝软轴接头端部为滑动式，软管接头为镦压连接

2.3 防逆转装置

对于传递动力的软轴，需要配装防逆转装置，以确保软轴单向传递转矩。工程中，通常利用各种超越离合器的单向连接功能，实现软轴的防逆转。图 6-2-6所示为某型软轴砂轮机所采用的防逆转装置。该装置的原理是利用齿轮端面的斜槽（参见 B—B 展开）与传动销之间构成的单向连接作用，使电机轴只能单方向输出转矩。

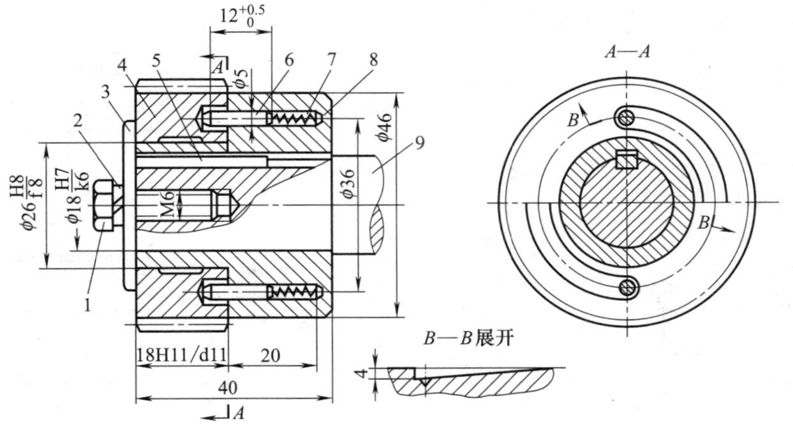

图 6-2-6 防逆转装置

1—螺钉；2—弹簧垫圈；3—垫圈；4—齿轮；5—键；6—传动销；7—弹簧；8—传动盘；9—电机主轴

2.4　软轴的选择与使用

2.4.1　软轴的选择

软轴规格应根据所需传递的转矩、转速、旋转方向、工作中的弯曲半径以及传递距离等使用要求选择。

软轴工作时的弯曲半径对软轴在该工况条件下的最大功率、最大转矩以及所能达到的最高转速都有影响，具体的影响关系见图 6-2-7～图 6-2-9 所示的影响曲线。图中 $R_{\min}$ 为该软轴所允许的最小弯曲半径。

低于额定转速时，软轴按恒转矩传递动力；高于额定转速时，按恒功率传递动力。软轴在额定转速下所能传递的最大转矩列于表 6-2-8。

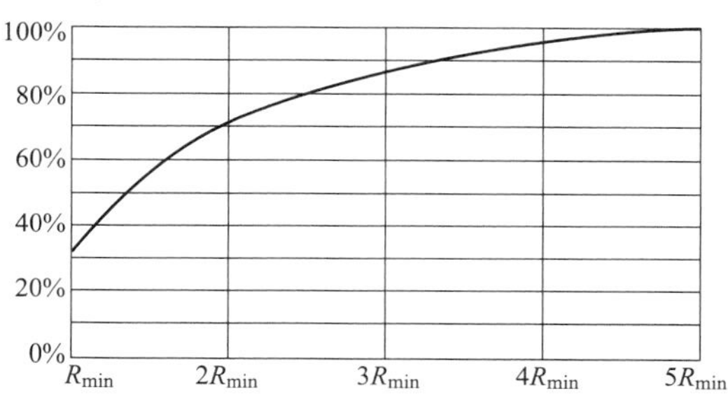

图 6-2-7　弯曲半径对最大功率的影响曲线

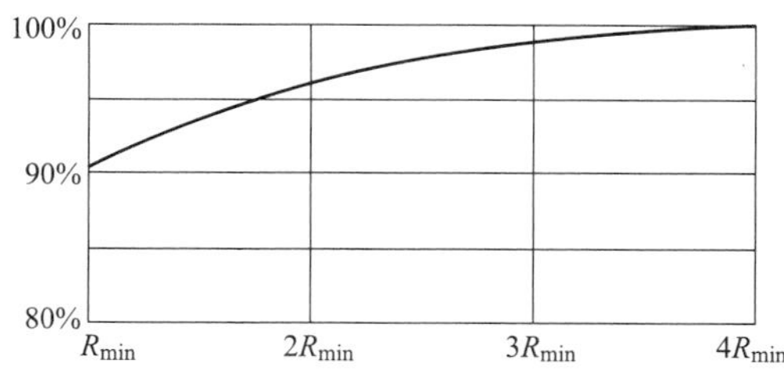

图 6-2-8　弯曲半径对最大转矩的影响曲线

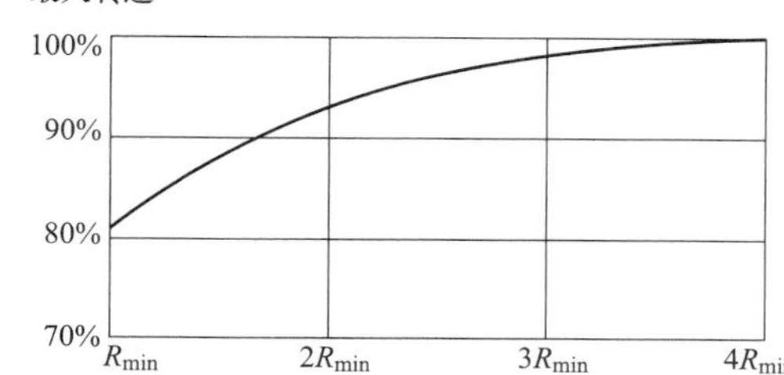

图 6-2-9　弯曲半径对最大转速的影响曲线

软轴直径按下式可从表 6-2-8 中选定

$$T_{t0} \geqslant T_t \frac{k_1 k_2 k_3 n}{\eta n_0}$$

式中　T_{t0}——软轴能传递的最大转矩，N · m；

n_0——额定转速，即以表 6-2-8 中 T_{t0} 相应的转速，r/min；

T_t——软轴从动端所需传递的转矩，N · m；

n——软轴的工作转速，r/min，当 $n < n_0$ 时，用 n_0 代入；

k_1——过载系数，当短时最大转矩小于软轴无弯曲时所能传递的最大转矩时，$k_1=1$；当大于此值时，k_1 可取此值与最大额定转矩的比值；

k_2——软轴转向系数，当旋转时，若软轴最外层钢丝趋于绕紧，$k_2=1$，如趋于旋松，则 $k_2 \approx 1.5$；

k_3——软轴支承情况系数，当钢丝软轴在软管内，其支承跨距与软轴直径之比小于 50 时，$k_3 \approx 1$，当比值大于 150 时，$k_3 \approx 1.25$；

η——软轴传动效率，通常 $\eta=1 \sim 0.7$，当软轴无弯曲工作时，$\eta=1$，弯曲半径越小，弯曲段越多，η 值越接近下限。

表 6-2-8　　软轴在额定转速 n_0 时能传递的最大转矩 T_{t0}

软轴直径 /mm	无弯曲时	工作中弯曲半径/mm									额定转速 n_0	最高转速 $n_{\max}$
		1000	750	600	450	350	250	200	150	120		
	T_{t0}/N · m										r/min	
6	1.5	1.4	1.3	1.2	1.0	0.8	0.6	0.5	0.4	0.3	3200	13000
8	2.4	2.2	2.0	1.8	1.6	1.4	1.2	0.9	0.6	—	2500	10000
10	4.0	3.6	3.3	3.0	2.6	2.3	1.9	1.5	—	—	2100	8000
13	7.0	6.0	5.2	4.6	4.0	3.4	2.8	—	—	—	1750	6000
16	13.0	12.0	10.0	8.0	6.0	4.5	—	—	—	—	1350	4000
19	20.0	17.0	14.0	11.0	8.0	5.5	—	—	—	—	1150	3000
25	33.0	26.0	19.0	13.0	9.0	—	—	—	—	—	950	2000
30	50.0	38.0	25.0	16.5	10.0	—	—	—	—	—	800	1600

2.4.2 软轴使用时的注意事项

软轴通常用在传动系统中转速较高的一级，并使其工作转速尽可能接近额定转速。软轴传动的距离一般是几米到十几米，如果要求更长时，建议只在弯曲处采用软轴。

在使用软轴时的注意事项：

① 钢丝软轴必须定期涂润滑脂。润滑脂类型按工作温度选择。软管应定期清洗。

② 切勿将控制型软轴与功率型软轴相互替代使用。

③ 在运输和安装过程中，不得使软轴的弯曲半径小于允许最小弯曲半径。运转时应尽可能使软管固定位置，并使其在靠近接头部分伸直。

④ 钢丝软轴和软管要分别与接头牢固连接。当工作中弯曲半径变化较大时，应使钢丝软轴或软管的接头有一端可以滑动，以补偿软轴弯曲时的长度变化。

第3章　联　轴　器

3.1　联轴器的分类、特点及应用

联轴器是用于连接两轴或轴与回转件，以传递转矩和运动，并在传动过程中不能分开的一种机械装置。

联轴器可分为刚性联轴器和挠性联轴器。刚性联轴器是不能补偿两轴间有相对位移的联轴器。挠性联轴器是能适当补偿两轴间相对位移的联轴器。

挠性联轴器可分为无弹性元件挠性联轴器和有弹性元件挠性联轴器两类。无弹性元件挠性联轴器是没有起缓冲作用的弹性连接件的挠性联轴器。有弹性元件挠性联轴器是利用弹性元件的弹性变形以实现补偿两轴间相对位移，缓和冲击与吸收振动的挠性联轴器。有弹性元件挠性联轴器中的弹性元件又有金属弹性元件和非金属弹性元件两类。

金属弹性元件具有强度较高、结构紧凑、使用寿命长的特点。金属弹性元件多为膜片、波纹管、连杆、金属弹簧等。金属弹性元件联轴器广泛地应用于大功率和高转速传动（如泵、风机、压气机、燃气轮机等）、具有冲击和负载变化剧烈的传动（如破碎机械）、有高精度要求或在高温环境下的传动（如数控机床、印刷、包装、纺织、造纸机械等）。

与金属弹性元件相比，非金属弹性元件具有弹性模量范围大、重量轻、内摩擦大、阻尼性能好、单位体积储存的变形能多、无机械摩擦、不需润滑等优点。但非金属弹性元件承载能力低、耐高低温性能差、易老化变质、使用寿命短和动力性能较难控制。联轴器中的非金属弹性元件常用橡胶、聚氨酯和尼龙等材料制成。

非金属弹性元件挠性联轴器主要用于对减振缓冲有要求的传动。目前，非金属弹性元件挠性联轴器品种多、数量大、应用广，在标准联轴器中占有较大的比例。

此外，具有过载保护功能的联轴器，称为安全联轴器。当安全联轴器传递的转矩超过预先设定的极限转矩 $T_{\lim}$ 时，联轴器自动分离或发生打滑或其中某一连接件被剪断而使传动中断，从而起到保护传动系统中的其他零部件的作用。

各类联轴器的简图符号见表 6-3-1，联轴器的详细分类和名称见图 6-3-1。

表 6-3-1　联轴器简图符号（GB/T 3931—2010）

序号	词　汇	简图符号
1	联轴器	
2	刚性联轴器	
3	挠性联轴器	
4	弹性联轴器	
5	万向联轴器	
6	安全联轴器	

3.2　联轴器的选用（JB/T 7511—1994）

选用标准联轴器时，应根据具体的工作要求，综合考虑两轴间的相对偏移、联轴器的载荷特性、工作转速、联轴器的外廓尺寸、工作环境、经济性等方面的因素，参考国家标准或企业产品说明书，先选择联轴器的品种、类型，再根据计算转矩 T_c，从标准系列中选定相近的公称转矩 T_n，选型时应满足 $T_n \geqslant T_c$。根据公称转矩 T_n 初步选定联轴器型号，并从标准中查得其许用转速 $[n]$ 和最大径向尺寸 D、轴向尺寸 L_0。

初步选定的联轴器尺寸（孔径 d、轴孔长 L）应符合主、从动端轴径的要求，否则应根据轴径 d 调整联轴器的规格。当转矩、转速相同，主、从动轴径不同时，可按大轴径选择联轴器型号。根据公称转矩、连接形式、轴孔直径和长度选定了型号后，应确认轴的工作转速、相对偏移量等是否在所选联轴器的允许范围内，并对轴和键连接进行强度校核。此外，还应确定高速联轴器的平衡精度。

3.2.1　联轴器的转矩

联轴器的主参数是公称转矩 T_n，选用时各转矩间应符合以下关系：

$$T < T_c \leqslant T_n \leqslant [T] < [T_{\max}] < T_{\max} \quad (6\text{-}3\text{-}1)$$

式中　T——理论转矩，N·m；

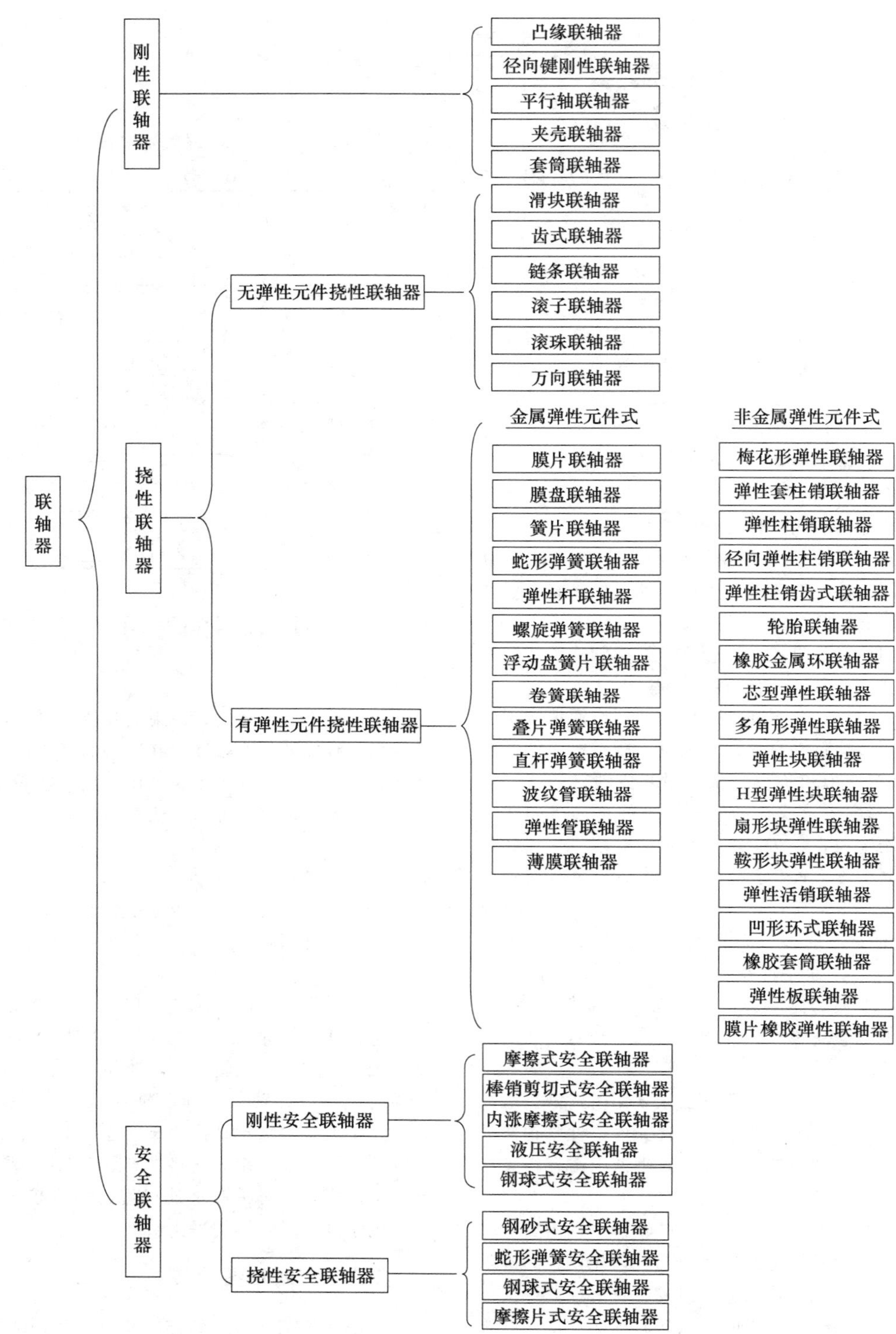

图 6-3-1　联轴器的类型（GB/T 12458—2017）

T_c——计算转矩，N·m；

T_n——公称转矩，N·m；

$[T]$——许用转矩，N·m；

$[T_{max}]$——许用最大转矩，N·m；

T_{max}——最大转矩，N·m。

联轴器的理论转矩 T 是由功率和工作转速计算而得，即：

$$T=9550\frac{P_W}{n} \tag{6-3-2}$$

式中 P_W——驱动功率，kW；

n——工作转速，r/min。

联轴器的计算转矩 T_c 是由理论转矩 T 和动力机系数 K_W、工况系数 K、启动系数 K_Z 及温度系数 K_t 计算而得，即：

$$T_c=TK_WKK_ZK_t \tag{6-3-3}$$

式中 K_W——动力机系数，见表6-3-2；

K——工况系数，见表6-3-4；

K_Z——启动系数，见表6-3-5；

K_t——温度系数，见表6-3-6。

3.2.2 挠性或弹性联轴器计算

当需要减振、缓冲、改善传动系统对中性能时，应选用挠性或弹性联轴器，且机组系统中联轴器为唯一弹性部件，主、从动机可简化为两个质量系统，此时可采用以下计算，其他情况则需引入振动计算。

1）均匀载荷时，由式（6-3-2）计算得理论转矩 T，在各种不同工作温度情况下，动力机计算转矩 T_{AC}（主动端）不得小于工作机计算转矩 T_{LC}（从动端），即：

$$T_{AC}\geqslant T_{LC}K_t \tag{6-3-4}$$

式中 T_{AC}——动力机计算转矩，N·m；

T_{LC}——工作机计算转矩，N·m；

K_t——温度系数，见表6-3-6。

2）冲击载荷时，在各种不同工作温度和频繁的冲击载荷情况下，弹性联轴器的最大转矩 T_{max} 不得小于工作中的冲击转矩 T_S，即：

主动端的冲击

$$T_{Amax}\geqslant T_{AS}K_{AJ}K_{AS}K_tK_Z \tag{6-3-5}$$

从动端的冲击

$$T_{Lmax}\geqslant T_{LS}K_{LJ}K_{LS}K_tK_Z \tag{6-3-6}$$

两端的冲击

$$T_{Lmax}\geqslant(T_{AS}K_{AJ}K_{AS}+T_{LS}K_{LJ}K_{LS})K_tK_Z \tag{6-3-7}$$

式中 T_{AS}——主动端冲击转矩，N·m；

T_{LS}——从动端冲击转矩，N·m；

K_{AJ}——主动端质量系数，$K_{AJ}=\dfrac{J_L}{J_A+J_L}$；

K_{LJ}——从动端质量系数，$K_{LJ}=\dfrac{J_A}{J_A+J_L}$；

J_A——主动端转动惯量；

J_L——从动端转动惯量；

K_{AS}——主动端冲击系数，一般取1.8；

K_{LS}——从动端冲击系数，一般取1.8；

K_t——温度系数，见表6-3-6；

K_Z——启动系数，见表6-3-5。

以上计算适用于各种无扭转间隙联轴器。对于存在扭转间隙的联轴器，还需考虑由于振动、冲击而产生的过载因素。

3）周期性交变载荷时，在工作转速内很快通过共振区时，仅出现较小的共振峰值。因此，在共振时的交变转矩可与联轴器的最大转矩相比较。

主动端的激振

$$T_{Amax}\geqslant T_{Ai}K_AK_{VR}K_tK_Z \tag{6-3-8}$$

从动端的激振

$$T_{Lmax}\geqslant T_{Li}K_LK_{VR}K_tK_Z \tag{6-3-9}$$

式中 T_{Ai}——主动端激振转矩，N·m；

T_{Li}——从动端激振转矩，N·m；

K_{VR}——共振系数，$K_{VR}\approx\dfrac{2\pi}{\psi}$；

ψ——相对阻尼，$\psi=\dfrac{A_D}{A_e}$；

A_D——一个振动周期内的阻尼功；

A_e——一个振动周期内的弹性变形功。

有持续交变转矩时，在工作频率以内，该交变转矩必须与联轴器的交变疲劳转矩 T_K 相比较。

主动端的激振

$$T_{AK}\geqslant T_{Ai}K_{AJ}K_VK_tK_Z \tag{6-3-10}$$

从动端的激振

$$T_{LK}\geqslant T_{Li}K_{LJ}K_VK_tK_Z \tag{6-3-11}$$

式中 T_{AK}——主动端交变疲劳转矩，N·m；

T_{LK}——从动端交变疲劳转矩，N·m；

K_V——放大系数，$K_V=\sqrt{\dfrac{1+\left(\dfrac{\psi}{2\pi}\right)^2}{\left(1-\dfrac{n^2}{n_R^2}\right)^2+\left(\dfrac{\psi}{2\pi}\right)^2}}$

在共振点附近 $f\approx f_e$ 时，$K_V\approx\dfrac{2\pi}{\psi}$

在共振点外时，$K_V\approx\dfrac{1}{\left|1-\left(\dfrac{f}{f_e}\right)^2\right|}=\dfrac{1}{\left|1-\left(\dfrac{n}{n_R}\right)^2\right|}$；

n——转速；

n_R——当系统固有频率 f_e 与振动频率 f 一致时的共振转速，$n_R=\dfrac{60}{i}f_e$；

i——每一转的振动次数；

f_e——固有频率，若联轴器为唯一弹性部件时，对于质量系统，可为 $f_e=\dfrac{1}{2\pi}\sqrt{C\dfrac{J_A+J_L}{J_AJ_L}}$；

C——联轴器动态扭转刚度。

当轴向偏移在联轴器上仅产生静载荷时，径向和角向位移产生交变载荷，此交变载荷与频率系数有关，为此交变转矩应按下列条件：

$$\Delta X \geqslant \Delta X_{max}K_t \tag{6-3-12}$$

$$\Delta Y \geqslant \Delta Y_{max}K_tK_f \tag{6-3-13}$$

$$\Delta \alpha \geqslant \Delta \alpha_{max}K_tK_f \tag{6-3-14}$$

式中　ΔX——联轴器许用轴向补偿量；

ΔY——联轴器许用径向补偿量；

$\Delta \alpha$——联轴器许用角向补偿量；

ΔX_{max}——轴系最大轴向补偿量；

ΔY_{max}——轴系最大径向补偿量；

$\Delta \alpha_{max}$——轴系最大角向补偿量。

K_f——频率系数，$f\leqslant 10\text{Hz}$，$K_f=1$，$f>10\text{Hz}$，$K_f=\sqrt{\dfrac{f}{10}}$；

轴偏移而产生的恢复力和转矩，是联轴器轴向刚度 C_X、径向刚度 C_Y 和扭转刚度 C 的函数。这些力和转矩增加了邻近部件（轴、轴承）的载荷。

轴向恢复力

$$F_X=\Delta X_{max}C_X \tag{6-3-15}$$

径向恢复力

$$F_Y=\Delta Y_{max}C_Y \tag{6-3-16}$$

角度方向恢复力矩

$$T_\alpha=\Delta \alpha_{max}C \tag{6-3-17}$$

3.2.3　选用联轴器有关的系数

选用联轴器时应考虑动力机系数 K_W 和工况系数 K；当选用挠性或弹性联轴器用于有冲击、振动和需要轴线补偿的工况时，应考虑启动系数 K_Z、温度系数 K_t、频率系数 K_f、放大系数 K_V、冲击系数 K_S 等系数对传动系统的综合影响。

根据动力机类别不同，其动力机系数 K_W 见表6-3-2。

表 6-3-2　动力机系数 K_W

动力机类别代号	动力机名称	动力机系数 K_W
Ⅰ	电动机、涡轮机	1.0
Ⅱ	四缸及四缸以上内燃机	1.2
Ⅲ	两缸内燃机	1.4
Ⅳ	单缸内燃机	1.6

根据传动系统的工作状态，将联轴器载荷分为如表 6-3-3 所示四类。

表 6-3-3　联轴器载荷类别

载荷类别代号	Ⅰ	Ⅱ	Ⅲ	Ⅳ
载荷分类	均匀载荷	中等冲击载荷	重冲击载荷	特重冲击载荷

不同工作机的载荷类别及工况系数 K 见表 6-3-4。表中所列 K 值是传动系统在不同工作状态下的平均值，具体选用时可根据实际情况适当增加。所列 K 值，其动力机为电动机和涡轮机，若为其他动力机时，应考虑动力机系数 K_W。在配有制动器的传动系统中，当制动器的理论转矩超过动力机的理论转矩时，应根据制动器的理论转矩来计算选择联轴器。

表 6-3-4　联轴器工况系数 K

工作机名称		工况系数 K	工作机名称		工况系数 K
载荷类别代号：Ⅰ类　均匀载荷					
转向机构		1.00	废水处理设备	网筛，化学处理设备，环形集尘器，脱水筛，砂粒集尘器，废渣破碎机，快、慢搅拌机，污泥收集器，浓缩机，真空过滤器	1.25
加煤机		1.00			
风筛		1.00			
装罐机械		1.00	纺织机械	清棉机	1.00
鼓风机	离心式	1.00		定量给料机，印花机，浆纱机，染色机，压光机，起毛机	1.25
	轴流式	1.50			
风扇	离心式	1.00		压榨机，轧光机，黄化机，罐蒸机，织布机，梳理机，卷取机，棉花精整机（清洗、拉幅、碾压机等）	1.50
	轴流式	1.50			
泵	离心泵	1.00	均匀加载运输机	组装运输机，带式运输机	1.00
	回转泵（齿轮泵、螺杆泵、滑片泵、叶形泵）	1.50		斗式运输机，板式运输机，链条式运输机，链板式运输机，箱式运输机，螺旋式运输机	1.25
搅拌设备	纯液体	1.00	不均匀加载运输机	组装运输机，带式运输机	1.25
	液体加固体 液体可变密度	1.25		斗式运输机，链条式运输机，链板式运输机，箱式运输机	1.50

续表

工作机名称		工况系数 K	工作机名称		工况系数 K
载荷类别代号：Ⅰ类 均匀载荷					
给料机	板式给料机，带式给料机，圆盘给料机，螺旋给料机	1.25	流动水进料网滤器		1.25
压缩机	离心式	1.25	提升机械	自动升降机	1.25
	轴流式	1.50		重力卸料提升机	1.50
酿造和蒸馏设备	装瓶机械	1.00	食品机械	瓶装罐装机械	1.00
	过滤桶	1.25		谷类脱粒机	1.25
造纸设备	漂白机	1.00	石油机械冷却装置		1.25
	校平机	1.25	印刷机械		1.50
	卷取机，清洗机	1.50	其他机床	辅助传动装置	1.25
				主传动装置	1.50
载荷类别代号：Ⅱ类 中等冲击载荷					
通风机	冷却塔式，引风机（无风门控制）	2.00	提升机械	离心式卸料机	1.50
泵	三缸或多缸单动活塞泵	1.75		料斗式提升机	1.75
	双动活塞泵	2.00		普通货车用提升机	2.00
	单缸或双缸单动活塞泵	2.25	不均匀加载运输机	板式运输机，螺旋运输机	1.50
搅拌机	筒形搅拌机	1.50		往复式运输机	2.50
	混凝土搅拌机	1.75	石油机械	石蜡过滤机	1.75
搅拌器和破碎机	卷绕机	1.50		油井泵，旋转窑	2.00
	叠层机，卷筒装置，烘干机，吸入滚轧机	1.75	造纸设备	液压式剥皮机，机械式剥皮机，压光机，切断机，打捆机，圆木拖运机，压力机	2.00
食品机械	甜菜切割机，搅面机，绞肉机	1.75		压皮滚筒	2.25
	甘蔗切割机	2.00	工具机	刨床	1.50
木材加工机械	分料机	1.50		弯曲机，冲压机（齿轮驱动装置）	2.00
	板坯运输机 刨床进给装置 刨面传动装置 剪切机进给装置	1.75		攻螺纹机	2.50
	剥皮机（筒形），修边机，传动辊装置，拖木机（倾斜式），拖木机（竖式），送料辊装置	2.00	旋转式粉碎机	水泥窑，干燥机和冷却机，烘干机，砂石粉碎机，棒式粉碎机，滚筒式粉碎机	2.00
轧制设备	纵剪切机	1.50		球磨机	2.25
	绕线机	1.75	橡胶机械	橡胶压延机，压片机	2.00
	拉拔机小车架，拉拔机主传动，成形机，拉线机和压延机	2.00		胶料粉碎机	2.25
	不可逆输送辊道	2.25		密闭式冷冻机 轮胎式成形机	2.50
挖泥机	运输机，通用绞车	1.50	起重机和卷扬机	斜坡式卷扬机	1.50
	电缆盘装置，机动绞车，泵，网筛传动装置，堆积机	1.75		抓斗起重机，吊钩起重机，桥式起重机	1.75
	切割头传动装置，夹具传动装置	2.25		主卷扬机，可逆式卷扬机	2.00
洗衣机	可逆式洗衣机，滚筒式洗衣机	2.00	拖拉式卸货机（间断负载）		1.50
往复多缸式压缩机		2.00	绞车（纺织绞车），黏土加工机械		1.75
旋转式筛石机		1.50	球团机（压坯机械）		2.00
			锤式粉碎机		2.00
载荷类别代号：Ⅲ类 重冲击载荷					
摆动运输机		2.50	破碎机	碎矿机，碎石机	2.75
往复式给料机		2.50			
载荷类别代号：Ⅳ类 特重冲击载荷					
可逆输送辊道		2.50	重型机械	初轧机，中厚板轧机，机架辊，剪切机，冲压机	＞2.75

表 6-3-5 启动系数 K_Z

每小时启动次数 Z/次	≤120	>120～240	>240
K_Z	1.0	1.3	由制造厂确定

表 6-3-6 温度系数 K_t

环境温度 t /℃	对复合材料 K_t	
	天然橡胶（NR）	聚氨酯弹性体（PUR）
−20～30	1.0	1.0
>30～40	1.1	1.2
>40～60	1.4	1.5
>60～80	1.8	不允许

主动端启动频率 Z 形成附加载荷，其影响以启动系数 K_Z 表示，按表 6-3-5 考虑。

传动系统选用带非金属弹性材料（橡胶）联轴器时，应考虑在温度影响下橡胶弹性材料强度降低的因素，以温度系数 K_t 表示，见表 6-3-6；温度 t 与联轴器的工作环境有关，在辐射热的作用下，尤其要考虑 K_t 的影响。

3.2.4 联轴器选用示例

例 1 动力机为电动机，均匀载荷情况下弹性联轴器选用示例。

（1）已知动力机参数

160M 型三相交流电动机功率 $P_W=11\text{kW}$，转速 $n=1450\text{r/min}$。

理论转矩：

$$T=9550\times\frac{P_W}{n}=9550\times\frac{11}{1450}=72.5\text{N}\cdot\text{m}$$

转子转动惯量 $J_A=0.0736\text{kg}\cdot\text{m}^2$；每小时启动次数$Z=150$ 次；环境温度 $t=40$℃；

主动端冲击转矩即启动转矩 $T_{AS}=2T=145\text{N}\cdot\text{m}$。

（2）已知工作机参数

负载平均转矩 $T_L=68\text{N}\cdot\text{m}$，负载转动惯量 $J_L=0.0883\text{kg}\cdot\text{m}^2$。

（3）选用带天然橡胶弹性元件联轴器时，载荷均匀时，理论转矩 T 由式（6-3-4）应满足：

$$T\geqslant T_LK_t=68\times1.1=75\text{N}\cdot\text{m}$$

（4）初选 GB 4323 中 LT5 型弹性套柱销联轴器，弹性套为天然橡胶。

其主要参数为：公称转矩 $T_n=125\text{N}\cdot\text{m}$；最大转矩 $T_{max}=2T_n=250\text{N}\cdot\text{m}$；半联轴器转动惯量 $J_1=J_2=0.012\text{kg}\cdot\text{m}^2$。

由表 6-3-5 查得，启动系数 $K_Z=1.3$；由表 6-3-6 查得，温度系数 $K_t=1.1$；冲击系数 $K_{AS}=1.8$。

$$质量系数\ K_{AJ}=\frac{J_L}{J_A+J_L}=\frac{0.1003}{0.0856+0.1003}=0.54$$

冲击载荷时由式（6-3-5）得主动端的冲击转矩：

$$T_{Amax}\geqslant T_{AS}K_{AJ}K_{AS}K_tK_Z=145\times0.54\times1.8\times1.3\times1.1=202\text{N}\cdot\text{m}<250\text{N}\cdot\text{m}$$

主动端冲击转矩小于弹性联轴器的最大转矩，故安全，可以选用。

选定联轴器时，还应校核在给定工况条件下的许用偏移量。

例 2 动力机为柴油机，周期性交变载荷情况下弹性联轴器选用示例。

（1）已知动力机参数

四缸四冲程直列式柴油机，功率 $P_W=28\text{kW}$，转速 $n=1500\text{r/min}$，理论转矩 $T=9550\times\frac{28}{1500}=168\text{N}\cdot\text{m}$；周期性交变转矩 $T_{A2}=\pm536\text{N}\cdot\text{m}$，每转振动次数 $i=2$；

每小时启动次数 $Z\leqslant60$ 次；环境温度 $t=40$℃；发动机转动惯量 $J_A=2.36\text{kg}\cdot\text{m}^2$。

（2）已知工作机参数

负载平均转矩 $T_L=148\text{N}\cdot\text{m}$；负载转动惯量 $J=1.01\text{kg}\cdot\text{m}^2$。

（3）选用带天然橡胶弹性元件联轴器时，载荷均匀时，理论转矩 T 由式（6-3-4）应满足：

$$T\geqslant T_LK_t=148\times1.1=162\text{N}\cdot\text{m}$$

（4）初选 GB 4323 中 LT6 型弹性套柱销联轴器，弹性套为天然橡胶。

其主要参数为：公称转矩 $T_n=250\text{N}\cdot\text{m}$；最大转矩 $T_{max}=2T_n=500\text{N}\cdot\text{m}$；交变疲劳转矩 $T_K=\pm100\text{N}\cdot\text{m}$；动态扭转刚度 $C=2900\text{N}\cdot\text{m}$/弧度；放大系数 $K_V=6$；转动惯量 $J_1=0.0294\text{kg}\cdot\text{m}^2$；$J_2=0.00785\text{kg}\cdot\text{m}^2$。

由表 6-3-5 查得，启动系数 $K_Z=1$；由表 6-3-6 查得，温度系数 $K_t=1.1$。

质量系数 $K_{AJ}=\dfrac{J_L}{J_A+J_L}=\dfrac{1.0178}{2.389+1.0178}=0.298$

考虑共振转速时，由式（6-3-8）应满足：

$T_{Amax}=T_{A2}K_{AJ}K_VK_ZK_t=536\times0.298\times6\times1\times1.1$
$=1055N\cdot m>T_{max}=500N\cdot m$

由以上计算可见，初选 LT6 型联轴器偏小。

重新选取 LT8 型联轴器，其主要参数为：公称转矩 $T_n=710N\cdot m$；最大转矩 $T_{max}=2T_n=1420N\cdot m$；交变疲劳转矩 $T_K=\pm150N\cdot m$；动态扭转刚度 $C=5500N\cdot m$/弧度；放大系数 $K_V=6$；转动惯量 $J_1=0.053kg\cdot m^2$；$J_2=0.0236kg\cdot m^2$；质量系数 $K_{AJ}=\dfrac{J_L}{J_A+J_L}=\dfrac{1.0336}{2.413+1.0336}=0.3$

用新参数计算可得：

在共振区，$T_{Amax}=536\times0.3\times6\times1\times1.1\approx1061N\cdot m<T_{max}=1420N\cdot m$

固有频率

$$f_e=\frac{1}{2\pi}\sqrt{C\frac{J_A+J_L}{J_AJ_L}}=\frac{1}{2\pi}\sqrt{5500\times\frac{2.413+1.0336}{2.413\times1.0336}}$$
$$=13.9Hz$$

共振转速 $n_R=f_e\times\dfrac{60}{i}=13.9\times\dfrac{60}{2}=417r/min$；

振动频率 $f=\dfrac{n}{60}i=\dfrac{1500}{60}\times2=50$

在工作区，放大系数 $K_V=\dfrac{1}{\left|1-\left(\dfrac{f}{f_e}\right)^2\right|}=\dfrac{1}{\left|1-\left(\dfrac{50}{13.9}\right)^2\right|}=0.0833$；频率系数 $K_f=\sqrt{\dfrac{f}{10}}=\sqrt{\dfrac{50}{10}}=2.24$

交变疲劳转矩 $T_K=T_{A2}K_{AJ}K_VK_tK_f=536\times0.3\times0.0833\times1.1\times2.24=33N\cdot m<T_K=150N\cdot m$

以上所有计算得到的转矩值均在联轴器允许转矩值范围内，故安全，可以选用。对选定的弹性联轴器应按给定工况校核其许用偏移量。

3.3 联轴器的性能、参数及尺寸

表 6-3-7 常用联轴器的主要性能参数

序号	名称		公称转矩/N·m	许用转速/r·min^{-1}	轴颈或法兰直径范围/mm	许用相对偏移量		
						径向 Δy/mm	轴向 Δx/mm	角向 $\Delta\alpha$/(°)
1	凸缘联轴器		25～1×10^5	12000～1600	12～250	—	—	—
2	鼓形齿式联轴器	GCLD 型	1600～5.6×10^4	5600～2450	22～220	1～8.5	—	3
		GⅡCL 型、GⅡCLZ 型	630～5.6×10^4	6500～420	16～1040	1～8.5	—	3
		GⅠCL 型、GⅠCLZ 型	800～3.2×10^6	7100～700	16～670	1.96～21.7	—	3
3	滚子链联轴器		40～2.5×10^4	4500～200	16～190	0.19～1.27	1.4～9.5	1
4	十字轴万向联轴器	SWZ 型	2×10^4～8.3×10^5	6000～1100	160～550	—	—	≤10
		SWP 型	20000～1.6×10^6	3200～933	160～650	—	—	5～15
5	膜片联轴器		25～10×10^7	10700～350	14～950	—	1～6	0.5～1
6	蛇形弹簧联轴器		45～8×10^5	10000～540	12～500	0.15～1.02	±0.3～±1.3	0.25～4.65
7	梅花形联轴器		28～1.4×10^4	15000～760	10～160	0.5～1.8	1.2～5.0	1～2
8	弹性套柱销联轴器		16～2.24×10^4	8800～1000	10～170	0.2～0.6	—	0.5～1.5
9	弹性柱销齿式联轴器		112～2.8×10^6	5000～460	12～850	0.15～1.5	1～10	0.5
10	弹性柱销联轴器		250～1.8×10^5	8500～950	12～340	0.15～0.25	±0.5～±3	≤0.5
11	弹性块联轴器		1×10^4～3.15×10^6	1950～130	85～850	0.5～1	±1.5～±3	0.25～0.5

续表

序号	名 称	公称转矩 /N·m	许用转速 /r·min^{-1}	轴颈或法兰直径范围 /mm	许用相对偏移量		
					径向 Δy /mm	轴向 Δx /mm	角向 $\Delta\alpha$ /(°)
12	弹性环联轴器	710～1×10^5	4000～1000	90～520	1.2～6.2	0.7～3.2	<3.2
13	弹性阻尼簧片联轴器	1830～2.35×10^6	25～990①	285～2260	0.18～2	1.5～6	—
14	钢球式节能安全联轴器	3.18～35335	3000～600	19～220	0.2～0.6	—	0.5～1.5
15	蛇形弹簧安全联轴器	1.6～5×10^4	5000～650	16～300	0.15～0.4	—	0.5～1.5
16	轮胎式联轴器	10～2.5×10^4	5000～800	12～180	1～5	1～8	1～1.5

① 此数据为弹性阻尼簧片联轴器的特征频率，单位为 rad/s。

3.3.1 联轴器轴孔和连接型式与尺寸(GB/T 3852—2017)

GB/T 3852—2017 规定了联轴器的轴孔和连接型式、尺寸及标记。本标准适用于键连接圆柱形轴孔、1∶10 圆锥形轴孔和花键连接的花键孔联轴器。

联轴器的轴孔型式及代号见表 6-3-8，联轴器的连接型式及代号见表 6-3-9。

表 6-3-8 联轴器轴孔型式及代号

型式名称	代号	轴孔型式图示	备注	型式名称	代号	轴孔型式图示	备注
圆柱形轴孔	Y 型		适用于长、短系列，推荐选用短系列	有沉孔的长圆锥形轴孔	Z 型		适用于长、短系列
有沉孔的短圆柱形轴孔	J 型		推荐选用	圆锥形轴孔	Z_1 型		适用于长、短系列

表 6-3-9 联轴器连接型式及代号

型 式 名 称	型 式 代 号	连接型式图示
平键单键槽	A 型	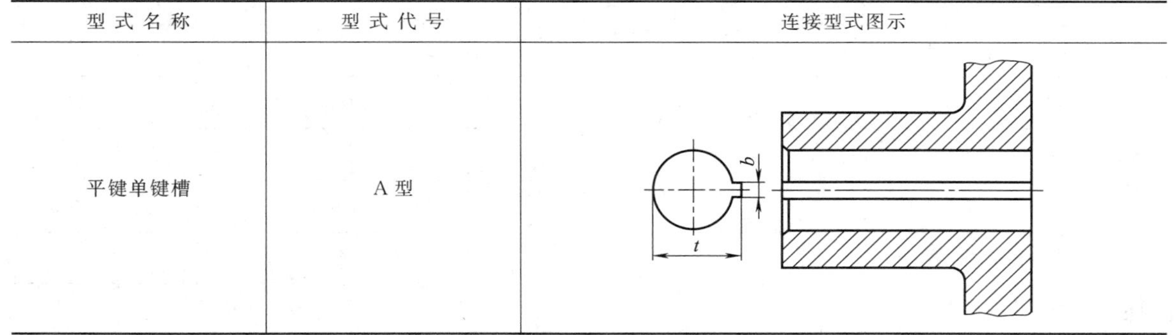

续表

型式名称	型式代号	连接型式图示
120°布置 平键双键槽	B型	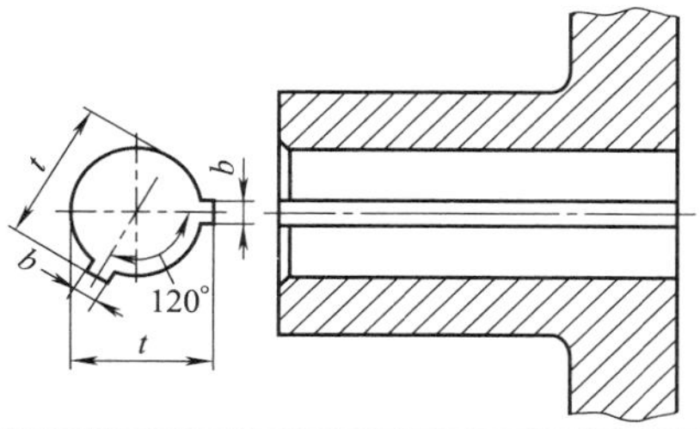
180°布置 平键双键槽	B_1 型	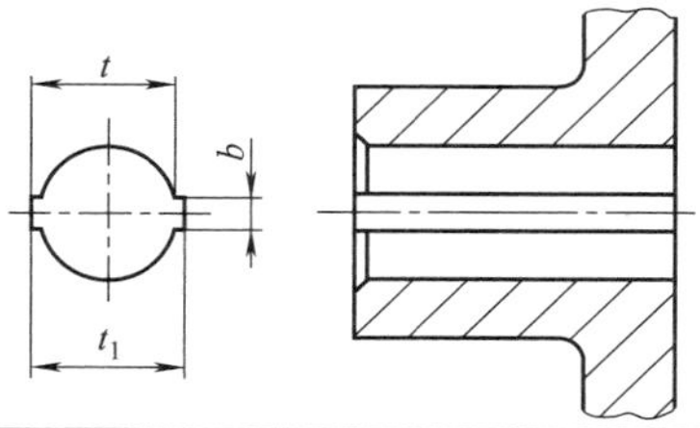
圆锥形轴孔 平键单键槽	C型	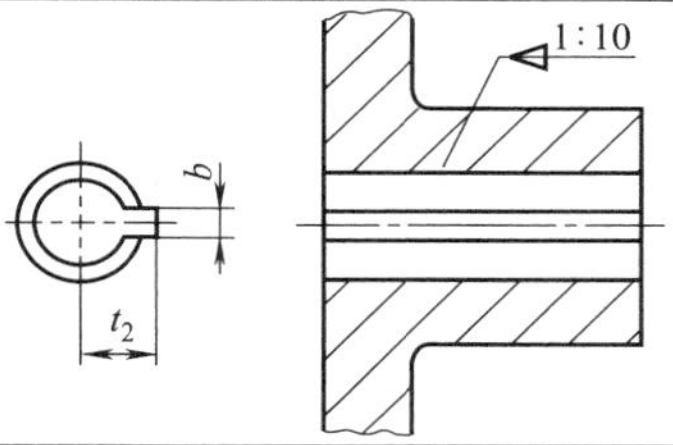
圆柱形轴孔 普通切向键键槽	D型	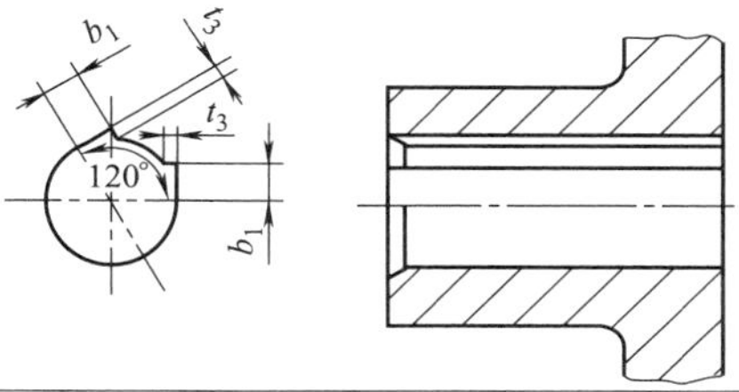
矩形花键	符合 GB/T 1144	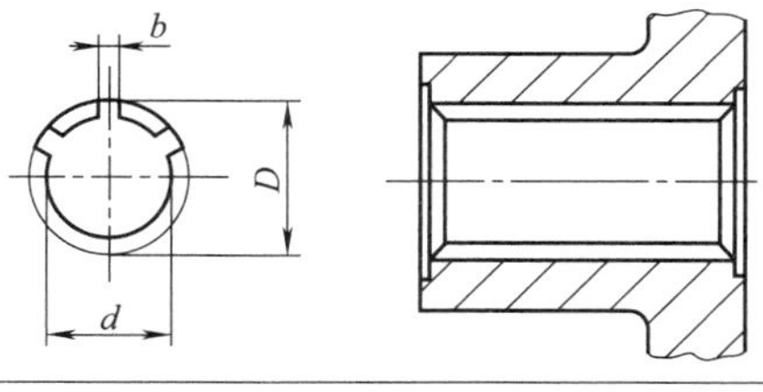
圆柱直齿 渐开线花键	符合 GB/T 3478.1	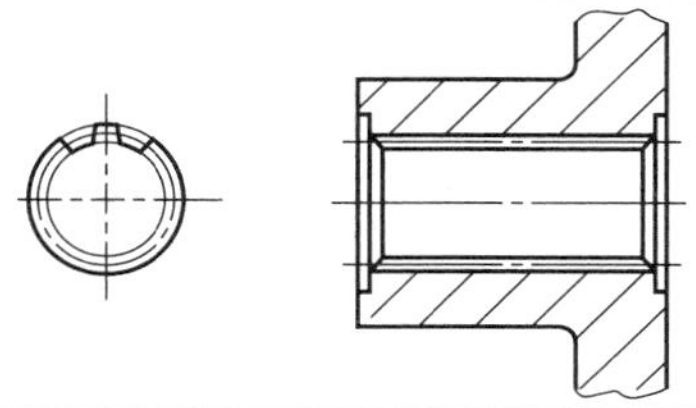

Y型、J型圆柱形轴孔的直径与长度应符合表6-3-10的规定。Z型、Z_1 型圆锥形轴孔的直径与长度应符合表6-3-11的规定。轴孔的A、B、B_1 及D型键槽尺寸应符合表6-3-10的规定，C型键槽尺寸应符合表6-3-11的规定。轴孔的矩形花键尺寸按GB/T 1144的规定，圆柱直齿渐开线花键尺寸按GB/T 3478.1的规定。花键连接的轴孔长度 L 一般按表6-3-10中轴孔长度的短系列选取。

表 6-3-10　　Y型、J型圆柱形轴孔的尺寸　　mm

直径 d		长度			沉孔尺寸		A型、B型、B_1型键槽						B型键槽	D型键槽		
		L					b		t		t_1		T	t_3		
公称尺寸	极限偏差H7	长系列	短系列	L_1	d_1	R	公称尺寸	极限偏差P9	公称尺寸	极限偏差	公称尺寸	极限偏差	位置度公差	公称尺寸	极限偏差	b_1
6	+0.012 0	16	—	—	—	—	2	−0.006 −0.031	7.0	+0.100 0	8.0	+0.200 0	—	—	—	—
7	+0.015 0								8.0		9.0					
8		20							9.0		10.0					
9							3		10.4		11.8					
10		25	22						11.4		12.8					
11	+0.018 0						4	−0.012 −0.042	12.8		14.6		0.03			
12		32	27						13.8		15.6					
14							5		16.3		18.6					
16		42	30	42	38	1.5			18.3		20.6					
18							6		20.8		23.6					
19	+0.021 0								21.8		24.6					
20		52	38	52					22.8		25.6					
22									24.8		27.6					
24							8	−0.015 −0.051	27.3	+0.200 0	30.6	+0.400 0	0.04			
25		62	44	62	48				28.3		31.6					
28									31.3		34.6					
30		82	60	82	55				33.3		36.6					
32	+0.025 0					2.0	10		35.3		38.6					
35									38.3		41.6					
38					65				41.3		44.6					
40		112	84	112			12	−0.018 −0.061	43.3		46.6		0.05			
42									45.3	+0.200 0	48.6	+0.400 0				
45					80		14		48.8		52.6					
48									51.8		55.6					
50					95				53.8		57.6					
55	+0.030 0					2.5	16		59.3		63.6					
56									60.3		64.6					
60		142	107	142	105		18		64.4		68.8			7	0 −0.200	19.3
63									67.4		71.8					19.8
65									69.4		73.8					20.1
70					120		20	−0.022 −0.074	74.9		79.8		0.06			21.0
71									75.9		80.8			8		22.4
75									79.9		84.8					23.2
80		172	132	172	140		22		85.4		90.8					24.0
85	+0.035 0					3.0			90.4		95.8					24.8
90					160		25		95.4		100.8					25.6
95									100.4		105.8			9		27.8

续表

直径 d		长度			沉孔尺寸		A 型、B 型、B_1 型键槽						B 型键槽	D 型键槽		
		L					b		t		t_1		T	t_3		
公称尺寸	极限偏差 H7	长系列	短系列	L_1	d_1	R	公称尺寸	极限偏差 P9	公称尺寸	极限偏差	公称尺寸	极限偏差	位置度公差	公称尺寸	极限偏差	b_1
100	+0.035 0	212	167	212	180	3.0	28	−0.022 −0.074	106.4	+0.200 0	112.8	+0.400 0	0.06	9	0 −0.200	28.6
110									116.4		122.8					30.1
120					210		32	−0.026 −0.088	127.4		134.8		0.08	10		33.2
125	+0.040 0					4.0			132.4		139.8					33.9
130		252	202	252	235				137.4		144.8					34.6
140							36		148.4	+0.300 0	156.8	+0.600 0		11		37.7
150					265				158.4		166.8					39.1
160		302	242	302			40		169.4		178.8			12	0 −0.30	42.1
170					330				179.4		188.8					43.5
180							45		190.4		200.8					44.9
190	+0.046 0	352	282	352		5.0			200.4		210.8			14		49.6
200									210.4		220.8					51.0
220							50		231.4		242.8			16		57.1
240		410	330	—	—	—	56	−0.032 −0.106	252.4		264.8					59.9
250									262.4		274.8		0.10	18		64.6
260	+0.052 0								272.4		284.8					66.0
280		470	380				63		292.4		304.8			20		72.1
300							70		314.4		328.8					74.8
320	+0.057 0	550	450						334.4		348.8			22		81.0
340							80		355.4		370.8					83.6
360									375.4		390.8			26		93.2
380									395.4		410.8					95.9
400		650	540				90	−0.037 −0.124	417.4		434.8		0.12			98.6
420	+0.063 0								437.4		454.8			30		108.2
440									457.4		474.8					110.9
450							100		469.5		489.0					112.3
460									479.5		499.0			34		120.1
480									499.5		519.0					123.1
500									519.5		539.0					125.9
530	+0.070 0	800	680				110		552.2		574.4			38		136.7
560									582.2		604.4					140.8
600							120		624.5		649.0			42		153.1
630									654.5		679.0					157.1
670	+0.080 0	900	780				—	—	—	—	—	—	—	67	0 −0.40	201.0
710														71		213.0
750														75		225.0
800		1000	880											80		240.0
850	+0.090 0													85		255.0
900		—	980											90		270.0
950														95		285.0
1000			1100											100		300.0
1060	+0.150 0													—		—
1120			1200													
1180																
1250			1300													

注：键槽宽度 b 的极限偏差，也可采用 GB/T 1095 中规定的 JS9。

第6篇

表 6-3-11　Z 型、Z_1 型圆锥形轴孔的尺寸　mm

直径 d_z		长度				沉孔尺寸		C 型键槽				
		长系列		短系列				b		t_2		
公称尺寸	极限偏差 H8	L	L_1	L	L_1	d_1	R	公称尺寸	极限偏差 P9	长系列	短系列	极限偏差
6	+0.022 0	12	18	—	—	16	1.5	—	—	—	—	—
7												
8		14	22			24						
9												
10		17	25									
11	+0.027 0							2	−0.006 −0.031	6.1		+0.1 0
12		20	32			28				6.5		
14								3		7.9		
16		30	42	18	30	38				8.7	9.0	
18								4	−0.012 −0.042	10.1	10.4	
19	+0.033 0									10.6	10.9	
20		38	52	24	38					10.9	11.2	
22										11.9	12.2	
24								5		13.4	13.7	
25		44	62	26	44	48				13.7	14.2	
28										15.2	15.7	
30		60	82	38	60					15.8	16.4	
32	+0.039 0					55	2.0	6		17.3	17.9	
35										18.8	19.4	
38						65				20.3	20.9	
40		84	112	56	84			10	−0.015 −0.051	21.2	21.9	+0.2 0
42										22.2	22.9	
45						80		12	−0.018 −0.061	23.7	24.4	
48										25.2	25.9	
50						95				26.2	26.9	
55	+0.046 0						2.5	14		29.2	29.9	
56										29.7	30.4	
60		107	142	72	107	105		16		31.7	32.5	
63										33.2	34.0	
65										34.2	35.0	
70						120		18		36.8	37.6	
71										37.3	38.1	
75										39.3	40.1	
80		132	172	92	132	140		20	−0.022 −0.074	41.6	42.6	
85	+0.054 0						3.0			44.1	45.1	
90						160		22		47.1	48.1	
95										49.6	50.6	
100		167	212	122	167	180		25		51.3	52.4	
110										56.3	57.4	
120						210		28		62.3	63.4	
125	+0.063 0						4.0			64.7	65.9	
130		202	252	152	202	235				66.4	67.6	
140								32	−0.026 −0.088	72.4	73.6	
150						265				77.4	78.6	
160		242	302	182	242			36		82.4	83.9	+0.3 0
170										87.4	88.9	
180						330		40		93.4	94.9	
190	+0.072 0	282	352	212	282		5.0			97.4	99.9	
200										102.4	104.1	
220								45		113.4	115.1	

注：键槽宽度 b 的极限偏差，也可采用 GB/T 1095 中规定的 JS9。

圆柱形轴孔与轴伸的配合按表 6-3-12 的规定。圆锥形轴孔与轴伸配合时，轴孔直径及轴孔长度的极限偏差按表 6-3-13 的规定，圆锥角公差应符合 GB/T 11334 中 AT6 级的规定。

表 6-3-12 圆柱形轴孔与轴伸的配合

直径 d_z/mm	配合代号	
>6～30	H7/j6	根据使用要求，也可采用 H7/n6、H7/p6 和 H7/r6
>30～50	H7/k6	
>50	H7/m6	

表 6-3-13 圆锥形轴孔与轴伸的配合 mm

圆锥孔直径 d_z	孔 d_z 极限偏差	长度 L 极限偏差
>6～10	H8/k8	0 −0.220
>10～18		0 −0.270
>18～30		0 −0.330
>30～50		0 −0.390
>50～80		0 −0.460
>80～120		0 −0.540
>120～180		0 −0.630
>180～250		0 −0.720

注：配合代号是对 GB/T 1570 规定的标准圆锥轴伸的配合。

采用键连接的联轴器轴孔型式与尺寸的标记见图 6-3-2。其中，Y 型孔、A 型键槽的代号，在标记中可省略不注；联轴器两端轴孔和键槽的型式与尺寸相同时，只标记一端，另一端省略不注。

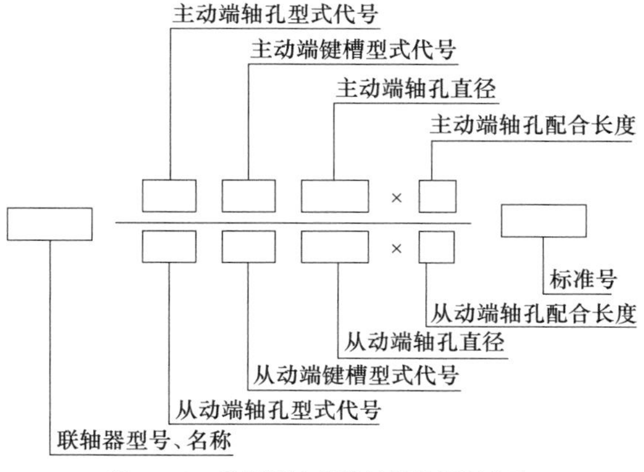

图 6-3-2 采用键连接联轴器的标记方法

采用花键连接的联轴器轴孔型式与尺寸的标记见图 6-3-3。其中，联轴器两端花键型式与尺寸相同时，只标记一端，另一端省略不注。

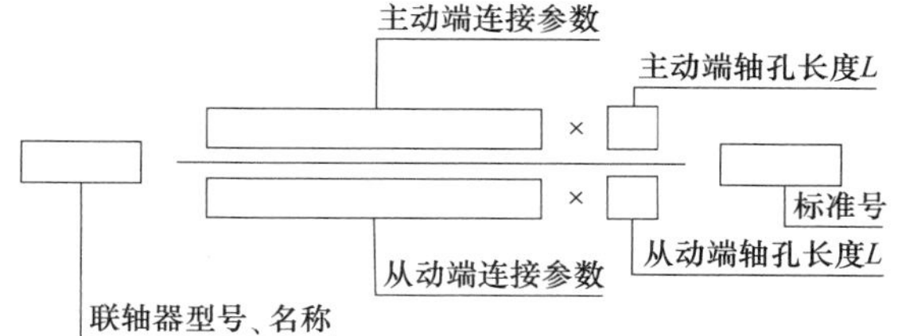

图 6-3-3 采用花键连接联轴器的标记方法

当联轴器一端为花键孔，另一端为其他连接型式时，按图 6-3-3 中主、从动端位置分别标记。

标记示例 1：LX2 弹性柱销联轴器

主动端：Y 型轴孔，B 型键槽，$d=20$mm，$L=38$mm；

从动端：J 型轴孔，B_1 型键槽，$d=22$mm，$L=38$mm。

$$\text{LX2 联轴器}\frac{\text{YB}20\times38}{\text{JB}_1 22\times38}\text{GB/T 5014—2017}$$

标记示例 2：LX5 弹性柱销联轴器

主动端：J 型轴孔，B 型键槽，$d=70$mm，$L=107$mm；

从动端：J 型轴孔，B 型键槽，$d=70$mm，$L=107$mm。

LX5 联轴器 JB70×107 GB/T 5014—2017

标记示例 3：LZ8 弹性柱销齿式联轴器

主动端：Y 型轴孔，A 型键槽，$d=100$mm，$L=167$mm；

从动端：矩形花键轴孔，10×82H7×88H10×12H11，$L=132$mm。

$$\text{LZ8 联轴器}\frac{100\times167}{10\times82\text{H}7\times88\text{H}10\times12\text{H}11\times132}$$

GB/T 5015—2017

标记示例 4：GⅡCLZ4 型鼓形齿式联轴器

主动端：花键孔齿数 24，模数 2.5，30°平齿根，公差等级为 6 级，$L=107$mm；

从动端：J 型轴孔，A 型键槽，$d=70$mm，$L=107$mm。

$$\text{GⅡCLZ4 联轴器}\frac{1\text{NT}24z\times2.5\text{m}\times30\text{P}\times6\text{H}\times107}{\text{J}70\times107}$$

GB/T 26103.1—2010

3.3.2 凸缘联轴器（GB/T 5843—2003）

凸缘联轴器适用于连接两同轴线的传动轴系，其传递公称转矩范围为 25～100000N·m。凸缘联轴器分为 GY、GYS 和 GYH 三种型式。凸缘联轴器型号与标记按 GB/T 12458 的规定。

GY 型凸缘联轴器、GYS 型有对中榫凸缘联轴器、GYH 型有对中环凸缘联轴器的结构型式、基本参数和主要尺寸见表 6-3-14。凸缘联轴器主要零件的材料见表 6-3-15。

表 6-3-14 凸缘联轴器的基本参数和主要尺寸 mm

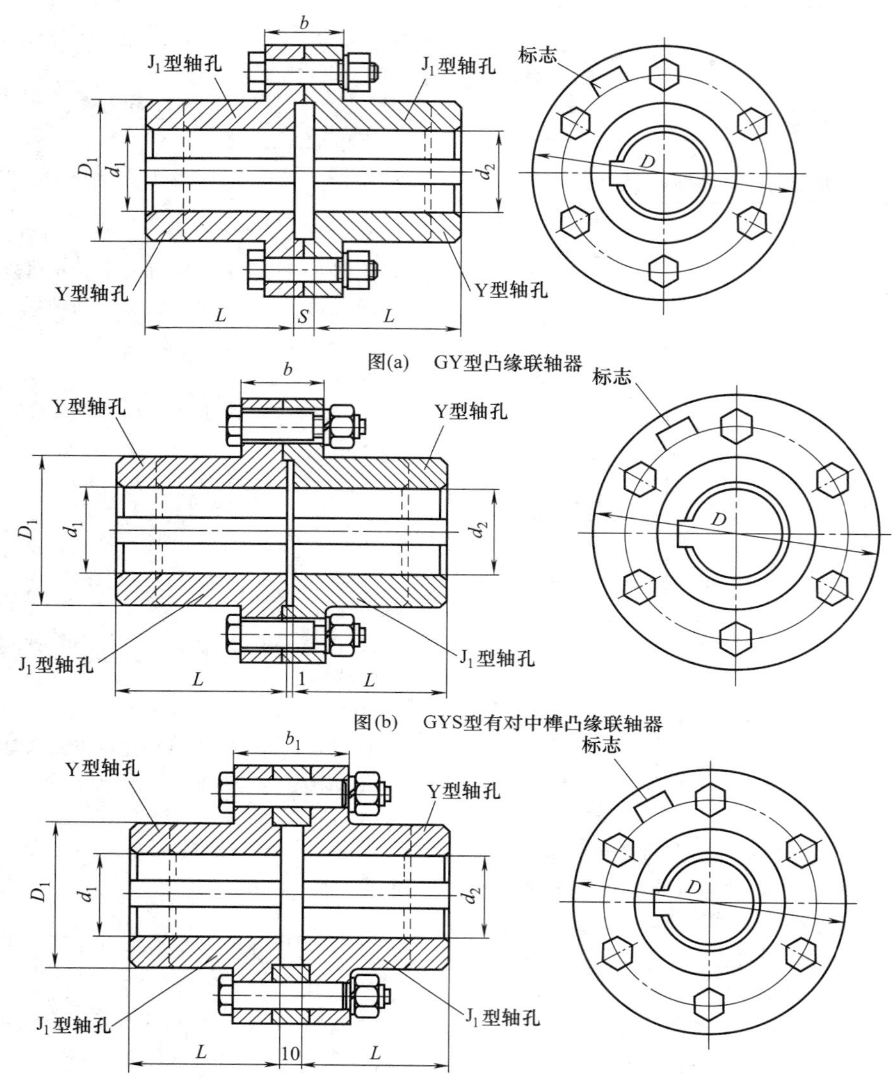

图(a) GY型凸缘联轴器

图(b) GYS型有对中榫凸缘联轴器

图(c) GYH型有对中环凸缘联轴器

型号	公称转矩 T_n /N·m	许用转速[n] /r·min^{-1}	轴孔直径 d_1、d_2	轴孔长度 L		D	D_1	b	b_1	S	转动惯量 I /kg·m^2	质量 m /kg
				Y 型	J_1 型							
GY1 GYS1 GYH1	25	12000	12	32	27	80	30	26	42	6	0.0008	1.16
			14									
			16	42	30							
			18									
			19									

续表

型号	公称转矩 T_n /N·m	许用转速[n] /r·min^{-1}	轴孔直径 d_1、d_2	轴孔长度 L		D	D_1	b	b_1	S	转动惯量 I /kg·m^2	质量 m /kg
				Y 型	J_1 型							
GY2 GYS2 GYH2	63	10000	16	42	30	90	40	28	44	6	0.0015	1.72
			18									
			19									
			20	52	38							
			22									
			24									
			25	62	44							
GY3 GYS3 GYH3	112	9500	20	52	38	100	45	30	46	6	0.0025	2.38
			22									
			24									
			25	62	44							
			28									
GY4 GYS4 GYH4	224	9000	25	62	44	105	55	32	48	6	0.003	3.15
			28									
			30	82	60							
			32									
			35									
GY5 GYS5 GYH5	400	8000	30	82	60	120	68	36	52	8	0.007	5.43
			32									
			35									
			38									
			40	112	84							
			42									
GY6 GYS6 GYH6	900	6800	38	82	60	140	80	40	56	8	0.015	7.59
			40	112	84							
			42									
			45									
			48									
			50									
GY7 GYS7 GYH7	1600	6000	48	112	84	160	100	40	56	8	0.031	13.1
			50									
			55									
			56									
			60	142	107							
			63									
GY8 GYS8 GYH8	3150	4800	60	142	107	200	130	50	68	10	0.103	27.5
			63									
			65									
			70									
			71									
			75	172	132							
			80									
GY9 GYS9 GYH9	6300	3600	75	142	107	260	160	66	84	10	0.319	47.8
			80	172	132							
			85									
			90									
			95									
			100	212	167							

续表

型号	公称转矩 T_n /N·m	许用转速[n] /r·min^{-1}	轴孔直径 d_1、d_2	轴孔长度 L Y 型	轴孔长度 L J_1 型	D	D_1	b	b_1	S	转动惯量 I /kg·m^2	质量 m /kg
GY10 GYS10 GYH10	10000	3200	90	172	132	300	200	72	90	10	0.720	82.0
			95									
			100	212	167							
			110									
			120									
			125									
GY11 GYS11 GYH11	25000	2500	120	212	167	380	260	80	98	10	2.278	162.2
			125									
			130	252	202							
			140	252	202	380	260	80	98	10	2.278	162.2
			150									
			160	302	242							
GY12 GYS12 GYH12	50000	2000	150	252	202	460	320	92	112	12	5.923	285.6
			160	302	242							
			170									
			180									
			190	352	282							
			200									
GY13 GYS13 GYH13	100000	1600	190	352	282	590	400	110	130	12	19.978	611.9
			200									
			220									
			240	410	330							
			250									

注：质量、转动惯量是按 GY 型联轴器 Y/J_1 轴孔组合型式和最小轴孔直径计算的。

表 6-3-15 凸缘联轴器主要零件的材料

序　　号	零 件 名 称	材　　料	备　　注
1	半联轴器	35	GB/T 699
2	对中环		
3	螺栓	性能等级 8.8 级	GB/T 5782
4			GB/T 27
5	螺母	性能等级 8 级	GB/T 6170

3.3.3 弹性柱销联轴器（GB/T 5014—2017）

弹性柱销联轴器适用于连接两同轴线的传动轴系，并具有补偿两轴间相对偏移和一般减振性能。适用工作温度 −20～70℃，传递公称转矩范围为 250～180000N·m。

弹性柱销联轴器分为 LX、LXZ 两种型式。LX 型弹性柱销联轴器的结构型式、基本参数和主要尺寸见表 6-3-16。LXZ 型为带制动轮弹性柱销联轴器，其结构型式、基本参数和主要尺寸见表 6-3-17。

表 6-3-16 LX 型弹性柱销联轴器基本参数和主要尺寸 mm

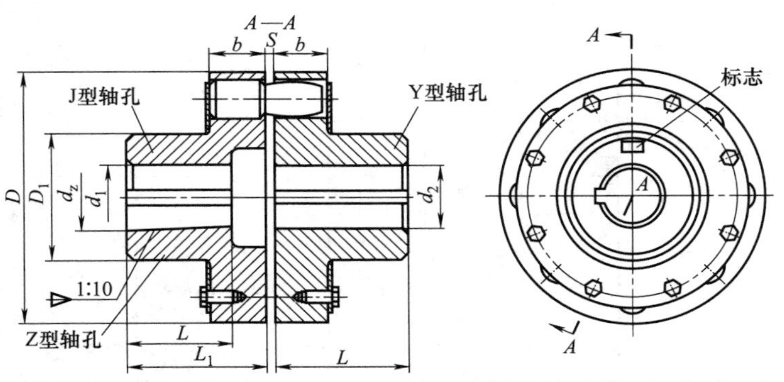

续表

型号	公称转矩 T_n /N·m	许用转速 $[n]$ /r·min^{-1}	轴孔直径 d_1、d_2、d_z	轴孔长度 Y型			D	D_1	b	S	转动惯量 I /kg·m^2	质量 m /kg
				Y型 L	J、Z型 L	J、Z型 L_1						
LX1	250	8500	12	32	27	—	90	40	20	2.5	0.002	2
			14									
			16	42	30	42						
			18									
			19									
			20	52	38	52						
			22									
			24									
LX2	560	6300	20	52	38	52	120	55	28	2.5	0.009	5
			22									
			24									
			25	62	44	62						
			28									
			30	82	60	82						
			32									
			35									
LX3	1250	4750	30	82	60	82	160	75	36	2.5	0.026	8
			32									
			35									
			38									
			40	112	84	112						
			42									
			45									
			48									
LX4	2500	3870	40	112	84	112	195	100	45	3	0.109	22
			42									
			45									
			48									
			50									
			55									
			56									
			60	142	107	142						
			63									
LX5	3150	3450	50	112	84	112	220	120	45	3	0.191	30
			55									
			56									
			60	142	107	142						
			63									
			65									
			70									
			71									
			75									
LX6	6300	2720	60	142	107	142	280	140	56	4	0.543	53
			63									
			65									
			70									
			71									
			75									
			80	172	132	172						
			85									

续表

型号	公称转矩 T_n /N·m	许用转速 $[n]$ /r·min^{-1}	轴孔直径 d_1、d_2、d_z	轴孔长度 Y型 L	轴孔长度 J、Z型 L	轴孔长度 J、Z型 L_1	D	D_1	b	S	转动惯量 I /kg·m^2	质量 m /kg
LX7	11200	2360	70	142	107	142	320	170	56	4	1.314	98
			71									
			75									
			80	172	132	172						
			85									
			90									
			95									
			100	212	167	212						
			110									
LX8	16000	2120	80	172	132	172	360	200	56	5	2.023	119
			85									
			90									
			95									
			100	212	167	212						
			110									
			120									
			125									
LX9	22400	1850	100	212	167	212	410	230	63	5	4.386	197
			110									
			120									
			125									
			130	252	202	252						
			140									
LX10	35500	1600	110	212	167	212	480	280	75	6	9.760	322
			120									
			125									
			130	252	202	252						
			140									
			150									
			160	302	242	302						
			170									
			180									
LX11	50000	1400	130	252	202	252	540	340	75	6	20.05	520
			140									
			150									
			160	302	242	302						
			170									
			180									
			190	352	282	352						
			200									
			220									
LX12	80000	1220	160	302	242	302	630	400	90	7	37.71	714
			170									
			180									
			190	352	282	352						
			200									
			220									
			240	410	330	—						
			250									
			260									

续表

型号	公称转矩 T_n /N·m	许用转速 [n] /r·min⁻¹	轴孔直径 d_1、d_2、d_z	轴孔长度 Y型 L	J、Z型 L	J、Z型 L_1	D	D_1	b	S	转动惯量 I /kg·m²	质量 m /kg
LX13	125000	1080	190	352	282	352	710	465	100	8	71.37	1057
			200									
			220									
			240	410	330	—						
			250									
			260									
			280	470	380	—						
			300									
LX14	180000	950	240	410	330	—	800	530	110	8	170.6	1956
			250									
			260									
			280	470	380	—						
			300									
			320									
			340	550	450	—						

注：质量、转动惯量是按J/Y轴孔组合型式和最小轴孔直径计算的。

表 6-3-17　LXZ型带制动轮弹性柱销联轴器基本参数和主要尺寸　mm

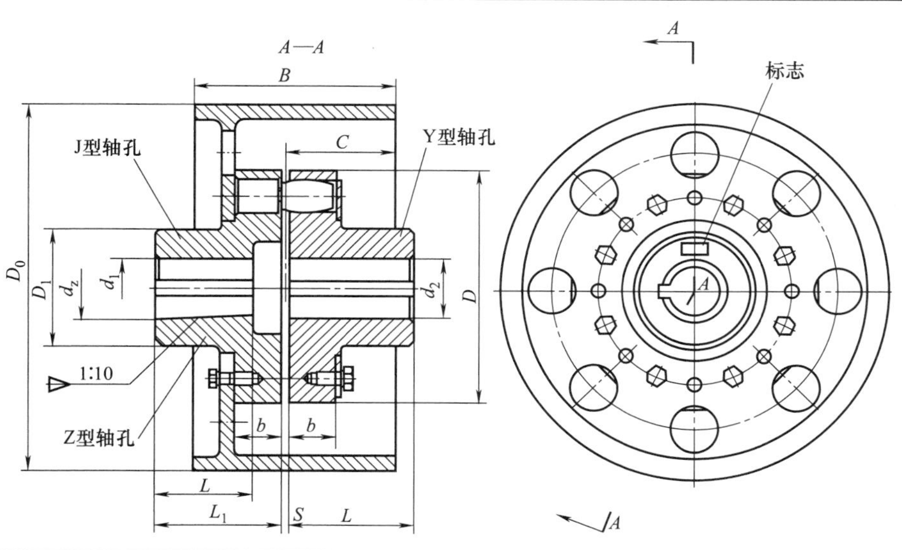

型号	公称转矩 T_n /N·m	许用转速[n] /r·min⁻¹	轴孔直径 d_1、d_2、d_z	轴孔长度 Y型 L	J、Z型 L	J、Z型 L_1	D_0	D	D_1	B	b	S	C	转动惯量 I /kg·m²	质量 m /kg
LXZ1	560	5600	20	52	38	52	200	120	55	85	28	2.5	42	0.055	11
			22												
			24												
			25	62	44	62									
			28												
			30	82	60	82									
			32												
			35												

续表

型号	公称转矩 T_n /N·m	许用转速[n] /r·min^{-1}	轴孔直径 d_1、d_2、d_z	轴孔长度 Y型 L	轴孔长度 J、Z型 L	轴孔长度 J、Z型 L_1	D_0	D	D_1	B	b	S	C	转动惯量 I /kg·m^2	质量 m /kg
LXZ2	1250	3750	30	82	60	82	200	160	75	85	36	2.5	40	0.072	14
			32												
			35												
			38												
			40	112	84	112									
			42												
			45												
			48												
LXZ3	1250	2430	30	82	60	82	315	160	75	132	36	2.5	66	0.313	25
			32												
			35												
			38												
			40	112	84	112									
			42												
			45												
			48												
LXZ4	2500	2430	40	112	84	112	315	195	100	132	45	3	66	0.504	40
			42												
			45												
			48												
			50												
			56												
			60	142	107	142									
			63												
LXZ5	2500	1900	40	112	84	112	400	195	100	168	45	3	84	1.192	59
			42												
			45												
			48												
			50												
			55												
			56												
			60	142	107	142									
			63												
LXZ6	3150	1900	50	112	84	112	400	220	120	168	45	3	84	1.402	69
			55												
			56												
			60	142	107	142									
			63												
			65												
			70												
			71												
			75												

续表

型号	公称转矩 T_n /N·m	许用转速[n] /r·min^{-1}	轴孔直径 d_1、d_2、d_z	轴孔长度 Y型 L	轴孔长度 J、Z型 L	轴孔长度 J、Z型 L_1	D_0	D	D_1	B	b	S	C	转动惯量 I /kg·m^2	质量 m /kg
LXZ7	3150	1500	50	112	84	112	500	220	120	210	45	3	105	2.872	91
			55												
			56												
			60	142	107	142									
			63												
			65												
			70												
			71												
			75												
LXZ8	6300	1900	60	142	107	142	400	280	140	168	56	4	84	1.800	88
			63												
			65												
			70												
			71												
			75												
			80	172	132	172									
			85												
LXZ9	6300	1500	60	142	107	142	500	280	140	210	56	4	105	3.582	113
			63												
			65												
			70												
			71												
			75												
			80	172	132	172									
			85												
LXZ10	11200	1500	70	142	107	142	500	320	170	210	56	4	105	4.970	156
			71												
			75												
			80	172	132	172									
			85												
			90												
			95												
			100	212	167	212									
			110												
LXZ11	11200	1220	70	142	107	142	630	320	170	265	56	4	132	9.392	187
			71												
			75												
			80	172	132	172									
			85												
			90												
			95												
			100	212	167	212									
			110												

续表

型号	公称转矩 T_n /N·m	许用转速[n] /r·min^{-1}	轴孔直径 d_1、d_2、d_z	轴孔长度 Y型 L	轴孔长度 J、Z型 L	轴孔长度 J、Z型 L_1	D_0	D	D_1	B	b	S	C	转动惯量 I /kg·m^2	质量 m /kg
LXZ12	16000	1220	80	172	132	172	630	360	200	265	56	5	132	16.43	326
			85												
			90												
			95												
			100	212	167	212									
			110												
			120												
			125												
LXZ13	22400	1080	100	212	167	212	710	410	230	298	63	5	149	21.66	337
			110												
			120												
			125												
			130	252	202	252									
			140												
LXZ14	35500	1080	110	212	167	212	710	480	280	298	75	6	149	29.55	458
			120												
			125												
			130	252	202	252									
			140												
			150												
			160	302	242	302									
			170												
			180												
LXZ15	35500	950	110	212	167	212	800	480	280	335	75	6	168	41.08	504
			120												
			125												
			130	252	202	252									
			140												
			150												
			160	302	242	302									
			170												
			180												

注：质量、转动惯量是按J/Y轴孔组合型式和最小轴孔直径计算的。

弹性柱销联轴器使用时，被连接两轴的相对偏移量不得大于表6-3-18的数值。

表6-3-18　弹性柱销联轴器许用补偿量

项目	型号													
	LX1	LX2	LX3	LX4	LX5	LX6	LX7	LX8	LX9	LX10	LX11	LX12	LX13	LX14
		LXZ1	LXZ2 LXZ3	LXZ4 LXZ5	LXZ6 LXZ7	LXZ8 LXZ9	LXZ10 LXZ11	LXZ12	LXZ13	LXZ14 LXZ15	—	—	—	—
横向 ΔX/mm	±0.5	±1	±1	±1.5	±1.5	±2	±2	±2	±2	±2.5	±2.5	±2.5	±3	±3
径向 ΔY/mm	0.15	0.15	0.15	0.15	0.15	0.20	0.20	0.20	0.20	0.25	0.25	0.25	0.25	0.25
角向 $\Delta\alpha$	≤0°30′													

注：1. 径向补偿量的测量部位在半联轴器最大外圆宽度的二分之一处。

2. 表中所列补偿量是指由于安装误差、冲击、振动、变形、温度变化等因素形成的两轴相对偏移量，其安装误差必须小于表中数值。

弹性柱销联轴器主要零件的材料应符合表 6-3-19 的要求，其中 MC 尼龙的力学性能应符合表 6-3-20 的要求。柱销不得有缩孔、气泡、夹杂以及其他影响性能的缺陷存在。制动轮外圆表面应淬火，其硬度应控制在 35～45HRC，深度 2～3mm。

表 6-3-19　弹性柱销联轴器主要零件材料

序号	零件名称	材　料	备　注
1	半联轴器	45	GB/T 699
2	制动器	ZG270-500	GB/T 11352
		QT500-7	GB/T 1348
3	柱销	MC 尼龙	—
4	螺栓	性能等级 8.8 级	GB/T 5783

表 6-3-20　MC 尼龙的力学性能

序号	力学性能	单　位	指　标
1	拉伸强度	MPa	≥90
2	弯曲强度	MPa	≥100
3	压缩强度	MPa	≥105
4	冲击韧性(缺口)	J/cm^2	≥5
5	伸长率	%	20～30
6	布氏硬度	HB	14～21
7	脆化温度	℃	≤−30
8	热变形温度	℃	≥150

3.3.4　弹性套柱销联轴器（GB/T 4323—2017）

弹性套柱销联轴器用于连接两同轴线的传动轴系，具有一定补偿两轴间相对偏移和一般减振性能，工作温度为 −30～100℃；传递公称转矩为 16～22400N・m。

弹性套柱销联轴器分为 LT 型和 LTZ 型两种型式，详见表 6-3-21。

表 6-3-21　联轴器型式

代号	型式	规格代号	图　示	结构型式基本参数和主要尺寸
LT 型	基本型	1～13		表 6-3-22
LTZ 型	制动轮型	1～9		表 6-3-23

表 6-3-22　LT 型联轴器基本参数和主要尺寸

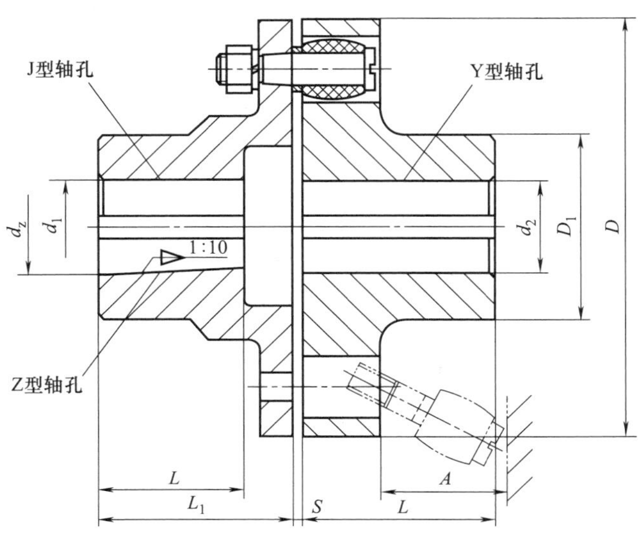

续表

型号	公称转矩 T_n /N·m	许用转速 $[n]$ /r·min^{-1}	轴孔直径 d_1、d_2、d_z /mm	轴孔长度 Y型 L (mm)	轴孔长度 J、Z型 L_1 (mm)	轴孔长度 J、Z型 L (mm)	D /mm	D_1 /mm	S /mm	A /mm	转动惯量 /kg·m^2	质量 /kg
LT1	16	8800	10,11	22	25	22	71	22	3	18	0.0004	0.7
			12,14	27	32	27						
LT2	25	7600	12,14	27	32	27	80	30	3	18	0.001	1.0
			16,18,19	30	42	30						
LT3	63	6300	16,18,19	30	42	30	95	35	4	35	0.002	2.2
			20,22	38	52	38						
LT4	100	5700	20,22,24	38	52	38	106	42	4	35	0.004	3.2
			25,28	44	62	44						
LT5	224	4600	25,28	44	62	44	130	56	5	45	0.011	5.5
			30,32,35	60	82	60						
LT6	355	3800	32,35,38	60	82	60	160	71	5	45	0.026	9.6
			40,42	84	112	84						
LT7	560	3600	40,42,45,48	84	112	84	190	80	5	45	0.06	15.7
LT8	1120	3000	40,42,45,48,50,55	84	112	84	224	95	6	65	0.13	24.0
			60,63,65	107	142	107						
LT9	1600	2850	50,55	84	112	84	250	110	6	65	0.20	31.0
			60,63,65,70	107	142	107						
LT10	3150	2300	63,65,70,75	107	142	107	315	150	8	80	0.64	60.2
			80,85,90,95	132	172	132						
LT11	6300	1800	80,85,90,95	132	172	132	400	190	10	100	2.06	114
			100,110	167	212	167						
LT12	12500	1450	100,110,120,125	167	212	167	475	220	12	130	5.00	212
			130	202	252	202						
LT13	22400	1150	120,125	167	212	167	600	280	14	180	16.0	416
			130,140,150	202	262	202						
			160,170	242	302	242						

注：1. 转动惯量和质量是按 Y 型最大轴孔长度、最小轴孔直径计算的数值。
2. 轴孔型式组合为：Y/Y、J/Y、Z/Y。

表 6-3-23　　LTZ 型联轴器基本参数和主要尺寸　　mm

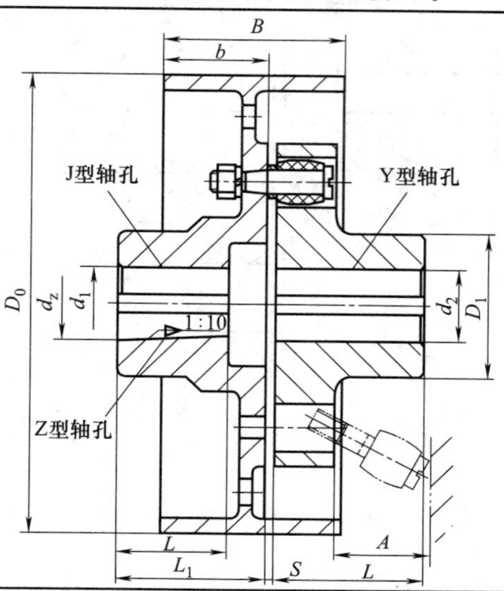

续表

型号	公称转矩 T_n /N·m	许用转速 $[n]$ /r·min^{-1}	轴孔直径 d_1、d_2、d_z /mm	轴孔长度 Y型 L (mm)	轴孔长度 J、Z型 L_1 (mm)	轴孔长度 J、Z型 L (mm)	D_0 /mm	D_1 /mm	B/mm	b /mm	S /mm	A /mm	转动惯量 /kg·m^2	质量 /kg
LTZ1	224	3800	25,28	44	62	44	200	56	85	40	5	45	0.05	8.3
			30,32,35	60	82	60								
LTZ2	355	3000	32,35,38	60	82	60	250	71	105	50	5	45	0.15	15.3
			40,42	84	112	84								
LTZ3	560	2400	40,42,45,48	84	112	84	315	80	135	65	5	45	0.45	30.3
LTZ4	1120	2400	45,48,50,55	84	112	84	315	95	135	65	6	65	0.50	40.0
			60,63	107	142	107								
LTZ5	1600	2400	50,55	84	112	84	315	110	135	65	6	65	1.26	47.3
			60,63,65,70	107	142	107								
LTZ6	3150	1900	63,65,70,75	107	142	107	400	150	170	81	8	80	1.63	93.0
			80,85,90,95	132	172	132								
LTZ7	6300	1500	80,85,90,95	132	172	132	500	190	210	100	10	100	4.04	172
			100,110	167	212	167								
LTZ8	12500	1200	100,110,120,125	167	212	167	630	220	265	127	12	130	15.0	304
			130	202	252	202								
LTZ9	22400	1000	120,125	167	212	167	710	280	300	143	14	180	33.0	577
			130,140,150	202	252	205								
			160,170	242	302	242								

注：1. 转动惯量和质量是按 Y 型最大轴孔长度、最小轴孔直径计算的数值。
2. 轴孔型式组合为：Y/Y、J/Y、Z/Y。

弹性套柱销联轴器的弹性套、挡圈、柱销的结构型式和主要尺寸参考表 6-3-24。

表 6-3-24　　弹性套、挡圈、柱销的主要尺寸　　mm

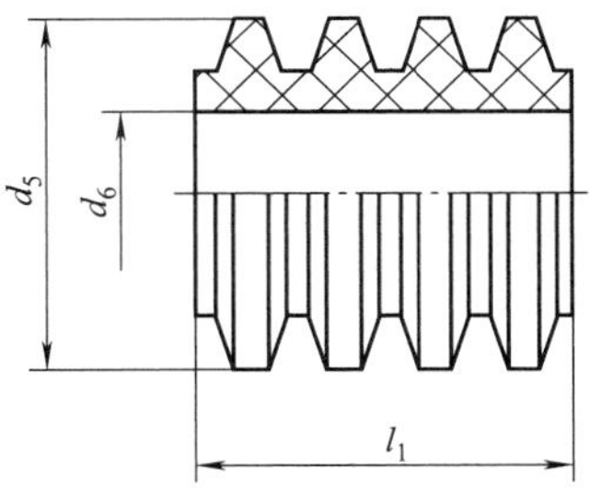

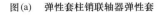

图(a)　弹性套柱销联轴器弹性套

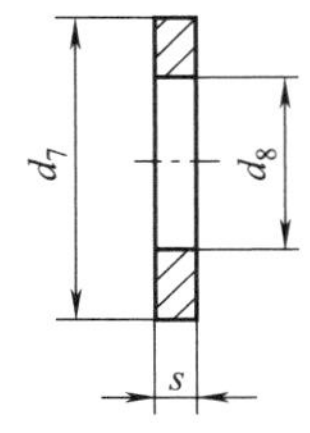

图(b)　弹性套柱销联轴器挡圈

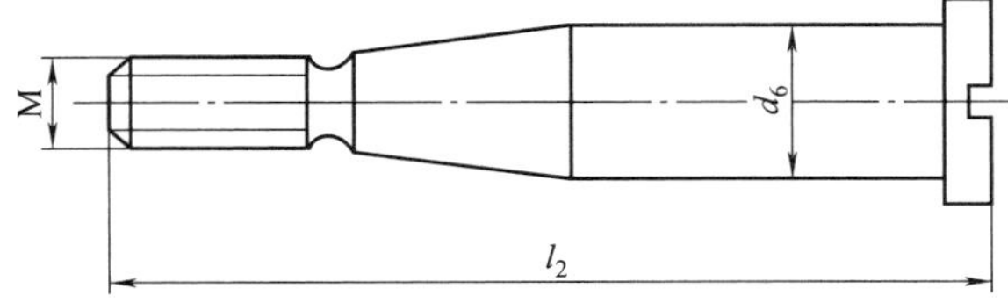

图(c)　弹性套柱销联轴器柱销

续表

型号		弹性套			挡圈			柱销	
		d_5	d_6	l_1	d_7	s	d_8	l_2	M
LT1		16	8	10	12	3	8.2	40	M6
LT2									
LT3		19	10	15	15	4	10.4	55	M6
LT4									
LT5	LTZ1	26	14	28	20	5	14.5	72	M12
LT6	LTZ2								
LT7	LTZ3								
LT8	LTZ4	35	18	36	25	6	18.6	88	M16
LT9	LTZ5								
LT10	LTZ6	45	24	44	32	8	24.8	110	M20
LT11	LTZ7	56	30	56	40	10	30.8	140	M24
LT12	LTZ8	71	38	72	50	12	39	170	M30
LT13	LTZ9	85	45	88	60	14	46	210	M36

用弹性套柱销联轴器连接的两轴间允许的最大轴线误差不得大于表 6-3-25 中的值。表中的最大运转补偿量是指在工作状态下允许的由于制造误差、安装误差、工作载荷变化引起的振动、冲击、变形、温度变化等综合因素形成的两轴间相对偏移量。

表 6-3-25 LT 型、LTZ 型弹性套柱销联轴器允许最大轴线误差

型号		允许最大安装误差		允许最大运转补偿量	
		径向 ΔY /mm	角向 $\Delta\alpha$	径向 ΔY /mm	角向 $\Delta\alpha$
LT1		0.1	45′	0.2	1°30′
LT2					
LT3					
LT4					
LT5	LTZ1	0.15		0.3	
LT6	LTZ2		30′		1°
LT7	LTZ3				
LT8	LTZ4	0.2		0.4	
LT9	LTZ5				
LT10	LTZ6				
LT11	LTZ7	0.25	15′	0.5	30′
LT12	LTZ8				
LT13	LTZ9	0.3		0.6	

弹性套柱销联轴器零件材料性能应不低于表 6-3-26 的要求。弹性套的材料力学性能应符合表 6-3-27 的要求。

3.3.5 弹性柱销齿式联轴器（GB/T 5015—2017）

弹性柱销齿式联轴器适用于连接两同轴线的传动轴系，并具有补偿两轴相对偏移和一般减振性能。工作温度－20～70℃，传递公称转矩的范围为 112～2800000N·m。

弹性柱销齿式联轴器分为 LZ 型、LZD 型和 LZZ 型，详见表 6-3-28。

表 6-3-26 弹性套柱销联轴器零件材料

零件名称	材料	备注
半联轴器	ZG270-500	GB/T 11352
	45	GB/T 699
制动轮	ZG270-500	GB/T 11352
	45	GB/T 699
垫圈	65Mn	GB/T 93
挡圈	Q235	GB/T 700
弹性套	聚氨酯	
柱销	35	GB/T 699
螺母	性能等级 8 级	GB/T 3098.2

表 6-3-27　**弹性套材料力学性能**

名称	单位	数值	测试方法
硬度	ShoreA	75±3	GB/T 531.1
拉伸强度	MPa	>35	GB/T 528
拉断伸长率	%	>420	GB/T 528
撕裂强度	kN/m	>45	GB/T 529
回弹性	%	>18	GB/T 1681
脆性温度	℃	<−40	GB/T 1682
压缩永久变形率(70℃、22h)	%	<33	GB/T 7759.1
磨耗量	cm^3	<0.05	GB/T 1689
耐油 Δm(ASTM No. 3 OIL 70℃×7d)	%	<2	GB/T 1690

表 6-3-28　**弹性柱销齿式联轴器的型式**

型式代号	名　　称	图　　示	结构型式 基本参数和主要尺寸
LZ	基本型弹性柱销齿式联轴器		表 6-3-29
LZD	锥形轴孔弹性柱销齿式联轴器		表 6-3-30
LZZ	带制动轮弹性柱销齿式联轴器		表 6-3-31

表 6-3-29　**LZ 型弹性柱销齿式联轴器基本参数和主要尺寸**　mm

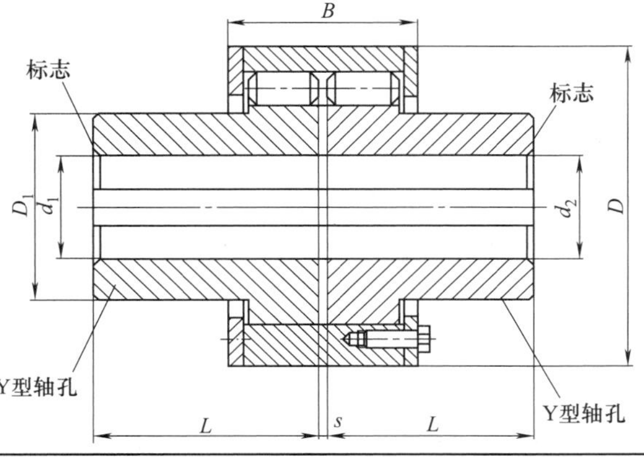

续表

型号	公称转矩 T_n /N·m	许用转速 $[n]$ /r·min^{-1}	轴孔直径 d_1、d_2	轴孔长度 L		D	D_1	B	s	转动惯量 I /kg·m^2	质量 m /kg
				长系列	短系列						
LZ1	112	5000	12	32	27	76	40	42	2.5	0.001	1.53
			14								
			16	42	30						1.60
			18								
			19								
			20	52	38						1.67
			22								
			24								
LZ2	250	5000	16	42	30	90	50	50	2.5	0.002	2.70
			18								
			19								
			20	52	52						2.76
			22								
			24								
			25	62	44					0.003	2.79
			28								
			30	82	60						3.00
			32								
LZ3	630	4500	25	62	44	118	65	70	3	0.011	6.49
			28								
			30	82	60						7.05
			32								
			35								
			38								
			40	112	84					0.012	7.31
			42								
LZ4	1800	4200	40	112	84	158	90	90	4	0.044	16.20
			42								
			45								
			48								
			50								
			55								
			56								
			60	142	107					0.045	15.25
LZ5	4500	4000	50	112	84	192	120	90	4	0.100	24.82
			55								
			56								
			60	142	107					0.107	27.02
			63								
			65								
			70								
			71								
			75								
			80	172	132					0.108	25.44

续表

型号	公称转矩 T_n /N·m	许用转速 $[n]$ /r·min^{-1}	轴孔直径 d_1、d_2	轴孔长度 L		D	D_1	B	s	转动惯量 I /kg·m^2	质量 m /kg
				长系列	短系列						
LZ6	8000	3300	60	142	107	230	130	112	5	0.238	40.89
			63								
			65								
			70								
			71								
			75								
			80	172	132					0.242	40.15
			85								
			90								
			95								
LZ7	11200	2900	70	142	107	260	160	112	5	0.406	54.93
			71								
			75								
			80	172	132					0.428	59.14
			85								
			90								
			95								
			100	212	167					0.443	59.60
			110								
LZ8	18000	2500	80	172	132	300	190	128	6	0.860	89.35
			85								
			90								
			95								
			100	212	167					0.911	94.67
			110								
			120								
			125								
			130	252	202					0.908	87.43
LZ9	25000	2300	90	172	132	335	220	150	7	1.559	113.9
			95								
			100	212	167					1.678	138.1
			110								
			120								
			125								
			130	252	202					1.733	136.6
			140								
			150								
LZ10	31500	2100	100	212	167	355	245	152	8	2.236	165.5
			110								
			120								
			125								
			130	252	202					2.362	169.3
			140								
			150								
			160	302	242					2.422	164.0
			170								

续表

型号	公称转矩 T_n /N·m	许用转速 $[n]$ /r·min^{-1}	轴孔直径 d_1、d_2	轴孔长度 L		D	D_1	B	s	转动惯量 I /kg·m^2	质量 m /kg
				长系列	短系列						
LZ11	40000	2000	110	212	167	380	260	172	8	3.054	190.9
			120								
			125								
			130	252	202					3.249	203.1
			140								
			150								
			160	302	242					3.369	202.1
			170								
			180								
LZ12	63000	1700	130	252	202	445	290	182	8	6.146	288.5
			140								
			150								
			160	302	242					6.432	296.6
			170								
			180								
			190	352	282					6.524	288.0
			200								
LZ13	100000	1500	150	252	202	515	345	218	8	12.76	413.6
			160	302	242					13.62	469.2
			170								
			180								
			190	352	282					14.19	480.0
			200								
			220								
			240	410	330					13.98	436.1
LZ14	125000	1400	170	302	242	560	390	218	8	19.90	581.5
			180								
			190	352	282					21.17	621.7
			200								
			220								
			240	410	330					21.67	599.4
			250								
			260								
LZ15	160000	1300	190	352	282	590	420	240	10	28.08	736.9
			200								
			220								
			240	410	330					29.18	730.5
			250								
			260								
			280	470	380					29.52	702.1
			300								
LZ16	250000	1000	220	352	282	695	490	265	10	56.21	1045
			240	410	330					60.05	1129
			250								
			260								
			280	470	380					60.56	1144
			300								
			320								
			340	550	450					62.47	1064

续表

型号	公称转矩 T_n /N·m	许用转速 $[n]$ /r·min^{-1}	轴孔直径 d_1、d_2	轴孔长度 L 长系列	轴孔长度 L 短系列	D	D_1	B	s	转动惯量 I /kg·m^2	质量 m /kg
			240								
			250	410	330					105.5	1500
			260								
			280								
LZ17	355000	950	300	470	380	770	550	285	10	102.3	1557
			320								
			340								
			360	550	450					106.0	1535
			380								
			250	410	330					152.3	1902
			260								
			280								
			300	470	380					161.5	2025
LZ18	450000	850	320			860	605	300	13		
			340								
			360	550	450					169.9	2062
			380								
			400	650	540					175.4	2029
			420								
			280								
			300	470	380					283.7	2818
			320			970	695	322	14		
			340								
			360	550	450					303.4	2963
LZ19	630000	750	380								
			400								
			420	650	540	970	695	322	14	323.2	3068
			440								
			450								
			320	470	380					581.2	4010
			340								
			360	550	450					624.5	4426
			380								
			400								
LZ20	1120000	650	420			1160	800	355	15		
			440								
			450	650	540					669.4	4715
			460								
			480								
			500								

第6篇

续表

型号	公称转矩 T_n /N·m	许用转速 $[n]$ /r·min^{-1}	轴孔直径 d_1、d_2	轴孔长度 L		D	D_1	B	s	转动惯量 I /kg·m^2	质量 m /kg
				长系列	短系列						
LZ21	1800000	530	380	550	450	1440	1020	360	18	1565	7293
			400	650	540					1715	8228
			420								
			440								
			450								
			460								
			480								
			500								
			530	800	680					1880	8699
			560								
			600								
			630								
LZ22	2240000	500	420	650	540	1520	1100	405	19	2338	9736
			440								
			450								
			460								
			480								
			500								
			530	800	680					2596	10631
			560								
			600								
			630			1520	1100	405	19		
			670	—	780					2522	9473
			710								
			750								
LZ23	2800000	460	480	650	540	1640	1240	440	20	3490	11946
			500								
			530	800	680					3972	13822
			560								
			600								
			630								
			670	—	780					3949	12826
			710								
			750								
			800	—	880					3982	12095
			850								

注：1. 质量、转动惯量是按 Y/J_1 轴孔组合型式和最小轴孔直径计算的。

2. 短时过载不得超过公称转矩 T_n 值的 2 倍。

表 6-3-30 LZD 型锥形轴孔弹性柱销齿式联轴器基本参数和主要尺寸 mm

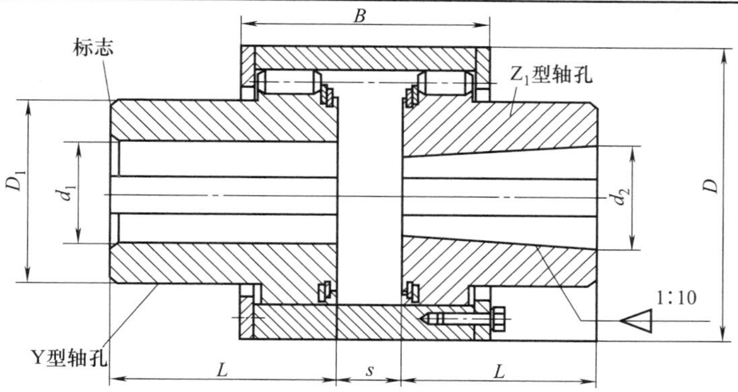

型号	公称转矩 T_n/N·m	许用转速[n] /r·min^{-1}	轴孔直径 d_1、d_2	轴孔长度 L		D	D_1	B	s	转动惯量 I/kg·m^2	质量 m/kg
				Y 型	Z_1 型						
LZD1	112	5000	16	42	30	78	40	65	14.5	0.002	2.08
			18								
			19								
			20	52	38			70	16.5		2.25
			22								
			24								
			25	62	44			75	20.5		2.30
			28								
LZD2	250	5000	25	62	44	90	50	88	20.5	0.004	3.74
			28								
			30	82	60			92	24.5		3.98
			32								
LZD3	630	4500	30	82	60	118	65	115	25	0.015	9.43
			32								
			35								
			38								
			40	112	84			125	31	0.016	10.30
			42								
LZD4	1800	4200	40	112	84	158	90	145	32	0.052	22.46
			42								
			45								
			48								
			50								
			55								
			56								
			60	142	107			152	39	0.061	22.36
LZD5	4500	4000	50	112	84	192	120	145	32	0.131	29.24
			55								
			56								
			60	142	107			152	39	0.141	31.71
			63								
			65								
			70								
			71								
			75								
			80	172	132			158	44	0.143	30.45

续表

型号	公称转矩 T_n/N·m	许用转速[n] /r·min^{-1}	轴孔直径 d_1、d_2	轴孔长度 L Y型	轴孔长度 L Z_1型	D	D_1	B	s	转动惯量 I/kg·m^2	质量 m/kg
LZD6	8000	3300	60	142	107	230	130	175	40	0.309	48.16
			63								
			65								
			70								
			71								
			75								
			80	172	132			178	45	0.312	47.25
			85								
			90								
			95								
LZD7	11200	2900	70	142	107	260	160	178	40	0.535	64.13
			71								
			75								
			80	172	132			182	45	0.546	68.38
			85								
			90								
			95								
			100	212	167			188	50	0.570	69.42
			110								
LZD8	18000	2500	80	172	132	300	190	202	46	1.091	102.7
			85								
			90								
			95								
			100	212	167			208	51	1.157	108.8
			110								
			120								
			125								
			130	252	202			212	56	1.105	101.7
LZD9	25000	2300	90	172	132	335	220	232	47	1.957	142.4
			95								
			100	212	167			238	52	2.097	157.5
			110								
			120								
			125								
			130	252	202			242	57	2.728	184.2
			140								
			150								
LZD10	31500	2100	100	212	167	355	245	240	53	2.728	184.2
			110								
			120								
			125								
			130	252	202			245	58	2.840	188.5
			140								
			150								
			160	302	242			255	68	2.926	184.1
			170								

续表

型号	公称转矩 T_n/N·m	许用转速[n] /r·min⁻¹	轴孔直径 d_1、d_2	轴孔长度 L Y 型	轴孔长度 L Z_1 型	D	D_1	B	s	转动惯量 I/kg·m²	质量 m/kg
LZD11	40000	2000	110	212	167	380	260	260	53	3.659	212.3
			120								
			125								
			130	252	202			265	58	3.870	225.0
			140								
			150								
			160	302	242			275	68	4.021	224.8
			170								
			180								
LZD12	63000	1700	130	252	202	445	290	282	58	7.548	325.7
			140								
			150								
			160	212	167			292	68	7.94	335.2
			170								
			180								
			190	352	282			302	78	8.051	327.9
			200								
LZD13	100000	1500	150	252	202	515	345	313	58	14.925	468.4
			160	302	242			323	68	15.892	513.1
			170								
			180								
			190	352	282			332	78	16.514	524.5
			200								
			220								

注：1. 质量、转动惯量是按 Y/Z_1 轴孔组合型式、最大轴孔长度和最小轴孔直径计算的。

2. Z_1 型轴孔长度 L 也适用于 Y 型短系列轴孔长度。

3. 短时过载不得超过公称转矩 T_n 值的 2 倍。

表 6-3-31　LZZ 型带制动轮弹性柱销齿式联轴器基本参数和主要尺寸　mm

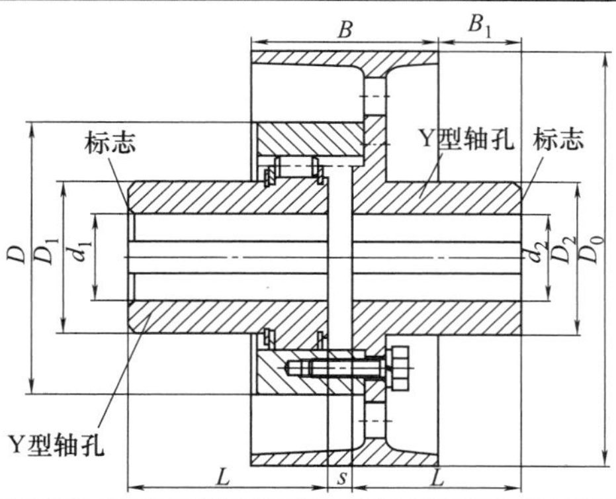

型号	公称转矩 T_n/N·m	许用转速[n] /r·min⁻¹	轴孔直径 d_1	轴孔直径 d_2	轴孔长度 L 长系列	轴孔长度 L 短系列	D_0	D	D_1	D_2	B	B_1	s	转动惯量 I/kg·m²	质量 m/kg
LZZ1	250	4500	16	16	42	—	160	98	50	56	70	9	2	0.018	5.82
			18	18											
			19	19											
			20	20	52	38						19			6.05
			22	22											
			24	24											
			25	25	62	44						29			6.17
			28	28											
			30	30	82	60						49			6.64
			32	32											
			—	35											
			—	38											

续表

型号	公称转矩 T_n/N·m	许用转速[n] /r·min^{-1}	轴孔直径 d_1	轴孔直径 d_2	轴孔长度 L 长系列	轴孔长度 L 短系列	D_0	D	D_1	D_2	B	B_1	s	转动惯量 I/kg·m^2	质量 m/kg
LZZ2	630	3800	25	25	62	—	200	124	65	70	85	30	2	0.053	11.15
			28	28											
			30	30	82	60						50			11.77
			32	32											
			35	35											
			38	38											
			40	40	112	84						80			12.04
			42	42											
			—	45											
			—	48											
LZZ3	1800	3000	40	40	112	84	250	166	90	105	105	48.5	3	0.181	28.09
			42	42											
			45	45											
			48	48											
			50	50											
			55	55											
			56	56											
			60	60	142	107						78.5		0.183	27.54
			—	63											
			—	65											
			—	70											
LZZ4	4500	2450	50	50	112	84	315	214	120	130	135	40	3	0.534	48.75
			55	55											
			56	56											
			60	60	142	107						70		0.543	51.69
			63	63											
			65	65											
			70	70											
			71	71											
			75	75											
			80	80	172	132						100		0.547	50.21
			—	85											
			—	90											
LZZ5	8000	1900	60	60	142	107	400	240	130	145	170	44	3	1.404	76.51
			63	63											
			65	65											
			70	70											
			71	71											
			75	75											
			80	80	172	132						74		1.413	76.25
			85	85											
			90	90											
			—	95											

续表

型号	公称转矩 T_n/N·m	许用转速[n] /r·min^{-1}	轴孔直径		轴孔长度 L		D_0	D	D_1	D_2	B	B_1	s	转动惯量 I/kg·m^2	质量 m/kg
			d_1	d_2	长系列	短系列									
LZZ6	11200	1500	70	70	142	107	500	280	160	170	210	40	4	3.812	124.65
			71	71											
			75	75											
			80	80	172	132						70		3.841	129.73
			85	85											
			90	90											
			95	95											
			100	100	212	167						110		3.865	130.61
			110	110											
			—	120											
LZZ7	18000	1200	80	80	172	132	630	330	190	200	265	42	4	10.674	216.43
			85	85											
			90	90											
			95	95											
			100	100	212	167						82		10.742	222.63
			110	110											
			120	120											
			125	125											
			130	130	252	202						112		10.753	215.03
LZZ8	25000	1050	90	90	172	132	710	380	220	220	300	35	4	18.960	293.01
			95	95											
			100	100	212	167						45		19.089	307.92
			110	110											
			120	120											
			125	125											
			130	130	252	202						85		19.156	305.42
			140	140											
			150	150											
LZZ9	31500	950	100	100	212	167	800	400	245	245	340	40	5	33.258	403.84
			110	110											
			120	120											
			125	125											
			130	130	252	202						80		33.385	405.88
			140	140											
			150	150											
			160	160	302	242						130		33.446	398.57
			170	170											
			180	180											

注：1. 质量、转动惯量是按 Y/Y 轴孔组合型式、最大轴孔长度和最小轴孔直径计算的。

2. 短时过载不得超过公称转矩 T_n 值的 2 倍。

弹性柱销齿式联轴器使用时，被连接两轴的相对偏移量不得大于表 6-3-32 的规定。

表 6-3-32 **联轴器许用补偿量**

型号	径向 ΔY/mm	轴向 ΔX/mm	角向 $\Delta\alpha$
LZ1～LZ3 LZD1～LZD3	0.30	±1.5	0°30′
LZ4～LZ7 LZD4～LZD7	0.40		
LZ8～LZ13 LZD8～LZD13	0.60	±2.5	
LZ14～LZ17	1.0		
LZ18～LZ21		±5.0	
LZ22～LZ23	1.5		
LZZ1～LZZ2	0.15	+1	0°30′
LZZ3～LZZ5	0.20	+3	
LZZ6～LZZ7		+5	
LZZ8～LZZ9	0.30	+10	

注：1. 径向补偿量的测量部位在半联轴器最大外圆宽度的二分之一处。

2. 表中所列补偿量是指由于安装误差、冲击、振动、变形、温度变化等因素形成的两轴相对偏移量，其安装误差必须小于表中数值。

弹性柱销齿式联轴器主要零件的材料应满足表6-3-33的要求，其中MC尼龙的力学性能应满足表6-3-20的要求。柱销不得有缩孔、气泡、夹杂以及其他影响性能的缺陷存在。制动轮外圆表面应淬火，其硬度应控制在35～45HRC，深度2～3mm。

表 6-3-33 **弹性柱销齿式联轴器主要零件材料**

序号	零件名称	材料	备注
1	外齿轴套	45	GB/T 699
2	内齿套		
3	半联轴器		
4	制动轮	ZG270-500	GB/T 11352
5	柱销	MC尼龙	—
6	螺栓	性能等级8.8级	GB/T 5783

3.3.6 弹性块联轴器（JB/T 9148—1999）

弹性块联轴器适用于连接两同轴线的大、中功率的振动冲击较大的传动轴系，具有一定补偿两轴间相对偏移、减振、缓冲、无噪声和不用润滑等特点。适用的工作温度为－30～120℃，传递公称转矩的范围为10000～3150000N·m。

弹性块联轴器分为LK型（基本型）和LKA型（安全型）两种型式，具体尺寸参数见表6-3-34～表6-3-37。

表 6-3-34 **LK型弹性块联轴器基本参数和主要尺寸** mm

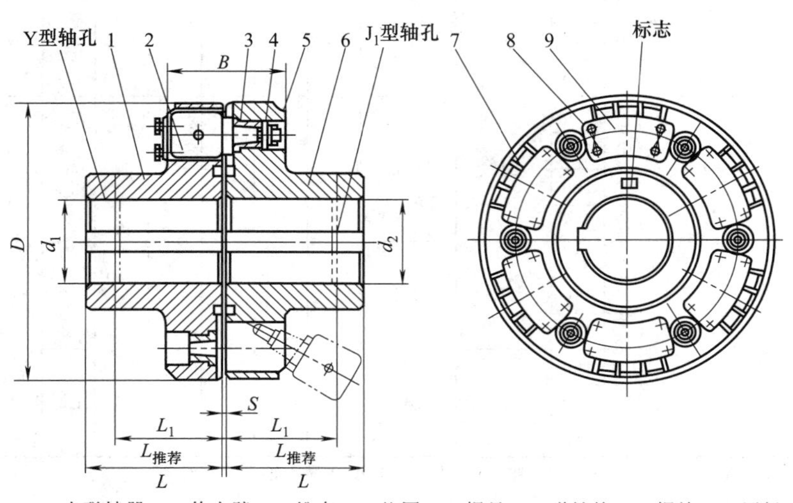

1，6—半联轴器；2—传力臂；3—锥套；4—垫圈；5—螺母；7—弹性块；8—螺栓；9—压板

续表

型号	公称转矩 T_n/N·m	许用转速[n] /r·min^{-1}	轴孔直径 d_1、d_2	轴孔长度 Y型 L	轴孔长度 J_1型 L_1	轴孔长度 $L_{推荐}$	D	B	S	质量 m/kg	转动惯量 I /kg·m^2
LK1	10000	1950	85,90,95	172	132	150	370	190	5	125	4
			100,110,120	212	167						
LK2	16000	1750	95	172	132	170	415	208		200	5.2
			100,110,120,125	212	167						
			130	252	202						
LK3	25000	1600	110,120,125	212	167	185	450	225		265	6.3
			130,140,150	252	202						
LK4	40000	1400	130,140,150			210	520	260		338	21.5
			160,170,180	302	242						
LK5	63000	1200	160,170,180			230	600	275	6	580	26.6
			190,200,220	352	282						
LK6	100000	1170	190,200,220			260	620	285		625	29.3
			240,250,260	410	330						
LK7	125000	1080	220	352	282	280	670	295		780	55
			240,250,260	410	330						
			280	470	380						
LK8	160000	990	240,250,260	410	330	300	730	305		880	80
			280,300,320	470	380						
LK9	200000	950	260	410	330	320	760	315		1075	100
			280,300,320	470	380						
			340	550	450						
LK10	250000	920	280,300,320	470	380	345	790	345	7	1270	120
			340,360	550	450						
LK11	315000	820	300,320	470	380	360	850	380		1545	192
			340,360,380	550	450						
LK12	400000	790	320	470	380	380	910	420		1820	255
			340,360,380	550	450						
			400	650	540						
LK13	500000	750	360,380	550	450	400	960	460	8	2245	332
			400,420,440	650	540						
LK14	630000	690	400,420,440,450,460,480			450	1050	505		2670	520
LK15	900000	600	440,450,460,480,500			500	1200	550	10	4401	708
			530	800	680						
LK16	1250000	535	460,480,500	650	540	520	1350	570		4870	1248
			530,560	800	680						
LK17	1600000	480	530,560,600,630			600	1500	650	12	5900	1930
LK18	2000000	450	560,600,630			650	1600	730		7000	2650
			670	900	780						
LK19	2500000	420	630	800	680	680	1700	780		8850	4080
			670,710,750	900	780						
LK20	3150000	380	710,750			750	1900	820		12060	5500
			800,850	1000	880						

注：1. 质量、转动惯量是近似值。

2. 瞬时最大转矩不得超过公称转矩 T_n 的 1.5 倍。

表 6-3-35　　LKA 型弹性块联轴器基本参数和主要尺寸　　mm

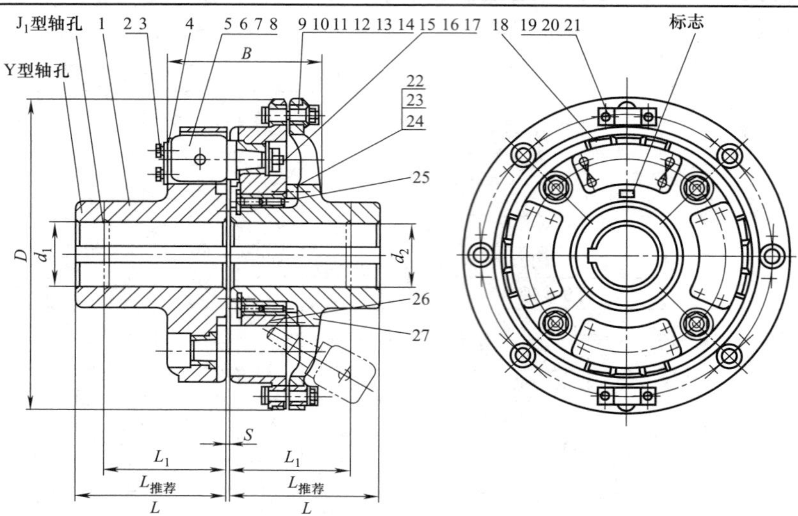

1,27—半联轴器;2,16,21,23—螺栓;3,14,17,20,24—垫圈;4—压板;5—传力臂;6—锥套;7—垫;8,13—螺母;9—安全销;10—销套;11—碟簧;12—压环;15—摩擦环;18—弹性块;19—销罩;22—止推环;25—轴承;26—中间盘

型号	公称转矩 T_n/N·m	许用转速[n] /r·min⁻¹	轴孔直径 d_1、d_2	轴孔长度 Y型 L	轴孔长度 J₁型 L_1	$L_{推荐}$	D	B	S	质量 m/kg	转动惯量 I /kg·m²
LKA1	10000	1275	85,90,95	172	132	150	500	244	5	258	4.32
			100,110,120	212	167						
LKA2	16000	1195	95	172	132	170	550	250		364	6.1
			100,110,120,125	212	167						
			130	252	202						
LKA3	25000	1100	110,120,125	212	167	185	600	260		452	7.32
			130,140,150	252	202						
LKA4	40000	1020	130,140,150			210	700	280		700	22.35
			160,170,180	302	242						
LKA5	63000	955	160,170,180			230	750	300		790	35.1
			190,200,220	352	282						
LKA6	100000	890	190,200,220			260	800	325	6	850	65.3
			240,250,260	410	330						
LKA7	125000	750	220	352	282	280	900	345		930	83.2
			240,250,260	410	330						
			280	470	380						
LKA8	160000	630	240,250,260	410	330	300	1000	370	7	1200	100
			280,300,320	470	380						
LKA9	200000	595	260	410	330	320	1100	395		1500	140
			280,300,320	470	380						
			340	550	450						
LKA10	250000	560	280,300,320	470	380	345	1150	425	8	1810	185
			340,360	550	450						
LKA11	315000	500	300,320	470	380	360	1200	450		2300	249
			340,360,380	550	450						
LKA12	400000	450	320	470	380	380	1300	485		2800	382
			340,360,380	550	450						
			400	650	540						

续表

型号	公称转矩 T_n/N·m	许用转速[n] /r·min^{-1}	轴孔直径 d_1、d_2	轴孔长度 Y型 L	轴孔长度 J_1型 L_1	$L_{推荐}$	D	B	S	质量 m/kg	转动惯量 I /kg·m^2
LKA13	500000	410	360,380	550	450	400	1400	520	10	3400	515
			400,420,440	650	540						
LKA14	630000	320	400,420,440,450,460,480			450	1550	570		4520	902
LKA15	900000	250	440,450,460,480,500			500	1750	650		6610	1630
			530	800	680						
LKA16	1250000	225	460,480,500	650	540	520	1900	720	12	9300	2790
			530,560	800	680						
LKA17	1600000	220	530,560,600,630			600	2080	765	15	11700	3950
LKA18	2000000	190	560,600,630			650	2200	800		13400	5300
			670	900	780						
LKA19	2500000	155	630	800	680	680	2300	915		15670	7296
			670,710,750	—	780						
LKA20	3150000	130	710,750			750	2500	1040		19890	10650
			800,850		880						

注：1. 质量、转动惯量为近似值。
2. 瞬时最大转矩不得超过公称转矩 T_n 的 1.5 倍。

表 6-3-36　LK 型弹性块主要尺寸　mm

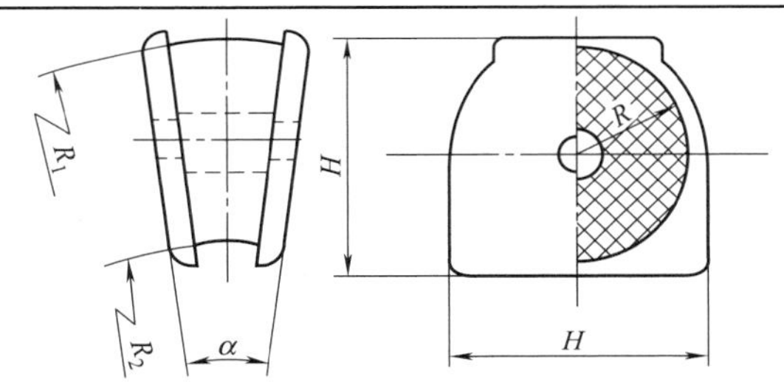

型号	H	R	R_1	R_2	α
LK1	90	42	172	88	15°
LK2	98	46	194	102	
LK3	106	49	205	107	10°
LK4	123	58	238	122	
LK5	130	60	275	155	
LK6	136	63	283	157	
LK7	140	65	312	182	
LK8	145	67	342	208	
LK9	155	72	368	224	8°30′
LK10	169	79	396	238	
LK11	186	88	431	255	
LK12	206	98	462	266	
LK13	220	105	505	295	
LK14	240	115	555	325	
LK15	260	125	620	370	
LK16	280	134	677	409	
LK17	319	152	742	438	
LK18	355	169	809	471	
LK19	380	180	872	512	
LK20	400	190	958	578	

表 6-3-37　LKA 型弹性块主要尺寸　mm

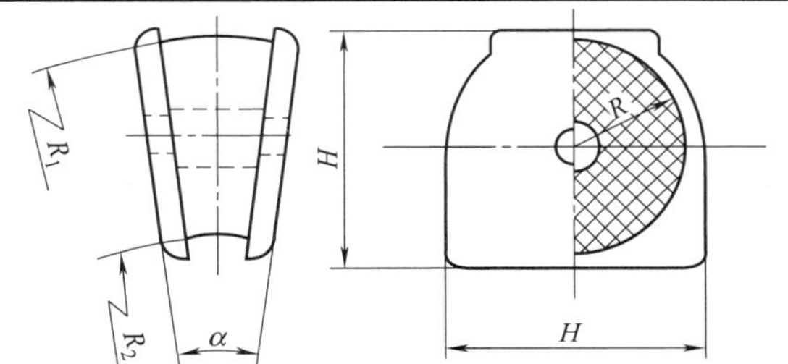

型号	H	R	R_1	R_2	α
LKA1	80	32	180	116	8°30′
LKA2	92	35	200	130	
LKA3	100	38	220	144	
LKA4	105	43	246	160	
LKA5	108	48	274	174	
LKA6	112	53	304	198	
LKA7	116	55	353	243	
LKA8	120	56	386	274	
LKA9	125	58	425	309	
LKA10	130	60	442	322	
LKA11	140	65	465	335	
LKA12	147	70	505	365	
LKA13	155	72	545	400	
LKA14	170	80	612	452	
LKA15	190	90	690	510	
LKA16	215	102	752	548	
LKA17	235	110	830	610	
LKA18	250	118	884	648	
LKA19	265	125	949	699	
LKA20	285	135	1005	735	

第6篇

表 6-3-38　LK 型、LKA 型弹性块联轴器许用补偿量

许用补偿量	型号			
	LK1～LK4 LKA1	LK5～LK15 LKA2～LKA11	LK16～LK18 LKA12～LKA14	LK19～LK20 LKA15～LKA20
轴向 ΔX/mm	±1.5	±2	±2.5	±3
径向 ΔY/mm	0.5	0.8		1
角向 $\Delta\alpha$	0°30′		0°15′	

注：表中所列许用补偿量是指工作状态允许的由于制造误差、安装误差、工作载荷变化所引起的冲击、振动、机座变形、温度变化等综合因素所形成的两轴间相对偏移的补偿能力。

弹性块联轴器的许用补偿量见表 6-3-38，安装误差应小于许用补偿量的二分之一。

联轴器零件材料性能应满足表 6-3-39 的要求，其中橡胶弹性块物理力学性能应符合表 6-3-40 的要求。联轴器表面应没有裂纹、缩孔、气泡、夹渣及其他影响强度的缺陷。橡胶弹性件表面应光滑、平整。

表 6-3-39　弹性块联轴器零件材料性能

序号	零件名称	材　料	备　注
1	半联轴器	ZG270-500	GB/T 11352
2	传力臂	45、42CrMo	JB/T 6397
3	弹性块	橡胶	表 6-3-42
4	螺栓	性能等级 8.8 级	GB/T 3098.1
5	螺母	性能等级 8 级	GB/T 3098.2
6	垫圈	65Mn	GB/T 93
7	安全销	35、45	GB/T 119

表 6-3-40　弹性块联轴器橡胶弹性块物理力学性能

序号	力学性能	单　位	指　标	试验方法
1	硬度(邵尔 A 型)	度	35～85	GB/T 531
2	扯断伸长率	%	100～300	GB/T 528
3	扯断强度	MPa	10～14	GB/T 528
4	老化:70℃×70h 硬度变化	%	10	GB/T 3512
5	压缩永久变形常温 22h 最大	%	40～50	GB/T 1683

3.3.7　弹性环联轴器 (GB/T 2496—2008)

弹性环联轴器适用于连接两同轴线传动轴系，具有一定补偿相对偏移和减振缓冲性能。适用的工作温度为 −10～60℃，传递公称转矩的范围为 710～100000N·m。弹性环联轴器只有 XL 型一种型式。

表 6-3-41　XL 型弹性环联轴器的结构型式、基本参数和主要尺寸

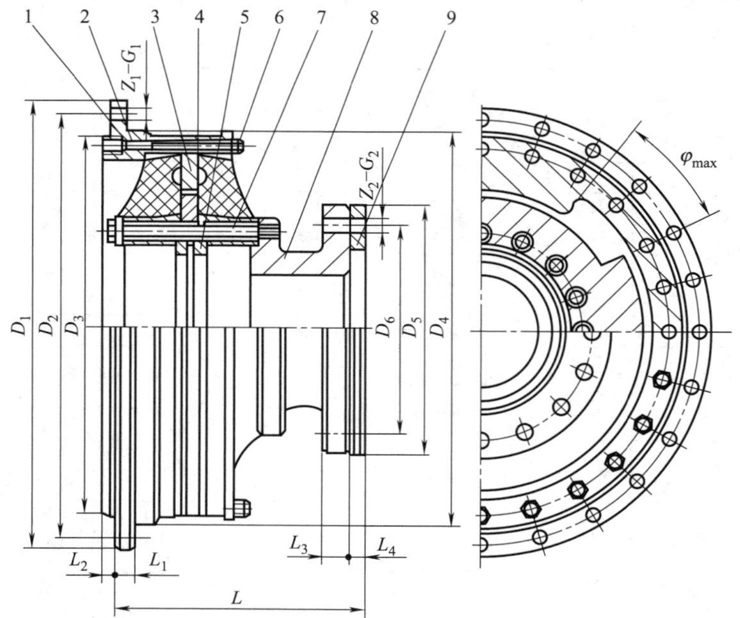

1—橡胶弹性环；2—连接盘；3—外限制盘；4—内限制盘；5—定位环；6，7—螺栓；8—连接法兰；9—圆盘

续表

<table>
<tr><th rowspan="2">型号</th><th rowspan="2">公称转矩
T_n/kN·m</th><th rowspan="2">瞬时最大转矩
T_{max}/kN·m</th><th rowspan="2">许用振动转矩
T_{v5}/kN·m</th><th rowspan="2">许用转速
n/r·min^{-1}</th><th colspan="2">静态扭转角/(°)</th><th rowspan="2">静态扭转刚度
C_s/kN·m·rad^{-1}</th></tr>
<tr><th>T_n时 φ_n</th><th>T_{max}时 φ_{max}</th></tr>
<tr><td>XL7</td><td>0.71</td><td>1.78</td><td>±0.18</td><td>4000</td><td rowspan="16">10</td><td rowspan="16">25</td><td>4.07</td></tr>
<tr><td>XL11</td><td>1.12</td><td>2.80</td><td>±0.28</td><td>3800</td><td>6.42</td></tr>
<tr><td>XL18</td><td>1.80</td><td>4.50</td><td>±0.45</td><td>3500</td><td>10.31</td></tr>
<tr><td>XL28</td><td>2.80</td><td>7.00</td><td>±0.70</td><td>3000</td><td>16.04</td></tr>
<tr><td>XL40</td><td>4.00</td><td>10.00</td><td>±1.00</td><td>2800</td><td>22.92</td></tr>
<tr><td>XL56</td><td>5.60</td><td>14.00</td><td>±1.40</td><td>2500</td><td>32.09</td></tr>
<tr><td>XL80</td><td>8.00</td><td>20.00</td><td>±2.00</td><td>2200</td><td>45.84</td></tr>
<tr><td>XL110</td><td>11.20</td><td>28.00</td><td>±2.80</td><td>1950</td><td>64.17</td></tr>
<tr><td>XL160</td><td>16.00</td><td>40.00</td><td>±4.00</td><td>1750</td><td>91.67</td></tr>
<tr><td>XL180</td><td>18.00</td><td>45.00</td><td>±4.50</td><td>1650</td><td>103.13</td></tr>
<tr><td>XL250</td><td>25.00</td><td>62.50</td><td>±6.25</td><td>1500</td><td>143.24</td></tr>
<tr><td>XL315</td><td>31.50</td><td>78.75</td><td>±7.88</td><td>1400</td><td>180.48</td></tr>
<tr><td>XL400</td><td>40.00</td><td>100.00</td><td>±10.00</td><td>1300</td><td>229.18</td></tr>
<tr><td>XL560</td><td>56.00</td><td>140.00</td><td>±14.00</td><td>1200</td><td>320.86</td></tr>
<tr><td>XL710</td><td>71.00</td><td>177.50</td><td>±17.75</td><td>1100</td><td>406.80</td></tr>
<tr><td>XL1000</td><td>100.00</td><td>250.00</td><td>±25.00</td><td>1000</td><td>572.96</td></tr>
</table>

<table>
<tr><th rowspan="2">型号</th><th colspan="15">主要尺寸/mm</th><th colspan="3">转动惯量/kg·m^2</th><th rowspan="2">质量
m/kg</th></tr>
<tr><th>D_1</th><th>D_2</th><th>D_3</th><th>D_4</th><th>D_5</th><th>D_6</th><th>G_1</th><th>Z_1</th><th>G_2</th><th>Z_2</th><th>L</th><th>L_1</th><th>L_2</th><th>L_3</th><th>L_4</th><th>外部 J_1</th><th>内部 J_2</th><th>总体 J</th></tr>
<tr><td>XL7</td><td>295</td><td>275</td><td>240</td><td>250</td><td>150</td><td>130</td><td rowspan="3">12</td><td>12</td><td>11</td><td rowspan="5">12</td><td>150</td><td rowspan="2">10</td><td rowspan="7">5</td><td>12</td><td rowspan="3">10</td><td>0.14</td><td>0.04</td><td>0.18</td><td>20</td></tr>
<tr><td>XL11</td><td>335</td><td>315</td><td>275</td><td>285</td><td>170</td><td>145</td><td rowspan="4">16</td><td rowspan="2">13</td><td>170</td><td>15</td><td>0.28</td><td>0.07</td><td>0.35</td><td>30</td></tr>
<tr><td>XL18</td><td>390</td><td>365</td><td>320</td><td>330</td><td>190</td><td>165</td><td>200</td><td>12</td><td rowspan="2">20</td><td>0.51</td><td>0.16</td><td>0.67</td><td>45</td></tr>
<tr><td>XL28</td><td>440</td><td>415</td><td>370</td><td>380</td><td>220</td><td>180</td><td rowspan="3">14</td><td rowspan="3">17</td><td>230</td><td rowspan="4">15</td><td rowspan="2">15</td><td>1.02</td><td>0.33</td><td>1.35</td><td>70</td></tr>
<tr><td>XL40</td><td>490</td><td>465</td><td>410</td><td>420</td><td>250</td><td>210</td><td>265</td><td>25</td><td>1.74</td><td>0.58</td><td>2.32</td><td>100</td></tr>
<tr><td>XL56</td><td>530</td><td>500</td><td>450</td><td>460</td><td>290</td><td>240</td><td>24</td><td>16</td><td>300</td><td rowspan="2">30</td><td rowspan="4">20</td><td>2.59</td><td>1.04</td><td>3.63</td><td>135</td></tr>
<tr><td>XL80</td><td>600</td><td>565</td><td>510</td><td>520</td><td>320</td><td>270</td><td rowspan="2">18</td><td rowspan="2">16</td><td rowspan="2">21</td><td>12</td><td>315</td><td>4.35</td><td>1.77</td><td>6.12</td><td>180</td></tr>
<tr><td>XL110</td><td>680</td><td>640</td><td>580</td><td>600</td><td>380</td><td>320</td><td>16</td><td>355</td><td>20</td><td rowspan="9">10</td><td rowspan="3">35</td><td>8.85</td><td>3.36</td><td>12.21</td><td>282</td></tr>
<tr><td>XL160</td><td>760</td><td>720</td><td>640</td><td>655</td><td>420</td><td>370</td><td rowspan="3">22</td><td>24</td><td rowspan="3">25</td><td rowspan="2">12</td><td>380</td><td rowspan="3">25</td><td>14.52</td><td>5.56</td><td>20.08</td><td>350</td></tr>
<tr><td>XL180</td><td>810</td><td>770</td><td>690</td><td>705</td><td>450</td><td>400</td><td>16</td><td>410</td><td rowspan="2">25</td><td>19.62</td><td>8.12</td><td>27.78</td><td>415</td></tr>
<tr><td>XL250</td><td>860</td><td>820</td><td>750</td><td>765</td><td>480</td><td>430</td><td>24</td><td>16</td><td>440</td><td rowspan="2">40</td><td>26.45</td><td>12.57</td><td>39.02</td><td>500</td></tr>
<tr><td>XL315</td><td>950</td><td>900</td><td>820</td><td>835</td><td>530</td><td>460</td><td rowspan="3">26</td><td>16</td><td rowspan="2">31</td><td>12</td><td>475</td><td rowspan="3">30</td><td rowspan="5">30</td><td>45.52</td><td>19.4</td><td>64.92</td><td>700</td></tr>
<tr><td>XL400</td><td>1000</td><td>950</td><td>870</td><td>885</td><td>570</td><td>500</td><td rowspan="4">24</td><td rowspan="4">16</td><td>515</td><td>45</td><td>60.8</td><td>26.98</td><td>87.78</td><td>845</td></tr>
<tr><td>XL560</td><td>1120</td><td>1040</td><td>935</td><td>955</td><td>600</td><td>520</td><td rowspan="2">37</td><td>570</td><td>50</td><td>96.2</td><td>46.82</td><td>143.02</td><td>1120</td></tr>
<tr><td>XL710</td><td>1210</td><td>1130</td><td>1020</td><td>1040</td><td>650</td><td>570</td><td rowspan="2">32</td><td>630</td><td rowspan="2">40</td><td>60</td><td>149.2</td><td>68.2</td><td>217.5</td><td>1410</td></tr>
<tr><td>XL1000</td><td>1340</td><td>1270</td><td>1170</td><td>1190</td><td>700</td><td>620</td><td>49</td><td>680</td><td>70</td><td>254.46</td><td>103.5</td><td>357.96</td><td>2120</td></tr>
</table>

注：许用振动转矩 T_{v5} 适用于工作频率 5Hz 以下。当工作频率 f 高于 5Hz，许用振动转矩 T_v 应按 $T_v=\pm T_{v5}\sqrt{5/f}$ 计算。

表 6-3-42　　**弹性环联轴器橡胶弹性块主要尺寸和质量**　　mm

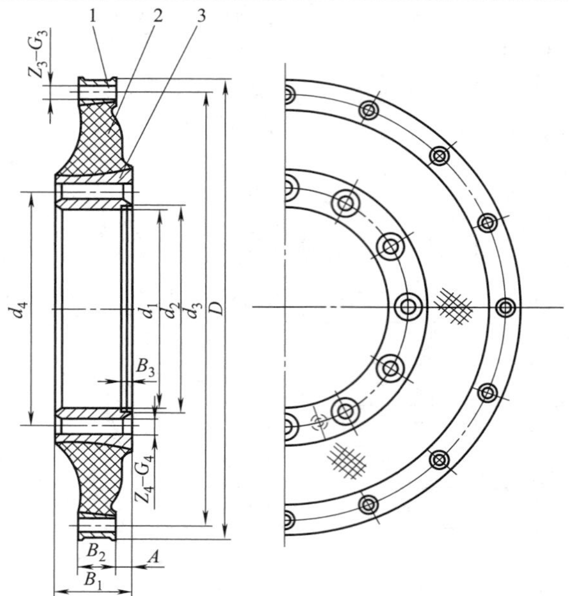

1—外轮；2—橡胶环；3—内轮

<table>
<tr><th>橡胶弹性环件号</th><th>D</th><th>d_1</th><th>d_2</th><th>d_3</th><th>d_4</th><th>B_1</th><th>B_2</th><th>B_3</th><th>A</th><th>G_3</th><th>Z_3</th><th>G_4</th><th>Z_4</th><th>质量 m /kg</th></tr>
<tr><td>XL7-01</td><td>240</td><td>90</td><td>95</td><td>220</td><td>110</td><td>35</td><td>19.5</td><td rowspan="3">3</td><td>6</td><td rowspan="3">11</td><td>12</td><td>11</td><td rowspan="5">12</td><td>4</td></tr>
<tr><td>XL11-01</td><td>275</td><td>105</td><td>110</td><td>255</td><td>130</td><td>40</td><td>22</td><td>7</td><td rowspan="4">16</td><td rowspan="2">13</td><td>6</td></tr>
<tr><td>XL18-01</td><td>320</td><td>130</td><td>135</td><td>300</td><td>155</td><td>47</td><td>25</td><td>8</td><td>10</td></tr>
<tr><td>XL28-01</td><td>370</td><td>150</td><td>155</td><td>350</td><td>180</td><td>55</td><td>31</td><td rowspan="2">4</td><td>9</td><td rowspan="3">13</td><td rowspan="3">17</td><td>15</td></tr>
<tr><td>XL40-01</td><td>410</td><td>170</td><td>175</td><td>385</td><td>200</td><td>63</td><td>34</td><td>10</td><td>20</td></tr>
<tr><td>XL56-01</td><td>450</td><td>195</td><td>200</td><td>425</td><td>225</td><td>70</td><td>39</td><td>6</td><td>11</td><td>24</td><td>16</td><td>27</td></tr>
<tr><td>XL80-01</td><td>510</td><td>210</td><td>220</td><td>480</td><td>250</td><td>75</td><td>42</td><td>7</td><td>12</td><td rowspan="2">17</td><td>16</td><td rowspan="2">21</td><td>12</td><td>38</td></tr>
<tr><td>XL110-01</td><td>580</td><td>250</td><td>260</td><td>550</td><td>290</td><td>85</td><td>48</td><td rowspan="6">8</td><td>14</td><td>24</td><td>16</td><td>52</td></tr>
<tr><td>XL160-01</td><td>640</td><td>270</td><td>280</td><td>605</td><td>320</td><td>95</td><td>53</td><td>16</td><td rowspan="3">21</td><td rowspan="2">16</td><td rowspan="3">25</td><td rowspan="2">12</td><td>75</td></tr>
<tr><td>XL180-01</td><td>690</td><td>300</td><td>310</td><td>655</td><td>350</td><td>100</td><td>56</td><td>17</td><td>90</td></tr>
<tr><td>XL250-01</td><td>750</td><td>340</td><td>350</td><td>715</td><td>390</td><td>110</td><td>62</td><td>19</td><td>24</td><td>16</td><td>110</td></tr>
<tr><td>XL315-01</td><td>820</td><td>350</td><td>360</td><td>770</td><td>410</td><td>120</td><td>67</td><td>20.5</td><td rowspan="5">25</td><td>16</td><td rowspan="2">31</td><td>12</td><td>160</td></tr>
<tr><td>XL400-01</td><td>870</td><td>380</td><td>390</td><td>830</td><td>440</td><td>130</td><td>73</td><td>22</td><td rowspan="3">24</td><td>16</td><td>190</td></tr>
<tr><td>XL560-01</td><td>935</td><td>400</td><td>420</td><td>900</td><td>455</td><td>145</td><td>80</td><td rowspan="3">10</td><td>27.5</td><td rowspan="3">37</td><td rowspan="2">24</td><td>260</td></tr>
<tr><td>XL710-01</td><td>1020</td><td>440</td><td>460</td><td>935</td><td>500</td><td>160</td><td>87</td><td>31</td><td>326</td></tr>
<tr><td>XL1000-01</td><td>1170</td><td>520</td><td>540</td><td>1125</td><td>580</td><td>177</td><td>98</td><td>35</td><td>32</td><td>32</td><td>475</td></tr>
</table>

弹性环联轴器一般应装有扭转角限制器，特殊情况亦可不装。联轴器使用时，被连接两轴间相对偏移量不得大于表 6-3-43 中的许用补偿量。

弹性环联轴器选用橡胶的物理力学性能应符合表 6-3-44 的要求。橡胶表面应无瘤块、裂纹、缺胶等缺陷。橡胶与金属粘接处不应有扯离现象、深度超过 1.0mm 的压模痕迹、轻微凹凸和毛刺，不应有深度超过 1.5mm 的气泡。橡胶表面应涂防老化涂层。弹性环联轴器连接螺栓的紧固力矩应符合表 6-3-45 的要求。

表 6-3-43　　弹性环联轴器的许用补偿量

型号	轴向 ΔX/mm	径向 ΔY/mm	角向 Δα/(°)	型号	轴向 ΔX/mm	径向 ΔY/mm	角向 Δα/(°)
XL7	0.7	1.2	3.2	XL160	1.8	3.2	3.2
XL11	0.8	1.5		XL180	2.0	3.6	
XL18	0.9	1.7		XL250	2.2	4.0	
XL28	1.0	2.0		XL315	2.4	4.4	
XL40	1.2	2.2		XL400	2.6	4.8	
XL56	1.3	2.4		XL560	2.8	5.2	
XL80	1.4	2.6		XL710	3.0	5.8	
XL110	1.6	3.0		XL1000	3.2	6.2	

注：1. 表中所列补偿量是指允许的由于安装误差、冲击、振动、变形、温度变化等因素所形成的两轴线相对偏移。
2. 表中所列轴向、径向、角向许用补偿量为单方向最大允许值。

表 6-3-44　　弹性环联轴器橡胶的物理力学性能

序号	性　　能	单位	指标	试验方法
1	拉伸强度(扯断强度)	MPa	≥17	GB/T 528
2	扯断伸长率	%	≥350	
3	扯断永久变形	%	≤25	
4	热空气老化系数(70℃×96h)	—	≥0.7	GB/T 3512
5	橡胶与金属的黏合强度	MPa	≥4.0	GB/T 11211

表 6-3-45　　弹性环联轴器连接螺栓的紧固力矩

螺栓直径/mm	M10	M12	M16	M20	M24	M30	M36	M48
紧固力矩/N·m	42	74	176	358	618	1210	2129	3600

3.3.8 梅花形弹性联轴器（GB/T 5272—2017）

梅花形弹性联轴器由两个带凸爪形状相同的半联轴器和梅花形弹性元件组成。梅花形弹性联轴器适用于连接两同轴线的传动轴系，具有一定补偿两轴间相对偏移和一般减振性能，以及减振、缓冲、径向尺寸小、结构简单、不用润滑、维护方便等特点。适用工作温度为－35～80℃，传递公称转矩范围为28～14000N·m。

梅花形弹性联轴器分为LM型、LMS型、LML型和LMP型四种型式。

表 6-3-46　　LM型梅花形弹性联轴器（基本型）基本参数和主要尺寸

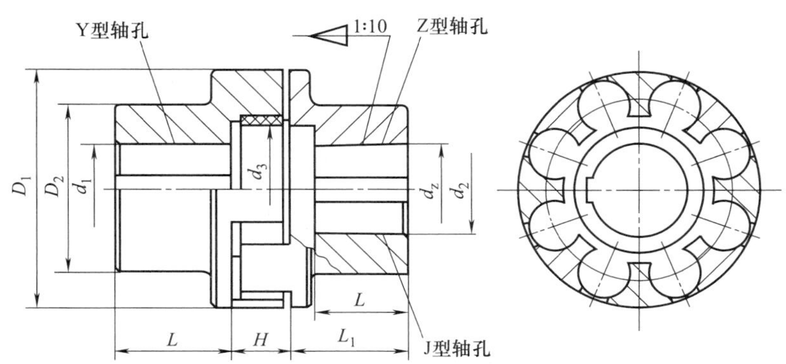

续表

型号	公称转矩 T_n /N·m	最大转矩 T_{max} /N·m	许用转速 [n] /r·min^{-1}	轴孔直径 d_1、d_2、d_z /mm	轴孔长度 Y型	J、Z型		D_1 /mm	D_2 /mm	H /mm	转动惯量 /kg·m^2	质量 /kg
					L	L_1	L					
					mm							
LM50	28	50	15000	10,11	22	—	—	50	42	16	0.0002	1.00
				12,14	27	—	—					
				16,18,19	30	—	—					
				20,22,24	38	—	—					
LM70	112	200	11000	12,14	27	—	—	70	55	23	0.0011	2.50
				16,18,19	30	—	—					
				20,22,24	38	—	—					
				25,28	44	—	—					
				30,32,35,38	60	—	—					
LM85	160	288	9000	16,18,19	30	—	—	85	60	24	0.0022	3.42
				20,22,24	38	—	—					
				25,28	44	—	—					
				30,32,35,38	60	—	—					
LM105	355	640	7250	18,19	30	—	—	105	65	27	0.0051	5.15
				20,22,24	38	—	—					
				25,28	44	—	—					
				30,32,35,38	60	—	—					
				40,42	84	—	—					
LM125	450	810	6000	20,22,24	38	52	38	125	85	33	0.014	10.1
				25,28	44	62	44					
				30,32,35,38[①]	60	82	60					
				40,42,45,48,50,55	84	—	—					
LM145	710	1280	5250	25,28	44	62	44	145	95	39	0.025	13.1
				30,32,35,38	60	82	60					
				40,42,45[①],48[①],50[①],55[①]	84	112	84					
				60,63,65	107	—	—					
LM170	1250	2250	4500	30,32,35,38	60	82	60	170	120	41	0.055	21.2
				40,42,45,48,50,55	84	112	84					
				60,63,65,70,75	107	—	—					
				80,85	132	—	—					
LM200	2000	3600	3750	35,38	60	82	60	200	135	48	0.119	33.0
				40,42,45,48,50,55	84	112	84					
				60,63,65,70[①],75[①]	107	142	107					
				80,85,90,95	132	—	—					
LM230	3150	5670	3250	40,42,45,48,50,55	84	112	84	230	150	50	0.217	45.5
				60,63,65,70,75	107	142	107					
				80,85,90,95	132	—	—					
LM260	5000	9000	3000	45,48,50,55	84	112	84	260	180	60	0.458	75.2
				60,63,65,70,75	107	142	107					
				80,85,90[①],95[①]	132	172	132					
				100,110,120,125	167	—	—					
LM300	7100	12780	2500	60,63,65,70,75	107	142	107	300	200	67	0.804	99.2
				80,85,90,95	132	172	132					
				100,110,120,125	167	—	—					
				130,140	202	—	—					

续表

型号	公称转矩 T_n /N·m	最大转矩 T_{max} /N·m	许用转速 [n] /r·min⁻¹	轴孔直径 d_1、d_2、d_z /mm	轴孔长度 Y型 L	轴孔长度 J、Z型 L_1	轴孔长度 J、Z型 L	D_1 /mm	D_2 /mm	H /mm	转动惯量 /kg·m²	质量 /kg
					mm							
LM360	12500	22500	2150	60,63,65,70,75	107	142	107	360	225	73	1.73	148.1
				80,85,90,95	132	172	132					
				100,110,120①,125①	167	212	167					
				130,140,150	202	—	—					
LM400	14000	25200	1900	80,85,90,95	132	172	132	400	250	73	2.84	197.5
				100,110,120,125	167	212	167					
				130,140,150	202	—	—					
				160	242	—	—					

① 无 J、Z 型轴孔型式。

注：转动惯量和质量是按 Y 型最大轴孔长度、最小轴孔直径计算的数值。

表 6-3-47　　LMS 型梅花形弹性联轴器（法兰型）基本参数和主要尺寸

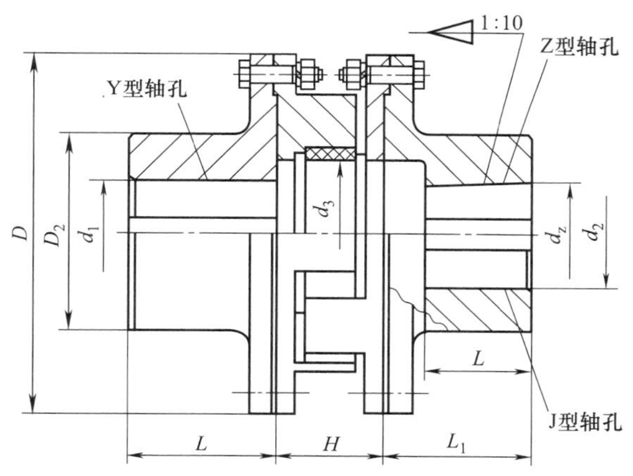

型号	公称转矩 T_n /N·m	最大转矩 T_{max} /N·m	许用转速 [n] /r·min⁻¹	轴孔直径 d_1、d_2、d_z /mm	轴孔长度 Y型 L	轴孔长度 J、Z型 L_1	轴孔长度 J、Z型 L	D /mm	D_2 /mm	H /mm	转动惯量 /kg·m²	质量 /kg
					mm							
LMS105	355	640	5260	18,19	30	—	—	145	65	44	0.018	8.72
				20,22,24	38	—	—					
				25,28	44	—	—					
				30,32,35,38	60	—	—					
				40,42	84	—	—					
LMS125	450	810	4490	20,22,24	38	52	38	170	85	51	0.043	14.9
				25,28	44	62	44					
				30,32,35,38①	60	82	60					
				40,42,45,48,50,55	84	—	—					
LMS145	710	1280	3910	25,28	44	62	44	195	95	59	0.078	20.4
				30,32,35,38	60	82	60					
				40,42,45①,48①,50①,55①	84	112	84					
				60,63,65	107	—	—					

第6篇

续表

型号	公称转矩 T_n /N·m	最大转矩 T_{max} /N·m	许用转速 [n] /r·min⁻¹	轴孔直径 d_1、d_2、d_z /mm	轴孔长度 Y型 L (mm)	轴孔长度 J、Z型 L_1 (mm)	轴孔长度 J、Z型 L (mm)	D /mm	D_2 /mm	H /mm	转动惯量 /kg·m²	质量 /kg
LMS170	1250	2250	3470	30,32,35,38	60	82	60	220	120	63	0.151	31.1
				40,42,45,48,50,55	84	112	84					
				60,63,65,70,75	107	—	—					
				80,85	132	—	—					
LMS200	2000	3600	2930	35,38	60	82	60	260	135	74	0.319	47.2
				40,42,45,48,50,55	84	112	84					
				60,63,65,70①,75①	107	142	107					
				80,85,90,95	132	—	—					
LMS230	3150	5670	2630	40,42,45,48,50,55	84	112	84	290	150	82	0.54	64.0
				60,63,65,70,75	107	142	107					
				80,85,90,95	132	—	—					
LMS260	5000	9000	2280	45,48,50,55	84	112	84	335	180	100	1.18	105.4
				60,63,65,70,75	107	142	107					
				80,85,90①,95①	132	172	132					
				100,110,120,125	167	—	—					
LMS300	7100	12780	1980	60,63,65,70,75	107	142	107	385	200	117	2.24	151.0
				80,85,90,95	132	172	132					
				100,110,120,125	167	—	—					
				130,140	202	—	—					
LMS360	12500	22500	1660	60,63,65,70,75	107	142	107	460	225	129	4.94	233.5
				80,85,90,95	132	172	132					
				100,110,120①,125①	167	212	167					
				130,140,150	202	—	—					
LMS400	14000	25200	1250	80,85,90,95	132	172	132	500	250	129	7.33	293.3
				100,110,120,125	167	212	167					
				130,140,150	202	—	—					
				160	242	—	—					

① 无J、Z型轴孔型式。

注：转动惯量和质量是按Y型最大轴孔长度、最小轴孔直径计算的数值。

表 6-3-48 LML 型梅花形弹性联轴器（带制动轮型）基本参数和主要尺寸

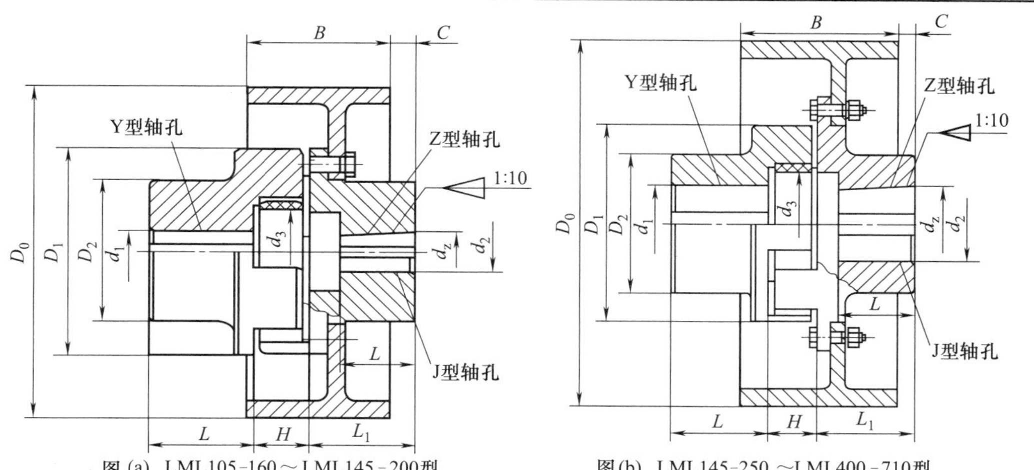

图 (a) LML105-160～LML145-200型　　图 (b) LML145-250～LML400-710型

型号	公称转矩 T_n /N·m	最大转矩 T_{max} /N·m	许用转速 [n] /r·min⁻¹	轴孔直径 d_1、d_2、d_z /mm	轴孔长度 Y型 L /mm	轴孔长度 J、Z型 L_1 /mm	轴孔长度 J、Z型 L /mm	D_0 /mm	B /mm	C① /mm	D_2 /mm	H /mm	转动惯量 /kg·m²	质量 /kg
LML105-160	355	640	4750	20,22,24	—	—	—	160	70	7.5	65	20	0.025	8.7
				25,28	—	—	—			17.5				
				30,32,35,38	60	—	—			37.5				
				40,42	84	—	—			67.5				
LML105-200	355	640	3800	20,22,24	—	—	—	200	85	4.5	65	20	0.048	10.8
				25,28	—	—	—			14.5				
				30,32,35,38	60	—	—			34.5				
				40,42	84	—	—			64.5				
LML125-200	450	810	3800	25,28	—	62	44	200	85	14	85	25	0.07	15.6
				30,32,35,38②	60	82	60			34				
				40,42,45,48,50,55	84	—	—			64				
LML145-200	710	1280	3800	30,32,35,38	60	82	60	200	85	33	95	30	0.084	18.6
				40,42,45②,48②,50②,55②	84	112	84			63				
				60,63,65	107	—	—			93				
LML145-250	710	1280	3000	30,32,35,38	60	82	60	250	105	24	95	30	0.172	24.5
				40,42,45②,48②,50②,55②	84	112	84			54				
				60,63,65	107	—	—			84				
LML170-250	1250	2250	3000	40,42,45,48,50,55	84	112	84	250	105	53	120	30	0.227	32.3
				60,63,65,70,75	107	—	—			83				
				80,85	132	—	—			113				
LML170-315	1250	2250	2400	40,42,45,48,50,55	84	112	84	315	135	41	120	30	0.444	39.7
				60,63,65,70,75	107	—	—			71				
				80,85	132	—	—			101				
LML200-315	2000	3600	2400	40,42,45,48,50,55	84	112	84	315	135	40	135	35	0.578	51.8
				60,63,65,70①,75①	107	142	107			70				
				80,85,90,95	132	—	—			100				
LML200-400	2000	3600	1900	40,42,45,48,50,55	84	112	84	400	170	28	135	35	1.244	69.2
				60,63,65,70②,75②	107	142	107			58				
				80,85,90,95	132	—	—			88				

续表

型号	公称转矩 T_n /N·m	最大转矩 T_{max} /N·m	许用转速 [n] /r·min^{-1}	轴孔直径 d_1、d_2、d_z /mm	轴孔长度 Y型 L (mm)	轴孔长度 J、Z型 L_1 (mm)	轴孔长度 J、Z型 L (mm)	D_0 /mm	B /mm	C[①] /mm	D_2 /mm	H /mm	转动惯量 /kg·m^2	质量 /kg
LML230-400	3150	5670	1900	40,42,45,48,50,55	—	112	84	400	170	26.5	150	35	1.460	81.1
				60,63,65,70,75	107	142	107			56.5				
				80,85,90,95	132	—	—			86.5				
LML230-500	3150	5670	1500	40,42,45,48,50,55	—	112	84	500	210	5	150	35	3.072	109.2
				60,63,65,70,75	107	142	107			35				
				80,85,90,95	132	—	—			65				
LML260-500	5000	9000	1500	60,63,65,70,75	107	142	107	500	210	35	180	45	3.898	138.6
				80,85,90[②],95[②]	132	172	132			65				
				100,110,120,125	167	—	—			105				
LML300-630	7100	11160	1200	80,85,90,95	132	172	132	630	265	43	200	50	9.719	217.4
				100,110,120,125	167	—	—			83				
				130,140	202	—	—			123				
LML360-630	12500	20200	1200	80,85,90,95	132	172	132	630	265	41	225	55	11.95	267.7
				100,110,120[②],125[②]	167	212	167			81				
				130,140,150	202	—	—			121				
LML360-710	12500	20200	1100	80,85,90,95	—	172	132	710	300	26	225	55	18.03	318.0
				100,110,120[②],125[②]	167	212	167			66				
				130,140,150	202	—	—			106				
LML400-710	14000	22580	1100	80,85,90,95	—	172	132	710	300	26	250	55	20.65	364.1
				100,110,120,125	167	212	167			66				
				130,140,150	202	—	—			106				
				160	242	—	—			156				

① C 为 Y 型最大轴孔长度及 J、Z 型轴孔长度的数值。

② 无 J、Z 型轴孔型式。

注：1. 转动惯量和质量是按 Y 型最大轴孔长度、最小轴孔直径计算的数值。

2. 尺寸 D_1 见表 6-3-46。

表 6-3-49　LMP 型梅花形弹性联轴器（带制动盘型）基本参数和主要尺寸

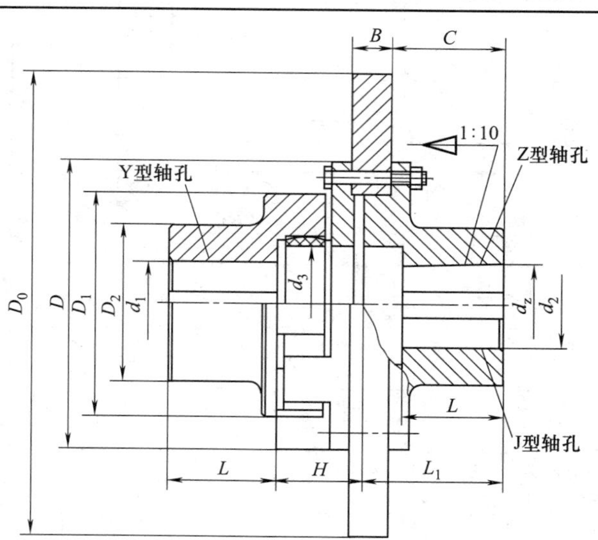

续表

型号	公称转矩 T_n /N·m	最大转矩 T_{max} /N·m	许用转速 [n] /r·min⁻¹	轴孔直径 d_1、d_2、d_z /mm	轴孔长度 Y型 L /mm	轴孔长度 J、Z型 L_1 /mm	轴孔长度 J、Z型 L /mm	D_0 /mm	D /mm	C① /mm	D_2 /mm	H /mm	转动惯量 /kg·m²	质量 /kg
LMP145	710	1230	2100	30,32,35,38	60	82	60	355	195	24	95	30	0.17	24.5
			1900	40,42,45②,48②,50②,55②	84	112	84	400		54				
			1700	60,63,65	107	—	—	450		84				
LMP170	1250	2040	1900	40,42,45,48,50,55	84	112	84	400	220	53	120	30	0.22	32.3
			1700	60,63,65,70,75	107	—	—	450		83				
			1500	80,85	132	—	—	500		113				
LMP200	2000	3180	1700	40,42,45,48,50,55	84	112	84	450	260	28	135	35	1.24	69.2
			1500	60,63,65,70②,75②	107	142	107	500		58				
			1360	80,85,90,95	132	—	—	560		88				
LMP230	3150	5160	1500	40,42,45,48,50,55	84	112	84	500	290	26.5	150	35	1.46	81.1
			1360	60,63,65,70,75	107	142	107	560		56.5				
			1200	80,85,90,95	132	—	—	630		86.5				
LMP260	5000	8400	1200 1100	60,63,65,70,75	107	142	107	630 710	335	35	180	45	3.89	138
				80,85,90②,95②	132	172	132			65				
				100,110,120,125	167	—	—			105				
LMP300	7100	11160	1100 950	80,85,90,95	132	172	132	710 800	385	43	200	50	9.71	217
				100,110,120,125	167	—	—			83				
				130,140	202	—	—			123				
LMP360	12500	20200	950	80,85,90,95	132	172	132	800	460	41	225	55	11.9	267
			850	100,110,120②,125②	167	212	167	900		81				
			760	130,140,150	202	—	—	1000		121				
LMP400	14000	22580	950 850 760	80,85,90,95	132	172	132	800 900 1000	500	26	250	55	20.6	364
				100,110,120,125	167	212	167			66				
				130,140,150	202	—	—			106				
				160	242	—	—			156				

① C 为 Y 型最大轴孔长度及 J、Z 型轴孔长度的数值。

② 无 J、Z 型轴孔型式。

注：1. 转动惯量和质量是按 Y 型最大轴孔长度、最小轴孔直径计算的数值，未包括制动盘。制动盘相关数据见表 6-3-50。

2. 尺寸 D_1 见表 6-3-46。

表 6-3-50　　制动盘基本参数和主要尺寸

型号	制动盘直径 D_0/mm	制动盘厚度 B/mm	转动惯量 /kg·m²	质量 /kg
LMP145	355	30	0.36	19.4
	400	30	0.58	25.7
	450	30	0.94	33.6
LMP170	400	30	0.57	24.3
	450	30	0.93	32.1
	500	30	1.43	40.9
LMP200	450	30	0.91	30.0
	500	30	1.41	38.8
	560	30	2.24	50.6
LMP230	500	30	1.38	36.5
	560	30	2.21	48.2
	630	30	3.58	63.6

续表

型号	制动盘直径 D_0/mm	制动盘厚度 B/mm	转动惯量 /kg · m²	质量 /kg
LMP260	630	30	3.54	60.9
	710	30	5.77	80.7
LMP300	710	30	5.69	76.5
	800	30	9.28	101.7
LMP360	800	30	9.08	94.4
	900	30	14.8	125.8
	1000	30	22.7	161
LMP400	800	30	8.88	88.8
	900	30	14.6	120.2
	1000	30	22.5	155.4

梅花形弹性联轴器所连接两轴间允许最大轴线误差不应大于表 6-3-51 的规定。表中的最大运转补偿量是指在工作状态允许的由于制造误差、安装误差、工作载荷变化引起的振动、冲击、变形、温度变化等综合因素形成的两轴间相对偏移量。

表 6-3-51　　LM 型、LMS 型、LML 型、LMP 型梅花形弹性联轴器许用补偿量

<table>
<tr><th colspan="4">联轴器型号</th><th>Δα/(°)</th><th>ΔY/mm</th><th>ΔX/mm</th></tr>
<tr><td>LM50</td><td>—</td><td>—</td><td>—</td><td rowspan="4">2</td><td>0.5</td><td>1.2</td></tr>
<tr><td>LM70</td><td>—</td><td>—</td><td>—</td><td rowspan="3">0.8</td><td>1.5</td></tr>
<tr><td>LM85</td><td>—</td><td>—</td><td>—</td><td>2.0</td></tr>
<tr><td>LM105</td><td>LMS105</td><td>LML105</td><td>—</td><td>2.5</td></tr>
<tr><td>LM125</td><td>LMS125</td><td>LML125</td><td>—</td><td rowspan="4">1.5</td><td rowspan="3">1.0</td><td rowspan="2">3.0</td></tr>
<tr><td>LM145</td><td>LMS145</td><td>LML145</td><td>LMP145</td></tr>
<tr><td>LM170</td><td>LMS170</td><td>LML170</td><td>LMP170</td><td>3.5</td></tr>
<tr><td>LM200</td><td>LMS200</td><td>LML200</td><td>LMP200</td><td rowspan="3">1.5</td><td>4.0</td></tr>
<tr><td>LM230</td><td>LMS230</td><td>LML230</td><td>LMP230</td><td rowspan="5">1.0</td><td>4.5</td></tr>
<tr><td>LM260</td><td>LMS260</td><td>LML260</td><td>LMP260</td><td rowspan="5">5.0</td></tr>
<tr><td>LM300</td><td>LMS300</td><td>LML300</td><td>LMP300</td><td rowspan="3">1.8</td></tr>
<tr><td>LM360</td><td>LMS360</td><td>LML360</td><td>LMP360</td></tr>
<tr><td>LM400</td><td>LMS400</td><td>LML400</td><td>LMP400</td></tr>
</table>

表 6-3-52　　梅花形弹性联轴器弹性元件结构型式、主要尺寸　　mm

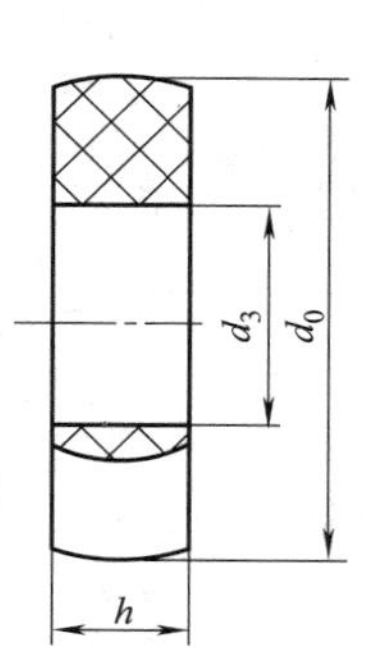

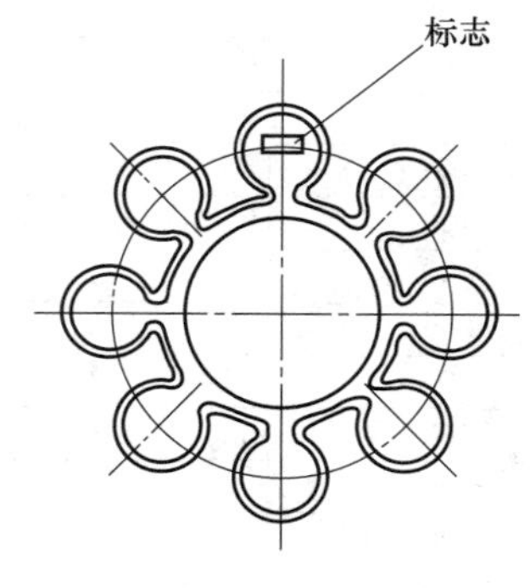

续表

型号	d_0/mm	d_3/mm	h/mm	质量/kg
T50	48	19	12	0.014
T70	68	28	18	0.048
T85	82	34	18	0.064
T105	100	42	20	0.110
T125	122	52	25	0.188
T145	140	64	30	0.282
T170	166	90	30	0.380
T200	196	100	35	0.594
T230	225	115	35	0.911
T260	255	140	45	1.412
T300	295	170	50	1.757
T360	356	215	55	2.917
T400	391	250	55	3.145

表 6-3-53 梅花形弹性联轴器弹性件材料性能

名称	单位	数值	测试方法
硬度	Shore A	94±2	GB/T 531.1
拉伸强度	MPa	>48	GB/T 528
扯断伸长率	%	>420	GB/T 528
撕裂强度	kN/m	>95	GB/T 529
回弹性	%	>18	GB/T 1681
脆性温度	℃	<−40	GB/T 1682
压缩永久变形率(70℃、22h)	%	<33	GB/T 7759.1
磨耗量	cm^3	<0.05	GB/T 1689
耐油 Δm(ASTM No. 3 OIL 70℃×7d)	%	<2	GB/T 1690

表 6-3-54 梅花形弹性联轴器螺栓预紧力矩

螺栓规格/mm	M8	M10	M12	M16	M20
预紧力矩/N·m	26	45	80	200	400

表 6-3-55 梅花形弹性联轴器零件材料

零件名称	材 料	备 注
半联轴器	ZG270-500、QT400	GB/T 11352、GB/T 1348
弹性体	聚氨酯	性能见表 6-3-55
法兰连接件	ZG270-500	GB/T 11352
法兰半联轴器	ZG270-500	GB/T 11352
制动轮	ZG310-570	GB/T 11352
制动盘	45、QT500	GB/T 699、GB/T 1348

3.3.9 膜片联轴器(JB/T 9147—1999)

膜片联轴器是由几组不锈钢薄板(膜片)用螺栓交错地与两半联轴器连接而构成的。膜片联轴器适用于连接两同轴线的传动轴系，靠膜片的弹性变形来补偿所连两轴的相对位移。膜片联轴器适用的工作环境温度为－20～250℃，传递公称转矩范围为25～10000000N·m。

膜片联轴器的型式见表 6-3-56。

表 6-3-56 膜片联轴器的型式

序号	型式代号	结构特点	图示	结构型式基本参数、主要尺寸
1	JMⅠ	带沉孔基本型		表 6-3-57
2	JMⅠJ	带沉孔接中间轴型		表 6-3-58

续表

序号	型式代号	结构特点	图示	结构型式基本参数、主要尺寸
3	JMⅡ	无沉孔 基本型		表 6-3-59
4	JMⅡJ	无沉孔 接中间轴型		表 6-3-60

表 6-3-57　　JMⅠ型膜片联轴器基本参数和主要尺寸　　mm

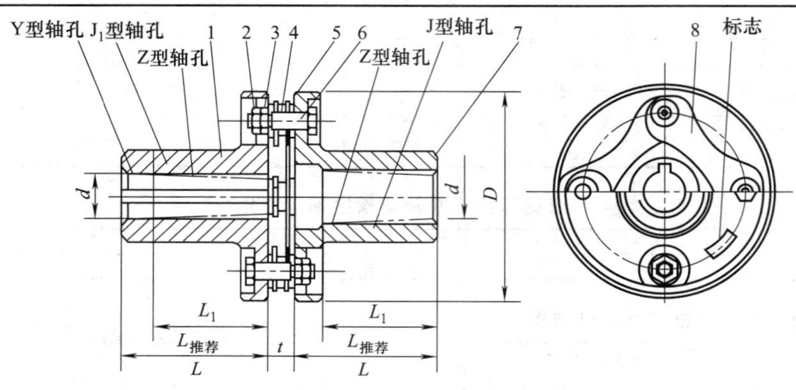

1,7—半联轴器；2—扣紧螺母；3—六角螺母；4—隔圈；5—支撑圈；6—铰制孔用螺栓；8—膜片

型号	公称转矩 T_n/N·m	瞬时最大转矩 T_{max}/N·m	许用转速[n]/r·min^{-1}	轴孔直径 d	轴孔长度 Y型 L	轴孔长度 J、J_1、Z、Z_1型 L	轴孔长度 J、J_1、Z、Z_1型 L_1	$L_{推荐}$	D	t	扭转刚度 C/N·m·rad^{-1}	质量 m/kg	转动惯量 I/kg·m^2
JMⅠ1	25	80	6000	14	32	—	J_1型为27 Z_1型为20	35	90	8.8	1×10^4	1	0.0007
				16,18,19	42		30						
				20,22	52		38						
JMⅠ2	63	180	5000	18,19	42		30	45	100	9.5	1.4×10^4	1.3	0.001
				20,22,24	52		38						
				25	62		44						
JMⅠ3	100	315	5000	20,22,24	52		38	50	120	11	1.87×10^4	2.3	0.0024
				25,28	62		44						
				30	82		60						
JMⅠ4	160	500	4500	24	52		38	55	130	12.5	3.12×10^4	3.3	0.0037
				25,28	62		44						
				30,32,35	82		60						
JMⅠ5	250	510	4000	28	62		44	60	150	14	4.32×10^4	5.3	0.0083
				30,32,35,38	82		60						
				40	112		84						

续表

型号	公称转矩 T_n/N·m	瞬时最大转矩 T_{max}/N·m	许用转速[n]/r·min^{-1}	轴孔直径 d	轴孔长度 Y 型 L	轴孔长度 J、J_1、Z、Z_1 型 L	轴孔长度 J、J_1、Z、Z_1 型 L_1	$L_{推荐}$	D	t	扭转刚度 C/N·m·rad^{-1}	质量 m/kg	转动惯量 I/kg·m^2
JMⅠ6	400	1120	3600	32,35,38	82	82	60	65	170	15.5	6.88×10^4	8.7	0.0159
				40,42,45,48,50	112	112	84						
JMⅠ7	630	1800	3000	40,42,45,48			107	70	210	19	10.35×10^4	14.3	0.0432
				50,55,56,60	142	—							
JMⅠ8	1000	2500	2800	45,48,50,55,56	112	112	84	80	240	22.5	16.11×10^4	22	0.0879
				60,63,65,70	142		107						
JMⅠ9	1600	4000	2500	55,56	112		84	85	260	24	26.17×10^4	29	0.1415
				60,63,70,71,75	142		107						
				80	172		132						
JM 10	2500	6300	2000	63,65,70,71,75	142	142	107	90	280	17	7.88×10^4	52	0.2974
				80,85,90,95	172	—	132						
JM 11	4000	9000	1800	75	142	142	107	95	300	19.5	10.49×10^4	69	0.4782
				80,85,90,95	172	172	132						
				100,110	212	—	167						
JM 12	6300	12500	1600	90,95	172		132	120	340	23	14.07×10^4	94	0.8067
				100,110,120,125	212		167						
JM 13	10000	18000	1400	100,110,120,125				135	380	28	19.2×10^4	128	1.7053
				130,140	252		202						
JM 14	16000	28000	1200	120,125	212		167	150	420	31	30.0×10^4	184	2.6832
				130,140,150	252		202						
				160	302		242						
JM 15	25000	40000	1120	140,150	252		202	180	480	37.5	47.46×10^4	263	4.8015
				160,170,180	302		242						
JM 16	40000	56000	1000	160,170,180				200	560	41	68.09×10^4	384	9.4118
				190,200	352		282						
JM 17	63000	80000	900	190,200,220				200	630	47	101.3×10^4	561	18.3753
				240	410		330						
JM 18	100000	125000	800	220	352		282	250	710	54.5	161.4×10^4	723	28.2033
				240,250,260	410		330						
JM 19	160000	200000	710	250,260				280	800	48	79.8×10^4	1267	66.5813
				280,300,320	470		380						

注：1. 轴孔和键槽型式及尺寸应符合 GB 3852 的规定，轴孔型式及长度 L、L_1 根据需要选取。
2. 各规格的轮毂直径不小于规格中最大孔径的 1.6 倍。
3. 质量、转动惯量是计算近似值。

表 6-3-58　　JMⅠJ 型膜片联轴器基本参数和主要尺寸　　mm

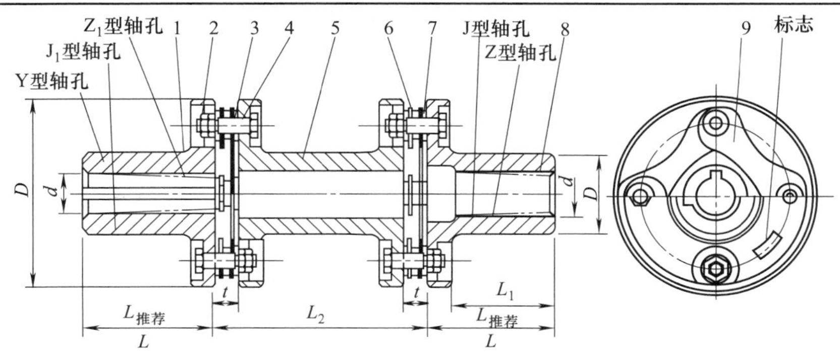

1,8—半联轴器；2—扣紧螺母；3—六角螺母；4—铰制孔用螺栓；5—中间轴；6—隔圈；7—支撑圈；9—膜片

续表

型号	公称转矩 T_n/N·m	瞬时最大转矩 T_{max}/N·m	许用转速[n]/r·min⁻¹	轴孔直径 d	轴孔长度 Y型 L	轴孔长度 J、J_1、Z、Z_1型 L	轴孔长度 J、J_1、Z、Z_1型 L_1	$L_{推荐}$	D	t	L_2 min	质量 m/kg	转动惯量 I/kg·m²
JMⅠJ1	25	80	6000	14	32	—	J_1型为27 Z_1型为20	35	90	8.8	100	1.8	0.0013
				16,18,19	42		30						
				20,22	52		38						
JMⅠJ2	63	180	5000	18,19	42		30	45	100	9.5		2.4	0.002
				20,22,24	52		38						
				25	62		44						
JMⅠJ3	100	315		20,22,24	54		38	50	120	11	120	4.1	0.0047
				25,28	62		44						
				30	82		60						
JMⅠJ4	160	500	4500	24	52		38	55	130	12.5		5.4	0.0069
				25,28	62		44						
				30,32,35	82		60						
JMⅠJ5	250	710	4000	28	62		44	60	150	14	140	8.8	0.0153
				30,32,35,38	82		60						
				40	112		84						
JMⅠJ6	400	1120	3600	32,35,38	82	82	60	65	170	15.5		13.4	0.0281
				40,42,45,48,50	112	112	84						
JMⅠJ7	630	1800	3000	40,42,45,48,50,55,56	112	112	84	70	210	19	150	22.3	0.076
				60	142	—	107						
JMⅠJ8	1000	2500	2800	45,48,50,55,56	112	112	84	80	240	22.5	180	36	0.1602
				60,63,65,70	142	—	107						
JMⅠJ9	1600	4000	2500	55,56	112	112	84	85	260	24	220	48	0.2509
				60,63,65,70,71,75	142	—	107						
				80	172		132						
JMⅠJ10	2500	6300	2000	63,65,70,71,75	142	142	107	90	280	17	250	85	0.5195
				80,85,90,95	172	—	132						
JMⅠJ11	4000	9000	1800	75	142	142	107	95	300	19.5	290	112	0.8223
				80,85,90,95	172	172	132						
				100,110	212	—	167						
JMⅠJ12	6300	12500	1600	90,95	172		132	120	340	23	300	152	1.4109
				100,110,120,125	212		167						

注：1. 轴孔和键槽型式及尺寸应符合GB 3852的规定，轴孔型式及长度L、L_1可根据需要选取。

2. 表中L_2按要求也可与制造厂家另行商定。

3. 各规格的轮毂直径不小于规格中最大轴孔直径的1.6倍。

4. 质量、转动惯量是计算近似值。

表6-3-59　　JMⅡ型膜片联轴器基本参数和主要尺寸　　mm

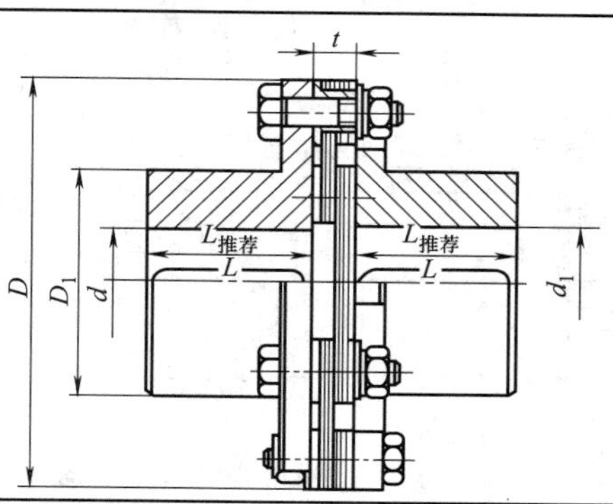

续表

型号	公称转矩 T_n/N·m	瞬时最大转矩 T_{max}/N·m	最大转速 n_{max}/r·min^{-1}	轴孔直径 d、d_1	轴孔长度 J$_1$型 L	轴孔长度 Y型 L	$L_{推荐}$	D	D_1	t	扭转刚度 /10^6N·m·rad^{-1}	质量 m /kg	转动惯量 I /kg·m^2
JMⅡ1	40	63	10700	14	27	32	35	80	39	8±0.2	0.37	0.9	0.0005
				16,18,19	30	42							
				20,22,24	38	52							
				25,28	44	62							
JMⅡ2	63	100	9300	20,22,24	38	52	40	92	53		0.45	1.4	0.0011
				25,28	44	62							
				30,32,35,38	60	82							
JMⅡ3	100	200	8400	25,28	44	62	45	102	63		0.56	2.1	0.002
				30,32,35,38	60	82							
				40,42,45	84	112							
JMⅡ4	250	400	6700	30,32,35,38	60	82	55	128	77	11±0.2	0.81	4.2	0.006
				40,42,45,48,50,55	84	112							
JMⅡ5	500	800	5900	35,38	60	82	65	145	91		1.2	6.4	0.012
				40,42,45,48,50,55,56	84	112							
				60,63,65	107	142							
JMⅡ6	800	1250	5100	40,42,45,48,50,55,56	84	112	75	168	105	14±0.3	1.42	9.6	0.024
				60,63,65,70,71,75	107	142							
JMⅡ7	1000	2000	4750	45,48,50,55,56	84	112	80	180	112	15±0.4	1.9	12.5	0.0365
				60,63,65,70,71,75	107	142							
				80	132	172							
JMⅡ8	1600	3150	4300	50,55,56	84	112		200	120		2.35	15.5	0.057
				60,63,65,70,71,75	107	142							
				80,85	132	172							
JMⅡ9	2500	4000	4200	55,56	84	112		205		20±0.4	2.7	16.5	0.065
				60,63,65,70,71,75	107	142							
				80,85	132	172							
JMⅡ10	3150	5000	4000	55,56	84	112	90	215	128		3.02	19.5	0.083
				60,63,65,70,71,75	107	142							
				80,85,90	132	172							
JMⅡ11	4000	6300	3650	60,63,65,70,71,75	107	142	100	235	132	23±0.5	3.46	25	0.131
				80,85,90,95	132	172							
JMⅡ12	5000	8000	3400	60,63,65,70,71,75	107	142		250	145		3.67	30	0.174
				80,85,90,95	132	172							
				100	167	212							
JMⅡ13	6300	10000	3200	63,65,70,71,75	107	142	110	270	155		5.2	36	0.239
				80,85,90,95	132	172							
				100,110	167	212							
JMⅡ14	8000	12500	2850	65,70,71,75	107	142	115	300	162	27±0.6	7.8	45	0.38
				80,85,90,95	132	172							
				100,110	167	212							
JMⅡ15	10000	16000	2700	70,71,75	107	142	125	320	176		8.43	55	0.5
				80,85,90,95	132	172							
				100,110,120,125	167	212							

第6篇

续表

型号	公称转矩 T_n/N·m	瞬时最大转矩 T_{max} /N·m	最大转速 n_{max} /r·min^{-1}	轴孔直径 d、d_1	轴孔长度 J₁型 L	轴孔长度 Y型 L	$L_{推荐}$	D	D_1	t	扭转刚度 /10^6N·m·rad^{-1}	质量 m /kg	转动惯量 I /kg·m^2
JMⅡ16	12500	20000	2450	75	107	142	140	350	186	32±0.7	10.23	75	0.85
				80,85,90,95	132	172							
				100,110,120,125	167	212							
				130	202	252							
JMⅡ17	16000	25000	2300	80,85,90,95	132	172	145	370	203		10.97	85	1.1
				100,110,120,125	167	212							
				130,140	202	252							
JMⅡ18	20000	31500	2150	90,95	132	172	165	400	230		13.07	115	1.65
				100,110,120,125	167	212							
				130,140,150	202	252							
				160	242	302							
JMⅡ19	25000	40000	1950	100,110,120,125	167	212	175	440	245	38±0.9	14.26	150	2.69
				130,140,150	202	252							
				160,170	242	302							
JMⅡ20	31500	50000	1850	110,120,125	167	212	185	460	260		22.13	170	3.28
				130,140,150	202	252							
				160,170,180	242	302							
JMⅡ21	35500	56000	1800	120,125	167	212	200	480	280		23.7	200	4.28
				130,140,150	202	252							
				160,170,180	242	302							
				190,200	282	352							
JMⅡ22	40000	63000	1700	130,140,150	202	252	210	500	295		24.6	230	5.18
				160,170,180	242	302							
				190,200	282	302							
JMⅡ23	50000	80000	1600	140,150	202	252	220	540	310	44±1	29.71	275	7.7
				160,170,180	242	302							
				190,200,220	282	302							
JMⅡ24	63000	100000	1450	150	202	252	240	600	335	50±1.2	32.64	380	9.3
				160,170,180	242	302							
				190,200,220	282	352							
				240	330	410							
JMⅡ25	80000	125000	1400	160,170,180	242	302	255	620	350		37.69	410	15.3
				190,200,220	282	352							
				240,250	330	410							
JMⅡ26	90000	140000	1300	180	242	302	275	660	385		50.43	510	20.9
				190,200,220	282	352							
				240,250,260	330	410							
JMⅡ27	112000	180000	1200	190,200,220	282	352	295	720	410	60±1.4	71.52	620	32.4
				240,250,260	330	410							
				280	380	470							
JMⅡ28	140000	200000	1150	220	282	352	300	740	420		93.37	680	36
				240,250,260	330	410							
				280,300	380	470							
JMⅡ29	160000	224000	1100	240,250,260	330	410	320	770	450		114.53	780	43.9
				280,300,320	380	470							
JMⅡ30	180000	280000	1050	250,260	330	410	350	820	490		130.76	950	60.5
				280,300,320	380	470							
				340	450	550							

注：1. 优先选用 $L_{推荐}$ 轴孔长度。

2. 质量、转动惯量是按 $L_{推荐}$ 计算近似值。

表 6-3-60　　JMⅡ J 型膜片联轴器基本参数和主要尺寸　　mm

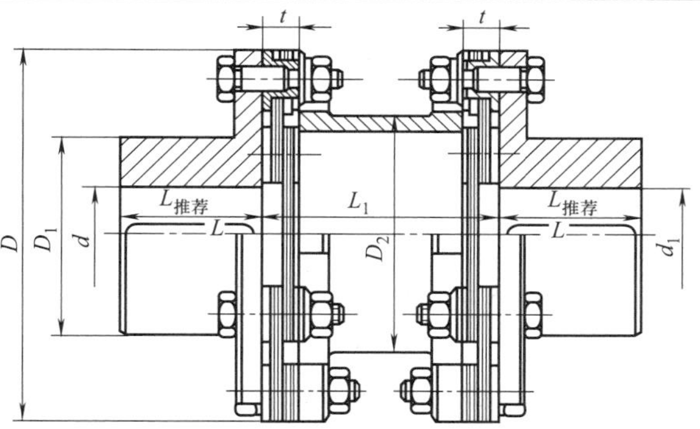

图(a)　JMⅡ J1～JMⅡ J29型

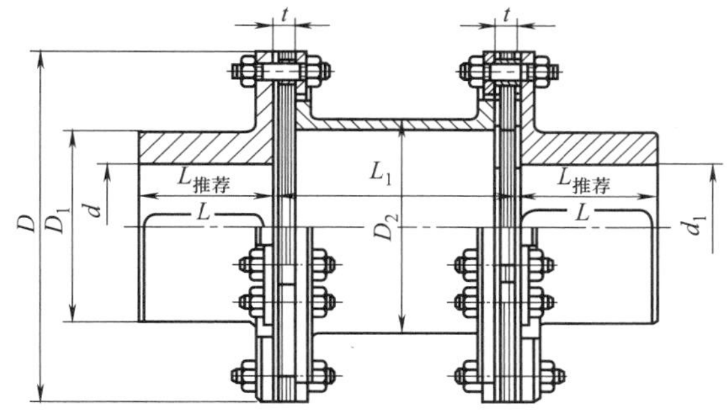

图(b)　JMⅡ J30～JMⅡ J42型

型号	公称转矩 T_n /N·m	瞬时最大转矩 T_{max} /N·m	最大转速 n_{max} /r·min^{-1}	轴孔直径 d、d_1	轴孔长度 J₁型 L	轴孔长度 Y型 L	$L_{推荐}$	D	D_1	D_2	L_1 min	t	质量 m/kg L_1 min质量	质量 m/kg 每增加1m质量	转动惯量 I /kg·m^2
				20,22,24	38	52									
JMⅡ J1	63	100	9300	25,28	44	62	40	92	53		70		2		0.002
				30,32,35,38	60	82				45		8±0.2		4.1	
				25,28	44	62									
JMⅡ J2	100	200	8400	30,32,35,38	60	82	45	102	63		80		2.9		0.003
				40,42,45	84	112									
				30,32,35,38	60	82									
JMⅡ J3	250	400	6700	40,42,45,48,50,55	84	112	55	128	77		96		5.7		0.009
				35,38	60	82				76		11±0.3		8	
JMⅡ J4	500	800	5900	40,42,45,48,50,55,56	84	112	65	145	91		116		8.5		0.017
				60,63,65	107	142									
				40,42,45,48,50,55,56	84	112									
JMⅡ J5	800	1250	5100				75	168	105		136	14±0.3	12.5		0.034
				60,63,65,70,71,75	107	142				102				12	
				45,48,50,55,56	84	112									
JMⅡ J6	1250	2000	4750	60,63,65,70,71,75	107	142	80	180	112		140	15±0.4	16.5		0.053
				80	132	172									

续表

型号	公称转矩 T_n /N·m	瞬时最大转矩 T_{max} /N·m	最大转速 n_{max} /r·min^{-1}	轴孔直径 d、d_1	轴孔长度 J_1型 L	轴孔长度 Y型 L	$L_{推荐}$	D	D_1	D_2	L_1 min	t	质量 m/kg L_1 min 质量	质量 m/kg 每增加1m质量	转动惯量 I /kg·m^2
JMⅡJ7	2000	3150	4300	50,55,56 60,63,65,70,71,75 80,85	84 107 132	112 142 172	80	200	120	114	140	15±0.4	21	19	0.082
JMⅡJ8	2500	4000	4200	55,56 60,63,65,70,71,75 80,85	84 107 132	112 142 172		205				20±0.4	23		0.092
JMⅡJ9	3150	5000	4000	55,56 60,63,65,70,71,75 80,85,90	84 107 132	112 142 172	90	215	128	127	160		27	21	0.117
JMⅡJ10	4000	6300	3650	60,63,65,70,71,75 80,85,90,95	107 132	142 172	100	235	132		170	23±0.5	36		0.191
JMⅡJ11	5000	8000	3400	60,63,65,70,71,75 80,85,90,95 100	107 132 167	142 172 212		250	145	140			42	26	0.252
JMⅡJ12	6300	10000	3200	60,63,65,70,71,75 80,85,90,95 100,110	107 132 167	142 172 212	110	270	155		190		50		0.349
JMⅡJ13	8000	12500	2850	65,70,71,75 80,85,90,95 100,110	107 132 167	142 172 212	115	300	162	165	200	27±0.6	66	47	0.56
JMⅡJ14	10000	16000	2700	70,71,75 80,85,90,95 100,110,120,125	107 132 167	142 172 212	125	320	176		220		78		0.75
JMⅡJ15	12500	20000	2450	75 80,85,90,95 100,110,120,125 130	107 132 167 202	142 172 212 252	140	350	186		240	32±0.7	110	51	1.26
JMⅡJ16	16000	25000	2300	80,85,90,95 100,110,120,125 130,140	132 167 202	172 212 252	145	370	203	219	250		125	72	1.63
JMⅡJ17	20000	31500	2150	90,95 100,110,120,125 130,140,150 160	132 167 202 242	172 212 252 302	165	400	230		290		160		2.45
JMⅡJ18	25000	40000	1950	100,110,120,125 130,140,150 160,170	167 202 242	212 252 302	175	440	245		300	38±0.9	220		3.99
JMⅡJ19	31500	50000	1850	100,110,120,125 130,140,150 160,170,180	167 202 242	212 252 302	185	460	260	267	320		245	89	4.98

续表

型号	公称转矩 T_n /N·m	瞬时最大转矩 T_{max} /N·m	最大转速 n_{max} /r·min^{-1}	轴孔直径 d、d_1	轴孔长度 J₁型 L	轴孔长度 Y型 L	$L_{推荐}$	D	D_1	D_2	L_1 min	t	质量 m/kg L_1 min质量	质量 m/kg 每增加1m质量	转动惯量 I /kg·m^2
JMⅡJ20	35500	56000	1800	120,125	167	212	200	480	280	267	350	38±0.9	275	89	6.28
				130,140,150	202	252									
				160,170,180	242	302									
				190,200	282	352									
JMⅡJ21	40000	63000	1700	120,125	167	212	210	500	295		370		320		7.68
				130,140,150	202	252									
				160,170,180	242	302									
				190,200	282	352									
JMⅡJ22	50000	80000	1600	140,150	202	252	220	540	310	299	380	44±1	400	110	11.6
				160,170,180	242	302									
				190,200,220	282	352									
JMⅡJ23	63000	100000	1450	140,150	202	252	240	600	335	356	410	50±1.2	560	145	19.8
				160,170,180	242	302									
				190,200,220	282	352									
				240	330	410									
JMⅡJ24	80000	125000	1400	160,170,180	242	302	255	620	350		440		620		23.6
				190,200,220	282	352									
				240,250	330	410									
JMⅡJ25	90000	140000	1300	180	242	302	275	660	385		480		740		31.9
				190,200,220	282	352									
				240,250,260	330	410									
				280	380	470									
JMⅡJ26	112000	180000	1200	180	242	302	295	720	410	406	510	60±1.4	970	190	50.4
				190,200,220	282	352									
				240,250,260	330	410									
				280,300	380	470									
JMⅡJ27	140000	200000	1150	220	282	352	300	740	420		520		1050		57
				240,250,260	330	410									
				280,300	380	470									
JMⅡJ28	160000	224000	1100	240,250,260	330	410	320	770	450	457	560		1200	215	69.4
				280,300	380	470									
JMⅡJ29	180000	280000	1050	250,260	330	410	350	820	490		620		1400	215	95.5
				280,300,320	380	470									
				340	450	550									
JMⅡJ30	280000	450000	1000	280,300,320	380	470		875	480	559	620	50±1.6		235	96.5
				340,360	450	550			550						109.5
JMⅡJ31	400000	630000	930	300,320	380	470		935	520	610	630	60±1.9	1800	290	142
				340,360,380	450	550			560						152
				400	540	650			600						162
JMⅡJ32	450000	710000	880	320	380	470	380	1030	480	622	690		2250	330	194
				340,360,380	450	550			600						224
				400,420	540	650			640						240

续表

型号	公称转矩 T_n /N·m	瞬时最大转矩 T_{max} /N·m	最大转速 n_{max} /r·min^{-1}	轴孔直径 d、d_1	轴孔长度 J₁型 L	轴孔长度 Y型 L	$L_{推荐}$	D	D_1	D_2	L_1 min	t	质量 m/kg L_1 min质量	质量 m/kg 每增加1m质量	转动惯量 I /kg·m^2
JMⅡJ33	560000	900000	820	360,380	450	550	400	1080	580	660	726	66±2.2	2750	390	271
				400,420,440,450,460	540	650			700						325
JMⅡJ34	1000000	1600000	740	400,420,440,450			460	1160	620	750	836	70±2.2	3500	450	387
				460,480,500					750						465
JMⅡJ35	1400000	2240000	680	440,450,460,480,500			520	1290	790	820	946	82±2.6	5000	570	750
				530,560	680	800			840						810
JMⅡJ36	2000000	3150000	620	480,500	540	650	570	1410	760	900	1040	92±2.8	6600	710	1050
				530,560,600	680	800			920						1290
JMⅡJ37	2800000	4000000	570	450,460,480,500	540	650	610	1530	810	1000	1100	105±3	8400	880	1630
				530,560,600,630	680	800			980						1950
JMⅡJ38	4000000	6000000	520	560,600,630			670	1670	950	1100	1210	115±3.4	11000	1050	2670
				670,710	780	—			1070						3030
JMⅡJ39	5000000	8000000	480	600,630	680	800	730	1830	970	1200	1320	125±3.7	14500	1350	4060
				670,710,750	780	—			1170						4800
JMⅡJ40	6300000	10000000	430	670,710,750	780		800	2000	1140	1300	1450	130±4	19000	1600	6600
				800,850	880				1290						7500
JMⅡJ41	8000000	12500000	400	750	780			2200	1260	1400	1600	140±4.4	25000	1850	10400
				800,850	880				1420						11900
JMⅡJ42	10000000	16000000	350	800,850			960	2400	1370	1500	1760		32000	2100	15200
				900,950	980				1550						17400

注：1. 优先选用 $L_{推荐}$。

2. 质量、转动惯量按 $L_{推荐}$ 计算近似值。

膜片联轴器的膜片型式分为连杆式（见图 6-3-4）和整体式（见图 6-3-5）两种。膜片的厚度应符合 GB/T 708 的规定。整体式膜片的形状可分别组成为四边形、六边形、八边形等偶数形状。

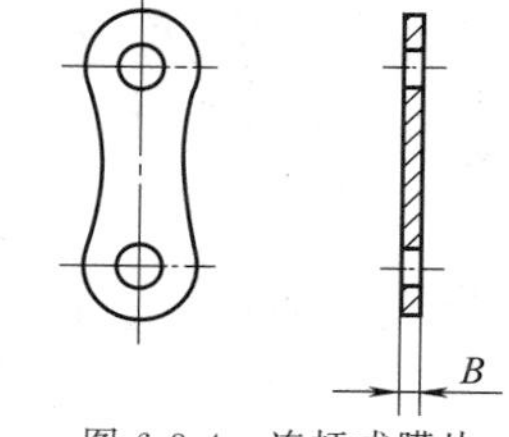

图 6-3-4 连杆式膜片

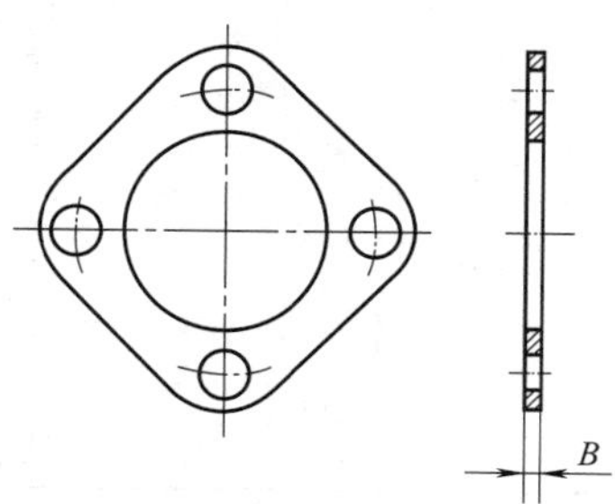

图 6-3-5 整体式膜片

JMⅠ型膜片联轴器许用补偿量见表 6-3-61，JMⅡ型膜片联轴器许用补偿量见表 6-3-62。JMⅠJ型膜片联轴器许用补偿量为JMⅠ型补偿量的 2 倍，JMⅡJ型膜片联轴器许用补偿量为 JMⅡ型补偿量的 2 倍。表 6-3-61、表 6-3-62 中所列许用补偿量是指在工作状态允许的由于制造误差、安装误差、工作载荷变化引起的振动、冲击、变形、温度变化等综合因素形成的两轴间相对偏移量。最大允许安装角向偏差应不超过±5′。

表 6-3-61 JMⅠ型膜片联轴器许用补偿量

许用补偿量 \ 型号	JMⅠ1～JMⅠ6	JMⅠ7～JMⅠ10	JMⅠ11～JMⅠ19
轴向 ΔX/mm	1	1.5	2
角向 $\Delta\alpha$	1°		30′

表 6-3-62 JMⅡ型膜片联轴器许用补偿量

许用补偿量 \ 型号	JMⅡ1～JMⅡ8	JMⅡ9～JMⅡ17	JMⅡ18～JMⅡ26	JMⅡ27～JMⅡ30
轴向 ΔX/mm	1	2.5	4	6
角向 $\Delta\alpha$	1°			

表 6-3-63 膜片联轴器零件材料性能

序号	零件名称	材料	应符合的标准
1	半联轴器	45 ZG310-570	GB/T 700 GB/T 11352
2	膜片	1Cr18Ni9 1Cr18Ni9Ti	GB/T 4239
3	六角头铰制孔用螺栓	性能等级 8.8 级	GB/T 3098.1
4	六角螺母	性能等级 8 级	GB/T 3098.2
5	扣紧螺母	65Mn	GB/T 805
6	隔圈	45	GB/T 700
7	支承圈	45	GB/T 700
8	中间轴	45	GB/T 700

表 6-3-64 膜片材料力学性能

序号	性能名称	单位	指标	试验方法
1	屈服强度 σ_s	MPa	840	按 GB/T 228 的规定采用 DSS-25t 电子万能试验机或其他相应的试验机，精度 1%，每次试验至少三片以上标准试件，重复试验取得平均试验值
2	抗拉强度 σ_b	MPa	1050	
3	弹性模量 E	MPa	1.96×10^5	
4	伸长率 δ_s	%	>8	

膜片联轴器零件材料性能应不低于表 6-3-63 的要求，其中膜片材料力学性能应符合表 6-3-64 的要求。半联轴器轴孔公差按 GB/T 3852 的规定，轴孔表面粗糙度 Ra 为 1.6μm。半联轴器与中间轴形位公差应符合：垂直度公差按 8 级，圆柱度公差按 8 级，同轴度公差按 8 级。膜片表面应光滑、平整，不得有裂纹等缺陷。

3.3.10 蛇形弹簧联轴器 (JB/T 8869—2000)

蛇形弹簧联轴器适用于连接两同轴线的中、大功率的传动轴系，具有一定补偿两轴间相对偏移和减振、缓冲性能。适用工作温度为 −30～150℃，传递公称转矩范围为 45～800000N·m。

蛇形弹簧联轴器分为 JS 型、JSB 型、JSS 型、JSD 型、JSJ 型、JSG 型、JSZ 型、JSP 型、JSA 型 9 种型式，见表 6-3-65～表 6-3-77。

表 6-3-65 蛇形弹簧联轴器的型式

序号	代号	型式	规格代号	图示	结构型式 基本参数、主要尺寸
1	JS	罩壳径向 安装型(基本型)	1～25		表 6-3-66
2	JSB	罩壳轴向安装型	1～16		表 6-3-67
3	JSS	双法兰连接型	1～19		表 6-3-68

续表

序号	代号	型式	规格代号	图　示	结构型式 基本参数、主要尺寸
4	JSD	单法兰连接型	1～19	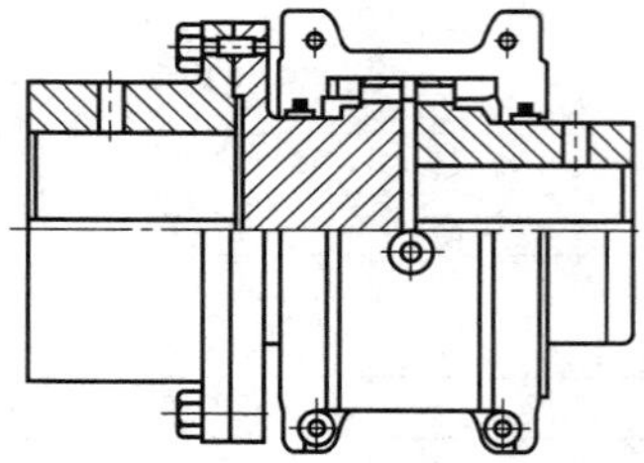	表 6-3-69
5	JSJ	接中间轴型	1～16	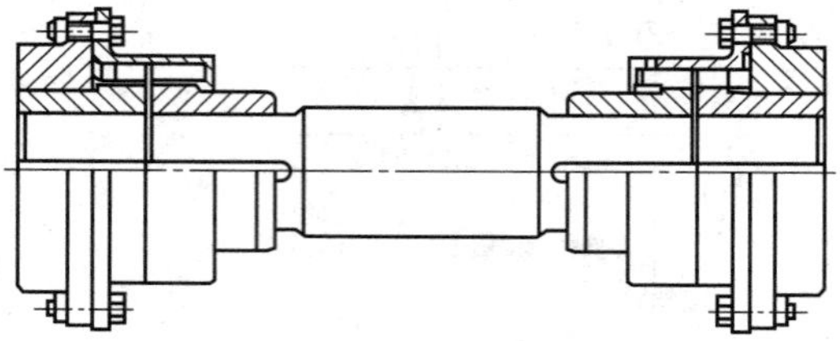	表 6-3-70
6	JSG	高速型	1～10	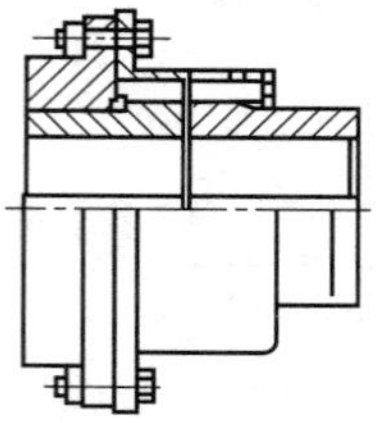	表 6-3-71
7	JSZ	带制动轮型	1～8	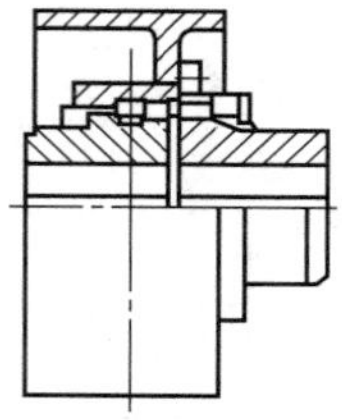	表 6-3-72
8	JSP	带制动盘型	1～11	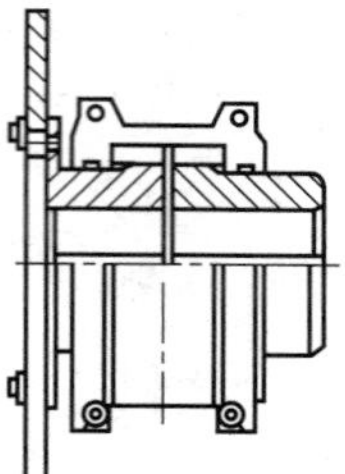	表 6-3-73
9	JSA	安全型	1～19	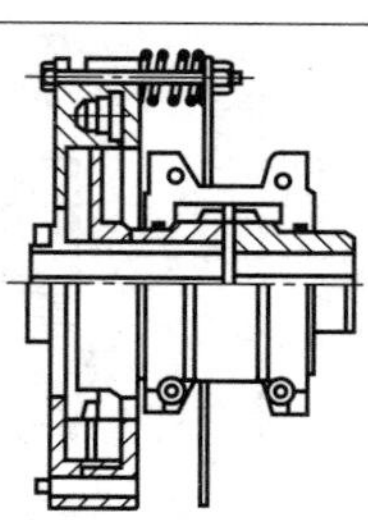	表 6-3-74

表 6-3-66 JS 型罩壳径向安装型（基本型）蛇形弹簧联轴器性能和主要参数尺寸 mm

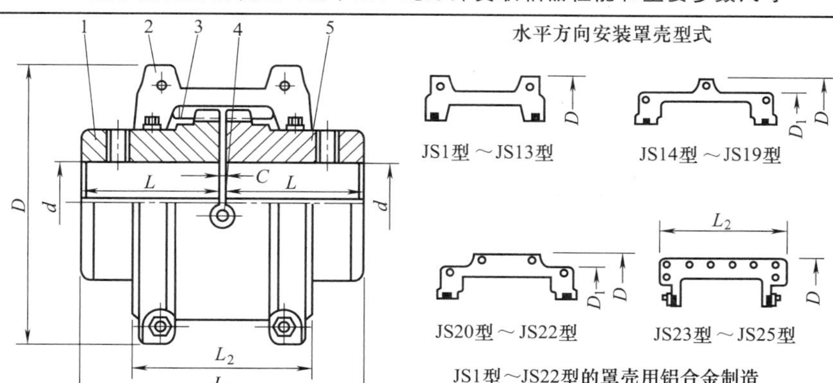

JS1型～JS22型的罩壳用铝合金制造
JS23型～JS25型的罩壳用钢制造

1,5—半联轴器；2—罩壳；3—蛇形弹簧；4—润滑孔

型号	公称转矩 T_n/N·m	许用转速 $[n]$ /r·min^{-1}	轴孔直径 d	轴孔长度 L	总长 L_0	L_2	D	D_1	间隙 C	质量 m/kg	转动惯量 I/kg·m^2	润滑油 /kg
JS1	45	4500	18,19 20,22,24 25,28	47	97	66	95	—	3	1.91	0.0014	0.027
JS2	140	4500	22,24 25,28 30,32,35	47	97	68	105	—	3	2.59	0.0022	0.041
JS3	224	4500	25,28 30,32,35,38 40,42	50	103	70	115	—	3	3.36	0.0033	0.054
JS4	400	4500	32,35,38 40,42,45,48,50	60	123	80	130	—	3	5.45	0.0073	0.068
JS5	630	4350	40,42,45,48,50,55,56	63	129	92	150	—	3	7.26	0.0119	0.086
JS6	900	4125	48,50,55,56 60,63,65	76	155	95	160	—	3	10.44	0.0185	0.113
JS7	1800	3600	55,56 60,63,65,70,71,75 80	89	181	116	190	—	3	17.70	0.0451	0.172
JS8	3150	3600	65,70,71,75 80,85,90,95	98	199	122	210	—	3	25.42	0.0787	0.254
JS9	5600	2440	75 80,85,90,95 100,110	120	245	155	250	—	5	42.22	0.1780	0.426
JS10	8000	2250	85,90,95 100,110,120	127	259	162	270	—	5	54.45	0.2700	0.508
JS11	12500	2025	90,95 100,110,120,125 130,140	149	304	192	310	—	6	81.27	0.5140	0.735
JS12	18000	1800	110,120,125 130,140,150 160,170	162	330	195	346	—	6	121.00	0.9890	0.908
JS13	25000	1650	120,125 130,140,150 160,170,180 190,200	184	374	201	384	391	6	178.00	1.8500	1.135

续表

型号	公称转矩 T_n/N·m	许用转速 $[n]$ /r·min^{-1}	轴孔直径 d	轴孔长度 L	总长 L_0	L_2	D	D_1	间隙 C	质量 m/kg	转动惯量 I/kg·m^2	润滑油 /kg
JS14	35500	1500	140,150	183	372	271	450	431	6	234.26	3.4900	1.952
			160,170,180									
			190,200									
JS15	50000	1350	160,170,180	198	402	279	500	487		316.89	5.8200	2.815
			190,200,220									
			240									
JS16	6300	1225	180	216	438	307	566			448.10	10.4000	3.496
			190,200,220									
			240,250,260									
			280									
JS17	90000	1100	200,220	239	484	322	630	555		619.71	18.3000	3.768
			240,250,260									
			280,300									
JS18	125000	1050	240,250,260	260	526	325	675	608		776.34	26.1000	4.400
			280,300,320									
JS19	160000	900	280,300,320	280	566	355	756	660		1057.27	43.5000	5.630
			340,360									
JS20	224000	820	300,320	305	623	432	845	751	13	1425.56	75.5000	10.530
			340,360,380									
JS21	315000	730	320	325	663	490	920	822		1786.49	113.0000	16.070
			340,360,380									
			400,420									
JS22	400000	680	340,360,380	345	703	546	1000	905		2268.64	175.0000	24.060
			400,420,440,450									
JS23	500000	630	360,380	368	749	648	1087	—		2950.82	339.0000	33.820
			400,420,440,450,460,480									
JS24	630000	580	400,420,440,450,460	401	815	698	1180			3836.30	524.0000	50.170
JS25	800000	540	420,440,450,460,480,500	432	877	762	1260			4686.19	711.0000	67.240

注：1. 若按 GB/T 3852 轴孔型式，与制造厂协商。
2. 质量、转动惯量是按无孔计算。

表 6-3-67　JSB型罩壳轴向安装型蛇形弹簧联轴器性能和主要参数尺寸　mm

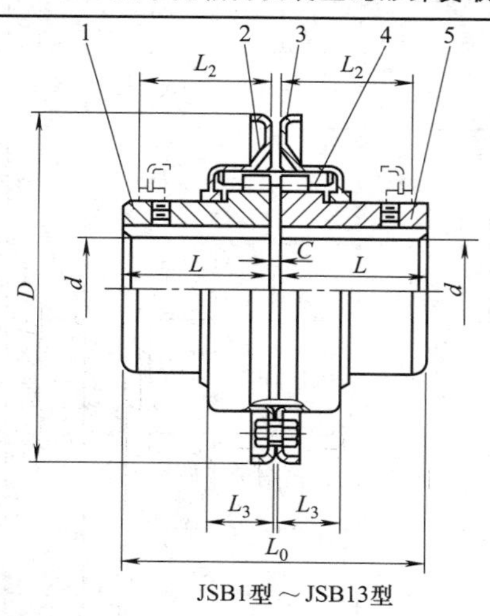

JSB1型～JSB13型

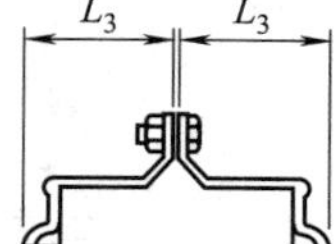

JSB14型～JSB16型

1,5—半联轴器；2—润滑孔；3—罩壳；4—蛇形弹簧

续表

型号	公称转矩 T_n/N·m	许用转速 $[n]$/r·min^{-1}	轴孔直径 d	轴孔长度 L	总长 L_0	L_2	L_3	D	间隙 C	质量 m/kg	润滑油 /kg
JSB1	45	6000	18,19	47	97	48	24	112	3	1.95	0.027
			20,22,24								
			25,28								
JSB2	140		22,24				25	122		2.59	0.041
			25,28								
			30,32,35								
JSB3	224		25,28	50	103	51	26	130		3.36	0.054
			30,32,35,38								
			40,42								
JSB4	400		32,35,38	60	123	61	31	149		5.45	0.068
			40,42,45,48,50								
JSB5	630		40,42,45,48,50,55,56	63	129	64	32	163		7.26	0.086
JSB6	900	5500	48,50,55,56	76	155	67	34	174		10.44	0.113
			60,63,65								
JSB7	1800	4750	55,56	89	181	89	44	200		17.70	0.172
			60,63,65,70,71,75								
			80								
JSB8	3150	4000	65,70,71,75	98	199	96	47	233		25.42	0.254
			80,85,90,95								
JSB9	5600	3250	75	120	245	121	60	268	6	42.22	0.427
			80,85,90,95								
			100,110							42.20	0.420
JSB10	8000	3000	80,85,90,95	127	259	124	63	287		54.48	0.508
			100,110,120								
JSB11	12500	2700	90,95	149	304	143	74	320		81.72	0.735
			100,110,120,125								
			130,140								
JSB12	18000	2400	110,120,125	162	330	146	75	379		122.58	0.908
			130,140,150								
			160,170								
JSB13	25000	2200	120,125	184	374	156	78	411		180.24	1.135
			130,140,150								
			160,170,180								
			190,200								
JSB14	35500	2000	140,150	183	372	204	107	476		230.18	1.952
			160,170,180								
			190,200								
JSB15	50000	1750	160,170,180	216	438	216	115	533		321.43	2.815
			190,200,220								
			240								
JSB16	63000	1600	180			226	120	584		448.55	3.496
			190,200,220								
			240,250,260								

注：1. 若按 GB/T 3852 轴孔型式，与制造厂协商。

2. 质量是按无孔计算。

表 6-3-68　　JSS 型双法兰连接型蛇形弹簧联轴器性能和主要参数尺寸　　mm

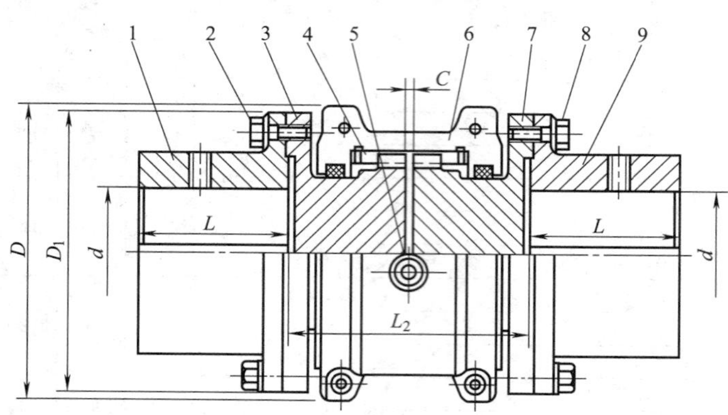

1,9—连接凸缘;2,8—螺栓;3,7—半联轴器;4—蛇形弹簧;5—润滑孔;6—罩壳

型号	公称转矩 T_n /N·m	许用转速 [n] /r·min^{-1}	轴孔直径 d	轴孔长度 L	两轴端距离 L_2 最小	两轴端距离 L_2 最大	D	D_1	间隙 C	质量 m/kg	润滑油 /kg
JSS1	45	3600	18,19 20,22,24 25,28 30,32,35	35	89	203	97	86	5	3.86	0.027
JSS2	140		22,24 25,28 30,32,35,38 40,42	42		216	106	94		5.27	0.041
JSS3	224		25,28 30,32,35,38 40,42,45,48,50,55,56	54			114	112		8.44	0.054
JSS4	400		32,35,38 40,42,45,48,50,55 60,63,65	60	111		135	125		12.53	0.068
JSS5	630		40,42,45,48,50,55,56 60,63,65,70,71,75 80	73	127	330	148	144		19.61	0.086
JSS6	900		48,50,55,56 60,63,65,70,71,75 80,85	80			159	152		24.65	0.114
JSS7	1800		55,56 60,63,65,70,71,75 80,85,90,95	89	184	406	190	178		39.40	0.173
JSS8	3150		65,70,71,75 80,85,90,95 100,110	102			211	209		60.38	0.254
JSS9	5600	2440	75 80,85,90,95 100,110,120,125 130	90	203		251	250	6	98.97	0.427
JSS10	8000	2250	80,85,90,95 100,110,120,125 130,140,150	104	210		270	276		137.56	0.508

续表

型号	公称转矩 T_n /N·m	许用转速 $[n]$ /r·min^{-1}	轴孔直径 d	轴孔长度 L	两轴端距离 L_2 最小	两轴端距离 L_2 最大	D	D_1	间隙 C	质量 m/kg	润滑油 /kg
JSS11	12500	2025	90,95	120	246	406	308	319	10	196.58	0.735
			100,110,120,125								
			130,140,150								
			160,170								
JSS12	18000	1800	110,120,125	135	257		346	346		259.69	0.908
			130,140,150								
			160,170,180								
			190								
JSS13	25000	1650	120,125	152	267		384	386		340.50	1.135
			130,140,150								
			160,170,180								
			190,200								
JSS14	35500	1500	100,110,120,125	173	345	371	453	426		442.70	1.950
			130,140,150								
			160,170,180								
			190,200,220								
			240,250								
JSS15	50000	1350	110,120,125	186	356	406	501	457		552.06	2.810
			130,140,150								
			160,170,180								
			190,200,220								
			240,250,260								
			280								
JSS16	63000	1220	125	220	384	444	566	527		836.27	3.490
			130,140,150								
			160,170,180								
			190,200,220								
			240,250,260								
			280,300,320								
JSS17	90000	1100	100,110,120,125	249	400	491	630	591		1099.58	3.770
			130,140,150								
			160,170,180								
			190,200,220								
			240,250,260								
			280,300,320								
JSS18	125000	1050	110,120,125	276	411	530	676	660		1479.59	4.400
			130,140,150								
			160,170,180								
			190,200,220								
			240,250,260								
			280,300,320								
			340,360								
JSS19	160000	900	110,120,125	305	444	576	757	711		1856.86	5.630
			130,140,150								
			160,170,180								
			190,200,220								
			240,250,260								
			280,300,320								
			340,360,380								

注：1. 若按 GB/T 3852 轴孔型式，与制造厂协商。
2. 质量是按无孔计算。

表 6-3-69　　JSD 型单法兰连接型蛇形弹簧联轴器性能和主要参数尺寸　　mm

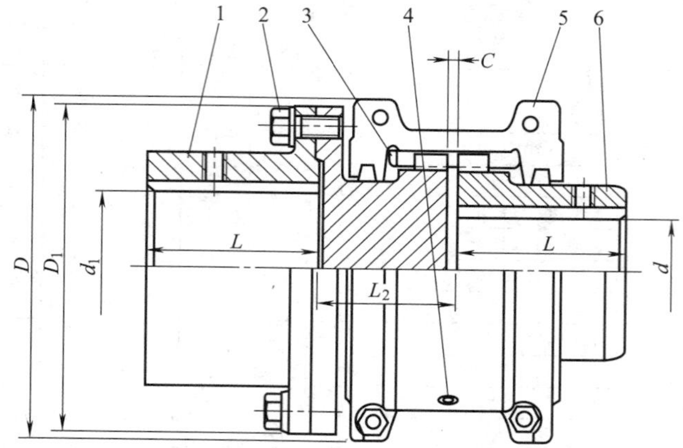

图(a)　JSD1型～JSD13型

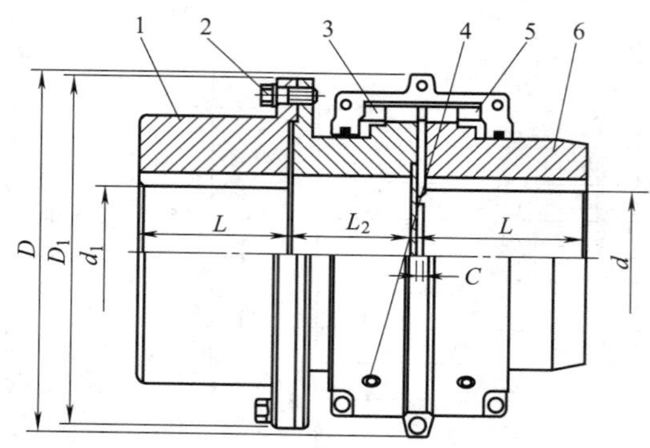

图(b)　JSD14型～JSD19型

1—连接凸缘；2—螺栓；3—蛇形弹簧；4—润滑孔；5—罩壳；6—半联轴器

<table>
<tr><th rowspan="2">型号</th><th rowspan="2">公称转矩 T_n /N·m</th><th rowspan="2">许用转速 [n]/r·min⁻¹</th><th colspan="2">轴孔直径</th><th colspan="2">轴孔长度</th><th colspan="2">两轴端距离 L_2</th><th rowspan="2">D</th><th rowspan="2">D_1</th><th rowspan="2">间隙 C</th><th rowspan="2">质量 m/kg</th><th rowspan="2">润滑油/kg</th></tr>
<tr><th>连接凸缘 d_1</th><th>半联轴器 d</th><th>法兰 L</th><th>半联轴器 L</th><th>最小</th><th>最大</th></tr>
<tr><td rowspan="4">JSD1</td><td rowspan="4">45</td><td rowspan="17">3600</td><td colspan="2">18,19</td><td rowspan="4">35</td><td rowspan="8">47</td><td rowspan="11">45</td><td rowspan="4">102</td><td rowspan="4">97</td><td rowspan="4">86</td><td rowspan="17">3</td><td rowspan="4">2.90</td><td rowspan="4">0.027</td></tr>
<tr><td colspan="2">20,22,24</td></tr>
<tr><td colspan="2">25,28</td></tr>
<tr><td>30,32,35</td><td>—</td></tr>
<tr><td rowspan="4">JSD2</td><td rowspan="4">140</td><td colspan="2">22,24</td><td rowspan="4">41</td><td rowspan="10">109</td><td rowspan="4">106</td><td rowspan="4">94</td><td rowspan="4">3.90</td><td rowspan="4">0.041</td></tr>
<tr><td colspan="2">25,28</td></tr>
<tr><td>30,32,35,38</td><td>30,32,35</td></tr>
<tr><td>40,42</td><td>—</td></tr>
<tr><td rowspan="3">JSD3</td><td rowspan="3">224</td><td colspan="2">25,28</td><td rowspan="3">54</td><td rowspan="3">50</td><td rowspan="3">114</td><td rowspan="3">113</td><td rowspan="3">5.90</td><td rowspan="3">0.054</td></tr>
<tr><td colspan="2">30,32,35,38</td></tr>
<tr><td>40,42,45,48,50,55,56</td><td>40,42</td></tr>
<tr><td rowspan="3">JSD4</td><td rowspan="3">400</td><td colspan="2">32,35,38</td><td rowspan="3">60</td><td rowspan="3">60</td><td rowspan="3">56</td><td rowspan="3">135</td><td rowspan="3">125</td><td rowspan="3">8.98</td><td rowspan="3">0.068</td></tr>
<tr><td>40,42,45,48,50,55</td><td>40,42,45,48,50</td></tr>
<tr><td>60,63,65</td><td>—</td></tr>
<tr><td rowspan="3">JSD5</td><td rowspan="3">630</td><td colspan="2">40,42,45,48,50,55,56</td><td rowspan="3">73</td><td rowspan="3">63</td><td rowspan="3">64</td><td rowspan="3">166</td><td rowspan="3">148</td><td rowspan="3">144</td><td rowspan="3">13.50</td><td rowspan="3">0.086</td></tr>
<tr><td>60,63,65,70,71,75</td><td>—</td></tr>
<tr><td>80</td><td>—</td></tr>
</table>

续表

型号	公称转矩 T_n /N·m	许用转速 $[n]$/r·min^{-1}	轴孔直径		轴孔长度		两轴端距离 L_2		D	D_1	间隙 C	质量 m/kg	润滑油/kg
			连接凸缘 d_1	半联轴器 d	法兰 L	半联轴器 L	最小	最大					
JSD6	900	3600	48,50,55,56		79	76	64	166	159	152	3	17.50	0.113
			60,63,65,70,71,75	60,63,65									
			80,85	—									
JSD7	1800		55,56		89	89	93	204	190	178		28.60	0.172
			60,63,65,70,71,75										
			80,85,90,95	80									
JSD8	3150		65,70,71,75		102	99			211	210		42.90	0.254
			80,85,90,95										
			100,110	—									
JSD9	5600	2440	80,85,90,95		90	120	103	205	251	251	5	70.80	0.426
			100,110,120,125	100,110									
			130	—									
JSD10	8000	2250	90,95		104	127	106		270	276		196.70	0.508
			100,110,120,125	100,110,120									
			130,140,150	—									
JSD11	12500	2025	95		119	149	125		308	319	6	139.00	0.735
			100,110,120,125										
			130,140,150	130,140									
			160,170	—									
JSD12	18000	1800	110,120,125		135	162	130		346	346		190.00	0.907
			130,140,150										
			160,170,180										
			190										
JSD13	25000	1650	120,125		152	184	135		384	359	10	259.00	1.130
			130,140,150										
			160,170,180										
			190,200										
JSD14	35500	1500	100,110,120,125		173	183	175	185	453	426		342.77	1.950
			130,140,150										
			160,170,180										
			190,200,220	190,200									
			240,250	—									
JSD15	50000	1350	110,120,125	120,125	186	198	180	205	501	457		434.48	2.810
			130,140,150										
			160,170,180										
			190,200,220										
			240,250,260	—									
			280	—									
JSD16	63000	1220	125	—	220	216	194	224	566	527		641.96	3.490
			130,140,150										
			160,170,180										
			190,200,220										
			240,250,260	240,250									
			280,300,320	—									
JSD17	90000	1100	100,110,120,125	—	249	239	202	247	630	590		859.88	3.770
			130,140,150										
			160,170,180										

续表

<table>
<tr><th rowspan="2">型号</th><th rowspan="2">公称转矩 T_n/N·m</th><th rowspan="2">许用转速 $[n]$/r·min^{-1}</th><th colspan="2">轴孔直径</th><th colspan="2">轴孔长度</th><th colspan="2">两轴端距离 L_2</th><th rowspan="2">D</th><th rowspan="2">D_1</th><th rowspan="2">间隙 C</th><th rowspan="2">质量 m/kg</th><th rowspan="2">润滑油/kg</th></tr>
<tr><th>连接凸缘 d_1</th><th>半联轴器 d</th><th>法兰 L</th><th>半联轴器 L</th><th>最小</th><th>最大</th></tr>
<tr><td rowspan="3">JSD17</td><td rowspan="3">90000</td><td rowspan="3">1100</td><td colspan="2">190,200,220</td><td rowspan="3">249</td><td rowspan="3">239</td><td rowspan="3">202</td><td rowspan="3">247</td><td rowspan="3">630</td><td rowspan="3">590</td><td rowspan="17">10</td><td rowspan="3">859.88</td><td rowspan="3">3.770</td></tr>
<tr><td colspan="2">240,250,260</td></tr>
<tr><td>280,300,320</td><td>280</td></tr>
<tr><td rowspan="7">JSD18</td><td rowspan="7">125000</td><td rowspan="7">1050</td><td>110,120,125</td><td>—</td><td rowspan="7">276</td><td rowspan="7">259</td><td rowspan="7">207</td><td rowspan="7">267</td><td rowspan="7">676</td><td rowspan="7">660</td><td rowspan="7">1127.74</td><td rowspan="7">4.400</td></tr>
<tr><td>130,140,150</td><td>150</td></tr>
<tr><td colspan="2">160,170,180</td></tr>
<tr><td colspan="2">190,200,220</td></tr>
<tr><td colspan="2">240,250,260</td></tr>
<tr><td>280,300,320</td><td>280,300</td></tr>
<tr><td>340,360</td><td>—</td></tr>
<tr><td rowspan="7">JSD19</td><td rowspan="7">160000</td><td rowspan="7">900</td><td>110,120,125</td><td>—</td><td rowspan="7">305</td><td rowspan="7">279</td><td rowspan="7">224</td><td rowspan="7">289</td><td rowspan="7">757</td><td rowspan="7">711</td><td rowspan="7">1240.00</td><td rowspan="7">5.630</td></tr>
<tr><td>130,140,150</td><td>—</td></tr>
<tr><td>160,170,180</td><td>170,180</td></tr>
<tr><td colspan="2">190,200,220</td></tr>
<tr><td colspan="2">240,250,260</td></tr>
<tr><td colspan="2">280,300,320</td></tr>
<tr><td>340,360,380</td><td>—</td></tr>
</table>

注：1. 若按 GB/T 3852 轴孔型式，与制造厂协商。
2. 质量是按无孔计算。

表 6-3-70　JSJ 型接中间轴型蛇形弹簧联轴器性能和主要参数尺寸　mm

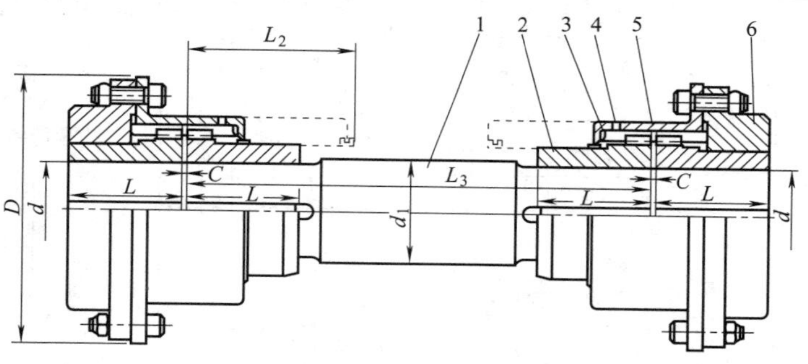

1—中间轴；2—半联轴器；3—蛇形弹簧；4—润滑孔；5—罩壳；6—连接凸缘

<table>
<tr><th>型号</th><th>公称转矩 T_n/N·m</th><th>轴孔直径 d</th><th>中间轴 d_1</th><th>轴孔长度 L</th><th>中间轴 L_{3min}</th><th>D</th><th>L_2</th><th>间隙 C</th><th>质量 m/kg</th><th>润滑油(每端)/kg</th></tr>
<tr><td rowspan="3">JSJ1</td><td rowspan="3">140</td><td>22,24</td><td rowspan="3">28</td><td rowspan="3">48</td><td rowspan="3">162</td><td rowspan="3">116</td><td rowspan="3">78</td><td rowspan="12">3</td><td rowspan="3">3.90</td><td rowspan="3">0.041</td></tr>
<tr><td>25,28</td></tr>
<tr><td>30,32,35</td></tr>
<tr><td rowspan="2">JSJ2</td><td rowspan="2">400</td><td>32,35,38</td><td rowspan="2">35</td><td rowspan="2">60</td><td rowspan="2">195</td><td rowspan="2">158</td><td rowspan="2">94</td><td rowspan="2">8.85</td><td rowspan="2">0.068</td></tr>
<tr><td>40,42,45,48,50</td></tr>
<tr><td rowspan="2">JSJ3</td><td rowspan="2">900</td><td>48,50,55,56</td><td rowspan="2">50</td><td rowspan="2">76</td><td rowspan="2">213</td><td rowspan="2">183</td><td rowspan="2">103</td><td rowspan="2">15.62</td><td rowspan="2">0.113</td></tr>
<tr><td>60,63,65</td></tr>
<tr><td rowspan="3">JSJ4</td><td rowspan="3">1800</td><td>55,56</td><td rowspan="3">63</td><td rowspan="3">89</td><td rowspan="3">275</td><td rowspan="3">218</td><td rowspan="3">134</td><td rowspan="3">26.42</td><td rowspan="3">0.172</td></tr>
<tr><td>60,63,65,70,71,75</td></tr>
<tr><td>80</td></tr>
<tr><td rowspan="2">JSJ5</td><td rowspan="2">3150</td><td>65,70,71,75</td><td rowspan="2">75</td><td rowspan="2">98</td><td rowspan="2">294</td><td rowspan="2">245</td><td rowspan="2">144</td><td rowspan="2">37.23</td><td rowspan="2">0.254</td></tr>
<tr><td>80,85</td></tr>
</table>

续表

型号	公称转矩 T_n/N·m	轴孔直径 d	中间轴 d_1	轴孔长度 L	中间轴 L_{3min}	D	L_2	间隙 C	质量 m/kg	润滑油（每端）/kg
JSJ6	5600	75	90	120	372	286	182	5	63.11	0.427
		80,85,90,95								
		100,110								
JSJ7	8000	80,85,90,95	100	127	391	324	191		83.54	0.508
		100,110,120								
JSJ8	12500	90,95	120	150	453	327	—	6	98.06	0.735
		100,110,120,125								
		130,140								
JSJ9	18000	110,120,125	130	162	463	365	—		140.29	0.908
		130,140,150								
		160,170								
JSJ10	25000	120,125	140	184	482	419	235		209.75	1.135
		130,140,150								
		160,170,180								
		190,200								
JSJ11	35500	140,150	160	183	549	478	268		276.94	1.952
		160,170,180								
		190,200								
JSJ12	50000	160,170,180	200	198	587	548	287		381.36	2.815
		190,200,220								
		240								
JSJ13	63000	180		216	622	604	305		519.38	3.496
		190,200,220								
		240,250								
JSJ14	90000	200,220	220	239	673	665	330		718.68	3.768
		240,250,260								
		280								
JSJ15	125000	240,250,260	250	259	711	708	350		898.47	4.400
		280,300,320								
JSJ16	160000	280,300,320	280	289	744	782	366		1206.28	5.630
		340,360								

注：1. 若按 GB/T 3852 轴孔型式，与制造厂协商。
2. 质量是按无孔计算。

表 6-3-71 JSG 型高速型蛇形弹簧联轴器性能和主要参数尺寸 mm

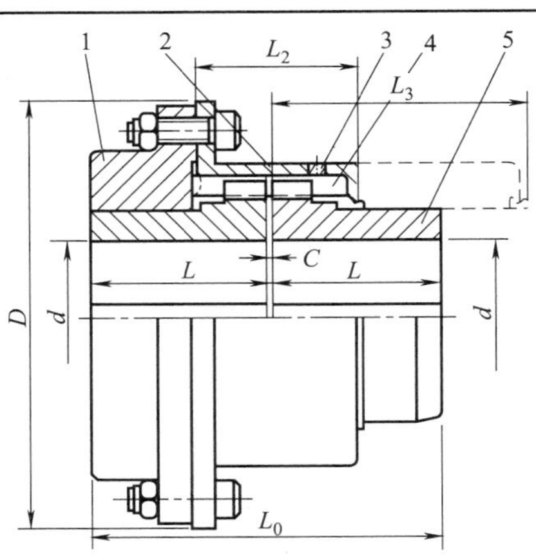

1,5—半联轴器；2—罩壳；
3—润滑孔；4—蛇形弹簧

续表

型号	公称转矩 T_n/N·m	许用转速 [n]/r·min^{-1}	轴孔直径 d	轴孔长度 L	总长 L_0	D	L_2	L_3	间隙 C	质量 m/kg	润滑油/kg
JSG1	140	10000	12,14 16,18,19 20,22,24 25,28 30,32,35	47	97	115	78	50	3	3.90	0.041
JSG2	400	9000	16,18,19 20,22,24 25,28 30,32,35,38 40,42,45,48,50	60	123	157	94	59	3	8.85	0.068
JSG3	900	8200	19 20,22,24 25,28 30,32,35,38 40,42,45,48,50,55,56 60,63,65	76	155	182	103	86	3	15.62	0.114
JSG4	1800	7100	28 30,32,35,38 40,42,45,48,50,55,56 60,63,65,70,71,75 80	88	179	218	134	86	3	26.42	0.173
JSG5	3150	6000	28 30,32,35,38 40,42,45,48,50,55,56 60,63,65,70,71,75 80,85,90,95	98	199	244	144	92	3	37.23	0.254
JSG6	5600	4900	42,45,48,50,55,56 60,63,65,70,71,75 80,85,90,95 100,110	120	245	286	181	117	5	63.11	0.427
JSG7	8000	4500	42,45,48,50,55,56 60,63,65,70,71,75 80,85,90,95 100,110,120	127	259	324	190	122	5	83.54	0.509
JSG8	12500	4000	60,63,65,70,71,75 80,85,90,95 100,110,120,125 130,140	149	304	327	220	146	6	98.06	0.735
JSG9	18000	3600	65,70,71,75 80,85,90,95 100,110,120,125 130,140,150 160,170	162	330	365	225	150	6	140.29	0.908
JSG10	25000	3300	65,70,71,75 80,85,90,95 100,110,120,125 130,140,150 160,170,180 190,200	184	374	419	345	156	6	209.75	1.135

注：1. 若按 GB/T 3852 轴孔型式，与制造厂协商。
2. 质量是按无孔计算。

表 6-3-72 JSZ型带制动轮型蛇形弹簧联轴器性能和主要参数尺寸 mm

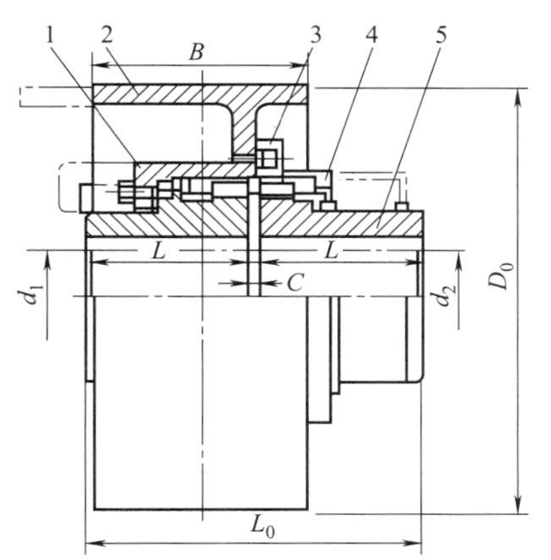

1,5—半联轴器;2—制动轮;3—罩壳;4—蛇形弹簧

<table>
<tr><th rowspan="2">型号</th><th rowspan="2">公称转矩 T_n /N·m</th><th rowspan="2">许用转速[n] /r·min^{-1}</th><th colspan="2">制动轮</th><th colspan="2">轴孔直径</th><th rowspan="2">轴孔长度 L</th><th rowspan="2">总长 L_0</th><th rowspan="2">间隙 C</th><th rowspan="2">质量 m/kg</th><th rowspan="2">润滑油 /kg</th></tr>
<tr><th>直径 D_0</th><th>宽度 B</th><th>d_1</th><th>d_2</th></tr>
<tr><td rowspan="6">JSZ1</td><td rowspan="6">125</td><td rowspan="6">3820</td><td rowspan="6">160</td><td rowspan="6">65</td><td>—</td><td>12,14</td><td rowspan="6">54</td><td rowspan="6">111</td><td rowspan="16">3</td><td rowspan="6">10.44</td><td rowspan="6">0.085</td></tr>
<tr><td>—</td><td>16,18,19</td></tr>
<tr><td colspan="2">20,22,24</td></tr>
<tr><td colspan="2">25,28</td></tr>
<tr><td colspan="2">30,32,35,38</td></tr>
<tr><td colspan="2">40,42,45,48,50</td></tr>
<tr><td rowspan="6">JSZ2</td><td rowspan="6">250</td><td rowspan="6">2870</td><td rowspan="6">200</td><td rowspan="6">70</td><td>—</td><td>16,18,19</td><td rowspan="6">76</td><td rowspan="6">155</td><td rowspan="6">23.61</td><td rowspan="6">0.142</td></tr>
<tr><td colspan="2">20,22,24</td></tr>
<tr><td colspan="2">25,28</td></tr>
<tr><td colspan="2">30,32,35,38</td></tr>
<tr><td colspan="2">40,42,45,48,50,55,56</td></tr>
<tr><td>—</td><td>60,63,65</td></tr>
<tr><td rowspan="4">JSZ3</td><td rowspan="4">355</td><td rowspan="4">2300</td><td rowspan="4">250</td><td rowspan="4">90</td><td>25,28</td><td>—</td><td rowspan="4">82</td><td rowspan="4">167</td><td rowspan="4">28.60</td><td rowspan="4">0.170</td></tr>
<tr><td colspan="2">30,32,35,38</td></tr>
<tr><td colspan="2">40,42,45,48,50,55,56</td></tr>
<tr><td>60,63</td><td>60,63,65,70,71</td></tr>
<tr><td rowspan="5">JSZ4</td><td rowspan="5">1000</td><td rowspan="5">1730</td><td rowspan="5">315</td><td rowspan="5">110</td><td>25,28</td><td>—</td><td rowspan="5">95</td><td rowspan="5">195</td><td rowspan="15">5</td><td rowspan="5">59.93</td><td rowspan="5">0.284</td></tr>
<tr><td colspan="2">30,32,35,38</td></tr>
<tr><td colspan="2">40,42,45,48,50,55,56</td></tr>
<tr><td colspan="2">60,63,65,70,71,75</td></tr>
<tr><td>80,85</td><td>80,85,90,95</td></tr>
<tr><td rowspan="6">JSZ5</td><td rowspan="6">1400</td><td rowspan="6">1350</td><td rowspan="6">400</td><td rowspan="6">140</td><td>25,28</td><td>—</td><td rowspan="6">98</td><td rowspan="6">201</td><td rowspan="6">85.81</td><td rowspan="6">0.340</td></tr>
<tr><td>30,32,35,38</td><td>—</td></tr>
<tr><td>40,42,45,48,50,55,56</td><td>50,55,56</td></tr>
<tr><td colspan="2">60,63,65,70,71,75</td></tr>
<tr><td colspan="2">80,85,90,95</td></tr>
<tr><td colspan="2">100</td></tr>
<tr><td rowspan="4">JSZ6</td><td rowspan="4">2800</td><td rowspan="4">1145</td><td rowspan="4">500</td><td rowspan="4">180</td><td>40,42,45,48,50,55,56</td><td>—</td><td rowspan="4">124</td><td rowspan="4">253</td><td rowspan="4">144.37</td><td rowspan="4">0.681</td></tr>
<tr><td colspan="2">60,63,65,70,71,75</td></tr>
<tr><td colspan="2">80,85,90,95</td></tr>
<tr><td>100,110,120</td><td>100,110,120,125</td></tr>
</table>

续表

型号	公称转矩 T_n /N·m	许用转速[n] /r·min^{-1}	制动轮 直径 D_0	制动轮 宽度 B	轴孔直径 d_1	轴孔直径 d_2	轴孔长度 L	总长 L_0	间隙 C	质量 m/kg	润滑油 /kg
JSZ7	5600	915	630	225	60,63,65,70,71,75	75	130	266	6	255.60	1.249
					80,85,90,95						
					100,110,120,125						
					130,140						
					150,160	150					
JSZ8	9000	820	710	255	75	—	190	386		485.33	3.632
					80,85,90,95	—					
					100,110,120,125						
					130,140,150						
					160,170,180						
					190	190,200					

注：1. 若按 GB/T 3852 轴孔型式，与制造厂协商。
2. 质量是按无孔计算。

表 6-3-73 JSP 型带制动盘型蛇形弹簧联轴器性能和主要参数尺寸 mm

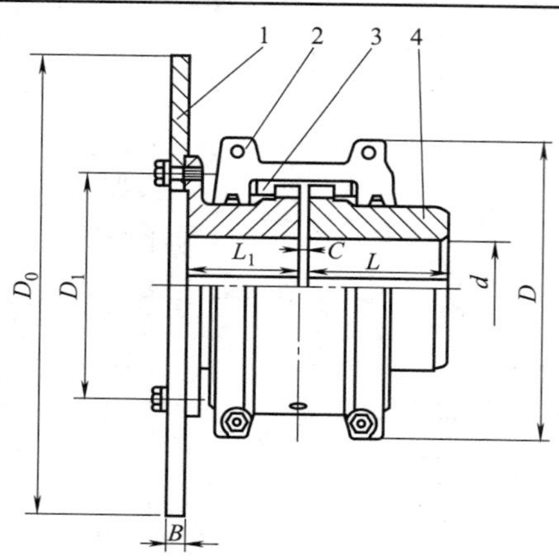

1—制动盘；2—罩壳；
3—蛇形弹簧；4—半联轴器

型号	公称转矩 T_n /N·m	许用转速 [n] /r·min^{-1}	制动轮 直径 D_0	制动轮 宽度 B	轴孔直径 d	轴孔长度 L	轴孔长度 L_1	D	D_1	间隙 C	质量 m /kg	润滑油 /kg
JSP1	200	3800	315	30	20,22,24	63	88	150	125	3	9.58	0.086
					25,28							
					30,32,35,38							
					40,42,45,48,50							
JSP2	315	3200			25,28	76		162	133		12.35	0.114
					30,32,35,38							
					40,42,45,48,50,55,56							
					60,63							
JSP3	630	2800			30,32,35,38	88		193	152		19.79	0.173
					40,42,45,48,50,55,56, 60,63,65,70,71,75							
JSP4	1000	2700	400		35,38	98		212	179		28.42	0.254
					40,42,45,48,50,55,56							
					60,63,65,70,71,75							
					80,85							

续表

型号	公称转矩 T_n /N·m	许用转速 $[n]$ /r·min^{-1}	制动轮		轴孔直径 d	轴孔长度		D	D_1	间隙 C	质量 m /kg	润滑油 /kg
			直径 D_0	宽度 B		L	L_1					
JSP5	1800	2400	400	30	40,42,45,48,50,55,56 60,63,65,70,71,75 80,85,90,95 100	120	119	250	216	5	47.76	0.427
JSP6	2800	2200	450	30	50,55,56 60,63,65,70,71,75 80,85,90,95 100,110	127	146	270	241	5	64.92	0.509
JSP7	4500	2000	500	30	60,63,65,70,71,75 80,85,90,95 100,110,120,125	150	149	308	276	6	91.36	0.729
JSP8	6300	1800	560	30	70,71,75 80,85,90,95 100,110,120,125 130,140,150	162	152	346	295	6	131.66	0.908
JSP9	9000	1600	630	30	80,85,90,95 100,110,120,125 130,140,150 160,170,180	184	158	384	330	6	184.80	1.135
JSP10	12500	1500	800	30	90,95 100,110,120,125 130,140,150 160,170,180 190,200	182	183	453	368	6	253.33	1.907
JSP11	16000	1300	900	30	100,110,120,125 130,140,150 160,170,180 190,200,220	198	198	500	400	6	336.41	2.815

注：1. 若按 GB/T 3852 轴孔型式，与制造厂协商。
2. 质量是按无孔计算。

表 6-3-74　JSA 型安全型蛇形弹簧联轴器性能和主要参数尺寸　mm

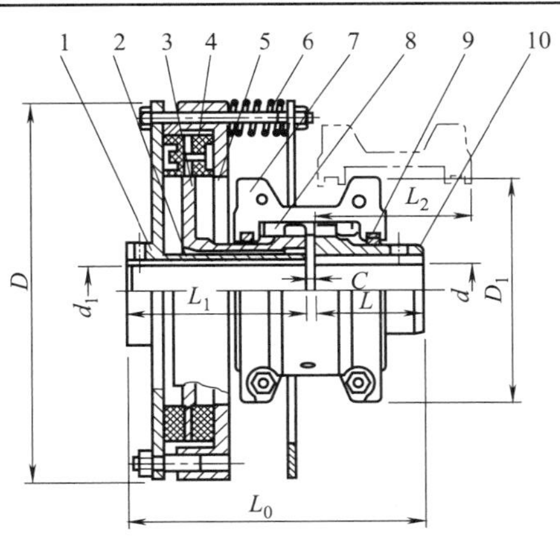

1—摩擦盘轴套；2—内轴套；3—夹盘轴套；4—摩擦片；5—摩擦盘；6—压力调整装置；7—罩壳；8—蛇形弹簧；9—密封圈；10—半联轴器

续表

型号	公称转矩调整范围 T_n/N·m	许用转速 [n] /r·min^{-1}	轴孔直径		轴孔长度		总长 L_0	最大外径 D	D_1	L_2	间隙 C	质量 m /kg	润滑油 /kg
			轴套 d_{1max}	半联轴器 d	轴套 L_1	半联轴器 L							
JSA1	4～35.5	3600	25	20,22,24	79	48	130	178	102	48	3	6.17	0.027
				25,28									
JSA2	12.5～100		30	25,28				202	111	50		8.17	0.040
				30,32,35									
JSA3	20～160		35	25,28		51	133	232	117	63		11.53	0.054
				30,32,35,38									
				40									
JSA4	31.5～250		42	30,32,35,38	87	60	150	270	138			16.44	0.068
				40,42,45,48									
JSA5	56～450		45	35,38	97	63	163	301	151	76		21.97	0.086
				40,42,45,48,50									
JSA6	80～630		56	40,42,45,48,50,55,56	104	76	183	324	162	83		28.24	0.114
				60,63									
JSA7	140～1250	2800	65	45,48,50,55,56	114	89	206	362	194	92		41.04	0.172
				60,63,65,70,71,75									
JSA8	250～2000	2500	75	50,55,56	129	99	231	414	213	109		62.65	0.254
				60,63,65,70,71,75									
				80,85									
JSA9	450～3550	2100	90	70,71,75	144	121	270	491	251	147	5	100.79	0.426
				80,85,90,95									
				100,110									
JSA10	630～5600	1850	100	80,85,90,95	156	127	288	543	270	152		128.03	0.499
				100,110									
JSA11	1000～8000	1750	110	90,95	185	149	340	590	308	178	6	182.96	0.726
				100,110,120,125									
JSA12	1400～11200	1450	130	100,110,120,125	193	162	361	684	346	185		260.14	0.908
				130,140,150									
JSA13	2000～16000	1300	160	120,125	199	184	389	767	384	213		375.91	1.135
				130,140,150									
				160,170,180									
JSA14	2800～22400	1100	170	130,140,150	245	183	434	864	453	254		502.12	1.907
				160,170,180									
				190,200									
JSA15	4000～31500	950	200	160,170,180	250	198	454	989	501	254		652.40	2.815
				190,200,220									
JSA16	5600～45000	870	240	180	268	216	490	1066	566	267		869.86	3.495
				190,200,220									
				240,250									
JSA17	7100～63000	760	280	200,220	292	239	537	1161	630	267		1162.24	3.768
				240,250,260									
				280									
JSA18	10000～80000	720	300	240,250,260	297	259	562	1264	673	279		1426.92	4.404
				280,300									
JSA19	14000～100000	670	320	250,260	315	279	600	1377	757	279		1806.92	5.629
				280,300,320									

注：1. 若按 GB/T 3852 轴孔型式，与制造厂协商。

2. 质量是按无孔计算。

表 6-3-75　蛇形弹簧的结构型式和主要尺寸　　mm

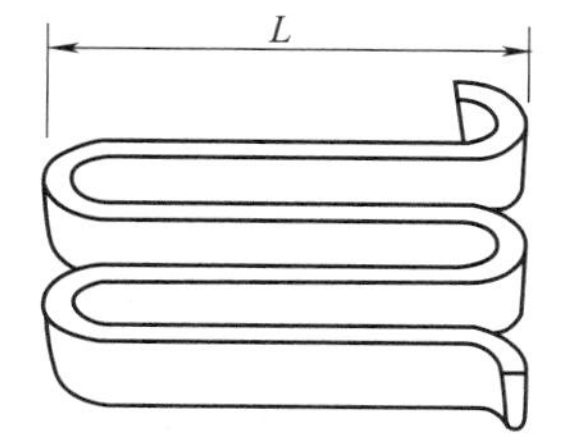

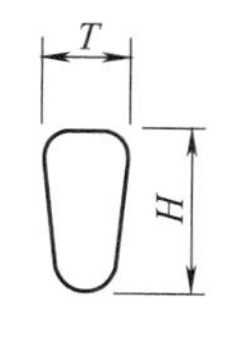

型　号	T	H	L	型　号	T	H	L
JS1	2	5	43	JS14	7	25	168
JS2			45	JS15			178
JS3			46	JS16			188
JS4	3	8	56	JS17	8	32	200
JS5			57	JS18			208
JS6			60	JS19			218
JS7	4	13	81	JS20	12	38	279
JS8			87	JS21			318
JS9	5	16	111	JS22	14	45	368
JS10			118	JS23			419
JS11	6	19	137	JS24	16	51	470
JS12			140	JS25			533
JS13			146				

表 6-3-76　JS 型、JSB 型、JSS 型、JSD 型、JSJ 型、JSG 型蛇形弹簧联轴器许用补偿量　　mm

公称转矩 T_n/N·m	最大允许安装误差				最大运转补偿量			轴向 Δx	
	径向 Δy			角向 $\Delta\alpha$ $\Delta\alpha=0.25°$ 时 $A-A_1$	径向 Δy		角向 $\Delta\alpha$ $\Delta\alpha=0.5°$ 时 $A-A_1$		
	型式				型式				
	JS 型、JSB 型 JSS 型、JSD 型	JSJ 型	JSG 型		JS 型、JSB 型 JSS 型、JSD 型	JSG 型		JS 型、JSB 型 JSD 型、JSJ 型 JSG 型	JSS 型
45	0.15	—	—	0.076	0.31	—	0.25	±0.3	±0.5
140		0.05	0.076			0.15	0.31		
224		—	—			—	0.33		
400	0.2	0.05	0.1	0.1	0.41	0.2	0.4		
630		—	—	0.127		—	0.45		
900		0.05	0.1			0.2	0.5		
1800				0.15			0.6		
3150		0.076		0.18			0.7		
5600	0.25		0.127	0.2	0.51	0.28	0.84	±0.5	±0.6
8000				0.23			0.9		
12500	0.28		0.15	0.25	0.56	0.3	1	±0.6	±1
18000		0.1		0.3			1.2		
25000				0.33			1.35		
35500	0.3	0.127		0.4	0.61	0.38	1.57		
50000				0.45			1.78		
63000				0.5			2		
90000	0.38		0.2	0.56	0.76	—	2.26		
125000		0.15		0.6			2.46		
160000				0.68			2.72		

续表

公称转矩 T_n/N·m	最大允许安装误差				最大运转补偿量			轴向 Δx	
	径向 Δy 型式			角向 $\Delta\alpha$ $\Delta\alpha=0.25°$ 时 $A-A_1$	径向 Δy 型式		角向 $\Delta\alpha$ $\Delta\alpha=0.5°$ 时 $A-A_1$		
	JS 型、JSB 型 JSS 型、JSD 型	JSJ 型	JSG 型		JS 型、JSB 型 JSS 型、JSD 型	JSG 型		JS 型、JSB 型 JSD 型、JSJ 型 JSG 型	JSS 型
224000	0.46	—	—	0.74	0.92	—	2.99	±1.3	—
315000				0.8			3.28		
400000	0.48			0.89	0.97		3.6		
500000				0.96			3.9		
630000	0.5			1.07	1.02		4.29		
800000				1.77			4.65		

注：1. 最大运转补偿量是指工作状态下允许的由于安装误差、振动、冲击、温度变化等综合因素所形成的两轴间相对的偏移量

2. 角向 $\Delta\alpha=x°$时 $A—A_1$、径向 Δy 和轴向 Δx 的含义见下图

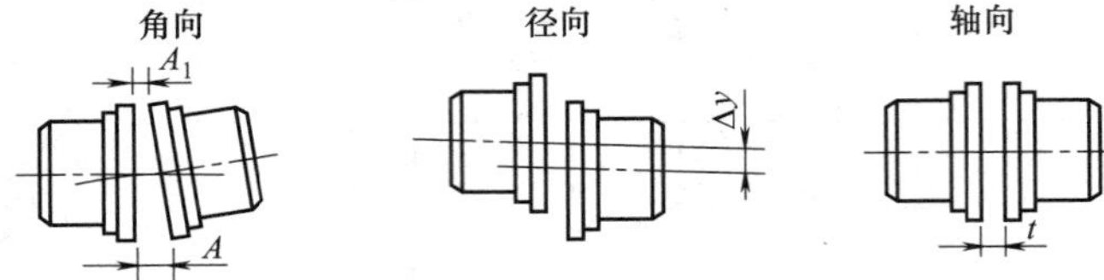

表 6-3-77　　蛇形弹簧联轴器主要零件材料

序号	零件名称	材　　料	备　　注
1	半联轴器	45、ZG310-570	JB/T 6397、GB/T 11352
2	连接法兰	45、ZG310-570	JB/T 6397、GB/T 11352
3	中间轴	40Cr	JB/T 6397
4	制动轮	ZG310-570	GB/T 11352
5	罩壳	铸铝、15Mn	GB/T 1173、GB/T 1591
6	蛇形弹簧	60Si2Mn、50CrVA	GB/T 1222
7	螺栓	力学性能 8.8 级	GB/T 3098.1
8	螺母	力学性能 8 级	GB/T 3098.2
9	内轴套	ZCuSn5Pb5Zn5	GB/T 1176

两半联轴器凸缘齿面与弹簧接触面表面粗糙度 Ra 值为 6.3μm。半联轴器轴孔公差 H7，轴孔表面粗糙度 Ra 值为 1.6μm。弹簧材料热处理硬度 43～47HRC，弹簧表面不允许有裂纹、结疤、压痕和划伤等缺陷。半联轴器、罩壳、连接凸缘、中间轴、制动轮等不允许有裂纹、缩孔、气泡、夹渣及其他影响强度的缺陷，制动轮外圆表面应淬火，硬度不低于 35HRC。联轴器进行机械平衡试验时，平衡精度不低于 G16。

3.3.11　弹性阻尼簧片联轴器（GB/T 12922—2008）

弹性阻尼簧片联轴器的弹性元件是由若干组簧片组成，簧片组沿径向呈辐射状分布，每组簧片的一端为固定端，与支承块构成固定连接，另一端为自由端，与相连零件构成可动连接。当联轴器传递转矩时，簧片发生弯曲变形，使两半联轴器相对扭转某一角度。

弹性阻尼簧片联轴器有较好的阻尼特性，弹性好，弹性元件变形大，结构紧凑，安全可靠，但价格较高。弹性阻尼簧片联轴器适用于载荷变化较大、有扭转振动的轴系，可用以调节轴系传动系统扭转振动的自振频率，降低共振时的振幅。弹性阻尼簧片联轴器的适用环境温度为－10～70℃。传递额定转矩的范围为 1830～2350000N·m。

适用于弹性阻尼簧片联轴器的有关术语和定义见表 6-3-78。

弹性阻尼簧片联轴器由内部构件和外部构件组成，见图 6-3-6。内部构件包括花键轴、O 形橡胶密封圈、密封圈座，其余的零件组合为外部构件。

表 6-3-78　弹性阻尼簧片联轴器的有关术语和定义

序号	术　语	符号	英文术语	定　义
1	特征频率	ω_0	characteristic frequency	计算联轴器动扭转刚度和阻尼系数的一个特征值
2	静扭转刚度	C_s	static torsional stiffness	联轴器在静载荷作用下的扭转刚度
3	动扭转刚度	C_d	dynamic torsional stiffness	联轴器在动载荷作用下的扭转刚度
4	额定扭转角	φ	nominal torsional angle	联轴器在额定转矩下内外构件相对扭转角的值
5	许用阻尼转矩	$[T_d]$	permitted damping vibratory torque	联轴器长期承受阻尼振动力矩的许用值
6	许用功率损失	$[P_v]$	permitted power loss	联轴器承受功率损失的许用值
7	许用径向补偿量	$[\Delta y]$	permitted radial compensation	联轴器补偿所连两轴在运动时产生的径向相对偏移量的许用值
8	许用轴向补偿量	$[\Delta x]$	permitted axial compensation	联轴器补偿所连两轴在运动时产生的轴向相对偏移量的许用值

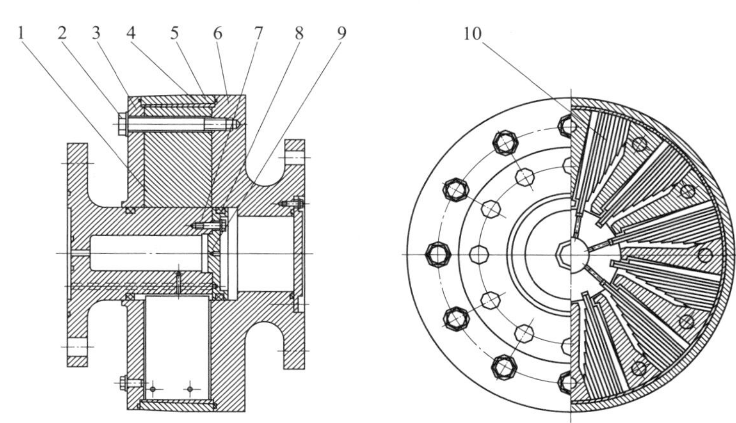

图 6-3-6　弹性阻尼簧片联轴器的基本结构

外部构件：1—中间块；2—六角头螺栓；3—侧板；4—中间圈；5—紧固圈；6—法兰；10—簧片组件

内部构件：7—花键轴；8—O 形橡胶密封圈；9—密封圈座

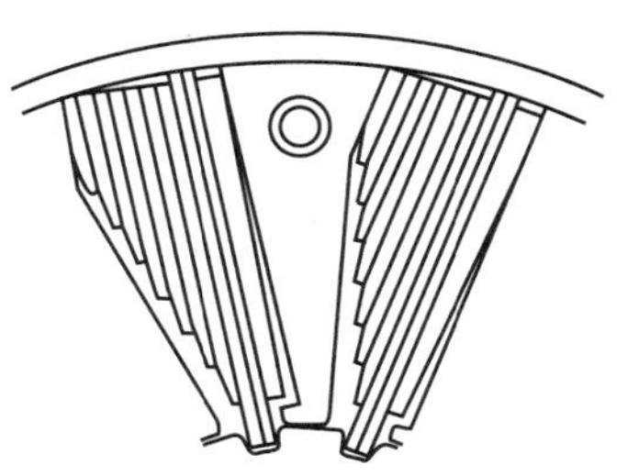

(a) 不可逆转的N型联轴器

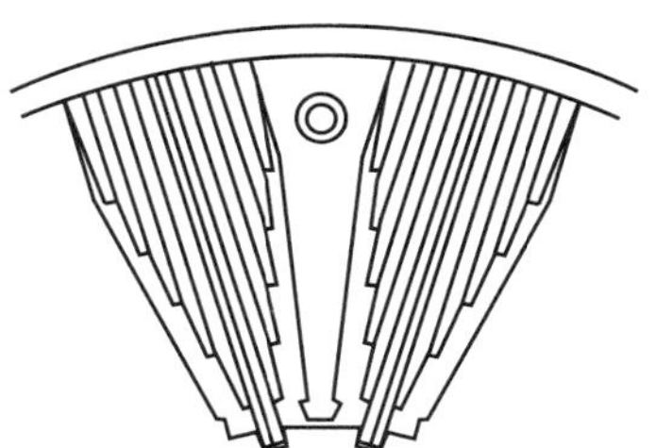

(b) 可逆转的U型联轴器

图 6-3-7　按簧片组结构型式分类

弹性阻尼簧片联轴器按其簧片组的结构分为不可逆转的 N 型和可逆转的 U 型两种型式，见图 6-3-7。按额定转矩作用下内外构件之间的相对扭转角的大小，弹性阻尼簧片联轴器分为 55、85、140 和 55U、85U、140U 等系列。按连接法兰的结构型式，弹性阻尼簧片联轴器分为 B、BC、BE 等连接型式。

弹性阻尼簧片联轴器的标记由法兰连接型式、紧固圈外径、簧片组宽度、系列、结构型式组成，其表示形式如下：

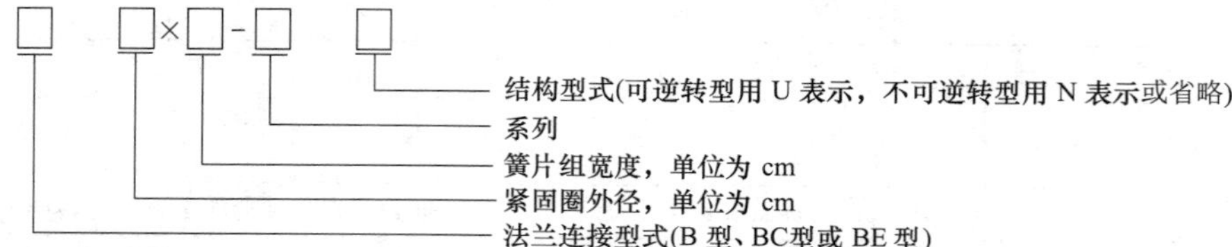

标记示例：紧固圈外径 90cm、簧片组宽度 20cm、140 系列、BC 连接形式的可逆转联轴器标记为

联轴器 GB/T 12922—2008 BC90×20-140U

紧固圈外径 90cm、簧片组宽度 20cm、140 系列、BC 连接形式的不可逆转联轴器标记为

联轴器 GB/T 12922—2008 BC90×20-140

各系列弹性阻尼簧片联轴器的基本参数分别见表 6-3-79～表 6-3-84。其连接型式见表 6-3-85～表6-3-87。

表 6-3-79 55 系列弹性阻尼簧片联轴器基本参数

规格系列	额定转矩 T_n/kN·m	静扭转刚度 C_s/MN·m·rad^{-1}	特征频率 ω_0 /rad·s^{-1}	许用阻尼转矩[T_d] /N·m·kPa^{-1}	许用功率损失[P_v] /kW	许用径向补偿量[Δy] /mm	许用轴向补偿量[Δx] /mm
41×2.5-55	4.29	0.079	160	1.72	1.1	0.24	1.5
41×5-55	8.58	0.158	350	3.44	1.2	0.31	
41×7.5-55	12.90	0.237	500	5.16	1.3	0.35	
41×10-55	17.20	0.315	690	6.88	1.4	0.39	
48×7.5-55	17.90	0.323	460	7.08	1.7	0.39	2.0
48×10-55	23.90	0.430	610	9.45	1.9	0.43	
48×12.5-55	29.90	0.538	800	11.80	2.0	0.47	
56×10-55	32.10	0.588	530	12.80	2.5	0.48	2.5
56×12.5-55	40.20	0.735	630	15.90	2.6	0.51	
56×15-55	48.20	0.883	800	19.10	2.8	0.55	
63×12.5-55	52.10	0.980	630	20.10	3.2	0.56	
63×15-55	62.50	1.180	770	24.10	3.4	0.60	
63×17.5-55	73.00	1.370	890	28.10	3.6	0.63	
72×15-55	80.10	1.480	650	31.10	4.2	0.65	3
72×17.5-55	93.40	1.730	750	36.30	4.4	0.68	
72×20-55	107.00	1.980	850	41.50	4.7	0.71	
80×17.5-55	110.00	2.040	580	45.30	5.3	0.72	
80×20-55	126.00	2.330	660	51.80	5.5	0.75	
80×22.5-55	141.00	2.620	740	58.30	5.8	0.78	
90×20-55	166.00	3.070	650	65.50	6.8	0.82	3.5
90×22.5-55	186.00	3.450	750	73.70	7	0.86	
90×25-55	207.00	3.840	830	81.90	7.3	0.89	
100×22.5-55	233.00	4.330	660	91.70	8.4	0.92	
100×25-55	259.00	4.810	750	102.00	8.7	0.96	
110×25-55	315.00	5.840	660	123.00	10.0	1.00	4.0
110×30-55	379.00	7.010	880	148.00	11.0	1.10	
125×25-55	419.00	7.870	630	158.00	13.0	1.10	
125×30-55	502.00	9.440	820	190.00	13.0	1.20	
125×35-55	586.00	11.00	990	222.00	14.0	1.30	
140×30-55	619.00	11.50	730	237.00	16.0	1.30	5.0
140×35-55	722.00	13.40	730	277.00	17.0	1.30	
140×40-55	825.00	15.30	910	315.00	18.0	1.40	
160×35-55	925.00	17.00	720	364.00	21.0	1.50	
160×40-55	1060.00	19.50	720	416.00	22.0	1.50	
160×45-55	1190.00	21.90	870	468.00	23.0	1.60	

续表

规格系列	额定转矩 T_n/kN·m	静扭转刚度 C_s/MN·m·rad^{-1}	特征频率 ω_0 /rad·s^{-1}	许用阻尼转矩[T_d] /N·m·kPa^{-1}	许用功率损失[P_v] /kW	许用径向补偿量[Δy] /mm	许用轴向补偿量[Δx] /mm
180×35-55	1220.00	22.90	670	457.00	26.0	1.60	6.0
180×40-55	1400.00	26.20	800	522.00	27.0	1.70	
180×45-55	1570.00	29.50	800	587.00	28.0	1.70	
180×50-55	1750.00	32.80	950	653.00	29.0	1.80	
200×45-55	1920.00	35.60	800	726.00	33.0	1.90	
200×50-55	2130.00	39.50	800	807.00	35.0	1.90	
200×55-55	2350.00	43.50	930	887.00	36.0	2.00	

表 6-3-80　　85 系列弹性阻尼簧片联轴器基本参数

规格系列	额定转矩 T_n/kN·m	静扭转刚度 C_s/MN·m·rad^{-1}	特征频率 ω_0 /rad·s^{-1}	许用阻尼转矩[T_d] /N·m·kPa^{-1}	许用功率损失[P_v] /kW	许用径向补偿量[Δy] /mm	许用轴向补偿量[Δx] /mm
41×2.5-85	4.02	0.049	74	1.28	1.1	0.24	1.5
41×5-85	8.04	0.098	150	2.57	1.2	0.30	
41×7.5-85	12.10	0.147	210	3.85	1.3	0.34	
48×7.5-85	17.2	0.206	220	5.11	1.7	0.39	2.0
48×10-85	22.9	0.275	290	6.81	1.9	0.43	
56×10-85	28.7	0.345	210	9.04	2.5	0.46	2.5
56×12.5-85	35.9	0.431	260	11.3	2.6	0.49	
63×12.5-85	44.6	0.536	230	14.3	3.2	0.53	
63×15-85	53.6	0.643	290	17.2	3.4	0.57	
72×15-85	72.6	0.875	280	22.1	4.2	0.63	3.0
72×17.5-85	84.7	1.020	320	25.8	4.4	0.66	
80×15-85	83.4	0.998	200	27.6	5.1	0.66	
80×17.5-85	97.3	1.160	230	32.2	5.3	0.69	
80×20-85	111.0	1.330	260	36.8	5.5	0.72	
90×20-85	147.0	1.76	260	46.7	6.8	0.79	3.5
90×22.5-85	165.0	1.98	290	52.5	7	0.82	
100×20-85	184.0	2.23	240	57.8	8.1	0.85	
100×22.5-85	207.0	2.51	280	65.0	8.4	0.89	
110×20-85	221.0	2.64	220	70.2	9.5	0.91	4.0
110×25-85	276.0	3.30	210	87.7	10.0	0.98	
125×20-85	292.0	3.54	210	90.2	12.0	1.00	
125×25-85	365.0	4.42	280	113.0	13.0	1.10	
125×30-85	438.0	5.31	280	135.0	13.0	1.10	
140×25-85	461.0	5.55	270	141.0	15.0	1.20	5.0
140×30-85	553.0	6.66	270	169.0	16.0	1.20	
140×35-85	646.0	7.77	340	197.0	17.0	1.30	
160×30-85	710.0	8.53	210	222.0	20.0	1.30	
160×35-85	828.0	9.95	270	259.0	21.0	1.40	
160×40-85	946.0	11.40	330	296.0	22.0	1.50	
180×35-85	1070.0	12.80	240	325.0	26.0	1.50	6.0
180×40-85	1220.0	14.70	290	372.0	27.0	1.60	
180×45-85	1370.0	16.50	350	418.0	28.0	1.70	
200×40-85	1520.0	18.30	260	459.0	32.0	1.70	
200×45-85	1710.0	20.60	310	516.0	33.0	1.80	
200×50-85	1900.0	22.90	360	574.0	35.0	1.90	

第6篇

表 6-3-81 140 系列弹性阻尼簧片联轴器基本参数

规格系列	额定转矩 T_n/kN·m	静扭转刚度 C_s/MN·m·rad^{-1}	特征频率 ω_0 /rad·s^{-1}	许用阻尼转矩[T_d] /N·m·kPa^{-1}	许用功率损失[P_v] /kW	许用径向补偿量[Δy] /mm	许用轴向补偿量[Δx] /mm
41×2.5-140	2.35	0.017	32	1.24	1.1	0.20	1.5
41×5-140	4.70	0.034	62	2.47	1.2	0.25	
41×7.5-140	7.06	0.051	97	3.71	1.3	0.29	
41×10-140	9.41	0.069	130	4.95	1.4	0.32	
48×7.5-140	11.10	0.080	110	4.86	1.7	0.33	2.0
48×10-140	14.80	0.107	160	6.48	1.9	0.37	
48×12.5-140	18.60	0.134	200	8.10	2.0	0.4	
56×10-140	19.40	0.140	130	8.56	2.5	0.40	2.5
56×12.5-140	24.20	0.175	160	10.70	2.6	0.43	
56×15-140	29.00	0.210	190	12.80	2.8	0.46	
63×12.5-140	30.90	0.226	150	13.50	3.2	0.47	
63×15-140	37.10	0.271	180	16.20	3.4	0.50	
63×17.5-140	43.20	0.316	220	18.90	3.6	0.53	
72×15-140	47.40	0.346	150	21.00	4.2	0.54	3.0
72×17.5-140	55.30	0.403	170	24.50	4.4	0.57	
72×20-140	63.20	0.461	200	28.00	4.7	0.60	
80×17.5-140	68.20	0.500	150	30.50	5.3	0.61	
80×20-140	78.00	0.571	180	34.90	5.5	0.64	
80×22.5-140	87.70	0.642	200	39.20	5.8	0.67	
90×20-140	98.50	0.721	160	44.10	6.8	0.69	3.5
90×22.5-140	111.00	0.811	180	49.60	7.0	0.72	
90×25-140	123.00	0.901	200	55.10	7.3	0.75	
100×22.5-140	141.00	1.030	170	61.50	8.4	0.78	
100×25-140	156.00	1.150	200	68.40	8.7	0.81	
110×25-140	189.00	1.380	170	82.50	10.0	0.86	4.0
110×30-140	226.00	1.660	200	99.00	11.0	0.91	
125×25-140	251.00	1.840	160	107.00	13.0	0.95	
125×30-140	301.00	2.210	190	128.00	13.0	1.00	
125×35-140	351.00	2.580	260	149.00	14.0	1.10	
140×30-140	368.00	2.690	180	160.00	16.0	1.10	5.0
140×35-140	429.00	3.140	180	186.00	17.0	1.10	
140×40-140	491.00	3.590	230	213.00	18.0	1.20	
160×35-140	553.00	4.040	150	245.00	21.0	1.20	
160×40-140	632.00	4.620	190	280.00	22.0	1.30	
160×45-140	711.00	5.200	190	315.00	23.0	1.30	
180×35-140	743.00	5.480	180	304.00	26.0	1.40	6.0
180×40-140	849.00	6.270	180	347.00	27.0	1.40	
180×45-140	955.00	7.050	230	390.00	28.0	1.50	
180×50-140	1060.00	7.830	230	434.00	29.0	1.50	
200×45-140	1210.00	8.920	200	483.00	33.0	1.60	
200×50-140	1340.00	9.910	250	537.00	35.0	1.70	
200×55-140	1480.00	10.900	250	591.00	36.0	1.70	

表 6-3-82 **55U 系列弹性阻尼簧片联轴器基本参数**

规格系列	额定转矩 T_n/kN·m	静扭转刚度 C_s/MN·m·rad^{-1}	特征频率 ω_0/rad·s^{-1}	许用阻尼转矩[T_d]/N·m·kPa^{-1}	许用功率损失[P_v]/kW	许用径向补偿量[Δy]/mm	许用轴向补偿量[Δx]/mm
41×2.5-55U	3.91	0.071	110	1.31	1.1	0.24	1.5
41×5-55U	7.83	0.142	210	2.61	1.2	0.30	
41×7.5-55U	11.70	0.213	300	3.92	1.3	0.34	
41×10-55U	15.70	0.284	420	5.23	1.4	0.38	
48×7.5-55U	15.90	0.295	280	5.26	1.7	0.38	2.0
48×10-55U	21.20	0.393	380	7.02	1.9	0.42	
48×12.5-55U	26.50	0.492	470	8.77	2.0	0.45	
56×10-55U	28.90	0.540	330	9.26	2.5	0.46	2.5
56×12.5-55U	36.10	0.675	430	11.60	2.6	0.50	
56×15-55U	43.30	0.810	510	13.90	2.8	0.53	
63×12.5-55U	43.50	0.805	330	14.60	3.2	0.53	
63×15-55U	52.20	0.966	390	17.60	3.4	0.56	
63×17.5-55U	60.90	1.130	460	20.60	3.6	0.59	
72×15-55U	70.10	1.300	380	22.70	4.2	0.62	3.0
72×17.5-55U	81.80	1.510	440	26.50	4.4	0.65	
72×20-55U	93.40	1.730	510	30.30	4.7	0.68	
80×17.5-55U	96.00	1.770	350	32.20	5.3	0.69	
80×20-55U	110.00	2.030	400	37.90	5.5	0.72	
80×22.5-55U	123.00	2.280	450	42.60	5.8	0.75	
90×20-55U	145.00	2.700	400	47.80	6.8	0.79	3.5
90×22.5-55U	163.00	3.040	440	53.80	7.0	0.82	
90×25-55U	181.00	3.370	490	59.70	7.3	0.85	
100×22.5-55U	203.00	3.760	390	67.00	8.4	0.88	
100×25-55U	225.00	4.180	440	74.50	8.7	0.91	
110×22.5-55U	251.00	4.670	390	80.70	9.8	0.95	4.0
110×25-55U	279.00	5.190	430	89.70	10.0	0.98	
110×30-55U	334.00	6.230	460	108.00	11.0	1.00	
125×25-55U	361.00	6.700	430	116.00	13.0	1.10	
125×30-55U	433.00	8.040	430	139.00	13.0	1.10	
125×35-55U	505.00	9.390	540	162.00	14.0	1.20	
140×30-55U	544.00	10.100	390	173.00	16.0	1.20	5.0
140×35-55U	634.00	11.800	500	202.00	17.0	1.30	
140×40-55U	725.00	13.500	500	231.00	18.0	1.30	
160×35-55U	822.00	15.400	410	264.00	21.0	1.40	
160×40-55U	940.00	17.600	500	302.00	22.0	1.50	
160×45-55U	1060.00	19.800	500	340.00	23.0	1.50	
180×40-55U	1200.00	24.000	440	381.00	27.0	1.60	6.0
180×45-55U	1350.00	25.200	520	429.00	28.0	1.70	
180×50-55U	1500.00	28.000	520	477.00	29.0	1.70	
200×45-55U	1690.00	31.500	470	529.00	33.0	1.80	
200×50-55U	1880.00	35.000	550	588.00	35.0	1.90	
200×55-55U	2070.00	38.500	550	647.00	36.0	1.90	

表 6-3-83　**85U 系列弹性阻尼簧片联轴器基本参数**

规格系列	额定转矩 T_n/kN·m	静扭转刚度 C_s/MN·m·rad^{-1}	特征频率 ω_0 /rad·s^{-1}	许用阻尼转矩[T_d] /N·m·kPa^{-1}	许用功率损失[P_v] /kW	许用径向补偿量[Δy] /mm	许用轴向补偿量[Δx] /mm
41×2.5-85U	2.76	0.030	41	1.36	1.1	0.20	1.5
41×5-85U	5.52	0.066	87	2.72	1.2	0.27	
41×7.5-85U	8.29	0.099	120	4.07	1.3	0.30	
41×10-85U	11.00	0.132	160	5.43	1.4	0.33	
48×7.5-85U	11.30	0.135	110	5.49	1.7	0.34	2.0
48×10-85U	15.10	0.180	150	7.32	1.9	0.37	
48×12.5-85U	18.80	0.226	180	9.15	2.0	0.40	
56×10-85U	20.90	0.251	130	9.59	2.5	0.41	2.5
56×12.5-85U	26.10	0.313	160	12.00	2.6	0.44	
56×15-85U	31.30	0.376	190	14.40	2.8	0.47	
63×12.5-85U	33.30	0.404	150	15.10	3.2	0.48	
63×15-85U	40.00	0.484	180	18.20	3.4	0.51	
63×17.5-85U	46.70	0.565	210	21.20	3.6	0.54	
72×15-85U	53.20	0.641	170	23.50	4.2	0.56	3.0
72×17.5-85U	62.10	0.748	200	27.40	4.4	0.59	
72×20-85U	71.00	0.855	230	31.40	4.7	0.62	
80×17.5-85U	70.30	0.838	140	34.30	5.3	0.62	
80×20-85U	80.40	0.958	170	39.10	5.5	0.65	
80×22.5-85U	90.40	1.080	180	44.00	5.8	0.67	
90×20-85U	110.00	1.320	180	49.50	6.8	0.72	3.5
90×22.5-85U	123.00	1.490	200	55.70	7.0	0.75	
90×25-85U	137.00	1.650	220	61.90	7.3	0.77	
100×22.5-85U	153.00	1.860	170	69.30	8.4	0.80	
100×25-85U	170.00	2.060	190	77.33	8.7	0.83	
110×22.5-85U	182.00	2.190	150	83.30	9.8	0.85	4.0
110×25-85U	202.00	2.430	170	92.50	10.0	0.88	
110×30-85U	242.00	2.920	210	111.00	11.0	0.94	
125×25-85U	272.00	3.320	170	119.00	13.0	0.97	
125×30-85U	326.00	3.990	180	143.00	13.0	1.00	
125×35-85U	380.00	4.650	240	167.00	14.0	1.10	
140×30-85U	407.00	4.920	180	179.00	16.0	1.10	5.0
140×35-85U	474.00	5.740	230	209.00	17.0	1.20	
140×40-85U	542.00	6.560	230	239.00	18.0	1.20	
160×35-85U	606.00	7.280	180	275.00	21.0	1.30	
160×40-85U	693.00	8.320	180	315.00	22.0	1.30	
160×45-85U	780.00	9.360	230	354.00	23.0	1.40	
180×40-85U	876.00	10.400	160	396.00	27.0	1.40	6.0
180×45-85U	985.00	11.700	200	445.00	28.0	1.50	
180×50-85U	1090.00	13.000	200	495.00	29.0	1.50	
200×45-85U	1250.00	15.100	190	549.00	33.0	1.60	
200×50-85U	1390.00	16.800	220	609.00	35.0	1.70	
200×55-85U	1530.00	18.500	220	670.00	36.0	1.70	

表 6-3-84　**140U 系列弹性阻尼簧片联轴器基本参数**

规格系列	额定转矩 T_n/kN·m	静扭转刚度 C_s/MN·m·rad^{-1}	特征频率 ω_0 /rad·s^{-1}	许用阻尼转矩[T_d] /N·m·kPa^{-1}	许用功率损失[P_v] /kW	许用径向补偿量[Δy] /mm	许用轴向补偿量[Δx] /mm
41×2.5-140U	1.83	0.013	25	1.28	1.1	0.18	1.5
41×5-140U	3.66	0.027	53	2.55	1.2	0.23	
41×7.5-140U	5.49	0.040	76	3.83	1.3	0.26	
41×10-140U	7.32	0.053	110	5.10	1.4	0.29	
48×7.5-140U	7.67	0.056	76	5.13	1.7	0.30	2.0
48×10-140U	10.20	0.074	100	6.84	1.9	0.33	
48×12.5-140U	12.80	0.093	120	8.55	2.0	0.35	
56×10-140U	15.00	0.109	100	8.91	2.5	0.37	2.5
56×12.5-140U	18.70	0.137	130	11.10	2.6	0.40	
56×15-140U	22.50	0.164	150	13.40	2.8	0.42	
63×12.5-140U	23.50	0.170	110	14.10	3.2	0.43	
63×15-140U	28.20	0.205	140	16.90	3.4	0.46	
63×17.5-140U	32.90	0.239	160	19.70	3.6	0.48	
72×15-140U	36.80	0.266	120	22.10	4.2	0.50	3.0
72×17.5-140U	42.90	0.310	140	25.70	4.4	0.53	
72×20-140U	49.00	0.355	160	29.40	4.7	0.55	
80×17.5-140U	51.00	0.379	120	31.80	5.3	0.56	
80×20-140U	59.20	0.433	130	36.30	5.5	0.58	
80×22.5-140U	66.60	0.487	150	40.80	5.8	0.61	
90×20-140U	77.20	0.570	130	45.90	6.8	0.64	3.5
90×22.5-140U	86.80	0.641	140	51.60	7.0	0.66	
90×25-140U	96.50	0.712	160	57.30	7.3	0.69	
100×22.5-140U	120.00	0.836	140	64.00	8.4	0.72	
100×25-140U	125.00	0.929	160	71.00	8.7	0.75	
110×22.5-140U	129.00	0.947	120	77.40	9.8	0.76	4.0
110×25-140U	144.00	1.050	130	86.00	10.0	0.79	
110×30-140U	173.00	1.260	150	103.00	11.0	0.83	
125×25-140U	191.00	1.400	120	111.00	13.0	0.86	
125×30-140U	229.00	1.680	150	133.00	13.0	0.92	
125×35-140U	267.00	1.960	170	156.00	14.0	0.97	
140×30-140U	285.00	2.090	130	167.00	16.0	0.99	5.0
140×35-140U	332.00	2.440	130	195.00	17.0	1.00	
140×40-140U	380.00	2.790	180	223.00	18.0	1.10	
160×35-140U	436.00	3.300	120	255.00	21.0	1.10	
160×40-140U	498.00	3.660	150	291.00	22.0	1.20	
160×45-140U	560.00	4.110	150	328.00	23.0	1.20	
180×40-140U	671.00	4.940	150	367.00	27.0	1.30	6.0
180×45-140U	755.00	5.560	180	413.00	28.0	1.40	
180×50-140U	838.00	6.180	180	458.00	29.0	1.40	
200×45-140U	912.00	6.750	160	506.00	33.0	1.50	
200×50-140U	1010.00	7.510	160	562.00	35.0	1.50	
200×55-140U	1120.00	8.260	190	618.00	36.0	1.60	

表 6-3-85 B 型弹性阻尼簧片联轴器连接尺寸、转动惯量和质量 mm

规格	B	C						A	D	E	F	G	H	I	K	L	M	转动惯量/kg·m^2		质量/kg		
		55	85	140	55U	85U	140U											内部	外部	内部	外部	总和
41×2.5	90	245	245	245	245	245	245	75	410	230	285	20	25	120	175	265	315	0.14	3.36	22	125	147
41×5	116	270	270	270	270	270	270											0.15	3.87	24	145	169
41×7.5	141	295	295	295	295	295	295											0.16	4.36	27	165	192
41×10	166	320	—	320	320	320	320											0.17	4.87	29	185	214
48×7.5	152	335	335	335	335	335	335	90	480	275	335	25	30	160	195	300	355	0.39	9.03	47	245	292
48×10	177	360	360	360	360	360	360											0.41	9.98	50	275	325
48×12.5	202	385	—	360	360	360	360											0.43	10.93	54	305	359
56×10	190	400	400	400	400	400	400	100	560	315	390	30	35	180	220	345	405	0.89	19.15	78	390	468
56×12.5	215	425	425	425	425	425	425											0.92	20.90	83	430	513
56×15	240	450	—	450	450	450	450											0.95	22.70	88	470	558
63×12.5	224	455	455	455	455	455	455	110	630	355	430	35	40	180	250	385	460	1.55	37.65	125	610	735
63×15	249	480	480	480	480	480	480											1.60	40.55	135	655	790
63×17.5	274	505	—	505	505	505	505											1.65	43.35	140	700	840
72×15	256	505	505	505	505	505	505	125	720	400	470	40	45	190	280	440	525	2.70	69.00	167	865	1032
72×17.5	281	530	530	530	530	530	530											2.75	73.90	176	930	1106
72×20	306	555	—	555	555	555	555											2.85	78.70	185	995	1180
80×15	264	—	530	—	—	—	—	140	800	445	530	45	50	190	315	490	580	4.55	108.00	230	1110	1340
80×17.5	289	555	555	545	565	545	540											4.70	115.00	240	1190	1430
80×20	314	580	580	570	590	570	565											4.85	123.00	250	1270	1520
80×22.5	339	605	—	595	615	595	590											5.00	130.00	260	1350	1610

续表

规格	B	C						A	D	E	F	G	H	I	K	L	M	转动惯量/kg·m²		质量/kg		
		55	85	140	55U	85U	140U											内部	外部	内部	外部	总和
90×20	322	620	620	615	625	615	600	145	900	500	590	50	55	220	350	580	670	8.15	202.00	310	1675	1985
90×22.5	347	645	645	640	650	640	625											8.35	214.00	325	1775	2100
90×25	372	670	—	665	675	665	650											8.55	226.00	340	1875	2215
100×20	328	—	650	—	—	—	—	155	1000	555	655	55	60	220	395	640	730	12.85	321.00	365	2130	2495
100×22.5	353	675	675	660	675	660	650											13.15	339.00	380	2255	2635
100×25	378	700	—	685	700	685	675											13.45	357.00	395	2380	2775
110×20	343	—	705	—	—	—	—	175	1100	605	720	60	65	220	430	710	830	21.20	507.00	530	2760	3290
110×22.5	368	—	—	—	730	710	700											21.70	533.00	550	2910	3460
110×25	393	755	755	735	755	735	725											22.20	560.00	570	3060	3630
110×30	443	805	—	785	825	785	775											23.10	613.00	610	3360	3970
125×20	342	—	725	—	—	—	—	190	1250	690	820	70	75	250	485	820	925	40.20	849.00	800	3620	4420
125×25	392	780	805	780	815	780	770											41.80	937.00	850	4010	4860
125×30	442	855	855	830	865	830	820											43.40	1025.00	900	4400	5300
125×35	492	905	—	880	915	900	870											45.00	1113.00	950	4790	5740
140×25	409	—	880	—	—	—	—	220	1400	775	920	80	85	280	515	900	1050	73.30	1505.00	1180	5270	6450
140×30	459	930	930	890	945	920	890											75.90	1645.00	1250	5760	7010
140×35	509	980	980	955	995	970	940											78.50	1785.00	1320	6240	7560
140×40	559	1030	—	1005	1045	1020	990											81.10	1925.00	1390	6730	8120
160×30	469	—	995	—	—	—	—	240	1600	885	1050	90	95	320	605	1020	1160	140.00	2880.00	1630	7710	9340
160×35	519	1035	1045	1020	1050	1025	980											144.00	3120.00	1710	8350	10060
160×40	569	1085	1095	1070	1100	1075	1050											148.00	3360.00	1790	8980	10770
160×45	619	1135	—	1120	1150	1125	1100											152.00	3600.00	1870	9610	11480
180×35	539	1115	1125	1100	—	—	—	265	1800	990	1180	100	105	350	650	1160	1350	255.00	5020.00	2510	10950	13460
180×40	589	1165	1175	1150	1175	1150	1125											260.00	5400.00	2630	11750	14380
180×45	639	1215	1225	1200	1225	1200	1175											265.00	5780.00	2750	12560	15310
180×50	689	1265	—	1250	1275	1250	1225											270.00	6160.00	2870	13360	16230
200×40	613	—	1235	—	—	—	—	275	2000	1100	1310	110	115	400	725	1280	1490	255.00	5020.00	2510	10950	13460
200×45	663	1275	1285	1260	1300	1270	1235											260.00	5400.00	2630	11750	14380
200×50	713	1325	1335	1310	1350	1320	1285											265.00	5780.00	2750	12560	15310
200×55	763	1375	—	1360	1400	1370	1335											270.00	6160.00	2870	13360	16230

注：1. 刚度系列对尺寸、重量和转动惯量的影响较小，故在规格中省略。

2. E、F、I、K、L、M 为推荐值，根据所连接零件的具体尺寸来确定。

表 6-3-86 BC 型弹性阻尼簧片联轴器连接尺寸、转动惯量和质量 mm

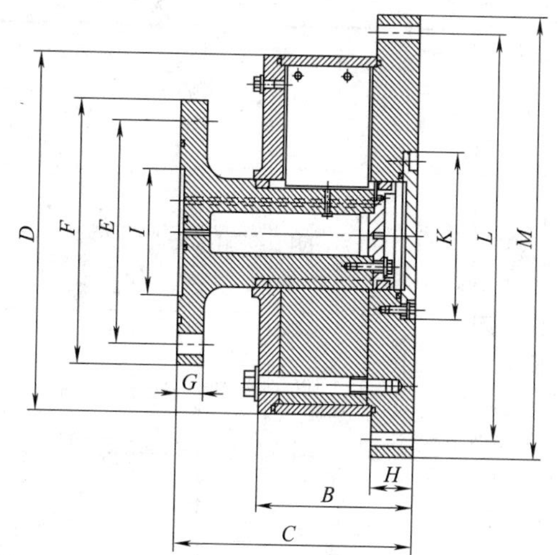

规格	B	C 55	C 85	C 140	C 55U	C 85U	C 140U	D	E	F	G	H	I	K	L	M	转动惯量/kg·m² 内部	转动惯量/kg·m² 外部	质量/kg 内部	质量/kg 外部	质量/kg 总和
41×2.5	91	170	170	170	170	170	170	410	230	285	20	40	120	200	465	510	0.14	3.14	22	105	127
41×5	116	195	195	195	195	195	195										0.15	3.65	24	125	149
41×7.5	141	220	220	220	220	220	220										0.16	4.14	27	145	172
41×10	166	245	—	245	245	245	245										0.17	4.65	29	165	194
48×7.5	152	245	245	245	245	245	245	480	275	335	25	47	160	230	545	595	0.39	8.59	47	215	262
48×10	177	270	270	270	270	270	270										0.41	9.54	50	245	295
48×12.5	202	295	—	295	295	295	295										0.43	10.49	54	275	329
56×10	190	300	300	300	300	300	300	560	315	390	30	50	180	270	630	685	0.89	18.30	78	350	428
56×12.5	215	325	325	325	325	325	325										0.92	20.05	83	390	473
56×15	240	350	—	350	350	350	350										0.95	21.85	88	430	518
63×12.5	224	345	345	345	345	345	345	630	355	430	35	55	180	300	715	780	1.55	36.05	125	550	675
63×15	249	370	370	370	370	370	370										1.60	38.95	135	595	730
63×17.5	274	395	—	395	395	395	395										1.65	41.75	140	640	780
72×15	256	380	380	380	380	380	380	720	400	475	40	60	190	335	810	885	2.70	66.00	167	780	947
72×17.5	281	405	405	405	405	405	405										2.75	70.90	176	845	1021
72×20	306	430	—	430	430	430	430										2.85	75.70	185	910	1095

续表

规格	B	C						D	E	F	G	H	I	K	L	M	转动惯量/kg·m²		质量/kg		
		55	85	140	55U	85U	140U										内部	外部	内部	外部	总和
80×15	264	—	390	—	—	—	—										4.55	103.00	230	990	1220
80×17.5	289	415	415	405	425	405	400	800	445	530	45	64	190	370	900	975	4.70	110.00	240	1070	1310
80×20	314	440	440	430	450	430	425										4.85	118.00	250	1150	1400
90×20	322	475	475	475	480	470	455										8.15	192.00	310	1490	1800
90×22.5	347	500	500	495	505	495	480	900	500	590	50	69	220	460	1000	1085	8.35	204.00	325	1590	1915
90×25	372	525	—	520	530	520	505										8.55	216.00	340	1690	2030
100×20	328	—	495	—	—	—	—										12.85	305.00	365	1890	2255
100×22.5	353	520	520	505	520	505	495	1000	555	655	55	77	220	510	1115	1205	13.15	323.00	380	2015	2395
100×25	378	545	—	530	545	530	520										13.45	341.00	395	2140	2535
110×20	343	—	530	—	—	—	—										21.20	479.00	530	2430	2960
110×22.5	368	—	—	—	555	535	525	1100	605	720	60	88	220	555	1225	1330	21.70	505.00	550	2580	3130
110×25	393	580	580	560	580	560	550										22.20	532.00	570	2730	3300
110×30	443	630	—	610	650	610	600										23.10	585.00	610	3030	3640
125×20	342	—	535	—	—	—	—										40.20	796.00	800	3120	3920
125×25	392	590	615	590	625	590	580	1250	690	820	70	82	250	635	1395	1525	41.80	884.00	850	3510	4360
125×30	442	665	665	640	675	640	630										43.40	972.00	900	3900	4800
125×35	492	715	—	690	725	710	680										45.00	1060.00	950	4290	5240
140×25	409	—	660	—	—	—	—										73.30	1410.00	1180	4570	5750
140×30	459	710	710	670	725	700	670	1400	775	920	80	94	280	695	1540	1660	75.90	1550.00	1250	5050	6300
140×35	509	760	760	735	775	750	720										78.50	1690.00	1320	5540	6860
140×40	559	810	—	785	825	800	770										81.10	1830.00	1390	6020	7410
160×30	469	—	755	—	—	—	—										140.00	2720.00	1630	6750	8380
160×35	519	795	805	780	810	780	740	1600	885	1050	90	99	320	780	1765	1895	144.00	2960.00	1710	7390	9100
160×40	569	845	855	830	860	835	810										148.00	3200.00	1790	8020	9810
160×45	619	895	—	880	910	885	860										152.00	3440.00	1870	8660	10530
180×35	539	850	860	835	—	—	—										255.00	4710.00	2510	9540	12050
180×40	589	900	910	885	910	885	860	1800	990	1180	100	114	350	900	1930	2035	250.00	5090.00	2630	10350	12980
180×45	639	950	960	935	960	935	910										265.00	5470.00	2750	11150	13900
180×50	689	1000	—	985	1010	985	960										270.00	5850.00	2870	11960	14830
200×40	613	—	960	—	—	—	—										425.00	8170.00	3380	13400	16780
200×45	663	1000	1010	985	1025	995	960	2000	1100	1310	110	132	400	970	2140	2260	435.00	8750.00	3520	14390	17910
200×50	713	1050	1060	1035	1075	1045	1010										445.00	9330.00	3660	15380	19040
200×55	763	1100	—	1085	1125	1095	1060										455.00	9910.00	3800	16370	20170

表 6-3-87 BE 型弹性阻尼簧片联轴器连接尺寸、转动惯量和质量 mm

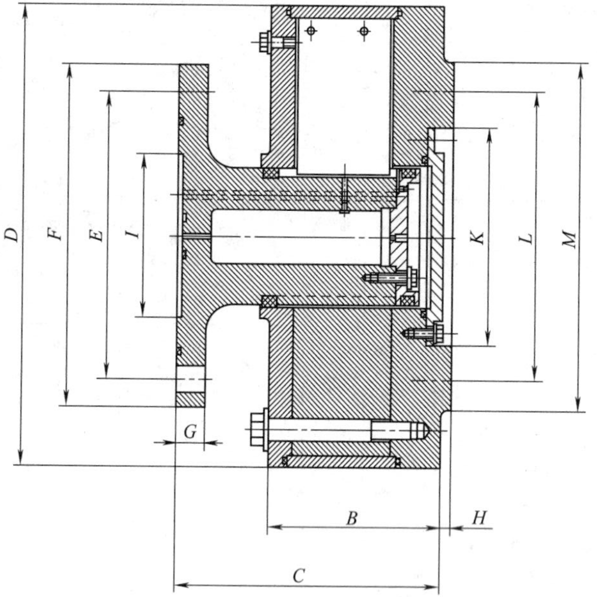

规格	B	C						D	E	F	G	H	I	K	L	M	转动惯量/kg·m²		质量/kg		
		55	85	140	55U	85U	140U										内部	外部	内部	外部	总和
41×2.5	100	180	180	180	180	180	180	410	230	285	20	1	120	200	265	320	0.14	2.14	22	90	112
41×5	125	205	205	205	205	205	205										0.15	2.64	24	110	134
41×7.5	150	230	230	230	230	230	230										0.16	3.14	27	130	157
41×10	175	255	—	255	255	255	255										0.17	3.64	29	150	179
48×7.5	161	255	255	255	255	255	255	480	275	335	25	1	160	230	300	360	0.39	6.35	47	190	237
48×10	186	280	280	280	280	280	280										0.41	7.30	50	220	270
48×12.5	211	305	—	305	305	305	305										0.43	8.25	54	250	304
56×10	199	310	310	310	310	310	310	560	315	390	30	1	180	270	345	425	0.89	14.50	78	320	398
56×12.5	224	335	335	335	335	335	335										0.92	16.25	83	360	443
56×15	249	360	—	360	360	360	360										0.95	18.00	88	400	488
63×12.5	233	350	350	350	350	350	350	630	355	430	35	1	180	300	385	465	1.55	27.15	125	475	600
63×15	258	375	375	375	375	375	375										1.60	30.00	135	525	660
63×17.5	283	400	—	400	400	400	400										1.65	32.85	140	575	715
72×15	269	390	395	395	395	395	395	720	400	475	40	2	190	335	440	535	2.70	53.70	167	720	887
72×17.5	294	425	420	420	420	420	420										2.75	58.55	176	785	961
72×20	319	440	—	445	445	445	445										2.85	63.40	185	850	1035

续表

规格	B	C						D	E	F	G	H	I	K	L	M	转动惯量/kg·m²		质量/kg		
		55	85	140	55U	85U	140U										内部	外部	内部	外部	总和
80×15	277	—	400	—	—	—	—	800	445	530	45	2	190	370	490	585	4.55	84.30	230	920	1150
80×17.5	302	430	435	420	440	420	415										4.70	91.70	240	1000	1240
80×20	327	455	450	445	465	445	440										4.85	99.10	250	1080	1330
80×22.5	352	480	—	470	490	470	465										5.00	106.50	260	1160	1420
90×20	335	490	490	485	495	485	470	900	500	590	50	2	220	460	580	675	8.15	162.00	310	1400	1710
90×22.5	360	515	515	510	520	510	495										8.35	174.00	325	1500	1825
90×25	385	540	—	535	545	535	520										8.55	186.00	340	1600	1940
100×20	341	—	510	—	—	—	—	1000	555	655	55	2	220	510	640	750	12.85	252.00	365	1760	2125
100×22.5	366	535	535	520	535	520	510										13.15	270.00	380	1880	2260
100×25	391	560	—	545	560	545	535										13.45	288.00	395	2000	2395
110×20	350	—	540	—	—	—	—	1100	605	720	60	3	220	555	710	820	21.20	380.00	530	2190	2720
110×22.5	375	—	—	—	565	545	535										21.70	407.00	550	2340	2890
110×25	400	590	590	570	590	570	560										22.20	433.00	570	2490	3060
110×30	450	640	—	620	660	620	610										23.10	486.00	610	2790	3400
125×20	359	—	555	—	—	—	—	1250	690	820	70	3	280	630	820	930	40.20	652.00	800	2910	3710
125×25	409	610	635	610	645	610	600										41.80	740.00	850	3300	4150
125×30	459	685	685	660	660	660	650										43.40	828.00	900	3690	4590
125×35	509	735	—	710	745	730	700										45.00	916.00	950	4080	5030
140×25	421	—	675	—	—	—	—	1400	775	920	80	3	280	695	900	1030	73.30	1200.00	1180	4720	5450
140×30	471	725	725	685	740	715	685										75.90	1340.00	1250	4760	6010
140×35	521	775	775	750	790	765	735										78.50	1480.00	1320	5250	6570
140×40	571	825	—	800	840	815	785										81.10	1620.00	1390	5740	7130
160×30	486	—	775	—	—	—	—	1600	885	1050	90	3	320	780	1020	1160	140.00	2360.00	1630	6420	8050
160×35	536	815	825	800	830	805	760										144.00	2590.00	1710	7060	8770
160×40	586	865	875	850	880	855	830										148.00	2830.00	1790	7690	9480
160×45	636	915	—	900	930	905	880										152.00	3070.00	1870	8330	10200
180×35	551	865	875	850	—	—	—	1800	990	1180	100	3	350	900	1160	1320	255.00	4270.00	2510	9180	11690
180×40	601	915	925	900	925	900	875										260.00	4650.00	2630	9990	12620
180×45	651	965	975	950	975	950	925										265.00	5030.00	2750	10790	13540
180×50	701	1015	—	1000	1025	1000	975										270.00	5410.00	2870	11600	14470
200×40	614	—	965	—	—	—	—	2000	1100	1310	110	4	400	970	1280	1450	425.00	7260.00	3380	12630	16010
200×45	664	1005	1015	990	1030	1000	965										435.00	7840.00	3520	13620	17140
200×50	714	1055	1065	1040	1080	1050	1015										445.00	8420.00	3660	14610	18270
200×55	764	1105	—	1090	1130	1100	1065										455.00	9000.00	3800	15600	19400

弹性阻尼簧片联轴器主要零件材料宜按表 6-3-88 的规定选用，也可选用性能不低于表 6-3-88 规定，且证明同样适用的其他材料。联轴器的各外露表面粗糙度不应超过 $Ra6.3\mu m$。联轴器表面不应有碰伤、划痕、锈蚀等缺陷。

表 6-3-88 弹性阻尼簧片联轴器主要零件材料选用

零件名称	材料牌号	标 准 号
六角头螺栓	40Cr	GB/T 3077—1999
紧固件	42CrMo	
簧片组件	50CrVA	
花键轴	40Cr	

弹性阻尼簧片联轴器内的润滑油压力通常为 0.1～0.5MPa，联轴器内的润滑油不应有泄漏现象。联轴器的静转矩刚度的测定值与规定值的偏差应不大于±4%。联轴器在承受 3.25 倍额定转矩的静转矩下应不被破坏。工作转速高于 1500r/min 时，联轴器外部构件的动平衡等级应达到 JB/T 9239.1 规定的 G6.3 级。

3.3.12 鼓形齿式联轴器

齿式联轴器是由齿数相同的内齿圈和带外齿的凸缘半联轴器等零件组成。外齿分为直齿和鼓形齿两种齿形。鼓形齿即为将外齿制成球面，球面中心在齿轮轴线上，齿侧间隙较一般齿轮大。鼓形齿联轴器可允许较大的角位移（相对于直齿联轴器），可改善齿的接触条件，提高传递转矩的能力，延长使用寿命。

（1）GCLD 型鼓形齿式联轴器（GB/T 26103.3—2010）

GCLD 型鼓形齿式联轴器适用于连接电机与机械两水平轴线传动轴系，具有一定角向补偿两轴间相对偏移性能。适用工作环境温度 −20～80℃，传递公称转矩范围为 1.60～56.00kN·m。

GCLD 型鼓形齿式联轴器的结构型式、基本参数和主要尺寸见表 6-3-89。GCLD 型鼓形齿式联轴器的选用及计算按 GB/T 26103.1—2010 的规定进行。

表 6-3-89 GCLD 型鼓形齿式联轴器基本参数和主要尺寸 mm

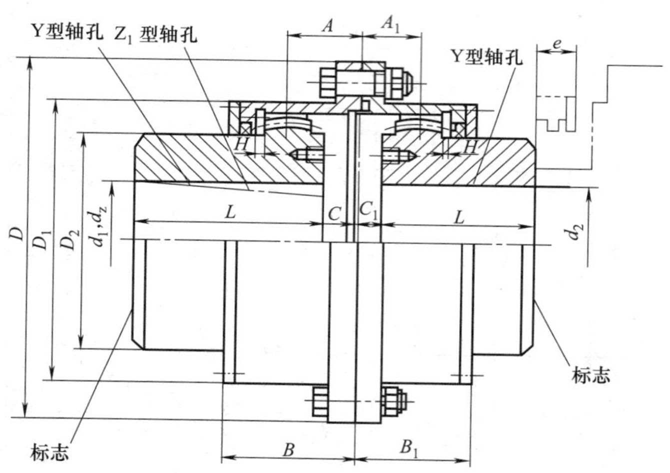

型 号	公称转矩 T_n /kN·m	许用转速 [n] /r·min⁻¹	轴孔直径 d_1、d_2、d_z	轴孔长度 L Y	轴孔长度 L Z_1、Y（短系列）	D	D_1	D_2	C	C_1	H	A	A_1	B	B_1	e	转动惯量 /kg·m²	润滑脂用量 /mL	质量 /kg
GCLD1	1.60	5600	22,24	52	38	127	95	75	27	4	2.0	43	22	66	45	42	0.00875	107	6.2
			25,28	62	44												0.01025		7.2
			30,32,35,38	82	60												0.011		7.8
			40,42,45,48,50,55,56	112	84												0.01175		9.6

续表

型号	公称转矩 T_n /kN·m	许用转速 $[n]$ /r·min^{-1}	轴孔直径 d_1、d_2、d_z	轴孔长度 L		D	D_1	D_2	C	C_1	H	A	A_1	B	B_1	e	转动惯量 /kg·m^2	润滑脂用量 /mL	质量 /kg
				Y	Z_1、Y（短系列）														
GCLD2	2.80	5100	38	82	60	149	116	90	26.5	4	2.0	49.5	24.5	70	49	42	0.02125	137	11.2
			40,42,45,48,50,55,56	112	84												0.02425		14.0
			60,63,65	142	107				33								0.0215		16.4
GCLD3	4.50	4600	40,42,45,48,50,55,56	112	84	167	134	105	33	5	2.5	53.5	27.5	80	54	42	0.0400	201	17.2
			60,63,65,70,71,75	142	107												0.0475		22.4
GCLD4	6.30	4300	45,48,50,55,56	112	84	187	153	125	33.5	5	2.5	54	28	81	55	42	0.0725	238	25.2
			60,63,65,70,71,75	142	107												0.0825		26.4
			80,85,90	172	132				38								0.095		35.6
GCLD5	8.00	4000	50,55,56	112	84	204	170	140	37.5	5	2.5	60	30	89	59	42	0.1125	298	31.6
			60,63,65,70,71,75	142	107												0.1175		38.0
			80,85,90,95	172	132												0.1450		44.6
			100,(105)	212	167				43.5								0.1674		53.9
GCLD6	11.20	3700	55,56	112	84	230	186	155	43.5	6	3.0	68.5	33.5	106	71	47	0.1875	465	40.5
			60,63,65,70,71,75	142	107												0.21		49.8
			80,85,90,95	172	132												0.235		56.3
			100,110,(115)	212	167												0.2675		67.5
GCLD7	18.00	3350	60,63,65,70,71,75	142	107	256	212	180	48	6	3.0	73.5	34.5	112	73	47	0.13575	561	63.9
			80,85,90,95	172	132												0.40		74.7
			100,110,120,125	212	167												0.4625		88.0
			130,(135)	252	202												0.5275		106.7
GCLD8	25.00	3000	65,70,71,75	142	107	287	239	200	40.5	7	3.5	75	39	118	82	47	0.560	734	81.7
			80,85,90,95	172	132												0.6275		95.5
			100,110,120,125	212	167				48								0.72		114
			130,140,150	252	202												0.8125		123
GCLD9	35.50	2700	70,71,75	142	107	325	276	235	49.5	7	3.5	87.5	40.5	132	85	47	1.0775	956	112
			80,85,90,95	172	132												1.2075		130
			100,110,120,125	212	167												1.3825		156
			130,140,150	252	202												1.56		181
			160,170,(175)	302	242				58								1.77		212

第6篇

续表

型　号	公称转矩 T_n /kN·m	许用转速 [n] /r·min^{-1}	轴孔直径 d_1、d_2、d_z	轴孔长度 L Y	轴孔长度 L Z_1、Y (短系列)	D	D_1	D_2	C	C_1	H	A	A_1	B	B_1	e	转动惯量 /kg·m^2	润滑脂用量 /mL	质量 /kg
GCLD10	56.00	2450	75	142	107	362	313	270	65	8	4.0	98.5	44.5	149	95	49	1.97	1320	161
			80,85,90,95	172	132												2.0725		172
			100,110,120,125	212	167												2.38		206
			130,140,150	252	202												2.5625		239
			160,170,180	302	242												3.055		280
			190,200,220	352	282				68								3.4225		319

注：1. 表中转动惯量与质量是按 Y（短系列）型轴孔的最小轴径计算的。

2. e 为更换密封所需要的尺寸。

3. 带括号的轴孔直径新设计时，建议不选用。

GCLD 型鼓形齿式联轴器的轴孔和键槽型式及尺寸按 GB/T 3852 的规定。其键槽型式有 A、B、B_1、C 和 D 型；轴孔组合有 $\frac{Y}{Y}$、$\frac{Z_1}{Y}$。

当两轴线无径向位移时，GCLD 型鼓形齿式联轴器两端轴线间的许用角向补偿量 $\Delta\alpha$（见图 6-3-8）不超过 1°；当两轴无角向位移时，GCLD 型鼓形齿式联轴器的径向补偿量 Δy 见表 6-3-90。

GCLD 型鼓形齿式联轴器两端轴线偏角、安装和装配误差不得超过±5′。

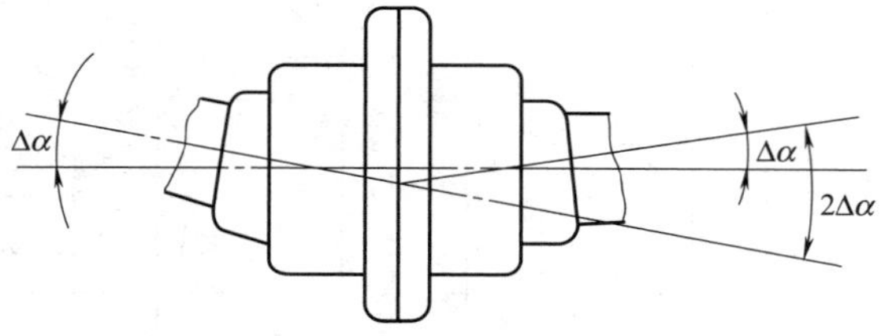

图 6-3-8　鼓形齿式联轴器角向补偿量 $\Delta\alpha$ 示意图

鼓形齿式联轴器的内齿圈、外齿轴套的材料和热处理应符合表 6-3-91 的规定。

鼓形齿式联轴器法兰连接铰孔螺栓强度等级按 GB/T 3098.1 规定的 8.8 级。

鼓形齿式联轴器的鼓形齿外齿轴套齿根处鼓肚量偏差按 JS7 级规定。

鼓形齿式联轴器的内、外齿啮合在油浴中工作，不得有漏油现象。一般情况采用润滑脂，其牌号为 4 号合成锂基润滑脂 ZL-4。高速时也可采用 46 号或 68 号机械油。正常工作条件下六个月换油一次，每半个月检查油耗情况及时补充。

（2）GⅡCL 型鼓形齿式联轴器（摘自 GB/T 26103.1—2010）

GⅡCL 型鼓形齿式联轴器适用于连接水平两同轴线传动轴系，具有一定角向补偿两轴间相对偏移性能。适用工作环境温度为－20～80℃，传递公称转矩范围为 0.63～5600kN·m。

GⅡCL 型鼓形齿式联轴器的结构型式、基本参数和主要尺寸见表 6-3-92。GⅡCL 型鼓形齿式联轴器的选用及计算按 GB/T 26103.1—2010 的规定进行。

表 6-3-90　**GCLD 型齿式联轴器的径向补偿量**　mm

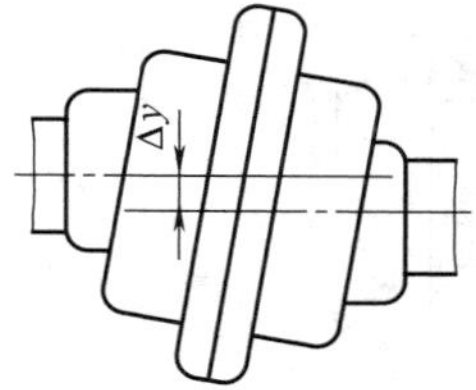

联轴器型号	GCLD1	GCLD2	GCLD3	GCLD4	GCLD5	GCLD6	GCLD7	GCLD8	GCLD9	GCLD10
许用径向补偿量 Δy	0.76	0.86	0.96	0.98	1.05	1.16	1.2	1.3	1.4	1.6

表 6-3-91 鼓形齿式联轴器外齿轴套和内齿圈材料和热处理要求

序号	名称	材料	热处理	备注
1	外齿轴套	42CrMo	286~321HBS	JB/T 6396
2	内齿圈	42CrMo	269~302HBS	JB/T 6396

表 6-3-92 GⅡCL 型鼓形齿式联轴器基本参数和主要尺寸 mm

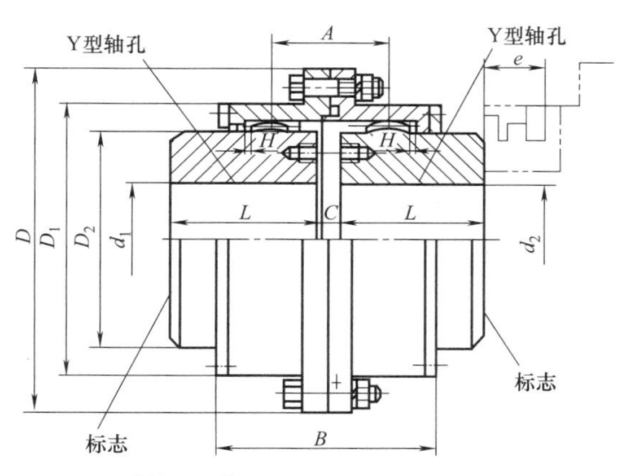

图(a) GⅡCL1~GⅡCL13型

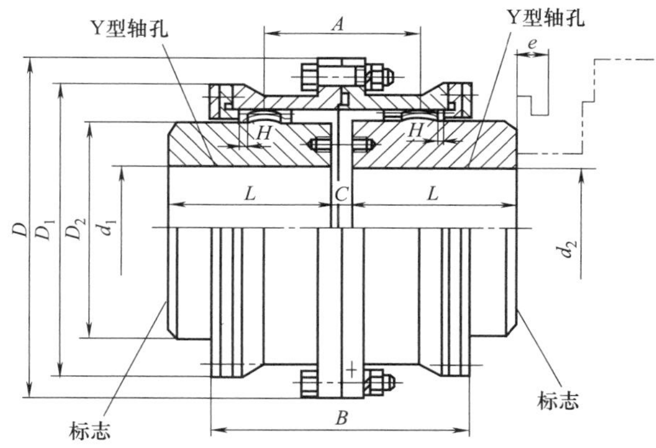

图(b) GⅡCL14~GⅡCL25型

型号	公称转矩 T_n /kN·m	许用转速 [n] /r·min^{-1}	轴孔直径 d_1、d_2	轴孔长度 L		D	D_1	D_2	C	H	A	B	e	转动惯量 /kg·m^2	润滑脂用量 /mL	质量 /kg
				Y(长系列)	Y(短系列)											
GⅡCL1	0.63	6500	16,18,19	42	—	103	71	50	8	2.0	36	76	38	0.0016	51	3.4
			20,22,24	52	38									0.0030		3.2
			25,28	62	44									0.0031		3.3
			30,32,35	82	60									0.0032		3.5
GⅡCL2	1.00	6000	20,22,24	52	—	115	83	60	8	2.0	42	88	42	0.0024	70	4.6
			25,28	62	44									0.0023		4.1
			30,32,35,38	82	60									0.0024		4.5
			40,42,45	112	84									0.0025		4.6
GⅡCL3	1.60	5600	22,24	52	—	127	95	75	8	2.0	44	90	42	0.0044	68	6.1
			25,28	62	44									0.0042		5.5
			30,32,35,38	82	60									0.0045		6.3
			40,42,45,48,50,55,56	112	84									0.0101		6.9
GⅡCL4	2.80	5100	38	82	60	149	116	90	8	2.0	49	98	42	0.0205	87	9.5
			40,42,45,48,50,55,56	112	84									0.0228		11.3
			60,63,65	142	107									0.0234		10.5
GⅡCL5	4.50	4600	40,42,45,48,50,55,56	112	84	167	134	105	10	2.5	55	108	42	0.0418	125	15.9
			60,63,65,70,71,75	142	107									0.0444		16.0

续表

型号	公称转矩 T_n /kN·m	许用转速 $[n]$ /r·min^{-1}	轴孔直径 d_1、d_2	轴孔长度 L Y(长系列)	轴孔长度 L Y(短系列)	D	D_1	D_2	C	H	A	B	e	转动惯量 /kg·m^2	润滑脂用量 /mL	质量 /kg
GⅡCL6	6. 30	4300	45,48,50,55,56	112	84	187	153	125	10	2. 5	56	110	42	0. 0706	148	21.2
			60,63,65,70,71,75	142	107									0.0777		23.0
			80,85,90	172	132									0.0809		22.1
GⅡCL7	8. 00	4000	50,55,56	112	84	204	170	140	10	2. 5	60	118	42	0. 103	175	27.6
			60,63,65,70,71,75	142	107									0.115		33.1
			80,85,90,95	172	132									0.1298		39.2
			100,(105)	212	167									0.151		47.5
GⅡCL8	11.20	3700	55,56	112	84	230	186	155	12	3. 0	67	142	47	0.167	268	35.5
			60,63,65,70,71,75	142	107									0.188		42.3
			80,85,90,95	172	132									0.210		49.7
			100,110,(115)	212	167									0.241		60.2
GⅡCL9	18.00	3350	60,63,65,70,71,75	142	107	256	212	180	12	3. 0	69	146	47	0.316	310	55.6
			80,85,90,95	172	132									0.356		65.6
			100,110,120,125	212	167									0.413		79.6
			130,(135)	252	202									0.470		95.8
GⅡCL10	25. 00	3000	65,70,71,75	142	107	287	239	200	14	3. 5	78	164	47	0.511	472	72.0
			80,85,90,95	172	132									0.573		84.4
			100,110,120,125	212	167									0.659		101
			130,140,150	252	202									0.745		119
GⅡCL11	35. 50	2700	70,71,75	142	107	325	276	235	14	3. 5	81	170	47	1.454	550	97
			80,85,90,95	172	132									1.096		114
			100,110,120,125	212	167									1.235		138
			130,140,150	252	202									1.340		161
			160,170,(175)	302	242									1.588		189
GⅡCL12	56	2450	75	142	107	362	313	270	16	4. 0	89	190	49	1.623	695	128
			80,85,90,95	172	132									1.828		150
			100,110,120,125	212	167									2.113		205
			130,140,150	252	202									2.400		213
			160,170,180	302	242									2.728		248
			190,200	352	282									3.055		285
GⅡCL13	80	2200	150	252	202	412	350	300	18	4. 5	98	208	49	3.951	1019	222
			160,170,180,(185)	302	242									4.363		246
			190,200,220,(225)	352	282									4.541		242

续表

型号	公称转矩 T_n /kN·m	许用转速 [n] /r·min^{-1}	轴孔直径 d_1、d_2	轴孔长度 L Y(长系列)	Y(短系列)	D	D_1	D_2	C	H	A	B	e	转动惯量 /kg·m^2	润滑脂用量 /mL	质量 /kg
GⅡCL14	125	2000	170,180,(185)	302	242	462	420	335	22	5.5	172	296	63	8.025	2900	421
			190,200,220	352	282									8.800		476
			240,250	410	330									9.275		544
GⅡCL15	180	1800	190,200,220	352	282	512	470	380	22	5.5	182	316	63	14.300	3700	608
			240,250,260	410	330									15.850		696
			280,(285)	470	380									17.450		786
GⅡCL16	250	1600	220	352	282	580	522	430	28	7.0	209	354	67	23.925	4500	799
			240,250,260	410	330									26.450		913
			280,300,320	470	380									29.100		1027
GⅡCL17	355	1400	250,260	410	330	644	582	490	28	7.0	198	364	67	43.095	4900	1176
			280,(295),300,320	470	380									47.525		1322
			340,360,(365)	550	450									53.725		1352
GⅡCL18	500	1210	280,(295),300,320	470	380	726	658	540	28	8.0	222	430	75	78.525	7000	1698
			340,360,380	550	450									87.750		1948
			400	650	540									99.500		2278
GⅡCL19	710	1050	300,320	470	380	818	748	630	32	8.0	232	440	75	136.750	8900	2249
			340,(350),360,380,(390)	550	450									153.750		2591
			400,420,440,450,460,(470)	650	540									175.500		3026
GⅡCL20	1000	910	360,380,(390)	550	450	928	838	720	32	10.5	247	470	75	261.750	11000	3384
			400,420,440,450,460,480,500	650	540									299.000		3984
			530,(540)	800	680									360.750		4430
GⅡCL21	1400	800	400,420,440,450,460,480,500	650	540	1022	928	810	40	11.5	255	490	75	461.600	13000	3912
			530,560,600	800	680									449.400		3754
GⅡCL22	1800	700	450,460,480,500	650	540	1134	1036	915	40	13.0	265	510	75	734.300	16000	4970
			530,560,600,630	800	680									837.000		5408
			670,(680)	—	780									785.400		4478
GⅡCL23	2500	610	530,560,600,630	800	680	1282	1178	1030	50	14.5	299	580	80	1517.00	28000	10013
			670,(700),710,750,(770)	—	780									1725.00	28000	11553

续表

型号	公称转矩 T_n /kN·m	许用转速 [n] /r·min^{-1}	轴孔直径 d_1、d_2	轴孔长度 L Y(长系列)	Y(短系列)	D	D_1	D_2	C	H	A	B	e	转动惯量 /kg·m^2	润滑脂用量 /mL	质量 /kg
GⅡCL24	3550	500	560,600,630	800	680	1428	1322	1175	50	16.5	317	610	80	2486.00	33000	12915
			670,(700),710,750	—	780									2838.50		15015
			800,850	—	880									3131.75		16615
GⅡCL25	5600	420	670,(700),710,750	—	780	1644	1538	1390	50	19.0	325	620	80	5082.00	43000	15760
			800,850	—	880									5344.10		15515
			900,950	—	980									5484.00		15054
			1000,(1040)	—	1100									5615.20		14513

注：1. 表中转动惯量与质量是按Y（短系列）型轴孔的最小轴径。

2. 轴孔长度推荐用Y（短系列）型。

3. 带括号的轴孔直径新设计时，建议不选用。

4. e为更换密封所需要的尺寸。

GⅡCL型鼓形齿式联轴器的轴孔和键槽型式及尺寸按GB/T 3852的规定。其键槽形式有A、B、B_1和D型；轴孔组合为$\frac{Y}{Y}$。

当两轴线无径向位移时，GⅡCL型鼓形齿式联轴器两端轴线间的许用角向补偿量Δα（见图6-3-8）为1°；当两轴无角向位移时，GⅡCL型鼓形齿式联轴器的径向补偿量Δy见表6-3-93。

GⅡCL型鼓形齿式联轴器两端轴线偏角、安装和装配误差不得超过±5′。

鼓形齿式联轴器的内齿圈、外齿轴套的材料和热处理应符合表6-3-91的规定。

鼓形齿式联轴器法兰连接铰孔螺栓强度等级按GB/T 3098.1规定的8.8级。

鼓形齿式联轴器的鼓形齿外齿轴套齿根处鼓肚量偏差按JS7级规定。

鼓形齿式联轴器的内、外齿啮合在油浴中工作，不得有漏油现象。一般情况采用润滑脂，其牌号为4号合成锂基润滑脂ZL-4。高速时也可采用46号或68号机械油。正常工作条件下六个月换油一次，每半个月检查油耗情况并及时补充。

(3) GⅠCL、GⅠCLZ型鼓形齿式联轴器（摘自JB/T 8854.3—2001）

GⅠCL型和GⅠCLZ型鼓形齿式联轴器适于连接水平两同轴线的传动轴系，具有一定角向补偿两轴间相对偏移性能。当被连接两轴端间相距较远时，适于采用GⅠCLZ型。适用工作环境温度为−20～80℃，传递公称转矩范围为800～3200000N·m。

GⅠCL型鼓形齿式联轴器的结构型式、基本参数和主要尺寸见表6-3-94、GⅠCLZ型鼓形齿式联轴器的结构型式、基本参数和主要尺寸见表6-3-95。GⅠCL型和GⅠCLZ型鼓形齿式联轴器的选用及计算按JB/T 8854.3的规定进行。

表6-3-93　GⅡCL型鼓形齿式联轴器的径向补偿量　mm

联轴器型号	GⅡCL1	GⅡCL2	GⅡCL3	GⅡCL4	GⅡCL5	GⅡCL6	GⅡCL7	GⅡCL8	GⅡCL9
许用径向补偿量Δy	0.63	0.72	0.76	0.86	0.96	0.98	1.05	1.16	1.20
联轴器型号	GⅡCL10	GⅡCL11	GⅡCL12	GⅡCL13	GⅡCL14	GⅡCL15	GⅡCL16	GⅡCL17	GⅡCL18
许用径向补偿量Δy	1.30	1.40	1.60	1.70	3.00	3.20	3.60	3.70	3.90
联轴器型号	GⅡCL19	GⅡCL20	GⅡCL21	GⅡCL22	GⅡCL23	GⅡCL24	GⅡCL25	—	—
许用径向补偿量Δy	4.00	4.30	4.50	4.70	5.20	5.50	5.70	—	—

表 6-3-94 GⅠCL 型鼓形齿式联轴器基本参数和主要尺寸 mm

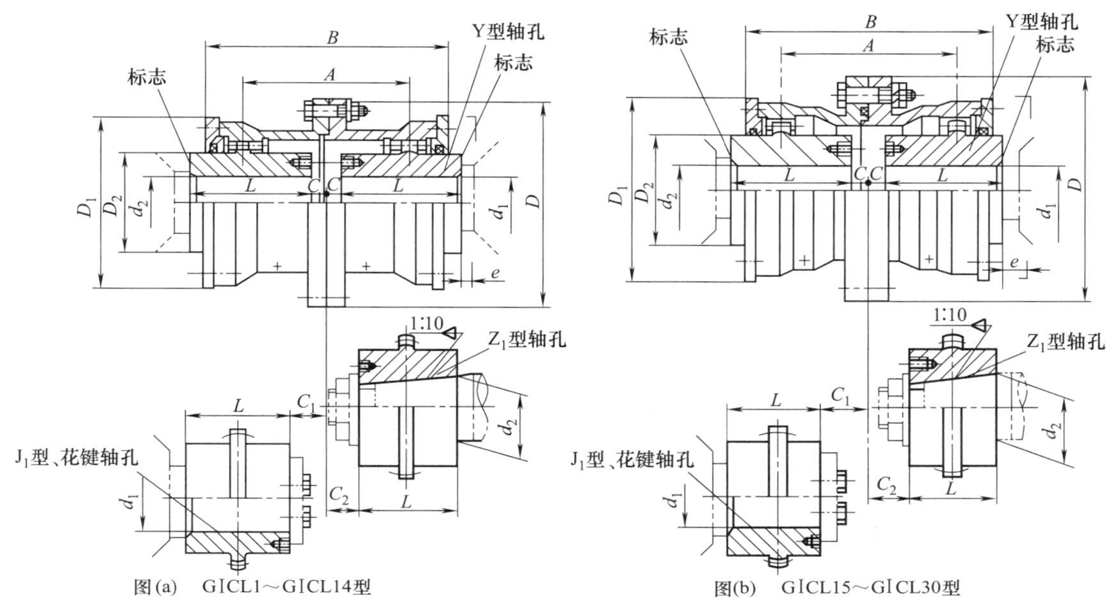

图(a) GⅠCL1～GⅠCL14型 图(b) GⅠCL15～GⅠCL30型

型号	公称转矩 T_n /N·m	许用转速[n] /r·min⁻¹	轴孔直径 d_1、d_2	轴孔长度L Y	轴孔长度L J_1、Z_1	D	D_1	D_2	B	A	C	C_1	C_2	e	润滑脂用量 /mL	质量 m /kg	转动惯量 I /kg·m²
GⅠCL1	800	7100	16,18,19	42	—	125	95	60	117	37	20	—	—	30	55	5.9	0.009
			20,22,24	52	38						10	—	24				
			25,28	62	44						2.5	—	19				
			30,32,35,38	82	60							15	22				
GⅠCL2	1200	6300	25,28	62	44	145	120	75	135	88	10.5	—	29	30	100	9.7	0.02
			30,32,35,38	82	60						2.5	12.5	30				
			40,42,45,48	112	84							13.5	28				
GⅠCL3	2800	5900	30,32,35,38	82	60	174	140	95	155	106	3	24.5	25	30	140	17.2	0.047
			40,42,45,48,50,55,56	112	84							17	28				
			60	142	107								35				
GⅠCL4	5000	5400	32,35,38	82	60	196	165	115	178	125	14	37	32	30	170	24.9	0.091
			40,42,45,48,50,55,56	112	84						3	17	28				
			60,63,65,70	142	107								35				
GⅠCL5	8000	5000	40,42,45,48,50,55,56	112	84	225	183	130	198	142	3	25	28	30	270	38	0.167
			60,63,65,70,71,75	142	107							20	35				
			80	172	132							22	43				
GⅠCL6	11200	4800	48,50,55,56	112	84	240	200	145	218	160	6	35	35	30	380	48.2	0.267
			60,63,65,70,71,75	142	107						4	20					
			80,85,90	172	132							22	43				

续表

型号	公称转矩 T_n /N·m	许用转速 $[n]$ /r·min^{-1}	轴孔直径 d_1、d_2	轴孔长度 L		D	D_1	D_2	B	A	C	C_1	C_2	e	润滑脂用量 /mL	质量 m /kg	转动惯量 I /kg·m^2
				Y	J_1、Z_1												
GⅠCL7	15000	4500	60,63,65,70,71,75	142	107	260	230	160	244	180	4	25	35	30	570	68.9	0.453
			80,85,90,95	172	132							22	43				
			100	212	167								48				
GⅠCL8	21200	4000	65,70,71,75	142	107	280	245	175	264	193	5	35	35	30	660	83.3	0.646
			80,85,90,95	172	132							22	43				
			100,110	212	167								48				
GⅠCL9	26500	3500	70,71,75	142	107	315	270	200	284	208	10	45	45	30	700	110	1.036
			80,85,90,95	172	132						5	22	43				
			100,110,120,125	212	167								49				
GⅠCL10	42500	3200	80,85,90,95	172	132	345	300	220	330	249	5	43	43	30	900	156.7	1.88
			100,110,120,125	212	167							22	49				
			130,140	252	202							29	54				
GⅠCL11	60000	3000	100,110,120	212	167	380	330	260	260	267	6	296	49	40	1200	217.1	3.28
			130,140,150	252	202								54				
			160	302	242								64				
GⅠCL12	80000	2600	120	212	167	440	380	290	416	313	6	57	57	40	2000	305.15	5.08
			130,140,150	252	202							29	55				
			160,170,180	302	242								68				
GⅠCL13	112000	2300	140,150	252	202	482	420	320	476	364	7	54	57	40	3000	419.4	10.06
			160,170,180	302	242							32	70				
			190,200	352	282								80				
GⅠCL14	160000	2100	160,170,180	302	242	520	465	360	532	415	8	42	70	40	4500	593.9	16.774
			190,200,220	352	282							32	80				
GⅠCL15	224000	1900	190,200,220	352	282	580	510	400	556	429	10	34	80	40	5000	783.3	26.55
			240,250	410	330							38	80				
GⅠCL16	355000	1600	200,220	352	282	680	595	465	640	501	10	58	80	50	8000	1134.4	52.22
			240,250,260	410	330							38	—				
			280	470	380												
GⅠCL17	400000	1500	220	352	282	720	645	495	672	512	10	74	80	50	10000	1305	69
			240,250,260	410	330							39	—				
			280,300	470	380												
GⅠCL18	500000	1400	240,250,260	410	330	775	675	520	702	524	10	46	—	50	11000	1626	96.16
			280,300,320	470	380							41					
GⅠCL19	630000	1300	260	410	330	815	715	560	744	560	10	67	—	50	13000	1773	115.6
			280,300,320	470	380							41					
			340	550	450												
GⅠCL20	710000	1200	280,300,320	470	380	855	755	585	786	595	13	44	—	50	16000	2263	167.41
			340,360	550	450												
GⅠCL21	900000	1100	300,320	470	380	915	795	620	808	611	13	59	—	50	20000	2593	215.7
			340,360,380	550	450							44					
GⅠCL22	950000	950	340,360,380	550	450	960	840	665	830	632	13	44	—	60	26000	3036	278.07
			400	650	540												
GⅠCL23	1120000	900	360,380	550	450	1010	890	710	870	666	13	44	—	60	29000	3668	379.4
			400,420	650	540							48					

续表

型号	公称转矩 T_n /N·m	许用转速[n] /r·min⁻¹	轴孔直径 d_1、d_2	轴孔长度 L Y	轴孔长度 L J_1、Z_1	D	D_1	D_2	B	A	C	C_1	C_2	e	润滑脂用量 /mL	质量 m /kg	转动惯量 I /kg·m²
GⅠCL24	1250000	875	380	550	450	1050	925	730	890	685	15	46	—	60	32000	3964	448.1
			400,420,450	650	540							50					
GⅠCL25	1400000	850	400,420,450,480	650	540	1120	970	770	930	724	15	50	—	60	34000	4443	564.64
GⅠCL26	1600000	825	420,450,480,500	650	540	1160	990	800	950	733	15	50	—	60	37000	4791	637.4
GⅠCL27	1800000	800	450,480,500	650	540	1210	1060	850	958	739	15	50	—	70	45000	5758	866.26
			530	800	680												
GⅠCL28	2000000	770	480,500	650	540	1250	1080	890	1034	805	20	50	—	70	47000	6232	1020.76
			530,560	800	680												
GⅠCL29	2800000	725	500	650	540	1340	1200	960	1034	792	20	57	—	80	50000	7549	1450.84
			530,560,600	800	680							55					
GⅠCL30	3200000	700	560,600,630	800	680	1390	1240	1005	1050	806	20	55	—	80	59000	9541	1974.17

注：1. 联轴器质量和转动惯量是按各型号中轴孔最小直径的最大长度计算的近似值。
2. $D_2 \geqslant 465$mm，其O形密封圈采用圆形断面橡胶条粘接而成。
3. J_1 型轴孔根据需要，也可以不使用轴端挡圈。
4. d_z 最大直径为220mm。
5. 当齿面采用氮化或表面淬火处理时，相应的公称转矩值由表中对应值乘以1.3。

表 6-3-95 GⅠCLZ 型鼓形齿式联轴器基本参数和主要尺寸 mm

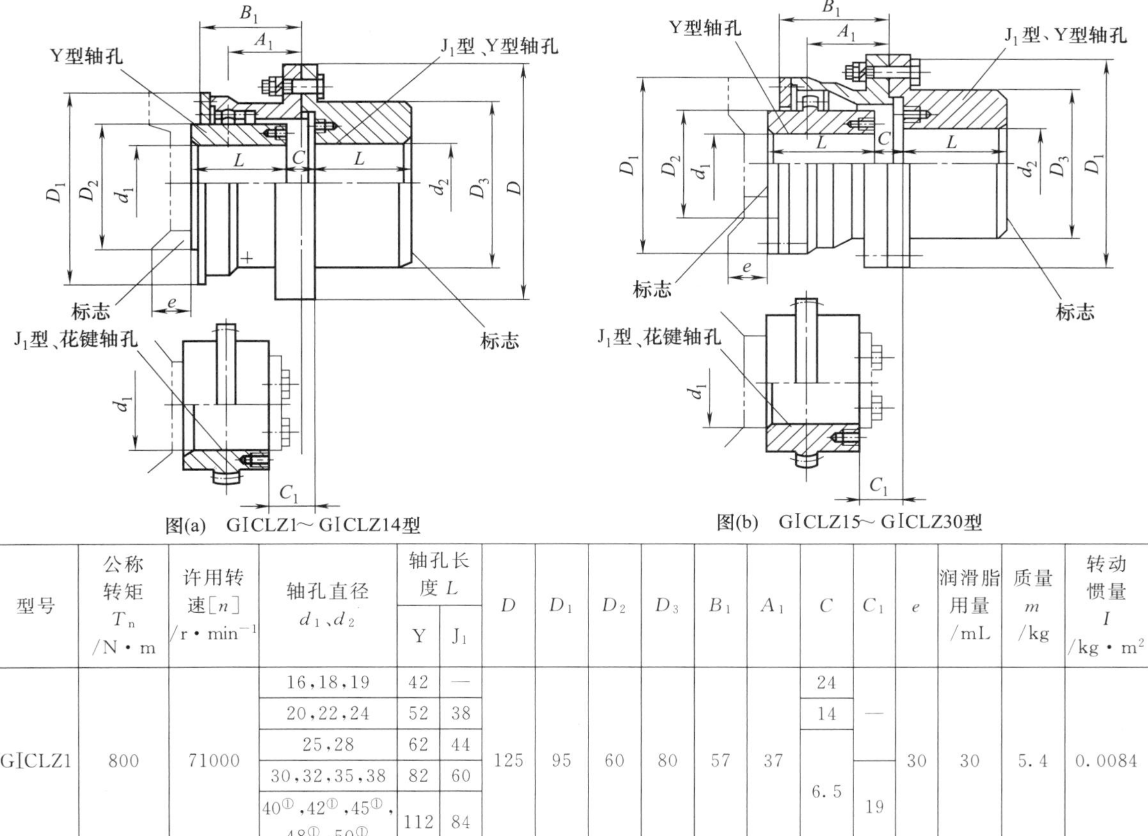

图(a) GⅠCLZ1～GⅠCLZ14型　　图(b) GⅠCLZ15～GⅠCLZ30型

型号	公称转矩 T_n /N·m	许用转速[n] /r·min⁻¹	轴孔直径 d_1、d_2	轴孔长度 L Y	轴孔长度 L J_1	D	D_1	D_2	D_3	B_1	A_1	C	C_1	e	润滑脂用量 /mL	质量 m /kg	转动惯量 I /kg·m²
GⅠCLZ1	800	71000	16,18,19	42	—	125	95	60	80	57	37	24	—	30	30	5.4	0.0084
			20,22,24	52	38							14					
			25,28	62	44							6.5					
			30,32,35,38	82	60												
			40①,42①,45①,48①,50①	112	84								19				

续表

型号	公称转矩 T_n /N·m	许用转速[n] /r·min^{-1}	轴孔直径 d_1、d_2	轴孔长度 L Y	轴孔长度 L J_1	D	D_1	D_2	D_3	B_1	A_1	C	C_1	e	润滑脂用量 /mL	质量 m /kg	转动惯量 I /kg·m^2
GICLZ2	1400	6300	25,28	62	44	145	120	75	95	67	44	16	—	30	60	9.2	0.018
			30,32,35,38	82	60							8	18				
			40,42,45,48,50①,55①,56①	112	84								19				
			60①	142	107												
GICLZ3	2800	5900	30,32,35,38	82	60	70	140	95	115	77	53	7	29	30	80	16.4	0.0427
			40,42,45,48,50,55,56	112	84								22				
			60,63①,65①,70①	142	107												
GICLZ4	5000	5400	32,35,38	82	60	95	165	115	130	89	62	19	42	30	90	22.7	0.076
			40,42,45,48,50,55,56	112	84							8.5	22				
			60,63,65,70,71①,75①	142	107												
			80①	172	132												
GICLZ5	8000	5000	40,42,45,48,50,55,56	112	84	225	183	130	150	99	71	9.5	31	30	140	36.2	0.0149
			60,63,65,70,71,75	142	107								26				
			80,85①,90①	172	132								28				
GICLZ6	11200	4800	48,50,55,56	112	84	240	200	145	170	109	80	11.5	41	30	200	46.2	0.24
			60,63,65,70,71,75	142	107							9.5	26				
			80,85,90,95①	172	132								28				
			100①	212	167												
GICLZ7	15000	4500	60,63,65,70,71,75	142	107	260	230	160	195	122	90	10.5	31	30	290	68.4	0.43
			80,85,90,95	172	132								28				
			100,110①,120①	212	167												
GICLZ8	21200	4000	65,70,71,75	142	107	280	245	175	210	132	96	12	41	30	350	81.1	0.61
			80,85,90,95	172	132								28				
			100,110,120①	212	167												
			130①	252	202												
GICLZ9	26500	3500	70,71,75	142	107	315	270	200	225	142	104	18	53	30	370	100.1	0.94
			80,85,90,95	172	132							13	30				
			100,110,120,125	212	167												
			130①,140①	252	202												
GICLZ10	42500	3200	80,85,90,95	172	132	345	300	220	250	165	124	14	51	30	500	147.1	1.67
			100,110,120,125	212	167								30				
			130,140,150①	252	202								37				
			160①	302	242												

续表

型号	公称转矩 T_n /N·m	许用转速 $[n]$ /r·min^{-1}	轴孔直径 d_1,d_2	轴孔长度 L		D	D_1	D_2	D_3	B_1	A_1	C	C_1	e	润滑脂用量 /mL	质量 m /kg	转动惯量 I /kg·m^2
				Y	J_1												
GⅠCLZ11	60000	3000	100,110,120	212	167	380	330	260	285	180	133	14	37	40	650	206.3	2.98
			130,140,150	252	202												
			160,170①,180①	302	242												
GⅠCLZ12	80000	2600	120	212	167	440	380	290	325	208	158	14	65	40	1100	284.5	5.31
			130,140,150	252	202								37				
			160,170,180	302	242												
			190①,200①	352	282												
GⅠCLZ13	112000	2300	140,150	252	202	480	420	320	360	238	182	15	62	40	1600	402	9.16
			160,170,180	302	242								40				
			190,200,220①	352	282												
GⅠCLZ14	160000	2100	160,170,180	302	242	520	465	360	420	266	207	16	50	40	2300	582.2	15.92
			190,200,220	352	282								40				
			240①,250①	410	330												
GⅠCLZ15	224000	1900	190,200,220	352	282	580	510	400	450	278	214	17	41	40	2600	778.2	25.78
			240,250,260①	410	330								45				
			280①	470	380												
GⅠCLZ16	355000	1600	200,220	352	282	680	595	465	500	320	250	16.5	65	50	4100	1071	46.89
			240,250,260	410	330							15.5	45				
			280,300①,320①	470	380												
GⅠCLZ17	400000	1500	220	352	282	720	645	495	530	336	256	17	81	50	5100	1210	60.59
			240,250,260	410	330								46				
			280,300,320	470	380												
GⅠCLZ18	500000	1400	240,250,260	410	330	775	675	520	540	351	262	16.5	53	50	6000	1475	81.75
			280,300,320	470	380								48				
			340①	550	450												
GⅠCLZ19	630000	1300	260	410	330	815	715	560	580	372	280	17	74	50	6700	1603	101.57
			280,300,320	470	380								48				
			340,360①	550	450												
GⅠCLZ20	710000	1200	280,300,320	470	380	855	755	585	600	393	297	20	51	50	8100	2033	140.03
			340,360,380①	550	450												
GⅠCLZ21	900000	1100	300,320	470	380	915	795	620	640	404	305	20	51	50	10500	2385	183.49
			340,360,380	550	450												
			400①	650	540												
GⅠCLZ22	950000	950	340,360,380	550	450	960	840	665	680	415	316	20	51	60	14000	2452	235.04
			400,420①	650	540												
GⅠCLZ23	1120000	900	360,380	550	450	1010	890	710	720	435	333	20	51	60	15000	3332	323.16
			400,420,450①	650	540								55				
GⅠCLZ24	1250000	875	380	550	450	1050	925	730	760	445	342	22	53	60	16500	3639	389.97
			400,420,450,480①	650	540								57				
GⅠCLZ25	1400000	850	400,420,450,480,500①	650	540	1120	970	770	800	465	362	22	58	60	18000	4073	485.96
GⅠCLZ26	1600000	825	420,450,480,500	650	540	1160	990	800	850	475	366	22	58	60	19000	4527	573.64
			530①	650	540												

第6篇

续表

型号	公称转矩 T_n /N·m	许用转速[n] /r·min^{-1}	轴孔直径 d_1,d_2	轴孔长度 L		D	D_1	D_2	D_3	B_1	A_1	C	C_1	e	润滑脂用量 /mL	质量 m /kg	转动惯量 I /kg·m^2
				Y	J$_1$												
GⅠCLZ27	1800000	800	450,480,500	650	540	1210	1060	850	900	479	369	22	58	70	23000	5485	789.74
			530,560①	800	680												
GⅠCLZ28	2000000	770	480,500	650	540	1250	1080	890	960	517	402	28	63	70	24000	6050	960.26
			530,560,600①	800	680												
GⅠCLZ29	2800000	725	500	650	540	1340	1200	960	1010	517	396	28	65	80	26000	7090	1268.98
			530,560,600,630①	800	680								63				
GⅠCLZ30	3500000	700	560,600,630	800	680	1390	1240	1005	1070	525	403	28	63	80	30000	9264	1822.02
			670①	—	780												

① 轴孔尺寸只适合 d_2 选用。

注：1. 联轴器质量和转动惯量是按各型号中最小轴孔直径的最大长度计算的近似值。

2. $D_2 \geqslant 465$mm，其 O 形密封圈采用圆形断面橡胶条粘接而成。

3. d_z 最大直径为 220mm。

4. 表中的公称转矩值，当齿面氮化或表面淬火时，本标准中的公称转矩值乘以 1.3。

表 6-3-96 GⅠCL、GⅠCLZ 型联轴器渐开线花键孔的连接尺寸

型号	公称转矩 T_n/N·m	许用转速[n] /r·min^{-1}	30° 渐开线花键		
			模数 m/mm	齿数 z	孔长 L/mm
GⅠCL1 GⅠCLZ1	800	7100	1.5	15～17	38
				18～20	44
				21～26	60
GⅠCL2 GⅠCLZ2	1400	6300	1.5	18～20	44
				21～26	60
				27～33	84
GⅠCL3 GⅠCLZ3	2800	5900	1.5	21～26	60
			2	21～29	84
				31	107
GⅠCL4 GⅠCLZ4	5000	5400	2	17～20	60
				21～29	84
			3	21～24	107
GⅠCL5 GⅠCLZ5	8000	5000	2	21～29	84
			3	21～26	107
				27	132
GⅠCL6 GⅠCLZ6	11200	4800	2	25～29	84
			3	21～26	107
				27～31	132
GⅠCL7 GⅠCLZ7	15000	4500	3	21～26	107
				27～32	132
				34	167
GⅠCL8 GⅠCLZ8	21200	4000	3	22～26	107
				27～32	132
				34～37	167
GⅠCL9 GⅠCLZ9	26500	3500	3	25～26	107
				27～32	132
			4	26～32	167
GⅠCL10 GⅠCLZ10	42500	3200	3	27～32	132
			4	26～32	167
				33～36	202

续表

型　号	公称转矩 T_n/N·m	许用转速[n]/r·min^{-1}	30°渐开线花键		
			模数 m/mm	齿数 z	孔长 L/mm
GⅠCL11 GⅠCLZ11	60000	3000	4	26～32	167
				33～38	202
GⅠCL12 GⅠCLZ12	80000	2600	4	33～38	202
				40～46	242
GⅠCL13 GⅠCLZ13	112000	2300	4	36～38	202
				41～46	242
				48～51	282
GⅠCL14 GⅠCLZ14	160000	2100	4	41～46	242
			5	39～45	282
GⅠCL15 GⅠCLZ15	224000	1900	5	39～45	282
				49～51	330
GⅠCL16 GⅠCLZ16	355000	1600	5	41～45	282
				49～53	330
GⅠCL17 GⅠCLZ17	400000	1500	5	49～53	330
				57～61	380
GⅠCL18 GⅠCLZ18	500000	1400	5	49～53	330
			6	47～54	380
GⅠCL19 GⅠCLZ19	630000	1300	6	47～54	380
				57	450
GⅠCL20 GⅠCLZ20	710000	1200	6	47～54	380
				57～61	450
GⅠCL21 GⅠCLZ21	900000	1100	6	51～54	380
				57～64	450
GⅠCL22 GⅠCLZ22	950000	950	6	57～64	450
			8	51	540
GⅠCL23 GⅠCLZ23	1120000	900	8	46～48	450
				51～53	540
GⅠCL24 GⅠCLZ24	1250000	875	8	48	450
				51～57	540
GⅠCL25 GⅠCLZ25	1400000	850	10	41～49	540
GⅠCL26 GⅠCLZ26	1600000	825	10	43～51	540
GⅠCL27 GⅠCLZ27	1800000	800	10	46～51	540
				54	680
GⅠCL28 GⅠCLZ28	2000000	770	10	49～51	540
				54～57	680

当两轴线无径向位移时，GⅠCL、GⅠCLZ 型鼓形齿式联轴器两端轴线间的许用角向补偿量 $\Delta\alpha$（见图 6-3-8）不超过 1°30′；当两轴无角向位移时，GⅠCL 型鼓形齿式联轴器的径向补偿量 Δy 见表 6-3-97。当两轴无角向位移时，GⅠCLZ 型联轴器的许用径向补偿量 Δy 见图 6-3-9，并按 $\Delta y = A\tan\Delta\alpha = A\tan 1°30'$ 计算。

GⅠCL、GⅠCLZ型鼓形齿式联轴器两端轴线偏角、安装和装配误差不得超过±5′。

鼓形齿式联轴器的内齿圈、外齿轴套的材料和热处理应符合表 6-3-91 的规定。

鼓形齿式联轴器法兰连接铰孔螺栓强度等级按 GB/T 3098.1 规定的 10.9 级。

鼓形齿式联轴器的鼓形齿外齿轴套齿根处鼓肚量

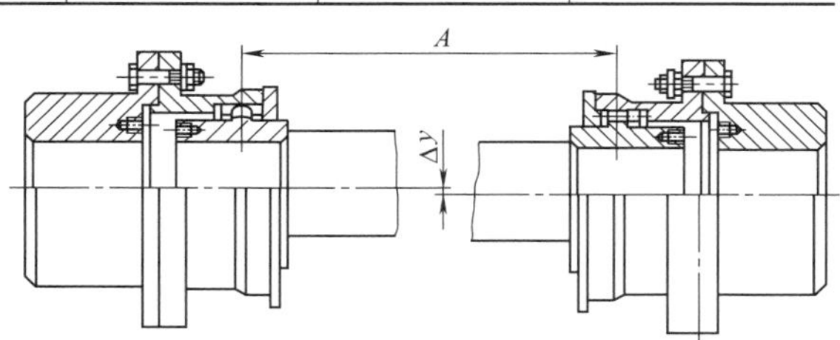

图 6-3-9　GⅠCLZ型联轴器的径向补偿量

偏差按 JS7 级规定。

鼓形齿式联轴器的内、外齿啮合在油浴中工作，不得有漏油现象。一般情况采用润滑脂，其牌号为 4 号合成锂基润滑脂 ZL-4。高速时也可采用 46 号或 68 号机械油。正常工作条件下六个月换油一次，并定期检查油耗情况及时补充。

表 6-3-97 GⅠCL 型联轴器的径向补偿量 mm

联轴器型号	GⅠCL1	GⅠCL2	GⅠCL3	GⅠCL4	GⅠCL5	GⅠCL6	GⅠCL7	GⅠCL8	GⅠCL9	GⅠCL10
许用径向补偿量 Δy	1.96	2.36	2.75	3.27	3.8	4.3	4.7	5.24	5.63	6.81
联轴器型号	GⅠCL11	GⅠCL12	GⅠCL13	GⅠCL14	GⅠCL15	GⅠCL16	GⅠCL17	GⅠCL18	GⅠCL19	GⅠCL20
许用径向补偿量 Δy	7.46	8.77	10.08	11.15	11.36	13.3	13.87	14.53	15.71	16.49
联轴器型号	GⅠCL21	GⅠCL22	GⅠCL23	GⅠCL24	GⅠCL25	GⅠCL26	GⅠCL27	GⅠCL28	GⅠCL29	GⅠCL30
许用径向补偿量 Δy	17.02	17.28	18.06	18.6	19.4	19.9	19.92	21.2	21.1	21.7

3.3.13 滚子链联轴器（GB/T 6069—2017）

滚子链联轴器是利用滚子链同时与两个齿数相同的并列链轮啮合，实现两同轴线的传动轴系的连接。滚子链联轴器对两轴线的偏移具有一定补偿能力，且具有结构简单、装拆方便、尺寸紧凑、重量轻、对安装精度要求不高、工作可靠、寿命较长、成本较低等特点。可用于纺织、农机、起重运输、矿山、轻工、化工等机械的轴系传动。适用于高温、潮湿和多尘工况环境，不适用于高速、有剧烈冲击载荷和传递轴向力的场合。滚子链联轴器应在良好的润滑并有防护罩的条件下工作。

滚子链联轴器传递公称转矩范围为 40～25000N·m。

表 6-3-98 滚子链联轴器结构型式、基本参数和主要尺寸 mm

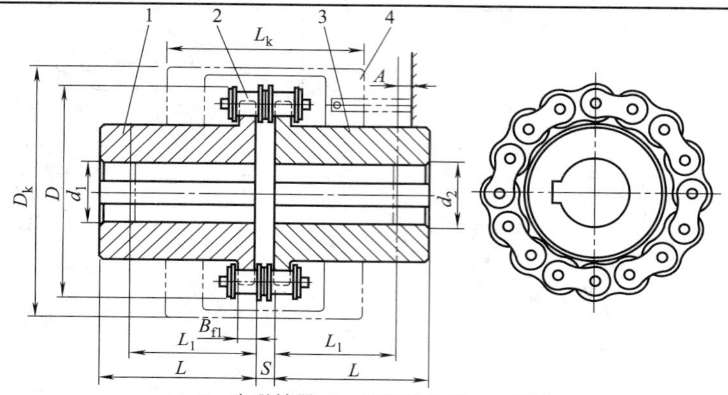

1，3—半联轴器；2—双排滚子链；4—罩壳

型号	公称转矩 T_n /N·m	许用转速[n] /r·min⁻¹ 不装罩壳	安装罩壳	轴孔直径 d_1、d_2	轴孔长度 L	链号	链条节距 p	齿数 z	D	B_{f1}	S	A	D_k max	L_k max	总质量 m /kg	转动惯量 I /kg·m²
GL1	40	1400	4500	16、18、19	42	06B	9.525	14	51.06	5.3	4.9	—	70	70	0.40	0.0001
				20	52							4				
GL2	63	1250	4500	19	42	06B	9.525	16	57.08	5.3	4.9	—	75	75	0.70	0.0002
				20、22、24	52							4				
GL3	100	1000	4000	20、22、24	52	08B	12.7	14	68.88	7.2	6.7	12	85	80	1.1	0.00038
				25	62							6				
GL4	160	1000	4000	24	52	08B	12.7	16	76.91	7.2	6.7	—	95	88	1.8	0.00086
				25、28	62							6				
				30、32	82							—				
GL5	250	800	3150	28	62	10A	15.875	16	94.46	8.9	9.2	—	112	100	3.2	0.0025
				30、32、35、38	82											
				40	112											
GL6	400	630	2500	32、35、38	82	10A	15.875	20	116.57	8.9	9.2	—	140	105	5.0	0.0058
				40、42、45、48、50	112											
GL7	630	630	2500	40、42、45、48、50、55	112	12A	19.05	18	127.78	11.9	10.9	—	150	122	7.4	0.012
				60	142											
GL8	1000	500	2240	45、48、50、55	112	16A	25.4	16	154.33	15	14.3	12	180	135	11.1	0.025
				60、65、70	142							—				
GL9	1600	400	2000	50、55	112	16A	25.4	20	186.5	15	14.3	12	215	145	20	0.061
				60、65、70、75	142							—				
				80	172											

续表

型号	公称转矩 T_n /N·m	许用转速[n] /r·min^{-1} 不装罩壳	许用转速[n] /r·min^{-1} 安装罩壳	轴孔直径 d_1、d_2	轴孔长度 L	链号	链条节距 p	齿数 z	D	B_{f1}	S	A	D_k max	L_k max	总质量 m /kg	转动惯量 I /kg·m^2
GL10	2500	315	1600	60、65、70、75	142	20A	31.75	18	213.02	18	17.8	6	245	165	26.1	0.079
				80、85、90	172							—				
GL11	4000	250	1500	75	142	24A	38.1	16	231.49	24	21.5	35	270	195	39.2	0.188
				80、85、90、95	172							10				
				100	212							10				
GL12	6300	250	1250	85、90、95	172	28A	44.45	16	270.08	24	24.9	20	310	205	59.4	0.38
				100、110、120	212							—				
GL13	10000	200	1120	100、110、120、125	212	32A	50.8	18	340.8	30	28.6	14	380	230	86.5	0.869
				130、140	252							—				
GL14	16000	200	1000	120、125	212	32A	50.8	22	405.22	30	28.6	14	450	250	150.8	2.06
				130、140、150	252							—				
				160	302											
GL15	25000	200	900	140、150	252	40A	63.5	20	466.25	36	35.6	18	510	285	234.4	4.37
				160、170、180	302							—				
				190	352											

注：1. 有罩壳时，在型号后加“F”，例 GL5 型联轴器，有罩壳时改为 GL5F。

2. 表中联轴器质量、转动惯量是近似值。

滚子链联轴器用双排滚子链，采用 GB/T 1243 规定的链条。半联轴器链轮应符合以下规定：半联轴器链轮的轴向连接段应符合图 6-3-10 和表 6-3-98 的规定；半联轴器链轮齿形参数和公差按 GB/T 1243 规定；轮毂外圆的径向圆跳动（见图 6-3-10）按 GB/T 1184 中的 8 级公差值；半联轴器链轮的齿顶圆直径 d_e 应符合表 6-3-99 的规定。联轴器罩壳的结构和其余尺寸，可根据需要确定。

滚子链联轴器使用时，被连接两轴的相对偏移量不得大于表 6-3-100 规定的许用补偿值。半联轴器材料的强度极限和齿面硬度应符合表 6-3-101 的规定。联轴器的润滑对性能有重大影响，无论有无罩壳，均应涂润滑脂。半联轴器和罩壳不允许有裂纹、夹渣等影响强度的缺陷。

3.3.14 十字轴式万向联轴器

万向联轴器是适用于有较大角向偏移的两轴间连接的联轴器，它在运转过程中可以随时改变两轴间的夹角。根据轴承座的不同，十字轴式万向联轴器分为 SWP 型（剖分式轴承座）和 SWZ 型（整体式轴承座）两种类型。

万向联轴器通常是由两个单万向联轴器（主动轴 1 和从动轴 2）和一个中间轴组成的双万向联轴器。要使主动轴、从动轴角速度相等，即 $\omega_1=\omega_2$，必须满足以下三个条件：

a. 中间轴与主动轴、从动轴间的折角相等，即 $\beta_1=\beta_2$；

b. 中间轴两端的叉头在同一平面内；

c. 中间轴、主动轴和从动轴三轴线在同一平面内。

当不满足上述条件时，联轴器为不等角速度传动。不等角速度传动时，主、从动轴角位移的计算方法以及万向联轴器的选用计算方法见 GB/T 26661—2011 或 GB/T 28700—2012。

表 6-3-99　　半联轴器链轮齿顶圆直径

型号	GL1	GL2	GL3	GL4	GL5	GL6	GL7	GL8	GL9	GL10	GL11	GL12	GL13	GL14	GL15
d_e/mm	43	49	58	66	82	102	110	131	163	183	196	228	293	357	406

表 6-3-100　　滚子链联轴器许用补偿量　　mm

项目	型号														
	GL1	GL2	GL3	GL4	GL5	GL6	GL7	GL8	GL9	GL10	GL11	GL12	GL13	GL14	GL15
径向 Δy	0.19	0.19	0.25	0.25	0.32	0.32	0.38	0.50	0.50	0.63	0.76	0.88	1.00	1.00	1.27
轴向 Δx	1.40	1.40	1.90	1.90	2.30	2.30	2.80	3.80	3.80	4.70	5.70	6.60	7.60	7.60	9.50
角向 $\Delta\alpha$	1°														

注：径向偏移量的测量部位，在半联轴器轮毂外圆宽度的二分之一处。

表 6-3-101　　半联轴器材料的强度极限和硬度

抗拉强度 R_m/MPa	齿面硬度	适用工况
≥650	≥241HBS	载荷平稳，速度较低
	≥45HRC	载荷波动较大，速度较高

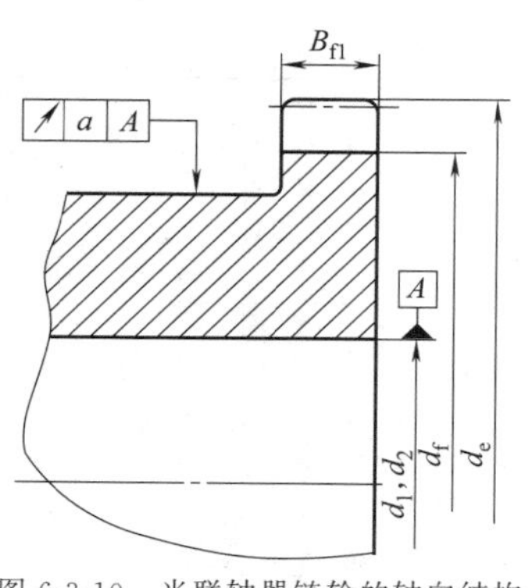

图 6-3-10 半联轴器链轮的轴向结构

（1）SWP 型十字轴式万向联轴器（JB/T 3241—2005）

SWP 型十字轴式万向联轴器的轴承座设计为剖分式轴承座，以便于更换轴承。适用于轧制机械、起重运输机械以及其他重型机械中，连接两个不同轴线的传动轴系。回转直径 160～650mm，传递公称转矩范围为 20～1600kN·m，联轴器的轴线折角范围为 5°～15°。

SWP 型剖分轴承座十字轴式万向联轴器型式分为 9 种，见表 6-3-102。

表 6-3-102 SWP 型十字轴式万向联轴器型式

型式代号	名称	图 示	结构型式基本参数和主要尺寸
A	有伸缩长型	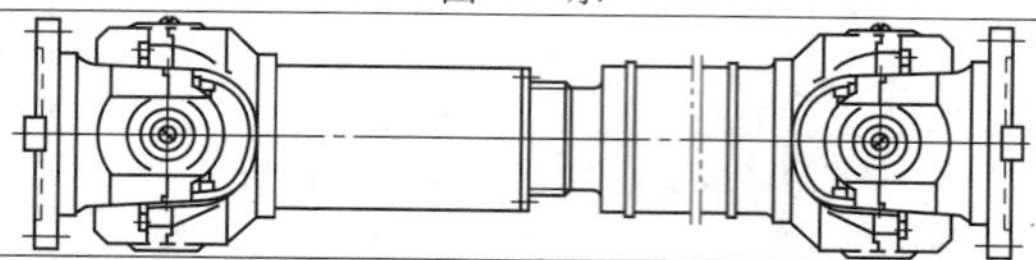	表 6-3-103
B	有伸缩短型	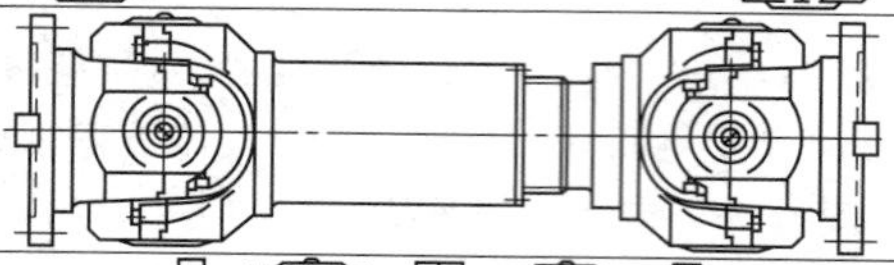	表 6-3-104
C	无伸缩短型	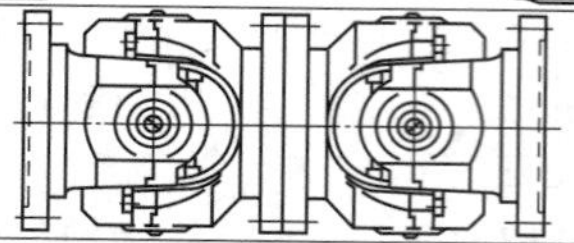	表 6-3-105
D	无伸缩长型	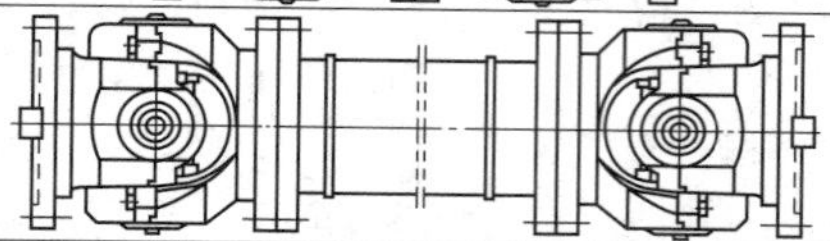	表 6-3-106
E	有伸缩双法兰长型	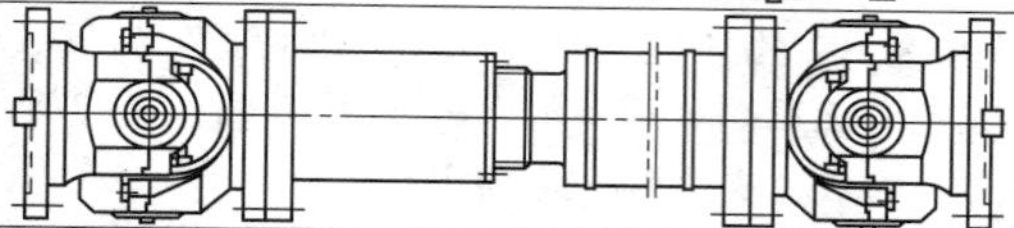	表 6-3-107
F	大伸缩长型	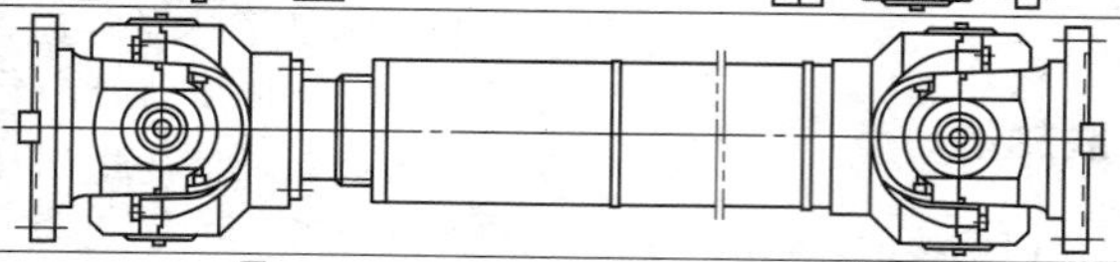	表 6-3-108
G	有伸缩超短型	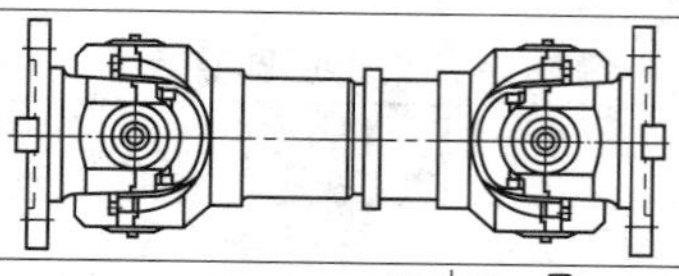	表 6-3-109
ZG	正装贯通型	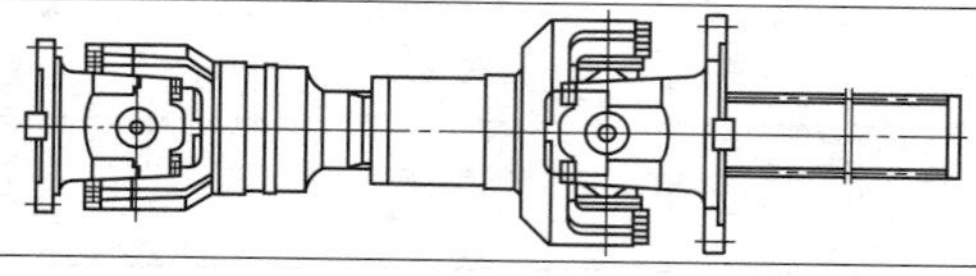	表 6-3-110
FG	反装贯通型	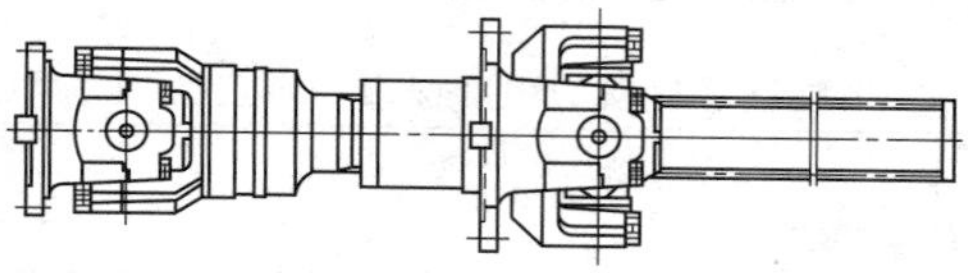	表 6-3-111

表 6-3-103 A型（有伸缩长型）十字轴式万向联轴器的结构型式、基本参数和主要尺寸 mm

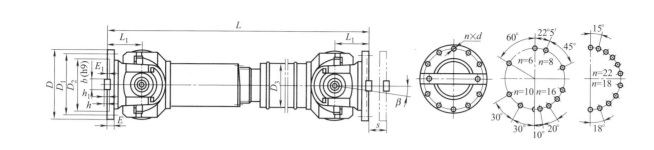

型号	回转直径 D	公称转矩 T_n /kN·m	脉动疲劳转矩 T_p /kN·m	交变疲劳转矩 T_f /kN·m	轴线折角 β/(°)	伸缩量 S	尺寸										转动惯量/kg·m²		质量/kg	
							L_{min}	D_1	D_2 (H7)	D_3	E	E_1	$b \times h$	h_1	L_1	$n \times d$	L_{min}时	增长0.1m的增量	L_{min}时	增长0.1m的增量
SWP160A	160	20	14	10	≤15	50	655	140	95	121	15	4	20×12	6	90	6×ϕ13	0.167	0.008	52	2.5
SWP180A	180	28	20	14	≤15	60	760	155	105	127	15	4	24×14	7	105	6×ϕ15	0.304	0.012	75	3.4
SWP200A	200	40	28	20	≤15	70	825	175	125	140	17	5	28×16	8	120	8×ϕ15	0.490	0.016	98	3.8
SWP225A	225	56	40	28	≤15	80	950	196	135	168	20	5	32×18	9	145	8×ϕ17	0.916	0.039	143	6.2
SWP250A	250	80	56	40	≤15	90	1055	218	150	219	25	5	40×25	12.5	165	8×ϕ19	1.763	0.079	226	7.2
SWP285A	285	112	78	56	≤15	100	1200	245	170	219	27	7	40×30	15	180	8×ϕ21	3.193	0.099	313	9.4
SWP315A	315	160	112	80	≤15	110	1330	280	185	273	32	7	40×30	15	205	10×ϕ23	5.270	0.219	425	12.8
SWP350A	350	224	157	112	≤15	120	1480	310	210	273	35	8	50×32	16	225	10×ϕ23	8.645	0.226	565	13.9
SWP390A	390	315	220	158	≤10	120	1480	345	235	273	40	8	70×36	18	215	10×ϕ25	12.92	0.303	680	21.1
SWP435A	435	450	315	225	≤10	150	1670	385	255	325	42	10	80×40	20	245	16×ϕ28	24.24	0.545	1010	25.7
SWP480A	480	630	440	315	≤10	170	1860	425	275	351	47	12	90×45	22.5	275	16×ϕ31	38.74	0.755	1345	30.7
SWP550A	550	90	630	450	≤10	190	2100	492	320	426	50	12	100×45	22.5	305	16×ϕ31	76.57	1.435	2015	38.1
SWP600A	600	1250	875	625	≤10	210	2520	544	380	480	55	15	90×55	27.5	370	22×ϕ34	134.1	2.493	2980	53.2
SWP650A	650	1600	1120	800	≤10	230	2630	585	390	500	60	15	100×60	30	405	18×ϕ38	192.7	3.210	3650	65.1

注：$L(\geqslant L_{min})$ 为缩短后的最小长度，不包括伸长量 S。安装长度（L 加分配 S 的缩短量值）按需要确定。

表 6-3-104 B型（有伸缩短型）十字轴式万向联轴器的结构型式、基本参数和主要尺寸 mm

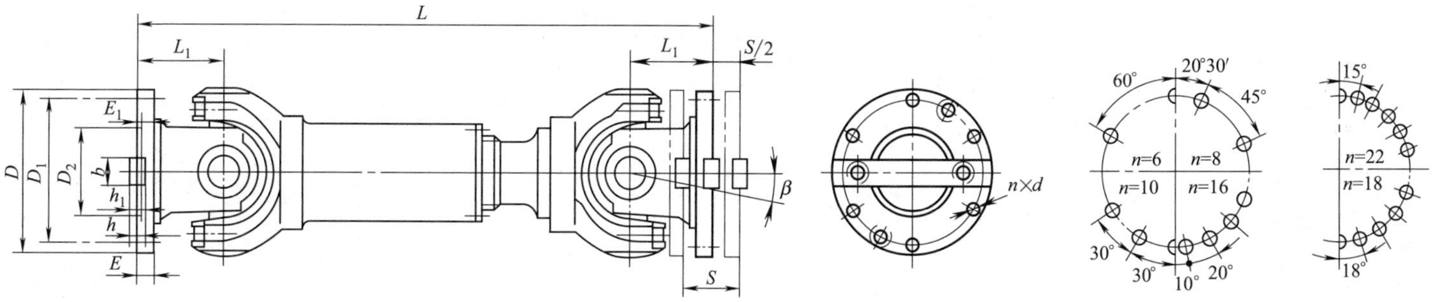

型号	回转直径 D	公称转矩 T_n /kN·m	脉动疲劳转矩 T_p /kN·m	交变疲劳转矩 T_f /kN·m	轴线折角 β/(°)	伸缩量 S	尺寸									转动惯量/kg·m²		质量/kg	
							L_{min}	D_1	D_2 (H7)	E	E_1	$b \times h$	h_1	L_1	$n \times d$	L_{min}时	增长0.1m的增量	L_{min}时	增长0.1m的增量
SWP160B	160	20	14	10	≤15	50	575	140	95	15	4	20×12	6	90	6×ϕ13	0.148	0.004	46	3.92
SWP180B	180	28	20	14		60	650	155	105	15	4	24×14	7	105	6×ϕ15	0.268	0.006	66	4.75
SWP200B	200	40	28	20		70	735	175	125	17	5	28×16	8	120	8×ϕ15	0.430	0.009	86	6.46
SWP225B	225	56	40	28		76	850	196	135	20	5	32×18	9	145	8×ϕ17	0.826	0.013	129	8.05
SWP250B	250	80	56	40		80	920	218	150	25	5	40×25	12.5	165	8×ϕ19	1.553	0.026	199	12.54
SWP285B	285	112	78	56		100	1070	245	170	27	7	40×30	15	180	8×ϕ21	2.856	0.043	280	15.18
SWP315B	315	160	112	80		110	1200	280	185	32	7	40×30	15	205	10×ϕ23	4.774	0.078	385	19.25
SWP350B	350	224	157	112		120	1330	310	210	35	8	50×32	16	225	10×ϕ23	7.788	0.097	509	22.75
SWP390B	390	315	220	158	≤10	120	1290	345	235	40	8	70×36	18	215	10×ϕ25	11.628	0.122	612	25.62
SWP435B	435	450	3158	225		150	1520	385	255	42	10	80×40	20	245	16×ϕ28	22.032	0.176	918	29.12
SWP480B	480	630	440	315		170	1690	425	275	47	12	90×45	22.5	275	16×ϕ31	35.482	0.238	1232	35.86
SWP550B	550	900	630	450		190	1850	492	320	50	12	100×45	22.5	300	16×ϕ31	67.868	0.341	1786	40.33
SWP600B	600	1250	875	625		210	2480	544	380	55	15	90×55	27.5	370	22×ϕ34	137.115	0.467	3047	47.65
SWP650B	640	1600	1120	800		230	2580	585	390	60	15	100×60	30	405	18×ϕ38	194.991	0.623	3693	54.48

注：L（$\geqslant L_{min}$）为缩短后的最小长度，不包括伸长量 S。安装长度（L 加分配 S 的缩短量值）按需要确定。

表 6-3-105 C型（无伸缩短型）十字轴式万向联轴器的结构型式、基本参数和主要尺寸 mm

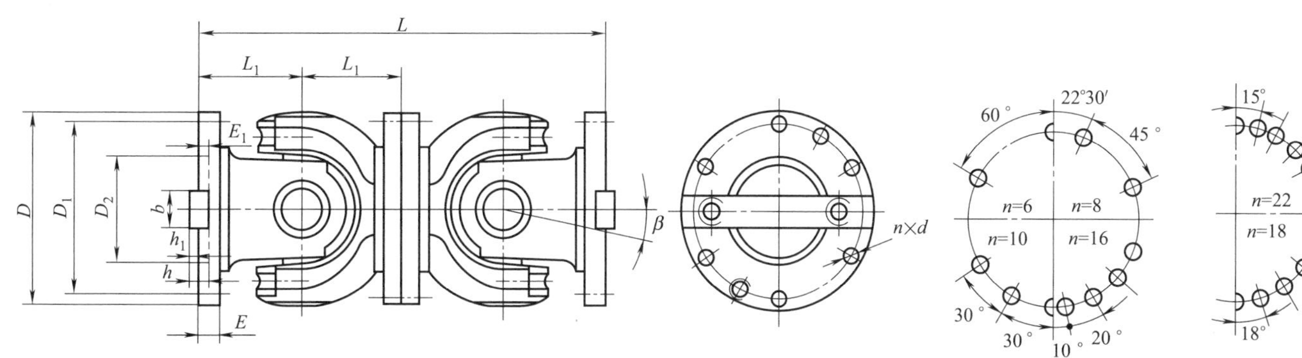

型号	回转直径 D	公称转矩 T_n /kN·m	脉动疲劳转矩 T_p /kN·m	交变疲劳转矩 T_f /kN·m	轴线折角 β /(°)	尺寸									转动惯量 /kg·m²	质量 /kg
						L	D_1	D_2 (H7)	E	E_1	b×h	h_1	L_1	n×d		
SWP160C	160	20	14	10	≤15	360	140	95	15	4	20×12	6	90	6×ϕ13	0.103	32
SWP180C	180	28	20	14		420	155	105	15	4	24×14	7	105	6×ϕ15	0.195	48
SWP200C	200	40	28	20		480	175	125	17	5	28×16	8	120	8×ϕ15	0.325	65
SWP225C	225	56	40	28		580	196	135	20	5	32×18	9	145	8×ϕ17	0.628	98
SWP250C	250	80	56	40		660	218	150	25	5	40×25	12.5	165	8×ϕ19	1.163	149
SWP285C	285	112	78	56		720	245	170	27	7	40×30	15	180	8×ϕ21	2.163	212
SWP315C	315	160	112	80		820	280	185	32	7	40×30	15	205	10×ϕ23	3.671	296
SWP350C	350	224	157	112		900	310	210	35	8	50×32	16	225	10×ϕ23	6.197	405
SWP390C	390	315	220	158	≤10	860	345	235	40	8	70×36	18	215	10×ϕ25	9.728	512
SWP435C	435	450	315	225		980	385	255	42	10	80×40	20	245	16×ϕ28	17.112	713
SWP480C	480	630	440	315		1100	425	275	47	12	90×45	22.5	275	16×ϕ31	27.072	940
SWP550C	550	900	630	450		1220	492	320	50	12	100×45	22.5	305	16×ϕ31	56.050	1475
SWP600C	600	1250	875	625		1480	544	380	55	15	90×55	27.5	370	22×ϕ34	95.760	2128
SWP650C	650	1600	1120	800		1620	575	385	60	15	100×60	30	405	18×ϕ38	144.408	2735

表 6-3-106　D 型（无伸缩长型）十字轴式万向联轴器的结构型式、基本参数和主要尺寸　mm

型号	回转直径 D	公称转矩 T_n /kN·m	脉动疲劳转矩 T_p /kN·m	交变疲劳转矩 T_f /kN·m	轴线折角 β/(°)	尺寸										转动惯量/kg·m²		质量/kg	
						L_{min}	D_1	D_2 (H7)	D_3	E	E_1	$b\times h$	h_1	L_1	$n\times d$	L_{min}时	增长 0.1m 的增量	L_{min}时	增长 0.1m 的增量
SWP160D	160	20	14	10	≤15	450	140	95	121	15	4	20×12	6	90	6×ϕ13	0.116	0.008	36	2.5
SWP180D	180	28	20	14		515	155	105	127	15	4	24×14	7	105	6×ϕ15	0.211	0.012	52	3.4
SWP200D	200	40	28	20		585	175	125	140	17	5	28×16	8	120	8×ϕ15	0.345	0.016	69	3.8
SWP225D	225	56	40	28		700	196	135	168	20	5	32×18	9	145	8×ϕ17	0.692	0.039	108	6.2
SWP250D	250	80	56	40		810	218	150	219	25	5	40×25	12.5	165	8×ϕ19	1.373	0.079	176	7.2
SWP285D	285	112	78	56		880	245	170	219	27	7	40×30	15	180	8×ϕ21	2.367	0.099	232	9.4
SWP315D	315	160	112	80		1000	280	185	273	32	7	40×30	15	205	10×ϕ23	3.993	0.219	322	12.8
SWP350D	350	224	157	112		1100	310	210	273	35	8	50×32	16	225	10×ϕ23	6.426	0.226	420	13.9
SWP390D	390	315	220	158	≤10	1100	345	235	273	40	8	70×36	18	215	10×ϕ25	9.690	0.303	510	21.1
SWP435D	435	450	315	225		1220	385	255	325	42	10	80×40	20	245	16×ϕ28	17.712	0.545	738	25.7
SWP480D	480	630	440	315		1400	425	275	351	47	12	90×45	22.5	275	16×ϕ31	29.088	0.755	1010	30.7
SWP550D	550	900	630	450		1520	492	320	426	50	12	100×45	22.5	305	16×ϕ31	55.252	1.435	1454	38.1
SWP600D	600	1250	875	625		1880	544	380	480	55	15	90×55	27.5	370	22×ϕ34	100.575	2.493	2235	53.2
SWP650D	650	1600	1120	800		2040	585	390	500	60	15	100×60	30	405	18×ϕ38	152.064	3.210	2880	65.1

注：$L(\geqslant L_{min})$ 按需要确定。

表 6-3-107 E型（有伸缩双法兰长型）十字轴式万向联轴器的结构型式、基本参数和主要尺寸 mm

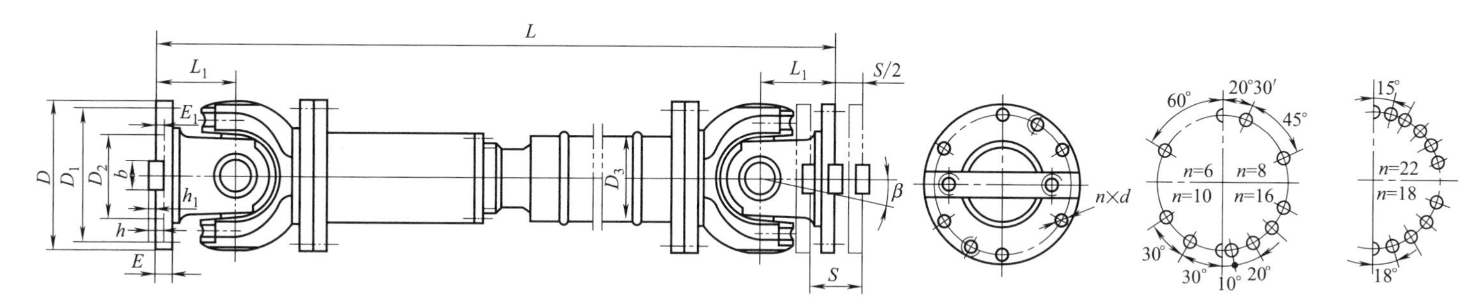

型号	回转直径 D	公称转矩 T_n /kN·m	脉动疲劳转矩 T_p /kN·m	交变疲劳转矩 T_f /kN·m	轴线折角 β/(°)	伸缩量 S	尺寸										转动惯量/kg·m²		质量/kg	
							L_{min}	D_1	D_2 (H7)	D_3	E	E_1	$b\times h$	h_1	L_1	$n\times d$	L_{min}时	增长0.1m的增量	L_{min}时	增长0.1m的增量
SWP160E	160	20	14	10	≤15	50	710	140	95	121	15	4	20×12	6	90	6×ϕ13	0.192	0.008	60	2.5
SWP180E	180	28	20	14		60	810	155	105	127	15	4	24×14	7	105	6×ϕ15	0.245	0.012	85	3.4
SWP200E	200	40	28	20		70	885	175	125	140	17	5	28×16	8	120	8×ϕ15	0.540	0.016	108	3.8
SWP225E	225	56	40	28		76	1020	196	135	168	20	5	32×18	9	145	8×ϕ17	1.024	0.039	160	6.2
SWP250E	250	80	56	40		80	1135	218	150	219	25	5	40×25	12.5	165	8×ϕ19	1.997	0.079	256	7.2
SWP285E	285	112	78	56		100	1280	245	170	219	27	7	40×30	15	180	8×ϕ21	3.560	0.099	349	9.4
SWP315E	315	160	112	80		110	1430	280	185	273	32	7	40×30	15	205	10×ϕ23	5.952	0.219	480	12.8
SWP350E	350	224	157	112		120	1580	310	210	273	35	8	50×32	16	225	10×ϕ23	9.639	0.226	630	13.9
SWP390E	390	315	220	158	≤10	120	1600	345	235	273	40	8	70×36	18	215	10×ϕ25	14.687	0.303	773	21.1
SWP435E	435	450	315	225		150	1825	385	255	325	42	10	80×40	20	245	16×ϕ28	27.576	0.545	1149	25.7
SWP480E	480	630	440	315		170	2080	425	275	351	47	12	90×45	22.5	275	16×ϕ31	45.274	0.755	1572	30.7
SWP550E	550	900	630	450		190	2300	492	320	426	50	12	100×45	22.5	305	16×ϕ31	87.172	1.435	3394	38.1
SWP600E	600	1250	875	625		210	2865	544	380	480	55	15	90×55	27.5	370	22×ϕ34	160.155	2.493	3559	53.2
SWP650E	650	1600	1120	800		230	3140	585	390	500	60	15	100×60	30	405	18×ϕ38	241.930	3.210	4582	65.1

注：$L(\geqslant L_{min})$ 为缩短后的最小长度，不包括伸长量 S。安装长度（L 加分配 S 的缩短量值）按需要确定。

表 6-3-108 F型（大伸缩长型）十字轴式联轴器的结构型式、基本参数和主要尺寸 mm

型号	回转直径 D	公称转矩 T_n /kN·m	脉动疲劳转矩 T_p /kN·m	交变疲劳转矩 T_f /kN·m	轴线折角 β/(°)	伸缩量 S	尺寸										转动惯量/kg·m²		质量/kg	
							L_{min}	D_1	D_2 (H7)	D_3	E	E_1	$b\times h$	h_1	L_1	$n\times d$	L_{min}时	增长0.1m的增量	L_{min}时	增长0.1m的增量
SWP160F	160	20	14	10	≤15	150	715	140	95	121	15	4	20×12	6	90	6×ϕ13	0.179	0.008	56	kg2.5
SWP180F	180	28	20	14		170	785	155	105	127	15	4	24×12	7	105	6×ϕ15	0.312	0.012	77	3.4
SWP200F	200	40	28	20		190	955	175	125	140	17	5	28×16	8	120	8×ϕ15	0.520	0.016	104	3.8
SWP225F	225	56	40	28		210	1025	196	135	168	20	5	32×18	9	145	8×ϕ17	0.979	0.039	153	6.2
SWP250F	250	80	56	40		220	1120	218	150	219	25	5	40×25	12.5	165	8×ϕ19	1.872	0.079	240	7.2
SWP285F	285	112	78	56		240	1270	245	170	219	27	7	40×30	15	180	8×ϕ21	3.366	0.099	330	9.4
SWP315F	315	160	112	80		270	1415	280	185	273	32	7	40×30	15	205	10×ϕ23	5.555	0.219	448	12.8
SWP350F	350	224	157	112		290	1555	310	210	273	35	8	50×32	16	225	10×ϕ23	9.027	0.226	590	13.9
SWP390F	390	315	220	158	≤10	315	1522.5	345	235	273	40	8	70×36	18	215	10×ϕ25	13.623	0.303	717	21.1
SWP435F	435	450	315	225		335	1712.5	385	255	325	42	10	80×40	20	245	16×ϕ28	25.200	0.545	1050	25.7
SWP480F	480	630	440	315		350	1905	425	275	351	47	12	90×45	22.5	275	16×ϕ31	40.320	0.755	1400	30.7
SWP550F	550	900	630	450		360	2050	492	320	426	50	12	100×45	22.5	305	16×ϕ31	76.152	1.435	2004	38.1
SWP600F	600	1250	875	625		370	2655	544	380	480	55	15	90×55	27.5	370	22×ϕ34	141.300	2.493	3140	53.2
SWP650F	650	1600	1120	800		380	2750	585	390	500	60	15	100×60	30	405	18×ϕ38	205.498	3.210	3892	65.1

注：$L(\geqslant L_{min})$ 为缩短后的最小长度，不包括伸长量 S。安装长度（L 加分配 S 的缩短量值）按需要确定。

表 6-3-109 G型（有伸缩超短型）十字轴式联轴器的结构型式、基本参数和主要尺寸 mm

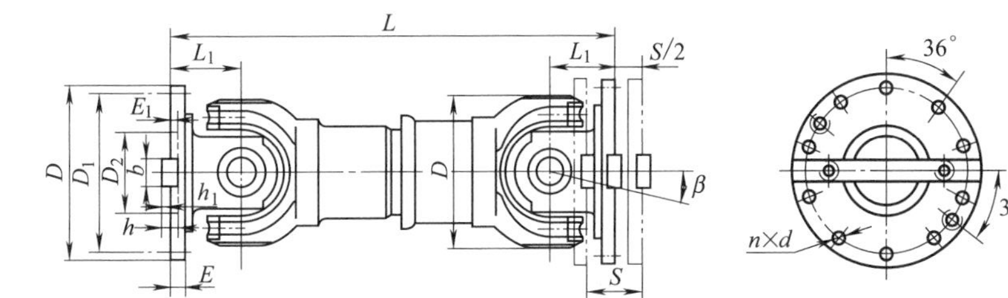

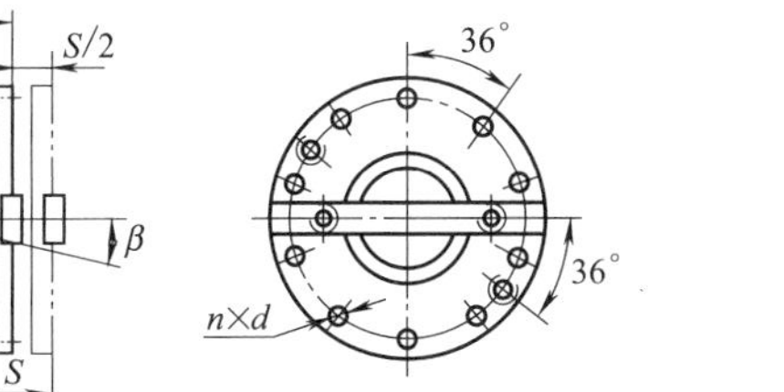

型号	回转直径 D	公称转矩 T_n /kN·m	脉动疲劳转矩 T_p /kN·m	交变疲劳转矩 T_f /kN·m	轴线折角 β/(°)	伸缩量 S	尺寸										转动惯量 /kg·m²	质量/kg
							L	D	D_1	D_2 (H7)	E	E_1	$b\times h$	h_1	L_1	$n\times d$		
SWP225G	225	56	40	28	≤5	40	470	275	248	135	15	5	32×18	9	80	10×ϕ15	0.512	78
SWP250G	250	80	56	40		40	600	305	275	150	15	5	40×18	9	100	10×ϕ17	1.128	142
SWP285G	285	112	78	56		40	665	348	314	170	18	7	40×24	12	120	10×ϕ19	1.956	190
SWP315G	315	160	112	80		40	740	360	328	185	18	7	40×24	12	135	10×ϕ19	3.264	260
SWP350G	350	224	157	112		55	850	405	370	210	22	8	50×32	16	150	10×ϕ21	5.461	355

注：安装长度（L 加分配 S 的缩短量值）按需要确定。

表 6-3-110 ZG型（正装贯通型）十字轴式万向联轴器的结构型式、基本参数和主要尺寸 mm

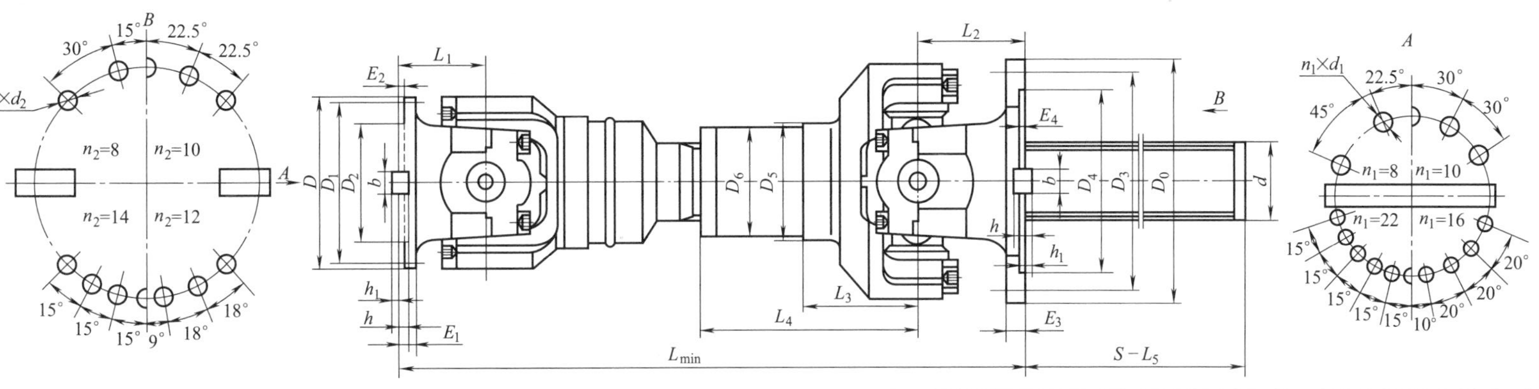

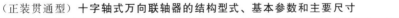

续表

型号	回转直径 D/D_0	公称转矩 T_n /kN·m	脉动疲劳转矩 T_p /kN·m	交变疲劳转矩 T_f /kN·m	轴线折角 β /(°)	伸缩量 S	尺寸										
							L_{min}	D	D_0	D_1 (JS11)	D_2 (H7)	D_3 (JS11)	D_4 (H7)	D_5	D_6	d	E_1
SWP200ZG	200/285	40	22	16	≤10	600	820	200	285	175	90	260	195	135	120	90	17
SWP225ZG	225/315	56	32	23		650	925	225	315	196	105	285	220	155	130	100	20
SWP250ZG	250/350	80	50	36		700	1020	250	350	218	115	315	240	170	155	115	25
SWP285ZG	285/390	112	78	55		750	1140	285	390	245	135	355	270	190	175	132	27
SWP315ZG	315/435	160	112	80		750	1300	315	435	280	150	390	300	215	205	150	32
SWP350ZG	350/480	224	150	105		800	1445	350	480	310	165	435	335	240	230	165	35
SWP395ZG	390/550	315	210	150		800	1605	390	550	345	185	500	385	275	250	185	40
SWP435ZG	435/600	400	295	210		900	1760	435	600	385	200	550	420	300	280	210	42
SWP480ZG	480/640	560	365	260		900	1955	480	640	425	225	580	450	325	310	230	47
SWP550ZG	550/710	800	560	400		1000	2165	550	710	492	260	650	510	370	350	260	50
SWP600ZG	600/810	1120	730	520		1200	2300	600	810	555	350	745	550	460	430	300	55

型号	回转直径 D/D_0	尺寸												转动惯量/kg·m²		质量/kg	
		E_2	E_3	E_4	$b\times h$	h_1	$n_1\times d_1$	$n_2\times d_2$	L_1	L_2	L_3	L_4	L_5	L_{min}时	增长0.1m的增量	L_{min}时	增长0.1m的增量
SWP200ZG	200/285	5	25	7	28×16	8	8×ϕ15	8×ϕ15	110	130	125	360	170	0.821	0.005	182	4.9
SWP225ZG	225/315	5	30	7	32×18	9	8×ϕ17	8×ϕ17	120	145	140	395	190	1.260	0.008	252	6.0
SWP250ZG	250/350	5	35	7	40×25	12.5	8×ϕ19	8×ϕ19	135	165	160	435	215	2.215	0.013	335	7.9
SWP285ZG	285/390	7	40	8	40×30	15	8×ϕ21	8×ϕ21	150	185	180	480	240	3.316	0.021	450	10.1
SWP315ZG	315/435	7	42	8	40×30	15	10×ϕ23	10×ϕ23	170	205	195	565	270	6.115	0.038	624	13.5
SWP350ZG	350/480	8	47	10	50×32	16	10×ϕ23	10×ϕ23	185	230	220	630	300	12.17	0.056	894	16.4
SWP395ZG	390/550	8	50	10	70×36	18	10×ϕ25	10×ϕ25	205	260	250	695	335	20.76	0.088	1213	20.5
SWP435ZG	435/600	10	55	12	80×40	20	16×ϕ28	12×ϕ28	235	290	275	735	375	35.93	0.146	1710	26.4
SWP480ZG	480/640	12	60	15	90×45	22.5	16×ϕ31	12×ϕ31	265	310	295	810	410	59.10	0.209	2335	31.6
SWP550ZG	550/710	12	65	15	100×45	22.5	16×ϕ31	12×ϕ31	290	345	330	880	455	104.3	0.340	3246	40.2
SWP600ZG	600/810	15	75	15	90×55	27.5	22×ϕ34	14×ϕ37	330	390	400	950	510	172.8	0.624	3840	55.5

注：1. 长度 L_{min} 为允许的最小尺寸。其实际尺寸可按需要确定，但必须≥L_{min}。

2. 缩短量 S 根据实际需要可增加或减少。

3. 联轴器总长为 $L+(S-L_5)$。

表 6-3-111 FG型（反装贯通型）十字轴式万向联轴器的结构型式、基本参数和主要尺寸 mm

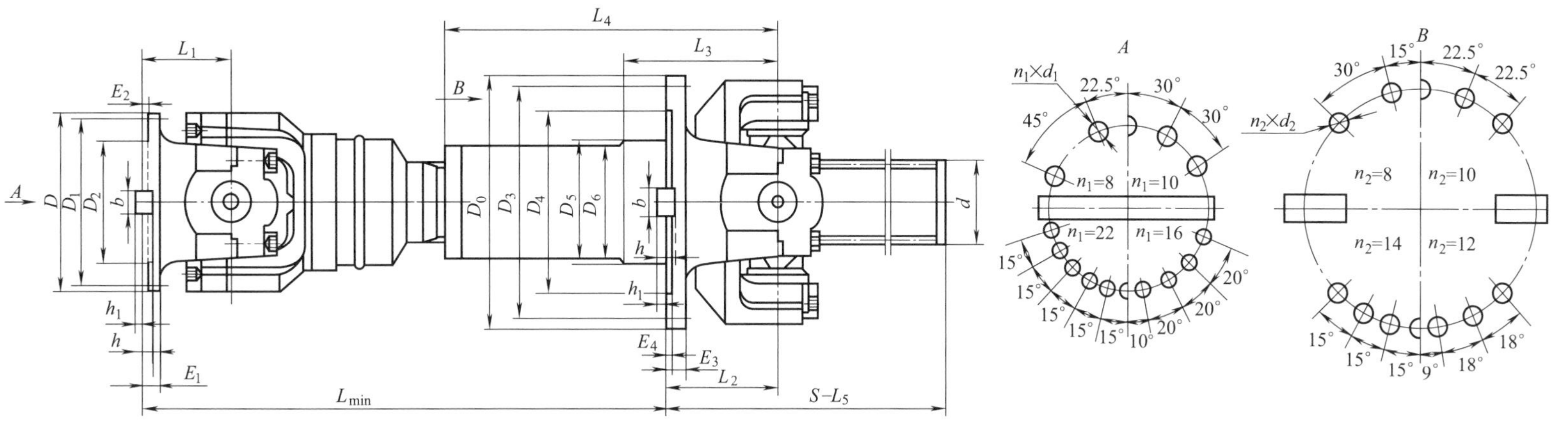

型号	回转直径 D/D_0	公称转矩 T_n /kN·m	脉动疲劳转矩 T_p /kN·m	交变疲劳转矩 T_f /kN·m	轴线折角 β /(°)	伸缩量 S	尺寸										
							L_{min}	D	D_0	D_1 (JS11)	D_2 (H7)	D_3 (JS11)	D_4 (H7)	D_5	D_6	d	E_1
SWP200FG	200/285	40	22	16	≤10	600	630	200	285	175	90	260	195	135	120	90	17
SWP225FG	225/315	56	32	23		650	740	225	315	196	105	285	220	155	130	100	20
SWP250FG	250/350	80	50	36		700	820	250	350	218	115	315	240	170	155	115	25
SWP285FG	285/390	112	78	55		750	925	285	390	245	135	355	270	190	175	132	27
SWP315FG	315/435	160	112	80		750	1050	315	435	280	150	390	300	215	205	150	32
SWP350FG	350/480	224	150	105		800	1140	350	480	310	165	435	335	240	230	165	35
SWP395FG	390/550	315	210	150		800	1250	390	550	345	185	500	385	275	250	185	40
SWP435FG	435/600	400	295	210		900	1385	435	600	385	200	550	420	300	280	210	42
SWP480FG	480/640	560	365	260		900	1535	480	640	425	225	580	450	325	310	230	47
SWP550FG	550/710	800	560	400		1000	1690	550	710	492	260	650	510	370	350	260	50
SWP600FG	600/810	1120	730	520		1200	1760	600	810	555	350	745	550	460	430	300	55

续表

型号	回转直径 D/D_0	尺寸												转动惯量/kg·m²		质量/kg	
		E_2	E_3	E_4	$b \times h$	h_1	$n_1 \times d_1$	$n_2 \times d_2$	L_1	L_2	L_3	L_4	L_5	L_{min}时	增长0.1m的增量	L_{min}时	增长0.1m的增量
SWP200FG	200/285	5	25	7	28×16	8	8×ϕ15	8×ϕ15	110	130	125	360	90	0.811	0.005	173	4.9
SWP225FG	225/315	5	30	7	32×18	9	8×ϕ17	8×ϕ17	120	145	140	395	100	1.246	0.008	241	6.0
SWP250FG	250/350	5	35	7	40×25	12.5	8×ϕ19	8×ϕ19	135	165	160	435	115	2.189	0.013	319	7.9
SWP285FG	285/390	7	40	8	40×30	15	8×ϕ21	8×ϕ21	150	185	180	480	130	3.271	0.021	428	10.1
SWP315FG	315/435	7	42	8	40×30	15	10×ϕ23	10×ϕ23	170	205	195	565	140	6.020	0.038	590	13.5
SWP350FG	350/480	8	47	10	50×32	16	10×ϕ23	10×ϕ23	185	230	220	630	160	11.95	0.056	844	16.4
SWP395FG	390/550	8	50	10	70×36	18	10×ϕ25	10×ϕ25	205	260	250	695	185	20.43	0.088	1140	20.5
SWP435FG	435/600	10	55	12	80×40	20	16×ϕ28	12×ϕ28	235	290	275	735	205	35.38	0.146	1611	26.4
SWP480FG	480/640	12	60	15	90×45	22.5	16×ϕ31	12×ϕ31	265	310	295	810	210	58.22	0.209	2202	31.6
SWP550FG	550/710	12	65	15	100×45	22.5	16×ϕ31	12×ϕ31	290	345	330	880	235	102.68	0.340	3055	40.2
SWP600FG	600/810	15	75	15	90×55	27.5	22×ϕ34	14×ϕ37	330	390	400	950	265	169.43	0.624	3540	55.5

注：1. 长度 L_{min} 为允许的最小尺寸。其实际尺寸可按需要确定，但必须 $\geq L_{min}$。

2. 缩短量 S 根据实际需要可增加或减少。

3. 联轴器总长为 $L+(S-L_5)$。

SWP型剖分轴承座十字轴式万向联轴器是通过高强度螺栓及螺母把两端的法兰连接在其他机械构件上。万向联轴器的法兰与相配件的连接尺寸及螺栓预紧力矩见表6-3-112。

螺栓只能从与联轴器相配的法兰侧装入，螺母由万向联轴器的法兰侧拧紧。螺栓的力学性能应符合GB/T 3098.1中10.9级，螺母的力学性能应符合GB/T 3098.4中10级的规定。其螺纹公差应符合GB/T 197中6H/6g的规定。

SWP型剖分轴承座十字轴式万向联轴器轴承内部和花键处应涂2号工业锂基润滑脂。待装好后，再从注油嘴打入相同油脂，直至充满为止。

工作转速低于500r/min的万向联轴器一般不进行动平衡试验。工作转速高于500r/min（包括500r/min）的万向联轴器一般应进行动平衡试验。平衡品质等级应符合GB/T 9239中G16的规定。

大规格的SWP型剖分轴承座十字轴式万向联轴器型式、基本参数与尺寸见GB/T 26661—2011。

(2) SWZ型整体轴承座十字轴式万向联轴器(GB/T 28700—2012)

SWZ型十字轴式万向联轴器的轴承座是整体式轴承座，结构较SWP型十字轴式万向联轴器紧凑。适用于轧钢机械、起重运输机械及其他重型机械，连接两个不同轴线的传动轴系。回转直径为160～550mm，传递公称转矩范围为20～830kN·m，轴线折角$\beta \leqslant 10°$。

表6-3-112 SWP型十字轴式万向联轴器连接尺寸 mm

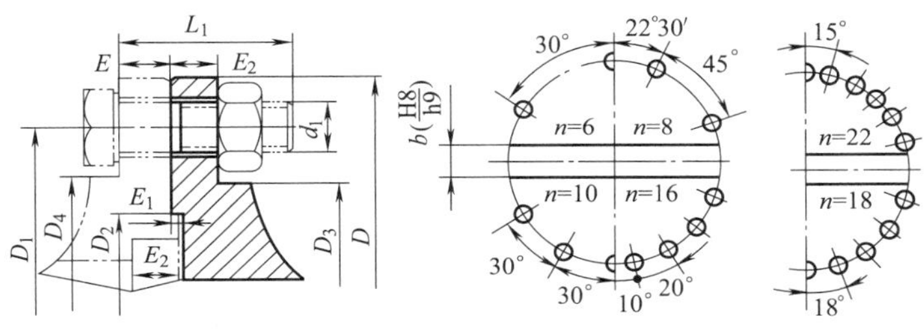

法兰直径 D	螺栓数 n	螺栓规格 $d_1 \times L_1$	预紧力矩 M_a/N·m	D_1	D_2(f8)	D_3	D_4	E	E_1	E_2	b(H8)
160	6	M12×1.5×50	120	140	95	118	121	15	3.5	12	20
180	6	M14×1.5×50	190	155	105	128	133	15	3.5	13	24
200	8	M14×1.5×55	190	175	125	146	153	17	4.5	15	28
225	8	M16×1.5×65	295	196	135	162	171	20	4.5	16	32
250	8	M18×1.5×75	405	218	150	180	190	25	4.5	20	40
285	8	M20×1.5×85	580	245	170	205	214	27	6.0	23	40
315	10	M22×1.5×95	780	280	185	235	245	32	6.0	23	40
350	10	M22×1.5×100	780	310	210	260	280	35	7.0	25	50
390	10	M24×2×110	1000	345	235	290	308	40	7.0	28	70
435	16	M27×2×120	1500	385	255	325	342	42	9.0	32	80
480	16	M30×2×130	2000	425	275	370	377	47	11	36	90
550	16	M30×2×140	2000	492	320	435	444	50	11	36	100
600	22	M33×2×150	2650	544	380	480	492	55	13	43	100
650	18	M36×3×165	3170	585	390	515	528	60	13	45	100
700	22	M36×3×165	3170	635	420	565	578	60	13	45	100

SWZ 型整体轴承座十字轴式万向联轴器型式分为 7 种，见表 6-3-113。

表 6-3-113　　SWZ 型十字轴式万向联轴器型式

序号	型式代号	名称	图　示	结构型式 基本参数和主要尺寸
1	BH	标准伸缩焊接型	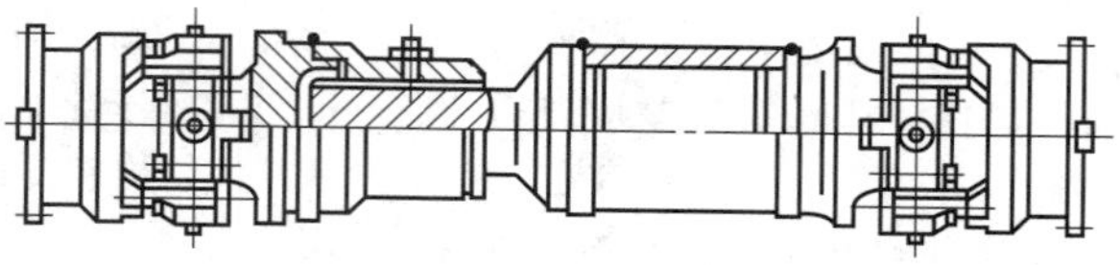	表 6-3-114
2	WH	无伸缩焊接型	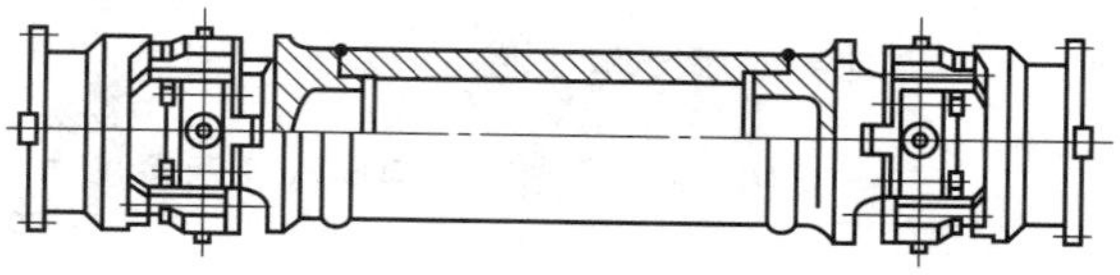	表 6-3-115
3	CH	长伸缩焊接型	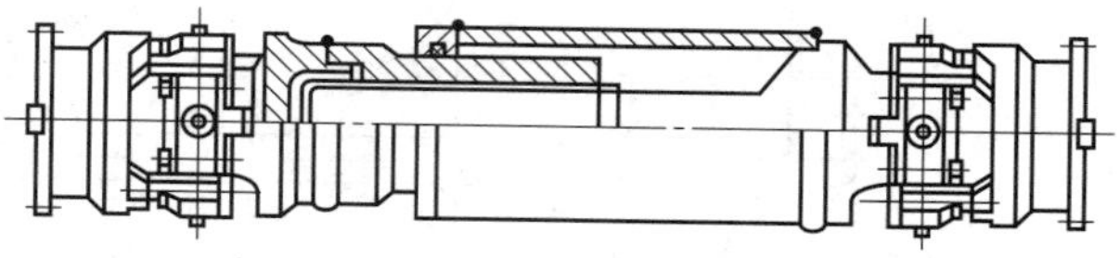	表 6-3-116
4	WD	无伸缩短型	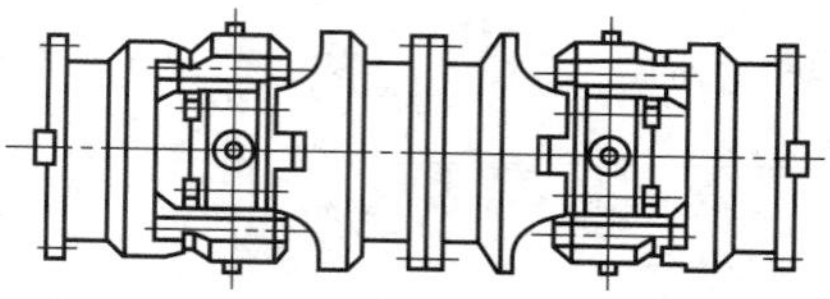	表 6-3-117
5	BF	标准伸缩法兰型	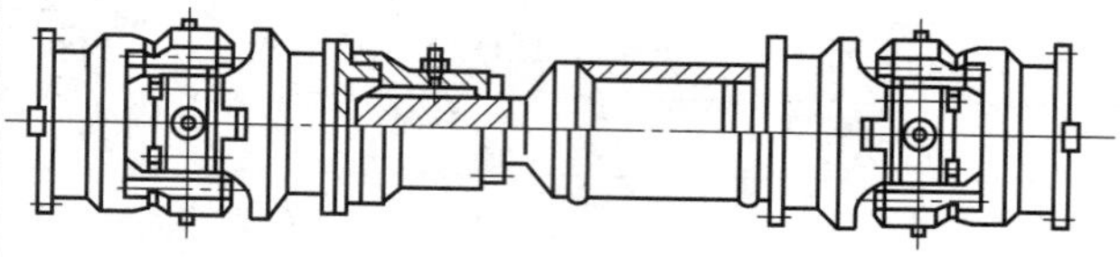	表 6-3-118
6	WF	无伸缩法兰型	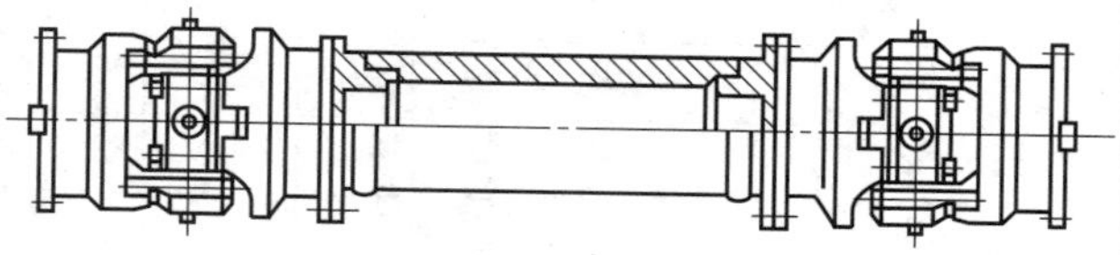	表 6-3-119
7	CF	长伸缩法兰型	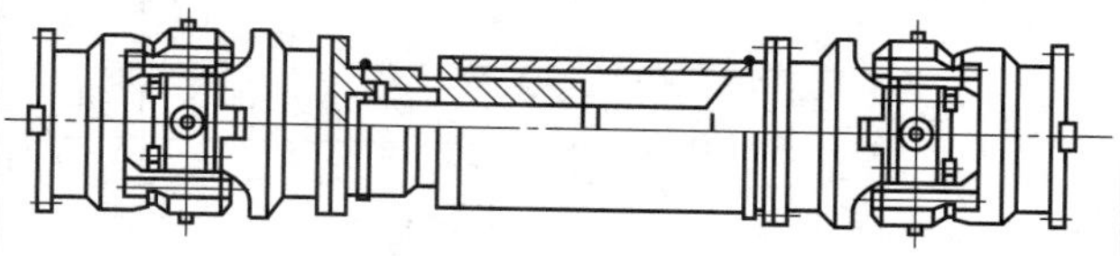	表 6-3-120

表 6-3-114　　BH 型（标准伸缩焊接型）万向联轴器基本参数和主要尺寸　　mm

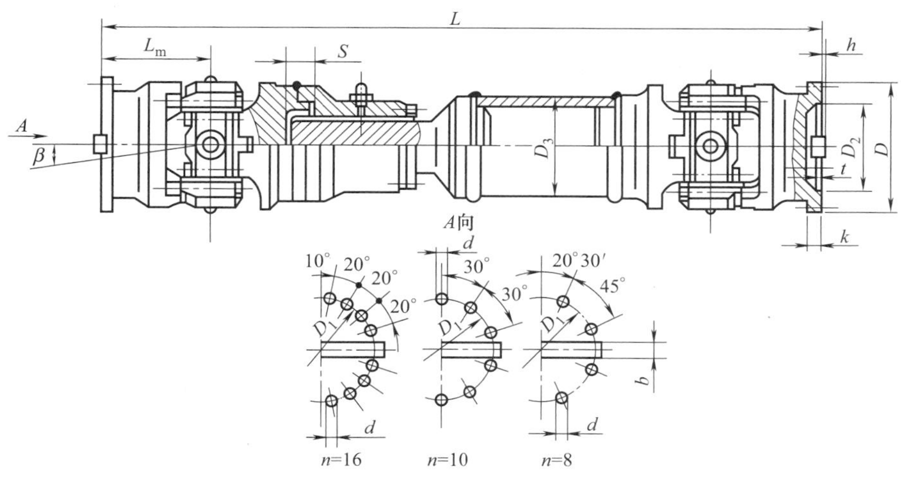

型号	回转直径 D	公称转矩 T_n /kN·m	疲劳转矩 T_f /kN·m	轴线折角 β /(°)	伸缩量 S	尺寸										转动惯量 /kg·m²		质量 /kg	
						L_{min}	L_m	D_1	D_2 (H7)	D_3	k	t	b (h9)	h	n×d	L_{min}时	增长0.1m的增量	L_{min}时	增长0.1m的增量
SWZ160BH	160	20	9	≤10	75	850	120	138	95	114	15	5	20	6	8×13	0.207	0.008	80	3.02
SWZ190BH	190	34	16		80	935	135	165	115	133	17	5	25	7	8×15	0.458	0.015	126	4.11
SWZ220BH	220	53	22		100	1085	155	190	130	159	20	6	32	9	8×17	0.973	0.031	198	5.96
SWZ260BH	260	86	40		115	1220	180	228	155	194	25	6	40	12.5	8×19	2.249	0.061	323	7.82
SWZ300BH	300	135	63		120	1455	215	260	180	219	30	7	40	15	10×23	4.473	0.093	477	9.37
SWZ350BH	350	215	100		130	1585	235	310	210	273	35	8	50	16	10×23	9.958	0.216	767	13.62
SWZ400BH	400	315	140		145	1785	270	358	240	299	40	8	70	18	10×25	18.749	0.347	1125	18.72
SWZ425BH	425	380	180		145	1865	295	376	255	325	42	10	80	20	16×28	25.797	0.432	1351	19.18
SWZ450BH	450	450	224		185	1990	300	400	270	351	44	10	80	20	16×28	34.681	0.586	1627	22.31
SWZ500BH	500	625	315		200	2200	340	445	300	377	47	12	90	22.5	16×31	58.038	0.854	2227	28.76
SWZ550BH	550	830	400		210	2345	355	492	320	426	50	12	100	22.5	16×31	90.588	1.272	2835	32.87

注：1. T_f 为在交变负荷下按疲劳强度所允许的转矩。
2. L_{min} 为缩短后的最小长度。
3. L 为安装长度，按需要确定。

表 6-3-115　　WH 型（无伸缩焊接型）万向联轴器基本参数和主要尺寸　　mm

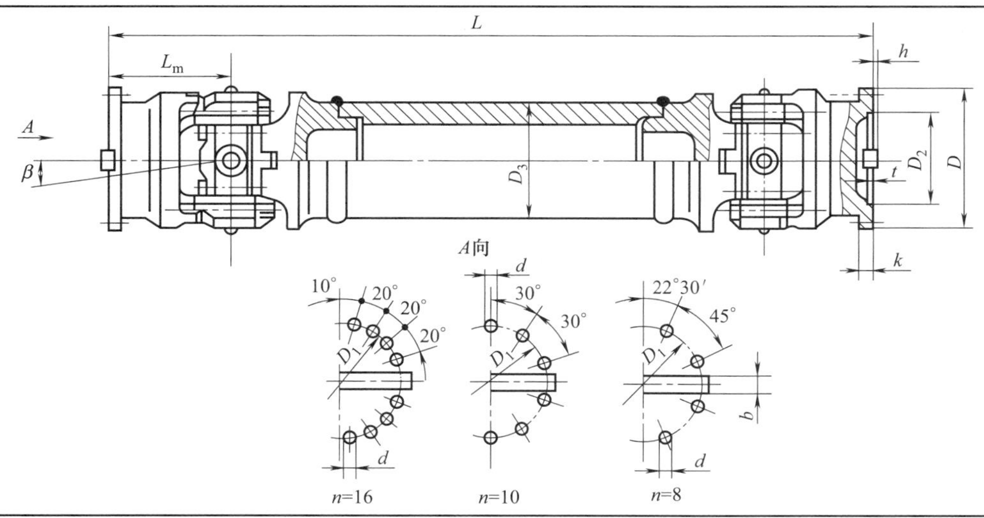

续表

型号	回转直径 D	公称转矩 T_n /kN·m	疲劳转矩 T_f /kN·m	轴线折角 β /(°)	尺寸										转动惯量 /kg·m²		质量 /kg	
					L_{min}	L_m	D_1	D_2 (H7)	D_3	k	t	b (h9)	h	$n\times d$	L_{min}时	增长 0.1m 的增量	L_{min}时	增长 0.1m 的增量
SWZ160WH	160	20	9	≤10	580	120	138	95	114	15	5	20	6	8×13	0.176	0.008	61	3.02
SWZ190WH	190	34	16		650	135	165	115	133	17	5	25	7	8×15	0.392	0.015	96	4.11
SWZ220WH	220	53	22		760	155	190	130	159	20	6	32	9	8×17	0.824	0.031	151	5.96
SWZ260WH	260	86	40		880	180	228	155	194	25	6	40	12.5	8×19	1.893	0.061	248	7.82
SWZ300WH	300	135	63		1010	215	260	180	219	30	7	40	15	10×23	3.885	0.095	319	9.37
SWZ350WH	350	215	100		1120	235	310	210	273	35	8	50	16	10×23	8.309	0.216	590	13.62
SWZ400WH	400	315	140		1270	270	358	240	299	40	8	70	18	10×25	15.81	0.347	862	18.72
SWZ420WH	420	380	180		1350	295	376	255	325	42	10	80	20	16×28	21.697	0.432	940	19.18
SWZ450WH	450	450	224		1450	300	400	270	351	44	10	80	20	16×28	28.967	0.586	1256	22.31
SWZ500WH	500	625	315		1630	340	445	300	377	47	12	90	22.5	16×31	49.12	0.854	1725	28.76
SWZ550WH	550	830	400		1710	355	492	320	426	50	12	100	22.5	16×31	76.478	1.272	2213	32.87

注：1. T_f 为在交变负荷下按疲劳强度所允许的转矩。

2. L 为安装长度，按需要确定。

表 6-3-116　CH 型（长伸缩焊接型）万向联轴器基本参数和主要尺寸　　mm

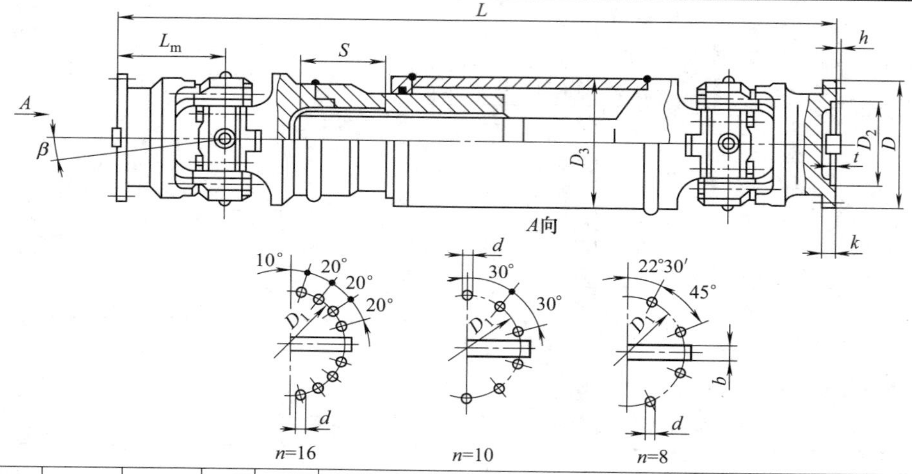

型号	回转直径 D	公称转矩 T_n /kN·m	疲劳转矩 T_f /kN·m	轴线折角 β /(°)	伸缩量 S	尺寸										转动惯量 /kg·m²		质量 /kg	
						L_{min}	L_m	D_1	D_2 (H7)	D_3	k	t	b (h9)	h	$n\times d$	L_{min}时	增长 0.1m 的增量	L_{min}时	增长 0.1m 的增量
SWZ160CH	160	20	9	≤10	170	1010	120	138	95	135	15	5	20	6	8×13	0.232	0.01	95	5.75
SWZ190CH	190	34	16		210	1170	135	165	115	155	17	5	25	7	8×15	0.516	0.017	152	7.53
SWZ220CH	220	53	22		250	1370	155	190	130	180	20	6	32	9	8×17	1.127	0.03	247	10.12
SWZ260CH	260	86	40		290	1540	180	228	115	220	25	6	40	12.5	8×19	2.623	0.051	403	14.73
SWZ300CH	300	135	63		290	1680	215	260	180	250	30	7	40	15	10×23	5.079	0.093	578	18.41
SW350CH	350	215	100		340	1920	235	310	210	290	35	8	50	16	10×23	11.746	0.185	959	27.19
SW400CH	400	315	140		390	2240	270	358	240	320	40	8	70	18	10×25	21.800	0.262	1398	32.38
SW425CH	425	380	180		390	2310	295	376	255	350	42	10	80	20	16×28	30.022	0.34	1671	38.01
SW450CH	450	450	224		460	2480	300	400	270	370	44	10	80	20	16×28	41.087	0.461	2043	43.65
SW500CH	500	625	315		460	2720	340	445	300	400	47	12	90	22.5	16×31	66.122	0.613	2682	50.48
SW550CH	550	830	400		550	2950	355	492	320	450	50	12	100	22.5	16×31	108.055	0.984	3605	63.22

注：1. T_f 为在交变负荷下按疲劳强度所允许的转矩。

2. L_{min}为缩短后的最小长度。

3. L 为安装长度，按需要确定。

表 6-3-117 WD 型（无伸缩短型）万向联轴器基本参数和主要尺寸 mm

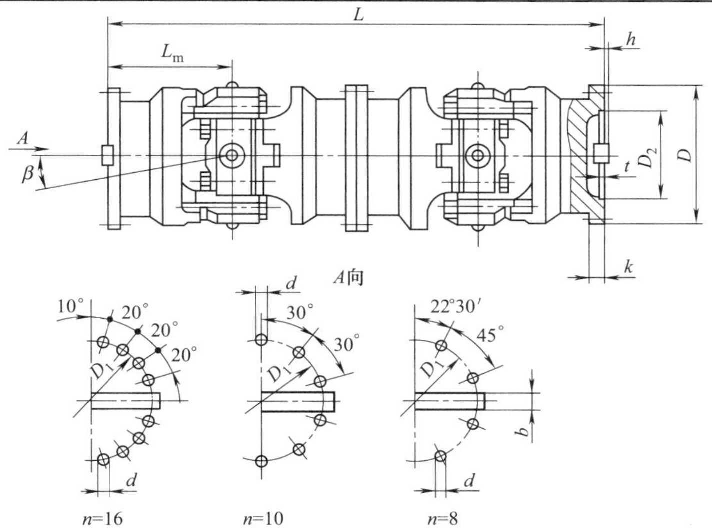

型号	回转直径 D	公称转矩 T_n /kN·m	疲劳转矩 T_f /kN·m	轴线折角 β/(°)	尺寸 L	L_m	D_1	D_2 (H7)	b (h9)	k	t	h	$n\times d$	转动惯量 /kg·m²	质量 /kg
SWZ160WD	160	20	9	≤10	480	120	138	95	20	15	5	6	8×13	0.179	56
SWZ190WD	190	34	16		540	135	165	115	25	17	5	7	8×13	0.406	90
SWZ220WD	220	53	22		620	155	190	130	32	20	6	9	8×17	0.835	138
SWZ260WD	260	86	40		720	180	228	155	40	25	6	12.5	8×19	1.910	226
SWZ300WD	300	135	63		860	215	260	180	40	30	7	15	10×23	4.005	356
SWZ350WD	350	215	100		940	235	310	210	50	35	8	16	10×23	8.148	532
SWZ400WD	400	315	140		1080	270	358	240	70	40	8	18	10×25	16	800
SWZ425WD	425	380	180		1180	295	376	255	80	42	10	20	16×28	22.217	984
SWZ450WD	450	450	224		1200	300	400	270	80	44	10	20	16×28	28.451	1124
SWZ500WD	500	625	315		1360	340	445	300	90	47	12	22.5	16×31	49.125	1572
SWZ550WD	550	830	400		1420	355	492	320	100	50	12	22.5	16×31	75.096	1986

注：T_f 为在交变负荷下按疲劳强度所允许的转矩。

表 6-3-118 BF 型（标准伸缩法兰型）万向联轴器基本参数和主要尺寸 mm

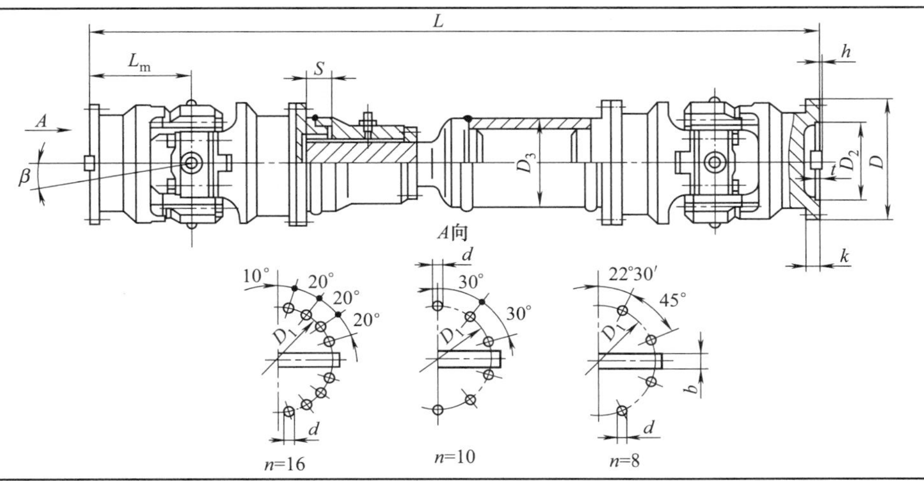

续表

型号	回转直径 D	公称转矩 T_n /kN·m	疲劳转矩 T_f /kN·m	轴线折角 β /(°)	伸缩量 S	尺寸										转动惯量 /kg·m²		质量 /kg	
						L_{min}	L_m	D_1	D_2 (H7)	D_3	k	t	b (h9)	h	$n\times d$	L_{min}时	增长0.1m的增量	L_{min}时	增长0.1m的增量
SWZ160BF	160	20	9		75	980	120	138	95	114	15	5	20	6	8×13	0.244	0.008	96	3.02
SWZ190BF	190	34	16		80	1090	135	165	115	133	17	5	25	7	8×15	0.539	0.015	150	4.11
SWZ220BF	220	53	22		100	1260	155	190	130	159	20	6	32	9	8×17	1.151	0.031	238	5.96
SWZ260BF	260	86	40		115	1420	180	228	115	194	25	6	40	12.5	8×19	2.672	0.061	388	7.82
SWZ300BF	300	135	63		120	1600	215	260	180	219	30	7	40	15	10×23	5.312	0.096	574	9.37
SWZ350BF	350	215	100	≤10	130	1760	235	310	210	273	35	8	50	16	10×23	11.649	0.216	908	13.62
SWZ400BF	400	315	140		145	2040	270	358	240	299	40	8	70	18	10×25	21.87	0.347	1329	18.72
SWZ425BF	425	380	180		145	2150	295	376	255	325	42	10	80	20	16×28	30.548	0.432	1615	19.18
SWZ450BF	450	450	224		185	2300	300	400	270	351	44	10	80	20	16×28	41.31	0.586	1959	22.31
SWZ500BF	500	625	315		200	2600	340	445	300	377	47	12	90	22.5	16×31	68.419	0.854	2658	28.76
SWZ550BF	550	830	400		210	2670	355	492	320	426	50	12	100	22.5	16×31	106.809	1.272	3384	32.87

注：1. T_f为在交变负荷下按疲劳强度所允许的转矩。
2. L_{min}为缩短后的最小长度。
3. L为安装长度，按需要确定。

表 6-3-119　WF型（无伸缩法兰型）万向联轴器基本参数和主要尺寸　mm

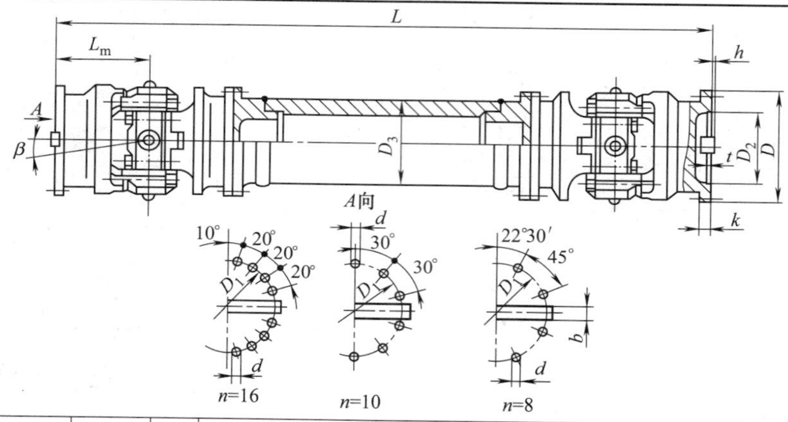

型号	回转直径 D	公称转矩 T_n /kN·m	疲劳转矩 T_f /kN·m	轴线折角 β /(°)	尺寸										转动惯量 /kg·m²		质量 /kg	
					L_{min}	L_m	D_1	D_2 (H7)	D_3	k	t	b (h9)	h	$n\times d$	L_{min}时	增长0.1m的增量	L_{min}时	增长0.1m的增量
SWZ160WF	160	20	9		680	120	138	95	114	15	5	20	6	8×13	0.205	0.008	72	3.02
SWZ190WF	190	34	16		750	135	165	115	133	17	5	25	7	8×15	0.455	0.015	112	4.11
SWZ220WF	220	53	22		880	155	190	130	159	20	6	32	9	8×17	0.961	0.031	178	5.96
SWZ260WF	260	86	40		1010	180	228	155	194	25	6	40	12.5	8×19	2.225	0.061	293	7.82
SWZ300WF	300	135	63		1170	215	260	180	219	30	7	40	15	10×23	4.551	0.095	447	9.37
SWZ350WF	350	215	100	≤10	1280	235	310	210	273	35	8	50	16	10×23	9.6	0.216	688	13.62
SWZ400WF	400	315	140		1450	270	358	240	299	40	8	70	18	10×25	18.28	0.347	1004	18.72
SWZ425WF	425	380	180		1570	295	376	255	325	42	10	80	20	16×28	25.57	0.432	1238	19.18
SWZ450WF	450	450	224		1670	300	400	270	351	44	10	80	20	16×28	28.451	0.586	1481	22.31
SWZ500WF	500	625	315		1870	340	445	300	377	47	12	90	22.5	16×31	57.067	0.854	2019	28.76
SWZ550WF	550	830	400		1950	355	492	320	426	50	12	100	22.5	16×31	88.526	1.272	2.578	32.87

注：1. T_f为在交变负荷下按疲劳强度所允许的转矩。
2. L为安装长度，按需要确定。

表 6-3-120 **CF型（长伸缩法兰型）万向联轴器基本参数和主要尺寸** mm

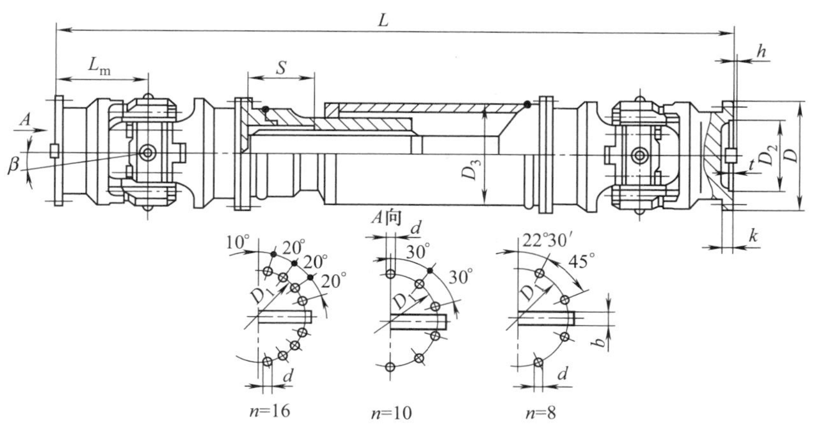

型号	回转直径 D	公称转矩 T_n /kN·m	疲劳转矩 T_f /kN·m	轴线折角 β /(°)	伸缩量 S	尺寸										转动惯量 /kg·m²		质量 /kg	
						L_{min}	L_m	D_1	D_2 (H7)	D_3	k	t	b (h9)	h	$n\times d$	L_{min}时	增长0.1m的增量	L_{min}时	增长0.1m的增量
SWZ160CF	160	20	9		170	1160	120	138	95	135	15	5	20	6	8×13	0.267	0.01	110	5.075
SWZ190CF	190	34	16		210	1340	135	165	115	155	17	5	25	7	8×15	0.536	0.017	177	7.53
SWZ220CF	220	53	22		250	1560	155	190	130	180	20	6	32	9	8×17	1.296	0.03	284	10.12
SWZ260CF	260	86	40		290	1770	180	228	115	220	25	6	40	12.5	8×19	3.389	0.051	470	14.73
SWZ300CF	300	135	63		290	1930	215	260	180	250	30	7	40	15	10×23	5.9	0.093	672	18.41
SWZ350CF	350	215	100	≤10	340	2180	235	310	210	290	35	8	50	16	10×23	13.456	0.185	1102	27.19
SWZ400CF	400	315	140		390	2530	270	358	240	320	40	8	70	18	10×25	24.93	0.262	1599	32.38
SWZ425CF	425	380	180		390	2640	395	376	255	350	42	10	80	20	16×28	34.76	0.34	1934	38.01
SWZ450CF	450	450	224		460	2850	300	400	270	370	44	10	80	20	16×28	47.748	0.461	2377	43.55
SWZ500CF	500	625	315		460	3110	340	445	300	400	47	12	90	22.5	16×31	76.361	0.613	3105	50.48
SWZ550CF	550	830	400		550	3350	355	492	320	450	50	12	100	22.5	16×31	124.071	0.984	4145	63.22

注：1. T_f 为在交变负荷下按疲劳强度所允许的转矩。
2. L_{min} 为缩短后的最小长度。
3. L 为安装长度，按需要确定。

SWZ型整体轴承座十字轴式万向联轴器与相配件的连接是法兰连接。

法兰连接是通过高强度螺栓及螺母把两端法兰连接在其他相配件上。其相配件的连接尺寸及螺栓预紧力矩见表6-3-121。连接螺栓只能从相配件的法兰侧装入，螺母由另一侧预紧。

SWZ型整体轴承座十字轴式万向联轴器的轴承座连接螺栓的力学性能按GB 3098.1中规定的12.9级，螺纹公差按GB 197中规定的6g级。法兰连接螺栓的力学性能按GB 3098.1中规定的10.9级，螺纹公差按GB 197中规定的6g级。法兰连接螺母的力学性能按GB 3098.4中规定的10级，螺纹公差按GB 197中规定的6H级。法兰螺孔的位置度按GB 1804中f（精密级）公差规定。

表 6-3-121 SWZ 型万向联轴器用法兰与相配件连接的尺寸及螺栓预紧力矩 mm

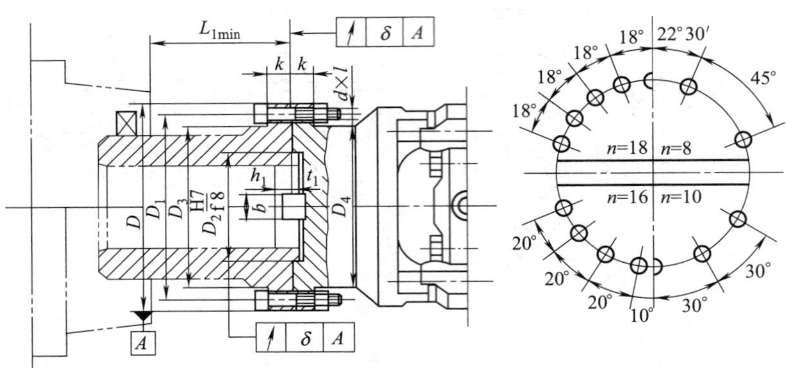

型号	回转直径 D	螺栓数 n	螺栓规格 $d\times l$	预紧力矩 T_a/N·m	D_1	D_2 (f8)	D_3	$D_{4\ -0.3}^{\ 0}$	k	b (JS8)	h_1	$t_{1\ 0}^{+0.5}$	δ	L_{1min}
SWZ160	160	8	M12×50	120	138	95	114	116	15	20	6.5	4	0.05	60
SWZ190	190	8	M14×60	190	165	115	135	142	17	25	7.5	4	0.05	70
SWZ220	220	8	M16×65	295	190	130	158	164	20	32	9.8	5	0.05	78
SWZ260	260	8	M18×75	405	228	155	190	200	25	40	13	5	0.06	90
SWZ300	300	10	M22×90	780	260	180	214	224	30	40	15.5	6	0.06	108
SWZ350	350	10	M22×100	780	310	210	266	274	35	50	16.5	7	0.06	118
SWZ400	400	10	M24×120	1000	358	240	310	320	40	70	18.5	7	0.06	138
SWZ425	425	16	M27×120	1500	376	255	324	334	42	80	20.5	9	0.06	140
SWZ450	450	16	M27×120	1500	400	270	348	356	44	80	20.5	9	0.06	140
SWZ500	500	16	M30×140	2000	445	300	380	396	47	90	23	11	0.06	162
SWZ550	550	16	M30×140	2000	492	320	435	392	50	100	23	11	0.08	162

SWZ 型整体轴承座十字轴式万向联轴器的花键与花键套两端底盘叉头键槽的轴心线应在同一平面上，其偏差不得超过 1°。万向联轴器组装后，花键应伸缩灵活，无卡滞现象。轴承和花键均采用 2 号工业锂基润滑脂润滑。待装好后，再从注油嘴打入相同油脂，直至充满为止。

大规格的 SWZ 型整体轴承座十字轴式万向联轴器型式、基本参数与尺寸见 GB/T 29028—2012。

3.3.15 钢球式节能安全联轴器

钢球式节能安全联轴器适用于连接两共轴线的带负载启动或频繁启动、需要安全保护、无需调速的中、高速传动轴系，具有将重载启动转变为空载启动、传递转矩可调节和容易实现过载保护的性能，具有一定补偿被连接两轴间的相对偏移、减振等特点。转速范围为 600～3000r/min，传递功率范围为 0.3～5550kW，适用的工作温度为－20～＋90℃。由于钢球式节能安全联轴器是靠钢球的离心压力产生的摩擦力实现转矩传递的，因此，能传递的功率与联轴器的转速和钢球量有关。转速高、钢球数多时能传递的功率大。

钢球式节能安全联轴器分为 AQ 型、AQZ 型和 AQD 型三种型式（表 6-3-122～表 6-3-124）。

表 6-3-122　　AQ型（基本型）钢球式节能安全联轴器基本参数和主要尺寸　　mm

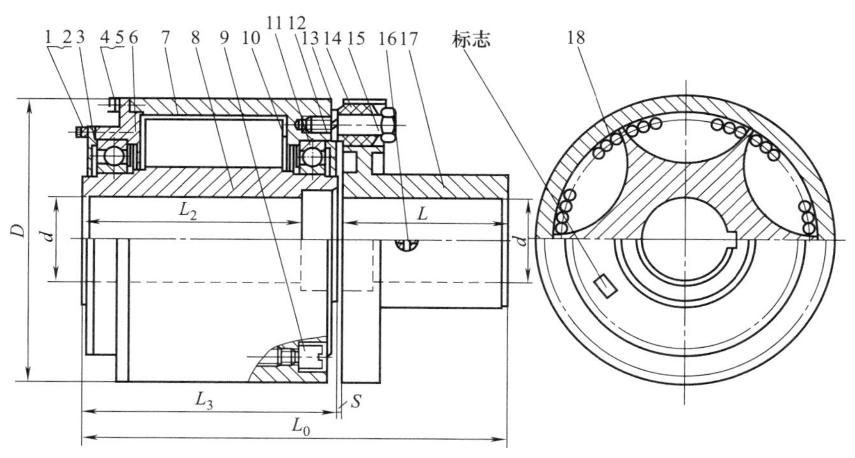

1,2—螺栓；3,12—轴承盖；4,5,13—弹簧垫圈；6—端盖；7—壳体；8—转子；9—沉头螺塞；10—密封圈；11—滚动轴承；14—弹性套；15—柱销；16—定位螺钉；17—半联轴器；18—钢球

型号	各种转速下所能传递的功率/kW					轴孔直径 d H7	主动端轴孔长度		从动端轴孔长度 L	D	L_0 ≤	S	许用转速 $[n]/r\cdot min^{-1}$	
	600 r/min	750 r/min	1000 r/min	1500 r/min	3000 r/min		L_2	L_3	J_1、Z_1 型				铸铁	铸钢
AQ1	—	—	—	0.5	4	19	42	100	30	80	166	3～4	7160	9550
						24	52		38					
						28	62		44					
AQ2	—	—	—	1	7.5	19	42	110	30	100	176	3～4	5730	7640
						24	52		38					
						28	62		44					
						38	82		60					
AQ3	—	—	0.87	3	24	24	52		38	130	238	3～4	4410	5880
						28	62		44					
						38	82		60					
						42	112		84					
						45	112	150	84					
AQ4	—	—	1.3	4.5	36	28	62		44	150	238	3～4	3820	5090
						38	82		60					
						42	112		84					
						48	112		84					
						55	112		84					

续表

型号	各种转速下所能传递的功率/kW 600 r/min	750 r/min	1000 r/min	1500 r/min	3000 r/min	轴孔直径 d H7	主动端轴孔长度 L_2	L_3	从动端轴孔长度 L J_1、Z_1 型	D	L_0 ≤	S	许用转速 [n]/r·min⁻¹ 铸铁	铸钢
AQ5	—	—	3.6	12	96	38	82	150	60	180	262	4～5	3180	4240
						42	112		84					
						48	112		84					
						55	112		84					
						60	142		107					
						65	142		107					
AQ6	—	2.53	6	20	162	38	82		60	200	262	4～5	2860	3820
						42	112		84					
						48	112		84					
						55	142		107					
						60	142		107					
						65	142		107					
						70	142		107					
AQ7	—	65	14.6	49	393	42	112	210	84	220	322	4～5	2600	3470
						48								
						55								
						60	142		107					
						65								
						70								
						75								
AQ8	—	10	24	80	644	48	112		84	250	347	4～5	2290	3060
						55								
						60	142		107					
						65								
						70								
						75								
						80	172		132					
						85								
AQ9	—	21	77	173	1380	60	142	250	107	280	387	4～5	2140	2850
						65								
						70								
						75								
						80	172		132					
						85								
AQ10	—	25	60	200	1600①	60	142		107	300	423	5～6	1830	2240
						65								
						70								
						75								
						80	172		132					
						85								
						90								
						100	212		167					

续表

型号	各种转速下所能传递的功率/kW					轴孔直径 d H7	主动端轴孔长度		从动端轴孔长度 L	D	L_0 ≤	S	许用转速 $[n]/r\cdot min^{-1}$	
	600 r/min	750 r/min	1000 r/min	1500 r/min	3000 r/min		L_2	L_3	J_1、Z_1 型				铸铁	铸钢
AQ11	23	46	110	360	—	75	142	250	107	350	423	5～6	1600	2140
						80	172		132					
						85								
						90								
						100	212		167					
						110								
AQ12	45	95	240	830	—	80	172	300	132	400	508	5～6	1400	1870
						85								
						90								
						100	212		167					
						110								
						120								
						125								
						130	252		202					
AQ13	58	113	267	902	—	80	172		132	450	508	5～6	1250	1660
						85								
						90								
						95								
						100	212		167					
						110								
						120								
						125								
						130	252		202					
						140								
						150								
AQ14	126	247	585	1975	—	90	172	350	132	500	600	6～8	1120	1400
						95								
						100	212		167					
						110								
						120								
						125								
						130	252		202					
						140								
						150								
						160	302		242					
						170								
AQ15	296	586	1372	4632①	—	110	212	450	167	550	700	6～8	1020	1360
						120								
						125								
						130	252		202					
						140								
						150								
						160	302		242					
						170								
						180								

续表

型号	各种转速下所能传递的功率/kW					轴孔直径 d H7	主动端轴孔长度		从动端轴孔长度 L	D	L_0 ≤	S	许用转速 $[n]$/r·min^{-1}	
	600 r/min	750 r/min	1000 r/min	1500 r/min	3000 r/min		L_2	L_3	J_1、Z_1 型				铸铁	铸钢
AQ16	355	694	1645	5550①	—	125	212	450	167	600	740	6～8	940	1250
						130	252		402					
						140								
						150								
						160	302		247					
						170								
						180								
						190	352		282					
						200								
AQ17	630	1230①	2916①	—	—	140	252	500	202	650	792	8～10	860	1150
						150								
						160	302		242					
						170								
						180								
						190	352		282					
						200								
						220								

① 联轴器材料为锻钢。

表 6-3-123　AQZ 型（带制动轮型）钢球式节能安全联轴器基本参数和主要尺寸　　mm

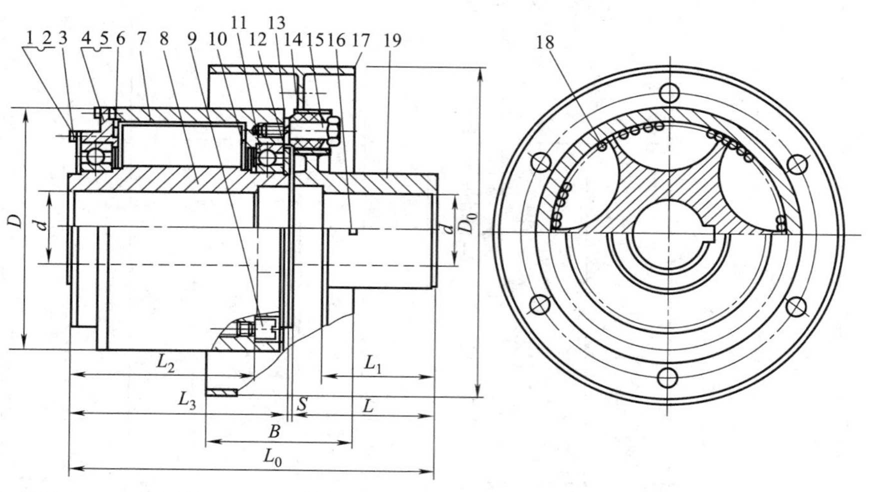

1,2—螺栓；3,12—轴承盖；4,5,13—弹簧垫圈；6—端盖；7—壳体；8—转子；9—沉头螺塞；10—密封圈；11—滚动轴承；14—弹性套；15—柱销；16—定位螺钉；17—制动轮；18—钢球；19—半联轴器

型号	各种转速下所能传递的功率/kW					轴孔直径 d H7	主动端轴孔长度		从动端轴孔长度 L	D	L_0	S	D_0	B	L_1	许用转速 $[n]$/r·min^{-1}	
	600 r/min	750 r/min	1000 r/min	1500 r/min	3000 r/min		L_2	L_3	J_1、Z_1 型							铸铁	铸钢
AQZ1	—	—	—	0.5	4	19	42	100	30	80	166	3～4	160	70	30	3580	4770
						24	52		38								
						28	62		44								

续表

型号	各种转速下所能传递的功率/kW					轴孔直径 d H7	主动端轴孔长度		从动端轴孔长度 L	D	L_0	S	D_0	B	L_1	许用转速$[n]$/r·min^{-1}	
	600 r/min	750 r/min	1000 r/min	1500 r/min	3000 r/min		L_2	L_3	J_1、Z_1 型							铸铁	铸钢
AQZ2	—	—	—	1	7.5	19	42	110	30	100	176	3～4	160	70	30	3580	4770
						24	52		38								
						28	62		44								
						38	82		60								
AQZ3	—	—	0.87	3	24	24	52	150	38	130	238	3～4	160	70	47	3580	4770
						28	62		44								
						38	82		60								
						42	112		84								
						45											
AQZ4	—	—	1.3	4.5	36	28	62		44	150	238	3～4	200	85	47	2060	3020
						38	82		60								
						42	112		84								
						48											
						55											
AQZ5	—	—	3.6	12	96	38	82		60	180	262	4～5	250	105	42	2290	3060
						42	112		84								
						48											
						55											
						60	142		107								
						65											
AQZ6	—	2.53	6	20	162	38	82		60	200	262	4～5	250	105	47	2290	3060
						42	112		84								
						48											
						55	142		107								
						60											
						65											
						70											
AQZ7	—	6	14.6	49	393	42	112	210	84	220	327	4～5	250	105	57	2290	3060
						48											
						55											
						60	142		107								
						65											
						70											
						75											
AQZ8	—	10	24	80	644	48	112		84	250	357	4～5	315	135	72	1820	2430
						55											
						60	142		107								
						65											
						70											
						75											
						80	172		132								
						85											
AQZ9	—	21	77	173	1380	60	142		107	280	378	4～5	400	170	72	1430	1910
						65											
						75											
						80	172		132								
						90											
						95											

续表

型号	各种转速下所能传递的功率/kW					轴孔直径 d H7	主动端轴孔长度		从动端轴孔长度 L	D	L_0	S	D_0	B	L_1	许用转速[n]/r·min^{-1}	
	600 r/min	750 r/min	1000 r/min	1500 r/min	3000 r/min		L_2	L_3	J_1、Z_1 型							铸铁	铸钢
AQZ10	—	25	60	200	1600①	60	142	250	107	300	423	5～6	400	170	97	1430	1910
						65											
						75											
						80	172		132								
						85											
						90											
						100	212		167								
AQZ11	23	46	110	360	—	75	142		107	350	423	5～6	400	170	97	1430	1910
						80	172		132								
						85											
						90											
						100	212		167								
						110											
AQZ12	45	95	240	830	—	80	172	300	132	400	508	5～6	558	210	102	1150	1530
						85											
						90											
						100	212		167								
						110											
						120											
						125											
						130	252		202								
AQZ13	58	113	267	902	—	80	172		132	450	508	5～6	500	210	102	1150	1530
						85											
						90											
						95											
						100	212		167								
						110											
						120											
						125											
						130	252		202								
						140											
AQZ14	126	247	585	1975①	—	90	172	350	132	500	600	6～8	630	265	122	910	1210
						95											
						100	212		167								
						110											
						120											
						125											
						130	252		402								
						140											
						150											
						160	302		242								
						170											

续表

型号	各种转速下所能传递的功率/kW					轴孔直径 d H7	主动端轴孔长度		从动端轴孔长度 L	D	L_0	S	D_0	B	L_1	许用转速[n] /r·min^{-1}	
	600 r/min	750 r/min	1000 r/min	1500 r/min	3000 r/min		L_2	L_3	J_1、Z_1 型							铸铁	铸钢
AQZ15	296	585	1372	4632①	—	110	212	450	167	550	700	6～8	630	265	122	910	1210
						120											
						125											
						130	252		202								
						140											
						150											
						160	302		242								
						170											
						180											
AQZ16	355	694	1645①	5550①	—	125	212		167	600	740	6～8	810	340	720	950	1250
						130	252		202								
						140											
						150											
						160	302		242								
						170											
						180											
						190	352		282								
AQZ17	630	1230①	2916①	—	—	140	252	500	202	650	792	8～10	800	340	182	720	1150
						150											
						160	302		242								
						170											
						180											
						190	352		282								
						200											
						220											

① 联轴器材料为锻钢。

注：从动端轴孔型式按 GB 3852 的规定。

表 6-3-124 AQD 型（有带轮型）钢球式节能安全联轴器基本参数和主要尺寸 mm

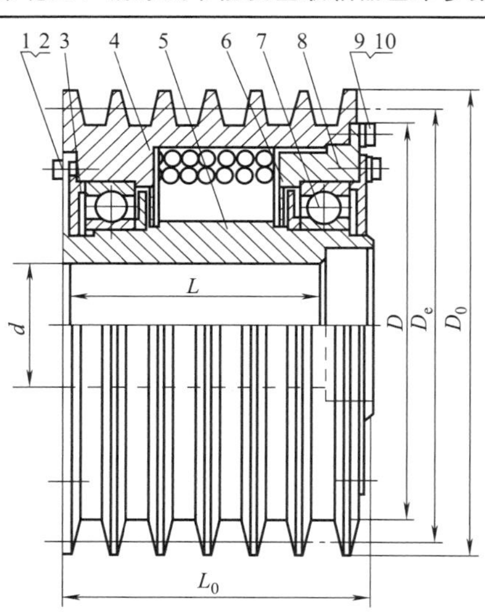

1,9—螺栓；2,10—弹簧垫圈；3—轴承盖；4—带轮式壳体；5—转子；6—密封盖；7—滚动轴承；8—端盖

续表

型号	各种转速下所能传递的功率/kW					轴孔直径 d H7	轴孔长度 L	D	L_0	D_0	D_e	许用转速 $[n]/r \cdot min^{-1}$	
	600 r/min	750 r/min	1000 r/min	1500 r/min	3000 r/min							铸铁	铸钢
AQD1	—	—	—	0.5	4	19	42	80	100	125	118	4580	6110
						24	52						
						28	62						
AQD2	—	—	—	1	7.5	19	42	100	110	130	125	4410	5880
						24	52						
						28	62						
						38	82						
AQD3	—	—	0.87	3	24	24	52	130	150	150	140	3825	5090
						28	62						
						38	82						
						42	112						
						45							
AQD4	—	—	1.3	4.5	36	28	62	150	150	190	180	3020	4020
						38	82						
						42	112						
						48							
						55							
AQD5	—	—	3.6	12	96	38	82	180	150	212	200	2700	3600
						42	112						
						48							
						55							
						60	142						
						65							
AQD6	—	2.53	6	20	162	38	82	200	150	248	236	2310	3080
						42	112						
						48							
						55	142						
						60							
						65							
						70							
AQD7	—	6	14.6	49	393	42	112	220	210	262	250	2190	2920
						48							
						55							
						60	142						
						65							
						70							
						75							
AQD8	—	10	24	80	644	48	112	250	210	292	280	1960	2620
						55							
						60	142						
						65							
						70							
						75							
						80	172						
						85							

续表

型号	各种转速下所能传递的功率/kW					轴孔直径 d H7	轴孔长度 L	D	L_0	D_0	D_e	许用转速 $[n]/r \cdot min^{-1}$	
	600 r/min	750 r/min	1000 r/min	1500 r/min	3000 r/min							铸铁	铸钢
AQD9	—	21	51	173	1380	60	142	280	250	332	315	1730	2300
						65							
						75							
						80	172						
						90							
AQD10	—	25	60	200	1600[①]	60	142	300	250	372	355	1540	2050
						65							
						75							
						80	172						
						85							
						90							
						100	212						
AQD11	23	46	110	360	—	75	142	350	250	417	400	1370	1830
						80	172						
						85							
						90							
						100	212						
						110							
						120							
AQD12	45	95	240	830	—	80	172	400	300	467	450	1230	1640
						85							
						90							
						100	212						
						110							
						120							
						125							
						130	252						
						140							
AQD13	58	113	267	902	—	80	172	450	300	520	500	1100	1470
						85							
						90							
						95							
						100	212						
						110							
						120							
						125							
						130	252						
						140							
AQD14	126	247	585	1975	—	90	172	500	350	580	560	990	1320
						95							
						100	212						
						110							
						120							
						125							
						130	252						
						140							
						150							
						160	302						
						170							

续表

型号	各种转速下所能传递的功率/kW					轴孔直径 d H7	轴孔长度 L	D	L_0	D_0	D_e	许用转速 $[n]$/r·min^{-1}	
	600 r/min	750 r/min	1000 r/min	1500 r/min	3000 r/min							铸铁	铸钢
AQD15	296	585	1372	4632①	—	110	212	550	450	620	600	920	1230
						120							
						125							
						130	252						
						140							
						150							
						160	302						
						170							
						180							
AQD16	355	694	1645	5550①	—	125	212	600	450	690	670	830	1110
						130	252						
						140							
						150							
						160	302						
						170							
						180							
						190							
AQD17	630	1230①	2916①	—	—	140	252	650	500	730	710	780	1050
						150							
						160	302						
						170							
						180							
						190	352						
						200							
						220							

① 联轴器材料为锻钢。

表 6-3-125　　AQ、AQZ 型钢球式安全联轴器许用补偿量

许用补偿量	型号			
	AQ1～AQ6 AQZ1～AQZ6	AQ7～AQ10 AQZ7～AQZ10	AQ11～AQ14 AQZ11～AQZ14	AQ15～AQ17 AQZ15～AQZ17
径向 Δy/mm	0.2	0.3	0.4	0.6
角向 $\Delta\alpha$	1°30′	1°		30′

注：表中所列补偿量是指由于制造误差、安装误差、工作时载荷变化等所引起的冲击、振动以及轴及其支承结构受力变形和温度变化等综合因素所形成的两轴线相对偏移量的补偿能力。

钢球式安全联轴器零件材料性能应符合表 6-3-126 的要求。鼓形弹性套的结构型式、主要尺寸和材料应符合 GB 4323 的规定。

3.3.16　蛇形弹簧安全联轴器（JB/T 7682—1995）

蛇形弹簧安全联轴器适用于连接两同轴线的传动轴系，具有一定补偿两轴间相对偏移和减振、缓冲性能，并能在一定范围内调整安全转矩，其调整范围为 1.6～12.5N·m 至 4500～50000N·m，适用工作环境温度为－30～100℃。蛇形弹簧安全联轴器按刚度特性分为 AMS 型和 AMSB 型两种类型。AMS 型为恒刚度蛇形弹簧安全联轴器，AMSB 型为变刚度蛇形弹簧安全联轴器（表 6-3-127）。

表 6-3-126　AQ、AQZ 型钢球式安全联轴器零件材料

零件名称	材料	应符合标准
转子	HT200	GB/T 9439
壳体、端盖	ZG270-500	GB/T 11352
半联轴器	45	GB/T 3078
鼓形弹性套	橡胶或聚氨酯	GB/T 4323
柱销	45(调质)	GB/T 3078
轴承盖、密封盘	HT200 或 Q235	GB/T 9439
滚动轴承	45	GB/T 276
螺栓	性能等级 8.8 级	GB/T 3098.1
弹簧垫圈	65Mn	GB/T 93
钢球	钢(或铸铁)	ϕ4～6mm

表 6-3-127 AMS 型、AMSB 型蛇形弹簧安全联轴器的结构型式、基本参数和主要尺寸 mm

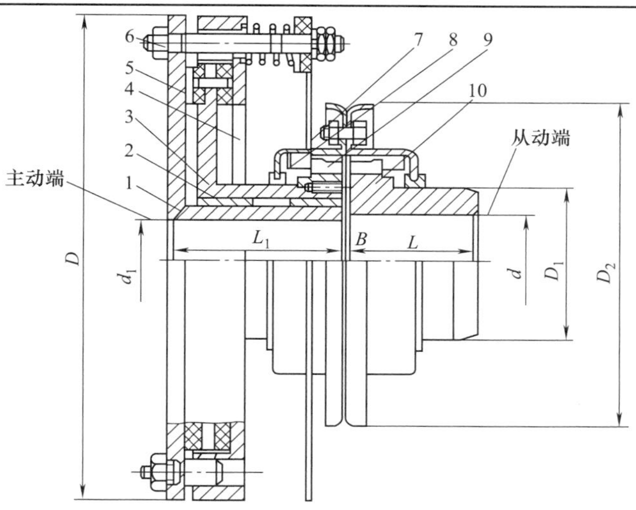

1—摩擦盘轴套；2—内轴套；3—夹盘轴套；4—摩擦盘；5—摩擦片；6—压力调整装置；
7—弹簧罩；8—蛇形弹簧；9—槽形套；10—半联轴器轴套

型号	公称转矩调整范围 /N·m	许用转速 n /r·min^{-1}	轴孔直径 H7		轴孔长度		D	D_1	D_2	B	质量 m /kg	转动惯量 I /kg·m^2
			d_{1max}	d	L_1	L						
AMS1 AMSB1	1.6～12.5	5000	16	20 22	62	38	175	40	94	3.2	6.0	0.0057
				24 25		44						
AMS2 AMSB2	5～28	4800	22	25 28	82	44	181	46	103	3.2	7.2	0.0125
				30 32		60						
AMS3 AMSB3	8～45	4200	25	32 35 38	82	60	200	54	114	3.2	8.8	0.0198
AMS4 AMSB4	8～63	3900	32	38	82	60	216	66	126	3.2	10	0.0356
				40 42 45		84						
AMS5 AMSB5	16～125	3400	35	45 48 50 55	82	84	241	75	142	3.2	14	0.0598
AMS6 AMSB6	31.5～250	2800	42	55 56	107	84	289	92	186	3.2	25	0.1867
				60 63 65		107						
AMS7 AMSB7	45～355	2700	48	65 70 71	107	107	320	97	199	3.2	36	0.2450
AMS8 AMSB8	56～500	2400	50	71 75	132	107	350	114	210	3.2	51	0.4183
				80		132						

续表

型号	公称转矩调整范围/N·m	许用转速 n /r·min^{-1}	轴孔直径H7		轴孔长度		D	D_1	D_2	B	质量 m /kg	转动惯量 I /kg·m^2
			d_{1max}	d	L_1	L						
AMS9 AMSB9	80～710	2200	60	80 85 90	132	132	370	125	226	4.8	56	0.6183
AMS10 AMSB10	112～1250	2000	70	85 90 95	142	132	420	137	246	4.8	72	0.9433
AMS11 AMSB11	140～1500	1800	80	90 95 100	142	132 167	465	156	278	4.8	87	1.610
AMS12 AMSB12	224～2500	1700	85	95 100 110	167	132 167	510	171	302	4.8	132	2.728
AMS13 AMSB13	250～3550	1500	95	110 120 125	167	167	570	184	349	6.4	169	3.805
AMS14 AMSB14	355～4500	1300	110	125 130 140	167	167 202	620	210	387	6.4	203	5.632
AMS15 AMSB15	450～5600	1200	120	130 140 150	167	202	680	237	425	6.4	249	9.950
AMS16 AMSB16	560～8000	1100	140	150 160 170	172	202 242	740	271	476	6.4	320	16.62
AMS17 AMSB17	710～11200	1000	160	170 180 190 200	242	242 282	850	305	546	6.4	560	33.88
AMS18 AMSB18	1120～18000	910	180	190 200 220	282	282	950	337	600	6.4	820	64.12
AMS19 AMSB19	2240～28000	800	190	200 220 240	302	282 330	1030	356	692	6.4	880	110.5
AMS20 AMSB20	3550～31500	750	190	220 240 250	330	282 330	1040	375	743	6.4	1190	166.7
AMS21 AMSB21	3550～35500	700	200	240 250 260	330	330	1220	394	797	6.4	1420	300.1
AMS22 AMSB22	4500～50000	650	220	260 280 300	410	330 380	1300	470	867	6.4	2050	500.2

注：在转矩调整范围内每次调整转矩的误差应小于5%。

蛇形弹簧的结构型式与尺寸应符合表6-3-128的规定。蛇形弹簧安全联轴器的许用补偿量参见表6-3-129。蛇形弹簧安全联轴器主要零件的材质应符合表6-3-130的要求。蛇形弹簧表层及内部不允许有任何裂纹、结疤、划伤、夹杂等缺陷。在高速运转工况下使用的联轴器应符合主机轴系要求，联轴器必须进行动平衡试验，其精度不低于主机的要求。工作时应对蛇形弹簧和内轴套加复合钙基 ZFG-4 润滑脂，其填脂量参考表 6-3-131。摩擦材料应符合有关规定，不得有裂纹、缺口、分层、起泡等缺陷。联轴器在安装时应设置安全防护罩。

表 6-3-128　　蛇形弹簧的结构型式和主要尺寸　　mm

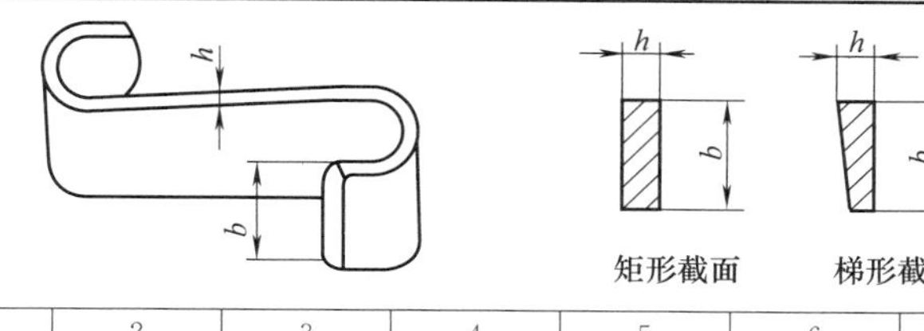

h	1	1.5	2	3	4	5	6	8	10	12
b	4	6	8	12	16	20	24	32	40	48

表 6-3-129　　蛇形弹簧安全联轴器的许用补偿量

许用补偿量 \ 型号	AMS1～AMS5 AMSB1～AMSB5	AMS6～AMS9 AMSB6～AMSB9	AMS10～AMS16 AMSB10～AMSB16	AMS17～AMS22 AMSB17～AMSB22
径向 Δy/mm	0.15	0.25	0.30	0.40
角向 $\Delta\alpha$	1°30′	1°	30′	

表 6-3-130　　联轴器主要零件的材质

零件名称	材质	应符合的标准
半联轴器	45	JB/T 6397
蛇形弹簧	50CrVA	轧制状态 GB 1222。热处理：淬火，回火 42～52HRC
摩擦盘	铁基粉末冶金 铜基粉末冶金	工作压力 $p\leqslant1.47$MPa，应用温度范围 $\theta_A\leqslant400$℃，$\theta_v\leqslant250$℃ 摩擦因数为 0.25～0.28
内轴套	ZCuSn5Pb5Zn5	GB 1176
蛇形弹簧外罩	16Mn	GB 1591

表 6-3-131　　润滑脂填脂量　　g

型号	AMS1 AMSB1	AMS2 AMSB2	AMS3 AMSB3	AMS4 AMSB4	AMS5 AMSB5	AMS6 AMSB6	AMS7 AMSB7	AMS8 AMSB8
填脂量	30	45	55	95	85	140	170	170
型号	AMS9 AMSB9	AMS10 AMSB10	AMS11 AMSB11	AMS12 AMSB12	AMS13 AMSB13	AMS14 AMSB14	AMS15 AMSB15	AMS16 AMSB16
填脂量	225	285	340	680	680	910	1250	1500
型号	AMS17 AMSB17	AMS18 AMSB18	AMS19 AMSB19	AMS20 AMSB20	AMS21 AMSB21	AMS22 AMSB22		
填脂量	3600	4600	6000	6500	6500	6800		

3.3.17 联轴器标准一览表

表 6-3-132 中收集了最新的联轴器国家标准和行业标准的名称与编号，以作为在本篇收集的内容不能满足读者需要时的指南。

表 6-3-132　　联轴器标准一览表

分类	标准号及名称
通用基础	GB/T 3931—2010　联轴器　术语 GB/T 12458—2017　联轴器　分类 GB/T 3507—2008　联轴器公称转矩系列 GB/T 3852—2017　联轴器轴孔和连接型式与尺寸

续表

分类	标准号及名称
通用基础	JB/T 7511—1994 机械式联轴器选用计算 JB/T 7937—1995 用户和制造厂对弹性联轴器技术性能项目要求 JB/T 8556—1997 选用联轴器的技术资料 JB/T 8557—1997 挠性联轴器平衡分类
刚性联轴器	GB/T 5843—2003 凸缘联轴器 JB/T 7006—2006 平行轴联轴器
挠性联轴器	GB/T 4323—2017 弹性套柱销联轴器 GB/T 5014—2017 弹性柱销联轴器 GB/T 5015—2017 弹性柱销齿式联轴器 GB/T 5272—2017 梅花形弹性联轴器 GB/T 5844—2002 轮胎式联轴器 GB/T 6069—2017 滚子链联轴器 GB/T 2496—2008 弹性环联轴器 GB/T 10614—2008 芯型弹性联轴器 GB/T 12922—2008 弹性阻尼簧片联轴器 GB/T 14653—2008 挠性杆联轴器 GB/T 26103.1—2010 GⅡCL 型鼓形齿式联轴器 GB/T 26103.3—2010 GCLD 型鼓形齿式联轴器 GB/T 26103.4—2010 NGCL 型带制动轮鼓形齿式联轴器 GB/T 26103.5—2010 NGCLZ 型带制动轮鼓形齿式联轴器 GB/T 26104—2010 WGJ 型接中间轴鼓形齿式联轴器 GB/T 33516—2017 LZG 型鼓形齿式联轴器 GB/T 29027—2012 大型鼓形齿式联轴器 GB/T 26661—2011 SWP 大型十字轴式万向联轴器 GB/T 28700—2012 SWZ 型整体轴承座十字轴式万向联轴器 GB/T 29028—2012 SWZ 型大型整体轴承座十字轴式万向联轴器 GB/T 26660—2011 SWC 大型整体叉头十字轴式万向联轴器 GB/T 7549—2008 球笼式同步万向联轴器 GB/T 7550—2008 球笼式同步万向联轴器 试验方法 GB/T 26664—2011 金属线簧联轴器 JB/T 9147—1999 膜片联轴器 JB/T 5511—2006 H 形弹性块联轴器 JB/T 9148—2017 弹性块联轴器 JB/T 10466—2004 星形弹性联轴器 JB/T 7684—2007 LAK 鞍形块弹性联轴器 JB/T 5512—1991 多角形橡胶联轴器 JB/T 5514—2007 TGL 鼓形齿式联轴器 JB/T 8854.3—2001 GⅠCL、GⅠCLZ 型鼓形齿式联轴器 JB/T 7001—2007 WGP 型带制动盘鼓形齿式联轴器 JB/T 7002—2007 WGC 型垂直安装鼓形齿式联轴器 JB/T 7003—2007 WGZ 型带制动轮鼓形齿式联轴器 JB/T 7004—2007 WGT 型接中间套鼓形齿式联轴器 JB/T 10540—2005 GSL 伸缩型鼓形齿式联轴器 JB/T 5901—2017 十字销万向联轴器 JB/T 7341.1—2005 十字轴式万向联轴器用十字包 SWP 型 JB/T 7341.2—2006 十字轴式万向联轴器用十字包 SWC 型 JB/T 6139—2007 球铰式万向联轴器 JB/T 6140—1992 重型机械用球笼式同步万向联轴器 JB/T 7849—2007 径向弹性柱销联轴器 JB/T 8869—2000 蛇形弹簧联轴器 JB/T 7009—2007 卷筒用球面滚子联轴器

续表

分　类	标准号及名称
安全联轴器	GB/T 26663—2011　大型液压安全联轴器 JB/T 5986—2017　钢砂式安全联轴器 JB/T 5987—2017　钢球式节能安全联轴器 JB/T 6138—2007　AMN 内张摩擦式安全联轴器 JB/T 7355—2007　AYL 液压安全联轴器 JB/T 7682—1995　蛇形弹簧安全联轴器 JB/T 10476—2004　MAL 型摩擦安全联轴器
专用联轴器	GB/T 35147—2017　石油天然气工业　机械动力传输挠性联轴器　一般用途 GB/T 34027—2017　热连轧主传动十字轴式万向联轴器 GB/T 33506—2017　冷轧机组主传动鼓形齿式联轴器 GB/T 33507—2017　冷轧机组主传动十字轴式万向联轴器 JB/T 3923—2018　柴油机　喷油泵联轴器　型式及基本尺寸 JB/T 7009—2007　卷筒用球面滚子联轴器 JB/T 7846.1—2007　矫正机用滑块型万向联轴器 JB/T 7846.2—2007　矫正机用十字轴型万向联轴器 JB/T 10541—2005　冶金设备用轮胎式联轴器 JB/T 9559—2016　工业汽轮机用挠性联轴器

参考文献

[1] 成大先. 机械设计手册：第 2 卷. 第 6 版. 北京：化学工业出版社，2016.

[2] 全国机器轴与附件标准化技术委员会. 零部件及相关标准汇编：联轴器卷. 北京：中国标准出版社，2010.

[3] 机械设计手册编委会. 机械设计手册：第 3 卷. 新版. 北京：机械工业出版社，2004.

[4] 濮良贵. 机械设计. 第 9 版. 北京：高等教育出版社，2013.

[5] 阮忠唐. 联轴器、离合器设计与选用指南. 北京：化学工业出版社，2006.

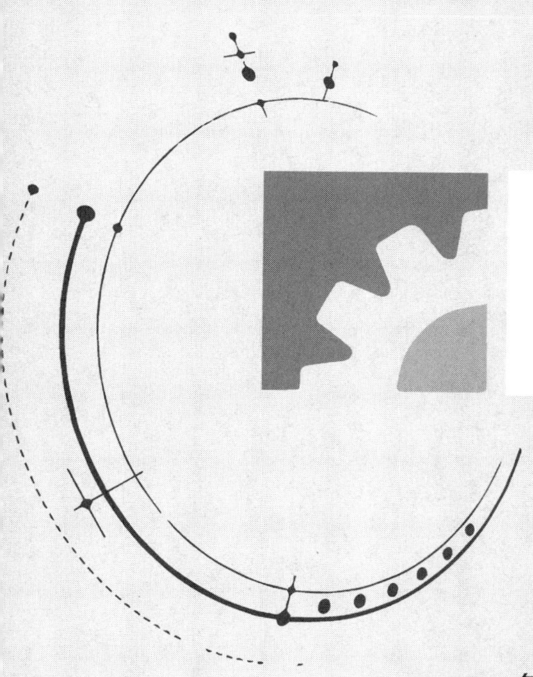

第 16 篇
离合器、制动器

篇主编：秦大同
撰　稿：秦大同　朱春梅　田兴林
审　稿：孔庆堂

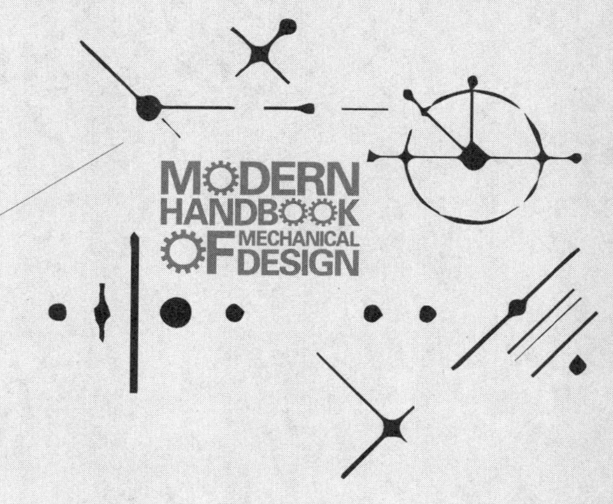

第 1 章　离　合　器

离合器是主、从动部分在同轴线上传递动力或运动时，具有接合或分离功能的装置，其离合作用可以靠嵌合、摩擦等方式来实现。按离合动作的过程可分为操纵式（如机械式、电磁式、液压式、气动式）和自控式（如超越式、离心式、安全式）。离合器分类、名称和型号如表 16-1-1 所示。离合器可以实现机械的启动、停车、齿轮箱的速度变换、传动轴间在运动中的同步和相互超越、机器的过载安全保护、防止从动轴的逆转、控制传递转矩的大小以及满足接合时间等要求。

表 16-1-1　离合器分类、名称和型号（GB/T 10043—2017）

类别	组别		品种		型式		离合器	
	名称	代号	名称	代号	名称	代号	名称	型号
操纵离合器	机械离合器	J	片式	P	干式单片		片式离合器	JP
					湿式单片	D	湿式单片离合器	JPD
					干式双片	N	双片离合器	JPN
					湿式双片	H	湿式双片离合器	JPH
					干式多片	G	多片离合器	JPG
					湿式多片	S	湿式多片离合器	JPS
					倒顺湿式多片	A	倒顺湿式多片离合器	JPA
					双作用单片	Z	双作用片式离合器	JPZ
			牙嵌式	Y	正三角形		牙嵌离合器	JY
					双面正三角形	S	双面牙嵌离合器	JYS
					斜三角形	A	斜三角形牙嵌离合器	JYA
					正梯形	T	正梯形牙嵌离合器	JYT
					斜梯形	E	斜梯形牙嵌离合器	JYE
					尖梯形	N	尖梯形牙嵌离合器	JYN
					螺旋形	L	螺旋形牙嵌离合器	JYL
					波形	B	波形牙嵌离合器	JYB
					锯齿形	C	锯齿形牙嵌离合器	JYC
					矩形	U	矩形牙嵌离合器	JYU
			齿式	C	单面嵌合		齿形离合器	JC
					双面嵌合	S	双面齿形离合器	JCS
					鼠齿形	H	鼠齿形离合器	JCH
			圆锥	U	干式单锥体		圆锥离合器	JU
					湿式单锥体	D	湿式圆锥离合器	JUD
					干式双锥体	G	干式双锥离合器	JUG
					湿式双锥体	S	湿式双锥离合器	JUS
			摩擦块	K			摩擦块离合器	JK
			销式	H	滑销		销式离合器	JH
					插销	C	插销离合器	JHC
			键式	A	滑键		键式离合器	JA
					拉键	L	拉键离合器	JAL
					转键	Z	转键离合器	JAZ
					移动键	Y	移键离合器	JAY
			棘轮式	L	外棘轮		棘轮离合器	JL
					内棘轮	E	内棘轮离合器	JLE
			鼓式	G			鼓式离合器	JG
			扭簧式	N			扭簧离合器	JN
			涨圈式	Q			涨圈离合器	JQ
			闸带式	D			闸带离合器	JD
			双功能	S			离合器-制动器	JS
			永磁式	Y			永磁离合器	JY

第 16 篇

续表

类别	组别		品种		型式		离合器	
	名称	代号	名称	代号	名称	代号	名称	型号
操纵离合器	电磁离合器	D	片式	L	干式单片线圈旋转		片式电磁离合器	DL
					湿式单片线圈旋转	H	湿式电磁离合器	DLH
					干式单片线圈静止	J	单片线圈静止电磁离合器	DLJ
					干式多片线圈旋转	G	干式多片电磁离合器	DLG
					湿式多片线圈旋转		湿式多片电磁离合器	DL①
					干式多片线圈静止		干式多片线圈静止电磁离合器	DL①
					湿式多片线圈静止		湿式多片线圈静止电磁离合器	DL①
			牙嵌式	Y	线圈旋转		牙嵌电磁离合器	DY
					线圈静止	J	线圈静止牙嵌电磁离合器	DTJ
			圆锥式	U			圆锥电磁离合器	DU
			扭簧式	N			扭簧电磁离合器	DN
			转差式	C	感应型		转差电磁离合器	DC
					爪型	Z	爪型转差电磁离合器	DCZ
					单电枢	D	单电枢转差电磁离合器	DCD
					双电枢	S	双电枢转差电磁离合器	DCS
					磁滞型	H	磁滞转差电磁离合器	DCH
			磁粉式	F	单隙式线圈旋转		磁粉离合器	DF
					单隙式线圈静止	D	线圈静止磁粉离合器	DFD
					复隙式线圈旋转	U	复隙式磁粉离合器	DFU
					复隙式线圈静止	F	复隙式线圈静止磁粉离合器	DFF
			双功能	S			电磁离合器-制动器	DS
	液压离合器	Y	片式	P	活塞缸固定		片式液压离合器	YP
					活塞缸旋转	H	旋转片式液压离合器	YPH
					柱塞缸固定	G	柱塞缸片式液压离合器	YPG
					柱塞缸旋转	Z	柱塞缸旋转片式液压离合器	YPZ
			牙嵌式	Y	活塞缸固定		牙嵌液压离合器	YY
					活塞缸旋转	H	旋转牙嵌液压离合器	YYH
					柱塞缸固定	G	柱塞缸牙嵌液压离合器	YYG
					柱塞缸旋转	Z	柱塞缸旋转牙嵌液压离合器	YYZ
			浮动块式	F	活塞缸固定		浮动块液压离合器	YF
					活塞缸旋转	H	旋转浮动块液压离合器	YFH
					柱塞缸固定	G	柱塞缸浮动块液压离合器	YFG
					柱塞缸旋转	Z	柱塞缸旋转浮动块液压离合器	YFZ
			圆锥式	U	活塞缸固定		圆锥液压离合器	YU
					活塞缸旋转	H	旋转圆锥液压离合器	YUH
					柱塞缸固定	G	柱塞缸圆锥液压离合器	YUG
					柱塞缸旋转	Z	柱塞缸旋转圆锥液压离合器	YUZ
			调速式	T			调速离合器	YT
			双功能	S			液压离合器-制动器	YS
	气压离合器	Q	片式	P	活塞缸单片		片式气压离合器	QP
					活塞缸多片	H	多片气压离合器	QPH
					环形缸单片	A	环形片式气压离合器	QPA
					环形缸多片	D	环形多片气压离合器	QPD
					隔膜缸单片	G	隔膜离合器	QPG
					隔膜缸多片	M	隔膜多片离合器	QPM
					湿式	S	湿式片式气压离合器	QPS

续表

类别	组别		品种		型式		离合器	
	名称	代号	名称	代号	名称	代号	名称	型号
操纵离合器	气压离合器	Q	气胎式	T	通风型		气胎离合器	QT
					普通型	P	普通型气胎离合器	QTP
					径向内收型	N	内收气胎离合器	QTN
					径向外涨型	W	外涨气胎离合器	QTW
					轴向型	Z	轴向气胎离合器	QTZ
			圆锥式	U	刚性	G	刚性圆锥气压离合器	QUG
					弹性	T	弹性圆锥气压离合器	QUT
			浮动块式	F	活塞缸		浮动块气压离合器	QF
					环形缸	H	环形浮动块气压离合器	QFH
					隔膜缸	G	隔膜浮动块气压离合器	QFG
			双功能	S			气压离合器-制动器	QS
自控离合器	超越离合器	C	牙嵌式	Y			牙嵌超越离合器	CY
			棘轮式	L			棘轮超越离合器	CL
			滑销式	H			滑销超越离合器	CH
			滚柱式	G	内星轮型		滚柱离合器	CG
					外星轮型	W	外星轮滚柱离合器	CGW
					双向型	S	双向滚柱离合器	CGS
			楔块式	K	接触型		楔块离合器	CK
					非接触型	F	非接触式楔块离合器	CKF
					双向型	S	双向楔块离合器	CKS
			同步式	T	棘齿型	J	棘齿同步离合器	CTJ
	离心离合器	L	钢球式	G			钢球离合器	LG
			缓冲式	H			缓冲离心离合器	LH
			橡胶弹性式	T			橡胶弹性离心离合器	LT
			闸块式	Z	铰链型		闸块离合器	LZ
					弹簧型	T	弹簧闸块离合器	LZT
	安全离合器	A	片式	P	单片		片式安全离合器	AP
					多片	D	多片安全离合器	APD
			牙嵌式	Y			牙嵌安全离合器	AY
			钢球式	G			钢球安全离合器	AG
			销式	H			销式安全离合器	AH
			圆锥式	U	单锥体型		圆锥安全离合器	AU
					双锥体型	S	双锥安全离合器	AUS

① 按有关标准执行。

注：1. 型号意义：

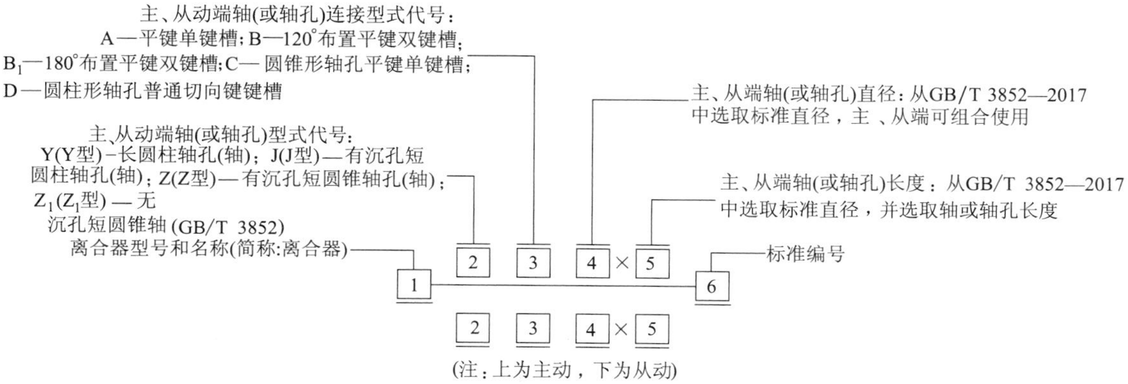

主、从动端轴(或轴孔)连接型式代号：
A—平键单键槽；B—120°布置平键双键槽；
B_1—180°布置平键双键槽；C—圆锥形轴孔平键单键槽；
D—圆柱形轴孔普通切向键键槽

主、从端轴(或轴孔)直径：从GB/T 3852—2017
中选取标准直径，主 、从端可组合使用

主、从动端轴(或轴孔)型式代号：
Y(Y型)−长圆柱轴孔(轴)；J(J型)—有沉孔短
圆柱轴孔(轴)；Z(Z型)—有沉孔短圆锥轴孔(轴)；
Z_1(Z_1型)—无
沉孔短圆锥轴(GB/T 3852)

主、从端轴(或轴孔)长度：从GB/T 3852—2017
中选取标准直径，并选取轴或轴孔长度

离合器型号和名称(简称:离合器)

标准编号

2 3 4×5
1 6
2 3 4×5

(注：上为主动，下为从动)

第16篇

2. 标记示例：

例 1　第 3 规格磁粉离合器

主动端：Z_1 型轴，B 型键，d＝25mm，L＝62mm。

从动端：J_1 型轴，B 型键，d＝30mm，L＝82mm。

DF3 离合器 $\dfrac{Z_1B25\times62}{J_1B30\times82}$ GB/T 10043—2017

例 2　第 5 规格超越离合器

主动端：J 型轴孔，B 型键槽，d＝70mm，L＝107mm。

从动端：J 型轴孔，B 型键槽，d＝70mm，L＝107mm。

CY5 离合器 JB70×107　GB/T 10043—2017

例 3　第 6 规格钢球离合器

主动端：Y 型轴，A 型键槽，d＝80mm，L＝132mm。

从动端：J 型轴孔，B 型键槽，d＝60mm，L＝142mm。

LG6 离合器 $\dfrac{80\times132}{JB60\times142}$ GB/T 10043—2017

1.1　常用离合器的型式、特点及应用

表 16-1-2　　各类离合器的型式、特点及应用

分类		名称和简图	接合速度 /r·min^{-1}	转矩范围 /N·m	特点和应用
操纵式	机械操纵	牙嵌离合器 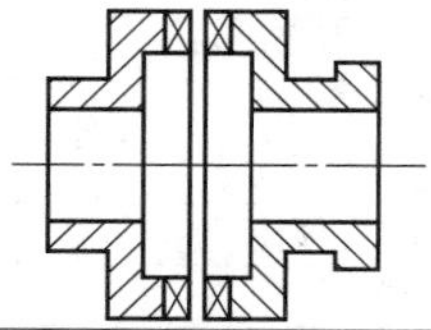	100～150	63～4100	外形尺寸小、传递转矩大，接合后主、从动轴同步转动，无相对滑动，不产生摩擦热。但接合时有冲击，适合于静止接合，或转速差较小时接合（对矩形牙转速差小于或等于 10r/min，对其余牙型转速差小于或等于 300r/min），主要用于不需经常离合、低速机械的传动轴系。为了减少操纵零件的磨损，应把滑动的半离合器放在从动轴上
		转键离合器 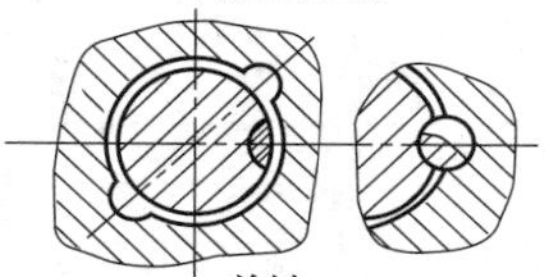 单键 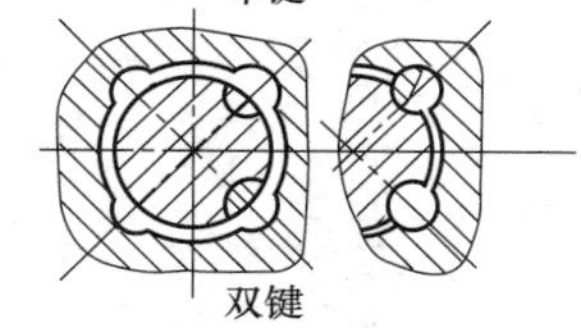 双键	<200	100～3700	利用置于轴上的键，转过一角度后卡在轴套键槽中，实现传递转矩，其结构简单，动作灵活、可靠，有单键（单向传动）和双键（双向传动）两种结构，适用于轴与传动件连接，可在转速差小于或等于 200r/min 下接合，常用于各种曲柄压力机中
		齿式离合器 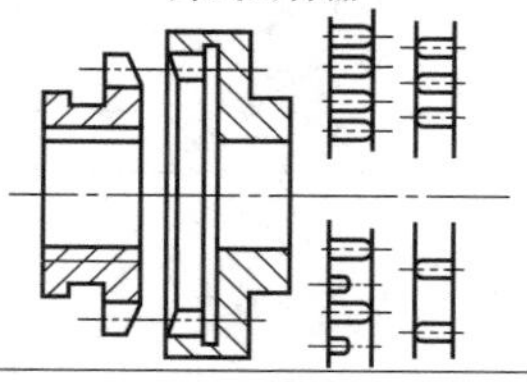	低速接合		利用一对可沿轴向离合、具有相同齿数的内外齿轮。其特点是传递转矩大，外形尺寸小，并可传递双向转矩 适于转速差不大、带载荷进行接合且传递转矩较大的机械主传动或变速机械的传动轴系
		片式摩擦离合器 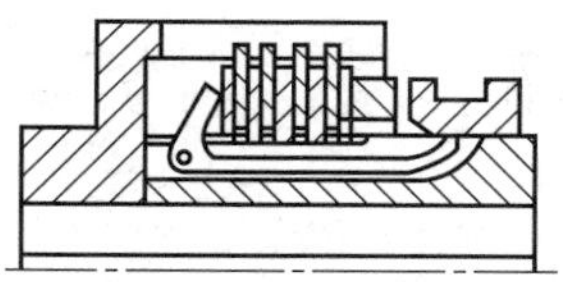	可在高速下接合	20～16000	利用摩擦片或摩擦盘作为接合元件，结构形式多[单盘（片）、多盘（片）、干式、湿式、常开式、常闭式等]，其结构紧凑，传递转矩范围大，安装调整方便，摩擦材料种类多，能保证在不同工况下，具有良好的工作性能，并能在高速下进行离合。能过载保护。接合过程产生摩擦热，应有散热措施。结构复杂，要常调整摩擦面间隙。广泛应用于交通运输、机床、建筑、轻工和纺织等机械中
		圆锥摩擦离合器 	可在高速下接合	5000～286000	可通过空心轴同轴安装，在相同直径及传递相同转矩条件下，比单盘摩擦离合器的接合力小2/3，且脱开时分离彻底，过载时能起保护作用。其缺点是外形尺寸大，启动时惯性大，锥盘轴向移动困难，实际中常制成双锥盘的结构形式

续表

分类		名称和简图	接合速度 /r·min^{-1}	转矩范围 /N·m	特点和应用
操纵式	电磁操纵	牙嵌式电磁离合器 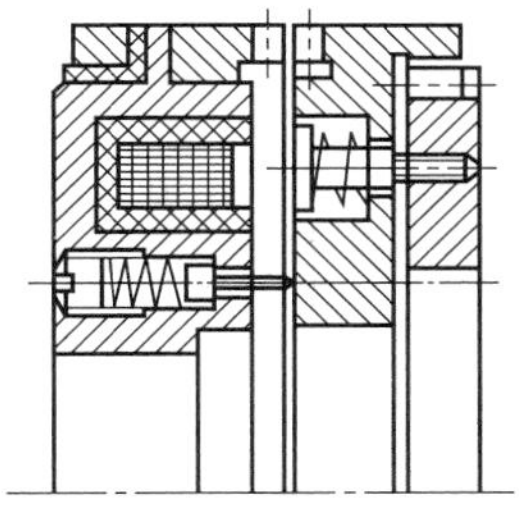	一般需在静态下接合	12～10000	外形尺寸小，传递转矩大，传动比恒定，无空转转矩，不产生摩擦热，使用寿命长，可远距离操纵，但有转速差时，接合会发生冲击，不能在半接合状态下传递转矩。适用于低速下接合的各种机床、高速数控机械、包装机械等
		无滑环单片摩擦电磁离合器 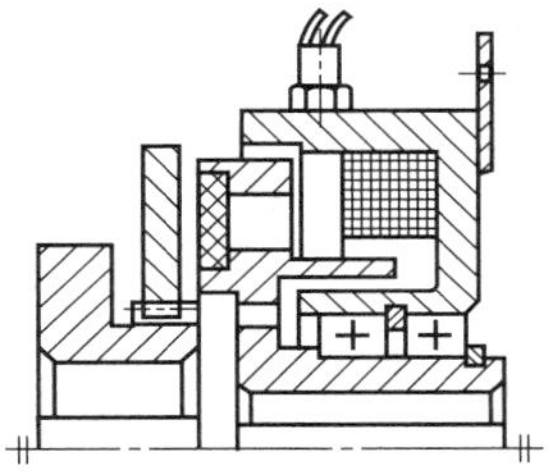 带滑环多片摩擦电磁离合器 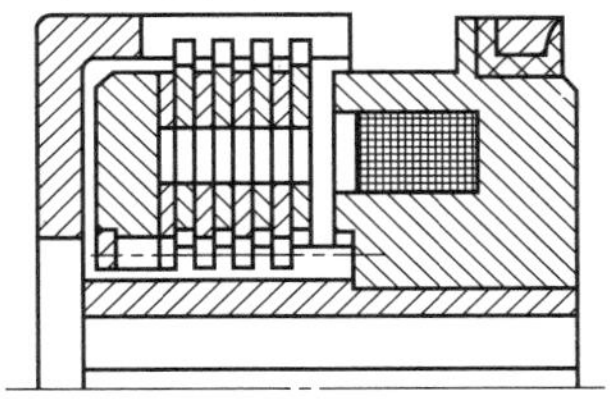	可在高转速差下接合	盘式 1000～1600 多片干式 100～25000 多片湿式 12～4000	其中单盘和双盘式的结构简单，传递转矩大，反应快，无空转转矩，散热条件好，接合频率较高。多片式的径向尺寸小，结构紧凑，便于调整 单盘和双盘式主要为干式，多片式有干式和湿式两种 干式的动作快、价格低、控制容易、转矩较大，工作性能好，但摩擦面易磨损，需定期调整和更换。适用于快速接合、高频操作的机械，如机床、计算机外围设备、包装机械、纺织机械及起重运输机械等
		磁粉离合器 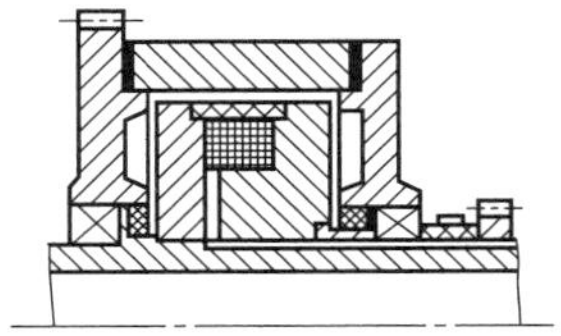		0.5～2000	具有定力矩特性，可在有滑差条件下工作，转矩和电流的比值呈线性关系，有利于自动控制。转矩调节范围大，接合迅速，可用于高频操作，但磁粉寿命短，价格昂贵，主要适用于定力矩传动、缓冲启动和高频操作的机械装置，如测力计、造纸机等的张力控制装置和船舶舵机控制装置等
		转差式电磁离合器 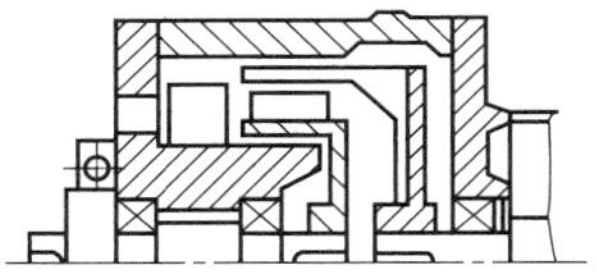		4～110	利用电磁感应产生转矩，带动从动部分转动，离合器为间隙型，改变励磁电流可方便地进行无级调速(但在低速时，效率较低)，可用来减轻启动时的冲击，也可用作制动装置和安全保护装置，适用于普通机床、压力机、纺织机械、印刷设备、造纸设备和化纤工业机械等的传动系统

续表

分类		名称和简图	接合速度/r·min^{-1}	转矩范围/N·m	特点和应用
操纵式	气压操纵	活塞缸摩擦离合器 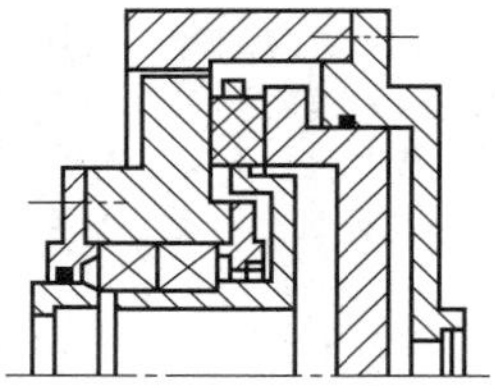	可高频离合	700～180000	接合元件为摩擦片、块或锥盘，其摩擦材料为石棉粉末冶金材料，在干式下工作。特点是结构简单，接合平稳，传递转矩大，使用寿命长，无需调整磨损间隙，常制成大型离合器，用于曲柄压力机、剪切机、平锻机、钻机、挖掘机、印刷机和造纸机等
		隔膜式摩擦离合器 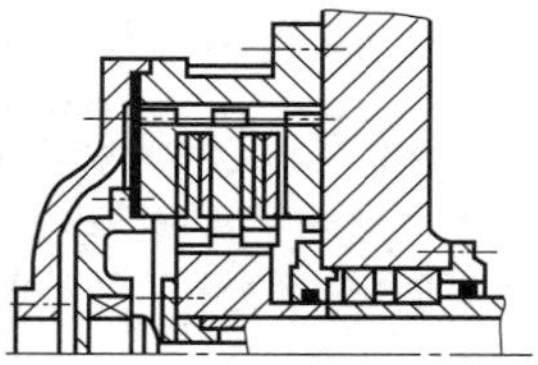	可高频离合	400～7100	以隔膜片代替活塞，可减小离合器的轴向尺寸、重量及惯性，而且动作灵活，密封性好，能补偿装配误差和工作时的不规则磨损，有缓冲作用，离合时间短，耗气量少，制造和维修方便，但轴向工作行程小
		气胎式摩擦离合器 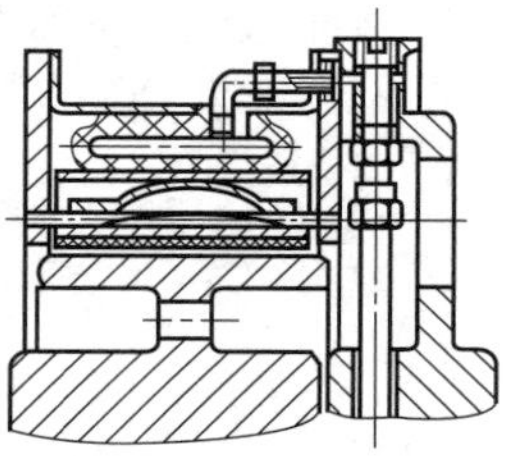	可高频离合	312～90000	利用气压扩张气胎达到摩擦接合，其特点是能传递大的转矩，并有弹性、能吸振，接合柔和起缓冲作用，且易安装，有补偿两轴相对位移的能力和自动补偿间隙的能力。此外，还具有密封性好、惯性小、使用寿命长等优点。但其变形阻力大，摩擦面易受润滑介质影响，对温度也较敏感，主要用于钻机、工程机械、锻压机械等大中型设备上
	液压操纵	活塞缸旋转式摩擦离合器 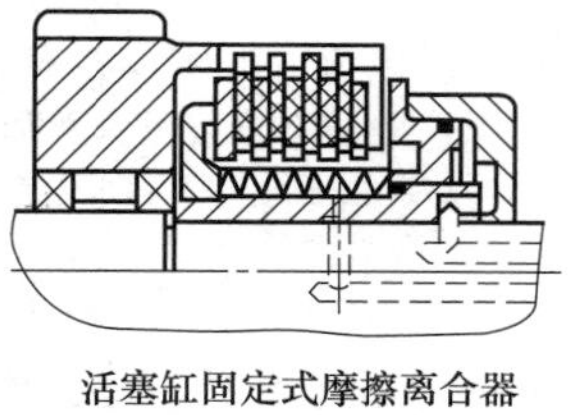 活塞缸固定式摩擦离合器 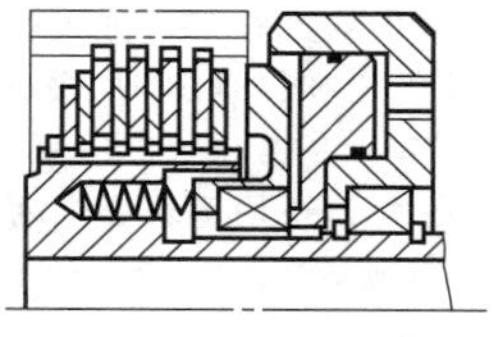	可高频离合	160～1600	承载能力高，传递转矩大，体积小，当外形尺寸相同时，其传递转矩比电磁摩擦离合器大3倍，而且无冲击，启动换向平稳，但接合速度不及气压离合器。能自动补偿摩擦元件的磨损量，易于实现系列化生产，广泛用于各种结构紧凑、高速，远距离操纵、频繁接合的机床、工程机械和船用机械上 缸体旋转式结构紧凑，外形尺寸小，但转动惯量大，进油接头复杂，油压易受离心力影响 缸体固定式进油简单可靠，油压力不受离心力影响，操纵和排油较快，可减小复位弹簧力，但需加装较大的推力轴承

续表

分类		名称和简图	转矩范围/N·m	特点和应用
自控式	超越式	滚柱超越离合器 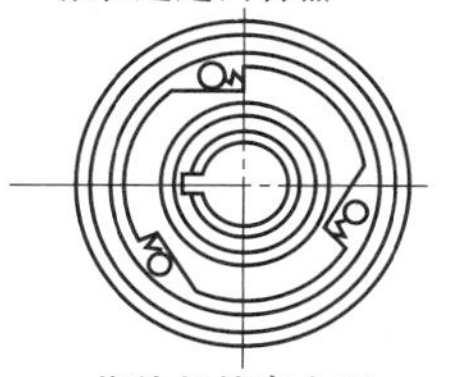 楔块超越离合器 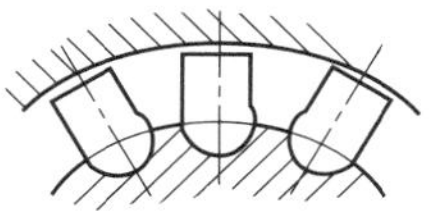	滚柱式 3～4000 楔块式 31.5～25000	分为嵌合式和摩擦式两类，均以传递单向转矩为主，并可用于变换转速防止逆转、间隙运动的传动系统，其中摩擦式具有体积小、传递转矩大、接合平稳、工作无噪声，可在高速下接合等优点 滚柱式的结构简单、制造容易，溜滑角小，主要用于机床和无级变速器等的传动装置中 楔块式尺寸小，传递转矩能力大，适用于传递转矩大，要求结构紧凑的场合，如石油钻机、提升机和锻压机械等
	离心式	闸块式离心离合器 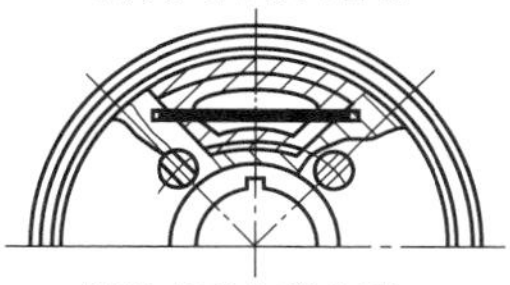 钢球式离心离合器 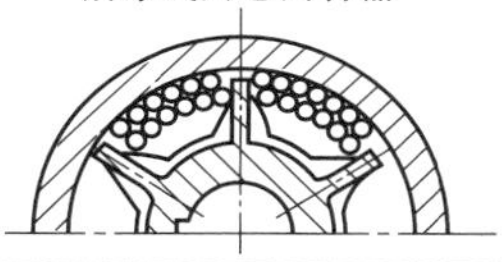	自由闸块式 1.3～5100 弹簧闸块式 0.7～4500 钢球式 3～35000	利用自身的转速来控制两轴的自动接合或脱开，其特点是可直接与电动机连接，使电动机在空载下平稳启动，改善电动机的发热，但由于未达到额定转速前，因打滑产生摩擦热，故不宜用于频繁启动的场合，且输出功率与转速有关，故也不宜用于变速传动的轴系 自由闸块式结构简单，重量轻，但平稳性差，接合时间长 钢球式可传递双向转矩，重复作用精度高，打滑率低，启动转矩大，对两轴同心度要求不高，可用于要求启动平稳的场合
	安全式	销式安全离合器 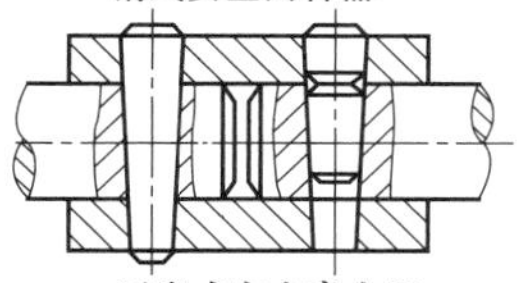 牙嵌式安全离合器 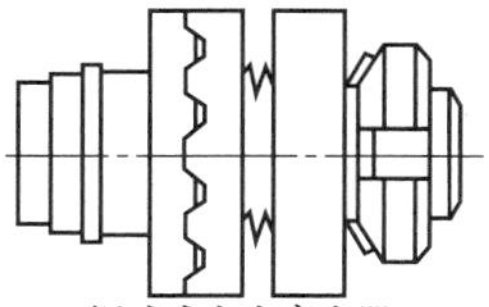 钢球式安全离合器 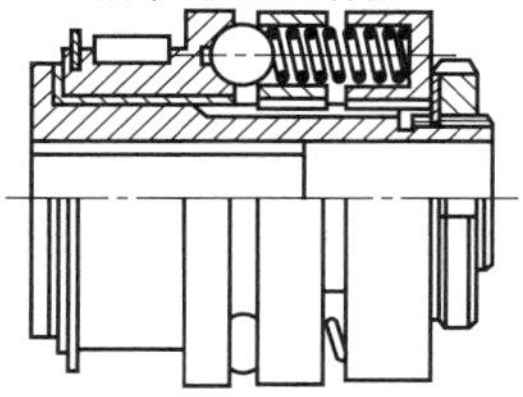 摩擦安全离合器 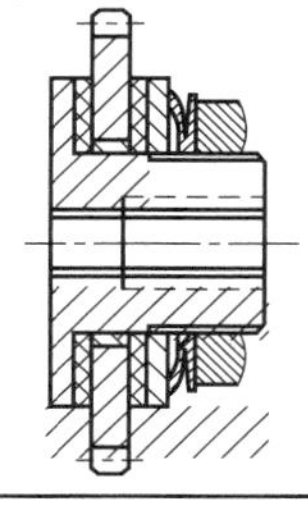	牙嵌式 4～400 钢球式 13～4880 摩擦式 0.1～200000	销式通过设计限制传递的转矩，防止过载和发生机械事故，并能充分发挥机械的效能。结构简单，制造容易，尺寸紧凑，保护严密，但工作精度不高，可用于偶然过载的传动 嵌合式中的牙嵌式在断开瞬时会产生冲击力，可能折断牙，故宜用于转速不高、从动部分转动惯量不大的轴系 钢球式制造简单，工作可靠，过载时滑动摩擦力小，动作灵敏度高，适用于转速较高的传动 摩擦式过载时因摩擦消耗能量能缓和冲击，故工作平稳，调整和使用方便，维修简单，灵敏度高，可用于转速高、转动惯量大的传动装置

1.2 离合器的选用与计算

1.2.1 离合器的型式与结构选择

（1）离合器接合元件的选择

应根据离合器使用的工况条件选择接合元件，可按下面几种情况考虑。

1）低速、停止转动下离合，不频繁离合。可选择刚性嵌合式接合元件。刚性嵌合元件具有传递转矩大、转速完全同步不产生摩擦热、外形尺寸小等特点。但因刚性大，在有转速差下接合瞬时，主、从动轴上将有较大冲击，引起振动和噪声。因此，这种接合元件限于静止或相对转速差较小、空载或轻载下接合的传动系统。

2）系统要求缓冲，通过离合器吸收峰值力矩。可选择摩擦式接合元件。摩擦式接合元件允许主、从动接合元件间存在一定滑差的情况，接合时较为柔和，冲击小。但滑动会产生摩擦热，引起能量损耗。

3）长期打滑的工况。应选用电磁和液体传递能量的离合器，如磁粉离合器。

（2）离合器操纵方式的选择

1）人力操纵。依靠人力操纵的各种机械离合器，手操纵时力一般不大（＜400N），动作行程一般≤250mm；脚踏板操纵时，操纵力一般为100～200N，行程一般为100～150mm。反应慢，接合频率较低，主要用于中小功率的机械设备上。

2）气压操纵。气压操纵具有比较大的操纵力（0.4～0.8MPa），离合迅速，操纵频率较高，而且无污染，适用于各种容量和远距离操纵的离合器，特别是各种大型离合器的操纵。

3）液压操纵。液压操纵能产生很大的操纵力（0.7～3.5MPa），而且有良好的润滑和散热条件，适用于有润滑装置和不泄漏的机械设备，操纵体积小而传递转矩大的离合器。但接合速度较气压操纵慢。

4）电磁操纵。电磁操纵比较方便，接合迅速，时间短，可以并入控制电路系统实行自动控制，且易实现远距离控制，特别适用于各种操纵频率高的中小型以及微型离合器。

（3）环境条件

开式结构可用于宽敞无污染的环境，而封闭式结构则能适应有粉尘和存在污染的场合。对于有防爆要求的环境，不宜采用普通的电磁离合器。此外，不希望有噪声的环境，最好选用有消声装置的气压离合器。具有橡胶元件的离合器，则应考虑环境温度和有害介质的影响。

（4）关于离合器的转矩容量

离合器的转矩容量应按本章1.2.2的内容进行计算。当考虑原动机的启动特性时，对于用三相笼式异步电动机的系统，可以允许有较大的超载范围，可选用较大容量的离合器，以便加载接合时能迅速驱动，不致出现长时打滑，造成发热。对于内燃机驱动，为了避免启动时原动机转速过分下降，应采用工作容量储备较小的离合器。

1.2.2 离合器的计算

表 16-1-3 计算转矩

类　型	计算公式
嵌合式离合器	$T_c=KT$
摩擦式离合器	$T_c=\dfrac{KT}{K_mK_v}$

注：T_c——离合器计算转矩，选用离合器时，T_c小于或等于离合器的额定转矩；

T——离合器的理论转矩，对于嵌合式离合器，T为稳定运转中的最大工作转矩或原动机的公称转矩，对于摩擦式离合器，可取运转中的最大工作转矩或接合过程中工作转矩与惯性转矩之和作为理论转矩，即

$T=T_t+\dfrac{J_2(\omega_1-\omega_2)}{t}$，式中符号见表16-1-24；

K——工况系数，见表16-1-4，对于干式摩擦离合器可取较大值，对于湿式摩擦离合器可取较小值；

K_m——离合器接合频率系数，见表16-1-5；

K_v——离合器滑动速度系数，见表16-1-6。

表 16-1-4 离合器工况系数（或称储备系数）K（概略值）

机械类别	K	机械类别	K
金属切削机床	1.3～1.5	曲柄式压力机械	1.1～1.3
汽车、车辆	1.2～3	拖拉机	1.5～3
船舶	1.3～2.5	轻纺机械	1.2～2
起重运输机械		农业机械	2～3.5
在最大载荷下接合	1.35～1.5	挖掘机械	1.2～2.5
在空载下接合	1.25～1.35	钻探机械	2～4
活塞泵（多缸）、通风机（中等）、压力机	1.3	活塞泵（单缸）、大型通风机、压缩机、木材加工机床	1.7
冶金矿山机械	1.8～3.2		

第16篇

表 16-1-5　离合器接合频率系数 K_m

离合器每小时接合次数	≤100	120	180	240	300	≥350
K_m	1.00	0.96	0.84	0.72	0.60	0.50

表 16-1-6　离合器滑动速度系数 K_v

摩擦面平均圆周速度 v_m/m·s^{-1}	1.0	1.5	2.0	2.5	3	4	5	6	8	10	13	15
K_v	1.35	1.19	1.08	1.00	0.94	0.86	0.80	0.75	0.68	0.63	0.59	0.55

注：$v_m=\frac{\pi D_m n}{60000}$ (m/s)；$D_m=\frac{D_1+D_2}{2}$ (mm)；D_1，D_2——摩擦面的内、外径；n——离合器的转速，r/min。

1.3　嵌合式离合器

表 16-1-7　嵌合元件的结构形式和特点

嵌合元件名称	结构形式和特点
牙嵌式	利用两半离合器端面上的牙互相嵌合或脱开以达到主、从动轴的离合。牙有矩形、梯形、三角形、锯齿形和螺旋形等几种形式。由于同时参与嵌合的牙数多，故承载较高，适用范围广泛
转键式	利用装在从动轴上可以转动的圆弧形键，当键转过某一角度，凸出于轴表面时，即可由外部主动轴套带动转动。这种嵌合方式可使主从动部分在离合过程不需沿轴向移动，适合于轴与轮毂的离、合。其受力情况比滑销好，冲击速度低。其中单键只能传递单向转矩，增加键长度可提高承载能力，转键结构简单，动作灵敏可靠，如采用两个反向安装的转键，则可传递双向转矩
滑销式	利用装在半离合器凸缘端面上的销与另一半离合器凸缘端面上的销孔组成配合与滑动以实现接合与脱开动作。根据传递转矩的大小，销孔数一般比销数多几倍，为了使有转速差时接合容易些，在凸缘端面制有弧形斜槽。滑销结构形状简单，当销数少时，接合容易，适宜用于转矩不大的轴与轴离合
拉键式	利用特制的键装在轴上可沿轴向移动，并可压入轴内以达到轴与轮毂在静止状态下的接合或分离。这种结构主要用于多级齿轮分别有选择地与轴连接而不需移动齿轮，适宜传递转矩不大的轴与传动件的连接
齿轮式	利用一对齿数相同的内外齿轮的啮合或分离以实现两轴的连接或脱开。为了容易接合常将齿端倒角，其特点是齿轮加工工艺性好，比端面牙容易制造，精度高，且强度大，能传递大的转矩。在有些情况下，齿轮还可兼作传动元件，故应用也比较广泛

1.3.1 牙嵌式离合器

1.3.1.1 牙嵌式离合器的牙型、特点与使用条件

表 16-1-8 牙嵌式离合器的牙型、特点与使用条件

牙型	角度	牙数	特点	使用条件
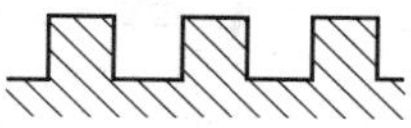 矩形	$\alpha=0°$	$Z=3\sim15$	传递转矩大，制造容易，接合、脱开较困难，为便于接合常采用较大的牙间间隙	适用于重载，可以传递双向转矩，一般用于不经常离合的传动中。需在静止或极低的转速下才能接合。常用于手动接合
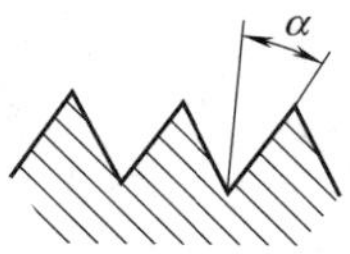 正三角形	$\alpha=30°\sim45°$	$Z=15\sim60$	牙数多，可用在接合较快的场合，但牙的强度较弱	适用于轻载低速，双向传递转矩。应在运转速度低时接合
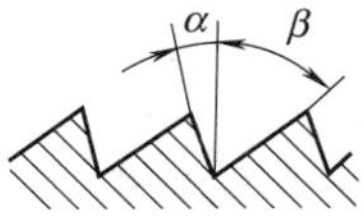 斜三角形	$\alpha=2°\sim8°$ $\beta=50°\sim70°$	$Z=15\sim60$	接合时间短，牙数应选得多，但牙数多，各牙分担载荷不均匀	只能传递单向转矩，适用于轻载低速。应在运转速度低时接合
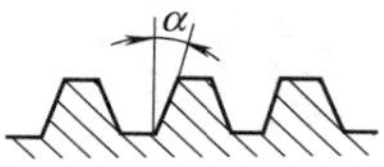 正梯形	$\alpha=2°\sim8°$	$Z=3\sim15$	脱开和接合比矩形齿容易，接合后牙间间隙较小，牙的强度较大	适用于较大速度和载荷，能传递双向载荷。要在静止状态下接合，能补偿牙的磨损和间隙，能避免速度变化时因间隙而产生的冲击。常用于自动接合
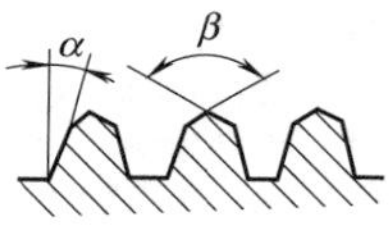 尖梯形	$\alpha=2°\sim8°$ $\beta=120°$	$Z=3\sim15$	接合较正梯形容易，强度较高	适用于较大速度和载荷，能传递双向载荷。要在静止状态下接合，能补偿牙的磨损和间隙，能避免速度变化时因间隙而产生的冲击，但接合比正梯形更容易。常用于自动接合
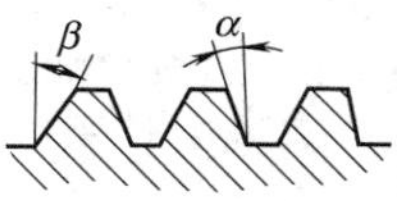 斜梯形	$\alpha=2°\sim8°$ $\beta=50°\sim70°$	$Z=3\sim15$	接合比正梯形更容易，强度较高	只能传递单向转矩，适用于较大速度和载荷，要在静止状态下接合，能补偿牙的磨损和间隙，能避免速度变化时因间隙而产生的冲击。常用于自动接合
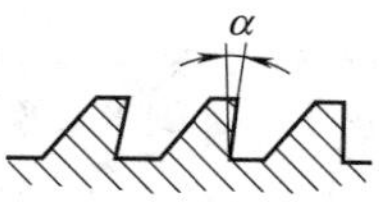 锯齿形	$\alpha=1°\sim1.5°$	$Z=3\sim15$	强度高，接合容易，可传递较大转矩	只能单向传动
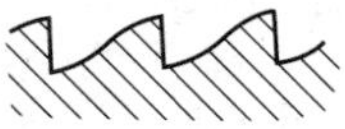 螺旋形		$Z=2\sim3$	接合迅速而且不用精确对中，强度高，接合平稳，可以传递较大转矩	可以在较低速转动过程中接合。螺旋齿的数量决定于接合前的转差。转差大，齿的数量要增加。螺旋齿的数量最少的有两个，最多的有 30 个。只能单向传递转矩

1.3.1.2　牙嵌式离合器的材料与许用应力

表 16-1-9　接合元件的材料及应用范围

材料	热处理规范	应用范围
HT200 HT300	170～240HB	低速、轻载牙嵌的牙及齿轮离合器的齿轮
45	淬火 38～46HRC 高频淬火 48～55HRC	载荷不大、转速不高的离合器
20Cr,20MnV,20Mn2B	渗碳 0.5～1.0mm 淬火、回火 56～62HRC	中等尺寸的高速元件和中等压强的元件
40Cr,45MnB	高频淬火回火 48～58HRC	重载、压强高、冲击不大的牙嵌式离合器、齿轮式离合器和滑销式离合器
18CrMnTi,12CrNi4A,12CrNi3	渗碳 0.8～1.2mm 淬火回火 58～62HRC	高速冲击、大压强的牙嵌式离合器和齿轮式离合器
50CrNi,T7	淬火回火 40～50HRC 淬火 52～57HRC	转键式离合器、滑销式离合器

表 16-1-10　牙嵌离合器材料的许用应力　MPa

接合情况	静止时接合	运转中接合	
		低速	高速
许用挤压应力	88～117	49～68	34～44
许用弯曲应力	$\frac{\sigma_s}{1.5}$	$\frac{\sigma_s}{5.9 \sim 4.5}$	

注：1. 齿数多，许用应力值取小值；齿数少，取大值。
2. 表中许用挤压应力适用于渗碳淬火钢，硬度 56～62HRC。
3. 表中高、低速是指许用接合圆周速度差（Δv）。低速 $\Delta v \leqslant 0.7 \sim 0.8$m/s，高速 $\Delta v \leqslant 0.8 \sim 1.5$m/s。

1.3.1.3　牙嵌式离合器的计算

表 16-1-11　牙嵌式离合器的计算

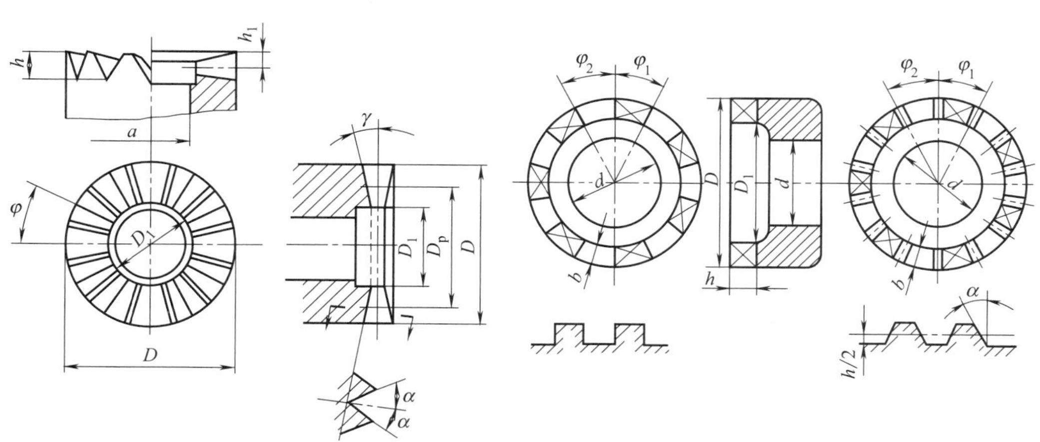

第16篇

续表

计算项目		公式及数据	单位	说明
基本参数	牙齿外径	$D=(1.5\sim3)d$	mm	d——离合器轴径，mm φ——牙的中心角，(°)，三角形、梯形牙啮合 $\varphi=\varphi_1=\varphi_2=\dfrac{360°}{z}$ 矩形牙啮合 $\varphi_1=\dfrac{360°}{2z}-(1°\sim2°)$ $\varphi_2=\dfrac{360°}{2z}+(1°\sim2°)$ z——牙数，常取 z 为奇数，以便加工 n_0——接合前，两个半离合器的转速差，r/min t——最大接合时间，s，一般 $t=0.05\sim0.1$s 齿数多，制造精度低时，取小值 齿数少，制造精度高时，取大值
	牙齿内径	D_1——根据结构确定，通常 $D_1=(0.7\sim0.75)D$	mm	
	牙齿平均直径	$D_p=\dfrac{D+D_1}{2}$	mm	
	牙齿宽度	$b=\dfrac{D-D_1}{2}$	mm	
	牙齿高度	$h=(0.6\sim1)b$	mm	
	齿顶高	h_1	mm	
	齿根高	h_2 应比 h_1 大 0.5mm 左右	mm	
	牙齿齿数	$z=\dfrac{60}{n_0t}$ 或根据结构、强度确定		
	牙齿工作面的倾斜角	$\alpha=2°\sim8°$（梯形牙） $\alpha=30°, 45°$（三角形牙）	(°)	
	分度线上的齿宽	$l_m=D_p\sin\dfrac{\varphi_1}{2}$	mm	
	齿顶宽	$l_d=l_m-2h_1\tan\alpha$	mm	
	齿根宽	$l_g=l_m+2h_2\tan\alpha$	mm	
	计算牙数	$z'=\left(\dfrac{1}{3}\sim\dfrac{1}{2}\right)z$		
强度校核	牙齿工作面的挤压应力	$\sigma_p=\dfrac{2000T_c}{D_pz'A}\leqslant\sigma_{pp}$ 对三角形牙 $A=D_pb\tan\gamma$ 对矩形牙 $A=hb$	MPa	T_c——计算转矩，N·m，$T_c=KT$，见表 16-1-3 A——牙的承压工作面积，mm^2 σ_{pp}，σ_{bp}——牙齿许用挤压应力和许用弯曲应力，MPa，见表 16-1-10 淬硬钢的离合器 $z>7$，未经热处理的离合器 $z>5$ 才进行弯曲强度校核
	牙齿根部的弯曲应力	$\sigma_b=\dfrac{6000T_ch}{D_pz'bl_g^2}\leqslant\sigma_{bp}$		
移动离合器所需的力	接合力 主动 α α ρ 被动	离合器的接合力 $S_h=\dfrac{2000T_c}{D_p}\left[\mu'\dfrac{D_p}{d}+\tan(\alpha+\rho)\right]$	N	μ'——离合器与花键的摩擦因数，一般取 $\mu'=0.15\sim0.20$ ρ——牙上的摩擦角 $\rho=\arctan\mu$
	脱开力 主动 α α ρ 被动	离合器的脱开力 $S_k=\dfrac{2000T_c}{D_p}\left[\mu'\dfrac{D_p}{d}-\tan(\alpha-\rho)\right]$		
使用条件	牙的自锁条件	$\tan\alpha\leqslant\mu+\mu'\dfrac{D_p}{d}$		μ——离合器牙面间的摩擦因数，一般取 $\mu=0.15\sim0.20$ Δv——许用接合圆周速度差，m/s，一般 $\Delta v<0.8$m/s
	接合时的许用转速差	$\Delta n=\dfrac{60000}{\pi D_p}\Delta v$	r/min	
	接合时间	$t=\dfrac{60}{\Delta nz}$	s	

注：离合器有弹簧压紧装置时，接合力与脱开力还应考虑弹簧作用力。本表仅考虑离合器在花键轴上的滑动、离合器的牙面之间的相对滑动所需克服的摩擦力。

1.3.1.4 牙嵌式离合器尺寸的标注示例

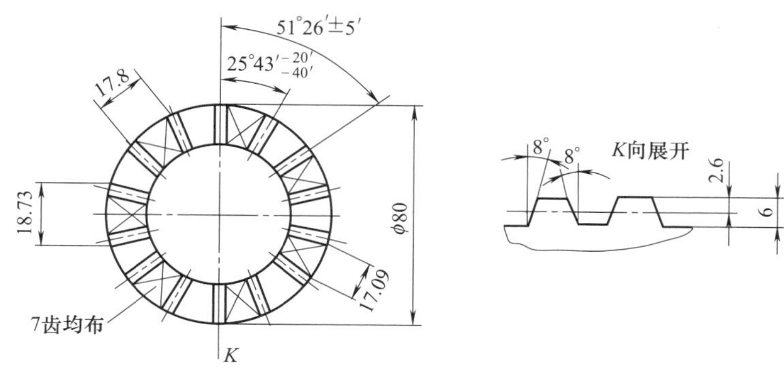

图 16-1-1 牙嵌式离合器标注方法

图中角度 25°43′$^{-20'}_{-40'}$控制齿厚，51°26′±5′控制牙齿分布的均匀性，弦长 17.09、17.8、18.73 提供加工者参考，齿顶高小于齿根高，保证齿顶与槽底有足够的轴向间隙，以便消除侧隙。

1.3.1.5 牙嵌式离合器的结构尺寸

表 16-1-12 正三角形牙型的结构尺寸 mm

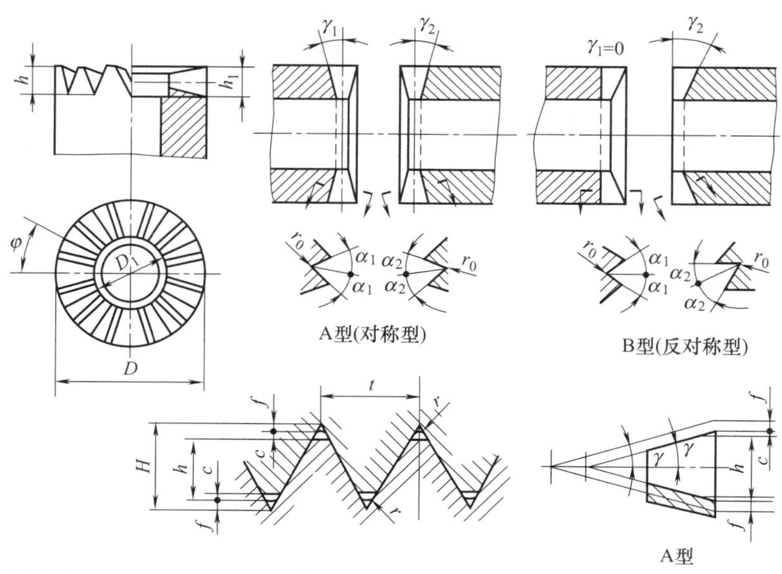

$r_0=0.2、0.5、0.8，r\approx r_0/\cos\gamma\approx\gamma_0，\alpha_1=30°、c=0.5r，f=r，\alpha_2=45°、c=0.3r，f=0.4r，h=H-(2f+c)$

D	D_1	h_1	$\alpha=30°(r=0.2)$											
			普通牙						细牙					
			牙数 z	γ	t	H	h	许用转矩 /N·m	牙数 z	γ	t	H	h	许用转矩 /N·m
32	22	5	24	6°31′	4.19	3.62	3.07	45	48	3°15′	2.09	1.81	1.26	36
40	28				5.24	4.53	3.98	90			2.62	2.27	1.72	76
45	32				5.89	5.10	4.55	120			2.94	2.55	2.00	108
55	40		36	4°20′	4.80	4.15	3.60	210	72	2°10′	2.39	2.07	1.52	150
60	45				5.24	4.53	3.98	250			2.62	2.27	1.72	190
65	50				5.67	4.91	4.36	305			2.83	2.45	1.90	227

续表

D	D_1	h_1	α=30°(r=0.2) 普通牙 牙数 z	γ	t	H	h	许用转矩 /N·m	细牙 牙数 z	γ	t	H	h	许用转矩 /N·m
75	55	8	48	3°15′	4.91	4.25	3.70	520	96	1°37′	2.45	2.12	1.57	377
85	60				5.56	4.81	4.26	830			2.78	2.40	1.85	620
90	65				5.89	5.10	4.55	950			2.95	2.55	2.00	720
100	70				6.54	5.66	5.11	1400			3.27	2.83	2.28	1070
110	80				7.20	6.23	4.68	1440			3.60	3.12	2.57	1350
120	90				5.24	4.53	3.98	1350			2.62	2.27	1.72	1000
125			72	2°10′	5.45	4.72	4.17	2170	144	1°05′	2.73	2.36	1.81	1570
140	100				6.11	5.28	4.73	3140			3.05	2.64	2.09	2320
145					6.33	5.47	4.92	3750			3.16	2.74	2.19	2790
160	120				6.98	6.05	5.50	4260			3.49	3.03	2.48	3200
180	140				7.85	6.80	6.25	5540			3.93	3.39	2.84	4200
200	150		96	1°37′	6.54	5.66	5.11	8250	192	0°50′	3.27	2.83	2.28	6140
220	170				7.20	6.23	5.68	10220			3.60	3.12	2.57	7710
250	190				8.18	7.08	6.53	15900			4.09	3.54	2.99	12140
280	220				9.16	7.93	7.38	20440			4.58	3.97	3.42	15780

D	D_1	h_1	α=45°(r=0.2) 普通牙 牙数 z	γ	t	H	h	许用转矩 /N·m	细牙 牙数 z	γ	t	H	h	许用转矩 /N·m
32	22	5	24	3°45′	4.19	2.10	1.81	26	48	1°52′	2.10	1.05	0.76	20
40	28				5.24	2.62	2.33	50			2.62	1.31	1.02	45
45	32				5.89	2.95	2.66	72			2.95	1.48	1.19	60
55	40		36	2°30′	4.80	2.40	2.11	120	72	1°15′	2.40	1.20	0.91	90
60	45				5.24	2.62	2.33	150			2.62	1.31	1.02	110
65	50				5.67	2.84	2.55	180			2.84	1.42	1.13	135
75	55	8	48	1°52′	4.91	2.46	2.17	305	96	0°57′	2.46	1.23	0.94	225
85	60				5.56	2.78	2.49	480			2.78	1.39	1.10	370
90	65				5.89	2.95	2.66	560			2.95	1.48	1.19	430
100	70				6.54	3.27	2.98	820			3.27	1.64	1.35	640
110	80				7.20	3.60	3.31	1020			3.60	1.80	1.51	800
120	90				5.24	2.62	2.33	790			2.62	1.31	1.02	600
125			72	1°15′	5.45	2.73	2.44	1270	144	0°37′	2.73	1.37	1.08	940
140	100				6.11	3.06	2.77	1840			3.06	1.53	1.24	1380
145					6.33	3.17	2.88	2200			3.17	1.58	1.29	1640
160	120				6.98	3.49	3.20	2480			3.49	1.75	1.46	1890
180	140				7.85	3.93	3.64	3230			3.93	1.97	1.68	2480
200	150		96	0°57′	6.54	3.27	2.98	4820	192	0°28′	3.27	1.64	1.35	3640
220	170				7.20	3.60	3.31	5960			3.60	1.80	1.51	4530
250	190				8.18	4.09	3.80	9260			4.09	2.05	1.76	7150
280	220				9.16	4.58	4.29	11880			4.58	2.29	2.00	9230

注：1. z—齿数；D_1—根据结构确定；牙齿平均直径 $D_p=\frac{D+D_1}{2}$。

2. 表中许用转矩是按照低速时接合，由牙工作面压强条件确定的，对于静止状态接合，值应乘以 1.75。

表 16-1-13　　α=30°、45°三角形牙牙嵌式离合器尺寸　　mm

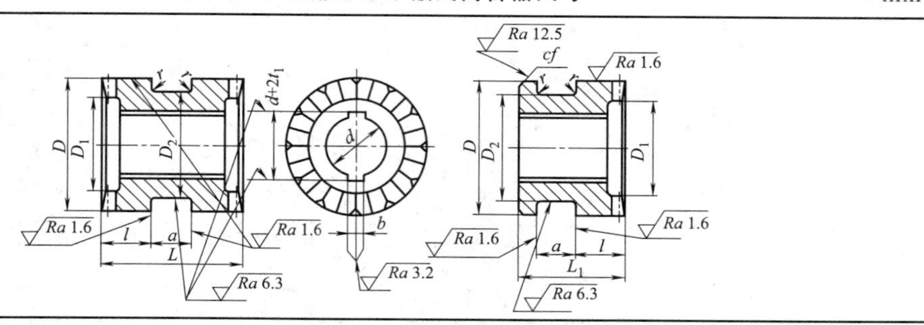

续表

D	D_1	D_2	l	a	L	L_1	r	f	d H7	b H9	t_1 H12	许用转矩 /N·m
32	22	25	12	8	32	25	0.2	0.5	16	5	2.3	25
40	28	30	15	10	40	30	0.3		20	6	2.3	45
45	32	35	15	15	45	30			22			50
55	40	44	20		55	40			28	8	3.3	130
60	45	48	22	16	60	45		1	30			160
65	50	55	23	18	64	50			32	10		180
75	55	60	28		74	55			38			200
85	60	65	32	20	84	65			42	12		450
90	65	70	35		90	70			45	14	3.8	550
100	70	80	40		100	80			50			730
110	80	90	45		110	90	0.5	1.5	55	16	4.3	970
120	90	95	50		120	95			60	18	4.4	1300
125	90	100	50	25	125	100			65			1700
140	100	115	55		135	110			70	20	4.9	2200
145	120	125	60		145	115			75	20	4.9	2600
160	120	135	65		155	120			80	22	5.4	3000
180	140	145	70	30	170	130		2	90	25		4500
200	150	165	75		180	135			100	28	6.4	6100

注：1. 牙型结构尺寸见表 16-1-12。

2. 表中许用转矩为双键轴所能承受的转矩，牙的强度足够。

3. 半离合器材料：45、40Cr 或 20Cr，牙部硬度 48～52HRC 或 58～62HRC。

表 16-1-14　　梯形、矩形牙型的结构尺寸　　mm

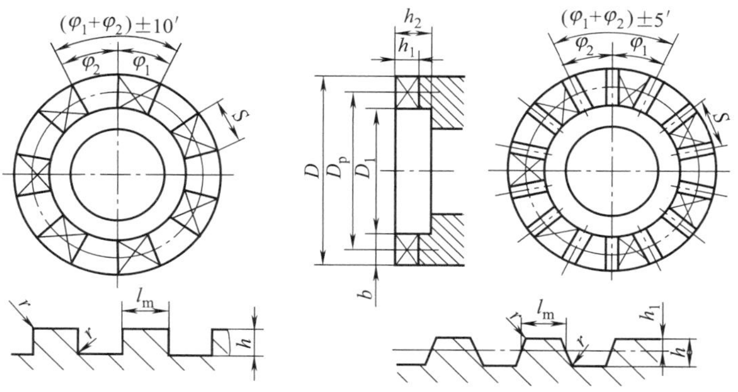

D	D_1	齿数 z	矩形牙			梯形牙			h	h_2	h_1	r
			φ_2	φ_1	S	$\varphi_2{}^{-20'}_{-40'}$	φ_1	S				
40 50	28 35	5	37°	35°	12.03 15.04	36°	36°	12.36 15.45	5	6	2.1	0.5
60 70 80 90 100	45 50 60 65 75	7	26°43′	24°43′	12.84 14.98 17.12 19.26 21.40	25°43′	25°43′	13.35 13.57 17.80 20.03 22.25	6	8	2.6	0.8

续表

D	D_1	齿数 z	矩形牙			梯形牙			h	h_2	h_1	r
			φ_2	φ_1	S	$\varphi_2{}_{-40'}^{-20'}$	φ_1	S				
120 140	90 100	9	21°30′	18°30′	19.29 22.50	20°	20°	20.84 24.31	8	10	3.6	1.0
160 180 200	120 130 150	11	18°22′	14°22′	20.01 22.51 25.01	16°22′	16°22′	22.77 25.62 28.47				

注：牙齿平均直径 $D_p=\dfrac{D+D_1}{2}$。

表 16-1-15　　矩形牙、梯形牙牙嵌式离合器的尺寸系列　　mm

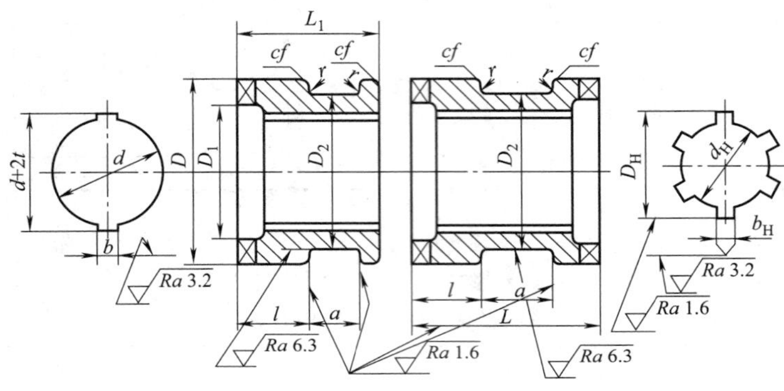

D	D_1	牙数 z/个	D_2	l	a	双向 L	单向 L_1	r	f	双键孔 d H7	双键孔 b H9	双键孔 t H12	花键孔 D_H H7	花键孔 d_H b12	花键孔 b_H D9	许用转矩 /N·m
40	28	5	30	15	10	40	30	0.5	0.5	20	6	2.3	20	17	6	77.1
50	35		38	20	12	50	38	0.8		25	8	3.2	25	21	5	120
60	45	7	48	22	16	60	45	1.0	1.0	32	10	3.3	32	28	7	236
70	50		54	28		70	50			35			35	30	10	375
80	60		60	30	20	80	60	1.2		40	12		40	35		437
90	65		70	35		90	70			45	14	3.8	45	40	12	605
100	75		80	40		100	80			50	16	3.8	50	45		644
120	90	9	100	50		120	100	1.5	1.5	60	18	4.4	60	54	14	1700
140	100		115	55	25	140	110			70	20	4.9	70	62	16	2580
160	120	11	135	65		160	120			80	22	5.4	80	70	20	3630
180	130		150	75		180	130			90	25		90	80		5020
200	150		160	85		200	140			100	28	6.4				5670

注：1. 牙型结构尺寸见表 16-1-14。

2. 表中许用转矩是按低速运转时接合，按牙工作面压强条件计算得出的值，对于静止接合，许用转矩值可乘以 1.75 倍。

3. 半离合器材料 45 或 20Cr，硬度 48～52HRC 或 58～62HRC。

1.3.2 齿式离合器

1.3.2.1 齿式离合器的计算

表 16-1-16　　齿式离合器的计算公式

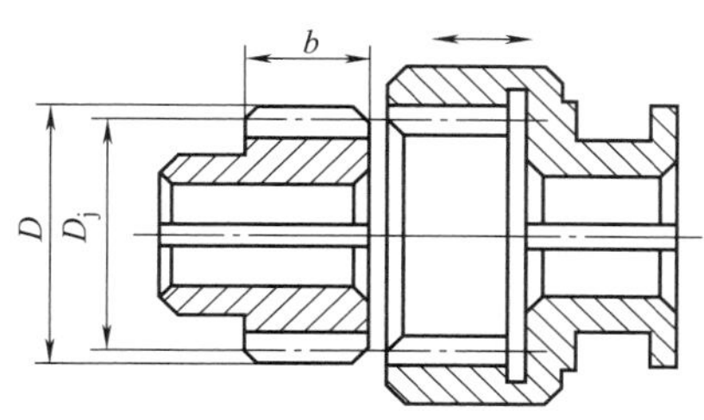

计算项目	计算公式	说明
齿轮的分度圆直径	$D_j=mz$	z——齿数 m——模数，mm ε——载荷不均匀系数，ε=0.7～0.8 p_p——齿面许用压强，MPa 未经热处理 p_p=25～40 调质、淬火 p_p=47～70
内齿轮宽度	$b=(0.1\sim0.2)D_j$	
齿面压强	$p=\dfrac{2000T_c}{1.5D_jzbm\varepsilon}\leqslant p_p$	

1.3.2.2 齿式离合器的防脱与接合的结构设计

为了使离合器接合容易，进入接合侧的齿的顶端要加工出很大的倒角（10°～15°）。此外，有的离合器，将被连接的那个半离合器的齿设计成每隔一齿（或几个齿）齿长缩短一半。还有的离合器另一半的内齿每隔一齿取消一个齿。接合过程如图 16-1-2 所示。第一步，离合器 2 的齿（带阴影的齿）进入 1 的长齿之间的宽间隔中，离合器 1 和 2 的齿侧互相冲击，使它们的速度相等。第二步，移动离合器，使齿完全衔接。

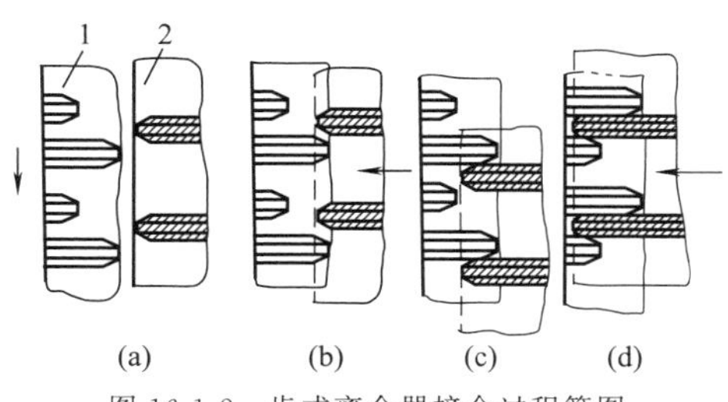

图 16-1-2　齿式离合器接合过程简图

齿式离合器在运转过程中往往会因附加的轴向分力推动离合器向相反的方向滑移，最后完全脱开。为了避免这种脱离，在结构设计时要采取一定的措施。

1）在外齿轮的前端加工出一个槽，如图 16-1-3（a）所示，齿长被分为两部分，将后面部分齿的厚度减薄，减薄量一侧为 0.2～0.5mm。内齿的齿长小于外齿的齿长，离合器受转矩之后，因外齿两种齿厚形成一个小台阶，被内齿端面卡住，不会因轴向力而滑脱。

2）将外齿轮的齿加工出一个锥度，成为外大内小的形状，如图 16-1-3（b）所示。使离合器接合之后，外齿受一个阻止滑脱的轴向力。半锥角约为 3°。

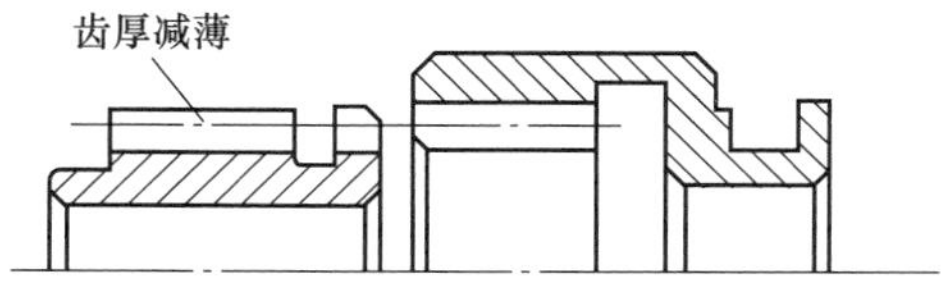

(a) 轮齿减薄

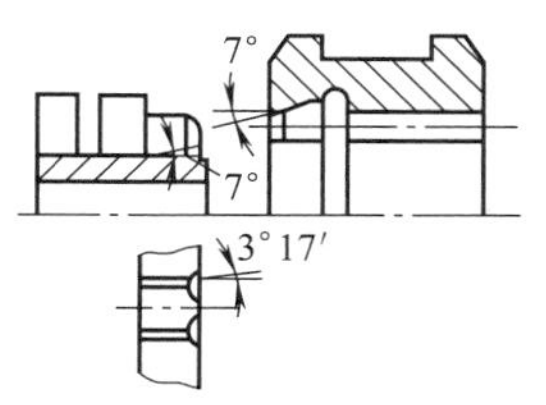

(b) 外齿加工成锥度

图 16-1-3　齿式离合器的防脱结构

第16篇

1.3.3 转键式离合器

1.3.3.1 工作原理

图 16-1-4 为双转键离合器，输入齿轮 3 与中套 4 通过键 13 连成一体旋转，并以滑动轴承工作支承在端面 6、7 上，按图示方向转动。工作转键 5 的尾端带有拨爪 8 并借助弹簧 10 拉紧，使工作转键常处于嵌入中套的状态，即离合器处于接合状态。当离合器需要脱开时，操纵操纵块 12，使拨爪 8 带动工作转键顺时针转 45°，完全转入轴槽之内，则离合器脱开。四连杆机构 11 分别与工作转键和止逆转键反向同步转动，止逆转键的作用是防止反向转动造成冲击。

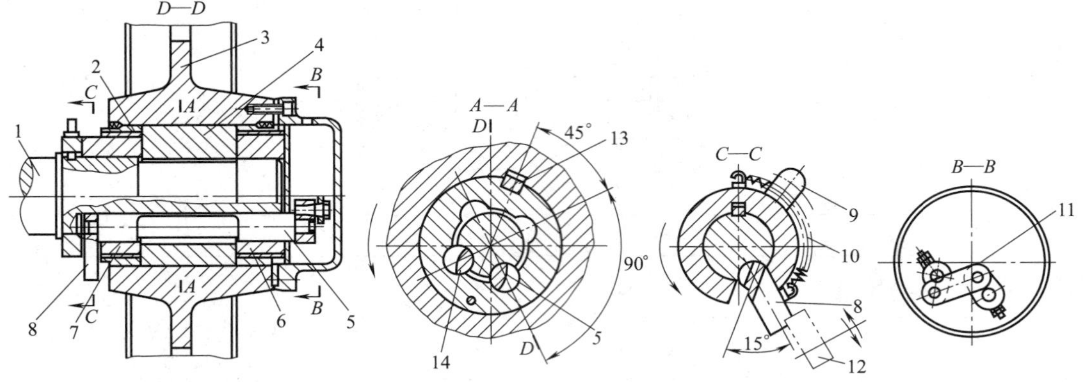

图 16-1-4　双转键离合器

1—曲轴；2—滑动轴承；3—输入齿轮；4—中套；5—工作转键；6—右端套；7—左端套；8—拨爪；9—撞块；10—弹簧；11—四连杆机构；12—操纵块；13—键；14—止逆转键

第
16
篇

1.3.3.2 转键式离合器的计算

表 16-1-17　　转键式离合器的计算公式

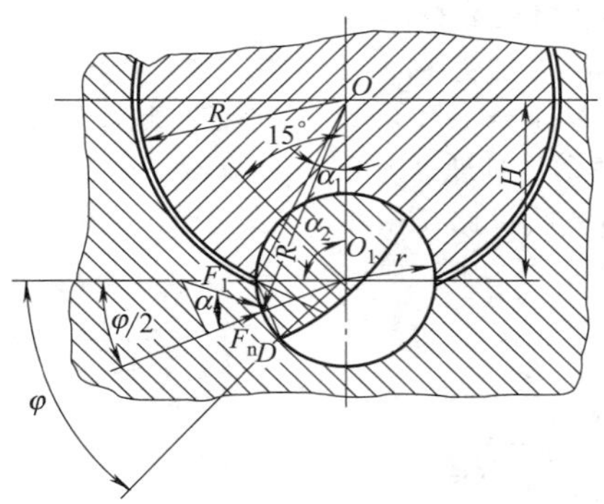

计算项目	计算公式	单位	说明
计算转矩	$T_c=KT$（见表 16-1-3）	N·m	r——转键工作半径，mm φ——转键工作面的中心角，一般小于 60°，通常 $\varphi=45°$ σ_{pp}——许用挤压应力，MPa，一般取 $\sigma_{pp}=\dfrac{\sigma_s}{1.3\sim2.6}$
作用在转键上的圆周力	$F_t=\dfrac{1000T_c}{R_c}$	N	
作用在转键上的正压力	$F_n=F_t\cos\alpha$	N	
转键挤压应力	$\sigma_p=\dfrac{F_n}{A_1}\leqslant\sigma_{pp}$	MPa	

续表

计算项目	计算公式	单位	说　　明
单位长度压力	$q=\dfrac{F_n}{l}$	N/mm	
挤压面积	$A_1=2rl\sin\dfrac{\varphi}{2}$	mm^2	
转键计算半径	$R_c=\sqrt{H^2-2Hr\cos\left(\alpha_2+\dfrac{\varphi}{2}\right)+r^2}$	mm	
压力角	$\alpha\approx 90°-\arccos\left(\dfrac{R_c^2+r^2-H^2}{2R_c\gamma}\right)$	(°)	
曲轴直径	$d_1=(1.12\sim1.2)d_0=2R$	mm	
转键有效长度	$l=(1.4\sim1.65)d_1$	mm	
转键直径	$d=2r=(0.44\sim0.5)d_1$	mm	

1.3.4　滑销式离合器

滑销式离合器利用装在半离合器凸缘端面上的销与另一半离合器凸缘端面上的小孔组成可滑动的配合以实现接合与脱开动作。根据传递转矩的大小，销孔数一般比销数多几倍。为了在有转速差时接合，在凸缘端面制有弧形斜槽。滑销结构形状简单，当销数少时，接合容易，适宜用于转矩不大的轴与轴的离合。典型的滑销式离合器如图 16-1-5 所示。

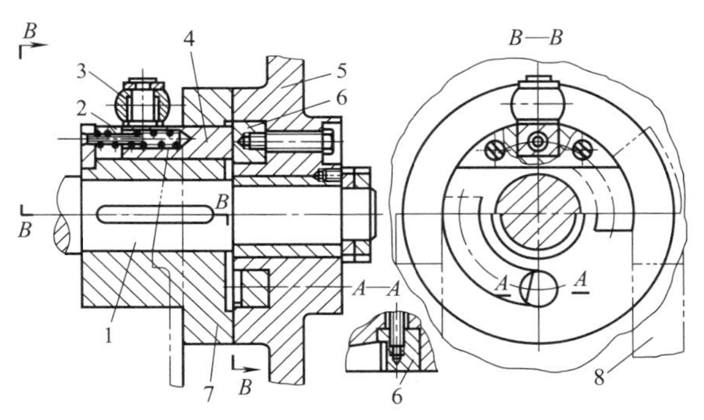

图 16-1-5　滑销式离合器

1—输出轴；2—压缩弹簧；3—辊轮；4—方截面滑销；5—主动轮；6—抗磨块；7—轴套；8—斜楔

1.4　摩擦式离合器

摩擦式离合器依靠主、从动部分的接合元件采用摩擦副传递转矩，可在运转中平稳接合，过载时离合器打滑，起安全保护作用。片式摩擦离合器结构比较紧凑，调节简单可靠。

摩擦式离合器有干式、湿式两种。干式比湿式具有结构简单、价格便宜、维修量小、空转力矩小（为额定力矩的 0.05%）、换向时颤振小、惯量小、启动时间短的特点。通常用于要求瞬时脱开、过载保护的场合。湿式（一般浸在油中）能降低磨损，缓和冲击载荷。需要注意接合件在油中摩擦因数减小，且散热不足，需加强冷却。常用于小直径多盘离合器。

1.4.1　摩擦式离合器的型式、特点及应用

表 16-1-18　摩擦式离合器的型式、特点及应用

型式		特点、应用	型式		特点、应用
锥盘	1—主动件；2—摩擦衬面；3—从动盘；4—操纵套筒	结构简单，可平稳地接合，在相同直径及传递相同转矩条件下比盘式离合器要求的轴向接合力小。易散热，但启动惯性大，锥盘轴向移动困难 用于进给装置。在牵引设备中几乎完全被盘式离合器取代	多盘		可增加摩擦盘来增加容量，不用加大直径。湿式多盘离合器摩擦片浸在封闭箱体的油液内，干式通常由循环的空气带走产生的热量，各种多盘离合器的差别主要在于主动和被动片的夹紧方式不同。广泛用于机床、中心距受空间限制的一些齿轮箱传动装置，以及在推土机等工程机械的变速箱中

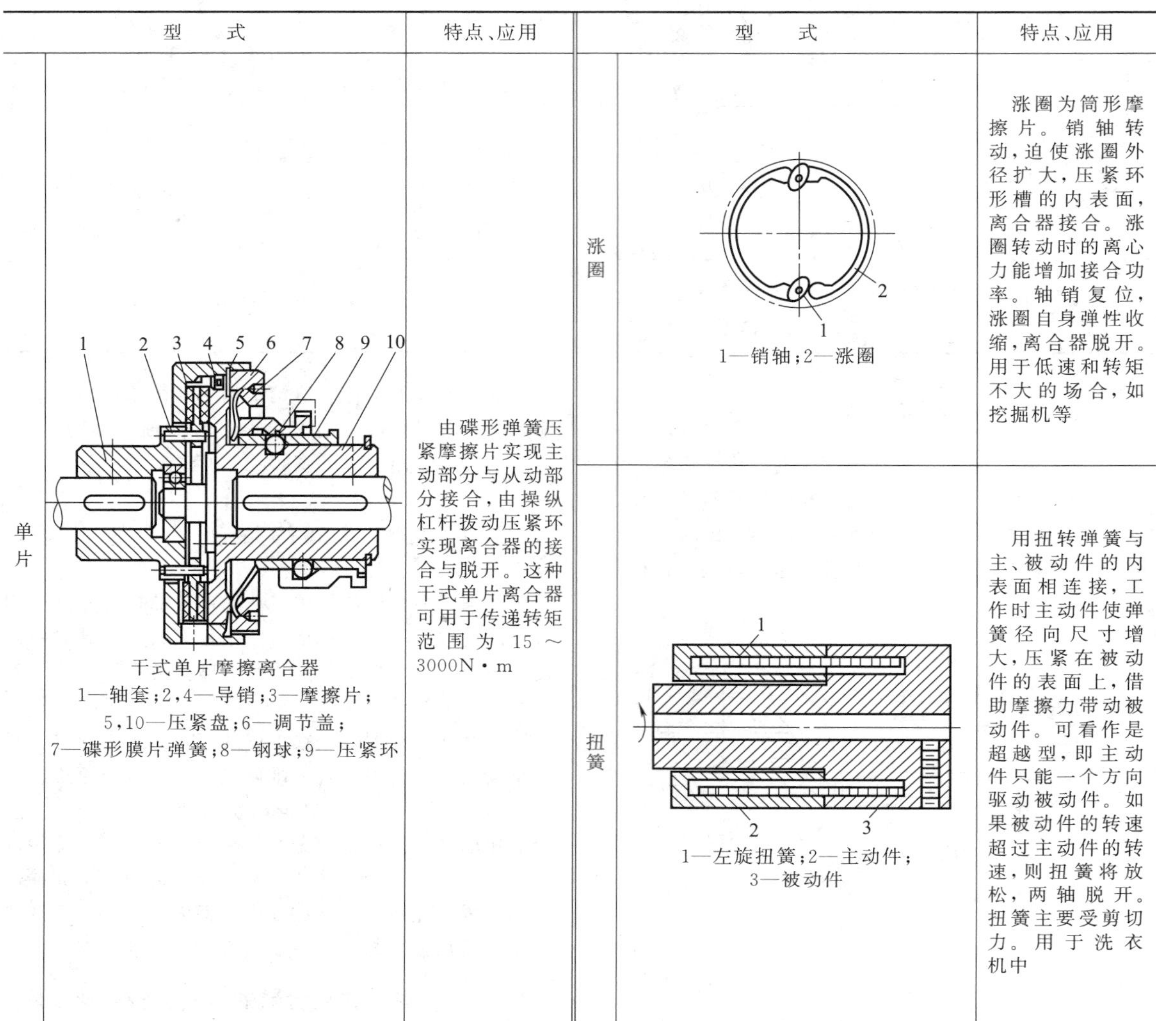

续表

型式		特点、应用
单片	干式单片摩擦离合器 1—轴套；2，4—导销；3—摩擦片；5，10—压紧盘；6—调节盖；7—碟形膜片弹簧；8—钢球；9—压紧环	由碟形弹簧压紧摩擦片实现主动部分与从动部分接合，由操纵杠杆拨动压紧环实现离合器的接合与脱开。这种干式单片离合器可用于传递转矩范围为 15～3000N·m
涨圈	1—销轴；2—涨圈	涨圈为筒形摩擦片。销轴转动，迫使涨圈外径扩大，压紧环形槽的内表面，离合器接合。涨圈转动时的离心力能增加接合功率。轴销复位，涨圈自身弹性收缩，离合器脱开。用于低速和转矩不大的场合，如挖掘机等
扭簧	1—左旋扭簧；2—主动件；3—被动件	用扭转弹簧与主、被动件的内表面相连接，工作时主动件使弹簧径向尺寸增大，压紧在被动件的表面上，借助摩擦力带动被动件。可看作是超越型，即主动件只能一个方向驱动被动件。如果被动件的转速超过主动件的转速，则扭簧将放松，两轴脱开。扭簧主要受剪切力。用于洗衣机中

1.4.2 摩擦元件的材料、性能及适用范围

表 16-1-19 摩擦元件的材料、性能及适用范围

摩擦副		摩擦因数 μ_j/μ_d		许用压强 p_p/MPa		许用温度/℃		特点和适用范围
摩擦片	对偶件	干式	湿式	干式	湿式	干式	湿式	
钢 10 或 15(渗碳 0.5mm，淬火 56～62HRC)	淬火钢	0.15～1.20	0.05～0.10	0.20～0.40	0.60～1.00	<260	<120	贴合紧密，耐磨性好，导热性好，热变形小。常用于湿式多片摩擦离合器
65Mn(淬火 35～45HRC)		0.12～0.16	0.04～0.08					
青铜 QSn6-6-3 QSn10-1 QA19-4	铜 青铜 铸铁 HT200	0.15～0.20	0.06～0.12	0.20～0.40	0.60～1.00	<150	<120	动静摩擦因数相差不大，成本较高。多用于湿式离合器
		0.12～0.16	0.05～0.10					

续表

摩擦副		摩擦因数 μ_j/μ_d		许用压强 p_p/MPa		许用温度/℃		特点和适用范围
摩擦片	对偶件	干式	湿式	干式	湿式	干式	湿式	
铜基粉末冶金	铸铁 HT200 钢 45、40Cr	0.25～0.45 0.20～0.30	0.10～0.12 0.05～0.10	1.00～3.00	1.20～4.00	<560	<120	易烧结，耐高温，耐磨性好，许用压强高，摩擦因数高而稳定，导热性好，抗胶合能力强，但成本高，密度大。适用于重载湿式离合器，如工程机械、重型汽车、压力机等
铸铁	钢 45 高频淬火 42～48HRC 20Mn2B 渗碳淬火 53～58HRC 铸铁 HT200	0.15～0.20 0.12～1.06 0.15～0.25	0.05～0.10 0.04～0.08 0.06～0.12	0.20～0.40	0.60～1.00	<250	<120	具有较好的耐磨性和抗胶合能力，但不能承受冲击。常用于圆锥式摩擦离合器
铁基粉末冶金	铸铁、钢	0.30～0.40	0.10～0.12	1.20～3.00	2.00～3.00	<680	<120	比铜基制造较难，磨损量比铜基大，在油中耐磨性差，磨损后污染油，耐高温，接合时刚性大，有较大的允许压强和静摩擦因数。特别适用于重载干式离合器，如拖拉机、坦克
石棉有机摩擦片	铸铁、钢	0.25～0.40	0.08～0.12	0.15～0.30	0.40～0.60	<260	<100	摩擦因数较高，密度小，有足够的机械强度，价格便宜，制造容易，耐热性较好，但导热性较差，不耐高温，摩擦因数随温度变化。常用于干式离合器，如拖拉机、汽车等
纸基摩擦片	铸铁、钢		0.08～0.12 0.04～0.06	—	1.00			生产工艺简单，价格低廉，摩擦因数高，动、静摩擦因数接近，换向冲击小，密度小，转动惯量小；耐磨性、耐热性较铜基和碳基差，磨损量大，使用时需要保证良好的冷却与润滑。常用于中小载荷汽车、拖拉机
石墨基摩擦片	合金钢		0.10～0.15 0.08～0.12	—	3.00～6.00			摩擦因数大，可在高速低载荷条件下工作，也可用于重载机械，传递大转矩，不受润滑剂中杂质的影响，油的种类对摩擦性能影响小，成本介于纸基与粉末冶金材料之间，磨损稍低于纸基，但高于粉末冶金材料，工艺性好，用于重型载重汽车
半金属摩擦片	合金钢	0.26～0.37		1.68	—	<350		随压强、速度、温度升高，摩擦因数比较稳定，对偶件的磨损较小，转矩平稳性、对偶件磨损、制造成本均优于粉末冶金，适于中高速、高载荷干式条件使用

第16篇

续表

摩擦副		摩擦因数 μ_j/μ_d		许用压强 p_p/MPa		许用温度/℃		特点和适用范围
摩擦片	对偶件	干式	湿式	干式	湿式	干式	湿式	
夹布胶木	铸铁、钢	—	0.1～0.12	—	0.40～0.60	<150	<120	
皮革	铸铁、钢	0.30～0.40	0.12～0.15	0.07～0.15	0.15～0.28	<110		
软木	铸铁、钢	0.30～0.50	0.15～0.25	0.05～0.10	0.10～0.15	<110		

注：1. μ_j 为静摩擦因数，是指摩擦副将要开始打滑前的摩擦因数的最大值；μ_d 为动摩擦因数。后面所有 μ 符号，未注脚标时系指静摩擦系数。

2. 摩擦片数少 p_p 值取上限，摩擦片数多 p_p 取下限。

3. 摩擦片平均圆周速度大于 2.5m/s 时或每小时接合次数大于 100 次时，p_p 值要适当降低。

1.4.3　摩擦盘的型式及特点

常见摩擦元件的结构型式以圆形摩擦盘应用最广，典型圆形摩擦盘结构及主要特点见表 16-1-20。摩擦盘分光盘和带衬面摩擦盘。光盘由金属制成。摩擦盘衬面材料种类很多，可以粘、铆或烧结到金属盘上。按摩擦盘结构及散热要求，可做成整体式或拼装式。

表 16-1-20　　典型圆形摩擦盘结构及主要特点

型式	内盘			
	矩形齿内盘	花键孔内盘	渐开线齿内盘	卷边开槽内盘
简图	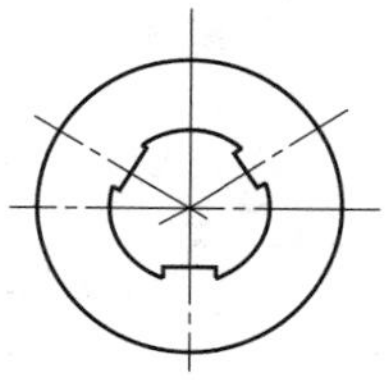	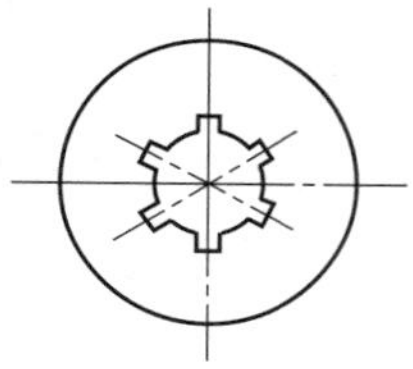	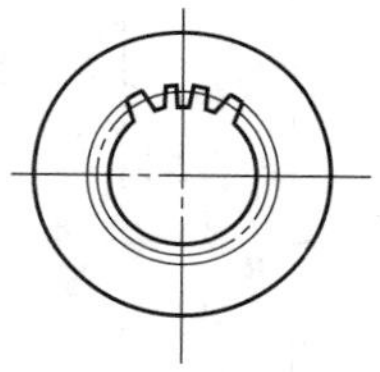	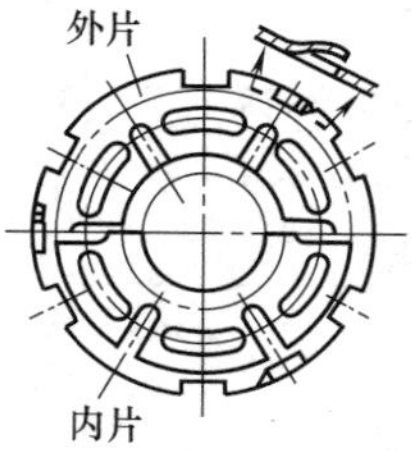
特点	齿数 3～6，用于低转矩或用于中型套装或轴装离合器	加工方便，多用于中小型套装或轴装离合器	能传递较大转矩，用于中型离合器	多用于电磁离合器

型式	内盘	外盘		
	带扭转减振器的弹性片	矩形齿外盘	键槽式外盘	渐开线齿外盘
简图	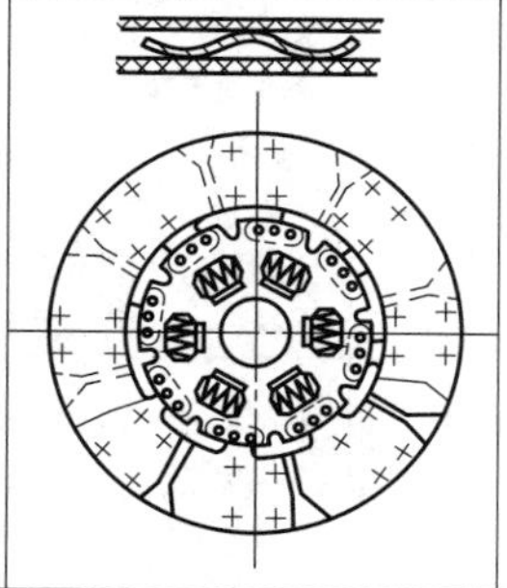	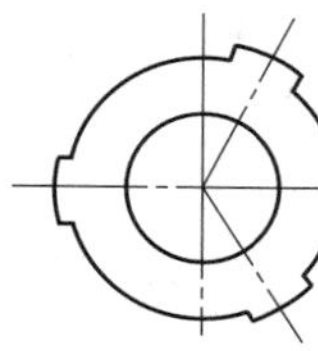	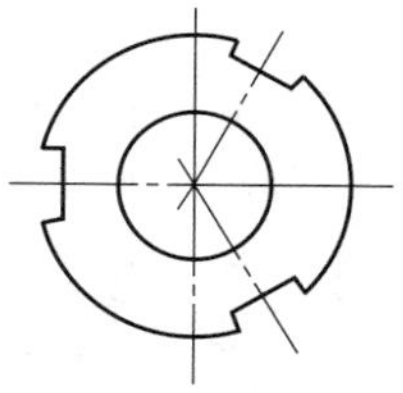	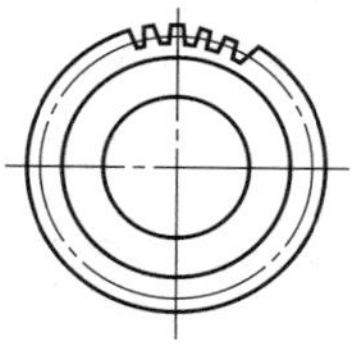
特点	用于汽车主离合器	齿数 3～6。可与矩形齿内片或花键孔内盘配合	槽数 3～6。可与矩形齿片或花键孔内盘配对	能传递较大转矩，与渐开线齿内盘配对

对于工作时需要散发很大热量的干式离合器盘，常采用带散热翅的端部摩擦盘或带辐射筋的中空摩擦盘，以加强通风或水冷。

摩擦盘上往往加工出沟槽，如表 16-1-21 所示。沟槽可起到刮油、冷却和有效排出磨粒的作用。沟槽的刮油作用能降低摩擦副之间的油膜厚度和压力，从而提高动摩擦因数。同时沟槽还有把磨损脱落的小颗粒收集起来随油流排出到油池的作用，防止这部分颗粒对摩擦表面产生磨粒磨损。充满润滑油的沟槽快速扫过摩擦表面时，带走摩擦表面的摩擦热，还能通过设计特殊形式的沟槽将磨粒排出。例如在外径一边开不通透的径向槽，在脱开离合器时，利用不通透的径向槽中油的压力把摩擦副顶开，但这种沟槽可能造成油膜增厚，摩擦因数下降。

沟槽的刮油能力与两个因素有关：沟槽与油流方向的夹角越小，刮油能力越大；边缘尖锐的沟槽比边缘圆滑的沟槽刮油能力大。

沟槽的冷却能力与三个因素有关：沟槽与油流方向夹角越小冷却能力越小；浅而宽的沟槽比相同截面积的窄而深的沟槽冷却能力好，因为在宽而浅的沟槽中油流容易产生湍流，同时油流也能更靠近摩擦表面，从而更有效地发挥冷却作用；沟槽间距越小，冷却效果越好。沟槽多，则实际承受摩擦的面积减少，会增加磨损。对烧结铜基摩擦材料来讲，沟槽面积高达摩擦总面积的 50%时，可以忽略磨损的影响，而纸基摩擦材料的磨损对沟槽面积所占的比例则十分敏感。

对非金属摩擦材料表面，开槽并不能增加摩擦因数增加，相反增加了磨损值，所以在纸质和石墨树脂衬面上仅开冷却油槽。

表 16-1-21　　常用沟槽型式和特点

型式	同心圆或螺旋槽	辐　射　状	同心辐射状
简图			
特点	有利于排油，不利于建立油膜，摩擦因数高，冷却性能差	向摩擦表面供油好，冷却效果好，磨损小，能促使摩擦盘分离，多形成液体润滑，降低摩擦因数	摩擦因数较高，冷却效果好，制造较复杂
型式	棱　　状	放 射 棱 状	方　格　状
简图			
特点	加工方便，能通过足够的冷却油	有较高的摩擦因数，能通过足够的油流，冷却效果好，制造也较简单	加工方便，能保证通过足够的冷却油

1.4.4 摩擦式离合器的计算

表 16-1-22　　摩擦式离合器的计算公式

型　　式	计算项目	计算公式
圆形摩擦盘式 a_1 外壳 Q 内壳 a_2 D_1 D_p D_2 D_6 D_5 D_4 D_3	计算转矩/N·m	$T_c=\frac{KT}{K_m K_v}$（见表 16-1-3）
	摩擦盘工作面的平均直径/mm	$D_p=\frac{1}{2}(D_1+D_2)=(2.5\sim4)d$
	摩擦盘工作面的外直径/mm	$D_1=1.25D_p$
	摩擦盘工作面的内直径/mm	$D_2=0.75D_p$
	摩擦盘宽度/mm	$b=\frac{D_1-D_2}{2}$

续表

型　　式	计算项目	计算公式
i_1——外摩擦盘数 i_2——内摩擦盘数 m——摩擦面对数，通常，湿式 $m=5\sim15$，干式 $m=1\sim6$ z——摩擦盘总数，$z=i_1+i_2=m+1$ μ——摩擦因数，查表 16-1-19 p_p——许用压强，MPa，查表 16-1-19 z_1——外摩擦盘齿数 z_2——内摩擦盘齿数 a_1，a_2——外、内摩擦盘厚度，mm K_1——摩擦片数修正系数，见表 16-1-23 K_v——速度修正系数，见表 16-1-6 K_m——接合次数修正系数（接合频率系数），见表 16-1-5 σ_{pp}——许用挤压应力 d——传动轴直径	摩擦盘对数	$m=z-1\geqslant\dfrac{8000T_c}{\pi(D_1^2-D_2^2)D_p\mu p_p}$ （z 取奇数，m 取偶数）
	摩擦片脱开时所需要的间隙/mm	湿式 $\delta=0.2\sim0.5$ 干式 无衬层 $\delta=0.4\sim1.0$ 有衬层 $\delta=1.0\sim1.5$
	许用传递转矩/N·m	$T_{cp}=\dfrac{1}{8000}\pi(D_1^2-D_2^2)D_p m\mu p_p K_1\geqslant T_c$
	压紧力/N	$Q=\dfrac{2000T_c}{D_p\mu m}$
	摩擦面压强/MPa	$p=\dfrac{4Q}{\pi(D_1^2-D_2^2)}\leqslant p_p$
	摩擦片与外壳接合处挤压应力/MPa	$\sigma_{p1}=\dfrac{8000T_{cp}}{z_1 i_1 a_1(D_3^2-D_4^2)}\leqslant\sigma_{pp}$
	摩擦片与内壳接合处挤压应力/MPa	$\sigma_{p2}=\dfrac{8000T_{cp}}{z_2 i_2 a_2(D_5^2-D_6^2)}\leqslant\sigma_{pp}$
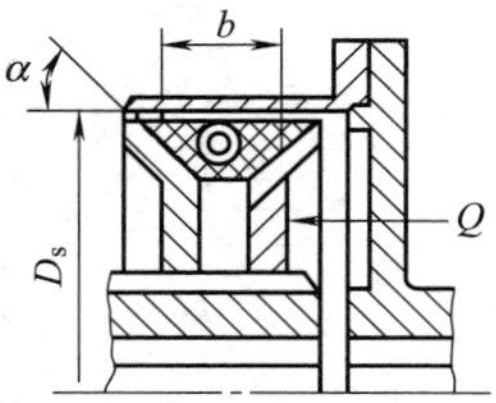 **单圆锥摩擦式** 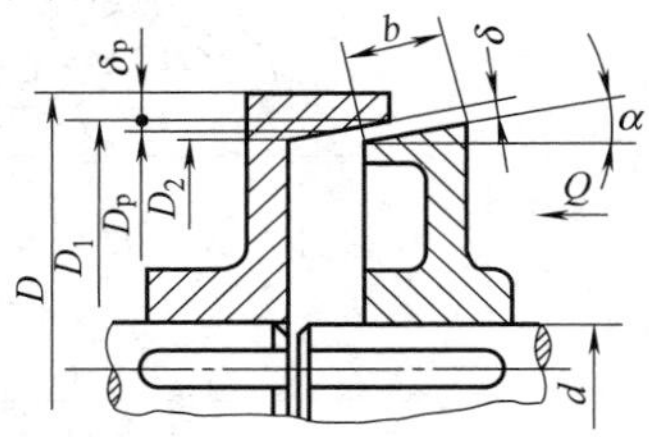 μ——摩擦因数，见表 16-1-19 p_p——许用压强，MPa，见表 16-1-19 α——半锥角，一般大于摩擦角 b——圆锥母线宽度，mm，取 19.6～29.40 σ_p——许用应力，MPa 铸铁 $\sigma_p=19.6\sim29.40$MPa 铸钢 $\sigma_p=39.2\sim78.50$MPa 碳素钢 $\sigma_p=78.50\sim117.70$MPa φ——摩擦角，$\varphi=\arctan\mu$	计算转矩/N·m	$T_c=\dfrac{KT}{K_m K_v}$（见表 16-1-3）
	摩擦面平均直径/mm	单锥面：$D_p=(D_1+D_2)/2=(4\sim6)d$ 或 $D_p=\sqrt[3]{\dfrac{2000T_c}{\pi p_p\psi\mu}}$ 双锥面：$D_s=\sqrt[3]{\dfrac{2000T_c}{\pi p_p\psi\mu}}$
	摩擦面宽度/mm	一般机械：$b=\psi D_p=(0.4\sim0.7)D_p$ 机床： 单锥面 $b=\psi D_p=(0.15\sim0.25)D_p$ 双锥面 $b=\psi D_s=(0.32\sim0.45)D_s$
	摩擦锥的半锥角	$\alpha>\arctan\mu$ 金属-金属 $\alpha=8°\sim15°$ 石棉、木材-金属 $\alpha=20°\sim25°$ 皮革-金属 $\alpha=12°\sim15°$
	离合器脱开间隙/mm	无衬层 $\delta=0.5\sim1.0$ 有衬层 $\delta=1.5\sim2.0$
	摩擦锥的行程/mm	单锥 $x=\delta/\sin\alpha$ 双锥 $x=2\delta/\sin\alpha$
	摩擦面上的平均圆周速度/m·s^{-1}	$v=\dfrac{\pi D_p n}{60000}$
双圆锥摩擦式 D_s——锥面摩擦块的外径或外壳的内径，mm 其他符号说明同上	许用传递转矩/N·m	单锥面 $T_{cp}=\dfrac{1}{2000}\pi D_p^2 b\mu p_p\geqslant T_c$ 双锥面 $T_{cp}=\dfrac{1}{2000}\pi D_s^2 b\mu p_p\geqslant T_c$
	所需的轴向压力与脱开力/N	单锥面 $Q=\dfrac{2000T_c(\mu\cos\alpha\pm\sin\alpha)}{\mu D_p}$ 接合时用“+”，脱开时用“−” 双锥面 $Q=\dfrac{2000T_c(\mu\cos\alpha+\sin\alpha)}{\mu D_s(\cos\alpha-\mu\sin\alpha)}$
	摩擦面压强/MPa	单锥面 $p=\dfrac{2000T_c}{\pi D_p^2 b\mu}\leqslant p_p$ 双锥面 $p=\dfrac{2000T_c}{\pi D_s^2 b\mu}\leqslant p_p$
	外锥平均壁厚/mm	$\delta_p\geqslant\dfrac{Q}{2b\pi\sigma_p\tan(\alpha+\varphi)}$

续表

型　　式	计算项目	计算公式
圆盘摩擦块式 D_p——平均直径，mm F——单个摩擦块单侧摩擦面积，mm^2 z——摩擦块数量 μ——摩擦因数，见表 16-1-19 p_p——许用压强，MPa，见表 16-1-19	压紧力 /N	$Q=\frac{1000T_c}{\mu D_p}$
	摩擦面压强 /MPa	$p=\frac{1000T_c}{\mu D_p F_z}\leqslant p_p$
涨圈式 α——单根涨圈包角，rad，结构设计定 b——涨圈宽度，mm，结构设计定 z——涨圈数量 μ——摩擦因数，见表 16-1-19 p_p——许用压强，MPa，见表 16-1-19 R——环形槽半径，mm L——转销上力臂，mm	始端压紧力 /N	$S_1=\frac{1000T_c}{R(e^{\mu\alpha}-1)z}$
	终端压紧力 /N	$S_2=\frac{1000T_c e^{\mu\alpha}}{R(e^{\mu\alpha}-1)z}$
	摩擦面压强 /MPa	$p=\frac{1000T_c}{R^2 b\alpha\mu z}\leqslant p_p$
	接合力矩 /N·m	$M_0=S_1L+S_2L$
扭簧式 i——弹簧工作圈数，一般取 $i=1.5\sim6$ t，c——杠杆臂长度，mm μ——摩擦因数，见表 16-1-19 b_m——弹簧终端第一圈平均宽度，mm R——鼓轮半径，$R\approx\frac{3}{2}d$ mm σ_{pp}——许用挤压应力，MPa Δ——弹簧与鼓轮径向间隙，$\Delta=0.017\sqrt{R}$ **扭簧结构** $b_1=0.5b_2$ $a_1=0.4b_2$ $a_2=0.9b_2$ 扭簧总螺旋圈数 $n=i+1$	圆周力 /N	$F=\frac{1000T_c}{R}$
	终端张力 /N	$S_2=\frac{F}{e^{2\pi i\mu}}$
	操纵端张力 /N	$S_2=\frac{F}{e^{2\pi i\mu}(e^{2\pi i\mu}-1)}$
	接合力 /N	$S=S_1t/c$
	鼓轮表层挤压应力 /MPa	$\sigma_p=\frac{F}{Rb_m}\leqslant\sigma_{pp}$

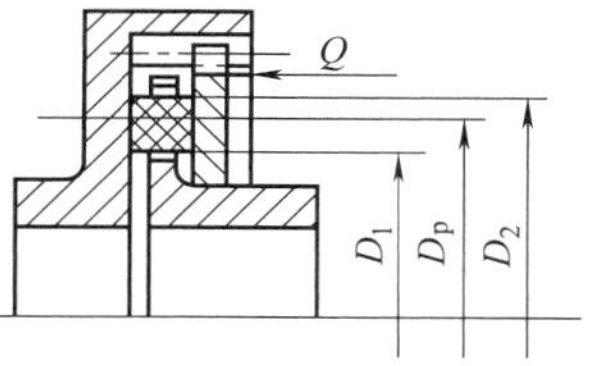

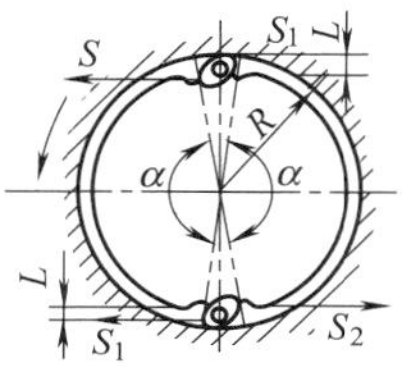

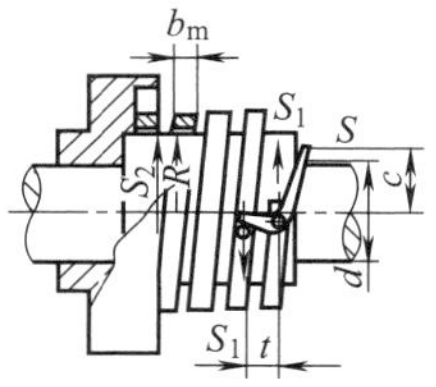

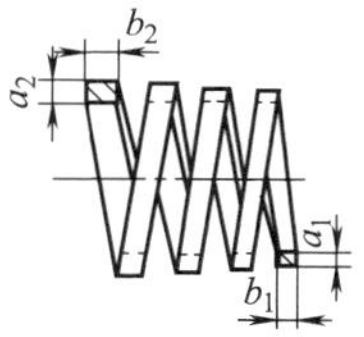

第16篇

表 16-1-23 **摩擦片数修正系数 K_1**

离合器主动摩擦片数	≤3	4	5	6	7	8	9	10	11
K_1	1	0.97	0.94	0.91	0.88	0.85	0.82	0.79	0.76

1.4.5 摩擦式离合器的摩擦功和发热量计算

表 16-1-24 **摩擦式离合器的摩擦功和发热量计算**

简 图	计算项目	计算公式
主动 T_0 —— J_1,ω_1 —— T_c —— J_2,ω_2 —— 从动 T_1 在 t_1 时，主、从动件开始接触，此后主动端角速度下降，从动端角速度上升 在 t_2 时，主、从动端达到同步运转，此后，主、从动端角速度同步上升到工作角速度 ω，此时时间为 t_3 接合过程关系如下 $T_0-T_c=J_1\dfrac{d\omega_1(t)}{dt}$ $T_c-T_t=J_2\dfrac{d\omega_2(t)}{dt}$ 上两式积分后，使两式相等，求得离合器的接合摩擦时间 t	摩擦元件的摩擦功	$A_m=\dfrac{J_1J_2(\omega_1-\omega_2)^2}{2\left[J_1\left(1-\dfrac{T_t}{T_c}\right)+J_2\left(1-\dfrac{T_0}{T_c}\right)\right]}$
	接合摩擦时间	$t=t_2-t_1=\dfrac{J_1J_2(\omega_1-\omega_2)}{J_2(T_c-T_0)+J_1(T_c-T_t)}$ 三相异步电机作为原动机时，可取 $t=\dfrac{J_2(\omega_1-\omega_2)}{T_c-T_t}$，通常：$t<7s$
	摩擦表面一次接合的单位摩擦功平均值	$A=\dfrac{A_m}{Fz}\leqslant A_p$
	一次接合终了时的平均温度	$t_p=t_0+\Delta t=t_0+\dfrac{\alpha_1A_m}{mc}$
	一次接合的温升	$\Delta t=\dfrac{\alpha_1A_m}{mc}\leqslant\Delta t_p$ 用油冷却的湿式离合器循环油的温升为 $\Delta t=\dfrac{\sum A_m}{60\rho_cq}\leqslant\Delta t_p$
	pv	在高转速接合时，为防止摩擦副产生胶合，应验算 pv 值 $pv\leqslant(pv)_p$ $(pv)_p$——许用值，对于干式石棉材料，为 2～2.5MPa·m/s；对于湿式粉末冶金材料，为 30～60MPa·m/s

符号意义

J_1、J_2——主、从动轴的转动惯量，kg·m²
ω_1、ω_2——接合时主、从动轴的起始角速度，rad/s
ω_{12}——主、从动轴达到同步运转时的角速度，rad/s
ω——主、从动轴达到同步运转后上升到的工作角速度，rad/s
T_c——摩擦元件所传递的计算转矩，N·m
T_t——需传递的负载转矩，N·m
T_0——原动机的驱动转矩，N·m
F——一个摩擦副的工作面积，mm²
z——摩擦副对数
A_p——允许摩擦功平均值，J/m²，见表 16-1-25
A_m——一次接合摩擦功，J
t——接合摩擦时间，s
t_0——接合开始时摩擦片的平均温度，℃
Δt——当主、被动片热量和热导率相同时，所有摩擦功转化为热的一次接合温升，℃
m——离合器吸收热量部分的零件质量，kg
c——主、被动片材料的比热容，冷却油取 $c=1680\sim2100$J/(kg·K)，铸铁取 $c=540$J/(kg·K)，钢取 $c=490$J/(kg·K)

续表

符号意义	Δt_p——一次接合终了时允许温升，℃，见表16-1-25 α_1——热量分配系数，即被计算零件所吸收的热量对总热量的比值 石棉材料制成的衬面：单盘离合器的压盘，$\alpha_1=0.5$ 双盘离合器的中间盘，$\alpha_1=0.5$ 压盘，$\alpha_1=0.25$ 铁基烧结材料制成的衬面：单盘从动盘，$\alpha_1=0.5$ 双盘中间盘，$\alpha_1=0.25$ $\sum A_m$——1h内累积的摩擦功，J ρ_c——冷却油的密度，一般取850～900kg/m^3 q——冷却油的流量，m^3/min p——摩擦副元件表面压强，MPa v——摩擦副元件表面平均圆周速度，m/s

注：1. 表中计算公式是假定T_0、T_t为定值，主、从动轴角速度的瞬时变化值随时间t呈直线比例关系。
2. 本表不适用于汽车和工程机械带变矩器和不带变矩器的变速箱中的离合器。

表16-1-25 允许摩擦功A_p和允许温升Δt_p

A_p/J·m^{-2}		Δt_p/℃	
干式离合器(衬面材料为钢丝石棉)	5×10^5	拖拉机(干式离合器) 推土机、叉车(干式离合器)	3～5 约3
轻型坦克	$(0.981\sim1.472)\times10^5$	履带车辆(坦克)	15～20
中型坦克	$(1.472\sim2.452)\times10^5$	离心离合器	70～75
重型坦克	$(2.452\sim3.924)\times10^5$	机床	150

1.4.6 摩擦式离合器的磨损和寿命

表16-1-26 摩擦式离合器的磨损和寿命

项 目	计算公式	符号意义
磨损系数ε	为了防止摩擦式离合器磨损速率过大，对于载荷大、接合频繁的离合器，应计算磨损系数ε $\varepsilon=\frac{A_m}{a}z\leqslant\varepsilon_p$	A_m——离合器一次接合摩擦功 z——每分钟接合次数 a——总摩擦面积 ε_p——许用摩擦系数，可取 普通石棉基摩擦材料(圆盘式)，$\varepsilon_p=0.5\sim0.8$ 普通石棉基摩擦材料(圆锥式、闸块式、闸带式)，$\varepsilon_p=0.7\sim0.9$ Z64石棉基摩擦材料(圆盘式)，$\varepsilon_p=2.5$
寿命期内接合次数N	$N=\frac{V}{A_mK_\omega}$	V——磨损限度内(即寿命期内)摩擦片磨损的总体积，mm^3 A_m——接合一次的摩擦功，J K_ω——摩擦材料的磨损率，mm^3/J 对铜基粉末冶金材料，$K_\omega=(3\sim6)\times10^{-5}$mm^3/J 对半金属型摩擦材料，$K_\omega=(5\sim10)\times10^{-5}$mm^3/J 对铁基粉末冶金材料，$K_\omega=(5\sim9)\times10^{-5}$mm^3/J 对树脂型材料，$K_\omega=(6\sim12)\times10^{-5}$mm^3/J

1.4.7 摩擦式离合器的润滑与冷却

干式和湿式摩擦式离合器都有发热和冷却问题，干式摩擦式离合器的热量是通过壳体散热到周围环境中，温度过高时，可采用风扇强制冷却，干式摩擦式离合器外壳温度不超过70～80℃。湿式摩擦式离合器的热量通过润滑油冷却。

(1) 湿式摩擦式离合器润滑油的选择

对润滑油的要求：

① 与摩擦表面黏附力大，油膜强度高，既能防止两摩擦面直接接触，又要求有高的摩擦因数。

② 适当的黏度和黏温指数，低速时，不致因黏度过大，油膜厚度增加而延长接合时间；高速时，不因黏度大而增加空转转矩和发热，也不因黏度低不易形成油膜而发生干摩擦，可参见表16-1-27选用。

③ 耐热性好，抗氧化性高，无泡沫，不易老化变质，寿命长。

④ 化学性能稳定，对摩擦元件无腐蚀作用。

摩擦式离合器的润滑油，当工作温度在40～70℃时，可用变压器油；当工作温度在70～100℃时，可用汽轮机油；当工作温度更高时，宜用合成润滑油。

表 16-1-27　湿式摩擦式离合器润滑油的黏度

离合器类型		润滑油黏度 /$mm^2 \cdot s^{-1}$
机械和液压离合器	中等线速度(5～12m/s) 低或高线速度(＜5m/s 或＞12m/s)	30～33.5 16.5～21
电磁离合器	中等线速度(5～12m/s) 低或高线速度(＜5m/s 或＞12m/s)	16.5～21 8.5～12

(2) 湿式摩擦式离合器的润滑方式

① 飞溅润滑　装置简单，用于与齿轮箱组合在一起的场合，依靠浸入油池中的齿轮转动将油飞溅到离合器的摩擦元件上，但当齿轮线速度太低（＜1.5m/s）或离合器接合频繁时，则不易得到充分的润滑。

② 轴心润滑　润滑油通过离合器轴的中心孔，依靠油压或离心力流到摩擦元件的摩擦面上，这种润滑方式比较合理，摩擦元件的使用寿命长，但结构比较复杂。

③ 滴油或喷油润滑　将润滑油直接滴入或加压喷入离合器，但当离合器线速度大于 5m/s 时，润滑油难以进入离合器，故一般用于线速度小于 5m/s 的场合。

④ 浸油润滑　将离合器浸在油中，浸入深度一般为外径的 10%，由于搅动油产生阻力使离合器的空转转矩增加，接合时间延长，一般用于线速度小于或等于 2m/s 的离合器。

1.4.8　摩擦式离合器结构尺寸

表 16-1-28　干式离合器面片　mm

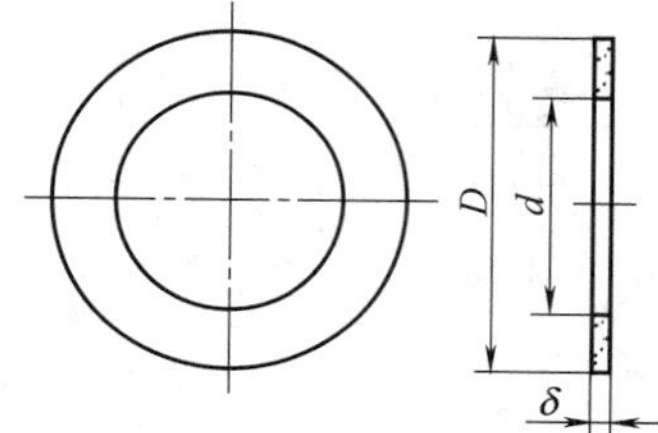

<table>
<tr><th rowspan="2">外径 D</th><th rowspan="2">内径 d</th><th rowspan="2">厚度 δ</th><th colspan="3">极限偏差</th><th rowspan="2">每片的厚薄差</th></tr>
<tr><th>D</th><th>d</th><th>δ</th></tr>
<tr><td>160</td><td>110(76)</td><td rowspan="7">2.5
3
3.2
3.5</td><td rowspan="9">−1</td><td rowspan="9">+0.8</td><td rowspan="9">±0.12</td><td rowspan="9">＜0.12</td></tr>
<tr><td>170</td><td>110、120</td></tr>
<tr><td>180</td><td>125</td></tr>
<tr><td>190</td><td>132、140</td></tr>
<tr><td>200</td><td>130、140</td></tr>
<tr><td>225</td><td>150、160</td></tr>
<tr><td>250</td><td>150、155、160</td></tr>
<tr><td>280(279)</td><td>165、180</td><td rowspan="8">3.5
4
4.5
5</td></tr>
<tr><td>300</td><td>175、180、190</td></tr>
<tr><td>325</td><td>190、200、210</td><td rowspan="7">−1.2</td><td rowspan="7">+1</td><td rowspan="7">±0.15</td><td rowspan="7">＜0.15</td></tr>
<tr><td>350</td><td>195、200、210</td></tr>
<tr><td>380</td><td>200、220、240</td></tr>
<tr><td>400</td><td>235、240、250</td></tr>
<tr><td>410</td><td>260、270</td></tr>
<tr><td>430</td><td>240、250</td></tr>
<tr><td>450</td><td>265、290</td><td>5
5.5</td></tr>
</table>

注：括号内的尺寸只适用于少数型号的离合器面片。

表 16-1-29　　湿式离合器面片　　mm

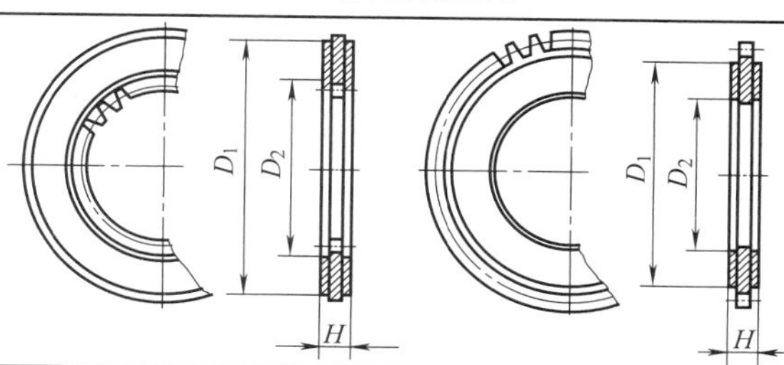

外径	内径	厚度	模数	压力角
60	30	2.5	2 2.5 3	20° (30°)
70	40			
80				
90	40、45、55	2.5 2.8 3		
100	45			
110	50、60			
125	80、88			
135	88			
145	100(105)			
155	108			
160	100			
(165)	(92)95	3 3.8 4	2.5 3 3.5	
170	100			
(175)	(90)			
180	116			
(185)	(122)			
190	92、100、112			
200	136、140			
210	145、150			
220	125			
230	140			
240	162			
(245)	(182)			
250	160			
(255)	(175)			
260	180、182	4 5 5.5 8	2.5 3 3.5	20° (30°)
270	225			
(275)	(188)			
280	165、200			
290	220、240			
305	235、245、254			
315	248			
320	250			
330	255			
340	260			
350	265			
360	270			
370	276			
380	280、323			
390	298、300			
400	309、314			
410	320、340			
420	320			
(425)	(325)			
430	240			
455	280			
475	372			
495	325			
630	510		5 5.5	
710	470			
990	690			

表 16-1-30　　干式多片离合器　　mm

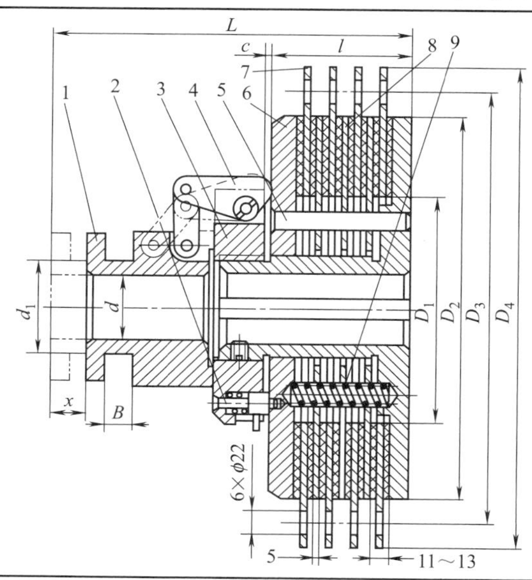

1—接合子；2—防松拔销；3—调整螺母；4—铰链杠杆；5—导销；6—压紧盘；7—外片；8—内片；9—分离弹簧

续表

D_1	D_2	D_3	D_4	d H7	d_1	B	L	l	x	c	许用转矩①/N·m	压紧力 Q_{max}/N
146	229	260	295	45	80	20	136+l	根据摩擦片数确定	20	1.5	106	400
164	280	315	350	55	105	20	157+l		28	2.0	207	700
235	365	400	435	70	125	20	178+l		35	2.5	425	1200

① 许用转矩值为外摩擦片 4 片时的值，片数减少时，许用转矩值相应地减小（计算许用转矩值时，设许用压强 p_p=0.25MPa，μ=0.3）。

注：Q_{max}为按 μ=0.2 换算到接合机构上的压紧力。

表 16-1-31　　径向杠杆式多片离合器　　mm

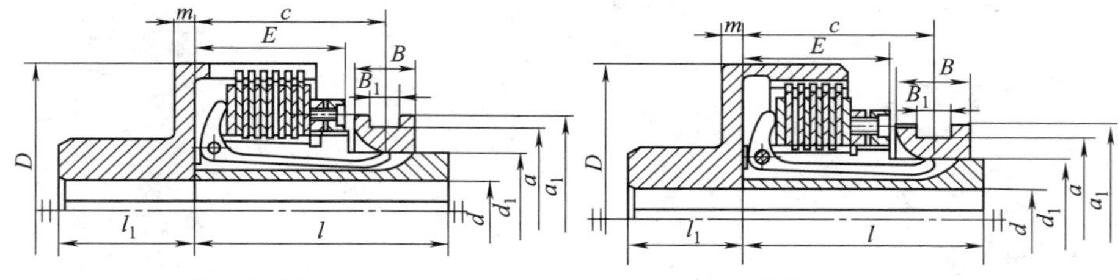

结构型式Ⅰ　　　　结构型式Ⅱ

转矩/N·m	结构型式Ⅰ								结构型式Ⅱ		
	20	40	80	160	200	320	450	640	900	1400	2300
轴径 d_{max}	15	22	32	45	45	48	60	68	70	80	100
D	70	90	100	125	135	150	170	195	210	260	315
d_1	35	50	60	72	72	72	102	102	102	120	153
a	45	60	70	85	85	85	120	120	120	145	175
a_1	55	75	85	100	100	100	140	140	140	170	205
l	56	83	83	98	98	108	148	148	175	205	230
l_1	25	35	35	50	50	50	70	70	80	80	90
c	37	60	60	70	70	76	103	103	125	148	160
E	28	46	46	52.5	52.5	58	77.5	76	94	111	119
m	4	6	6	10	10	10	13	13	15	15	20
B	18	24	24	32	32	32	50	50	50	55	70
B_1	10	10	10	15	15	15	26	26	26	26	30
摩擦面对数 z	6	10	10	10	8	10	10	8	10	6	6
摩擦面直径 外径	54	67	78	98	108	123	141	162	178	225	270
摩擦面直径 内径	34	50	60	72	78	84	102	118	132	155	189
接合力/N	100	120	180	250	250	300	300	350	400	700	900
压紧力/N	1260	1430	1940	3250	9000	6250	6900	10400	10800	20500	27600

表 16-1-32　　带辊子接合机构的双盘摩擦式离合器　　mm

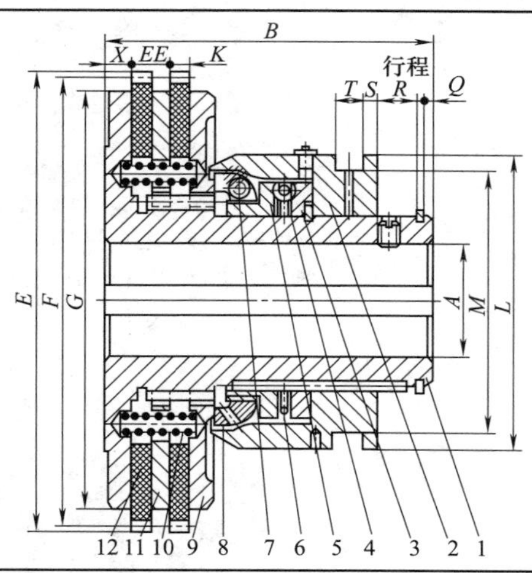

1—输入轴；2—接合子；3—固定支承盘；4—接合辊子；5—活动支承盘；6—保持弹簧；7—锁紧螺钉；8—可调接合环；9—加压盘；10—分离弹簧；11—中间盘；12—摩擦盘

续表

功率/kW		孔 A	B		E	F	G	齿数 z	模数 m	R	X	K	EE		L	M	Q	S	T
单盘	双盘		单盘	双盘									单盘	双盘					
0.7	1.4	19～32	97	110	125	120	112	48	2.5	19	8	6	0	6	88.9	76	2	5	13
1.1	2.2	22～35	130	143	150	144	120	48	3	27	10	6	0	6	118	98	2	7	16
1.8	3.6	25～41	135	135	176	168	154	42	4	27	11	8	0	8	130	111	2	7	16
2.6	5.2	35～51	154	173	220	210	190	42	5	27	13	10	0	10	152	133	2	8	18
6.0	12	43～64	170	189	270	258	240	43	6	33	16	10	0	10	178	152	2	8	19
11	22	57～83	202	227	318	306	290	51	6	37	18	13	0	13	210	184	2	10	22
16.8	33.6	64～94	221	247	372	360	340	60	6	43	22	13	0	13	235	206	2	13	22
21.3	42.6	64～94	221	247	414	402	380	67	6	43	22	13	0	13	235	206	2	13	22
25.7	51.4	64～114	262	293	462	450	430	75	6	48	22	16	0	16	235	206	2	13	22
34.2	68.4	70～127	262	293	534	522	500	87	6	48	24	16	0	16	254	219	2	13	25
48	96.0	89～152	326	364	606	594	570	99	6	57	32	19	0	19	305	267	2	16	32
71	142	89～152	329	367	678	666	645	111	6	57	35	19	0	19	305	267	2	16	32
81	162	114～178	383	427	750	738	720	123	6	70	35	22	0	22	350	305	2	16	38
118	236	127～178	395	440	894	882	860	147	6	70	40	22	0	22	350	305	2	16	38

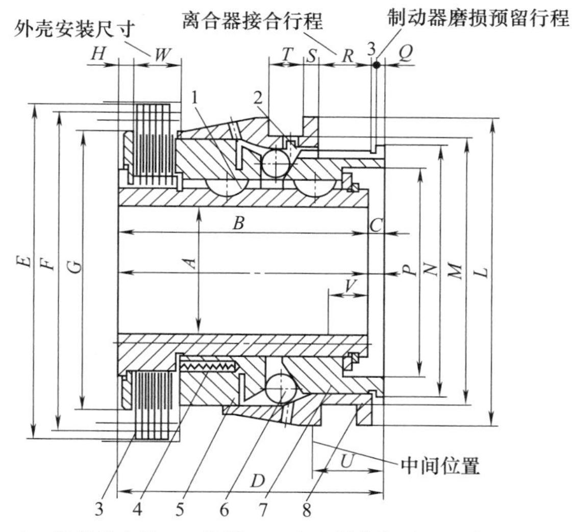

1—半月导向键；2—滑键；3—离合器摩擦副；4—分离弹簧；5—加压盘；6—球形滚子；7—固定套；8—接合子

功率/kW	每分钟最高转数		孔 A		B	C	D	E	F	G	H	齿数 z	模数 m	L	M	N	P	Q	R	S	T	U	V	W
	金属盘	非金属盘	最大	最小																				
0.44	3000	900	29	19	92	3	95	85	80	72	5	32	2.5	89	76	68	54	2.5	18	5	13	24	14	22
0.74	3000	850	32	19	92	3	95	95	90	82	5	36	2.5	99	83	75	60	2.5	18	5	13	24	14	22
1.47	3000	775	38	22	121	3	124	125	120	110	5	48	2.5	118	89	89	93	2.5	25	7	16	32	19	25
2.2	3000	700	45	25	121	3	124	136.5	130	120	5	40	3.25	131	111	100	83	2.5	25	7	16	32	19	25
3.7	2500	600	58	35	134	6	140	162.5	156	140	6	48	3.25	152	134	121	102	2.5	29	9	18	35	19	29
5.5	2000	500	75	38	146	10	156	176	168	155	6	42	4	180	152	141	114	3	32	9	19	38	21	29
8.1	1500	400	98	48	162	13	175	220	210	195	7	42	5	210	184	140	140	5	38	10	22	46	24	32

注：表中功率值是指 100r/min 时的功率。

第16篇

表 16-1-33　　带滚动轴承的多片摩擦式离合器

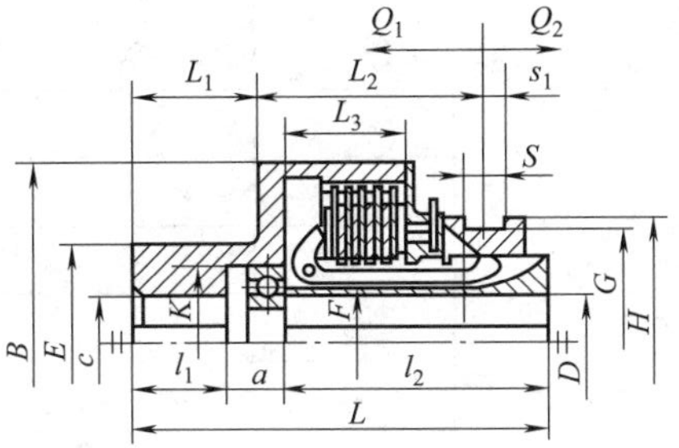

图(a)　整体式外壳

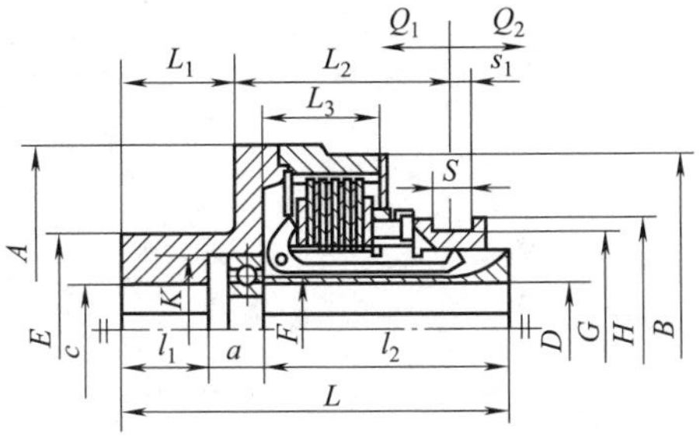

图(b)　组合式外壳

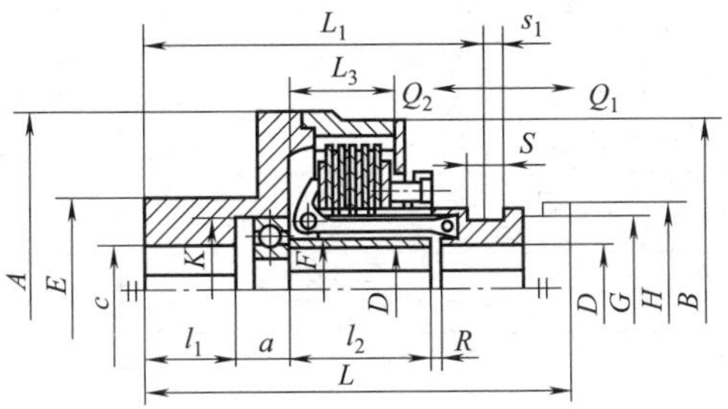

图(c)　带滚子接合杠杆

图号	特性参数						主要尺寸/mm																					
	许用转矩/N·m	质量/kg	转动惯量 J/kg·m^2		接合力/N	脱开力/N	D	D_{max}	A	B		c	c_{max}	E	F	G	H	K	l_1	l_2	L	L_1	L_2	L_3	R	S	a	s_1
			内部	外部						闭式	开式																	
图(a)	20	1.6	0.00025	0.00025	80	50	12	20	—	75	65	12	18	40	26	45	55	28	22	55	89	30	40	21	—	10	12	9
	60	3.0	0.001	0.0018	130	80	15	24	—	90	80	15	24	55	35	60	75	35	40	81	137	50	64	35	—	10	16	10
	80	4.2	0.0025	0.0028	130	80	18	32	—	100	92	18	32	60	45	70	85	47	51	81	152	65	64	35	—	10	20	11
	120	4.7	0.0035	0.0050	170	100	18	32	—	108	100	18	32	60	45	70	85	47	51	81	152	65	64	35	—	10	20	11
	160	6.5	0.0043	0.0068	200	120	20	45	—	125	115	20	45	70	55	85	100	55	75	95	195	90	77	38	—	15	25	12
	200	7.2	0.0048	0.010	250	150	20	45	—	135	125	20	45	70	55	85	100	55	75	95	195	90	77	38	—	15	25	12
	320	10.4	0.0075	0.018	300	180	20	48	—	150	140	20	50	80	58	85	100	62	85	105	215	100	83	43	—	15	25	16
	450	22.5	0.0275	0.043	400	250	28	60	—	170	170	28	50	120	75	120	140	50	110	145	283	125	113	57	—	26	28	20
	600	29.5	0.0350	0.0725	500	300	30	70	—	195	195	30	70	120	80	120	140	90	110	145	283	125	113	59	—	26	28	20
图(b)	900	38.5	0.060	0.078	600	360	30	70	225	210	210	30	70	130	80	120	140	100	140	175	305	115	140	68	—	26	30	25
	1400	64	0.160	0.230	800	500	50	80	285	260	260	50	80	130	100	145	170	100	160	205	395	175	163	94	—	26	30	30
	2350	94	0.375	0.550	1200	750	70	100	335	315	315	70	100	160	110	175	205	125	180	230	445	195	180	102	—	30	35	35
	3600	157	0.680	1.250	1500	900	70	100	395	370	370	70	100	190	145	175	170	140	170	295	510	195	252	123	—	26	45	40
图(c)	5400	247	1.350	2.750	2000	1200	70	130	460	435	435	70	130	230	160	175	205	140	155	165	525	195	255	145	20	30	60	50
	7500	325	2.45	4.50	2800	1700	85	140	515	490	490	85	140	260	210	190	240	160	162	175	601	200	300	155	52	45	60	70
	16000	495	9.13	19.75	3750	2250	100	175	700	650	650	100	175	300	260	190	240	215	215	230	725	250	353	207	50	45	60	90

表 16-1-34　　**摩擦块离合器**

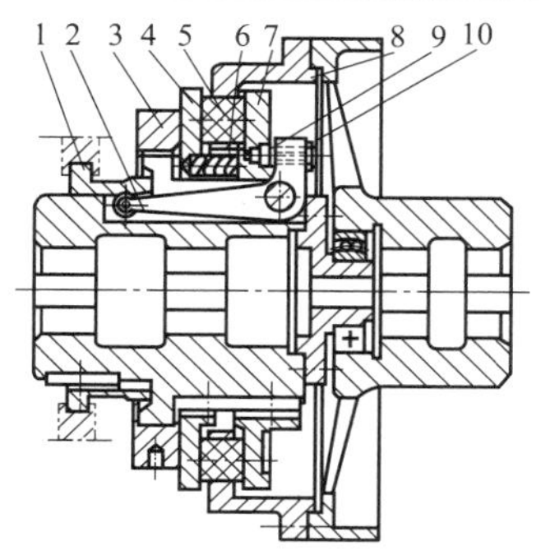

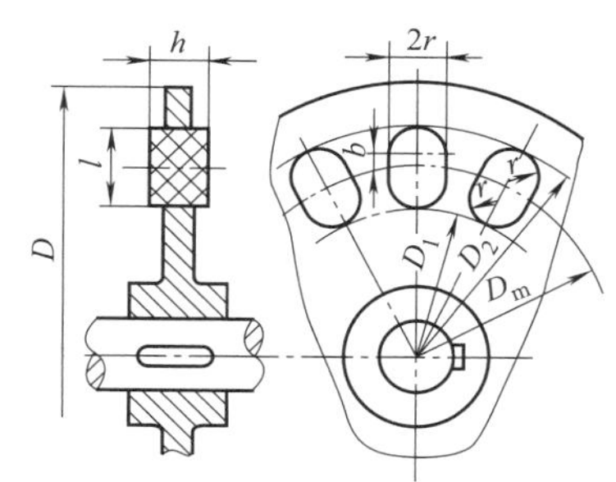

1—加压环；2—径向杠杆；3—螺母；4，7—压盘；5—摩擦块；
6—分离弹簧；8—垫块；9—中间盘；10—调节螺钉

r/mm	b/mm	h/mm	接触面积 A/mm²	摩擦块数 z	D_m/mm	许用转矩①/N·m
32.5	10	35	3970	8	315	4410
				12	390	8170
37.5	15	35	5530	8	240	4690
				12	350	10200
45	15	35	7730	9	460	14100
				10	420	14300
					470	16000
					540	18400
				12	500	20500
					560	23000
					600	24500
60	20	40	13700	10	450	27200
				14	700	59400
60	30	45	14900	15	840	82900

① 对石棉、塑料，取 $\mu=0.3$，$p_p=0.15$MPa。

表 16-1-35　　**双圆锥摩擦式离合器**　　mm

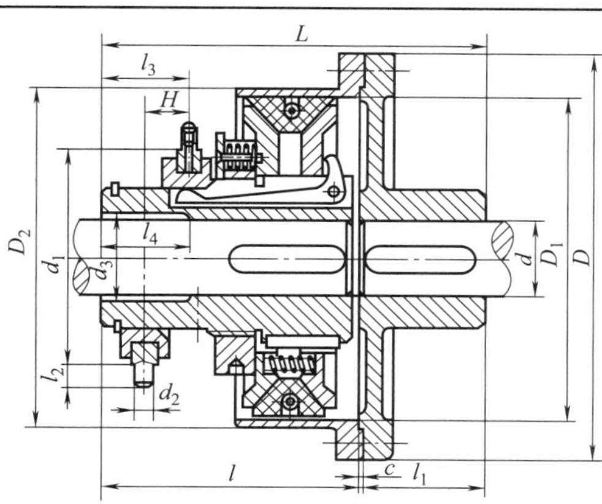

许用转矩 /N·m	许用转速 /r·min⁻¹	l	l_1	c	d	d_1	l_2	d_2	l_3	d_3	l_4	H	D	D_1	D_2	L	质量 /kg
71.6	4000	90	29	1	20	80	8	11	22	22	25	12	125	90	100	120	3.2
145	3200	101	33	1	25	90	10	12	27	26	29	15	152	115	125	135	6.5
215	2550	136	45	2	20～35	110	15	17	45	37	48	30	195	148	160	183	13
358	2120	153	60	3	30～55	140	17	17	50	57	50	33	235	185	200	216	22
573	1710	176	75	4	45～65	170	18	18	60	67	58	39	290	234	250	255	37
1150	1360	216	90	4	60～80	200	25	22	64	82	70	43	365	295	315	310	65
1790	1225	256	120	5	70～100	250	30	25	80	102	85	55	410	335	355	390	105
3580	1080	315	150	5	90～120	300	30	28	90	122	100	61	450	376	400	470	190
7160	855	389	170	6	110～140	360	30	35	114	142	125	70	580	472	500	565	320
14320	700	470	210	6	130～170	420	30	35	100	172	125	65	710	594	630	688	670

1.5 离合器的接合机构

1.5.1 对接合机构的要求

接合机构是对离合器中接合元件加力使其产生离合动作的机构，对接合机构的要求是，具有大的传力比，即在达到规定要求的压紧力时，作用于接合机构主动件或操纵机构主动件上的接合力宜小些（一般不超过 80～100N）；动作灵敏、加压过程平稳、压力均匀，接合后压紧力波动要小，加压杠杆刚度适中；接合或分离可靠，位置固定，接合后能自锁，使用操纵机构可以卸载；接合压紧力达到内部平衡；加压环在接合或分离时的工作行程尽可能短些，调整间隙要方便；结构简单，工艺性好。设计时应充分考虑机构的上述要求。

1.5.2 接合机构的工作过程

接合机构的工作过程分三个阶段：消除间隙的空行程 s_1、加力行程 s_2 和闭锁行程 s_3，其中，空行程 s_1 的大小主要与间隙和机构结构有关，加力行程 s_2 则与机构结构和机构刚度有关，闭锁行程 s_3 是为了使接合位置固定。

机械离合器常用的接合机构及接合力计算式列于表 16-1-36。

表 16-1-36 机械离合器常用的接合机构及相应的接合力计算式

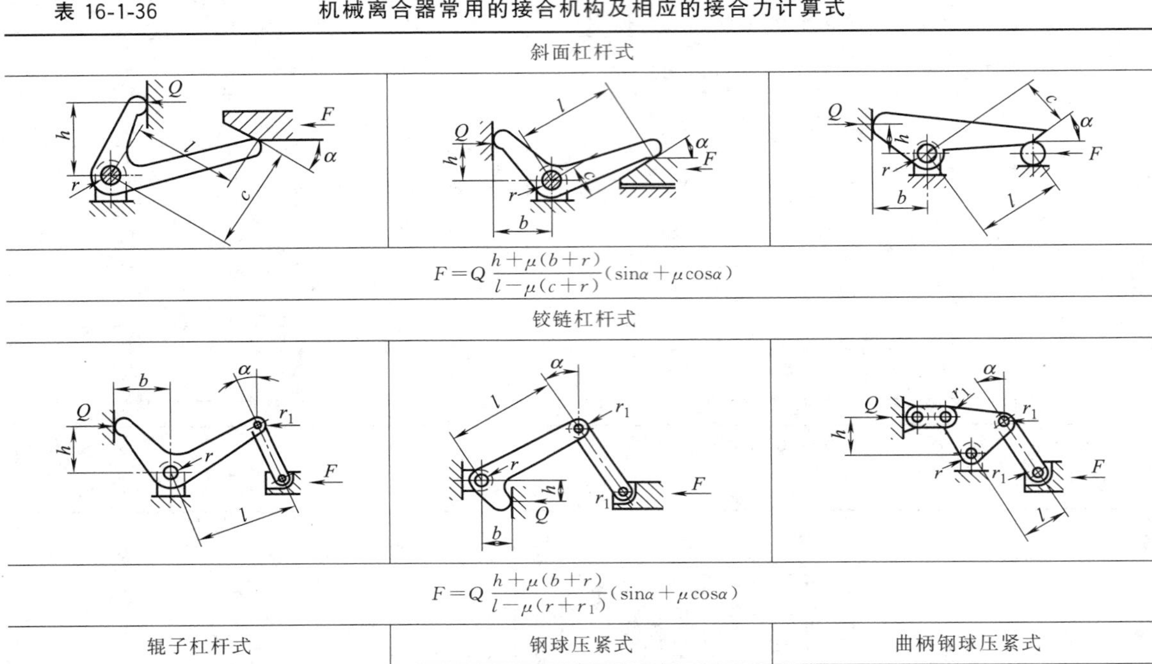

斜面杠杆式

$$F=Q\frac{h+\mu(b+r)}{l-\mu(c+r)}(\sin\alpha+\mu\cos\alpha)$$

铰链杠杆式

$$F=Q\frac{h+\mu(b+r)}{l-\mu(r+r_1)}(\sin\alpha+\mu\cos\alpha)$$

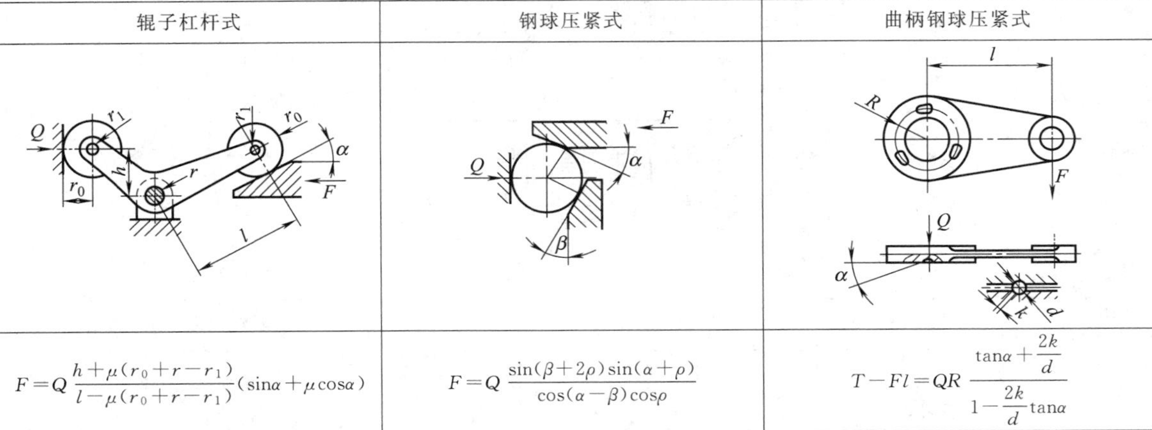

辊子杠杆式	钢球压紧式	曲柄钢球压紧式
$F=Q\frac{h+\mu(r_0+r-r_1)}{l-\mu(r_0+r-r_1)}(\sin\alpha+\mu\cos\alpha)$	$F=Q\frac{\sin(\beta+2\rho)\sin(\alpha+\rho)}{\cos(\alpha-\beta)\cos\rho}$	$T-Fl=QR\frac{\tan\alpha+\frac{2k}{d}}{1-\frac{2k}{d}\tan\alpha}$

注：1. F—操纵力；Q—轴向压紧力；μ—摩擦因数；α，β—斜角；ρ—摩擦角；d—钢球直径；r，r_1—销轴半径；r_0—辊子半径。

2. 操纵力 F 未计入加压环与轴的摩擦阻力。

1.6 电磁离合器

电磁离合器是靠线圈的电磁力操纵的离合器。

电磁离合器的特点是：启动力矩大，动作反应快，离合迅速；便于实现自动控制和远程控制；通过改变励磁电流可调节传递转矩的大小。但它有剩磁问题，影响分离的彻底性，还有线圈发热问题。

电磁离合器一般用于相对湿度不大于 85%、无爆炸危险的环境，电压波动不得超过±5%。湿式时必须保持油液纯洁，不得有导电杂质，黏度小于或等于 $23mm^2/s$（50℃时）。

1.6.1 电磁离合器的型式、特点与应用

表 16-1-37 电磁离合器的型式、特点与应用

型 式	简 图	特 点	应 用
牙嵌式	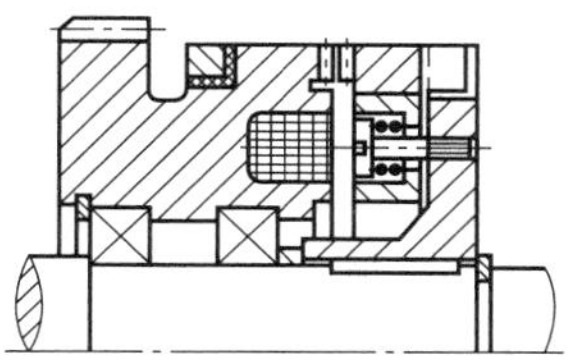	与嵌合式离合器特点基本相同 一般需在静态接合，有转速差时会发生冲击。属于刚性接合，无缓冲作用	允许停车接合或负载转矩小，从动侧转动惯量小，相对转速小、100r/min 以下时接合，要求无滑差、接合不频繁的场合应用，可干、湿两用
干式单片式	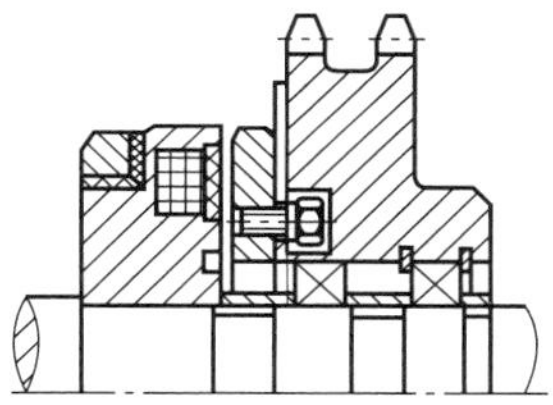	反应灵敏、接合迅速。结构紧凑、尺寸小。空载转矩极小。接合过程中有摩擦发热，温度太高时有摩擦性能衰退现象，摩擦片有磨损，需要调整间隙	适用于要求接合快速，频率高，外形尺寸没有限制的场合
湿式多盘式	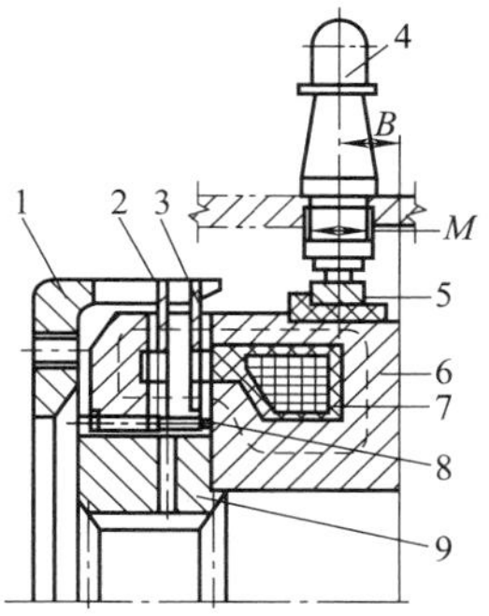 1—连接爪；2—外摩擦片；3—内摩擦片；4—电刷；5—滑环；6—磁轭；7—线圈；8—衔铁；9—齿轮	摩擦片几乎无磨损。接合与脱开动作迟缓，有空载转矩，接合频率不宜太高。要求有供油系统	适于要求在较高转速下接合的场合 操作频繁程度低于干式 有滑环式较无滑环式转动惯量大

第16篇

续表

型　式	简　图	特　点	应　用
转差式		启动平稳，主动轴恒速下，从动轴可无级调速，无摩擦，有缓冲吸振和安全保护作用。承载能力低，体积大，传递转矩小，动作缓慢，低速和转速差大时效率低	用于短时需要较大滑差、需要有恒力矩的场合，可在动力机恒速下调节工作机的转速
磁粉式		可在同步和滑差下工作，精度较高，响应快，接合与制动时无冲击，从动部分惯性小，接合面有气隙、无磨损。磁粉寿命短，价格高	需要有连续滑动的工作场合，以及传递转矩不大的系统

1.6.2 电磁离合器的动作过程

（1）摩擦式电磁离合器的动作过程

图 16-1-6 为湿式摩擦式电磁离合器的接合动作过程。以操作者发出指令（按下按钮）为起点，指令到达离合器，经过指令传入时间 t_1（经消除间隙、空行程等动作），此时电压升至稳定值。此后在电流上升过程中，曲线出现凹口，电流瞬时下降（因衔铁被吸动，气隙减小，引起磁阻减小，电感增加所致），此时衔铁完全吸合，即完成时间 t_2。此后，打滑着的内、外摩擦片间转矩开始增加，当动摩擦转矩值大于从动部分静负载转矩（过 B 点），从动部分开始转动，此后，主动部分转速稍降低，从动部分被加速，主、从动部分达到同步转动。当主、从动部分同步转动后，内、外摩擦片间的摩擦由动摩擦变为静摩擦，摩擦转矩瞬时达到最大峰值。此后，主、从动部分转速同步升至接合前主动部分的转速，完成启动过程。离合器脱开，电流仍以指数曲线下降至电流小于衔铁动作维持电流时，衔铁退至原位，从动部分转速下降，转矩和转速要延迟一段时间才下降至接合前状态。

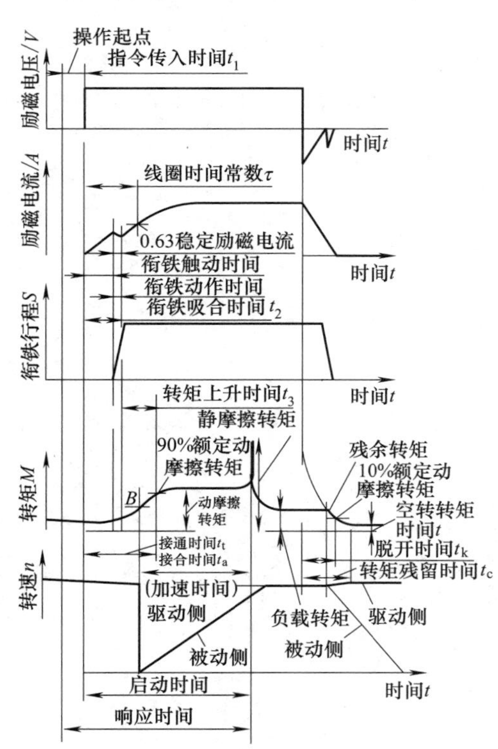

图 16-1-6　湿式摩擦式电磁离合器的动作过程

t_1—指令传入时间；t_2—加压盘压合时间；t_3—转矩上升时间；t_t—离合器接通时间（$=t_2+t_3$）；t_a—离合器接合时间（加速时间）；t_k—离合器脱开时间；t_c—转矩残留时间

离合器的接通和脱开都存在一个延时过程，设计制造离合器或选用离合器必须注意这一特性。离合器的接通时间 t_t（即 t_2+t_3）和脱开时间 t_k 短，则离合器的精度高，动作灵敏，但转动惯量大时，t_t、t_k 短，则冲击、振动大。

根据生产工艺和设备的特点与要求，可以改变励磁方式、参数和电路设计，从而改变接通、脱开时间的长短。

图 16-1-6 中动、静转矩在数值上的差别是由于摩擦材料的动、静摩擦因数的差别引起的。在干式离合器中，通常，钢对压制石棉时，动转矩为静转矩的 80%～90%；钢对铜基粉冶材料时，动转矩为静转矩的 70%～80%。在湿式离合器中，除与摩擦材料有关外，还受油的黏度、油量、片的结构（影响油被挤出的快慢）、内外片间的相对速度、摩擦功的大小（摩擦功大时，难形成液体摩擦）等因素影响。通常，钢对钢时，动转矩为静转矩的 30%～60%。离合器脱开后，主动侧仍向被动侧传递的转矩称为空转转

矩，主要由油的粘连产生，与油的黏度、油量、油温有关，还与转速有关，转速高时空转转矩大，但转速高到一定值时，片间油被甩出，此时空转转矩趋向一定值。摩擦片间间隙愈小，空转转矩愈大。湿式时，剩磁对空转转矩的影响只占很小比例。

（2）牙嵌电磁离合器的动作过程

矩形牙及牙型角很小（2°～8°）的梯形牙离合器在传递转矩时，无轴向脱开力（或轴向脱开力小于轴向摩擦阻力），因此，工作时无需加轴向压紧力，称为第一类牙嵌离合器。第二类牙嵌离合器为传递转矩时必须加轴向压紧力，或必须用定位机构等措施来阻止其自动脱开，如三角形牙及牙型角较大的梯形牙离合器，在载荷下很容易脱开，这类离合器多用电磁或液压操纵（机械操纵的必须有定位机构）。上述两类离合器的选用和设计计算均有所不同。

图 16-1-7 为第二类牙嵌电磁离合器的典型动作过程。图中励磁电流在按指数曲线上升过程中，第一次减小是由于衔铁被吸引，使线圈电感增大的缘故，以后出现电流减小则表示衔铁吸引后尚不能将载荷带动，产生牙的啮合—脱落—再啮合的滑跳现象，从而使转矩及电流（因线圈的电感变化）出现波动。电流

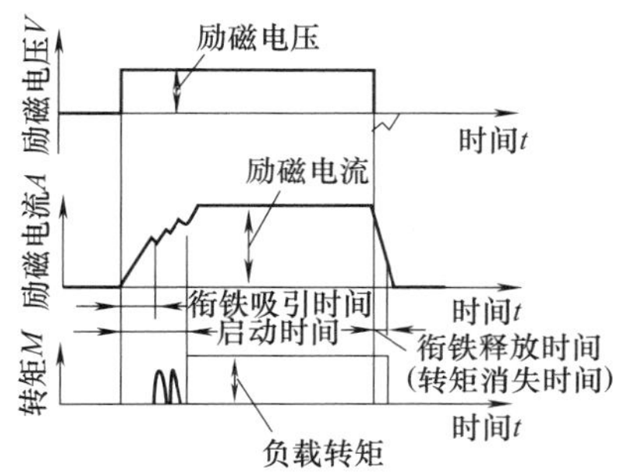

图 16-1-7 牙嵌电磁离合器的典型动作过程

切断后，当按指数曲线衰减的励磁电流小于衔铁的维持电流时，衔铁释放，离合器脱开。

第二类牙嵌离合器在不同转速下传递的转矩值，理论上应该是不变的。但由于实际安装时总会有同轴度、平行度和轴向及径向跳动误差，以及振动的影响，随着速度的增大，传递转矩值将下降，速度越高，下降越多，这是在高速应用时必须注意的。图 16-1-8 为某种牙嵌电磁离合器可传递的转矩和转速关系。

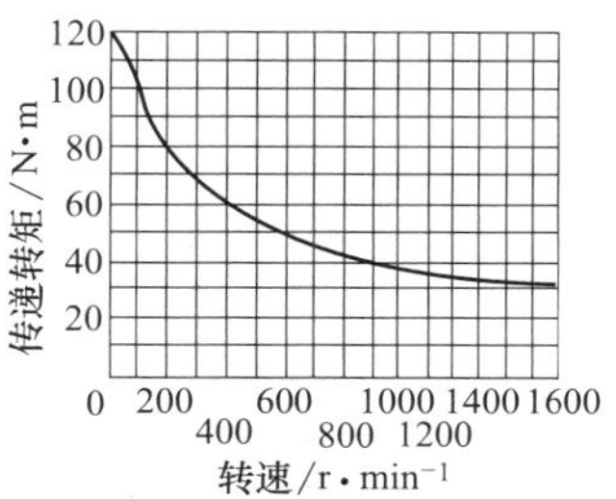

图 16-1-8 某种牙嵌电磁离合器可传递的转矩和转速关系

1.6.3 电磁离合器的选用计算

（1）牙嵌式电磁离合器的选用

牙嵌离合器传递转矩时需加轴向压紧力，超载时将产生牙的滑跳，导致牙的损坏。因此，选用时必须确保离合器工作时，特别是启动时，不出现超载现象。

在一般的传动系统中，选用的牙嵌离合器的额定转矩 T 应大于电动机的启动转矩（最大转矩）。一般按表 16-1-3 计算

$$T \geqslant T_c = KT$$

式中，K 可参考表 16-1-4 中的数据；T 可按电动机的最大转矩取值（见电动机样本）。

（2）摩擦式电磁离合器的选用

表 16-1-38 摩擦式电磁离合器选择计算

计算项目	计算公式	说明
按动摩擦转矩选择	$T_d \geqslant K(T_1 + T_2)$	T_d——离合器额定动转矩，N·m T_j——离合器额定静转矩，N·m K——安全系数（或工作状况系数），见表 16-1-4 T_1——接合时的载荷转矩，N·m T_2——加速转矩（惯性转矩），N·m T_{max}——运转时的最大载荷转矩，N·m A_p——离合器的允许摩擦转矩，N·m J——离合器轴上的转动惯量，kg·m² n_x——摩擦片相对转速，r/min T_f——离合器轴上的载荷转矩，N·m m——接合次数
按静摩擦转矩选择	$T_j \geqslant KT_{max}$	
按摩擦功选择	$A_p \geqslant \dfrac{Jn_x^2}{182} \times \dfrac{T_d}{T_d \mp T_f} m$	

注：选择离合器时需同时满足表中三项要求，但目前我国电磁离合器尚无允许摩擦功的数据，因此，暂时只能按动摩擦转矩和静摩擦转矩选择。需计算摩擦功时，可参考国外同类型离合器的数据。

1.6.4 电磁离合器产品

1.6.4.1 摩擦式电磁离合器产品

表 16-1-39 DLM0 系列有滑环湿式多片电磁离合器 mm

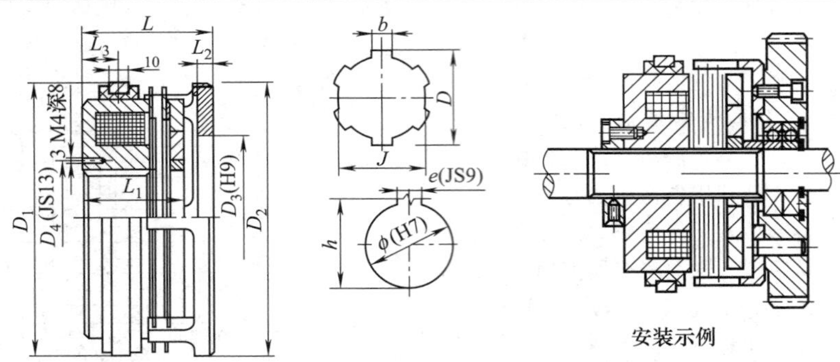

安装示例

规格	额定动转矩/N·m	额定静转矩/N·m	空载转矩/N·m ≤	接通时间/s ≤	断开时间/s ≤	额定电压(DC)/V	线圈消耗功率(20℃)/W	允许最高转速/r·min^{-1}	质量/kg	供油量/L·min^{-1}	电刷型号
2.5	12	25	0.4	0.28	0.10	24	13	3500	1.78	0.25	DS-0.01
6.3	50	100	1	0.32	0.10	24	19	3000	2.8	0.40	
16	100	200	2	0.35	0.15	24	23	3000	4.66	0.65	
40	250	500	5	0.40	0.20	24	51	2000	9.0	1.00	

规格	D_1	D_2	D_3	D_4	D	d	b	L	L_1	L_2	L_3	衔铁行程	e	h
2.5	94	92	50	42	$30^{+0.023}_{0}$	$26^{+0.28}_{0}$	$8^{+0.085}_{+0.035}$	56	46.6	5	18.5	2.2	8	$32.3^{+0.01}_{0}$
6.3	116	113	65	52	$40^{+0.027}_{0}$	$35^{+0.34}_{0}$	$10^{+0.085}_{+0.035}$	60	48.2	5	18.5	2.8	12	$42.3^{+0.01}_{0}$
16	142	142	85	60	$50^{+0.027}_{0}$	$45^{+0.34}_{0}$	$12^{+0.105}_{+0.045}$	65	49.2	7.5	18.5	3.5	14	$52.4^{+0.2}_{0}$
40	176	178	105	86	$65^{+0.03}_{0}$	$58^{+0.4}_{0}$	$16^{+0.105}_{+0.045}$	80	62	10	22	4	18	$69.4^{+0.2}_{0}$

注：1. 离合器工作时必须在摩擦片间加润滑油，供油方式为外浇油式或油溶式，但其浸入油深为离合器外径的 1/5～1/4。高速或频繁动作时应采用轴心供油，用量见本表。

2. 安装示例为同轴安装齿轮输出，也可分轴安装，但主、从动轴都应轴向固定，不得窜动，且同轴度不低于 9 级。输出及安装方式由用户决定并实现。

表 16-1-40 DLM3 系列无滑环湿式多片电磁离合器 mm

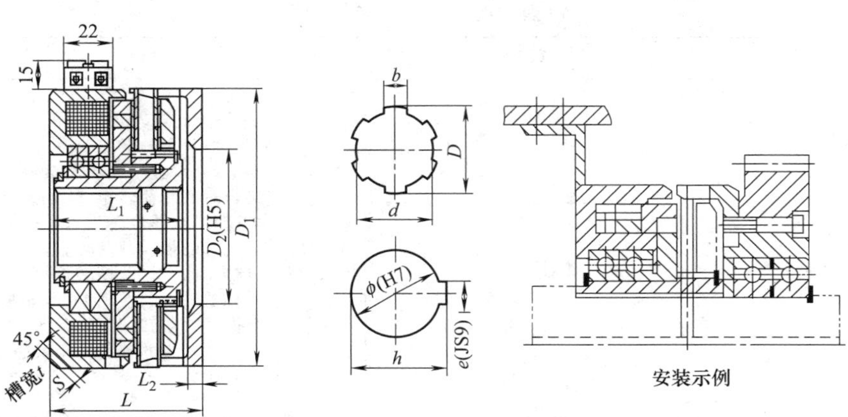

安装示例

续表

规格	额定动转矩/N·m	额定静转矩/N·m	空载转矩/N·m ≤	接通时间/s ≤	断开时间/s ≤	额定电压(DC)/V	线圈消耗功率(20℃)/W	允许最高转速/r·min^{-1}	质量/kg	供油量/L·min^{-1}
1.2	12	20	0.39	0.28	0.09	24	18	3500	1.6	0.2
2.5	25	40	0.40	0.30	0.09	24	21	3500	2.3	0.25
5	50	80	0.9	0.32	0.10	24	32	3000	3.4	0.40
10	100	160	1.80	0.35	0.14	24	38	3000	5	0.65
16	160	250	2.40	0.37	0.14	24	50	2500	6.6	0.65
25	250	400	3.50	0.40	0.18	24	61	2200	8.6	1.0
40	400	630	5.60	0.42	0.20	24	72	2000	14.7	1.0
63	630	1000	9.00	0.45	0.25	24	83	1800	21	1.2

规格	D_1	D_2	D	d	b	ϕ	e	h	L	L_1	L_2	S	t
1.2	86	50	$20^{+0.023}_{0}$	$17^{+0.12}_{0}$	$6^{+0.065}_{+0.025}$	20	6	$21.8^{+0.1}_{0}$	51	44.5	5.5	3.5	6
2.5	96	56	$25^{+0.023}_{0}$	$22^{+0.14}_{0}$	$6^{+0.065}_{+0.025}$	25	8	$27.3^{+0.1}_{0}$	57	51.5	5.5	3.5	6
5	113	65	$30^{+0.023}_{0}$	$26^{+0.14}_{0}$	$8^{+0.085}_{+0.035}$	30	8	$32.3^{+0.1}_{0}$	63	56	5	3.5	8
10	133	75	$40^{+0.027}_{0}$	$35^{+0.17}_{0}$	$10^{+0.085}_{+0.035}$	40	12	$42.3^{+0.1}_{0}$	68	59	6.5	5.5	8
16	145	85	$45^{+0.027}_{0}$	$40^{+0.17}_{0}$	$12^{+0.105}_{+0.045}$	45	14	$47.4^{+0.2}_{0}$	70	61.5	6.5	5.5	10
25	166	110	$50^{+0.027}_{0}$	$45^{+0.17}_{0}$	$12^{+0.105}_{+0.045}$	50	14	$52.4^{+0.2}_{0}$	78.5	68	7.5	5.5	10
40	192	110	$60^{+0.03}_{0}$	$54^{+0.2}_{0}$	$14^{+0.105}_{+0.045}$	60	16	$62.2^{+0.2}_{0}$	91	79.5	8	6	10
63	212	125	$70^{+0.03}_{0}$	$62^{+0.2}_{0}$	$16^{+0.105}_{+0.045}$	70	20	$74.3^{+0.2}_{0}$	109	96.5	9.5	7	10

注：同表 16-1-39 注。

表 16-1-41　　DLM 系列有滑环湿式多片电磁离合器　　mm

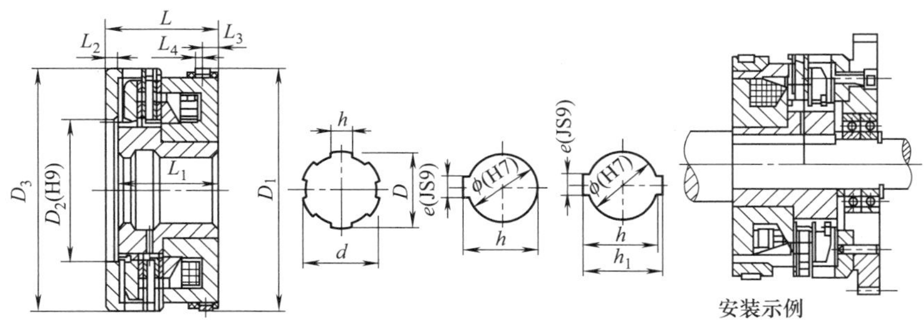

安装示例

规格	额定动转矩/N·m	额定静转矩/N·m	空载转矩/N·m	接通时间/s ≤	断开时间/s ≤	额定电压(DC)/V	线圈消耗功率(20℃)/W	允许最高转速/r·min^{-1}	质量/kg	供油量/L·min^{-1}
1.2/1.2C	12	20	0.39	0.28	0.09	24	10	3500	1.3	0.20
2.5	25	40	0.40	0.30	0.09	24	17	3500	1.73	0.25
5/5C	50	80	0.90	0.32	0.10	24	17	3000	2.9	0.40
10/10C	100	160	1.80	0.35	0.14	24	19	3000	4.3	0.65
16	160	250	2.40	0.37	0.14	24	26	2500	5.8	0.65
25/25C	250	400	3.50	0.40	0.18	24	39	2200	7.7	1.00
40	400	630	5.60	0.42	0.20	24	45	2000	12.2	1.00
63	630	1000	9.00	0.45	0.25	24	66	1800	16.2	1.2
100	1000	1600	15.0	0.65	0.35	24	81	1600	23.2	1.2
160	1600	2500	24.0	0.90	0.45	24	87	1600	31.7	1.5
250	2500	4000	37.5	1.20	0.60	24	100	1200	47.1	2.0
400	4000	6300	60.0	1.50	0.80	24	134	1000	100.9	3.0

续表

规格	D_1	D_2	D_3	D	d	b	ϕ	e	h	h_1	L	L_1	L_2	L_3	L_4	电刷型号
1.2	86	50	86	$20^{+0.023}_{0}$	$17^{+0.12}_{0}$	$6^{+0.065}_{+0.025}$	20	6	$22.8^{+0.1}_{0}$		43.5	38	5.5	5	7	DS-002
2.5	96	56	96	$25^{+0.023}_{0}$	$21^{+0.14}_{0}$	$6^{+0.065}_{+0.025}$	25	8	$28.3^{+0.2}_{0}$		48.5	43	5.5	7	7	
5	113	65	113	$30^{+0.023}_{0}$	$26^{+0.14}_{0}$	$6^{+0.065}_{+0.025}$	30	8	$33.3^{+0.2}_{0}$		55.5	50	5.5	7	8	
10	133	75	133	$40^{+0.027}_{0}$	$35^{+0.17}_{0}$	$10^{+0.085}_{+0.035}$	40	12	$43.3^{+0.2}_{0}$		61	54.5	6.5	8	10	DS-001
16	145	85	145	$45^{+0.027}_{0}$	$40^{+0.17}_{0}$	$12^{+0.105}_{+0.045}$	45	14	$48.8^{+0.2}_{0}$		63.5	57	6.5	8	10	
25	166	95	166	$50^{+0.027}_{0}$	$45^{+0.17}_{0}$	$12^{+0.105}_{+0.045}$	50	14	$53.8^{+0.2}_{0}$		72	64.5	7.5	10	10	
40	192	120	192	$60^{+0.03}_{0}$	$54^{+0.2}_{0}$	$14^{+0.105}_{+0.045}$	60	18	$64.4^{+0.2}_{0}$		82.5	74.5	8	10	10	
63	212	125	212	$70^{+0.03}_{0}$	$62^{+0.2}_{0}$	$16^{+0.105}_{+0.045}$	70	20	$74.9^{+0.2}_{0}$		91.5	82	9.5	12	10	
100	235	150	235				70	20	$74.9^{+0.2}_{0}$		105	96	10	15	10	
160	270	180	270				100	28	$106.4^{+0.2}_{0}$		118	104	14	15	10	
250	310	220	310				110	28	$116.4^{+0.2}_{0}$	$122.8^{+0.4}_{0}$	130	116	14	10	12	
400	415	235	415				120	32	$127.4^{+0.2}_{0}$	$134.8^{+0.4}_{0}$	150	132	18	10	12	
1.2C	94	50	86	$30^{+0.023}_{0}$	$26^{+0.14}_{0}$	$8^{+0.085}_{+0.035}$					56	50.5	5.5	19	10	
5C	116	65	113	$40^{+0.027}_{0}$	$35^{+0.17}_{0}$	$10^{+0.085}_{+0.035}$					59.5	54	5.5	19	10	
10C	142	85	133	$50^{+0.027}_{0}$	$45^{+0.17}_{0}$	$12^{+0.105}_{+0.045}$					64.5	58	6.5	19	10	
25C	176	105	160	$65^{+0.03}_{0}$	$58^{+0.2}_{0}$	$16^{+0.105}_{+0.045}$					81	73.5	7.5	21	10	

注：同表 16-1-32 注。

表 16-1-42　DLM9（ERD）系列无滑环湿式多片电磁离合器　mm

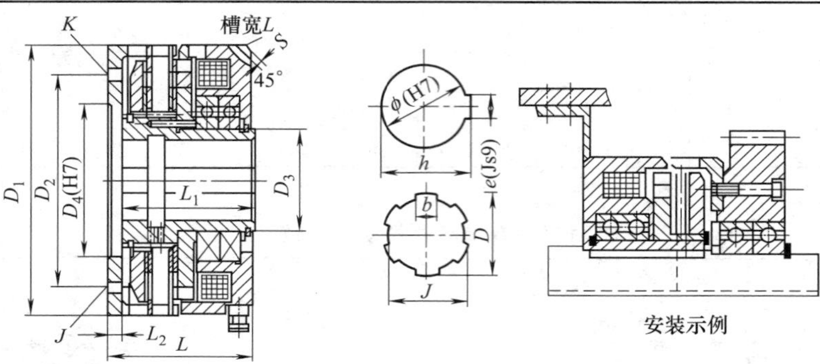

安装示例

规格	额定动转矩/N·m	额定静转矩/N·m	空载转矩/N·m	接通时间/s ≤	断开时间/s ≤	额定电压(DC)/V	线圈消耗功率(20℃)/W	允许最高转速/r·min^{-1}	质量/kg	供油量/L·min^{-1}
DLM9-2	16	25	0.48	0.28	0.09	24	24	3000	2.9	0.25
DLM9-5	50	80	0.85	0.30	0.10	24	37	3000	3.9	0.40
DLM9-10	100	160	1.80	0.32	0.14	24	50	3000	5.9	0.65
DLM9-16	160	250	2.40	0.36	0.16	24	56	2500	7.8	0.65
DLM9-25	250	400	3.80	0.40	0.18	24	76	2200	10.7	1.00
DLM9-40	400	630	6.00	0.60	0.22	24	86	2000	15	1.00
DLM9-63	630	1000	9.50	0.70	0.26	24	88	1800	22	1.20
DLM9-100	1000	1600	15.00	0.85	0.31	24	104	1600	33	1.20
DLM9-160	1600	2500	24.00	1.20	0.43	24	122	1500	51	1.50
DLM9-250	2500	4000	38.00	1.40	0.50	24	175.5	1200	67	2.00

规格	D_1	D_2	D_3	D_4	ϕ	e	h	J	K	L	L_1	L_2	S	t
DLM9-2	95	80	35	50	20	6	$22.8^{+0.1}_{0}$	2×φ6	4×M6	55	50	5	4	8
DLM9-5	110	90	45	65	30	8	$33.3^{+0.2}_{0}$	3×φ6	4×M6	60	55	5	4	8
DLM9-10	132	105	50	75	40	12	$42.3^{+0.2}_{0}$	3×φ6	6×M8	67	60	7	5	10
DLM9-16	147	120	55	85	45	14	$47.4^{+0.2}_{0}$	3×φ8	6×M8	72	65	7	5	10
DLM9-25	162	135	65	95	50	16	$53.6^{+0.2}_{0}$	3×φ8	6×M8	82	75	7	6	12
DLM9-40	182	155	75	120	60	18	$64.4^{+0.2}_{0}$	3×φ10	6×M10	93	85	8	6	12
DLM9-63	202	170	85	125	70	20	$74.3^{+0.2}_{0}$	3×φ10	6×M10	109	100	9	8	14
DLM9-100	235	200	100	150	70	20	$74.9^{+0.2}_{0}$	3×φ14	6×M12	120	110	10	8	14
DLM9-160	270	235	110	200	90	25	$95.4^{+0.2}_{0}$	3×φ14	6×M12	142	130	12	10	16
DLM9-250	310	260	140	220	110	28	$116.4^{+0.2}_{0}$	3×φ16	6×M16	157	145	14	10	16

注：1. D_2、J、K 为用户连接用尺寸，由用户自行加工，本表数据仅供参考。

2. 同表 16-1-39 注。

表 16-1-43　　DLM10（EKE）系列有滑环多片电磁离合器　　mm

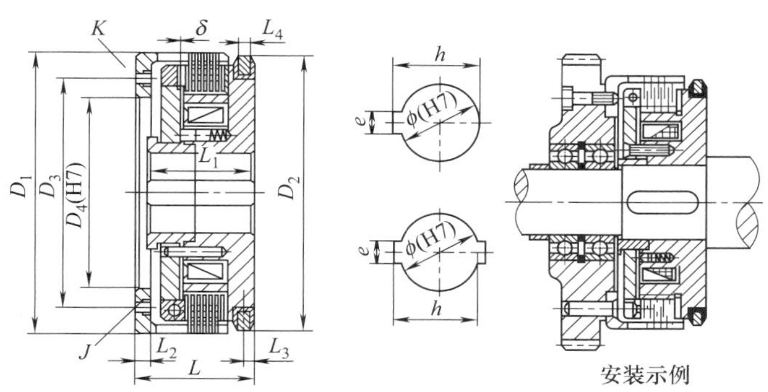

安装示例

规格	额定动转矩/N·m	额定静转矩/N·m	空载转矩/N·m	接通时间/s ≤	断开时间/s ≤	额定电压(DC)/V	线圈消耗功率(20℃)/W	允许最高转速/r·min⁻¹	质量/kg	电刷型号
1A/1AG	12.5	20/14	0.088/0.05	0.14/0.11	0.03/0.025	24	26	3000	2	湿式采用DS-005、干式采用DS-006
2A/2AG	25	40/27.5	0.175/0.10	0.18/0.16	0.032/0.028		27	3000	2.6	
4A/4AG	40	63/44	0.280/0.16	0.20/0.18	0.04/0.03		33	3000	3.2	
6A/6AG	63	100/70	0.350/0.26	0.25/0.20	0.45/0.04		43	3000	4	
10A/10AG	100	160/110	0.500/0.35	0.28/0.25	0.06/0.045		43	3000	5.5	
16A/16AG	160	250/175	1.00/0.56	0.30/0.28	0.08/0.06		47	2500	7.8	
25A/25AG	250	400/280	1.50/0.88	0.35/0.30	0.11/0.08		55	2200	11	
40A/40AG	400	630/440	2.50/1.40	0.40/0.35	0.12/0.11		62	2000	15	
63A/63AG	630	1000/700	4.00/2.20	0.50/0.40	0.15/0.12		70	1750	21	
100A/100AG	1000	1600/1100	6.00/3.00	0.60/0.50	0.18/0.15		79	1600	32	
160A/160AG	1600	2500/1750	10/5.5	0.90/0.70	0.22/0.18		93	1350	50	
250A/250AG	2500	4000/2750	15/8.6	1.15/0.90	0.28/0.25		110	1200	77	
400A/400AG	4000	6300/4400	24/14	1.30/1.20	0.35/0.30		123	1000	122	

规格	D_1	D_2	D_3	D_4	ϕ	e	h	J	K	L	L_1	L_2	L_3	L_4	δ
1A/1AG	100	100	85	50	18	$5^{+0.025}_{0}$	$19.9^{+0.14}_{0}$	2×ϕ6	4×M6	45	42	5	5.5	8	0.30
2A/2AG	110	110	90	55	20	$6^{+0.025}_{0}$	$22.3^{+0.14}_{0}$	2×ϕ6	4×M6	48	45	5	5.5	8	0.30
4A/4AG	120	120	100	60	25	$8^{+0.03}_{0}$	$27.6^{+0.14}_{0}$	3×ϕ6	6×M6	52	48	6	5.5	8	0.30
6A/6AG	132	132	105	65	30	$8^{+0.03}_{0}$	$32.6^{+0.17}_{0}$	3×ϕ6	6×M8	55	50	7	5.5	8	0.30
10A/10AG	147	145	120	75	40	$12^{+0.035}_{0}$	$42.9^{+0.17}_{0}$	3×ϕ8	6×M8	53	53	7	5.5	8	0.35
16A/16AG	162	160	135	85	45	$14^{+0.035}_{0}$	$48.3^{+0.17}_{0}$	3×ϕ8	6×M8	62	57	7	5.5	8	0.40
25A/25AG	182	180	155	95	50	$16^{+0.035}_{0}$	$53.6^{+0.2}_{0}$	3×ϕ10	6×M16	68	63	8	6	8	0.45
40A/40AG	202	200	170	120	60	$18^{+0.035}_{0}$	$64^{+0.2}_{0}$	3×ϕ10	6×M10	76	70	9	6.25	8	0.50
63A/63AG	235	230	200	125	70	$20^{+0.045}_{0}$	$74.3^{+0.2}_{0}$	3×ϕ14	6×M12	86	80	10	6.25	8	0.60
100A/100AG	270	255	235	150	70	$20^{+0.045}_{0}$	$74.3^{+0.2}_{0}$	3×ϕ14	6×M16	100	92	12	8.5	10	0.70
160A/160AG	310	295	260	180	75	20	$81.1^{+0.2}_{0}$	3×ϕ16	6×M16	115	107	14	8	10	0.80
250A/250AG	360	340	305	200	100	$28^{\pm0.026}$	$106.4^{+0.2}_{0}$	4×ϕ16	6×M16	132	122	15	8.5	10	0.90
400A/400AG	420	395	350	235	120	$32^{+0.05}_{0}$	$126.7^{+0.2}_{0}$	4×ϕ20	6×M16	150	150	17	8.5	10	1

注：1. D_3、J、K 为用户连接用尺寸，由用户自行加工，本表数据仅供参考。

2. 250A/250AG、400A/400AG 为双键孔，位置 180°，h_1为 $112.8^{+0.2}_{0}$、$133.4^{+0.52}_{0}$。

3. 同表 16-1-39 注。

4. G 为干式多片电磁离合器。

表 16-1-44

DLM2 系列大型有滑环干式多片电磁离合器（JB/T 8808—2010）

mm

图(a) DLM2B型离合器

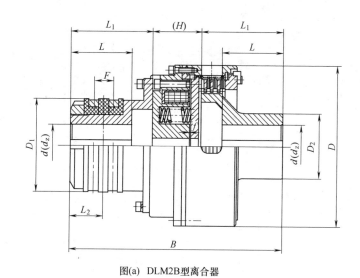

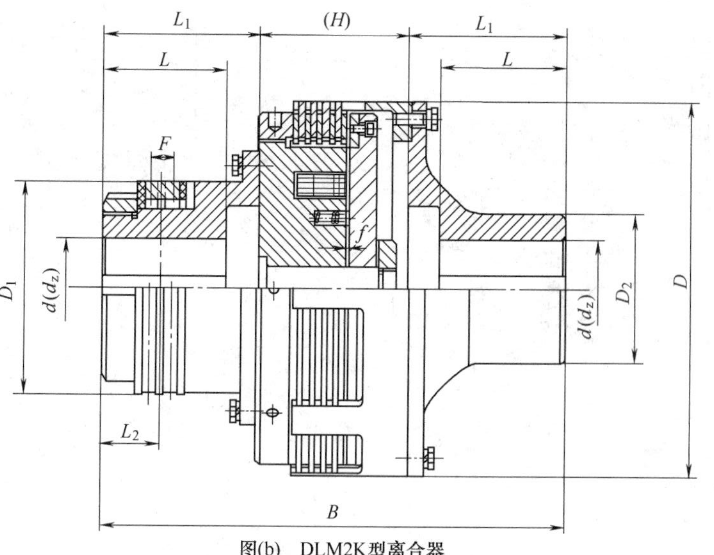

图(b) DLM2K型离合器

型号	公称转矩 T_n /N·m	许用转速 n /r·min^{-1}	轴孔直径	轴孔长度 J型、Z型		B	D	H	集电环位置		D_2	气隙 f	F	通电动作时间	断电动作时间	转动惯量 主动端	转动惯量 从动端	质量 /kg
			d(H7)、d_z(H8)	L	L_1				L_2	D_1(h9)				/s		/kg·m^2		
DLM2B-630	630	2000	40,42,45,48	84	112	290	210	66	45	120	85	0.8～1.1	27	0.15	0.30	0.14	0.01	32
			50,55															
DLM2B-1000	1000	2000	45,48,50,55	84	112	300	235	76	45	130	95	0.8～1.1		0.15	0.30	0.26	0.03	45
			60	107	142	360												
DLM2B-1600	1600	2000	50,55	84	112	310	260	86	45	145	110	1.0～1.3		0.20	0.35	0.43	0.05	63
			60,63,65,70	107	142	370												

第 16 篇

续表

型号	公称转矩 T_n /N·m	许用转速 n /r·min^{-1}	轴孔直径 d(H7)、d_z(H8)	轴孔长度 J型、Z型 L	L_1	B	D	H	集电环位置 L_2	D_1(h9)	D_2	气隙 f	F	通电动作时间 /s	断电动作时间 /s	转动惯量 主动端 /kg·m^2	从动端 /kg·m^2	质量 /kg
DLM2B-2500	2500	1800	65,70,75	107	142	380	300	96	60	170	130	1.0～1.3	30	0.22	0.38	0.84	0.10	90
			80,85	132	172	440												
DLM2B-4000	4000	1600	70,75	107	142	390	340	106	60	195	145	1.0～1.3		0.22	0.38	1.59	0.18	132
			80,85,90,95	132	172	450												
DLM2B-6300	6300	1400	80,85,90,95	132	172	460	390	116	80	220	165	1.0～1.3		0.25	0.40	3.02	0.41	194
			100,110	167	212	540												
DLM2B-10000	10000	1200	90,95	132	172	480	440	136	80	250	190	1.2～1.5		0.30	0.42	5.53	0.73	278
			100,110,120,125	167	212	560												
DLM2B-16000	16000	1100	100,110,120,125	167	212	580	500	156	110	270	210	1.5～1.8		0.35	0.45	10.70	1.69	428
			130,140	202	252	660												
DLM2B-25000	25000	1000	130,140,150	202	252	670	560	166	140	310	250	1.5～1.8		0.40	0.50	19.22	3.14	618
			160,170	242	302	770												
DLM2K-630	630	2000	40,42,45,48	84	112	330	230	106	45	120	85	0.2～0.4	27	0.15	2	0.12	0.04	36
			50,55															
DLM2K-1000	1000	2000	45,48,50,55	84	112	340	260	116	45	130	95	0.2～0.4		0.15	2	0.24	0.11	55
			60	107	142	400												
DLM2K-1600	1600	1900	50,55	84	112	355	290	131	45	145	110	0.2～0.4		0.20	3	0.48	0.24	78
			60,63,65,70	107	142	415												
DLM2K-2500	2500	1700	65,70,75	107	142	430	330	146	60	170	130	0.2～0.4	30	0.22	3	0.82	0.46	103
			80,85	132	172	490												
DLM2K-4000	4000	1500	70,75	107	142	440	370	156	60	195	145	0.2～0.4		0.22	4	1.29	0.77	146
			80,85,90,95	132	172	500												

续表

型号	公称转矩 T_n /N·m	许用转速 n /r·min^{-1}	轴孔直径	轴孔长度 J型、Z型		B	D	H	集电环位置		D_2	气隙 f	F	通电动作时间	断电动作时间	转动惯量		质量 /kg
			d(H7)、d_z(H8)	L	L_1				L_2	D_1(h9)				/s		主动端 /kg·m^2	从动端	
DLM2K-6300	6300	1300	80,85,90,95	132	172	520	420	176	80	220	165	0.2～0.4	30	0.25	4	2.73	1.49	230
			100,110	167	212	600												
DLM2K-10000	10000	1100	90,95	132	172	540	480	196	80	250	190	0.3～0.5		0.30	6	5.12	2.96	335
			100,110,120,125	167	212	620												
DLM2K-16000	16000	1000	100,110,120,125	167	212	660	540	236	110	270	210	0.3～0.5		0.35	6	9.67	5.55	515
			130,140	202	252	740												
DLM2K-25000	25000	900	130,140,150	202	252	760	610	256	140	310	250	0.3～0.5		0.40	8	19.28	11.10	710
			160,170	242	302	860												

注：1. 公称转矩为标定的公称静摩擦转矩，选用时应考虑机器的工况系数及电动机过载系数。

2. 离合器质量是按表中最大轴孔直径计算得出的。

3. 主、从动端的轴孔可按表中规定的轴孔直径和形式任意组合。

4. 标记示例：

例 1 DLM2B 型常闭式离合器的公称转矩为 1000N·m；

主动端：J 型轴孔、A 型键槽，轴孔直径 $d=55$mm、轴孔长度 $L=84$mm；

从动端：Z 型轴孔、C 型键槽，轴孔直径 $d_z=48$mm、轴孔长度 $L=84$mm；

标记为：DLM2B-1000 离合器 $\frac{J55\times84}{ZC48\times84}$ JB/T 8808—2010

例 2 DLM2K 型常开式离合器的公称转矩为 1000N·m；

主动端：J 型轴孔、A 型键槽，轴孔直径 $d=55$mm、轴孔长度 $L=84$mm；

从动端：Z 型轴孔、C 型键槽，轴孔直径 $d_z=60$mm、轴孔长度 $L=107$mm；

标记为：DLM2K-1000 离合器 $\frac{J55\times84}{ZC\ 60\times107}$ JB/T 8808—2010

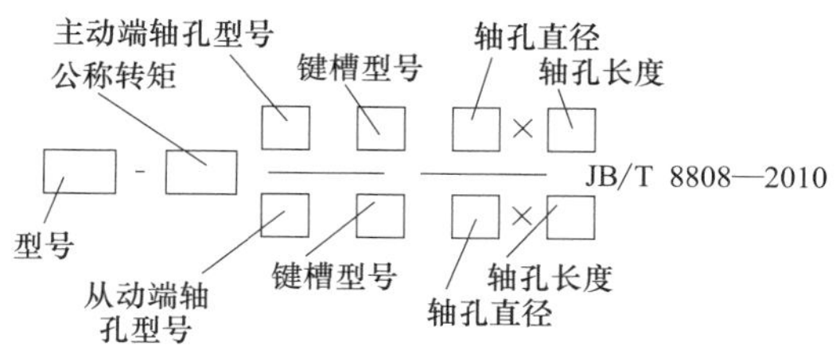

图 16-1-9　DLM2 系列大型有滑环干式多片电磁离合器标记方法

表 16-1-45　**DLD5 型单片电磁离合器**　mm

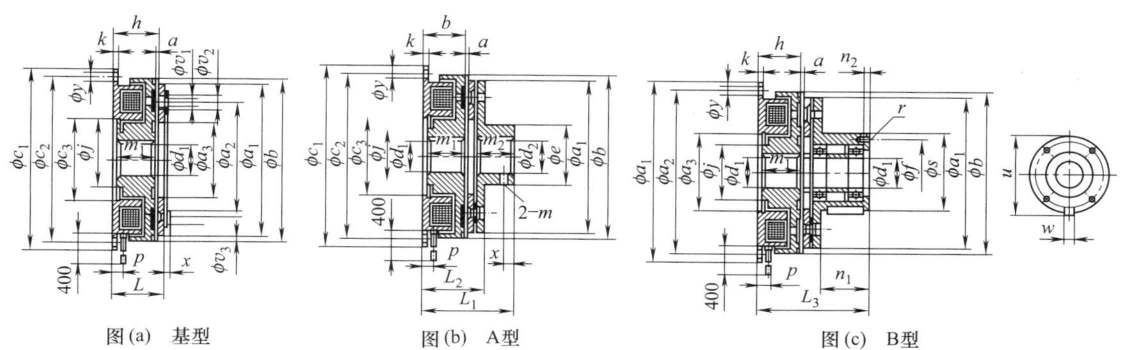

图(a)　基型　　图(b)　A型　　图(c)　B型

型号	摩擦转矩/N·m		功率	最高转速	转动惯量/kg·m²		质量/kg
	动转矩	静转矩	(20℃)/W	/r·min⁻¹	转子	衔铁	
DLD5-5 -5/A -5/B	5	5.5	11	8000	7.35×10^{-5}	4.23 6.03 1.05	0.46 0.50 0.66
DLD5-10 -10/A -10/B	10	11	15	6000	2.24×10^{-4}	1.18 1.71 3.00	0.83 0.91 1.19
DLD5-20 -20/A -20/B	20	22	20	5000	6.78×10^{-4}	4.78 6.63 9.45	1.5 1.66 2.11
DLD5-30 -30/A -30/B	30	33	23	4000	1.22×10^{-3}	7.40 1.01 1.58	2.24 2.38 3.05
DLD5-40 -40/A -40/B	40	45	25	4000	2.14×10^{-3}	1.31 1.81 2.75	2.76 3.05 3.80
DLD5-60 -60/A -60/B	60	66	30	3500	3.75×10^{-3}	3.15 4.22 5.70	4.05 4.30 5.40
DLD5-80 -80/A -80/B	80	90	35	3000	6.30×10^{-3}	4.80 6.35 9.05	5.10 5.40 6.90
DLD5-120 -120/A -120/B	120	135	40	3000	1.08×10^{-2}	7.20 9.75 1.35	5.18 5.48 6.98

续表

型号	摩擦转矩/N·m		功率(20℃)/W	最高转速/r·min^{-1}	转动惯量/kg·m^2		质量/kg
	动转矩	静转矩			转子	衔铁	
DLD5-160	160	175	45	2500	1.93×10^{-2}	1.37	9.30
-160/A						1.90	10.5
-160/B						2.65	13.0
DLD5-250	250	275	52	2000	3.15×10^{-2}	2.47	13.2
-250/A						3.32	14.6
-250/B						4.81	18.5
DLD5-320	320	350	60	2000	4.48×10^{-2}	3.58	17.0
-320/A						4.83	18.7
-320/B						7.45	23.6

规格	5	10	20	30	40	60	80	120	160	250	320
d_1	11～15	14～20	19～25	20～25	24～30	20～30	28～40	28～40	40～50	40～50	50～70
d_2	12～17	15～20	20～25	20～25	25～30	25～30	30～40	30～40	40～50	40～50	50～70
d_3	12	15	20	20	25	25	30	30	40	40	50
a	0.2±0.05			0.3±0.05					0.5±0.01		
a_1	63	80	100	105	125	137	160	160	200	230	250
a_2	46	60	76	76	95	95	120	120	158	158	210
a_3	34.5	41.5	51.5	51.5	61.5	65	79.5	79.5	99.5	124	124.5
b	67.5	85	106	112	133	145	169	169	212.5	242	264
c_1	80	100	125	130	150	160	190	190	230	270	292
c_2	72	90	112	118	137	148	175	175	215	255	276
c_3	35	42	52	52	62	62	80	80	100	100	125
h	23.6	26.6	29.8	31.8	33.3	37.5	37.5	37.5	44.5	46.5	50.7
j	23	28.5	40	40	45	45	62	62	78	78	106
k	2	2.5	3.3	3.2	3.2	4.4	4.4	4.4	5.5	5.5	6.1
m	4	5	6				8				10
p	6	7	8	9			11		13		16
x	1.4	1.6			2.6						3.0
e	26	31	41	41	49	49	65	65	83	83	105
L	27.8	31.4	35.8	38.9	40.8	46.7	47.1	47.1	56.3	58.3	63.6
L_1	42.8	51.4	60.8	63.9	70.8	76.7	85.1	86.31	101.3	103.3	117.6
L_2	33.8	38.4	43.8	46.9	48.8	54.7	55.1	55.1	66.3	68.3	77.6
L_3	51.3	60.4	70.8	73.9	86.8	92.7	105.1	105.1	126.3	128.3	144.6
m_1	21.3	23.7	26.7	28.5	29.7	31.7	33.7	33.7	39.7	41.7	46.2
m_2	15	20	25	25	30	30	38	38	45	45	54
t	6	8	10	10	12	12	15	15	18	18	22
f	33	37	47	47	52	52	65	65	74.5	74.5	101.5
n_1	17.5	22	27	27	38	38	50	50	60	60	67
n_2	4	4	5				6		8		10
r	4×M4						4×M5		4×M6		4×M8
s	38	45	55	55	64	64	75	75	90	90	115
v_1	3×4.1		3×5.2		3×6.2		3×8.2		3×10.3		4×12.4
v_2	3～7	3～8.5	3～11		3～12		3～16		3～20		4～24

续表

规格	5	10	20	30	40	60	80	120	160	250	320
v_3	3～6	3～7.4	3～10		3～11		3～14.9		3～18		3～20
u	39.4	47	57.5		67		78		93		118
w	4	5	6		8				10		12
y	4～5	4～6	4～7				4～9.5				4～11.5

1.6.4.2 牙嵌式电磁离合器产品

表 16-1-46 DLY0 系列牙嵌式有滑环电磁离合器 mm

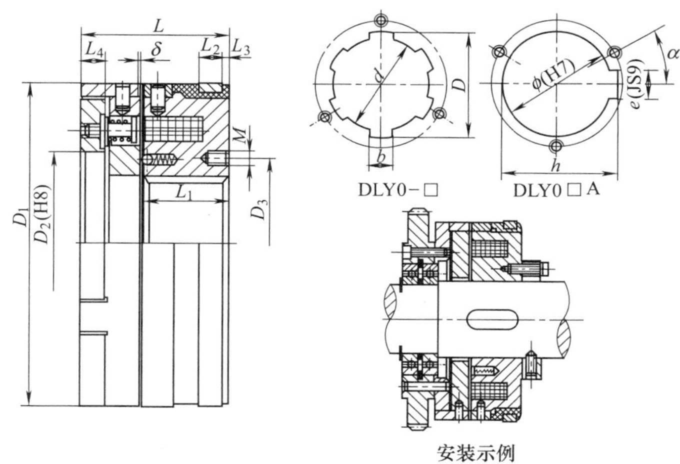

安装示例

规格	额定转矩/N·m	额定电压(DC)/V	线圈消耗功率(20℃)/W	允许最高结合转速/r·min^{-1}	允许最高转速/r·min^{-1}	质量/kg
1.2	12	24	8	80	0	0.57
2.5	25	24	8	65	5000	0.83
5	50	24	16	50	4500	1.42
10	100	24	21	35	4000	1.6
16	160	24	24	25	3500	2.1
25	250	24	32	20	3300	3.2
40	400	24	35	15	3000	5.3

规格	D_1	D_2	D_3	D	d	b	ϕ	h	e	M	L	L_1	L_2	L_3	L_4	α	δ	电刷型号
1.2	61	30	27.5	$20^{+0.023}_{0}$	$17^{+0.12}_{0}$	$6^{+0.065}_{+0.025}$	18	$19.9^{+0.14}_{0}$	5	3×M4 深 8	36	19.2	7	3	6	30°	0.2	DS-002
2.5	73	35	34	$25^{+0.023}_{0}$	$22^{+0.14}_{0}$	$6^{+0.065}_{+0.025}$	25	$27.6^{+0.17}_{0}$	8	3×M4 深 8	36	19.2	8	3	6	30°	0.3	
5	87	45	41	$28^{+0.023}_{0}$	$24^{+0.14}_{0}$	$6^{+0.065}_{+0.025}$	28	$30.6^{+0.17}_{0}$	8	3×M4 深 8	44	24.2	8	5	8	30°	0.3	
10	94	45	50	$40^{+0.027}_{0}$	$35^{+0.17}_{0}$	$10^{+0.085}_{+0.035}$	40	$42.9^{+0.17}_{0}$	12	3×M4 深 10	45	25.2	8	5	8	30°	0.5	
16	104	60	55	$45^{+0.027}_{0}$	$40^{+0.17}_{0}$	$12^{+0.105}_{+0.045}$	45	$47.9^{+0.17}_{0}$	12	3×M5 深 10	50	29.2	8	5	8	30°	0.5	
25	125	75	70	$50^{+0.027}_{0}$	$45^{+0.17}_{0}$	$12^{+0.105}_{+0.045}$	50	$53.8^{+0.2}_{0}$	14	3×M5 深 10	52.5	31	9	4	9	30°	0.5	DS-001
40	140	80	75	$60^{+0.03}_{0}$	$54^{+0.17}_{0}$	$14^{+0.105}_{+0.045}$	60	$64^{+0.2}_{0}$	18	3×M6 深 10	62	35	10	3	10	60°	0.8	

注：1. 牙嵌式电磁离合器可在有润滑或无润滑的情况下工作。

2. 同表 16-1-39 注。

第 16 篇

表 16-1-47　　DLY1 型牙嵌式电磁离合器　　mm

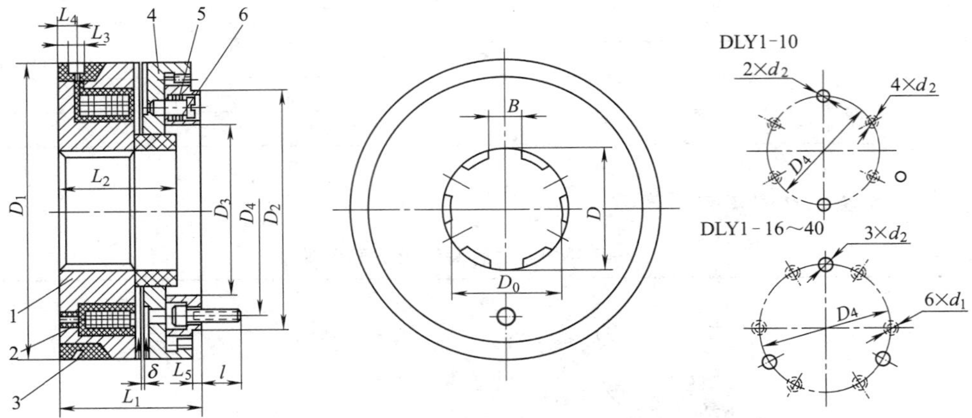

1—磁轭；2—线圈；3—滑环；4—衔铁；5—连接件；6—弹簧

型号	额定电压/V	额定转矩/N·m	D_1	D_2	D_3	D_4	d_1	l	d_2	花键孔			L_1	L_2	L_3	L_4	L_5	δ
										D	D_0	B						
DLY1-10	24	100	105	85	65	75	4×M5	13	5	45	40	12	47	40	8	7	2	0.6
DLY1-10		160	115	100	70	85	6×M6	15	6	50	45	14	52	42				0.8
DLY1-25		250	125	105	75	95	6×M6	16		55	50		58	48		9	2.5	
DLY1-40		400	140	115	85	100	6×M6	17		60	54		67	60				

表 16-1-48　　DLY3 系列牙嵌式无滑环电磁离合器　　mm

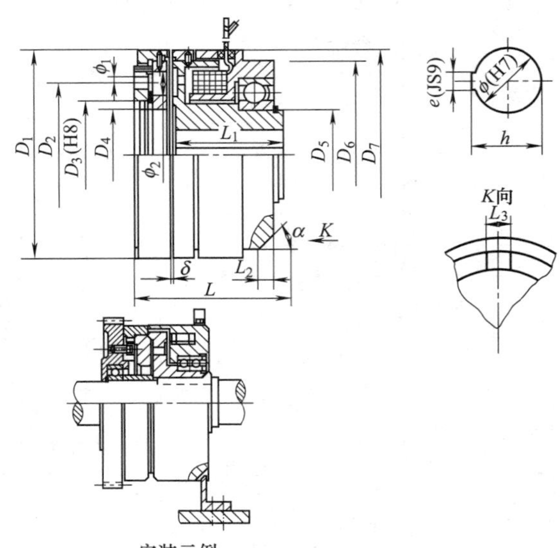

安装示例

规格	额定转矩/N·m	额定电压(DC)/V	线圈消耗功率(20℃)/W	允许最高结合转速/r·min^{-1}	允许最高转速/r·min^{-1}
5A	50	24	24	50	4500
25A	250	24	38	20	3300
41A	410	24	64	15	3000
63A	630	24	60	相对静止	2500
100A	1000	24	80	相对静止	2200

续表

规格	D_1	D_2	D_3	D_4	D_5	D_6	D_7	ϕ_1	ϕ_2	ϕ	h	e	L	L_1	L_2	L_3	α	δ
5A	82	58	42	36	35	75	82	3×ϕ4.5	3×ϕ10	20	$22.8^{+0.1}_{0}$	6	55	42	6	8	45°	0.3±0.05
25A	115	80	62	55	55	105	115	3×ϕ6.5	3×ϕ12	40	$43.3^{+0.2}_{0}$	12	70	50.8	5	10	45°	0.4±0.1
41A	134	95	72	68	70	127	134	6×ϕ8.5	6×ϕ15	45	$48.8^{+0.2}_{0}$	14	83	61	7	10	45°	0.4±0.1
63A	145	95	72	65	65	127	145	3×ϕ8.5	3×ϕ15	40	$43.3^{+0.2}_{0}$	12	85.6	64.5	5	10	45°	0.7±0.1
100A	166	120	90	80	85	152	166	6×ϕ8.5	6×ϕ14.5	60	$64.4^{+0.2}_{0}$	18	95	68	10	12	45°	0.7±0.1

注：同表 16-1-39 的注。

表 16-1-49　DLY9 系列牙嵌式有滑环电磁离合器　mm

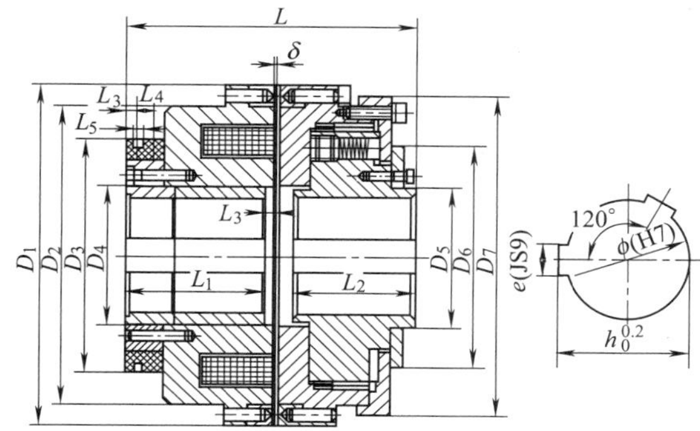

规格	额定转矩 /N·m	额定电压 (DC)/V	线圈消耗功率 (20℃)/W	允许最高结合转速 /r·min^{-1}	允许最高转速 /r·min^{-1}
500A	5000	110	117	相对静止	1300
1000A	10000	110	143	相对静止	1000

规格	D_1	D_2	D_3	D_4	D_5	D_6	D_7	ϕ	h	e	L	L_1	L_2	L_3	L_4	L_5	L_6	δ	电刷型号
500A	320	270	215	130	130	200	285	110	116.4	28	245	105	105	10	14.5	8	19	1	DS-010
1000A	420	350	255	140	160	230	370	110	116.4	28	310	135	135	12	20	10	23	1.5	

表 16-1-50　DLY5 型牙嵌式电磁离合器　mm

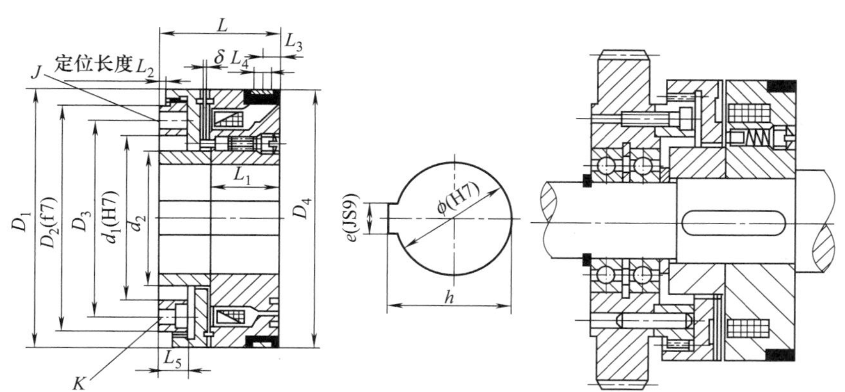

规格	额定转矩 /N·m	额定电压 (DC)/V	线圈消耗功率 (20℃)/W	许用最高接合转速 /r·min^{-1}	许用最高转速 /r·min^{-1}	质量/kg
2A	20	24	17	60	5500	0.9
5A	50	24	22	50	4500	1.5
10A	100	24	28	30	4000	2.3

续表

规格	额定转矩 /N·m	额定电压 (DC)/V	线圈消耗功率 (20℃)/W	许用最高接合转速 /r·min^{-1}	许用最高转速 /r·min^{-1}	质量/kg
16A	160	24	32	30	3500	3
25A	250	24	44	20	3300	4.3
40A	400	24	58	10	3000	6.2
63A	630	24	60	相对静止	2500	8.9
100A	1000	24	73	相对静止	2200	14
160A	1600	24	87	相对静止	2000	20
250A	2500	24	85	相对静止	1700	34

规格	D_1	D_2	D_3	D_4	d_1	d_2	ϕ	h	e	J	K	L	L_1	L_2	L_3	L_4	L_5	δ	电刷型号
2A	75	65	55	75	45	39.5	25	$27.6^{+0.14}_{0}$	8	2×4	4×M4	33	18.6	1.5	6.5	8	8	0.4	湿式使用
5A	90	75	64	90	53	49	30	$32.6^{+0.17}_{0}$	8	2×5	4×M5	40	24.1	2	6.5	8	9	0.5	DS-005
10A	105	85	75	105	65	57	40	$42.9^{+0.17}_{0}$	12	2×5	4×M5	45	26.6	2	6.5	8	10.5	0.5	干式使用 DS-006
16A	115	100	85	115	70	62	45	$43.8^{+0.17}_{0}$	14	2×6	4×M6	50	29.6	2	6.5	8	12.5	0.5	
25A	125	105	90	125	75	68	50	$53.6^{+0.2}_{0}$	16	2×8	4×M6	58	33.9	2.5	6.5	8	15.5	0.6	
40A	140	115	100	140	85	74	60	$64^{+0.4}_{0}$	18	2×10	6×M6	67	40	2.5	7.5	10	17	0.6	
63A	160	130	115	160	95	85	70	$74.3^{+0.2}_{0}$	20	2×10	6×M8	75	42	3	7.5	10	19.5	0.7	
100A	185	155	135	182	115	97	70	$74.3^{+0.2}_{0}$	20	2×12	6×M8	85	49	3	7.5	10	21	0.7	
160A	215	180	158	215	130	114	85	$95.8^{+0.4}_{0}$	22	2×12	6×M10	100	58	3.5	8.5	10	25.5	0.9	DS-010
250A	250	210	190	250	150	130	85	$95.8^{+0.4}_{0}$	22	2×12	6×M12	115	66	3.5	8.5	10	26	0.9	

1.7　磁粉离合器

1.7.1　磁粉离合器的原理及特性

（1）磁粉离合器的结构和工作原理

磁粉离合器是以磁粉为介质，借助磁粉间的结合力和磁粉与工作面间的摩擦力传递转矩的离合器。图 16-1-10 为无滑环磁粉离合器。从动转子 7 与从动轴 1 相连，以滚珠轴承支承回转。主动轴 12 与主动转子 11 相连一起回转。主动转子上嵌有励磁线圈 8，在主动转子与从动转子间充填磁粉。当励磁线圈 8 通电时，产生垂直于间隙的磁通，使松散的粉粒磁化结成磁粉链，产生磁连接力，并借助主、从动件与磁粉间摩擦力将动力传给从动件。断电后，磁粉恢复松散状态，并在离心力作用下，使磁粉贴靠主动转子内壁而与从动转子脱离，离合器脱开。

（2）磁粉离合器的工作特性及特点

磁粉离合器主要用于接合频率高，要求接合平稳，需调节启动时间，自动调节转矩、转速或保持恒转矩运转，需要过载保护的传动系统。离合器的工作条件：环境温度−5～40℃，空气最大相对湿度 90%（平均温度为 25℃时），海拔高度不超过 2500m，周围介质无爆炸危险、无腐蚀、无油雾。

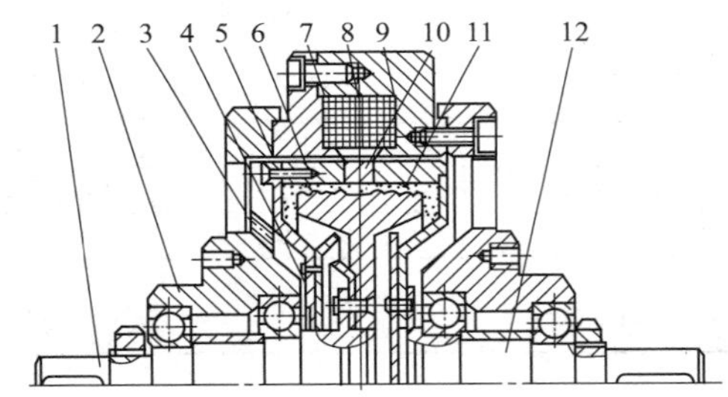

图 16-1-10　无滑环磁粉离合器

1—从动轴；2—从动轴支承盖；3—风扇；4—密封圈；5—转子端盖；6—磁粉；7—从动转子；8—励磁线圈；9—定子；10—隔磁环；11—主动转子；12—主动轴

表 16-1-51　**磁粉离合器的工作特性**

特性内容	特性曲线	说　明
静特性——主动侧转速为常数，从动侧被制动时，励磁电流与转矩的关系	静特性曲线（T；T_{max}；T_2；T_1；T_0；O；I_1 线性区 I_2；I；I_{max}；非线性区；饱和区） 主动件转速 n_1＝常数 从动件转速 n_2＝0 I——励磁电流 T——负载转矩	除弱励磁的非线性区和强励磁的饱和区外，其余区基本上为线性区，但由于磁性材料有剩磁，断电后，有微小的空转转矩，从图可知磁滞回路线的宽度对公称转矩影响较小，即离合器有较宽的转矩线性调节范围 从图中可以看出，改变励磁电流可以控制转矩，且调节范围宽

续表

特性内容	特性曲线	说　明
力学特性——主动侧转速和励磁电流为常数时，从动侧转速与所能传递转矩的关系	力学特性曲线（n_1、n_2、a、b、c、0、T_b、T_c、T） 主动件转速 n_1＝常数 励磁电流 I＝常数	当负载转矩小于某一 T_b 值，主、从动侧同步转动；当负载转矩在 T_b～T_c 之间，离合器在有滑差下工作；当负载转矩大于 T_c 时，从动侧转速为零，离合器处于制动状态。此图表明在一定范围内，从动侧转速不随转矩而变
调节特性——主动侧转速和传递转矩为常数时，从动侧的转速与励磁电流之间的关系	调节特性曲线（n_1、n_2、0、I_a、I_b、T） 主动件转速 n_1＝常数 负载转矩 T＝常数	当励磁电流小于 I_a 时，从动侧不动，转速为零；当励磁电流大于 I_a 时，离合器从动侧开始转动，但有滑差；当励磁电流大于 I_b 时，离合器的主、从动侧同步转动。即表明从动侧的转速可调，但调节范围不大
动特性——主动侧转速和传递转矩为常数时，从动侧励磁电流、转速和转矩与时间的关系	动特性曲线（I、T、n_2、$I=f(t)$、$T=f(t)$、$n_2=f(t)$、t_d、t） t——时间	在励磁线圈中加上电压后，电流逐渐增加至一额定值，但力矩要经过响应时间 t_d 后才开始上升，而从动侧的转速 n_2 则还要再过一段时间才开始转动

磁粉离合器的特点如下：

① 转矩与励磁电流呈线性关系，转矩调节范围广，精度高；传递转矩仅与励磁电流有关，转速改变时传递转矩基本不变；

② 可在主、从动件同步或稍有转速差下工作，过载打滑，有保护作用；

③ 接合平稳，响应快，易于实现自控和远控，控制功率小，且传递转矩大；

④ 从动部分转动惯量小，结构简单，噪声低。

1.7.2　磁粉离合器的选用计算

表 16-1-52　　磁粉离合器的选用计算

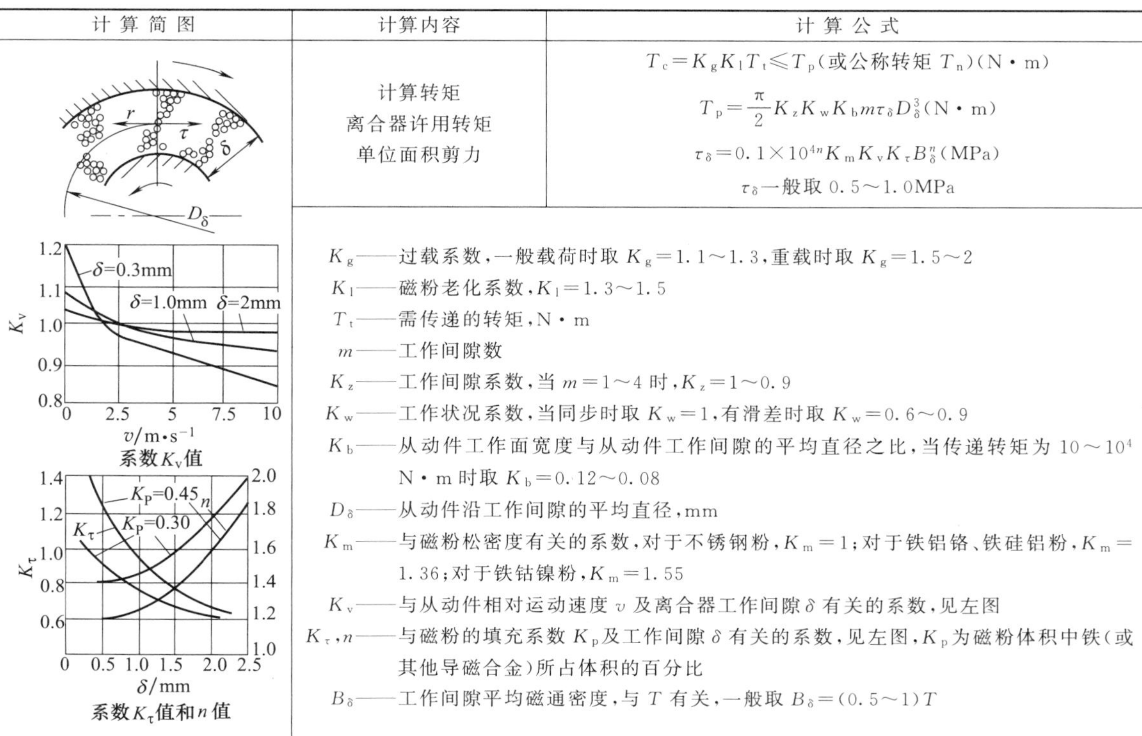

计算简图	计算内容	计算公式
（计算简图：r、τ、δ、D_δ）	计算转矩 离合器许用转矩 单位面积剪力	$T_c=K_gK_1T_t\leqslant T_p$（或公称转矩 T_n）（N·m） $T_p=\dfrac{\pi}{2}K_zK_wK_bm\tau_\delta D_\delta^3$（N·m） $\tau_\delta=0.1\times10^{4n}K_mK_vK_\tau B_\delta^n$（MPa） τ_δ 一般取 0.5～1.0MPa
系数 K_v 值（δ=0.3mm、δ=1.0mm、δ=2mm；纵坐标 K_v：0.8～1.2；横坐标 v/m·s^{-1}：0～10） 系数 K_τ 值和 n 值（K_p=0.45、K_p=0.30、K_τ、n；纵坐标 K_τ：0.6～1.4，n：1.0～2.0；横坐标 δ/mm：0～2.5）	K_g——过载系数，一般载荷时取 K_g＝1.1～1.3，重载时取 K_g＝1.5～2 K_1——磁粉老化系数，K_1＝1.3～1.5 T_t——需传递的转矩，N·m m——工作间隙数 K_z——工作间隙系数，当 m＝1～4 时，K_z＝1～0.9 K_w——工作状况系数，当同步时取 K_w＝1，有滑差时取 K_w＝0.6～0.9 K_b——从动件工作面宽度与从动件工作间隙的平均直径之比，当传递转矩为 10～10^4 N·m 时取 K_b＝0.12～0.08 D_δ——从动件沿工作间隙的平均直径，mm K_m——与磁粉松密度有关的系数，对于不锈钢粉，K_m＝1；对于铁铝铬、铁硅铝粉，K_m＝1.36；对于铁钴镍粉，K_m＝1.55 K_v——与从动件相对运动速度 v 及离合器工作间隙 δ 有关的系数，见左图 K_τ，n——与磁粉的填充系数 K_p 及工作间隙 δ 有关的系数，见左图，K_p 为磁粉体积中铁（或其他导磁合金）所占体积的百分比 B_δ——工作间隙平均磁通密度，与 T 有关，一般取 B_δ＝(0.5～1)T	

1.7.3　磁粉离合器的基本性能参数

表 16-1-53　　**离合器基本性能参数**（GB/T 33515—2017）

型号	公称转矩 T_n /N·m	75℃时线圈 最大电压 U_m/V	75℃时线圈 电流 I_m/A ≤	75℃时线圈 时间常数 T_i/s ≤	许用同步转速 n_p /r·min^{-1}	飞轮矩 GD^2 /N·m^2	自冷式 许用滑差功率 P_p/W ≥	风冷式 许用滑差功率 P_p/W ≥	风冷式 风量 /m^3·min^{-1}	液冷式 许用滑差功率 P_p/W	液冷式 液量 /L·min^{-1}
DF0.5□	0.5	24	0.04	0.035	1500	4×10^{-4}	8	—	—	—	—
DF1□	1		0.54	0.040		1.7×10^{-3}	15	—	—	—	—
DF2.5□	2.5		0.64	0.052		4.4×10^{-3}	40	—	—	—	—
DF5□	5		1.2	0.066		10.8×10^{-3}	70	—	—	—	—
DF10□	10		1.4	0.11		2×10^{-2}	110	200	0.2	—	—
DF25□.□/□	25		1.9	0.11		7.8×10^{-2}	150	340	0.4	—	—
DF50□.□/□	50		2.8	0.12		2.3×10^{-1}	260	400	0.7	1200	3.0
DF100□.□/□	100		3.6	0.23		8.2×10^{-1}	420	800	1.2	2500	6.0
DF200□.□/□	200		3.8	0.33	1000	2.53	720	1400	1.6	3800	9.0
DF400□.□/□	400		5.0	0.44		6.6	900	2100	2.0	5200	15
DF630□.□/□	630	80	1.6	0.47		15.4	1000	2300	2.4	—	—
DF1000□.□/□	1000		1.8	0.57	750	31.9	1200	3900	3.2	—	—
DF2000□.□/□	2000		2.2	0.80		94.6	2000	8300	5.0	—	—

注：1. 型号表示方法及示例

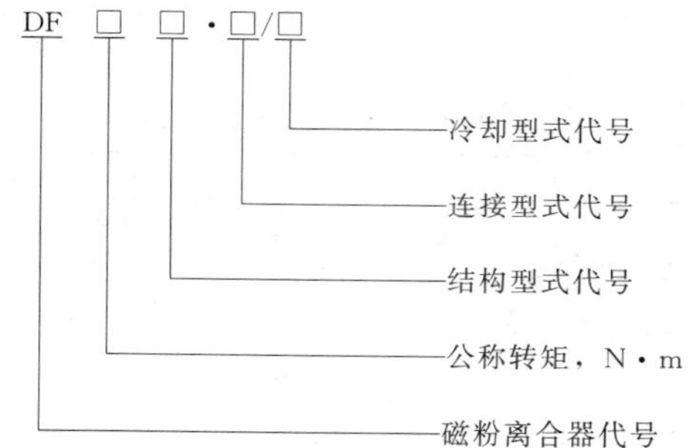

型号示例：

例 1　公称转矩 50N·m、柱形转子、轴输入、轴输出、双止口支撑自冷式离合器型号为：DF50

例 2　公称转矩 100N·m、柱形转子、轴输入、轴输出、双止口支撑风冷式离合器型号为：DF100/F

例 3　公称转矩 25N·m、杯形转子、法兰盘输入、空心轴输出、空心轴（或单止口）支撑自冷式离合器型号为：DF25B.K

例 4　公称转矩 200N·m、筒形转子、轴输入、轴输出、机座支撑液冷式离合器型号为：DF200T.J/Y

2. 标记方法及示例

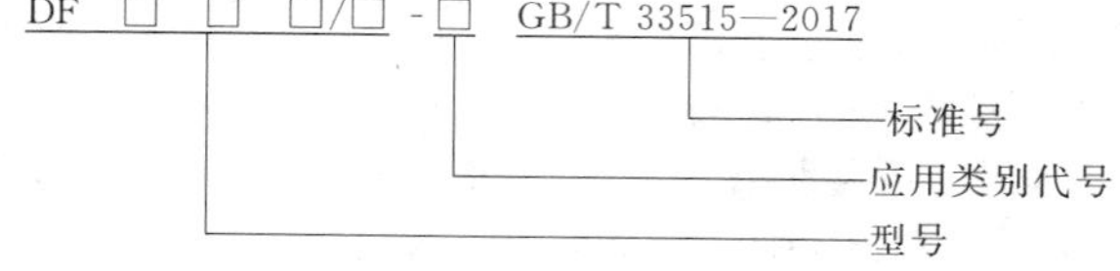

标注示例：

例 1　公称转矩 12N·m、杯形转子、法兰盘输入、空心轴输出、空心轴（或单止口）支撑自冷式离合器，用于一般连接，标记为：DF12B.K　GB/T 33515—2017

例 2　公称转矩 200N·m、柱形转子、轴输入、轴输出、双止口支撑自冷式离合器，用于快速离合，标记为：DF200-G GB/T 33515—2017

1.7.4 磁粉离合器外形尺寸

表 16-1-54　　磁粉离合器外形尺寸（GB/T 33515—2017）　　mm

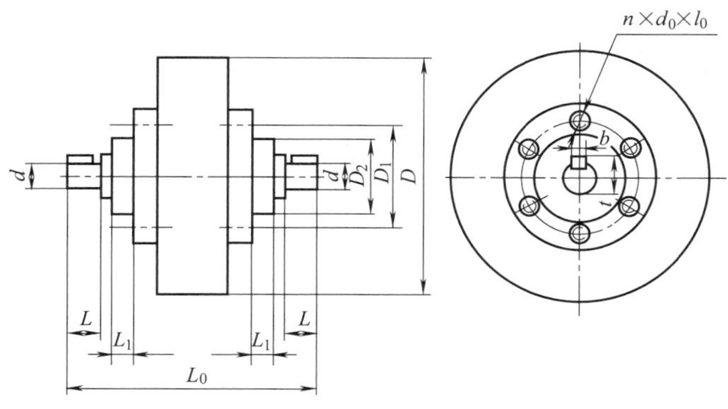

双侧止口

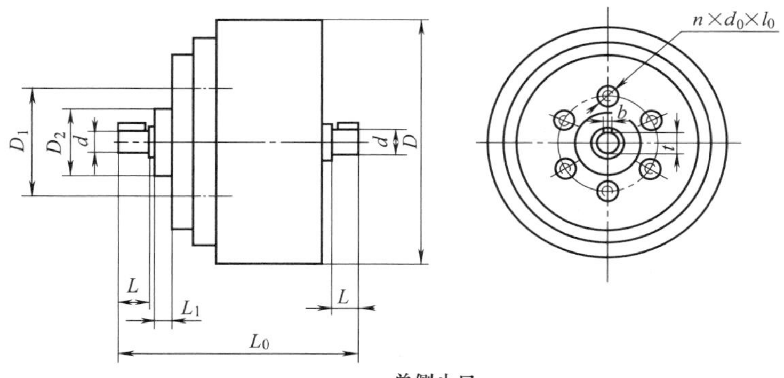

单侧止口

图(a)　轴输入、轴输出，单侧或双侧止口支撑式离合器

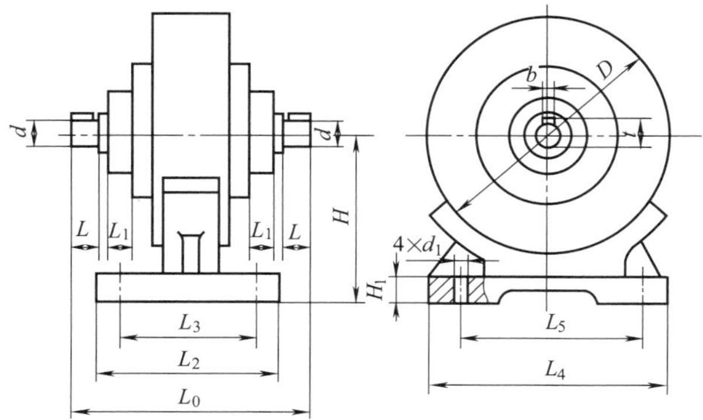

图(b)　轴输入、轴输出，机座支撑式离合器

第16篇

续表

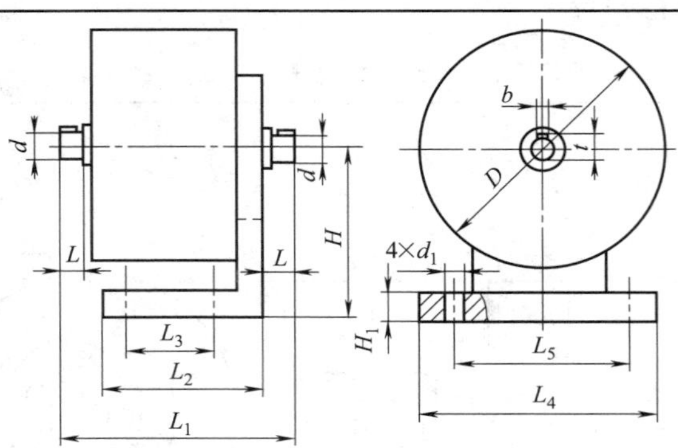

图(c) 轴输入、轴输出，直角板支撑式离合器

型号		外形尺寸			连接尺寸				止口支撑式安装尺寸						机座支撑式、直角板支撑式安装尺寸						
		L_0	L_6	D	d (h7)	L	b (p7)	t	D_1	L_1	D_2 (g7)	n	d_0	l_0	L_2	L_3	L_4	L_5	H	H_1	d_1
DF2.5□	DF2.5□.J	150	—	120	10	20	3	11.2	64	8	42	6	M5	10	70	50	120	100	80	8	7
DF5□	DF5□.J	162	—	134	12	25	4	13.5	64	10	42	6	M5	10	70	50	140	120	90	10	7
DF10□./□	DF10□.J/F	184	—	152	14	25	5	16	64	13	42	6×2	M6	10	90	60	150	120	100	13	10
DF25□./□	DF25□.J/F	216	—	182	20	36	6	22.5	78	15	55	6×2	M6	10	100	70	180	150	120	15	12
DF50□./□	DF50□.J/F	268	120	219	25	42	8	28	100	23	74	6×2	M6	10	110	80	210	180	145	15	12
DF100□./□	DF100□.J/F	346	120	290	30	58	8	33	140	25	100	6×2	M10	15	140	100	290	250	185	20	12
DF200□./□	DF200□.J/F	386	130	335	35	58	10	38	150	25	110	6×2	M10	15	160	120	330	280	210	22	15
DF400□./□	DF400□.J/F	480	130	398	45	82	14	48.5	200	33	130	8×2	M12	20	180	130	390	330	250	27	19
DF630□./□	DF630□.J/F	620	140	480	60	105	18	64	410	35	460	8×2	M12	25	210	150	480	410	290	33	24
DF1000□./□	DF1000□.J/F	680	150	540	70	105	20	74.5	460	40	510	8×2	M12	25	220	160	540	470	330	38	24
DF2000□./□	DF2000□.J/F	820	150	660	80	130	22	85	560	40	630	8×2	M16	30	230	180	660	580	390	45	24

注：1. 对于液冷式（水冷或油冷式）产品在总长 L_0 中可以增加小于 L_6 的冷却液进出装置的长度

2. D、H_1 为推荐尺寸

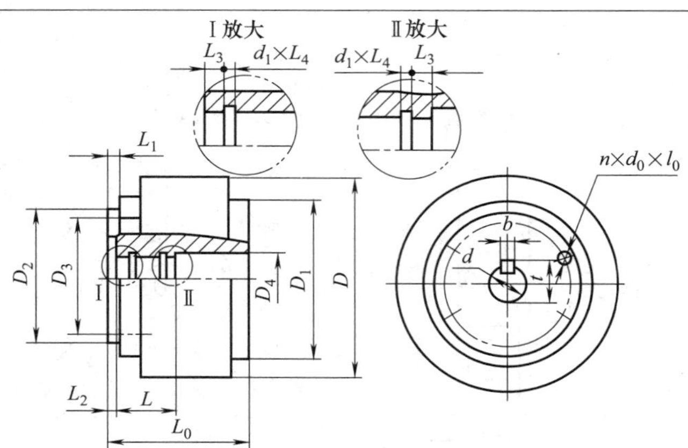

图(d) 法兰盘输入、空心轴输出，空心轴(或单止口)支撑式离合器

型号	外形尺寸		输入端连接尺寸							输出端连接尺寸								
	L_0	D	D_1	D_2	D_3	L_1	n	d	l	D_4	L	L_2	L_3	L_4	d	d_1	b	t
DF10□.K	103	160	96	80	68	20	6	M6	15	24	30	2	4	1.1	18	19	6	20.8
DF25□.K	119	180	114	90	80	20	6	M6	15	27	38	2	4	1.1	20	21	6	22.8
DF50□.K	141	220	140	110	95	20	6	M8	20	—	60	3	5	1.3	30	31.4	8	33.3
DF100□.K	166	275	176	125	110	20	6	M10	25	—	60	4	5	1.7	35	37	10	38.3

注：D 为推荐尺寸

续表

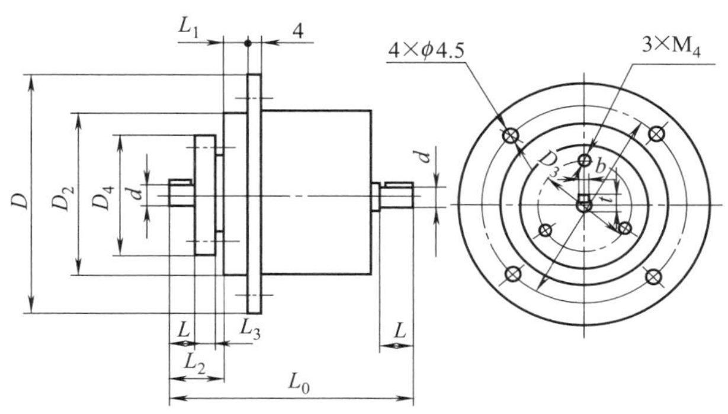

图(e)　法兰盘输入、单侧或双侧轴输出，单止口支撑式离合器

型号	外形尺寸		安装尺寸			连接尺寸							
	L_0	D	L_1	D_1	D_2	L	L_2	L_3	D_3	D_4	d	t	b
DF0.5□.D	77	70	8.5	60	48	10.5	16.5	5	30	40	5	4.5	9
DF1□.D	83	76	8.5	66	54	12	18.5	5	34	2	7	6.5	10
DF2.5□.D	95	85	9.5	75	63	15	22.5	6	40	48	9	8.5	13
DF5□.D	111	100	12	90	78	18	25	6	50	60	12	11.5	16

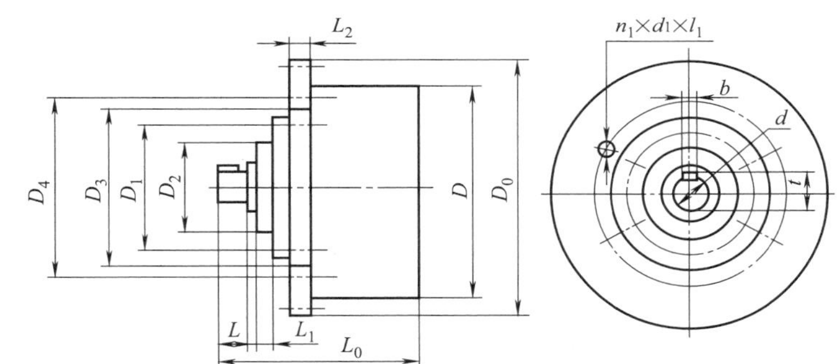

图(f)　齿轮(链轮、带轮)输入，轴输出，单面止口支撑式离合器

型号	外形尺寸		连接尺寸				安装尺寸						齿轮安装尺寸						齿轮参数		
	L_0	D	d	L	b	t	D_1	D_2	L_1	n	d_0	l_0	D_3	D_4	L_2	n_1	d_1	l_1	D_0	Z	m
DF1□.C	60	56	4	7.5	—	—	19	13	4	3	3	4	—	—	—	—	—	—	61	120	0.5
DF2.5□.C	120	100	10	20	3	11.2	64	42	8	6	5	10	84	94	—	—	—	—	106	104	1
DF5□.C	136	134	12	25	4	13.5	64	42	10	6	5	10	105	118	18	6	M5	10	140	68	2
DF10□.C	160	152	14	28	5	16	64	42	13	6×2	6	10	132	142	18	6	M6	15	162	79	2
DF25□.C	175	182	20	36	6	22.5	78	55	15	6×2	6	10	156	166	20	6	M6	17	188	92	2
注:齿轮安装尺寸为推荐值																					

1.8　液压离合器

1.8.1　液压离合器的特点、型式与应用

液压离合器是利用液压油操纵接合的离合器，接合元件有嵌合式与摩擦式之分。结构上有柱塞式与活塞式之分。液压离合器的特点：

1）传递转矩大，尺寸小，尺寸相同时比电磁离合器传递转矩约大 3 倍；

2）自行补偿摩擦元件磨损的间隙；

3）接合平稳，无冲击；

4）调节系统油压可在一定范围内调节传递转矩；

5）结构复杂，加工精度高，需配液压油。

表 16-1-55　　**液压离合器型式与应用**

型式	活塞式多盘液压离合器	柱塞式多盘液压离合器
简图	活塞 供离合器接合用的压力油入口	1 2 3 B A 4 5 6 7 1—弹簧;2—离合器片;3,4—柱塞;5—制动器片;6—箱体;7—轴
特点与应用	活塞推力大,动作灵敏,但加工精度要求高。常用于机床、工程机械、军事车辆、船舶等	利用柱塞代替活塞,一般用于中小型离合器,如机床用离合器。图中左侧为离合器,右侧为制动器。接合时由 A 处进油,推动 12 个柱塞 3 压紧离合器片 2,分离时柱塞 3 卸压,由弹簧 1 复位,多个柱塞工作,加压均匀,但结构复杂。由 B 处进油推动另外 6 个柱塞 4,压紧制动器片 5,使轴 7 受到制动

1.8.2　液压离合器的计算

传递转矩可按表 16-1-3 及表 16-1-22 中的公式计算，其余按表 16-1-56 中公式计算。

表 16-1-56　　**液压离合器的计算**

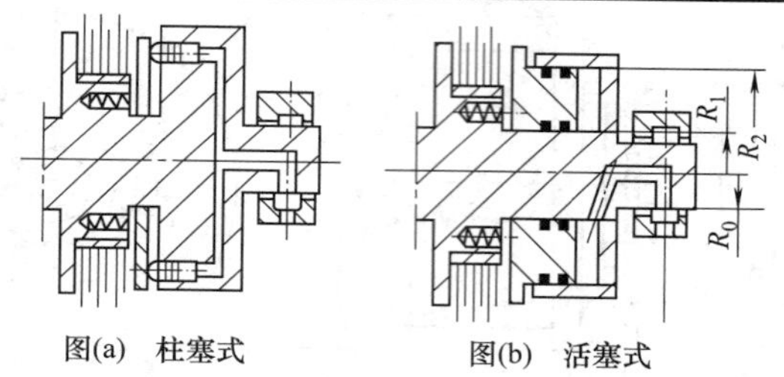

图(a)　柱塞式　　　图(b)　活塞式

计算项目		计算公式	说明
柱塞式	柱塞缸压紧力	$Q_g=\frac{\pi}{4}d^2z(p_g-\Delta p)>Q$	p_g——液压缸工作压力,一般取 $p_g=0.5\sim2$MPa Δp——压力损失,MPa,一般取 $p_g=0.05\sim0.1$MPa Q——接合需要的压紧力,N d——柱塞直径,mm z——柱塞数目
	压力损失对柱塞的阻力	$Q_g=\frac{\pi}{4}d^2z\Delta p$	
	复位弹簧力	$Q_t\geqslant Q_0$	
活塞式	活塞缸压紧力	$Q_g=\pi(R_2^2-R_1^2)(p_g-\Delta p)-Q_f>Q$	p_g——油液工作压力,MPa,一般取 $p_g=0.5\sim2$MPa Δp——排油需要的压力,MPa,一般取 $p_g=0.05\sim0.10$MPa,但需要满足 $\Delta p\geqslant7.85\times10^{-6}n^2R_0^2$ μ——摩擦因数 h——密封圈高度,mm n——油缸转速,r/min Q——接合需要的压紧力,N R_1,R_2,R_0——半径,见图(b),mm
	密封圈摩擦阻力 对 O 形圈 对 Y 形圈	$Q_f=0.03Q$ $Q_f=\pi\mu p_g(R_1+R_2)h$	
	压力损失对活塞的阻力	$Q_0=\pi(R_2^2-R_1^2)\Delta p$	
	离心力对活塞的阻力	$Q_1=7.85\times10^{-6}n^2(R_2^2-R_1^2)(R_2^2+R_1^2-2R_0^2)$	
	转动缸复位弹簧力	$Q_t=Q_1+Q_0+Q_f$	
	静止缸复位弹簧力	$Q_t=Q_0+Q_f$	

1.8.3　液压离合器产品

表 16-1-57　　活塞式多盘液压离合器的性能及主要尺寸　　mm

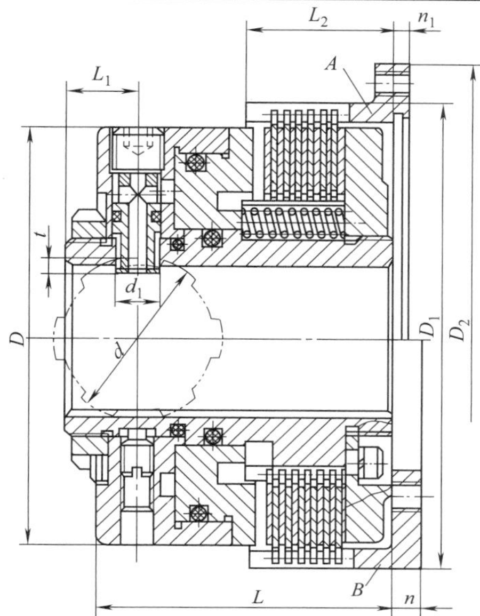

<table>
<tr><th rowspan="2">d</th><th rowspan="2">许用动转矩 /N·m</th><th rowspan="2">许用静转矩 /N·m</th><th rowspan="2">工作压力 /MPa</th><th colspan="2">转动惯量 /kg·m²</th><th colspan="2">缸容积 /10³mm³</th><th rowspan="2">允许相对转速 /r·min⁻¹</th><th rowspan="2">t</th><th rowspan="2">D</th><th rowspan="2">D1</th><th rowspan="2">D2</th><th rowspan="2">d1</th><th rowspan="2">L</th><th rowspan="2">L1</th><th rowspan="2">L2</th><th rowspan="2">n</th><th rowspan="2">n1</th></tr>
<tr><th>内侧</th><th>外侧</th><th>最小</th><th>最大</th></tr>
<tr><td>35×30×10</td><td rowspan="2">160</td><td rowspan="2">250</td><td rowspan="14">2</td><td rowspan="2">0.008</td><td rowspan="2">0.003</td><td rowspan="2">20</td><td rowspan="2">33.5</td><td rowspan="2">3000</td><td rowspan="5">6</td><td rowspan="2">110</td><td rowspan="2">120</td><td rowspan="2">145</td><td rowspan="5">13.5</td><td rowspan="2">90</td><td rowspan="2">19</td><td rowspan="2">40</td><td rowspan="8">8</td><td rowspan="2">5</td></tr>
<tr><td>40×35×10</td></tr>
<tr><td>40×35×10</td><td rowspan="3">250</td><td rowspan="3">400</td><td rowspan="3">0.013</td><td rowspan="3">0.005</td><td rowspan="3">25</td><td rowspan="3">45</td><td rowspan="3">2500</td><td rowspan="3">125</td><td rowspan="3">140</td><td rowspan="3">165</td><td rowspan="3">95</td><td rowspan="3">20</td><td rowspan="3">42</td><td rowspan="12">6</td></tr>
<tr><td>45×40×12</td></tr>
<tr><td>50×45×12</td></tr>
<tr><td>50×45×12</td><td rowspan="3">400</td><td rowspan="3">630</td><td rowspan="3">0.021</td><td rowspan="3">0.010</td><td rowspan="3">30</td><td rowspan="3">53</td><td rowspan="3">2120</td><td rowspan="4">7.5</td><td rowspan="3">140</td><td rowspan="3">160</td><td rowspan="3">185</td><td rowspan="9">15.5</td><td rowspan="3">100</td><td rowspan="3">21</td><td rowspan="3"></td></tr>
<tr><td>55×50×14</td></tr>
<tr><td>60×54×14</td></tr>
<tr><td>60×54×14</td><td rowspan="3">630</td><td rowspan="3">1000</td><td rowspan="3">0.044</td><td rowspan="3">0.020</td><td rowspan="3">63</td><td rowspan="3">106</td><td rowspan="3">1800</td><td rowspan="3">160</td><td rowspan="3">180</td><td rowspan="3">210</td><td rowspan="3">115</td><td rowspan="3"></td><td rowspan="6">52</td><td rowspan="6">10</td></tr>
<tr><td>65×58×16</td><td rowspan="2">10</td></tr>
<tr><td>70×62×16</td></tr>
<tr><td>65×58×16</td><td rowspan="3">1000</td><td rowspan="3">1600</td><td rowspan="3">0.075</td><td rowspan="3">0.038</td><td rowspan="3">87</td><td rowspan="3">145</td><td rowspan="3">1600</td><td>7.5</td><td rowspan="3">180</td><td rowspan="3">210</td><td rowspan="3">240</td><td rowspan="3">120</td><td rowspan="3">24</td></tr>
<tr><td>72×62×16</td><td rowspan="2">10</td></tr>
<tr><td>75×65×16</td></tr>
</table>

注：1. 许用动转矩是指在载荷下接合的许用转矩，许用静转矩是指在空载下接合的许用转矩。

2. 工作压力是指油泵输出油路中的表压值，油泵至离合器油缸间的管路压力损失小于或等于 0.25MPa。

3. 外片连接件可根据需要制成 A、B 两种形式之一。

1.9　气压离合器

1.9.1　气压离合器的形式、特点与应用

这是一种利用气压操纵的离合器。常用空气压力为 0.4～1MPa，分活塞式、隔膜式和气胎式。活塞式加压行程大，补偿磨损容易，隔膜式结构紧凑，重量轻，密封性好，动作灵敏，但行程短，寿命短；气胎式传递转矩大，吸振性好，但气胎变形阻力大，气压损失大。

气压离合器比液压离合器接合速度快，接合平稳，可高频离合，自动补偿磨损间隙，维护方便。缺点是排气时有噪声，需有压缩空气源。

表 16-1-58　　气压离合器的形式、特点与应用

形式	结构、特点与应用
气胎式	结合元件有摩擦盘、摩擦块、摩擦锥盘，常用材料为石棉或粉末冶金，一般为干式。传递转矩大，接合平稳，便于安装，能补偿主从动轴之间的少量角位移和径向位移。允许径向位移 3mm，轴向位移 15mm，角位移在 1000mm 长度上为 2mm。结构紧凑，密封性好，从动部分惯性小，使用寿命长，气胎变形阻力大，材料成本高，使用温度高于 60℃，会降低气胎寿命，低于 －20℃，气胎易于变脆破裂。禁止用于油污场合 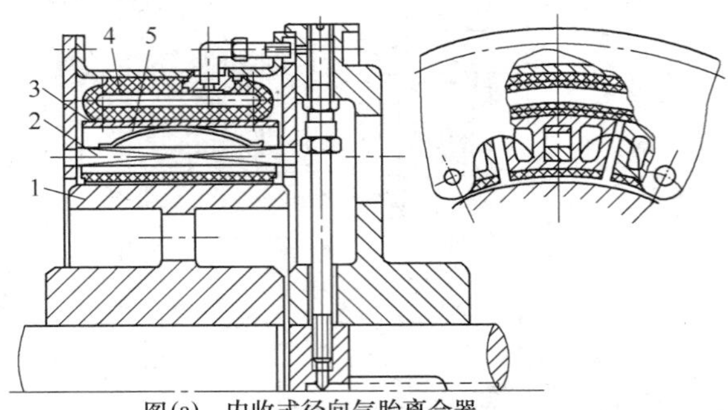 图(a)　内收式径向气胎离合器 1—鼓轮；2—矩形销；3—闸瓦；4—气胎；5—弹簧 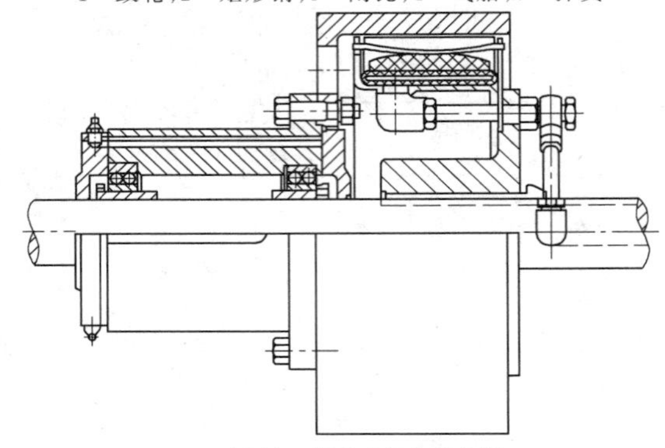 图(b)　外胀式径向离合器 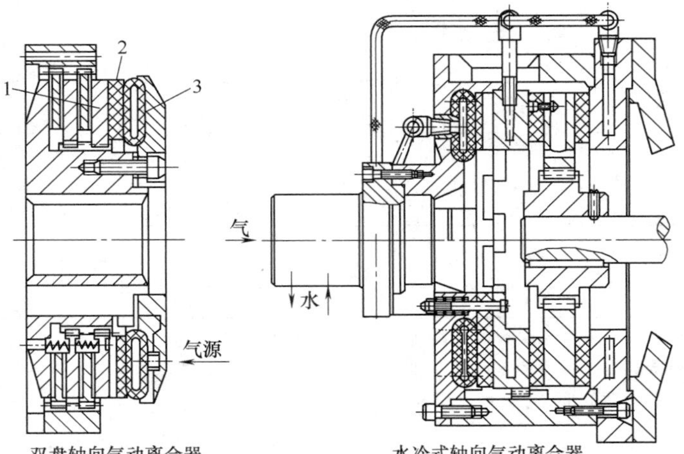 双盘轴向气动离合器　　水冷式轴向气动离合器 图(c)　轴向气胎式离合器 1—内圆盘；2—隔热层；3—气胎 图(a)内外鼓轮分别与主从动轴固定连接，气胎 4 固定在外轮上，内面有耐磨材料制成的闸瓦 3，空转时瓦块与内鼓轮有 2～3mm 间隙，通入压缩空气时，瓦块向内鼓轮 1 压紧，传递转矩，泄压时，两轴分开 图(b)气胎固定在内轮上，改善了散热条件，但因气胎向外扩张与转动时产生的离心力方向一致，因此在分离时会阻挠离合器脱开，所以没有前一种结构应用广泛 图(c)气胎呈轴向分布，离心力对离合器的离、合都没有影响，且摩擦盘的尺寸较小，重量较轻，但补偿两轴的轴向位移性能不好，故应用不及径向式广泛

续表

形式	结构、特点与应用
活塞式	活塞式气动离合器传动转矩大，使用寿命长，接合平稳，多制成大型离合器，但制造比较复杂，成本较高，重量较大，为防止接合元件的烧蚀和变形，设有散热良好的孔。功率大的要采用通风结构，工作负载大的还可以采用强制水冷却。活塞缸分整圆和环形两种，一般采用 0.4～0.6MPa 的气压；对于大型离合器，为了减小尺寸和重量，可以采用 0.75～0.85MPa 气压，活塞式气动离合器在锻压机上应用较多，其他如钻机、造纸机等 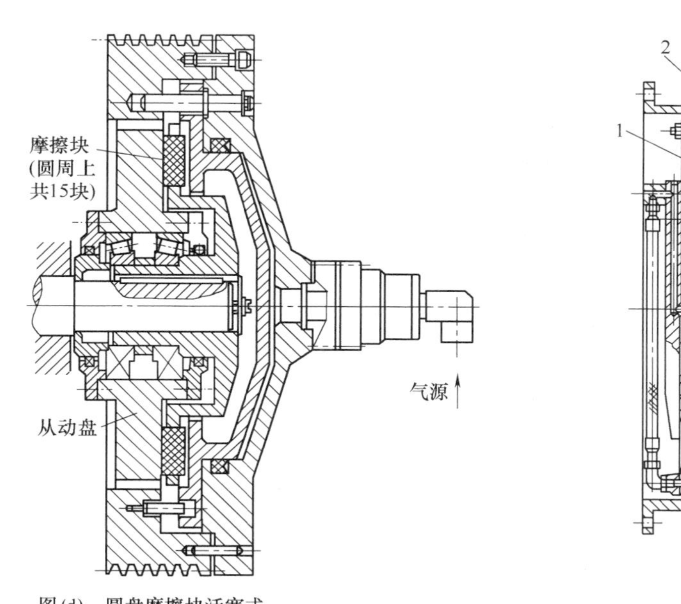 图(d)　圆盘摩擦块活塞式 图(e)　高弹性双锥式 1—弹性元件；2，7—锥盘；3—活塞；4，6—外壳；5—环形缸 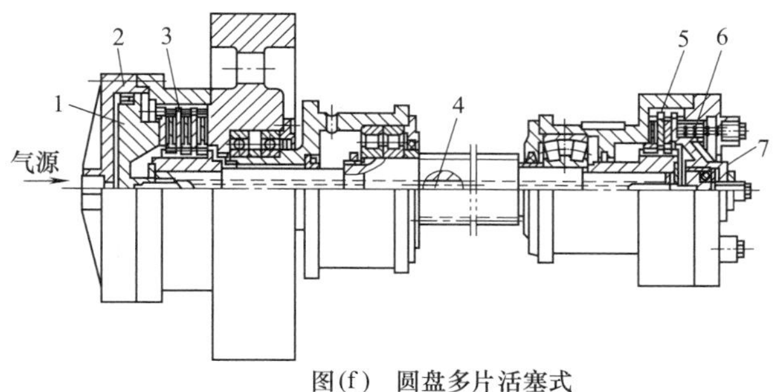 图(f)　圆盘多片活塞式 1—活塞；2—活塞缸；3—离合器片；4—刚性杆；5—制动器片；6—弹簧；7—压盘 图(d)结构进气时，活塞左移，压紧摩擦块，离合器接合，排气后，在复位弹簧推力作用下，活塞右移与摩擦块分离，保持一定间隙，离合器脱开，调节弹簧的弹力，可以改变离合时间 图(e)结构紧凑，能缓和动力装置轴系的扭振影响，允许有较大的轴线安装误差，额定转矩范围 5600～108000N・m，最高转速 900～2800r/min。当中心进气后，活塞 3 和环形缸 5 分别左右移动，使锥盘 2、7 张开，压向离合器外壳 4、6 时，离合器接合，反之则分离 图(f)为圆盘多片气动离合器和制动器，两端悬臂结构，左端为离合器，右端为制动器，采用粉末冶金衬面的摩擦片，结构紧凑。在离合器与制动器之间装有穿过轴心而使两者联锁的刚性杆 4。当活塞缸 2 左侧进气时，活塞压紧离合器片 3，并经刚性杆推动制动器压盘 7 使制动器片 5 松开，开始接合，放气时，活塞靠制动器弹簧 6 复位，离合器脱开

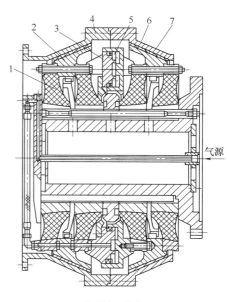

续表

<table>
<tr><th>形式</th><th>结构、特点与应用</th></tr>
<tr><td>隔膜式</td><td>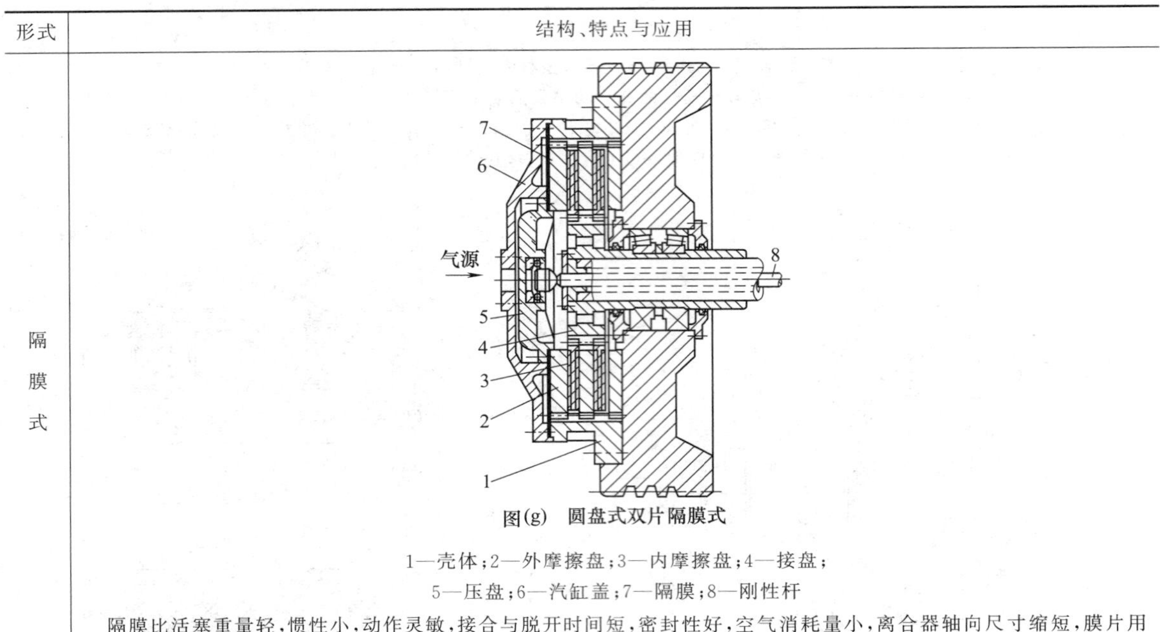
图(g)　圆盘式双片隔膜式
1—壳体；2—外摩擦盘；3—内摩擦盘；4—接盘；
5—压盘；6—汽缸盖；7—隔膜；8—刚性杆
隔膜比活塞重量轻，惯性小，动作灵敏，接合与脱开时间短，密封性好，空气消耗量小，离合器轴向尺寸缩短，膜片用化纤夹层橡胶制成，有弹性，能自动补偿不规则磨损和轴向跳动。可防振动冲击。膜片制造简单，更换方便，调节容易，缺点是压紧行程受一定的限制，膜片寿命短</td></tr>
</table>

1.9.2　气压离合器的计算

传递矩阵及接合元件计算见表 16-1-3 及表 16-1-22，其余按表 16-1-59 中公式计算。

表 16-1-59　　气压离合器的计算

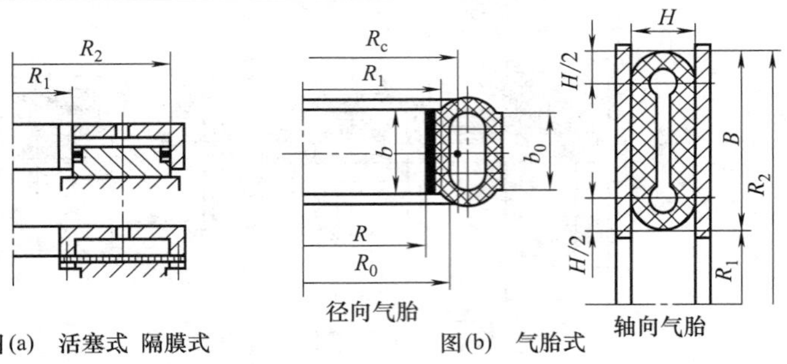

图(a)　活塞式 隔膜式　　图(b)　气胎式

R_0—气胎内表面半径

型式	计算项目	计算公式	单位	说明
活塞式、隔膜式	汽缸压紧力	$Q_g=\pi(R_2^2-R_1^2)(p_g-\Delta p)>Q$ 当 $R_1=0$ 时，为整圆缸	N	p_g——空气工作压力，MPa，一般取 $p_g=0.4\sim0.6$MPa Δp——压力损失，MPa，一般取 $\Delta p=0.03\sim0.07$MPa Q——传递计算转矩 T_c时，接合元件需要的压紧力，N R_1——汽缸内半径，mm R_2——汽缸外半径，mm

续表

<table>
<tr><th colspan="2">型式</th><th>计算项目</th><th>计算公式</th><th>单位</th><th>说明</th></tr>
<tr><td rowspan="3">气胎式</td><td rowspan="3">径向气胎式</td><td>许用传递转矩</td><td>$T_p=\frac{(Q-F_e)\mu R}{1000}\geqslant T_c$
$Q=2\pi R_0 b_0(p_g-\Delta p)$
$F_e=1.1\times 10^{-3}G_eR_en^2$</td><td>N·m
N
N</td><td rowspan="3">Q——气胎内腔充气压力作用在瓦块上的力，N
F_e——作用于瓦块上的离心力，N
μ——摩擦因数，见表 16-1-19
b_0——气胎内宽度，mm，$b_0\approx b$
b——闸瓦宽度，mm，一般取 $b=(0.4\sim0.7)R$
p_g——空气工作压力，MPa，一般取 $p_g=0.6\sim0.8$MPa
G_e——气胎闸瓦等部分的质量，kg
R_e——气胎闸瓦等部质心处半径，mm
p_p——许用压强，MPa，见表 16-1-19
n——气胎转速，r/min
τ_p——气胎材料许用切应力，$\tau_p=30\sim50$MPa</td></tr>
<tr><td>摩擦面压强</td><td>$p=\frac{500T_c}{\pi R^2 b\mu}\leqslant p_p$</td><td>MPa</td></tr>
<tr><td>由气胎强度条件确定许用传递转矩</td><td>$T_p=\frac{\pi b_0 R_1^2\tau_p}{500}\geqslant T_c$</td><td>N·m</td></tr>
<tr><td></td><td>轴向气胎式</td><td>气胎压紧力</td><td>$Q_g=25\pi(p_g-\Delta p)[(2R_2-H)^2-(2R_1+H)^2]-cz(h+\delta)\geqslant Q$</td><td>N</td><td>$c$——复位弹簧刚度，N/mm
z——复位弹簧数量
h——复位弹簧顶压高度，mm
δ——摩擦片总间隙，mm
Q——接合所需压紧力，N
其余同径向气胎</td></tr>
</table>

注：1. 气动离合器的接合元件计算与摩擦离合器相同，见表 16-1-22。

2. 气胎材料一般由耐油橡胶和尼龙或人造丝组合而成。气胎内腔表面覆有一层弹性橡胶，以保证有良好的密封性能；中间橡胶用尼龙等帘子线加强，外壳为橡胶层，用于保护中间层。

1.9.3　气压离合器结构尺寸

表 16-1-60　　径向式气胎的尺寸系列　　mm

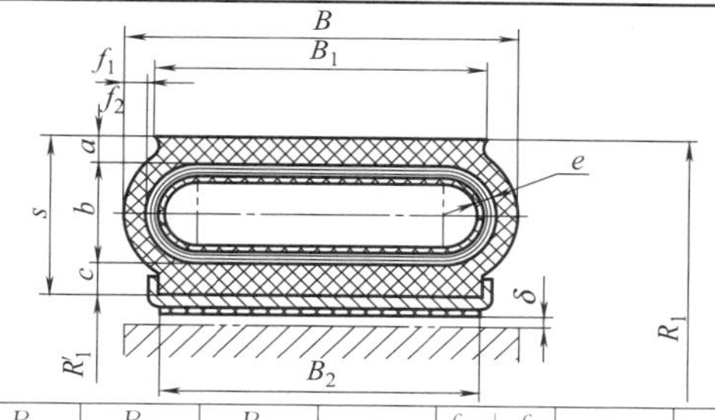

气胎号	R_1	R_1'	s	B	B_1	B_2	e	f_1+f_2	a	b	c	n	$2\theta/(°)$
1	570	479	91	262	231	215	8.8	12.2	13.2	57.6	20.2	8	70
2	395.5	307.5	88	215	190	175.5	8.8	9.7	13.2	55.6	19.2	8	70
3	700	605	95	316	285	265	8.8	9.7	12.2	57.6	25.2	8	70
4	1295.5	1184	108.5	300	260	246	11	23	16	62	30.5	10	70

注：1. n 为气胎转速，r/min。

2. θ 为气胎凸出处夹角，(°)。

表 16-1-61　　内收式径向气胎式离合器　　mm

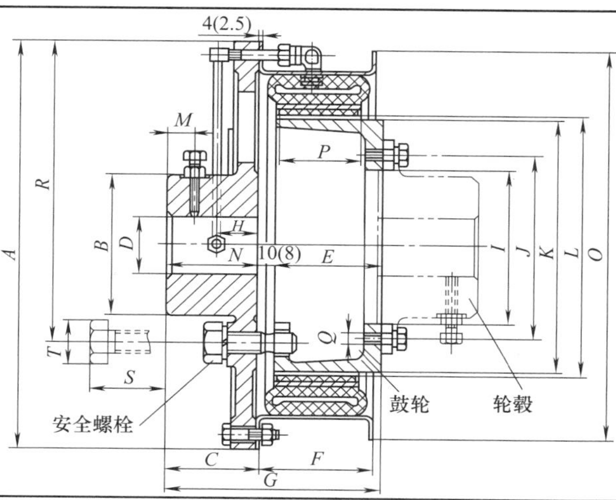

续表

离合器编号	可传递转矩 /N·m	气胎容量 /10^3mm^3	GD^2/N·m^2			A	B	C	D	E	F	G	H	I
			气胎架	支持架	鼓轮									
1	120	0.6～1.2	0.3	0.7	0.2	194	70	47.5	20～40	65	67	140.5	29.5	
2	250	1.3～2.0	2	3.5	0.6	286	100	65	30～60	80	80	155	40	89
3	510	1.9～3.0	4.2	7.5	2.4	340	100	75	30～60	95	92	180	42	108
4	980	2.9～5.0	11	14	6	405	140	90	40～90	104	110	204	42	158
5	1590	4.3～7.1	21	25	14	460	160	100	55～95	123	125	233	44	185
6	2300	5.4～9.0	32	38	28	510	180	100	65～100	134	137	261	44	210

离合器编号	J	K	L	M	N	O	P	Q	R	S	T	质量/kg		
												气胎	支持架	鼓轮
1	—	101	104	18	47.5	151	50	—	—	—	—	1.6	3.86	3.06
2	108	152	157	25	65	273.1	50	8×M10	—	—	—	4.1	9.51	3.7
3	134	203	208	33	75	327	67	8×M12	156	28	40.4	5.8	14.0	7.6
4	186	254	258	25	90	390.5	80	6×M12	200	30	47.3	10.1	21.6	12.7
5	220	304	308	25	100	447.7	93	6×M12	244	25	47.3	13.9	29.7	18.5
6	240	355	359	25	110	498.5	105	6×M12	286	15	47.3	17.4	38.3	28.0

注：1. 可传递转矩是以工作气压 0.55MPa 为基准的

2. 编号 1、2 离合器无安全螺栓；编号 1 鼓轮和轮毂是整体的，轮毂外径 90mm，长度 50mm，尺寸 G 算至轮毂端部

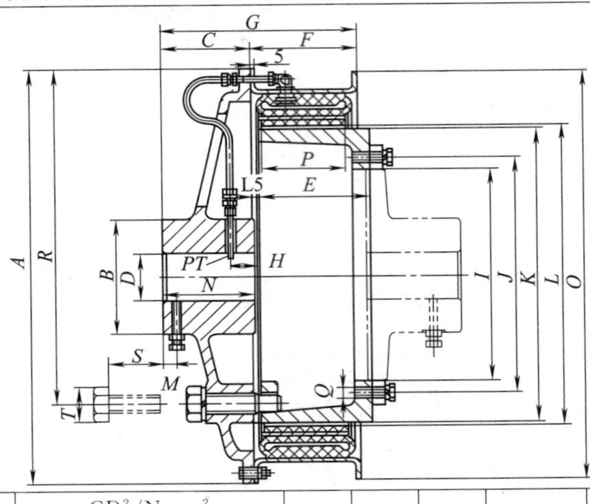

离合器编号	额定转矩 /N·m	气胎容量 /cm^3	GD^2/N·m^2			A	B	C	D	E	F	G	H	I
			气胎架	支持架	鼓轮									
7	3110	9.3～15.2	54	65	30	570	180	135	75～100	180	170	330	48	240
8	4210	13.0～18.9	72	85	51	610	178	140	75～100	180	170	335	43	270
9	5260	14.4～20.9	97	112	79	660	200	140	85～115	180	170	335	43	305
10	6410	15.8～23.0	125	144	115	711	200	140	85～115	180	170	335	43	370
11	7450	17.1～25.0	156	233	151	762	220	160	95～130	180	170	335	48	425
12	8960	18.5～27.0	200	289	200	812	220	165	95～130	180	170	360	48	460
13	11050	27.0～30.7	269	436	269	880	230	165	100～140	185	180	365	53	495
14	12670	17.0～29.9	455	643	359	930	260	190	105～150	185	180	390	60	545
15	14470	18.1～31.9	544	759	511	981	280	190	110～160	185	180	390	60	585
16	16370	19.2～33.9	647	882	634	1032	280	190	110～160	205	180	410	60	635
17	20570	21.4～37.8	929	1530	1080	1151	300	250	110～170	205	180	470	75	730

离合器编号	J	K	L	M	N	O	P	Q	R	S	T	PT /in	质量/kg		
													气胎	支持架	鼓轮
7	280	375	380	15	140	560	128	6×M20	310	107	57.7	1/4	24.8	54.2	27.0
8	310	406.4	411.2	20	145	597	128	6×M20	345	107	57.7	1/4	28.7	60.8	35.1
9	345	457.2	462	20	145	647.7	128	8×M20	400	107	57.7	1/4	32.0	71.4	44.8
10	410	508	512.8	20	145	698.5	128	8×M20	440	107	57.7	1/4	34.6	76.3	50.9
11	470	558.8	563.6	20	165	749.3	128	10×M20	484	87	57.7	1/4	37.7	103	55.0
12	510	609.6	614.4	20	170	800.2	128	12×M20	534	87	57.5	1/4	40.6	112	61.2
13	545	660.4	665.2	30	170	863.6	138	16×M20	580	112	77.4	1/4	47.2	136	71.5
14	595	711	716	30	195	914.4	138	16×M20	625	92	77.4	1/2	68.7	188	80.3
15	630	762	767	30	195	965.2	138	18×M20	675	92	77.4	1/2	72.9	206	100
16	685	813	818	30	195	1016	138	18×M20	720	92	77.4	1/2	77.3	215	100
17	780	914.5	919.5	30	255	1133.5	138	20×M20	805	110	98.1	3/4	89.1	320	145

注：额定转矩一栏是以工作气压 0.55MPa 为基准

表 16-1-62 活塞式圆盘摩擦块离合器 mm

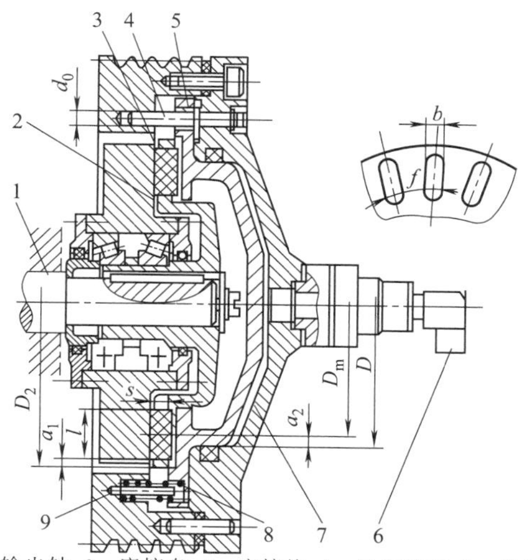

1—输出轴；2—摩擦盘；3—摩擦块；4—导向柱销；5—活塞；
6—进气接头；7—气缸体；8—复位弹簧；9—带轮

D_m	许用转矩 /N·m	D	D_2	摩擦块 长度 l	宽度 b	数量 z	s	f	a_1	a_2	导柱 直径 d_0	数量 n	空气压强 p/MPa	摩擦因数 μ
460	16000	520	585	105	40	20	20	21.4	9.8	30	25	8	0.55	0.35
555	25000	590	680	105	40	25	20	21.1	9.8	17.5	30	8		
615	40000	700	825	175	70	15	28	42.8	20.5	42.5	40	6		
715	63000	810	910	175	70	19	28	29.9	14.8	47.5	40	8		
1155	280000	1370	1360	175	70	32	28	32.5	14.8	107.5	55	12		
1570	720000	1800	1850	240	90	40	35	48.5	19.7	115	65	12		
1930	1250000	2160	2220	240	90	32	38	49.3	24.7	115	80	16		
2086	1600000	2300	2360	240	90	41	38	45.6	24.7	107	85	26		

表 16-1-63 隔膜式圆盘摩擦块离合器 mm

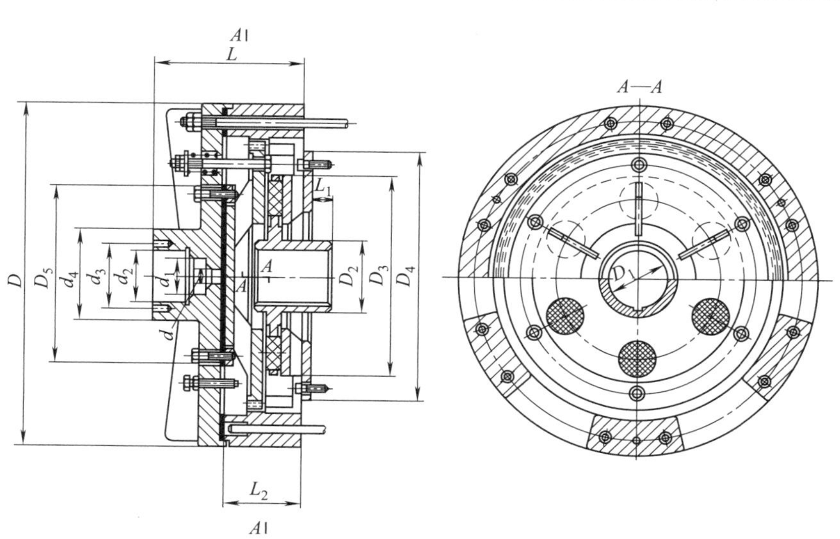

第16篇

续表

可传递转矩/N·m	空气压力/MPa	D	D_1	D_2	D_3	D_4	D_5	L	L_1	L_2	d	d_1	d_2	d_3	d_4	质量/kg
392	0.31	440	60	90	260	330	230	220	39	85	20	50	72	85	120	75
785	0.29	490	70	100	280	350	300	230	49	85	20	50	72	85	120	84
1570	0.30	600	80	120	360	430	330	245	60	90	20	50	72	85	120	135
3090	0.33	650	90	130	450	520	440	285	60	110	25	52	80	95	140	195
6180	0.33	780	100	160	530	610	560	295	71	120	25	52	80	95	140	268
12263	0.34	930	125	180	650	700	680	335	76	140	25	52	80	95	140	435
17658	0.34	1020	140	210	730	810	750	355	96	140	25	52	80	95	140	525
24525	0.39	1120	160	240	830	920	810	425	118	165	42	75	110	130	160	737
34826	0.36	1250	180	260	900	1000	950	455	148	165	42	75	110	130	160	906
49050	0.35	1400	200	300	1020	1120	1060	525	178	190	42	75	110	130	160	1273
69651	0.39	1500	220	320	1160	1260	1110	545	198	190	42	75	110	130	160	1469

1.9.4 气压离合器产品

表 16-1-64　　QPL 型气动盘式离合器（JB/T 7005—2007）　　mm

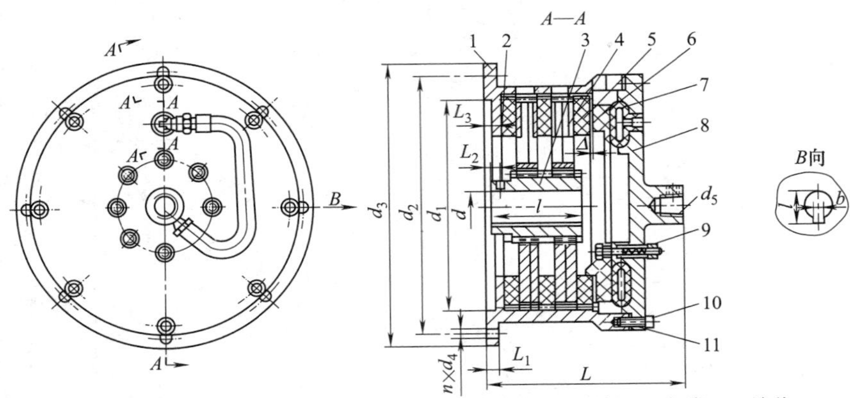

1—壳体；2—紧定螺钉；3—轴套；4—内盘；5—摩擦盘；6—压板；7—气囊；8—端盖；9—复位弹簧；10—螺钉；11—半圆垫片

标记示例：

额定转矩为 4160N·m 的离合器，标记为：QPL5 离合器　JB/T 7005—2007

型号	转矩 T /N·m 额定	转矩 T /N·m 动态	许用转速 n_p /r·min^{-1}	d (H7)	l	d_1	d_2	d_3	d_4	d_5	L	L_1	L_2	L_3	轴套内孔键槽尺寸 b	轴套内孔键槽尺寸 t	n	转动惯量 /kg·m^2 离合器	转动惯量 /kg·m^2 轴套和内盘	质量/kg
QPL1	312	520	1800	45	82	190	203	220	9	Rc½	178	6	1.5	2	14	48.8	4	0.138	0.0141	20
QPL2	660	1100	1750	55	82	220	280	310	13.5	Rc¾	192	13	6	8	16	59.3	6	0.357	0.0409	32
QPL3	1540	2560	1400	63	110	295	375	400	17.5	Rc¾	235	16	10	6	18	67.4	6	1.42	0.175	75
QPL4	2680	4420	1200	80	114	370	445	470	17.5	Rc¾	248	16	10	10	22	85.4	8	2.85	0.446	105
QPL5	4160	6900	1100	100	120	410	510	540	17.5	Rc1	260	16	10	10	28	106.4	12	5.25	0.761	148
QPL6	6320	10400	1000	120	120	470	560	590	17.5	Rc1	280	16	10	11	32	127.4	12	7.60	1.216	171
QPL7	8600	14300	900	130	130	540	648	685	17.5	Rc1	305	19	8	19	32	137.4	12	14.60	2.385	264
QPL8	15100	25000	700	150	130	620	730	760	17.5	Rc1¼	315	19	6	19	36	158.4	12	26.80	3.961	365
QPL9	16800	28000	650	160	175	700	800	830	17.5	Rc1¼	350	19	6	19	40	169.4	16	35.00	6.950	426
QPL10	32000	53000	600	180	180	775	900	940	22	Rc1½	366	19	6	19	45	190.4	18	62.50	10.261	640
QPL11	49600	82000	500	220	230	925	1065	1105	22	Rc1½	404	22	5	16	50	231.4	18	133	26.471	905

注：1. 动态转矩为离合器的全部传动能力，选用时按照额定转矩直接选用。

2. 平键只能传递部分转矩，对于平键不能传递的转矩应由过盈配合传递。

3. 表中转矩 T 指气囊进口处压力为 0.5MPa 时的转矩。

表 16-1-65　　**LQ 型离合器**（CB/T 3860—2011）　　mm

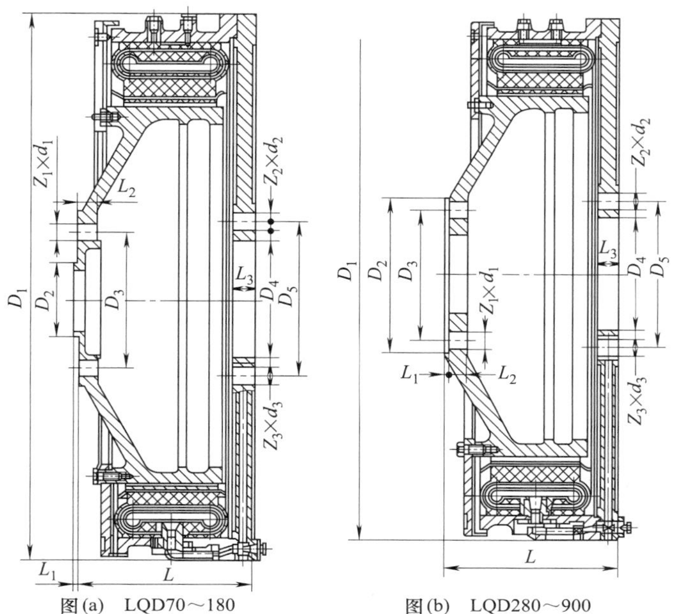

图(a)　LQD70～180　　图(b)　LQD280～900

标记示例：传递公称转矩 11200N·m 的单腔离合器：
离合器 LQD110 CB/T 3860—2011

<table>
<tr><th rowspan="2">型　号</th><th rowspan="2">D_1</th><th rowspan="2">D_2</th><th rowspan="2">D_3</th><th rowspan="2">D_4</th><th rowspan="2">D_5</th><th rowspan="2">L</th><th rowspan="2">L_1</th><th rowspan="2">L_2</th><th rowspan="2">L_3</th><th rowspan="2">Z_1</th><th rowspan="2">Z_2</th><th rowspan="2">Z_3</th><th rowspan="2">d_1</th><th rowspan="2">d_2</th><th rowspan="2">d_3</th><th colspan="3">转动惯量 /kg·m²</th><th colspan="3">质量/kg</th></tr>
<tr><th>外转动件</th><th>内转动件</th><th>总体</th><th>外转动件</th><th>内转动件</th><th>总体</th></tr>
<tr><td>LQD 70</td><td>750</td><td>$110_{-0.034}^{-0.012}$</td><td>235</td><td>$160_{0}^{+0.040}$</td><td>215</td><td>315</td><td rowspan="3">6</td><td>32.5</td><td>38</td><td rowspan="3">6</td><td rowspan="8">8</td><td rowspan="3">5</td><td>28</td><td>30</td><td>24</td><td>18</td><td>7</td><td>25</td><td>208</td><td>116</td><td>324</td></tr>
<tr><td>LQD 110</td><td>876</td><td rowspan="2">$140_{-0.039}^{-0.014}$</td><td rowspan="2">265</td><td rowspan="3">$230_{0}^{+0.046}$</td><td rowspan="3">305</td><td>330</td><td>34.5</td><td rowspan="2">39</td><td>32</td><td rowspan="5">35</td><td rowspan="5">32</td><td>41</td><td>15</td><td>56</td><td>268</td><td>136</td><td>404</td></tr>
<tr><td>LQD 180</td><td>1065</td><td>345</td><td>38.5</td><td>35</td><td>76</td><td>28</td><td>104</td><td>416</td><td>220</td><td>636</td></tr>
<tr><td>LQD 280</td><td>1220</td><td rowspan="3">$540_{0}^{+0.070}$</td><td rowspan="3">450</td><td>375</td><td rowspan="5">5</td><td>50</td><td rowspan="3">40</td><td rowspan="3">9</td><td rowspan="5">6</td><td rowspan="3">48</td><td>119</td><td>60</td><td>179</td><td>443</td><td>333</td><td>776</td></tr>
<tr><td>LQD 400</td><td>1360</td><td rowspan="2">$310_{0}^{+0.052}$</td><td rowspan="2">580</td><td>400</td><td rowspan="2">55</td><td>215</td><td>100</td><td>315</td><td>709</td><td>451</td><td>1160</td></tr>
<tr><td>LQD 560</td><td>1500</td><td>420</td><td>283</td><td>168</td><td>451</td><td>1060</td><td>505</td><td>1565</td></tr>
<tr><td>LQD 710</td><td>1700</td><td rowspan="2">$660_{0}^{+0.080}$</td><td rowspan="2">530</td><td rowspan="2">$450_{0}^{+0.063}$</td><td rowspan="2">530</td><td>440</td><td rowspan="2">60</td><td rowspan="2">46</td><td rowspan="2">8</td><td rowspan="2">60</td><td rowspan="2">48</td><td rowspan="2">44</td><td>583</td><td>281</td><td>864</td><td>1070</td><td>708</td><td>1778</td></tr>
<tr><td>LQD 900</td><td>1850</td><td>480</td><td>911</td><td>535</td><td>1446</td><td>1621</td><td>1352</td><td>2973</td></tr>
</table>

<table>
<tr><th rowspan="2">型　号</th><th rowspan="2">气胎数量/个</th><th rowspan="2">公称转矩 T_n/N·m</th><th rowspan="2">最大静转矩 T_{max} /N·m</th><th rowspan="2">许用转速 n_{max} /r·min⁻¹</th><th rowspan="2">静态扭转刚度 C_s /N·m·rad⁻¹</th><th rowspan="2">径向刚度 C_r /N·mm⁻¹</th><th colspan="3">使用时允许补偿量</th></tr>
<tr><th>轴向 ΔX /mm</th><th>径向 ΔY /mm</th><th>角向 $\Delta\alpha$ /mm·m⁻¹</th></tr>
<tr><td>LQD70</td><td rowspan="3">1</td><td>7100</td><td>16330</td><td>600</td><td>$1.47\times10^{-6}\sim1.79\times10^6$</td><td>$1.27\times10^4$</td><td>1.5</td><td>1.5</td><td>0.09</td></tr>
<tr><td>LQD110</td><td>11200</td><td>25760</td><td>600</td><td>$2.17\times10^6\sim2.63\times10^6$</td><td>$1.40\times10^4$</td><td>1.5</td><td>1.5</td><td>0.09</td></tr>
<tr><td>LQD180</td><td>18000</td><td>41400</td><td>600</td><td>$2.63\times10^6\sim3.63\times10^6$</td><td>$1.55\times10^4$</td><td>1.5</td><td>1.5</td><td>0.09</td></tr>
<tr><td>LQD280</td><td rowspan="5">1</td><td>28000</td><td>64400</td><td>500</td><td>$5.56\times10^6\sim9.04\times10^6$</td><td>$1.70\times10^4$</td><td>1.8</td><td>1.8</td><td>0.10</td></tr>
<tr><td>LQD400</td><td>40000</td><td>92000</td><td>500</td><td>$6.67\times10^6\sim12.50\times10^6$</td><td>$1.85\times10^4$</td><td>1.8</td><td>1.8</td><td>0.10</td></tr>
<tr><td>LQD560</td><td>56000</td><td>128800</td><td>500</td><td>$7.14\times10^6\sim14.29\times10^6$</td><td>$2.00\times10^4$</td><td>2.0</td><td>2.0</td><td>0.11</td></tr>
<tr><td>LQD710</td><td>71000</td><td>163300</td><td>450</td><td>$7.69\times10^6\sim16.67\times10^6$</td><td>$2.40\times10^4$</td><td>2.0</td><td>2.0</td><td>0.11</td></tr>
<tr><td>LQD900</td><td>90000</td><td>207000</td><td>450</td><td>$9.09\times10^6\sim20.00\times10^6$</td><td>$2.90\times10^4$</td><td>2.0</td><td>2.0</td><td>0.11</td></tr>
</table>

第 16 篇

表 16-1-66　　**LT 型高弹性摩擦离合器**（GB/T 6073—2010）

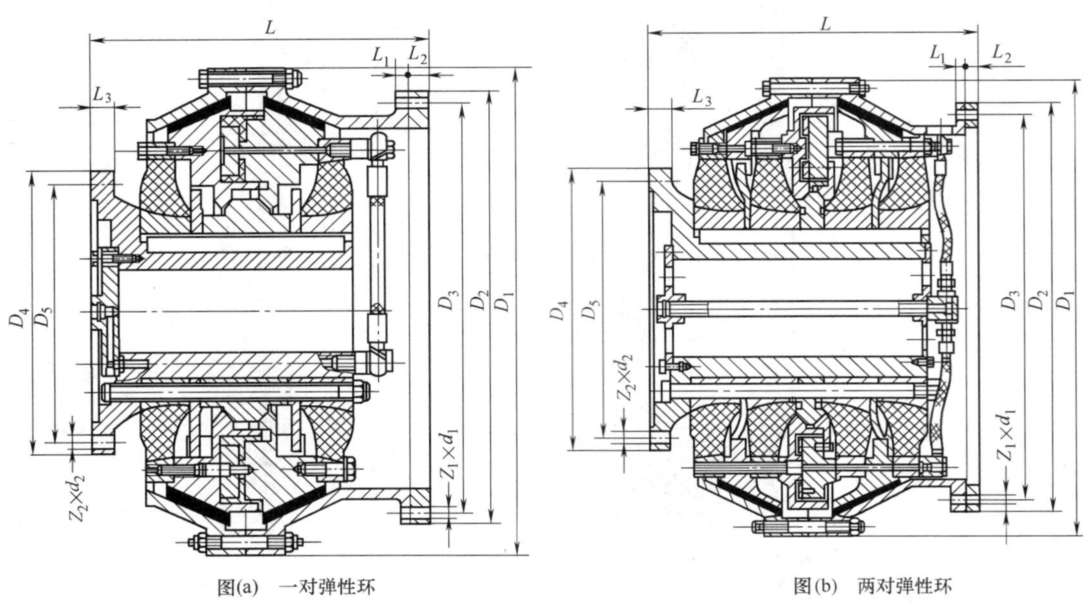

图(a)　一对弹性环　　　图(b)　两对弹性环

型　号	D_1	D_2	D_3	D_4	D_5	L	L_1	L_2	L_3	d_1	d_2	Z_1	Z_2	转动惯量 J/kg·m²			质量/kg		
												个		外转动件 J_1	内转动件 J_2	总体 J	外转动件 W_1	内转动件 W_2	总体 W
LT7	355	330	305	220	200	260	10	15	18	12	11	12	12	0.53	0.42	0.95	20	50	70
LT11	395	355	330	230	210	275	10	15	20	12	13	12	12	0.75	0.68	1.43	23	63	86
LT18	455	405	385	270	245	315	10	20	20	12	13	12	12	1.66	1.77	3.43	39	105	144
LT28	510	480	450	320	290	350	12	20	22	12	13	12	12	2.28	2.85	5.13	41	120	161
LT40	565	500	475	355	315	365	12	20	22	14	17	12	12	4.41	4.18	8.59	55	175	230
LT56	530	470	440	320	290	420	16	20	28	18	17	16	16	3.02	4.10	7.12	52	204	256
LT80	575	500	475	355	315	440	16	25	28	18	17	16	16	4.49	5.38	9.87	64	223	287
LT110	630	560	535	380	350	485	16	25	28	16	21	16	12	8.61	8.59	17.20	99	276	375
LT160	710	640	605	445	410	530	16	25	28	18	21	12	12	12.9	21.3	34.2	118	491	609
LT220	790	740	700	480	440	570	18	24	35	18	21	24	16	16.9	27.07	43.97	150	594	744
LT320	860	770	730	530	490	630	18	30	35	22	21	24	16	28	35	63	215	684	899
LT360	920	820	770	600	540	680	20	30	40	22	21	24	16	35	57	92	239	840	1079
LT500	1000	890	850	650	590	704	22	30	45	22	25	24	16	51	88	139	310	1115	1425
LT630	1100	1000	940	730	660	830	24	40	50	22	25	24	24	104	111	215	425	1464	1889
LT800	1150	1030	980	700	650	810	25	40	50	26	25	24	24	140	198	338	468	1854	2322
LT1120	1300	1180	1100	840	760	970	28	40	60	26	32	24	24	226	364	590	592	2726	3318
LT1400	1400	1260	1180	900	820	1080	30	40	65	29	38	16	16	364	492	856	945	3189	4134
LT1800	1500	1335	1250	1000	900	1230	35	50	70	29	38	16	24	573	715	1288	1200	4331	5531

续表

型号	橡胶弹性环对数	公称转矩 T_n /N·m	功率/转速 Pn /[kW/(r·min^{-1})]	瞬时最大转矩 T_{max}/N·m	许用变动转矩 T_v /N·m	最大允许速度 n_{max} /r·min^{-1}	静态扭转角 T_n 时 φ_n /(°)	静态扭转角 T_{max}时 φ_{max} /(°)	动刚度 C_d /N·m·rad^{-1}	使用时允许补偿量 轴向 ΔX /mm	使用时允许补偿量 径向 ΔY /mm	使用时允许补偿量 角向 $\Delta\alpha$ /(°)
LT7	1 [图(a)]	710	0.074	1775	±177.5	3800	10	25	0.00468×10^6	0.7	1.2	0.3
LT11		1120	0.117	2800	±280	3700	10	25	0.00738×10^6	0.7	1.4	0.3
LT18		1800	0.188	4500	±450	3100	10	25	0.01186×10^6	0.8	1.5	0.3
LT28		2800	0.293	7000	±700	2900	10	25	0.01845×10^6	0.9	1.7	0.3
LT40		4000	0.419	10000	±1000	2600	10	25	0.02636×10^6	1.0	1.8	0.3
LT56	2 [图(a)]	5600	0.586	14000	±1400	2700	10	25	0.03690×10^6	1.1	2.0	0.3
LT80		8000	0.838	20000	±2000	2500	10	25	0.05272×10^6	1.2	2.2	0.3
LT110		11200	1.173	28000	±2800	2300	10	25	0.07379×10^6	1.3	2.4	0.3
LT160		16000	1.675	40000	±4000	2100	10	25	0.010543×10^6	1.4	2.6	0.3
LT220		22400	2.346	56000	±5600	1800	10	25	0.14759×10^6	1.6	3.0	0.3
LT320		31500	3.298	78750	±7875	1700	10	25	0.19769×10^6	1.8	3.4	0.3
LT360		35500	3.717	88750	±8875	1600	10	25	0.23720×10^6	2.0	3.7	0.3
LT500		50000	5.236	125000	±12500	1400	10	25	0.32945×10^6	2.2	4.0	0.3
LT630		63000	6.597	157500	±15750	1300	10	25	0.41511×10^6	2.4	4.4	0.3
LT800		80000	8.377	200000	±20000	1200	10	25	0.52712×10^6	2.6	4.8	0.3
LT1120		112000	11.728	280000	±28000	1100	10	25	0.73798×10^6	2.8	5.2	0.3
LT1400		140000	14.660	350000	±35000	1000	10	25	0.93564×10^6	3.0	5.6	0.3
LT1800		180000	18.848	450000	±45000	950	10	25	1.31780×10^6	3.2	6.0	0.3

1.10　离心离合器

离心离合器为不需操纵，自行接合的离合器。当主动件转速达到一定数值后，其上闸块（或钢球）产生的离心力，使摩擦块压紧从动件，借助摩擦力传递转矩。离心离合器可分为常开式与常闭式，从结构上可分为闸块式与钢球式。

1.10.1　离心离合器的特点、型式与应用

离心离合器的一般特点如下：

1）接合过程中对原动机逐渐加载，启动平稳。适用于启动不频繁，从动部分惯量大，易造成原动机过载的工况。

2）接合过程中，主、从动件间有速度差，是摩擦打滑过程，在主、从动件未达到同步之前，伴有摩擦发热和磨损。一般打滑时间不宜过长，应限制在1～1.5min。

3）传递转矩与转速平方成正比，故不适用于低速和变速工况。

表 16-1-67　　离心离合器的型式、结构及特点

型式	带弹簧闸块式	带弹簧楔块式
结构简图及特点	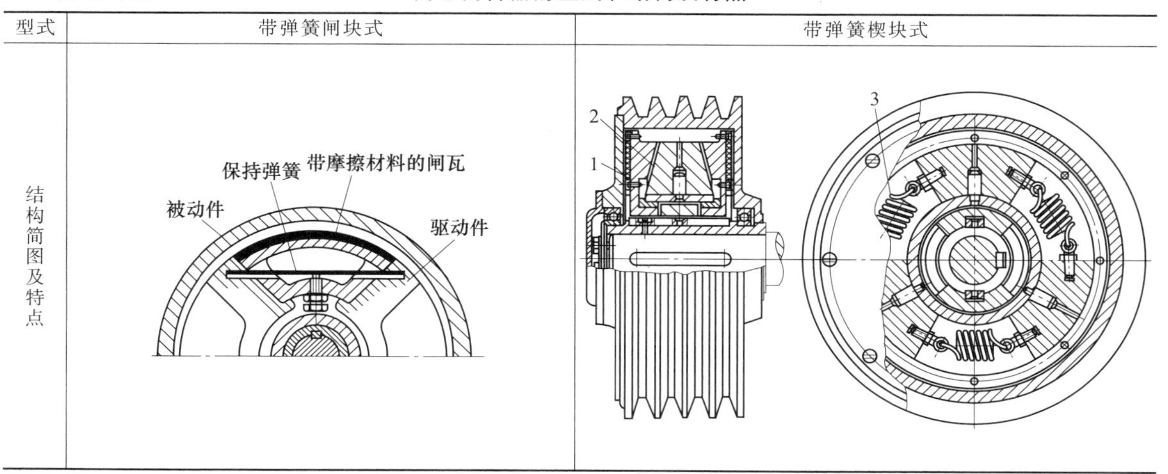	

第16篇

续表

型式	带弹簧闸块式	带弹簧楔块式
结构简图及特点	离心体是闸块，启动开始靠弹簧作用，闸块不与壳体接触。当主动轴达到预定转速时，离心力超过弹簧力，闸块开始与壳体逐步接合传递转矩。一般两者开始接合时的转速为正常转速的 70%～80% 离合器在接合过程中工作平稳，但闸块的重量较大	离心体 2 为楔块，楔块之间装有拉紧弹簧 3，启动时主轴达到一定初速度，楔块撑开摩擦盘 1 使之与壳体压紧，传递转矩

型式	液压调节带弹簧闸块式	钢珠离心式
结构简图及特点	1—左隔膜；2—复位弹簧；3，10—弹簧；4—隔板；5—钢片；6—右隔膜；7—压盘；8—离心闸块；9—节流阀	1—壳体；2—钢珠；3—叶片
	可以通过液压系统来控制离合器的接合速度	离心体为钢珠或钢柱。接合性能好，所传递的转矩大小可以通过钢珠的数量调节 结构简单，制造比较容易。钢珠直径 4～6mm，体积占总容量的 85%～90%，叶片数量 1～6 片，叶片外径与壳体内径间隙 0.5～1mm

型式	自由闸块式
结构简图及特点	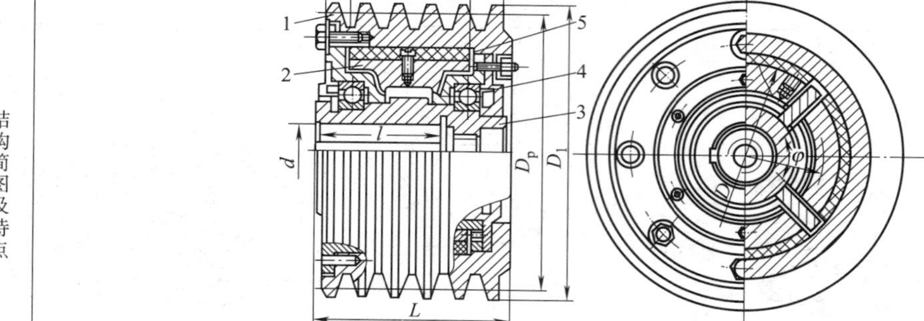 1—V 带轮；2—离心块；3—十字轴；4—轴承；5—摩擦带 离合器无弹簧，从启动开始闸块就边滑磨边接合，压向离合器壳体，直到完全接合。其接合性能稍差 结构简单，闸块轻，应用较广泛

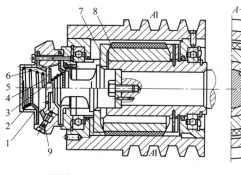

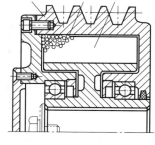

1.10.2　离心离合器的计算

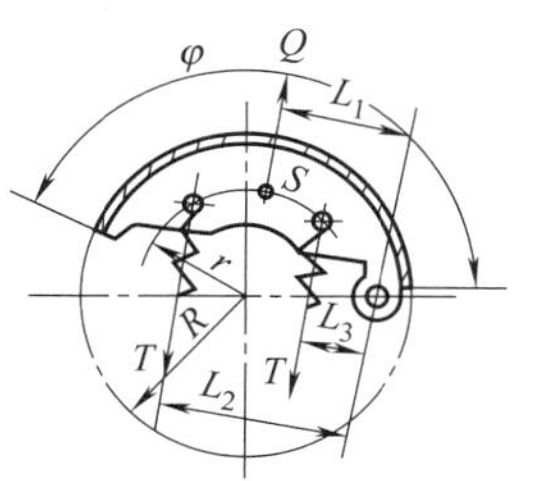

(a) 带径向拉簧闸块式

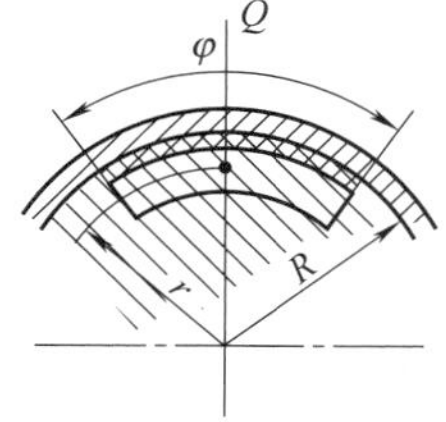

(b) 无弹簧闸块式

$R=(2\sim3.5)d$
$b=(1\sim2)d$
$r=(0.7\sim0.9)R$

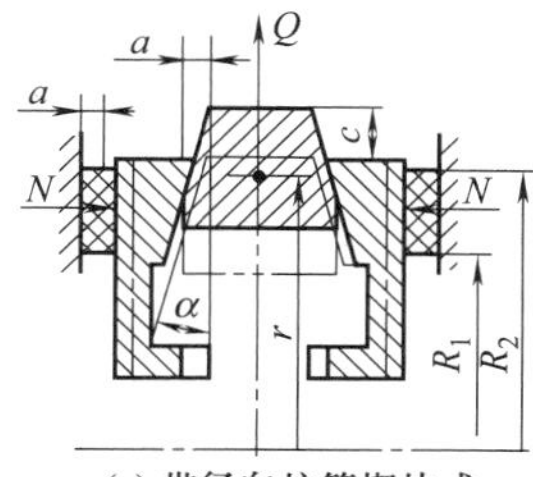

(c) 带径向拉簧楔块式

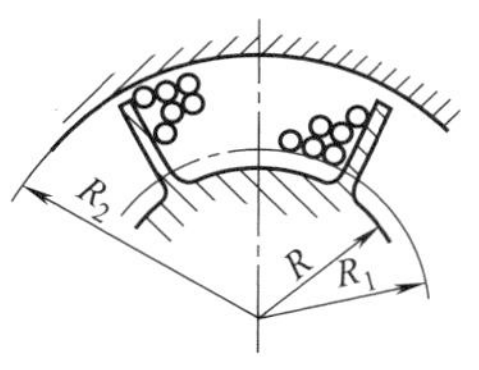

(d) 钢珠式

$R_2=(2\sim3.5)d$
$b=(1\sim2)d$

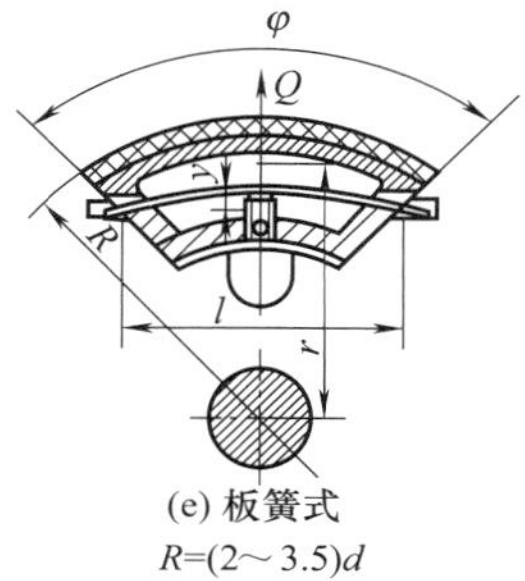

(e) 板簧式

$R=(2\sim3.5)d$
$b=(1\sim2)d$
$r=(0.6\sim0.9)R$

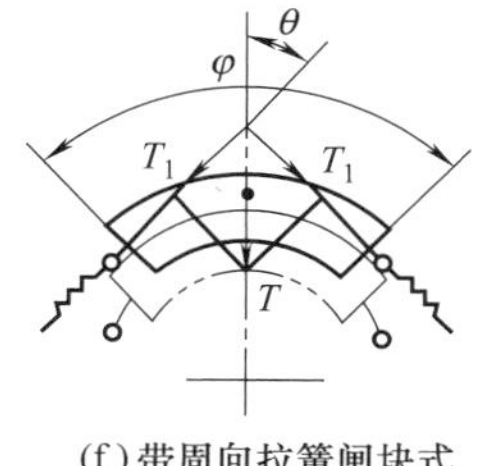

(f) 带周向拉簧闸块式

$R=(2\sim3.5)d$
$r=(0.6\sim0.8)R$

图 16-1-11　结合元件结构参数

表 16-1-68　**离心离合器的计算**

型式	计算项目	计算公式	单位	说明
带弹簧闸块式	计算转矩	$T_c=\beta T_t$	N·m	β——工作储备系数，一般取 $\beta=1.5\sim2$ T_t——需传递的转矩，N·m R——闸块外半径，mm r——闸块质心所处半径，mm z——闸块数量 b——闸块宽度，mm d——主动轴直径，mm n——正常工作转速，r/min L_1、L_2、L_3——长度，mm n_0——开始接合转速，r/min，一般取 $n_0=(0.7\sim0.8)n$ m——单个闸块质量，kg μ——摩擦面材料摩擦因数，见表 16-1-19 p_p——摩擦面许用压强，MPa，见表 16-1-19 φ——闸块所对角度，rad
	传递转矩所需离心力	$Q_j=\dfrac{1000T_c}{R\mu z}$	N	
	闸块有效离心力	$Q=\dfrac{mr\pi^2(n^2-n_0^2)}{9\times10^5}\geqslant Q_j$	N	
	摩擦面压强	$p=\dfrac{1000T_c}{R^2b\varphi\mu z}\leqslant p_p$	MPa	
	预定弹簧力 拉簧 片簧	$T=\dfrac{L_1mr\pi^2n_0^2}{9\times10^5(L_2+L_3)}$ $T=\dfrac{mr\pi^2n_0^2}{9\times10^5}$	N	
无弹簧闸块式	计算转矩	$T_c=\beta T_t$	N·m	
	传递转矩所需离心力	$Q_j=\dfrac{1000T_c}{R\mu z}$	N	
	闸块有效离心力	$Q=\dfrac{mr\pi^2n^2}{9\times10^5}\geqslant Q_j$	N	
	摩擦面压强	$p=\dfrac{1000T_c}{R^2b\varphi\mu z}\leqslant p_p$	MPa	
带拉簧楔块式	计算转矩	$T_c=\beta T_t$	N·m	r——楔块质心所处半径，mm z——楔块数量 b——摩擦面宽度，mm α——楔块倾斜角，(°) m——单个楔块质量，kg ρ——摩擦角，$\tan\rho=\mu$ R_m——壳体内半径，即闸块摩擦半径，mm 其他符号说明同前
	传递转矩所需离心力	$Q_j=\dfrac{2000T_c}{R_m\mu z}\tan(\alpha+\rho)$	N	
	楔块有效离心力	$Q=\dfrac{mr\pi^2(n^2-n_0^2)}{9\times10^5}\geqslant Q_j$	N	
	楔块脱开力	$F_j=\dfrac{2000T_c}{R_m\mu z}\tan(\alpha-\rho)$	N	

第 16 篇

续表

型式	计算项目	计算公式	单位	说明
带拉簧楔块式	预定弹簧力	$F=\frac{mr\pi^2 n_0^2}{9\times10^5}\geqslant T_j$	N	
	每根弹簧力	$F_1=\frac{F}{2\cos\theta}$	N	
	摩擦面压强	$p=\frac{250T_c}{\pi R_m^2 b\mu}\leqslant p_p$	MPa	
	摩擦面平均半径	$R_m=\frac{R_1+R_2}{2}$	mm	
钢珠式	计算转矩	$T_c=\beta T_t$	N·m	β——工作储备系数，取 $\beta=2$ R_2——壳体内半径，mm b——叶片宽度，mm μ——摩擦因数，钢珠对钢或铸铁 $\mu=0.2\sim0.3$ n——转速，r/min C——比值，一般取 $C=\frac{R_1}{R_2}=0.7\sim0.8$ 其他符号说明同带弹簧闸块离心离合器
	圆周产生的摩擦转矩	$T_1=1.1\times10^{-4}R_2^4 bn^2\mu(1-C^3)$	N·m	
	端面产生的摩擦转矩	$T_2=1.1\times10^{-5}R_2^5 n^2\mu(1-C^4)$	N·m	
	许用转矩	$T_p=T_1+T_2\geqslant T_c$	N·m	

注：其他未注明的长度尺寸单位均为 mm。

1.10.3 离心离合器产品

AS 系列钢砂式离心离合器（安全联轴器）

AS 型钢砂式离心离合器许用补偿量

ASD 系列 V 带轮钢砂式离心离合器（安全联轴器）

AQ 系列钢球式离心离合器（节能安全联轴器）

AQZ 系列带制动轮钢球式离心离合器（节能安全联轴器）

AQD 系列 V 带轮钢球式离心离合器（节能安全联轴器）

离心离合器产品
（扫码阅读或下载）

1.11 超越离合器

超越离合器是靠主、从动部分的相对速度变化或回转方向变换而自动接合或脱开的离合器。超越离合器有嵌合式与摩擦式之分；摩擦式又分为滚柱式与楔块式。

单向超越离合器只能在一个方向传递转矩，双向超越离合器可双向传递转矩。超越离合器的从动件可以在不受摩擦力矩的影响下超越主动件的速度运行。带拨爪的超越离合器，拨爪为从动件。

1.11.1 超越离合器的特点、型式及应用

超越离合器的一般特点如下：

1）改变速度。在传动链不脱开的情况下，可以使从动件获得快、慢两种速度。

2）防止逆转。单向超越离合器只在一个方向传递转矩，而在相反方向转矩作用下则空转。

3）间歇运动。双向超越离合器与单向超越离合器适当组合，可实现从动件做某种规律的间歇运动。

表 16-1-69　　**超越离合器型式、特点及应用**

<table>
<tr><th>型式</th><th colspan="2">特点及应用</th></tr>
<tr><td rowspan="2">棘轮式</td><td>内齿棘轮超越式
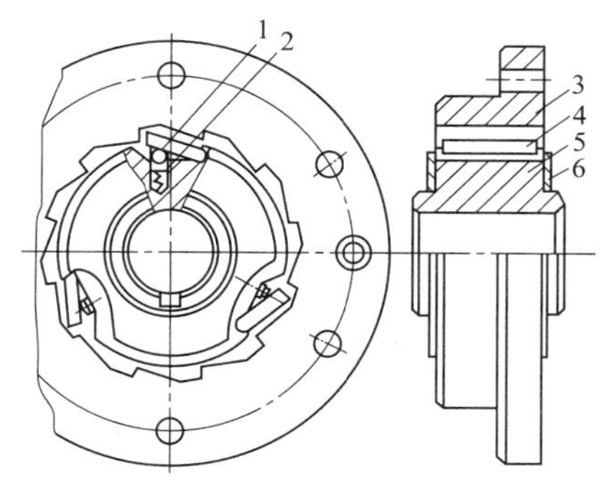

1—钢球；2—弹簧；3—外圈；4—棘爪；
5—内圈；6—挡圈</td><td>外齿棘轮超越式
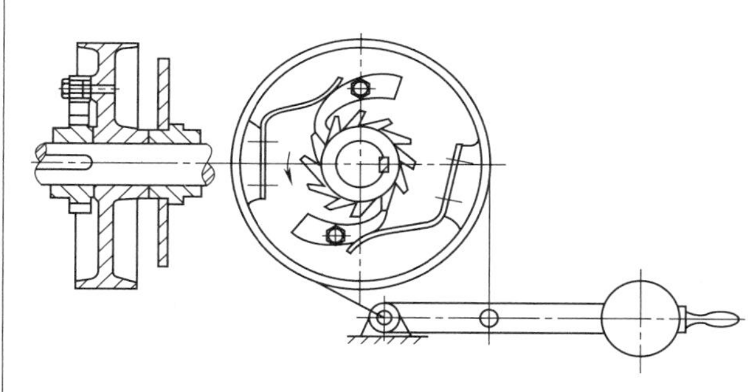</td></tr>
<tr><td>当内圈逆时针旋转时，通过棘爪带动外圈输出转矩，同时，外圈可以超越内圈的速度转动。内圈顺时针旋转时，棘爪与外圈的内齿呈分离状态，内圈空载旋转
常用于农业机械、自行车传动</td><td>棘轮向一个方向(图中为逆时针)转动时，棘轮和棘爪处于分离状态，但棘爪将时刻预防棘轮的逆转
用于绞车提升和下放重物</td></tr>
<tr><td>滚柱式</td><td>单向滚柱超越式
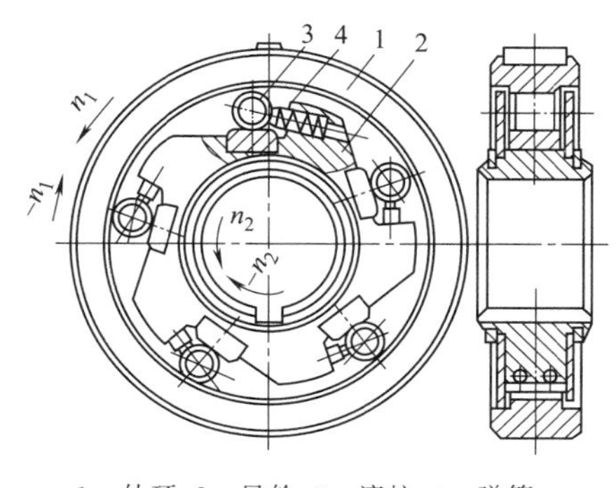

1—外环；2—星轮；3—滚柱；4—弹簧</td><td>带拨爪单向滚柱超越式
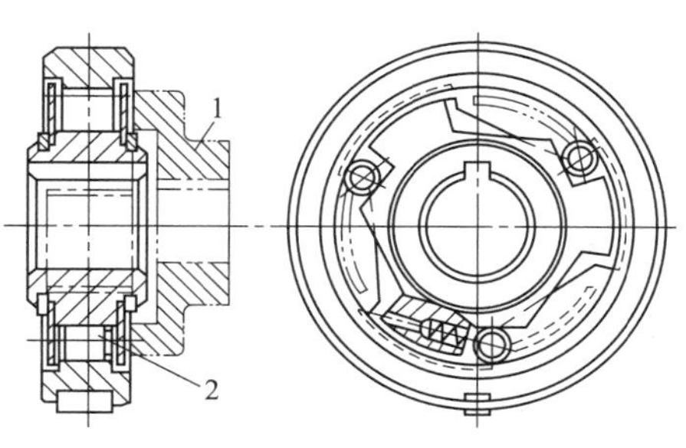

1—拨爪；2—滚柱</td></tr>
</table>

续表

<table>
<tr><th>型式</th><th colspan="3">特点及应用</th></tr>
<tr><td>滚柱式</td><td>滚柱 3 受弹簧 4 的弹力，始终与外环 1 和星轮 2 接触。滚柱在滚道内自由转动，磨损均匀，磨损后仍能保持圆柱形，短时过载滚柱打滑不会损坏离合器。星轮加工困难，装配精度要求较高。星轮与外环运动关系比较多样化
外环 1 主动（逆时针转）时：
当 $n_1=n_2$，离合器接合
当 $n_1<n_2$，离合器超越
星轮 2 主动（顺时针转）时：
当 $-n_2=-n_1$，离合器接合
当 $|-n_2|<|-n_1|$，离合器超越</td><td colspan="2">外环和星轮不论哪一个为主动，都只能单向传递运动。如果用拨爪 1 拨动滚柱 2，可以使运动中断。拨爪与起操纵作用的另一条运动相连接，在传动链未中断前和离合器一起转动</td></tr>
<tr><td>带拨爪双向滚柱式</td><td>1—外环；2—星轮；3—滚柱；4—拨爪</td><td colspan="2">与单向型滚柱超越离合器相比，工作面和滚柱由单向布置改为相邻对称布置。外环为主动时，能两个方向传递运动和转矩，拨爪主动时，不论转向如何，只要 $n_4>n_1$，均使离合器脱开，拨爪 4 做超越运动，而且可通过拨爪使运动中断，是一种可逆离合器</td></tr>
<tr><td rowspan="2">楔块式</td><td>单向超越离合器
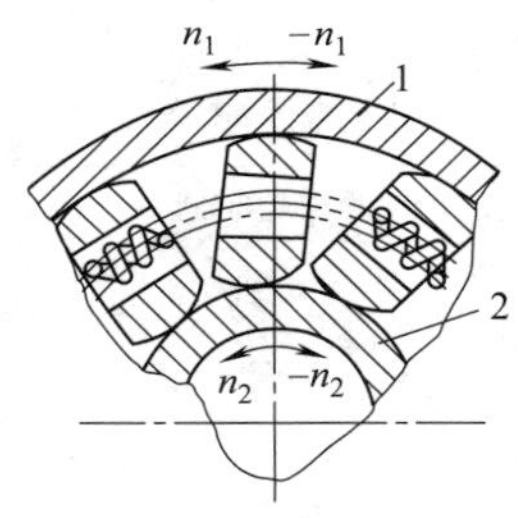
当件 1 主动（逆时针转）时：
当 $n_1=n_2$，离合器接合
当 $n_1<n_2$，离合器超越
件 2 主动（顺时针转）时：
当 $-n_1=-n_2$，离合器接合
当 $|-n_2|<|-n_1|$，离合器超越</td><td>双向超越离合器
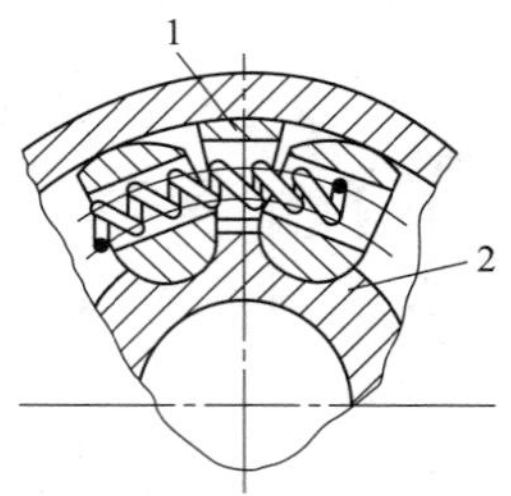
当拨叉 1 作正反向转动时，均可带动内套 2 同步转动
当拨叉不动，内套被楔住不能转动</td><td>非接触式单向超越离合器
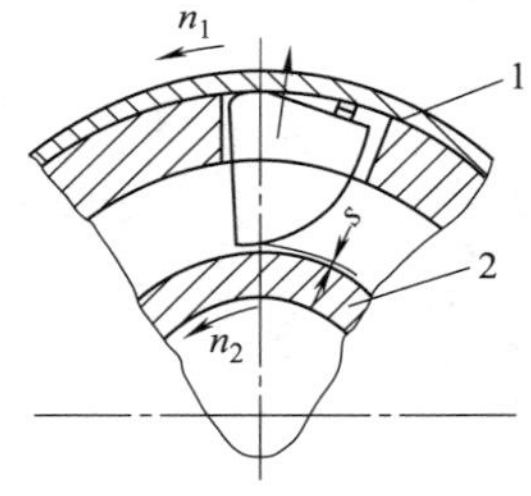
当 $n_1>n_2$ 时，偏心楔块放松，离合器超越
当 $n_1<n_2$ 时，偏心楔块楔紧，离合器接合，内外环一起低速转动</td></tr>
<tr><td colspan="2">接触点曲率半径大，楔块多，承载能力高，结构紧凑，外形尺寸小，自锁可靠，反向脱开容易，制造容易。但接触点固定磨损后，会产生一小平面，严重时，楔块可能翻转，不能自动恢复工作
常用于止逆机构，将主动轴的动力和运动传给从动轴，而从动轴受外力时不能逆转，仍保持原位</td><td>当外圈逆时针转动时，受离心力作用，偏心楔块绕反向转动，与内环表面脱开，保持一定间隙，实现无接触超载，可避免高速超载时，楔块与内环面发生磨损，其缺点是制造精度高，需保持内外环有较高的同轴度</td></tr>
</table>

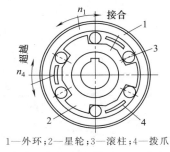

表 16-1-70　　**楔块、滚柱超越离合器的比较**

项目	滚柱式离合器	楔块式离合器
承载能力	相同滚道尺寸的情况下，放置的滚柱数目少，接触应力大，承载能力低	放置的楔块数量多，楔块与滚道接触的圆弧面之曲率半径大于滚柱的半径，即楔块与滚道接触面积大，与内滚道接触应力虽然大，但因楔块数量多，总承载能力比滚柱式高（一般为 5～10 倍）
自锁性能	比较可靠	可靠、反向解脱轻便
传动效率	0.95～0.99	0.94～0.98
超载时工作情况	极端超载情况下，滚柱趋于滑动而自锁失效，当转矩减小时，滚柱复位，滚柱可重新楔紧正常运转	极端超载情况下，可能有一个或几个楔块转动超过最大的撑线范围，而使楔块翻转，离合器两个方向都自锁不得转动，当转矩减小后楔块也不能复位
零件磨损情况	滚柱能在滚道内自由转动，磨损后仍能保持圆形，滚柱与内、外圈的接触点在楔紧状态与分离状态时并不相同，磨损均匀	楔块由于不能自由转动，楔块与内外滚道的接触部位仅局限在一小段工作圆弧上，容易磨损成小平面。但因传递转矩时楔块式比滚柱式离合器直径小，圆周速度低而且楔块数量多，因而使楔块磨损量减小，使用寿命长
主动元件的选择	通常选择内圈。外圈空转时可以避免滚柱因离心力对外圈产生压力	通常选择外圈。内圈空转时工作表面的圆周速度低，减小空转时的磨损
动作准确度	溜滑角不超过 2°，工作灵敏，准确度高	溜滑角一般为 2°～7°，要提高工作灵敏度，需减小溜滑角
制造工艺	星轮加工较复杂，工艺性差，装配时要求高	楔块采用冷拉异型钢。内外圈滚道均为圆柱面，加工容易。因此工艺性好，适于批量生产，容易装配

1.11.2　超越离合器主要零件的材料和热处理

超越离合器的材料要求具有较高的硬度和耐磨性。对于滚柱，还要求芯部具有韧性，能承受冲击载荷而避免碎裂。

表 16-1-71　　**超越离合器主要零件的材料和热处理**

<table>
<tr><th>零件</th><th colspan="2">材　　料</th><th>热　处　理</th><th colspan="2">应 用 范 围</th></tr>
<tr><td rowspan="4">外毂星轮</td><td colspan="2">20Cr 或 20MnVB、20Mn2B</td><td>渗碳、淬火、回火 58～62HRC</td><td colspan="2" rowspan="2">中等载荷、冲击较大的、比较重要的场合</td></tr>
<tr><td colspan="2">GCr15 或 GCr6</td><td>淬火、回火 58～64HRC</td></tr>
<tr><td colspan="2">40Cr 或 40MnVB、40MnB</td><td rowspan="2">高频淬火 48～55HRC</td><td colspan="2">载荷较大、尺寸中等的场合</td></tr>
<tr><td colspan="2">45</td><td colspan="2">尺寸较大、载荷不大而重要的场合</td></tr>
<tr><td rowspan="3">滚柱或楔块</td><td colspan="2">GCr15 或 GCr12、GCr6</td><td>淬火回火 58～64HRC</td><td colspan="2" rowspan="2">载荷与冲击较大的重要场合</td></tr>
<tr><td colspan="2">T8</td><td>淬火回火 56～62HRC</td></tr>
<tr><td colspan="2">40Cr</td><td>淬火回火 48～52HRC</td><td colspan="2">载荷不大、一般不太重要的场合</td></tr>
<tr><td rowspan="3">渗碳厚度要求 /mm</td><td>外环内径 2R</td><td>30～40</td><td>50～65</td><td>80～125</td><td>160～200</td></tr>
<tr><td>内外环渗碳厚度</td><td>0.8～1.0</td><td>1.0～1.2</td><td>1.2～1.5</td><td>1.5～1.8</td></tr>
<tr><td>星轮渗碳厚度</td><td>1.0～1.2</td><td>1.2～1.5</td><td>1.5～1.8</td><td>1.8～2.0</td></tr>
</table>

1.11.3　超越离合器材料的许用接触应力

表 16-1-72　　**超越离合器材料的许用接触应力**

离合器需要的楔合次数	许用接触应力 σ_{Hp}/MPa
10^7	1422～1766
10^6	3041～3237
$(0.5～1)\times10^5$	4120

注：一般可取额定楔合次数为 10^6。

第 16 篇

1.11.4　超越离合器的计算

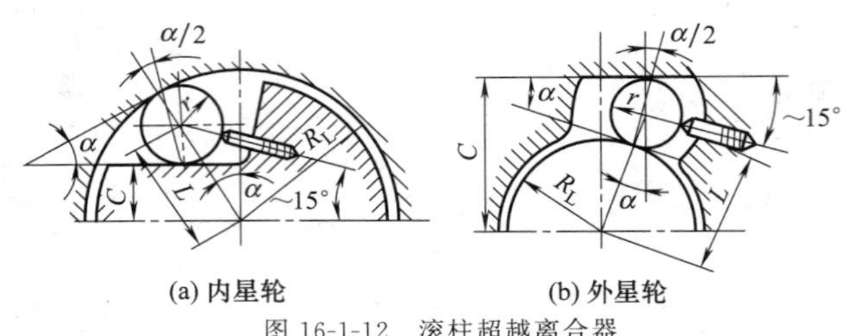

(a) 内星轮　　(b) 外星轮

图 16-1-12　滚柱超越离合器

表 16-1-73　　超越离合器的计算

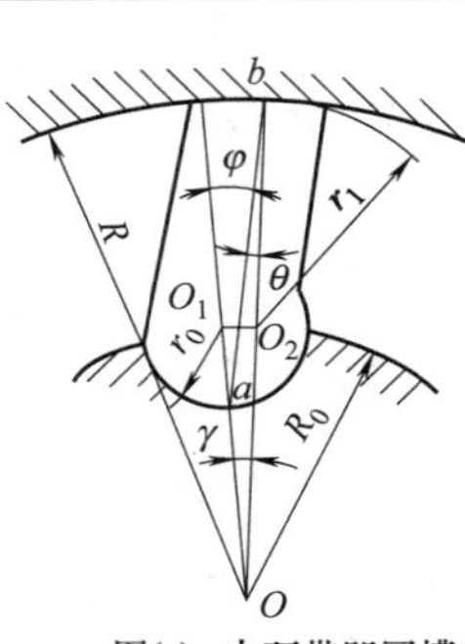

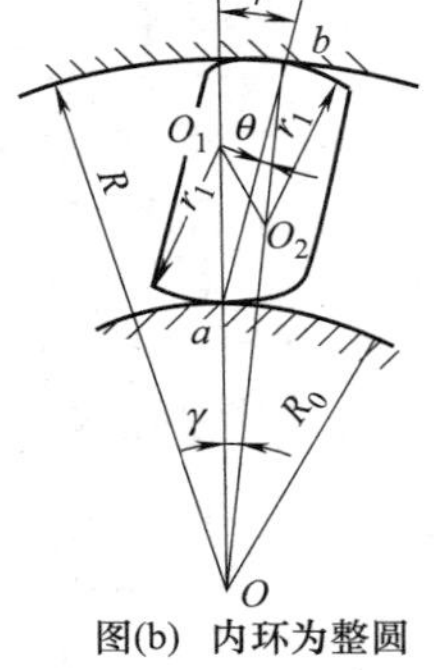

图(a)　内环带凹圆槽　　图(b)　内环为整圆

型号	计算项目	计 算 公 式	说　明
滚柱超越式	楔紧平面至轴心线距离	$C=(R_z\pm r)\cos\alpha\pm r$ 内星轮用"－",外星轮用"＋"	β——工作储备系数,$\beta=1.4\sim5$ T_t——需要传递的转矩,N·m R_z——滚柱离合器外环内半径,mm,$R_z=(4.5\sim15)r$,一般取$R_z=8r$ b——滚柱长度,mm,$b=(2.5\sim8)r$,一般取$b=(3\sim4)r$ E_v——当量弹性模数,钢对钢$E_v=2.06\times10^5$MPa σ_{Hp}——许用接触应力,MPa,见表16-1-72 μ——摩擦因数,一般取$\mu=0.1$ m——滚柱质量,kg n——星轮转速,r/min z——滚柱数目,见表16-1-74 R_0——内环外半径,mm,$R_0=(4\sim4.5)r_1$ L——楔块长度,mm,内环整圆$l=(2.6\sim4)r_1$,内环凹槽$l=(1.6\sim2)r_1$ D——外环内径,mm d——滚柱直径,mm R——楔块离合器外环内半径,mm,内环整圆时$R=(1.2\sim1.44)R_0$,内环凹槽时$R=(3.2\sim3.5)r_1$ α——楔角,(°),α小,楔合容易,脱开力大,α大,不易楔合或易打滑,为保证滚柱不打滑,应使压力角$\alpha/2$小于滚柱对星轮或内外环接触面的最小摩擦角ρ_{min},即$\alpha/2<\rho_{min}$,当星轮工作面为平面时,取$\alpha=6°\sim8°$,当工作面为对数螺旋面或偏心圆弧面时,取$\alpha=8°\sim10°$,最大极限值$\alpha_{max}=14°\sim17°$
	计算转矩	$T_c=\beta T_t$	
	正压力	$N=\dfrac{1000T_c}{(L\pm r)\mu z}$内星轮用"＋",外星轮用"－"	
	接触压力	$\sigma_H=0.42\sqrt{\dfrac{NE_v}{b\rho_v}}\leqslant\sigma_{Hp}$	
	当量半径 内星轮 外星轮	$\rho_v=r$ $\rho_v=\dfrac{R_zr}{R_z+r}$	
	弹簧压力	$P_E\geqslant\dfrac{(D-d)\mu mn^2}{18\times10^4}$	
内环带凹圆槽楔块超越式	楔块偏心距	$e=O_1O_2=R_0\sin\gamma\approx R_0\gamma$ $\sin\gamma\approx\dfrac{r_1+r_0}{R}\sin\varphi$	
	外环处压力角	$\theta=\arcsin\dfrac{(R_0-r_0)\sin\varphi}{R}$	
	中心角	$\gamma=\varphi-\theta$	
	计算转矩	$T_c=\beta T_t$	
	b点正压力	$N_b=\dfrac{1000T_c}{Rz\tan\theta}$	
	b点接触应力	$\sigma_{bH}=0.42\sqrt{\dfrac{N_bE_v}{l\rho_v}}\leqslant\sigma_{Hp}$	
	当量曲率半径	$\rho_v=\dfrac{Rr_1}{R-r_1}$	

续表

<table>
<tr><th>型号</th><th>计算项目</th><th>计算公式</th><th>说明</th></tr>
<tr><td rowspan="7">内环为整圆楔块超越式</td><td>楔块偏心距</td><td>$e=O_1O_2\approx\sqrt{(R-r_1)^2+(R_0+r_1)^2-2(R-r_1)(R_0+r_1)\cos\gamma}$
（一般 $\gamma<1°30'$，$\cos\gamma\approx1$，$e\approx R_0+2r_1-R$）</td><td rowspan="7">φ，θ——分别为内环和外环压力角，(°)，内环为整圆时
$\varphi\approx\arccos\dfrac{R^2-R_0^2-\overline{ab}^2}{2R_0\overline{ab}}$
为了保证工作时不打滑，压力角 φ 不得超过与内外环之间的最小摩擦角，一般取 $\varphi=2°15'\sim4°30'$，φ 一般取 3°
$\theta=\arcsin\left(\dfrac{R_0}{R}\sin\varphi\right)$
r——滚柱半径，mm
r_1——楔块工作曲面半径，mm</td></tr>
<tr><td>外环处楔角</td><td>$\theta=\arcsin\left(\dfrac{R_0}{R}\sin\varphi\right)$
$\theta=\angle abO_2$</td></tr>
<tr><td>中心角</td><td>$\gamma=\varphi-\theta$，$\sin\gamma\approx\dfrac{R-R_0}{R}\sin\varphi$</td></tr>
<tr><td>计算转矩</td><td>$T_c=\beta T_t$</td></tr>
<tr><td>a 点正压力</td><td>$N_a=\dfrac{1000T_c}{R_0z\tan\varphi}$</td></tr>
<tr><td>a 点接触应力</td><td>$\sigma_{aH}=0.42\sqrt{\dfrac{N_aE_v}{l\rho_v}}\leqslant\sigma_{Hp}$</td></tr>
<tr><td>当量曲率半径</td><td>$\rho_v=\dfrac{R_0r_1}{R_0+r_1}$</td></tr>
</table>

表 16-1-74　滚柱数及尺寸参数参考值

使用离合器的设备	滚柱数目 z	$\dfrac{D}{d}\left(\dfrac{R_z}{r}\right)$	b/d
起升机构	4	8	1.25～1.50
汽车传动系	8～20	9～15	1.5～3.0
汽车启动器	4～5	4.5～6.0	1.25～1.50
自行车	5	4.5～6.0	2

注：D—外毂内表面直径；d—滚柱直径；b—滚柱长度。

1.11.5　超越离合器的结构尺寸和性能参数

表 16-1-75　不带拨爪的单向超越离合器的结构尺寸　mm

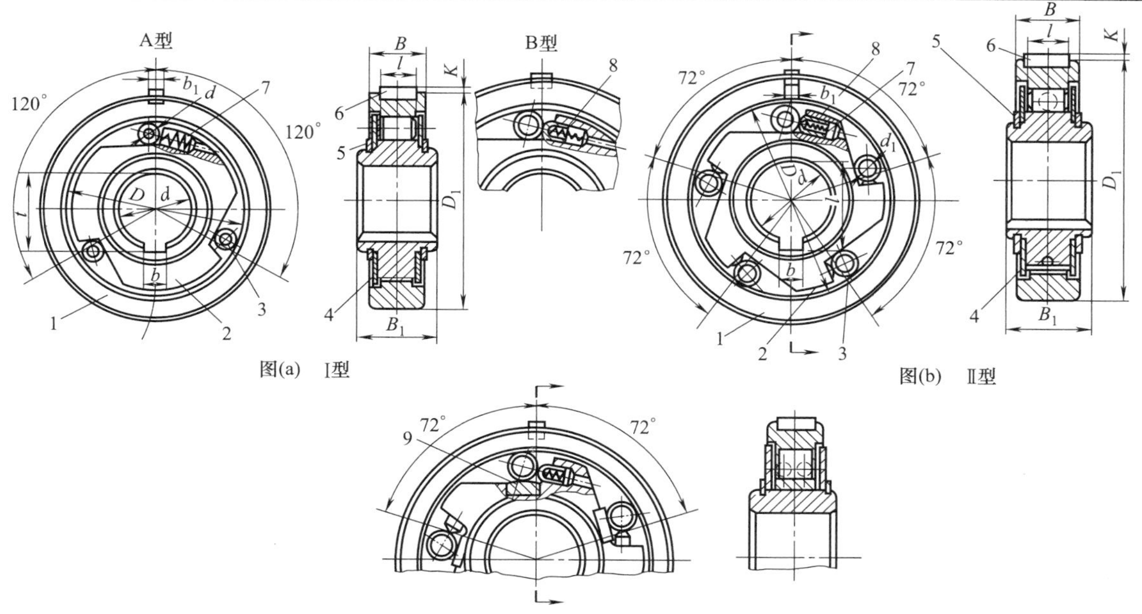

图(a)　Ⅰ型　图(b)　Ⅱ型　图(c)　Ⅲ型

1—外环；2—星轮；3—滚柱；4—盖板；5—挡圈；6—平键；7—弹簧；8—顶销；9—镶块

续表

型式		D (H7)	d (H7)	D_1 (k6)	d_1 (h7)	B	B_1	b (H9)	t (H11)	b_1 (h9)	l (d10)	K
Ⅰ型	A型	32	10	45	4	$12_{-0.12}^{0}$	$18_{0}^{+0.24}$	3	11.1	3	8	1.2
			12					4	13.6			
			14						15.6			
		40	16	55	5	$15_{-0.12}^{0}$	$22_{0}^{+0.28}$	5	17.9	4	10	1.8
			18						19.9			
		50	16	70	6	$18_{-0.15}^{0}$	$25_{0}^{+0.28}$	5	17.9	5	12	2.3
			18						19.9			
			20					6	22.3			
		65	16	85	8	$20_{-0.15}^{0}$	$28_{0}^{+0.28}$	5	17.9		14	
			20					6	22.3			
			25					8	27.6			
	B型	80	20	105	10	$25_{-0.15}^{0}$	$35_{0}^{+0.34}$	6	22.3	6	18	2.6
			25					8	27.6			
			30						32.6			
			35					10	37.9			
		100	25	130	13	$30_{-0.2}^{0}$	$45_{0}^{+0.34}$	8	27.6	8	24	3.2
			30						32.6			
			35					10	37.9			
			40					12	42.9			
Ⅱ型		80	25	105	10	$25_{-0.15}^{0}$	$35_{0}^{+0.34}$	8	27.6	6	18	2.6
			30						32.6			
			35					10	37.9			
		100	30	130	13	$30_{-0.2}^{0}$	$45_{0}^{+0.34}$	8	32.6	8	24	3.2
			35					10	37.9			
			40					12	42.9			
		125	35	160	16	$35_{-0.25}^{0}$	$55_{0}^{+0.4}$	10	37.9		28	
			40					12	42.9			
			45					14	48.3			
			50					16	53.6			
Ⅲ型		160	70	200	20	$40_{-0.25}^{0}$	$60_{0}^{+0.4}$	20	74.3	12	32	3.8
		200	90	250	25	$50_{-0.3}^{0}$	$70_{0}^{+0.4}$	24	95.2		40	

注：1. 键按 GB/T 1096—2003，挡圈（零件 5）按 GB/T 894—2017 之规定。

2. 外毂和星轮根据结构要求，可以和其他传动件做成一体。

表 16-1-76　　超越离合器的性能参数和主要尺寸

技术特性	直径 D/mm										
	32	40	50	65	80		100		125	160	200
	滚柱数 z										
	3					5	3	5			
传递的许用转矩 T_p/N·m	0.25	0.45	0.85	1.65	3.30	5.50	7.00	12.00	21.00	39.00	77.00
允许的载荷循环次数(结合次数)	5×10^6										
推荐的载荷循环次数极限/r·min^{-1}	250	200	160	125	100		80		65	50	40
超越时,推荐的转速极限/r·min^{-1}	3000	2500	2000	1500	1250		1000		800	630	500
超越时,允许的最大摩擦转矩/N·m	0.012	0.022	0.042	0.050	0.100	0.170	0.210	0.240	0.420	0.780	1.600
结合时,离合器的最大空转角度	3°		2°30′	2°	1°30′		1°		45′		30′

注：1. 表中所列许用转矩 T_p 为载荷循环次数极限和转速极限情况下的数值，当载荷循环次数和转速低于此极限时，许用转矩可以提高 20%。

2. 当主动件带动从动件一起转动时，称为结合状态。当外套与星轮脱开、主动件和从动件以各自速度回转时，称为超越状态。

1.11.6　超越离合器产品

表 16-1-77　　GC-A 型滚柱式单向离合器（无轴承支承）

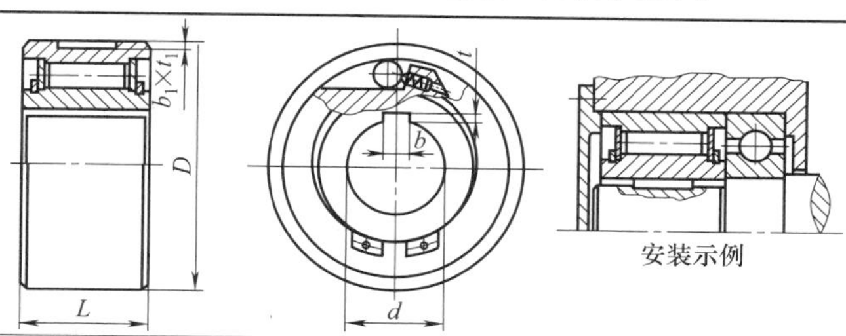

型号	额定转矩 /N·m	超运转速度/r·min^{-1}		外形尺寸/mm					质量 /kg
		内环	外环	D(h7)	L	$b\times t$	d(H7)	$b_1\times t_1$	
GC-A1237	13	1500	3100	37	20	4×2.5	12	4×1.8	0.11
GC-A1547	44	1100	2800	47	30	4×2.5	15	4×1.8	0.30
GC-A2062	117	1000	2400	62	34	5×3.0	20	5×2.3	0.55
GC-A2580	228	850	2000	80	37	5×3.0	25	5×2.3	0.98
GC-A3090	400	750	1700	90	44	6×3.5	30	6×2.8	1.50
GC-A35100	570	650	1400	100	48	6×3.5	35	6×2.8	2.00
GC-A40110	820	600	1200	110	56	8×4.0	40	8×3.3	2.80
GC-A45120	900	500	1000	120	56	10×5.0	45	10×3.3	3.30
GC-A50130	1700	450	850	130	63	10×5.0	50	10×3.3	4.20
GC-A55140	2100	420	700	140	67	12×5.0	55	12×3.3	5.20
GC-A60150	2800	400	580	150	78	12×5.0	60	12×3.3	6.80
GC-A70170	4850	300	450	170	95	14×5.5	70	14×3.8	10.5

表 16-1-78　　GCZ-A 型滚柱式单向离合器（有轴承支承）

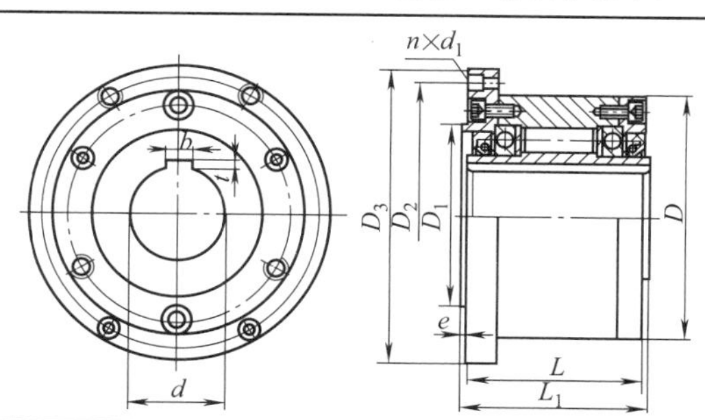

型号	额定转矩 /N·m	超运转速度 /r·min^{-1}		外形尺寸/mm										质量 /kg
		内环	外环	d(H7)	D(h7)	D_1	D_2	D_3	L_1	L	e	$b\times t$	$n\times d_1$	
GCZ-A1262	44	2000	2800	12	62	42	72	85	44	42	3	4×1.8	3×5.5	0.90
GCZ-A1568	100	1800	2600	15	68	47	78	92	54	52	3	5×2.3	3×5.5	1.30
GCZ-A2075	145	1350	2300	20	75	55	85	98	59	57	3	6×3.8	4×5.5	1.70
GCZ-A2590	230	1050	1800	25	90	68	104	118	62	60	3	8×3.3	4×5.5	2.60
GCZ-A30100	400	850	1600	30	100	75	114	128	70	68	3	8×4.1	6×6.6	3.50
GCZ-A35110	580	775	1500	35	110	80	124	140	76	74	3.5	10×3.3	6×6.6	4.50
GCZ-A40125	820	575	1300	40	125	90	142	160	88	86	3.5	12×3.3	6×9.0	6.90
GCZ-A45130	900	500	1200	45	130	95	146	165	88	86	3.5	14×3.3	8×9.0	9.10
GCZ-A50150	1700	400	1075	50	150	110	165	185	96	94	4	14×3.8	8×9.0	10.1
GCZ-A55160	2100	375	1000	55	160	115	182	204	106	104	4	16×4.3	8×11	13.1
GCZ-A60170	2800	325	950	60	170	125	192	214	116	114	4	18×4.4	10×11	15.6
GCZ-A70190	4600	275	875	70	190	140	212	234	136	134	4	20×4.9	10×11	20.4
GCZ-A80210	6800	250	800	80	210	160	232	254	146	144	4	22×5.4	10×11	16.7
GCZ-A90230	11600	225	725	90	230	180	254	278	160	158	4.5	25×5.4	10×14	39.0
GCZ-A100270	18000	175	625	100	270	210	305	335	184	182	5	28×6.4	10×18	66.0
GCZ-A20310	25000	125	500	130	310	240	345	380	214	214	5	32×7.4	12×18	91.0

表 16-1-79 **CKA 型（基本型）单向楔块超越离合器**（JB/T 9130—2002） mm

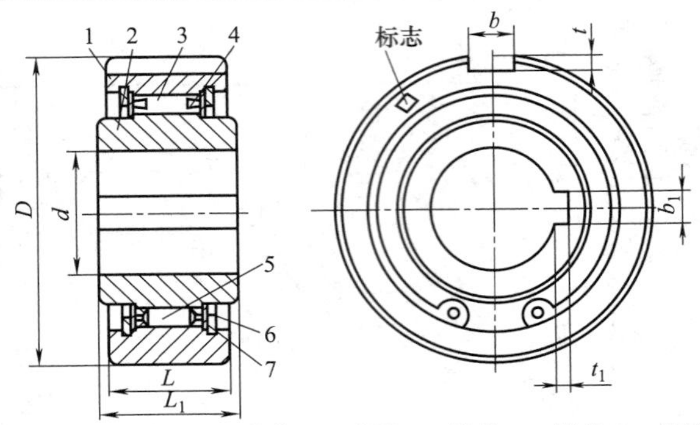

1—外环；2—内环；3—楔块；4—弹簧；5—滚柱；6—端盖；7—挡圈

型号	代号	公称转矩 T_n /N·m	超越时的极限转速 n /r·min^{-1}	外环			内环			质量 m /kg
				D (h7)	键槽 $b\times t$	L	d (H7)	键槽 $b_1\times t_1$	L_1	
CKA1	CKA1—50×24—12	31.5	2500	50	3×1.8	22	12	3×1.4	24	0.24
CKA2	CKA2—55×24—18	50	2250	55	4×2.5		18	4×1.8		0.28
CKA3	CKA3—60×24—20	63	2000	60	6×3.5		20	6×2.8		0.33
CKA4	CKA4—65×26—24	100	1800	65		24	24		26	0.38
CKA5	CKA5—65×32—24	140				30			32	0.48
CKA6	CKA6—70×32—25	180	1500	70	8×4.0		25	8×3.3		0.63
CKA7	CKA7—70×32—28						28			0.60
CKA8	CKA8—80×32—25	200		80			25			0.90
CKA9	CKA9—80×32—30						30			0.87
CKA10	CKA10—100×34—35	315	1250	100	10×5.0	32	35			1.34
CKA11	CKA11—100×34—38						38	10×3.3	34	1.28
CKA12	CKA12—100×34—40						40			1.20
CKA13	CKA13—110×34—35	400	1000	110			35			1.81
CKA14	CKA14—110×34—40						40			1.94
CKA15	CKA15—130×38—45	630		130	14×5.5	36	45	14×3.8	38	3.11
CKA16	CKA16—130×38—50						50			3.02
CKA17	CKA17—140×55—50	1250	800	140		52			55	5.27
CKA18	CKA18—140×55—55				16×6.0	52	55	16×4.3	55	5.10
CKA19	CKA19—160×55—55	2000		160						6.96
CKA20	CKA20—160×55—60			160	18×7.0		60	18×4.4		6.78
CKA21	CKA21—170×55—60	2240		170						7.80
CKA22	CKA22—170×55—65			170			65			7.61
CKA23	CKA23—180×55—60	2500		180			60			8.87
CKA24	CKA24—180×55—65			180			65			8.69
CKA25	CKA25—200×55—65	2800		200						11.02
CKA26	CKA26—200×55—70			200	20×7.5		70	20×4.9		10.82

表 16-1-80 **CKB 型超越离合器**（JB/T 9130—2002） mm

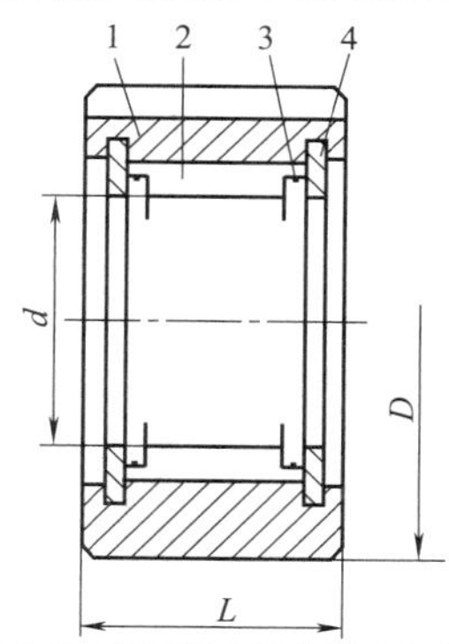

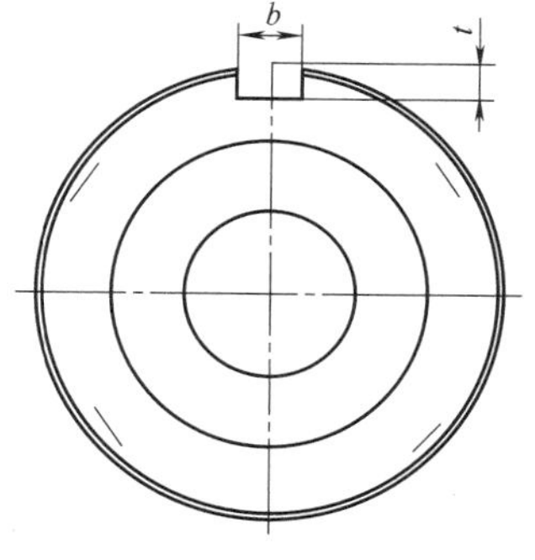

1—外环；2—楔块；3—弹簧；4—端盖

型号	代号	公称转矩 T_n /N·m	轴最高超越转速 n /r·min^{-1}	外环			轴径 $d_{-0.025}^{\ 0}$	同一外径的轴承型号	质量 m /kg
				D (h7)	键槽 $b\times t$	L			
CKB1	CKB1—40×25—16	35.5	2000	40	4×2.5	25	16	6203	0.21
CKB2	CKB2—47×25—18	56	2000	47	5×3.0		18	6204	0.29
CKB3	CKB3—52×25—24	90	1800	52	5×3.0		24	6205	0.33
CKB4	CKB4—62×28—30	200	1800	62	6×3.5	28	30	6206	0.51
CKB5	CKB5—62×28—32						32		0.48
CKB6	CKB6—62×28—35						35		0.45
CKB7	CKB7—72×28—40	315		72			40	6207	0.61
CKB8	CKB8—72×28—42						42		0.59
CKB9	CKB9—80×32—45	500	1600	80	8×4.0	32	45	6208	0.75
CKB10	CKB10—80×32—48						48		0.80
CKB11	CKB11—85×32—50	560		90			50	6209	0.94
CKB12	CKB12—90×32—55	630	1200		10×5.0		55	6210	1.00
CKB13	CKB13—100×42—60	710					60	6211	1.26
CKB14	CKB14—110×42—65	1000		100		42	65	6212	2.04
CKB15	CKB15—120×42—70	1120	1000	120			70	6213	2.46
CKB16	CKB16—125×42—80	1250		125	12×5.0		80	6214	2.40

表 16-1-81 **CKZ 型**（带轴承型）**单向楔块超越离合器**（JB/T 9130—2002） mm

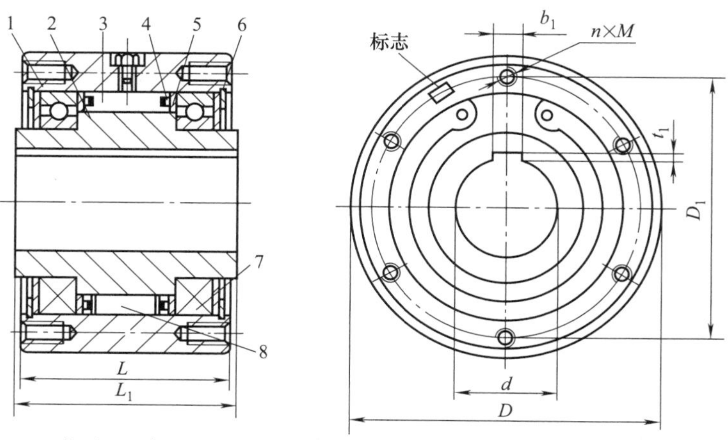

1—外环；2—内环；3—楔块；4—弹簧；5—垫圈；6—端盖；7—轴承；8—滚柱

续表

型号	代号	公称转矩 T_n /N·m	内环超越时的极限转速 n /r·min^{-1}	外环				内环			质量 m /kg
				D (h7)	两端螺纹孔数×直径×深 $n\times m\times H$	螺柱分布直径 D_1	宽 L	内径 d (H7)	键槽 $b_1\times t_1$	L_1	
CKZ1	CKZ1—75×50—14	180	1500	75	4×M6×12	61	48	14	5×2.3	50	1.35
CKZ2	CKZ2—80×68—20	200		80		68	66	20		68	1.95
CKZ3	CKZ3—90×70—25	250	1300	90	6×M8×12	76	68	25	6×2.8	70	2.36
CKZ4	CKZ4—100×82—30	315	1200	100		88	80	30	10×3.3	82	3.17
CKZ5	CKZ5—110×90—35	400		110	8×M8×16	92	86	35		90	4.65
CKZ6	CKZ6—120×92—38	650		120	8×M8×20	105	90	38		92	5.64
CKZ7	CKZ7—120×92—40							40			5.55
CKZ8	CKZ8—120×92—42							42	12×3.3		5.47
CKZ9	CKZ9—125×92—42	1000	1100	125		110					6.14
CKZ10	CKZ10—125×92—45							45	14×3.8		6.02
CKZ11	CKZ11—130×92—45	1200		130		115					6.70
CKZ12	CKZ12—130×92—48							48			6.55
CKZ13	CKZ13—136×95—45	1500	1000	136		120	92	45		95	8.06
CKZ14	CKZ14—136×95—50							50			7.74
CKZ15	CKZ15—150×102—48	2240		150		130	100	48		102	11.12
CKZ16	CKZ16—150×102—50							50			11.02
CKZ17	CKZ17—150×102—55							55	16×4.3		10.43
CKZ18	CKZ18—155×102—55	2500		155		140					11.36
CKZ19	CKZ19—155×102—60							60	18×4.4		11.01
CKZ20	CKZ20—160×112—60	2600		160		145	110			112	13.07
CKZ21	CKZ21—160×112—65							65			12.65
CKZ22	CKZ22—170×112—65	2700		170	6×M10×20	150					14.88
CKZ23	CKZ23—170×112—70							70	20×4.9		14.42
CKZ24	CKZ24—180×128—55	2800	900	180		158	124	55	16×4.3	128	18.80
CKZ25	CKZ25—180×128—60							60	18×4.4		18.46
CKZ26	CKZ26—180×128—65							65			18.06
CKZ27	CKZ27—180×128—70							70	20×4.9		17.63
CKZ28	CKZ28—190×128—65	2850	800	190		170		65	18×4.4		22.73
CKZ29	CKZ29—190×128—70							70	20×4.9		20.01
CKZ30	CKZ30—200×128—65	2900		200		175		65	18×4.4		22.93
CKZ31	CKZ31—200×128—70							70	20×4.9		22.51
CKZ32	CKZ32—210×132—65	3000	800	210	6×M12×25	185	128	65	18×4.4	132	26.55
CKZ33	CKZ33—210×132—70							70	20×4.9		25.14
CKZ34	CKZ34—230×132—70	3150		230	8×M12×25	205					30.78
CKZ35	CKZ35—230×132—75							75			30.31
CKZ36	CKZ36—230×132—80							80	22×5.4		29.82
CKZ37	CKZ37—250×140—80		700	250		225	136			140	40.12
CKZ38	CKZ38—250×140—90	5600						90			38.91
CKZ39	CKZ39—300×160—100	8000	600	300	8×M16×35	260	156	100	28×6.4	160	67.08
CKZ40	CKZ40—300×160—110							110			65.32

表 16-1-82　　CKF型（非接触式）单向楔块超越离合器（JB/T 9130—2002）　　mm

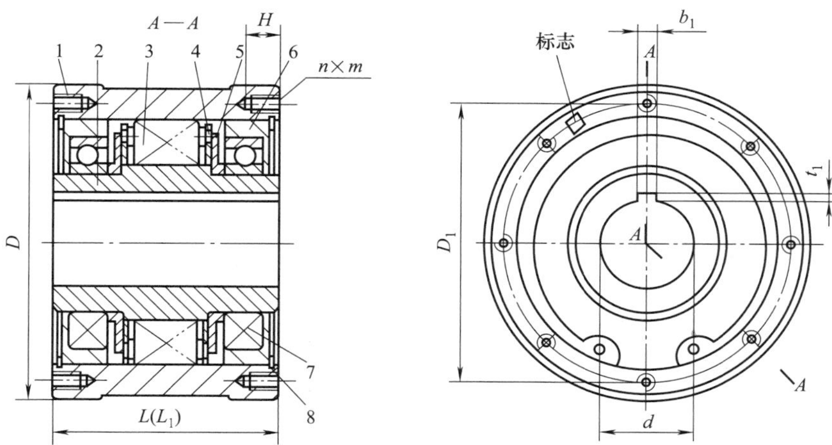

1—外环；2—内环；3—楔块；4—固定挡环；5—挡环；6—端盖；7—轴承；8—挡圈

型号	代号	公称转矩 T_n /N·m	螺钉拧紧力矩 /N·m	最小非接触转速 n /r·min^{-1}	最高转速 n /r·min^{-1}	外环				内环			质量 m /kg
						D (h8)	两端各螺纹孔数×直径×深 $n\times m\times H$	螺栓分布直径 D_1	宽 L (js9)	内径 d (H7)	键槽 $b_1\times t_1$	宽 L_1 (js9)	
CKF1	CKF1—165×125—25	400	10	480	1500	165	8×M8×20	145	125	25	8×3.3	125	20.51
CKF2	CKF2—170×130—25	500	12	470		170		150	130			130	22.68
CKF3	CKF3—170×130—25									30			22.46
CKF4	CKF4—175×130—30	600	14	450		175		155					23.84
CKF5	CKF5—175×130—35									35	10×3.3		23.58
CKF6	CKF6—185×130—35	800	18	430		185	8×M10×25	162					26.46
CKF7	CKF7—185×130—40									40	12×3.3		26.16
CKF8	CKF4—190×135—32	1000	22	420		190		168	135	32	10×3.3	135	28.13
CKF9	CKF9—190×135—38									38			27.79
CKF10	CKF10—190×135—40									40	12×3.3		27.67
CKF11	CKF11—190×135—42									42			27.54
CKF12	CKF12—190×135—45									45	14×3.8		27.33
CKF13	CKF13—190×135—50									50			26.95
CKF14	CKF14—195×145—40	1250	25	400		195		172	145	40	12×3.3	145	32.59
CKF15	CKF15—195×145—45									45	14×3.8		32.21
CKF16	CKF16—195×145—50									50			31.78
CKF17	CKF17—195×145—55									55	16×4.3		31.31
CKF18	CKF18—205×145—40	1400	26			205	10×M10×25	182		40	12×3.3		36.61
CKF19	CKF19—205×145—45									45	14×3.8		35.78
CKF20	CKF20—205×145—50									50			35.34
CKF21	CKF21—205×145—55									55	16×4.3		34.81
CKF22	CKF22—208×150—45	1600	27			208		185	150	45	14×3.8	150	38.16
CKF23	CKF23—208×150—48									48			37.90
CKF24	CKF24—208×150—50									50			37.72
CKF25	CKF25—208×150—55									55	16×4.3		37.24
CKF26	CKF26—208×150—60									60	18×4.4		36.71
CKF27	CKF27—220×150—50	2000	30			220		195		50	14×3.8		42.48
CKF28	CKF28—220×150—55									55	16×4.3		41.99
CKF29	CKF29—220×150—60									60	18×4.4		41.46
CKF30	CKF30—220×150—65									65			40.88

第16篇

续表

型号	代号	公称转矩 T_n /N·m	螺钉拧紧力矩 /N·m	最小非接触转速 n/r·min^{-1}	最高转速 n /r·min^{-1}	外环 D (h8)	外环 两端各螺纹孔数×直径×深 $n\times m\times H$	外环 螺栓分布直径 D_1	外环 宽 L (js9)	内环 内径 d (H7)	内环 键槽 $b_1\times t_1$	内环 宽 L_1 (js9)	质量 m /kg
CKF31	CKF31—230×150—50	2500	32	390	1500	230	12×M10×25	205	150	50	14×3.8	150	46.65
CKF32	CKF32—230×150—55									55	16×4.3		46.16
CKF33	CKF33—230×150—60									60	18×4.4		45.63
CKF34	CKF34—230×150—65									65			45.05
CKF35	CKF35—230×150—70									70	20×4.9		44.42
CKF36	CKF36—245×160—60	4000	52	380		245	12×M12×25	218	160	60	18×4.4	160	55.70
CKF37	CKF37—245×160—65									65			55.09
CKF38	CKF38—245×160—70									70	20×4.9		54.42
CKF39	CKF39—245×160—75									75			53.70
CKF40	CKF40—245×160—80									80	22×5.4		52.93
CKF41	CKF41—260×160—70	6300	95	370		260	12×M14×25	230		70	20×4.9		61.90
CKF42	CKF42—260×160—75									75			61.18
CKF43	CKF43—260×160—80									80	22×5.4		60.42
CKF44	CKF44—260×160—85									85			59.60
CKF45	CKF45—260×160—90									90			58.74
CKF46	CKF46—275×170—80	8000	110			275		245	170	80		170	72.61
CKF47	CKF47—275×170—85									85			71.75
CKF48	CKF48—275×170—90									90			70.83
CKF49	CKF49—275×170—95									95			69.86
CKF50	CKF50—275×170—100									100	28×6.4		68.33
CKF51	CKF51—295×185—90	10000	140	350		295	12×M16×30	260	185	90	25×5.4	185	90.09
CKF52	CKF52—295×185—95									95			89.03
CKF53	CKF53—295×185—100									100	28×6.4		87.92
CKF54	CKF54—295×185—110									110			85.46
CKF55	CKF55—330×200—100	12500	170			330		295	200	100		200	121.95
CKF56	CKF56—330×200—110									110			119.36
CKF57	CKF57—330×200—120									120	32×6.4		116.53
CKF58	CKF58—330×200—130									130			113.44
CKF59	CKF59—360×215—110	16000	215			360	12×M18×30	320	215	110	28×6.4	215	155.75
CKF60	CKF60—360×215—120									120	32×7.4		152.70
CKF61	CKF61—360×215—130									130			149.39
CKF62	CKF62—360×215—140									140	36×8.4		145.81
CKF63	CKF63—410×225—120	20000	230			410	16×M20×30	360	225	120	3.2×7.4	225	213.21
CKF64	CKF64—410×225—130									130			209.75
CKF65	CKF65—410×225—140									140	36×8.4		206.00
CKF66	CKF66—410×235—150									150			201.98
CKF67	CKF67—440×235—130	25000	240	310	1000	440		390	235	130	32×7.4	235	256.01
CKF68	CKF68—440×235—140									140	36×8.4		252.10
CKF69	CKF69—440×235—150									150			247.90
CKF70	CKF70—440×235—160									160	40×9.4		243.41

注：生产厂家为北京新兴超越离合器有限公司。

表 16-1-83　　CKFA 型（非接触式）单向楔块超越离合器（JB/T 9130—2002）　　mm

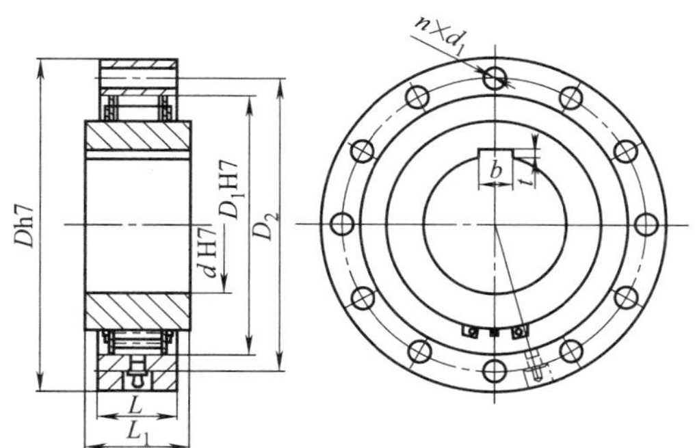

序号	型号	公称转矩 T_n /N·m	最小非接触转速 n_F /r·min^{-1}	最高转速 n_{max} /r·min^{-1}	外环					内环		
					D (h7)	D_1 (H7)	通孔孔数×直径 $n \times d_1$	通孔分布圆直径 D_2	宽 L	d (H7)	键槽 $b \times t$	宽 L_1
1	CKFA90×40—20	140	880	3600	90	66	6×6.6	78	40	20	6×2.8	40
2	CKFA95×40—25	190	880	3600	95	70	6×6.6	82	40	25	8×3.3	40
3	CKFA102×40—30	340	780	3600	102	75	6×6.6	87	40	30	8×3.3	40
4	CKFA110×40—35	430	740	3600	110	82	6×6.6	96	40	35	10×3.3	40
5	CKFA125×40—40	620	720	3600	125	92	8×6.6	108	40	40	12×3.3	40
6	CKFA130×40—45	710	670	3600	130	94	8×9.0	112	40	45	14×3.8	40
7	CKFA150×40—50	1100	610	3600	150	114	8×9.0	132	40	50	14×3.8	40
8	CKFA160×40—55	1250	600	3200	160	116	8×9.0	138	45	55	16×4.3	45
9	CKFA175×60—60	1500	490	3200	175	135	8×11.0	155	50	60	18×4.4	60
10	CKFA190×75—70	2200	480	3200	190	145	10×11.0	165	65	70	20×4.9	70
11	CKFA210×80—80	3000	450	2400	210	160	12×11.0	185	70	80	22×5.4	80
12	CKFA230×90—90	4500	420	2400	230	180	12×13.5	206	80	90	25×5.4	90
13	CKFA280×105—100	7500	420	2000	280	200	12×17.5	240	100	100	28×6.4	105
14	CKFA320×105—130	13500	410	2000	320	235	12×17.5	278	100	130	32×7.4	105

注：生产厂家为北京新兴超越离合器有限公司。

表 16-1-84　　CKFL 型带弹性柱销联轴器的超越离合器（JB/T 9130—2002）　　mm

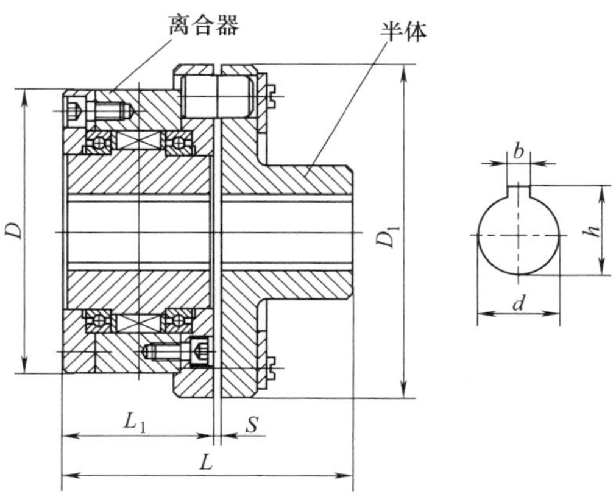

续表

型号	公称转矩 T_n /N·m	最高转速 n_{max} /r·min⁻¹	最小非接触转速 n_F /r·min⁻¹	离合器				半体		外形尺寸				离合器与半体间隙 S	质量 m /kg
				内环孔径 d(E7)	键槽宽 b (js9)	键槽深 h	安装轴伸 a	安装孔径 d_1 (H7)	安装轴伸 A	D	D_1	L	L_1		
CKFL5	500	1500	470	25～30	8	28.3～33.3	120～150	25～30	80～90	170	205	245	151	4	31
CKFL10	1000	1500	420	35～50	10～14	38. 3～53.8	125～150	35～50	100～120	190	230	280	156	4	50
CKFL20	2000	1500	400	50～65	14～18	53.8～69.4	135～150	50～65	120～150	220	264	310	165	4	65
CKFL40	4000	1500	380	60～80	18～22	64.4～85. 4	150～170	60～80	150～170	245	306	345	170	5	91
CKFL80	8000	1500	330	80～100	22～28	85.4～106.4	165～200	80～100	150～210	285	360	426	211	5	161
CKFL100	10000	1500	330	90～110	25～28	95. 4～116.4	175～220	90～110	170～210	295	370	441	226	5	183
CKFL200	20000	1000	280	120～150	32～36	127.4～158.4	200～250	120～150	220～250	410	500	508	252	6	376
CKFL250	25000	1000	270	130～160	32～40	137. 4～169.4	230～270	130～160	220～300	440	535	581	275	6	468
CKFL315	31500	750	270	130～180	32～45	137.4～190.4	230～270	130～180	250～300	470	565	581	275	6	554
CKFL400	40000	750	260	140～200	36～45	148. 4～210.4	250～290	140～200	250～350	510	600	656	299	7	715
CKFL500	50000	650	260	150～220	36～50	158.4～231.4	270～310	150～220	270～350	540	650	681	324	7	816

注：1. 安装轴伸的配合代号为：直径 25～30 是 js6，直径 35～50 是 k6，直径大于 50 是 m6。
2. 半体安装孔的键槽宽及高与离合器安装内孔径的键槽宽及高相同。
3. 生产厂家为北京新兴超越离合器有限公司。

表 16-1-85 CKS 型双向楔块超越离合器（A 型） mm

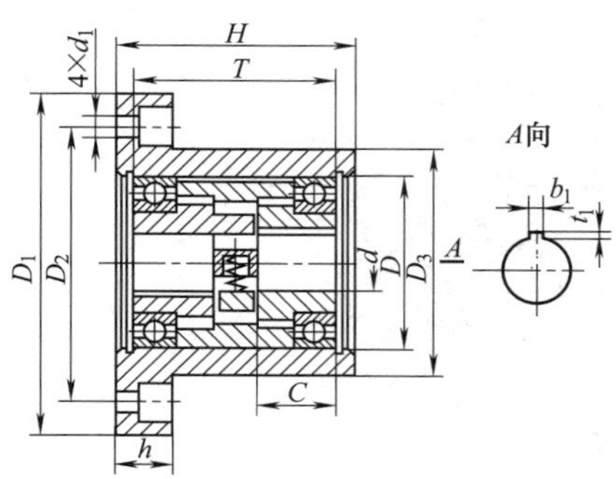

续表

型号	安装尺寸												公称转矩 T_n/N·m
	离合器						壳体						
	d	D	T	C	b_1	t_1	D_1	D_2	D_3	H	h	d_1	
CKS70(42)×58-10	10	32	51	20	3	1.4	70	55	42	58	11	6.5	20
CKS75(45)×58-10	10	35	52	20	3	1.4	75	60	45	58	11	6.5	20
CKS75(45)×58-12	12	35	51	20	4	1.8	75	60	45	58	11	6.5	20
CKS75(45)×58-15	15	35	51	20	3	1.4	75	60	45	58	11	6.5	20
CKS95(57)×78-17	17	47	70	27	5	2.3	95	75	57	78	13	8.5	50
CKS105(62)×78-20	20	52	70	27	6	2.8	105	84	62	78	16	10.5	100
CKS115(74)×78-20	20	62	70	27	6	2.8	115	95	74	78	16	10.5	100
CKS115(74)×88-25	25	62	80	32	8	3.3	115	95	74	88	16	10.5	120
CKS132(88)×100-30	30	75	90	35	8	3.3	132	110	88	100	16	10.5	150
CKS145(94)×110-35	35	80	100	40	10	3.3	145	120	94	110	20	13	200
CKS155(102)×110-40	40	90	100	40	12	3.3	155	128	102	110	20	13	250
CKS160(110)×120-45	45	90	110	45	14	3.8	160	134	110	120	20	13	300

注：壳体也可根据用户要求确定其形状和尺寸。

表 16-1-86　　偏心滑块超越离合器

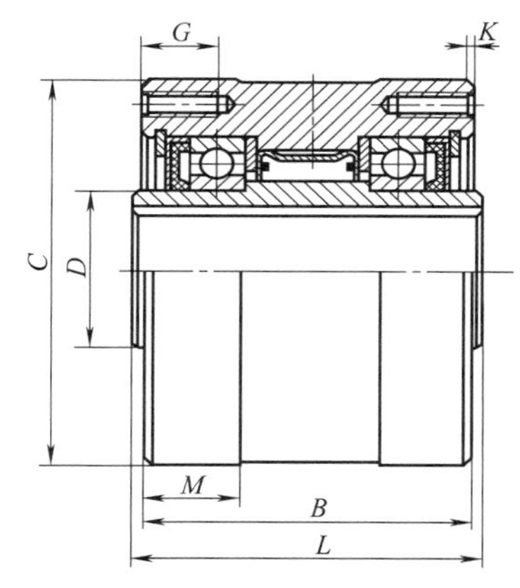

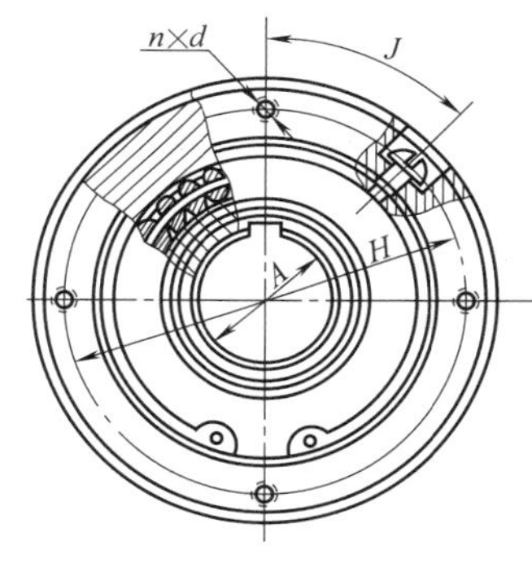

离合器编号	额定转矩 T/N·m	超越时极限转速 n_{max}/r·min^{-1}		超越阻力矩 /N·m	主要尺寸/mm			
		内环超越	外环超越		A	B	C	D
1	250	3000	600	0.4	20	68	90	30
2	700	2600	750	0.9	25～32	86	108	45
3	1250	1800	700	1.5	38～45	92	136	65
4	3050		400	3.2	50～70	124	180	90
5	7750	1600	600	5.2	64～82	148	222	110
6	12450	1250	475	7.3	76～108	148	254	140
7	18650	1050	400	8.6	100～128	158	304	160
8	24900	875	325	13.8	128～152	172	380	190

离合器编号	主要尺寸/mm						螺孔数量 n	螺孔直径 d/mm	质量/kg
	G	H	J	K	L	M			
1	16	74	45°	1.5	70	—	4	M8	2.7
2	20	92			90				5.0
3		120	0°		96		6		8.6
4		158			128			M10	20.4
5	25	178			152	32	8	M12	37.7
6		227							46.3
7	32	248			162	35	10	M16	70.8
8		298	15°		178		12		113.4

棘齿式单向超越离合器为自动同步离合器，国外称 SSS 离合器（synchro-self-shifting），又称调相离合器，是一种通过齿形元件传递功率和转矩的机械啮合式全自动单向超越离合器。此种离合器在各种动力装置中应用广泛，主要作用是完成主机切换（离合），由于应用在各种动力装置中情况不同，目前尚未形成系列，研制单位需根据用户的动力装置要求设计制造。

1）特点　棘齿式单向超越离合器的啮合与脱开完全靠输入、输出端的转速变化，不需要外部控制。啮合与脱开不受转速和外界条件的限制，它可以在工作转速范围内的任何转速下自动离合，为全自动同步型单向超越离合器，具有结构紧凑，重量轻，尺寸小，传动功率大，效率高，工作平稳，准确可靠，不要专用辅助系统等优点，可用于发电机组与电网之间的调相运行，多台动力装置的高速并车。

2）结构与原理　棘齿式单向超越离合器由输入组件、输出组件和中间滑移组件三大部件构成。输入组件、输出组件分别与动力装置的主机和需要驱动的轴系相连接，当输入端的转速超越输出端的转速时，中间滑移件在棘轮棘爪的作用下，沿螺旋齿做螺旋轴向滑移运动，使输入组件通过中间滑移件与输出组件连接。当输入端转速低于输出端转速时，在反转矩的作用下，中间滑移件做反向螺旋运动，此时通过中间滑移件使输入组件与输出组件脱开。此即所谓同步—自持—推移三个过程。但输出轴不能带动输入轴旋转，只能是输入轴带动输出轴旋转，而且只能向一个方向传动，因此也是一种单向离合器。

3）功能

① 无论输出轴处于静止、低速还是高速状态，主机都能同步，离合器进行正常启动时，自动进入驱动。

② 相反，主机相对轴系减速时，离合器自动从驱动轴系脱开。

③ 当离合器增设脱开闭锁机构后，离合器从动端（输出端）在静止、低速或高速状态下运行时，主机都能正常调试与维修。

④ 当离合器增设啮合手动闭锁机构后，能保证主机已进入驱动后，主机在突然相对减速或倒车以及当离合器动作失灵或损坏时，离合器能保持在啮合状态，主机正常驱动。

4）应用

① 舰船动力装置，在 CODOG、COSOS、COSAG、COGOG 等动力装置中应用该离合器进行切换。

② 燃气轮机发电以及燃气机车动力装置，应用并网、调相等功能进行切换。

③ 节能动力装置，如泵水储能动力装置以及各种节能动力装置等。

表 16-1-87　　**棘齿式单向超越离合器型式和尺寸**

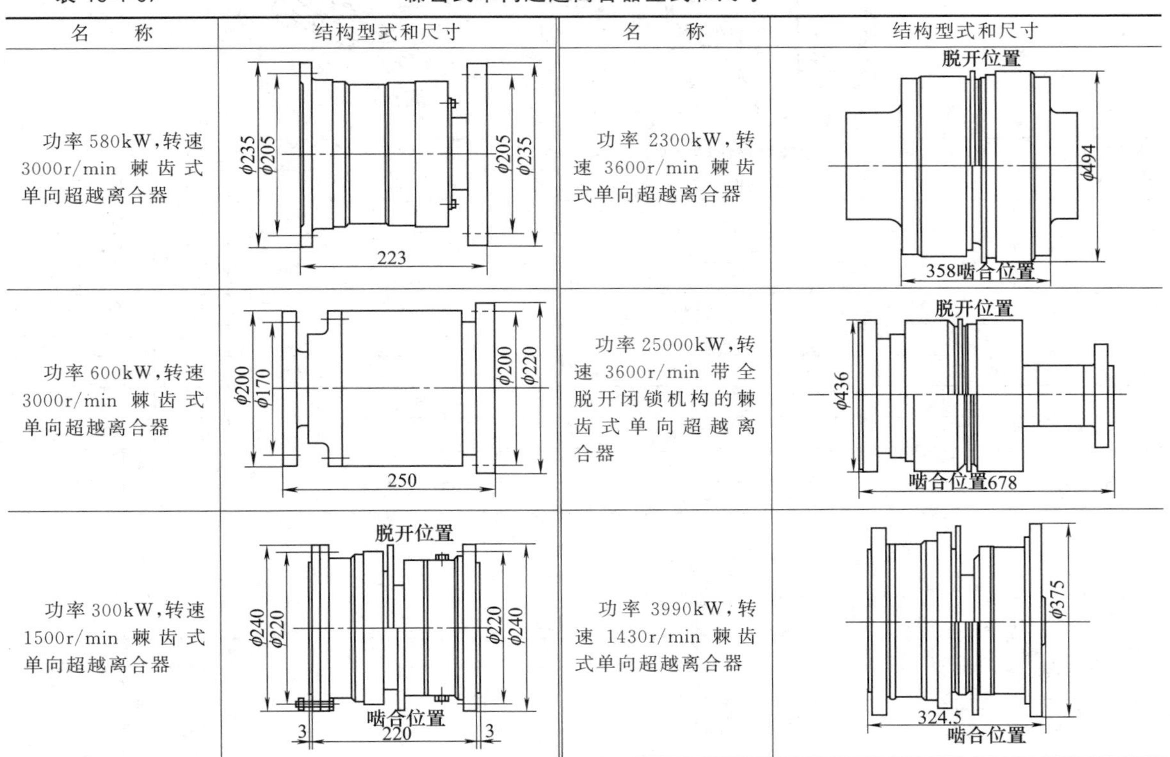

名　称	结构型式和尺寸	名　称	结构型式和尺寸
功率 580kW，转速 3000r/min 棘齿式单向超越离合器	φ235　φ205　φ205　φ235　223	功率 2300kW，转速 3600r/min 棘齿式单向超越离合器	脱开位置　φ494　358啮合位置
功率 600kW，转速 3000r/min 棘齿式单向超越离合器	φ200　φ170　φ200　φ220　250	功率 25000kW，转速 3600r/min 带全脱开闭锁机构的棘齿式单向超越离合器	脱开位置　φ436　啮合位置678
功率 300kW，转速 1500r/min 棘齿式单向超越离合器	脱开位置　φ240　φ220　φ220　φ240　啮合位置　3　220　3	功率 3990kW，转速 1430r/min 棘齿式单向超越离合器	φ375　324.5　啮合位置

续表

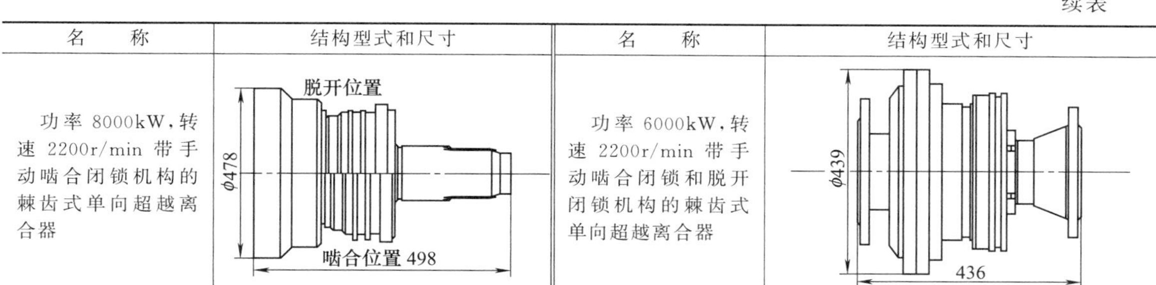

名　　称	结构型式和尺寸	名　　称	结构型式和尺寸
功率 8000kW，转速 2200r/min 带手动啮合闭锁机构的棘齿式单向超越离合器	脱开位置 ϕ478 啮合位置 498	功率 6000kW，转速 2200r/min 带手动啮合闭锁和脱开闭锁机构的棘齿式单向超越离合器	ϕ439 436

表 16-1-88　　四种规格棘齿式单向超越离合器基本参数和外形尺寸

转速 n/r・min^{-1}	3000～4000	1400～1800	1500～2100	1000～1500
转矩 T/N・m	7000	30000	27000	15000
直径×长度/mm	ϕ435×685	ϕ375×315	ϕ440×620	ϕ240×220

注：生产单位为中船总公司 703 研究所。

1.12　安全离合器

安全离合器是一种限矩装置。当传递转矩超过限定值时，离合器的主、从动部分脱开或相互打滑，从而起到过载保护作用。主要用于设备在工作中有可能发生大的过载或存在大冲击载荷而又难以计算的传动系统。当传递转矩低于限定值时，其作用相当于联轴器。

安全离合器对防止机械因过载而损坏、造成事故关系重大，因此要工作可靠，动作准确、灵敏，保证过载时迅速脱开，另外，还应有调节限定转矩的可能且调节方便。

1.12.1　安全离合器的型式与特点

表 16-1-89　　安全离合器的型式与特点

嵌合式安全离合器		摩擦式安全离合器	
型式	简　　图	型式	简　　图
端面牙嵌安全式	Q	干式堕盘安全式	
销钉安全式	1—外壳； 2—销钉； 3—星轮； 4—弹簧	多盘安全式	1—半离合器； 2—外片； 3—内片； 4—碟簧； 5—螺母； 6—轴套
钢珠安全式（珠对槽）	A—A　B—B　D—D　A→B	单圆锥安全式	1，2—半离合器；3—压缩弹簧；4—垫；5—螺母；6—轴套

续表

嵌合式安全离合器		摩擦式安全离合器	
型式	简图	型式	简图
钢珠安全式(珠对珠)	1,4—半离合器;2—钢珠;3—垫;5—压缩弹簧;6—螺母;7—轴套	双圆锥安全式	1—轴套;2—螺钉;3,9—碟簧;4,7—半离合器;5—锥面摩擦块;6—收缩弹簧;8—轴套
特点	接合时元件间的压紧力靠弹簧调节。当载荷超过弹簧的压紧力时,元件相对滑动 元件滑动,实际上是一种频繁的离合过程(由于压紧弹簧在离合器分离时吸收能量,重新接合时又将能量放回系统),这种反复作用就可能使被保护机件因附加动力过载受到损害,所以这种离合器不宜安装于过载时转差大的场合,钢球对槽式传递转矩一般在 12.7～4780 N·m		接合元件的压紧力靠弹簧调节,当载荷超过弹簧限定的极限转矩时,离合器主从动部分摩擦元件间即出现相对滑动,并因摩擦而耗掉一部分能量。该离合器工作平稳,只要散热好,可以用于离合器过载时转差大且不常作用的场合 单盘单锥离合器在传递小转矩时使用,其结构比较简单,多盘安全离合器因盘数较多,径向尺寸较小,可传递较大的转矩,从 0.098～24500N·m;双锥安全离合器有两种推力弹簧,Ⅰ用于传递中、小转矩,Ⅱ用于传递较大转矩 锥式传递转矩 58.8～23520N·m

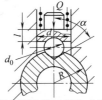

1.12.2 安全离合器的计算

表 16-1-90 安全离合器的计算

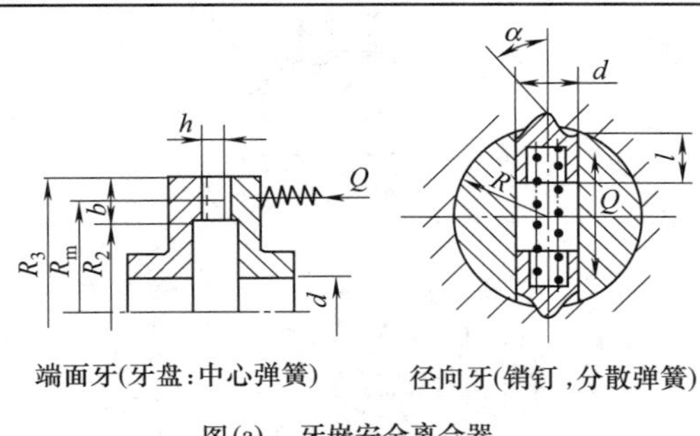

端面牙(牙盘:中心弹簧) 径向牙(销钉,分散弹簧)

图(a) 牙嵌安全离合器

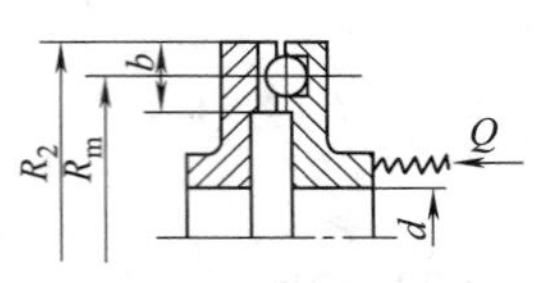

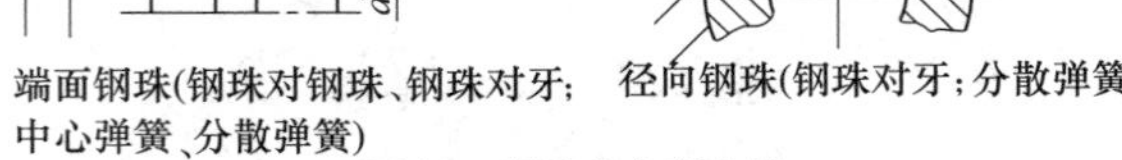

端面钢珠(钢珠对钢珠、钢珠对牙;中心弹簧、分散弹簧) 径向钢珠(钢珠对牙;分散弹簧)

图(b) 钢珠安全离合器

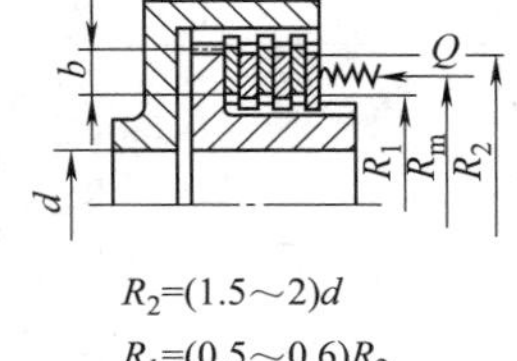

$R_2=(1.5\sim2)d$

$R_1=(0.5\sim0.6)R_2$

图(c) 多盘安全离合器

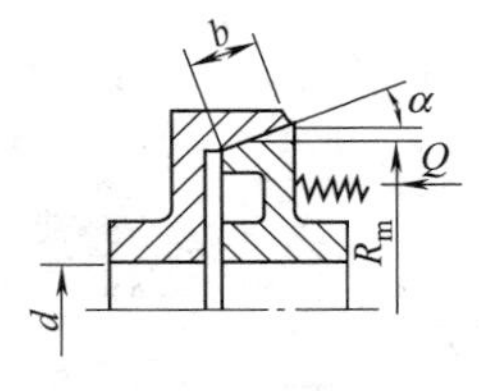

$b=(0.15\sim0.25)R_m$

图(d) 圆锥安全离合器

续表

型式	计算项目	计算公式	说　明
牙嵌安全式	计算转矩	$T_c=\beta T_t$	T_t——需传递转矩，N·m μ_1——滑键或滑销的摩擦因数，$\mu_1=0.15\sim0.17$ A_p——牙面挤压面积，mm^2 β——安全系数，一般取 $\beta=1.35\sim1.40$ z——牙数 ρ——工作面摩擦角，一般取 $\rho=5°\sim6°$ R_m——牙面平均半径，mm z_j——计算牙数，$z_j=(1/2\sim1/3)z$ α——牙面工作倾角，$\alpha=30°\sim50°$，一般取 $\alpha=45°$ σ_{pp}——许用挤压应力，MPa，见表 16-1-10 d，l——见本表图中标注
	弹簧总压紧力 端面牙 径向牙	$Q_2=\frac{1000T_c}{R_m}\left[\tan(\alpha-\rho)-\frac{2R_m}{d}\mu_1\right]$ $Q_2=\frac{1000T_c}{R_m z}\left[\left(1+\frac{3\mu_1 d}{\pi l}\right)\tan(\alpha-\rho)-\frac{3\mu_1}{\pi}\left(2+\frac{d}{l\tan\alpha}\right)\right]$	
	弹簧初压紧力	$Q_1=(0.85\sim0.90)Q_2$	
	牙面挤压应力	$\sigma_p=\frac{1000T_c}{A_pR_mz_j}\leqslant\sigma_{pp}$	
钢珠安全式	计算转矩	$T_c=\beta T_t$	T_c——计算转矩，N·m z——钢珠数，一般 $z=6\sim8$ P_{np}——钢珠许用正压力，N，见表 16-1-91 β——安全系数，一般取 $\beta=1.2\sim1.25$ R_m——工作面平均半径，mm ρ——工作面摩擦角，一般取 $\rho=5°\sim6°$ μ_1——滑键或钢珠的摩擦因数，$\mu_1=0.15\sim0.17$ α——工作面倾斜角，直径相同的钢珠对钢珠，$\alpha=30°\sim50°$，通常取 45°，钢珠对牙，$\alpha=30°\sim45°$ T_t——需传递转矩，N·m d，l——见本表图中标注
	弹簧总压紧力 端面钢珠 （中心弹簧） 端面钢珠 （分散弹簧） 径向钢珠	$Q_2=\frac{1000T_c}{R_m}\left[\tan(\alpha-\rho)-\frac{2R_m}{d}\mu_1\right]$ $Q_2=\frac{1000T_c}{R_m z}\left[\tan(\alpha-\rho)-\mu_1\right]$ $Q_2=\frac{1000T_c}{R_m z}\left[\left(1+\frac{3\mu_1 d}{\pi l}\right)\tan(\alpha-\rho)-\frac{3\mu_1}{\pi}\left(2+\frac{d}{l\tan\alpha}\right)\right]$	
	弹簧初压紧力	$Q_1=(0.85\sim0.90)Q_2$	
	钢珠数量	$z=\frac{1000T_c\cos\rho}{P_{np}R_m\cos(\alpha-\rho)}$	
多盘摩擦式	计算转矩	$T_c=\beta T_t$	T_c——计算转矩，N·m m——摩擦面对数，$m=i-1$ p_p——许用压强，MPa，见表 16-1-19 β——安全系数，一般取 $\beta=1.2\sim1.25$
	弹簧总压紧力	$Q=\frac{1000T_c}{R_m\mu m}$	
	摩擦面压强	$p=\frac{500T_c}{\pi R_m^2\mu mb}\leqslant p_p$	
圆锥摩擦式	计算转矩	$T_c=\beta T_t$	μ——摩擦因数，见表 16-1-19 R_m——平均摩擦半径，mm $R_m=\frac{R_1+R_2}{2}$ α——锥角，一般取 $\alpha=20°\sim30°$ b——摩擦面宽，mm T_t——需要传递的转矩，N·m
	弹簧终压力	$Q=\frac{T_c}{R_m\mu}(\sin\alpha-\mu\cos\alpha)$	
	摩擦面压强	$p=\frac{T_c}{2\pi R_m^2 b\mu}\leqslant p_p$	

表 16-1-91　　钢珠的许用正压力 P_{np}

钢珠直径 d_0/mm	11	12	14	16	20	24	28	32
P_{np}/N	160	180	200	220	280	340	400	500

第 16 篇

1.12.3 安全离合器结构尺寸

表 16-1-92 多盘安全离合器 mm

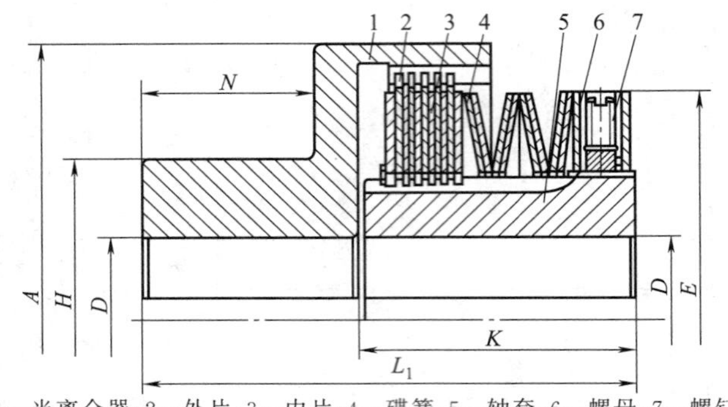

1—半离合器；2—外片；3—内片；4—碟簧；5—轴套；6—螺母；7—螺钉

公称转矩/N·m	A	D	E	H	K	L_1	N
24.5 39.2 61.8	70	10～20	58	60	40	90	45
39.2 61.8 98.1	90	12～25	75	80	55	125	60
61.8 98.1 157.0	100	14～35	90	90	55	125	60
98.2 157.0 245.3	125	17～45	110	110	60	140	70
157.0 245.3 292.0	135	17～45	110	110	65	150	75
245.3 392.0 618.0	150	22～55	120	125	75	180	95
392.0 618.0 981.0	170	28～65	155	140	85	200	100
618.0 981.0	195	33～70	165	150	95	220	110
981.0 1570 2453	210	38～60	180	170	110	260	135

第16篇

表 16-1-93　　　　　　　　　　牙嵌安全离合器　　　　　　　　　　mm

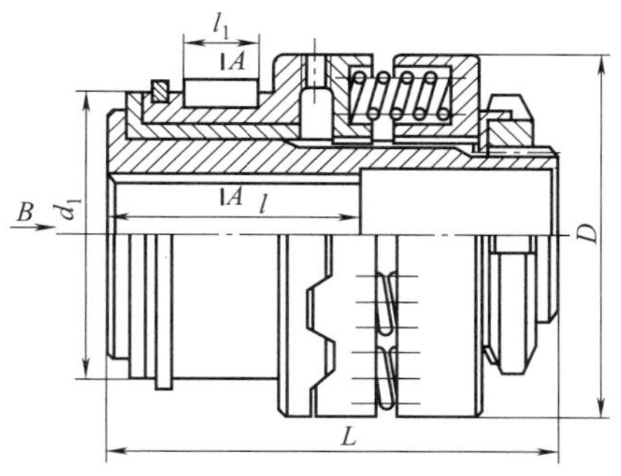

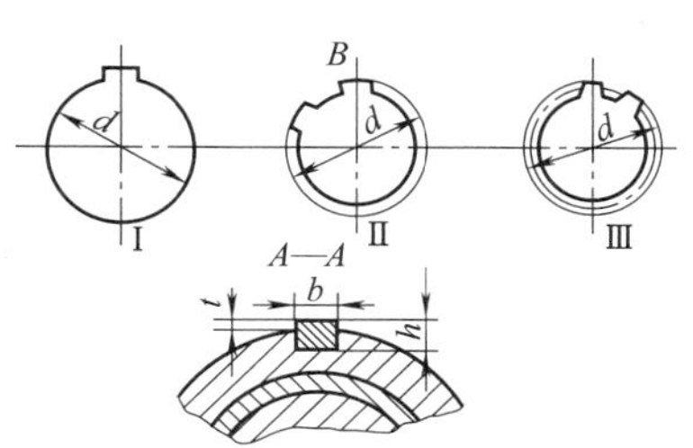

公称转矩 /N·m	d(H7) Ⅰ型	Ⅱ型	Ⅲ型	d_1	D	L	l(h14) Ⅰ型	Ⅱ型和Ⅲ型	l_1	b	h (h11)	t (h12)	最大转速 /r·min⁻¹	质量 /kg
4	8	—	—	32	36	63	20	—	12	3	3	1.8	1600	0.32
	9													
	10						23							
6.3	9	—	—	38	48		20	—	14	4	4	2.5	1250	0.50
	10						23							
	11						23							
10	11	—	—	48	56	75	23	—	16	5	5	3.0		0.86
	12	—	12				30	25						
	14	14	13				30							
16	12	—	12			80	30		18				1000	0.90
	14	14	13				30							
	16	16	15				40	28						
25	14	14	13	56	71	85	30	25	21	6	6	3.5	800	1.60
	16	16	15				40	28						
	18	—	17				40							
40	18	—	17			105	40	28	24					1.80
	20	20	20				50	36						
	22	22	22				50							
63	20	20	20	65	85	110	50	36	28	8	7	4.0	630	2.50
	22	22	22				50							
	25	25	25				60	42						
100	25	25	25	80	100	140	60	42	32	10	8	5.0	500	5.00
	28	28	28											
	—	—	30				80	58						
160	28	28	28		125	160	60	42	36					7.50
	—	—	30				80	58						
	32	32	32											
250	32	32	32	90	140	180	80	58	42	12			400	10.00
	36	—	35											
	—	38	38											
	40	—	40				110	82						
400	—	38	38	105	180	190	80	58	48	14	9	5.5	315	16.00
	40	—	40				110	82						
	—	42	42											
	45	—	45											

表 16-1-94 钢珠安全离合器 mm

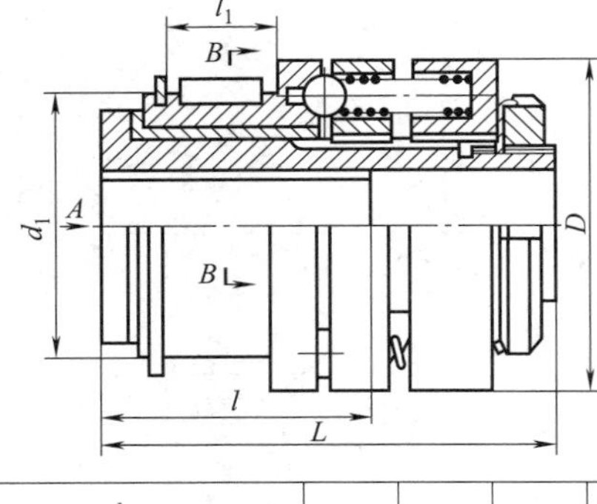

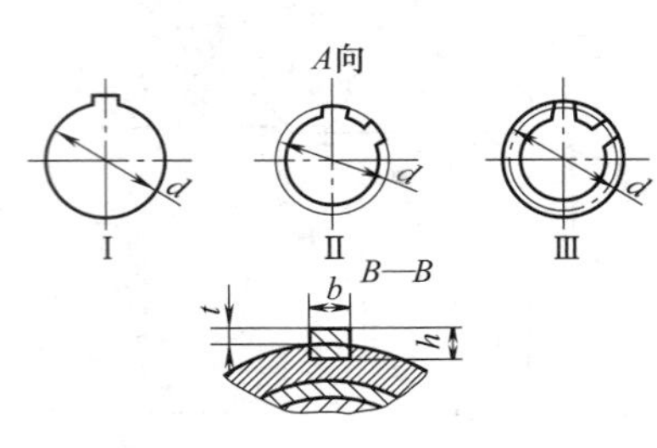

公称转矩 /N·m	d				d_1	D	L	l		l_1	b	h	t	最大转速 /r·min^{-1}	质量 /kg
	Ⅰ型		Ⅱ型	Ⅲ型				Ⅰ型	Ⅱ型和Ⅲ型						
	第1系列	第2系列													
3.9	8 9 10	— — —	— — —	— — —	36	45	67	20 23	— —	12	3	3	1.8	1600	0.50
6.2	9 10	— —	— —	— —	42	48	75	20	—	14	4	4	2.5	1250	0.67
9.8	11 12 14	— — —	— — 14	— 12 13	50	36	80	23 30	— 25	16	5	5	3	1000	0.96
15.7	12 14 16	— — —	— 14 16	12 13 15			90	40	28	18					1.10
24.5	14 16 18 —	— — — 19	14 16 — —	13 15 17 —	65	71	100	30 40	25 28	21	6	6	3.5	800	2.00
39.2	18 — 20 22	— 19 — —	— — 20 22	17 — 20 22	65	71	120	40 50	28 36	24	6	6	3.5	800	2.26
61.8	20 22 — 25	— — 24 —	20 22 — 25	20 22 — 25	70	80		60	42	28	8	7	4.0	630	2.60
981	— 25 28 —	24 — — 30	— 25 28 —	— 25 28 30	85	95	150	50 60 80	36 42 58	32	8	8	5	500	5.16
157	28 — 32	— 30 —	28 — 32	28 30 32	85	100	190	60 80	42 58	36	10	8	5	500	7.00
245	36 — 40	— 38 —	— 38 —	35 38 40	100	125	220	110	82	42	12			400	12.30
392	— 40 — 45 —	38 — 42 — 48	38 — 42 — 48	38 40 42 45 —		155	260	80 110	58 82	48	14	9	5.5	315	20.50

1.12.4　安全离合器产品

（1）MC 型摩擦转矩限制器（表 16-1-95～表 16-1-97）

表 16-1-95　　MC 轻型转矩限制器　　mm

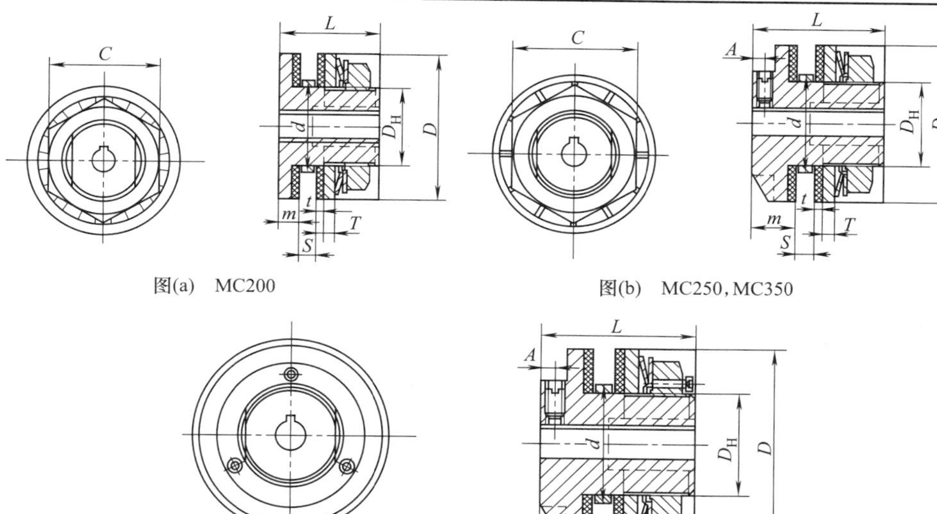

图(a)　MC200　　图(b)　MC250，MC350

图(c)　MC500，MC700

型号	转矩范围 /N·m	孔径	最高转速 /r·min⁻¹	传动件最大宽度 S	质量 /kg
MC200-1L	1.0～2.0	7～14	1200	7	0.2
MC200-1	2.9～9.8				
MC200-2	6.9～20				
MC250-1L	2.9～6.9	10～22	1000	9	0.6
MC250-1	6.9～27				
MC250-2	14～54				
MC350-1L	9.8～20	17～25	800	16	1.2
MC350-1	20～74				
MC350-2	34～149				
MC500-1L	20～49	20～42	500	16	3.5
MC500-1	47～210				
MC500-2	88～420				
MC700-1L	49～118	30～64	400	29	8.4
MC700-1	116～569				
MC700-2	223～1080				

型号	D	D_H	L	m	T	t	A	C	d
MC200-1L	50	24	29	6.5	2.6	2.5	—	38	$30_{-0.049}^{-0.024}$
MC200-1									
MC200-2									
MC250-1L	65	35	48	16	4.5	3.2	4	50	$41_{-0.045}^{-0.010}$
MC250-1									
MC250-2									
MC350-1L	89	42	62	19	4.5	3.2	6	63	$49_{-0.065}^{-0.025}$
MC350-1									
MC350-2									

续表

型号	D	D_H	L	m	T	t	A	C	d
MC500-1L	127	65	76	22	6	3.2	7	—	$74^{-0.05}_{-0.10}$
MC500-1									
MC500-2									
MC700-1L	178	95	98	24	8	3.2	8	—	$105^{-0.075}_{-0.125}$
MC700-1									
MC700-2									

表 16-1-96 MC 重型转矩限制器 mm

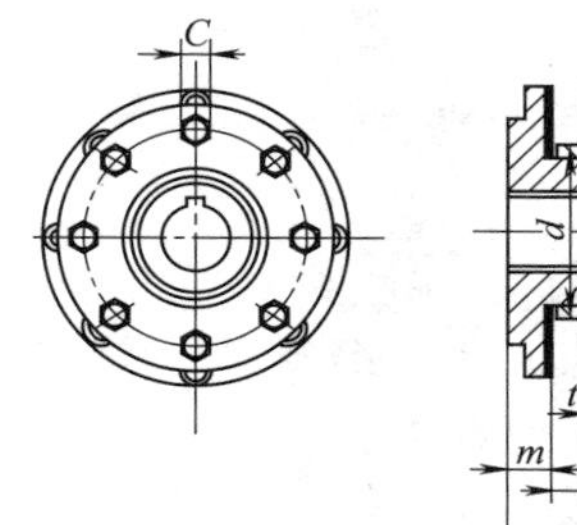
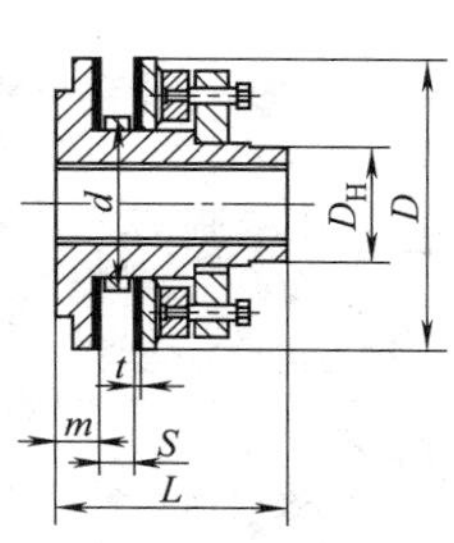

图(a) MC10

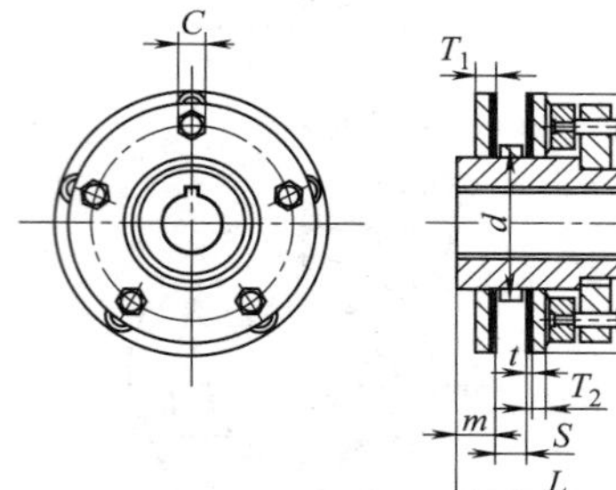

图(b) MC14,MC20

型号	转矩范围 /N·m	孔径	最高转速 /r·min^{-1}	传动件最大宽度 S	质量 /kg
MC10-16	392～1247	30～72	300	24	21
MC10-24	588～1860				
MC14-10	882～2666	40～100	200	29	52
MC14-15	1960～3920				
MC20-6	2450～4900	50～130	100	31	117
MC20-12	4606～9310				

型号	D	D_H	L	m	T_1	T_2	t	C	d
MC10-16	254	100	115	23	8.5	—	4.0	19	$135^{-0.085}_{-0.125}$
MC10-24									
MC14-10	356	145	150	31	13	13	4.0	27	$183^{-0.07}_{-0.12}$
MC14-15									
MC20-6	508	185	175	36	15	18	4.0	36	$226^{-0.07}_{-0.12}$
MC20-12									

表 16-1-97 MC-B 型转矩限制器 mm

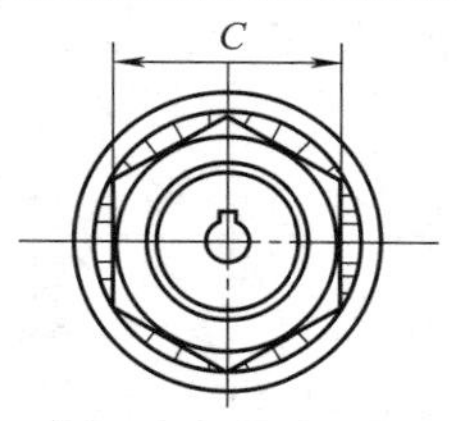

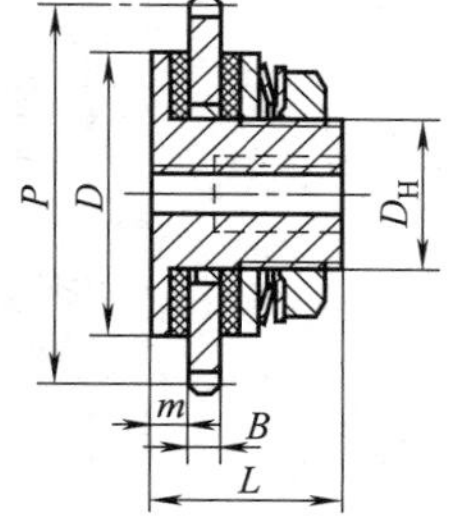

图(a) MC200-B

续表

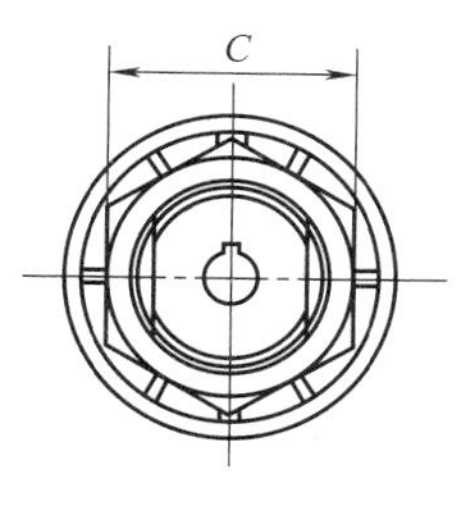

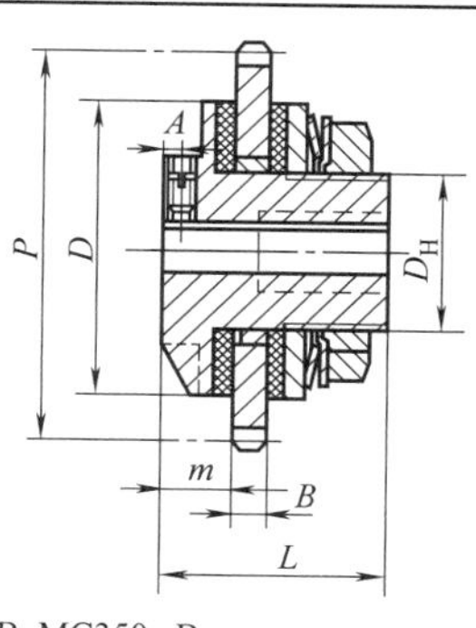

图(b) MC250-B，MC350-B

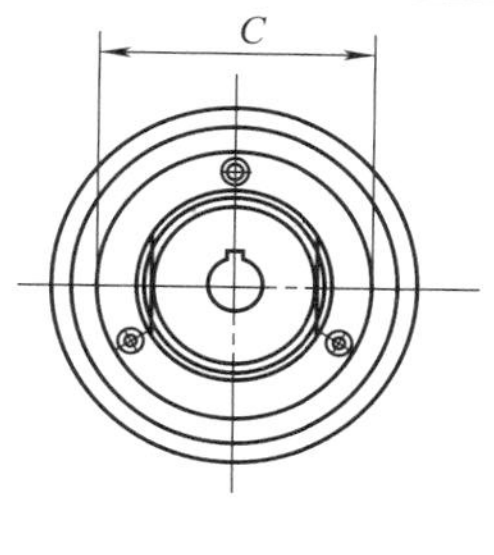

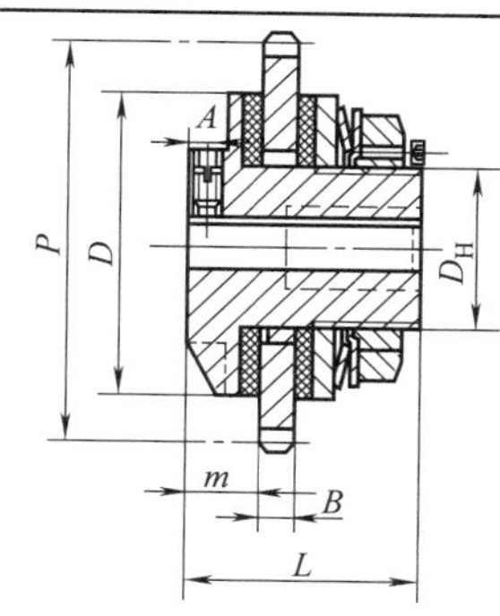

图(c) MC500-B，MC700-B

<table>
<tr><th>型号</th><th>转矩范围
/N·m</th><th>孔径</th><th>最高转速
/r·min^{-1}</th><th>链轮齿数
z</th><th>节圆直径
p_0</th><th>链轮节距
P</th><th>质量
/kg</th></tr>
<tr><td>MC200-1LB</td><td>1.0～2.0</td><td rowspan="4">7～17</td><td rowspan="4">1200</td><td rowspan="2">20</td><td rowspan="2">60.89</td><td rowspan="2">9.525</td><td rowspan="2">0.3</td></tr>
<tr><td rowspan="2">MC200-1B</td><td rowspan="2">2.9～9.8</td></tr>
<tr><td rowspan="2">16</td><td rowspan="2">65.10</td><td rowspan="2">12.7</td><td rowspan="2">0.33</td></tr>
<tr><td>MC200-2B</td><td>6.9～20</td></tr>
<tr><td>MC250-1LB</td><td>2.9～6.9</td><td rowspan="4">10～22</td><td rowspan="4">1000</td><td rowspan="2">22</td><td rowspan="2">89.24</td><td rowspan="2">12.7</td><td rowspan="2">0.85</td></tr>
<tr><td rowspan="2">MC250-1B</td><td rowspan="2">6.9～27</td></tr>
<tr><td rowspan="2">18</td><td rowspan="2">91.42</td><td rowspan="2">15.875</td><td rowspan="2">0.92</td></tr>
<tr><td>MC250-2B</td><td>14～54</td></tr>
<tr><td>MC350-1LB</td><td>9.8～20</td><td rowspan="4">17～25</td><td rowspan="4">800</td><td rowspan="2">26</td><td rowspan="2">105.36</td><td rowspan="2">12.7</td><td rowspan="2">1.55</td></tr>
<tr><td rowspan="2">MC350-1B</td><td rowspan="2">20～74</td></tr>
<tr><td rowspan="2">22</td><td rowspan="2">111.55</td><td rowspan="2">15.875</td><td rowspan="2">1.68</td></tr>
<tr><td>MC350-2B</td><td>34～149</td></tr>
<tr><td>MC500-1LB</td><td>20～49</td><td rowspan="4">20～42</td><td rowspan="4">500</td><td rowspan="2">30</td><td rowspan="2">151.87</td><td rowspan="2">15.875</td><td rowspan="2">4.3</td></tr>
<tr><td rowspan="2">MC500-1B</td><td rowspan="2">47～210</td></tr>
<tr><td rowspan="2">25</td><td rowspan="2">151.99</td><td rowspan="2">19.05</td><td rowspan="2">4.7</td></tr>
<tr><td>MC500-2B</td><td>88～420</td></tr>
<tr><td>MC700-1LB</td><td>49～118</td><td rowspan="4">30～64</td><td rowspan="4">400</td><td rowspan="2">35</td><td rowspan="2">212.52</td><td rowspan="2">19.05</td><td rowspan="2">10.7</td></tr>
<tr><td rowspan="2">MC700-1B</td><td rowspan="2">116～569</td></tr>
<tr><td rowspan="2">26</td><td rowspan="2">210.72</td><td rowspan="2">25.40</td><td rowspan="2">11.2</td></tr>
<tr><td>MC700-2B</td><td>223～1080</td></tr>
</table>

<table>
<tr><th>型号</th><th>B</th><th>D</th><th>D_H</th><th>L</th><th>m</th><th>A</th><th>C</th></tr>
<tr><td>MC200-1LB</td><td rowspan="2">4.3</td><td rowspan="4">50</td><td rowspan="4">24</td><td rowspan="4">29</td><td rowspan="4">6.5</td><td rowspan="4">—</td><td rowspan="4">38</td></tr>
<tr><td rowspan="2">MC200-1B</td></tr>
<tr><td rowspan="2">7</td></tr>
<tr><td>MC200-2B</td></tr>
<tr><td>MC250-1LB</td><td rowspan="2">7</td><td rowspan="4">65</td><td rowspan="4">35</td><td rowspan="4">48</td><td rowspan="4">16</td><td rowspan="4">4</td><td rowspan="4">50</td></tr>
<tr><td rowspan="2">MC250-1B</td></tr>
<tr><td rowspan="2">7</td></tr>
<tr><td>MC250-2B</td></tr>
<tr><td>MC350-1LB</td><td rowspan="2">7</td><td rowspan="4">89</td><td rowspan="4">42</td><td rowspan="4">62</td><td rowspan="4">19</td><td rowspan="4">6</td><td rowspan="4">63</td></tr>
<tr><td rowspan="2">MC350-1B</td></tr>
<tr><td rowspan="2">7</td></tr>
<tr><td>MC350-2B</td></tr>
<tr><td>MC500-1LB</td><td rowspan="2">7</td><td rowspan="3">127</td><td rowspan="3">65</td><td rowspan="3">76</td><td rowspan="3">22</td><td rowspan="3">7</td><td rowspan="3">—</td></tr>
<tr><td rowspan="2">MC500-1B</td></tr>
<tr><td>10</td></tr>
</table>

第16篇

续表

型号	B	D	D_H	L	m	A	C
MC500-2B	10	127	65	76	22	7	—
MC700-1LB	10	178	95	98	24	8	—
MC700-1B							
MC700-2B	13						

(2) GZ1 型钢珠转矩限制器（表 16-1-98 和表 16-1-99）

表 16-1-98 GZ1 型钢珠转矩限制器 mm

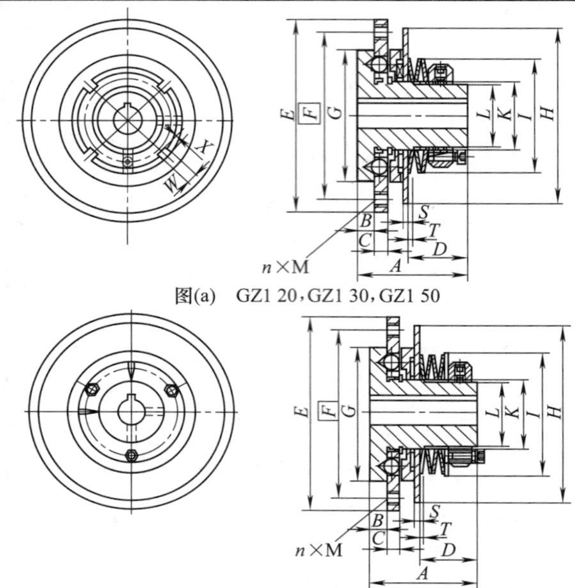

图(a) GZ1 20，GZ1 30，GZ1 50

图(b) GZ1 70

型号	转矩范围 /N·m	孔径	最高转速 /r·min^{-1}	飞轮矩 GD^2 /N·m^2	质量 /kg
GZ1 20-H	9.8～44	8～20	700	2.3	0.9
GZ1 30-L	20～54	12～30	500	7.9	2.0
GZ1 30-H	54～167				
GZ1 50-L	69～147	22～50	300	48.4	5.9
GZ1 50-M	137～412				
GZ1 50-H	196～539				
GZ1 70-H	294～1080	32～70	160	252	17.0

型号	A	B	C	D	E (h7)	F	G	H	I	K	L	S	T	W	X	n×M
GZ1 20-H	47	7.5	5.7	25	90	78	62	82	54	32	30	2	1.8	5	2	4×M5
GZ1 30-L	60	9.5	7	33	113	100	82	106	75	45	42.5	2	2	6	2.5	6×M6
GZ1 30-H																
GZ1 50-L	81	14.5	8.5	44.8	160	142	122	150	116	75	70	2.7	2.7	8	3.5	6×M8
GZ1 50-M																
GZ1 50-H																
GZ1 70-H	110	14.5	12	68.5	220	200	170	205	166	110	106	3.3	3.3	—	—	6×M10

表 16-1-99　　GZ1-B 型钢珠转矩限制器　　mm

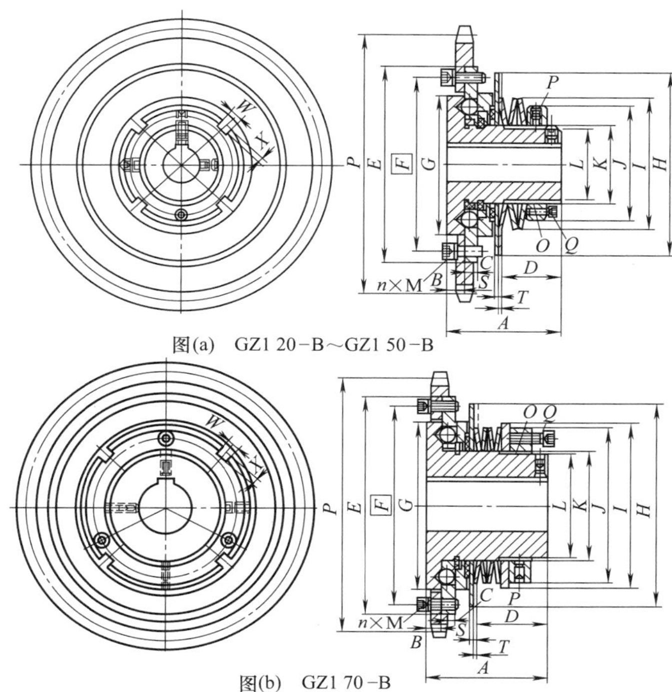

图(a)　GZ1 20-B～GZ1 50-B

图(b)　GZ1 70-B

型号	转矩范围/N·m	孔径	最高转速/r·min^{-1}	质量/kg
GZ1 20-HB	9.8～44	8～20	700	1.6
GZ1 30-LB	20～54	12～30	500	3.2
GZ1 30-HB	54～167			
GZ1 50-LB	69～147	22～50	300	7.9
GZ1 50-MB	137～412			
GZ1 50-HB	196～539			
GZ1 70-HB	294～1080	32～70	160	25.0

型号	链轮节距 P	链轮齿数 z	A	B	C	D	E (h7)	F P.C.D	G	H	I	J	K
GZ1 20-HB	12.7	26	47	7.5	5.7	25	90	78	62	82	54	48	32
GZ1 30-LB	15.875	26	60	9.5	7	33	113	100	82	106	75	65	45
GZ1 30-HB													
GZ1 50-LB	19.05	30	81	14.5	8.5	44.8	160	142	122	150	166.7	98	75
GZ1 50-MB													
GZ1 50-HB													
GZ1 70-HB	25.40	32	110	14.5	12	68.5	220	200	170	205	166	157	110

型号	L	M	n	O	P	Q	S	T	W	X
GZ1 20-HB	30	M5	4	M32×1.5	M5×6	M4×8	2	1.8	5	2
GZ1 30-LB	42.5	M6	6	M45×1.5	M5×6	M4×10	2	2	6	2.5
GZ1 30-HB										
GZ1 50-LB	70	M8	6	M75×2	M5×10	M4×14	3	2.7	8	3.5
GZ1 50-MB										
GZ1 50-HB										
GZ1 70-HB	106	M10	6	M110×2	M5×10	M10×28	3	3.3	—	—

第16篇

第2章 制 动 器

使机械系统减速或停止的基本原理，就是逆机械运动方向施加阻力，从而将机械运动的动能转换成其他形式的能量，以减缓或阻滞机械运动。阻力的类型和施加阻力方式有多种，本章仅介绍机械制动及制动器。

机械制动就是利用结构件来减缓或阻止机械的运动，能够实现这种功能的装置称为制动器。

2.1 制动器的功能、分类、特点及应用

（1）制动器的功能

1）制动：使机械从运动到停止。

2）减速：使机械从高速运动变为低速运动。

3）保持：维持机械处于不能动的状态。例如提升机构。

（2）制动器的分类、特点与应用

1）按工作状态分类，可分为常闭式与常开式。

① 常闭式：没有操纵时，制动器处于制动状态；操纵时，制动器不起作用，机械设备开始运行（如卷扬机、起重机的起升机构等）。

② 常开式：不操纵制动器时，制动器不起作用；操纵时，制动器会减缓或停止机械的运动（如运输车辆、起重机的运行机构等）。

2）按操纵力类型不同，有机械力、电场力、磁场力之分。

3）按施加力的方式分类，有人力操纵、电磁力操纵、液压力操纵和气动力操纵等。人力和电磁力操纵用于制动转矩不太大的场合，电磁力操纵又分直流和交流操纵。液压力和气动力一般要用电动机驱动。

4）按结构型式可分为摩擦式（如块式、蹄式、盘式、带式等）和非摩擦式（如磁粉式、磁涡流式等），详见表 16-2-1。

表 16-2-1 制动器的功能、分类、特点及应用

分类			特点及应用
摩擦式制动器	外抱式	长行程块式 短行程块式	构造简单、可靠，散热好。瓦块有充分和较均匀的退距，调整间隙方便，对于直形制动臂，制动转矩大小与转向无关，制动轮轴不受弯曲作用力。但包角和制动转矩小，制造比带式制动器复杂，杠杆系统复杂，外形尺寸大。应用较广，适于工作频繁及空间较大的场合
	内张蹄式	双蹄式 多蹄式	两个内置的制动蹄在径向向外挤压制动鼓，产生制动转矩。结构紧凑，散热性好，密封容易。可用于安装空间受限制的场合，广泛用于轮式起重机，各种车辆如汽车、拖拉机等的车轮中
	带式	简单带式 差动带式 综合带式	构造简单紧凑。包角大（可超过 2π），制动转矩大。制动轮轴受较大的弯曲作用力，制动带的压强和磨损不均匀（服从 $e^{\mu\alpha}$ 规律），且受摩擦因数变化的影响较大，散热差。简单和差动带式制动器的制动转矩大小均与旋转方向有关，限制了应用范围。适于要求结构紧凑的场合，如用于移动式起重机中
	盘式	点盘式（固定卡钳、浮动卡钳） 全盘式（单盘、多盘、载荷自制） 锥盘式（单盘、载荷自制）	利用轴向压力使圆盘或圆锥形摩擦表面压紧，实现制动。制动轮轴不受弯曲作用力。构造紧凑。与带式制动器比较，其磨损均匀。制动转矩大小与旋转方向无关，制成封闭形式，防尘防潮。摩擦面散热条件次于块式和带式，温度较高。可采用多组布置，又可控制液压，使制动转矩可调性好。适于应用在紧凑性要求高的场合，如车辆的车轮和电动葫芦中。大载荷自制盘式制动器靠重物自重在机构中产生的内力制动，它能保证重物在升降过程中平稳下降和安全悬吊。主要用于提升设备及起重机械的起升机构中
非摩擦式制动器	磁粉式		利用磁粉磁化时所产生的剪力来制动。体积小，重量轻，励磁功率小且制动转矩与转动件的转速无关。磁粉会引起零件磨损。适用于自动控制及各种机器的驱动系统中
	磁涡流式		坚固耐用，维修方便，调速范围大。但低速时效率低，温升高，必须采取散热措施。常用于有垂直载荷的机械中（如起重机械的起升机构），吸收停车前的动能，以减轻停止时制动器的载荷

2.2　制动器的选择与设计

2.2.1　制动器的选择与设计步骤

1）制动器的选择，应根据使用要求与工作条件确定。选择时一般应考虑以下几点。

① 要考虑工作机械的工作性质和条件。对于起重机械的提升机构，必须采用常闭式制动器，对于水平行走的车辆等设备，为了便于控制制动力矩的大小和准确停车，多采用常开式制动器。对于安全性有高度要求的机械，需设置双重制动器。如运送熔化金属或易燃、爆炸物品的起升机构，规定必须装两个制动器，每个制动器都能单独安全地支持铁水包等运送物品不致坠落。再如矿井提升机，除在高速轴上设置制动器外，还在卷筒或绳轮上设置安全制动器。对于重物下降制动（即滑摩式制动）则应考虑散热，它必须具有足够的散热面积，使其将重物位能所产生的热量散出去。

② 要考虑合理的制动转矩。用于起重机起升机构支持的制动器，或矿井提升机的安全制动器，制动转矩必须有足够的储备，即应有一定的安全系数；用于水平行走的机械车辆等，制动转矩以满足工作要求为宜（满足一定的制动距离或时间，或车辆不发生打滑），不可过大，以防止机械设备的振动或零件的损坏。

③ 要考虑安装地点的空间大小。当安装地点有足够的空间，可选用外抱式制动器；空间受限制处，可采用内蹄式、带式或盘式制动器。

④ 选用电磁式制动器时，应根据通电持续率（JC%）选用相应的制动转矩。选用标准制动器，应以计算制动转矩 T 为依据，参照标准制动器的制动转矩 T_e，使 $T \leqslant T_e$。选出标准型号后，必要时进行验算。

现在许多离合器可用作制动器，扩大了制动器的选用范围。有的离合器与制动器成一体实现两种功能。

2）在设计工作中，有时需要自行设计制动器，其主要设计步骤如下。

① 根据机械的运转情况，计算出制动轴上的载荷转矩，再考虑安全系数的大小，以及对制动距离（时间）的要求等具体情况，算出制动轴上需要的计算制动转矩。

② 根据需要的计算制动转矩和工作条件，选定合适的制动器的类型和结构，并画出传动图。

③ 按摩擦元件的退距求出松闸推力和行程，用以选择或设计松闸器。

④ 对主要零件进行强度计算，其中制动臂和传力杠杆等还应进行刚度验算。

⑤ 对摩擦元件进行发热验算。

2.2.2　制动转矩的确定

根据被制动对象的运动状态，可分为水平移动制动与垂直移动制动。制动转矩 T 的计算见表 16-2-2。

表 16-2-2　制动转矩的计算

计算内容		计 算 公 式	单 位	说　明
计算制动转矩	水平制动	被制动的只是惯性质量，如车辆的制动 $T=T_t-T_f$	N·m	T_t——载荷转矩，此处为换算到制动轴上的传动系统惯性转矩，N·m T_f——换算到制动轴上的总摩擦阻力转矩，N·m
	垂直制动	被制动的有惯性质量和垂直载荷，而垂直载荷是主要的，惯性转矩可略去（因有较大的安全系数），如提升设备，其制动应保证重物能可靠悬吊 $T=T_tS$ $T_t=\dfrac{T_1}{i}\eta$	N·m	T_t——换算到制动轴上的载荷转矩，N·m T_1——垂直载荷对载荷轴的转矩，N·m i——制动轴到载荷轴的传动比 η——从制动轴到载荷轴的机械效率 S——保证重物可靠悬吊的制动安全系数（见表 16-2-4）
载荷转矩	水平制动	$T_t=\dfrac{E_p+E_g}{\varphi}$ $E_p=\dfrac{J_{eqp}(\omega_1^2-\omega_0^2)}{2}$ $E_g=\dfrac{m(v_1^2-v_0^2)}{2}$	N·m	φ——制动轴在制动时的转角，rad E_p——换算到制动轴上的所有旋转质量的动能与制动轴系旋转动能之和，N·m E_g——换算到制动轴上的所有制动质量的动能，N·m J_{eqp}——换算到制动轴上的及制动轴系本身的旋转质量的等效转动惯量，kg·m² ω——制动轴角速度，rad/s m——制动部分质量，kg v——制动部分速度，m/s 脚标 1 和 0 分别表示制动开始和终了

续表

计算内容		计算公式	单位	说明
载荷转矩	垂直制动	$T_t=\dfrac{mgD_0}{2ia}\eta$	N·m	m——重物质量与吊具质量之和，kg D_0——卷筒计算直径，m a——滑轮组倍率 i——制动轴到卷筒轴的传动比 η——制动轴到卷筒轴的机械效率 g——重力加速度，m/s^2
传动系统的等效飞轮矩		制动轴上的总等效飞轮矩 $(GD^2)_{eq}=(GD^2)_{eqp}+(GD^2)_{eqg}$ $(GD^2)_{eqp}=\sum(GD_j^2)\cdot i_{(j-1)}^2$ 等效飞轮矩计算简图 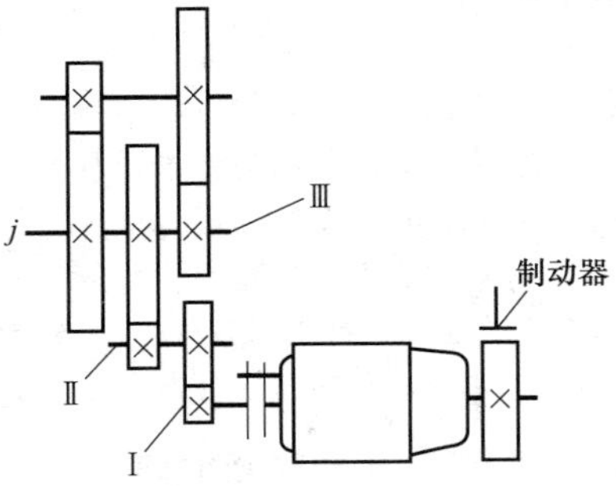 $(GD^2)_{eqg}=\dfrac{mgv^2}{\pi^2 n^2}$ 制动器装在高速轴上，常用的近似公式 $(GD^2)_{eqp}=(1.1\sim1.2)GD_1^2$ 旋转轴轴线不通过旋转体的重心时 $(GD^2)=(GD^2)_0+4Mgl^2$	$N\cdot m^2$	$(GD^2)_{eqp}$——旋转部分的等效飞轮矩 GD_j^2——传动系统中任意轴 j 的飞轮矩（见表 16-2-3） $i_{(j-1)}$——传动系统中、轴 j 到制动轴的传动比，$i_{(j-1)}=n_j/n_1$，n_1 为制动轴转速，r/min $(GD^2)_{eqg}$——直动部分的等效飞轮矩 m——直动部分的重量，kg v——速度，m/min GD_1^2——高速轴即制动轴上的总飞轮矩，$N\cdot m^2$ 一般包括制动轴上制动轮及联轴器的飞轮矩，可由相应的制动轮及联轴器性能数据表中查出 转动惯量 I 与飞轮矩的关系 $(GD^2)=4gI$ $(GD^2)_0$——旋转体绕重心轴的飞轮矩，$N\cdot m^2$ M——旋转体重量，kg l——旋转体重心到旋转轴轴线的距离，m
给定条件下的载荷转矩		给定制动时间 $T_t=\dfrac{4gJ_{eq}(n_1-n_0)}{375t}$ 对于水平移动车辆，为保证制动时车轮不打滑，应使 $ma<\mu m_1 g$，即 $a<\dfrac{m_1}{m}\mu g$ 则制动时间 $t=\dfrac{v_1-v_0}{a}$	$kg\cdot m^2$	在时间 t 内将制动轴的转速从 n_1 减至 n_0 要求完全制动时，$n_0=0$ n_0，n_1——制动轴制动开始与终了的转速，r/min m——车辆总质量，kg m_1——车辆分配到制动轴上的质量，kg μ——车轮与路面（或轨道）间的摩擦因数 v_0，v_1——车辆制动开始和终了的平移速度，m/s a——制动时的减速度，m/s^2 g——重力加速度，$g=9.18m/s^2$
		给定制动轴转角 $T_t=\dfrac{4gJ_{eq}(n_1^2-n_0^2)}{7160\varphi}$	N·m	在制动轴转角 φ 内将制动轴的转速从 n_1 减至 n_0 要求完全制动时 $n_0=0$ φ——制动轴转角，rad

续表

计算内容	计算公式	单位	说明
给定条件下的载荷转矩	给定制动距离 $T_t=\frac{4gJ_{eq}(n_1^2-n_0^2)R}{7160Li}$ 当 v_1 和 v_0 的单位为 m/min 时，则 $T_t=\frac{4gJ_{eq}i(v_1^2-v_0^2)}{283000LR}$ 当 v_1 和 v_0 的单位为 m/s 时，则 $T_t=\frac{4gJ_{eq}i(v_1-v_0)}{78.6LR}$ 要求完全制动时，n_0 和 v_0 为零，亦可用下式 $T_t=\frac{4gJ_{eq}v_1n_1}{45000L}$	N·m	在车辆等行走 L 距离内将制动轴的转速从 n_1 减至 n_0 R——车轮半径，m i——制动轴到车轮轴的传动比 L——给定制动距离，m

表 16-2-3　常用旋转体转动惯量和飞轮矩的计算式

计算通式

$$I=K\frac{mD_e^2}{4}$$

$$(GD^2)=KmgD_e^2$$

式中　m——旋转体重量，kg

K——系数

D_e——飞轮计算直径，m

g——重力加速度，$g=9.81\text{m/s}^2$

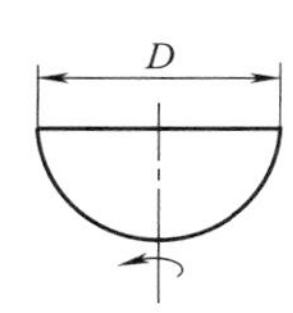 $K=0.4\quad D_e^2=D^2$	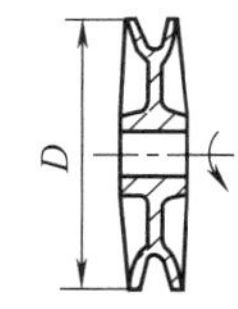 $K=0.55\quad D_e^2=D^2$	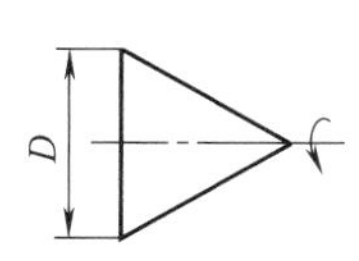 $K=0.3\quad D_e^2=D^2$	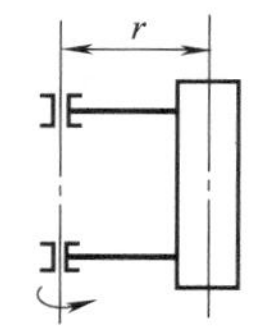 $K=4\quad D_e^2=r^2$
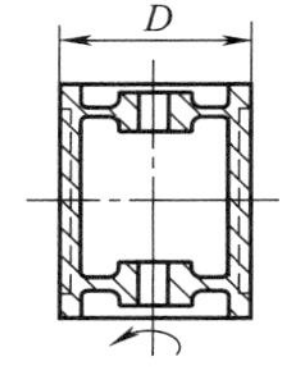 $K=0.7\quad D_e^2=D^2$	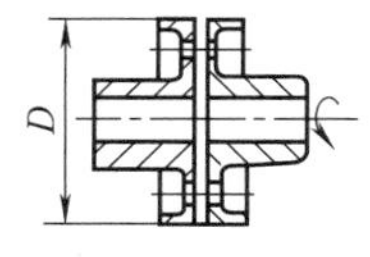 $K=0.45\quad D_e^2=D^2$	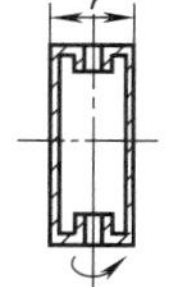 $K=2\quad D_e^2=r^2$	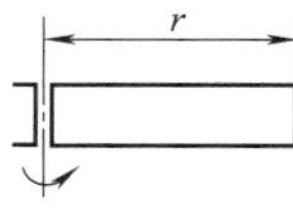 $K=1.33\quad D_e^2=r^2$
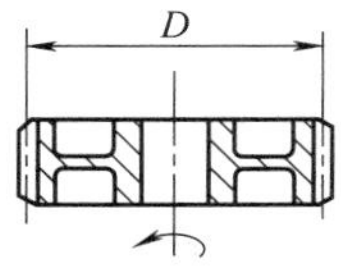 $K=0.6\quad D_e^2=D^2$	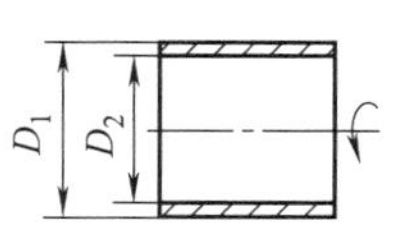 $K=0.5\quad D_e^2=D_1^2-D_2^2$	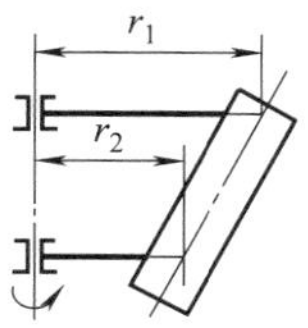 $K=1.33$ $D_e^2=r_1^2+r_1r+r_2^2$	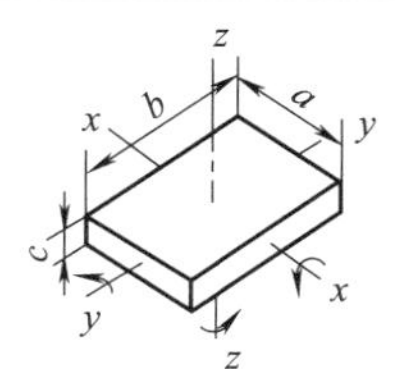 $K=0.33$ $D_{ex}^2=b^2+c^2$ $D_{ey}^2=b^2+a^2$ $D_{cz}^2=c^2+a^2$

第16篇

续表

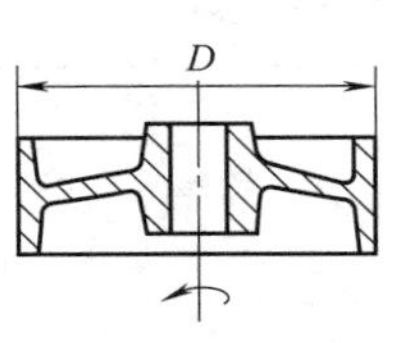	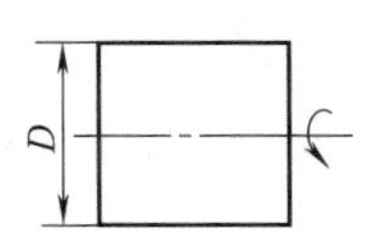	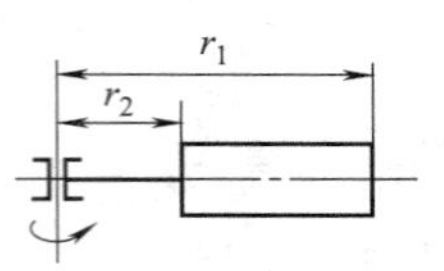	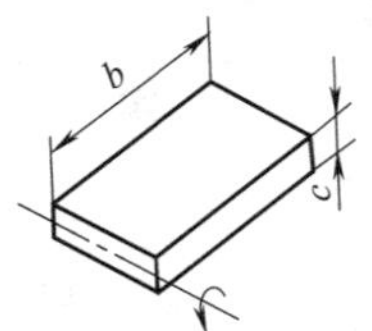
$K=0.6\quad D_e^2=D^2$	$K=0.5\quad D_e^2=D^2$	$K=1.33\quad D_e^2=\dfrac{r_1^3-r_2^3}{r_1-r_2}$	$K=0.166$ $D_e^2=4b^2+c^2$

表 16-2-4　　制动安全系数 S 推荐值

设备类型			安全系数 S	备注
矿井提升机			3	
起重机械的起升机构	驱动型式	机构工作级别		
	人力驱动	M_1(轻级)	1.5	$JC\approx15\%$
	动力驱动	M_1、M_2、M_3、M_4(轻级)	1.5	$JC\approx15\%$
		M_5(中级)	1.75	$JC\approx25\%$
		M_6、M_7(重级)	2.0	$JC\approx40\%$
		M_8(特重级)	2.5	$JC\approx60\%$
		双制动①中的每一台制动器	1.25	对运送易燃、爆炸、铁水包等物品的起升机构的制动器必须用两台制动器

① 表示一套起升机构同时配备两台制动器的情况。如果一套起升机构同时配置两套彼此有刚性联系的驱动装置，每套装置有两台制动器时，每台制动安全系数不低于 1.1。

注：JC 值为 10min 内，机构的工作时间与整个工作周期之比，即通电持续率。

2.2.3 制动器的发热验算

对于停止式制动器和其他发热不大的制动器，可按表 16-2-6 的推荐值校核其压强 p 和 pv 值就可以；对于下降制动（即滑摩式）或在较高环境温度下频繁工作的制动器，需要进行发热验算，主要是计算摩擦面在制动过程中的温度是否超过许用值。摩擦面温度过高时，摩擦因数会降低，不能保持稳定的制动转矩，并加速摩擦元件的磨损。起重机工作级别为 $M_1 \sim M_6$ 的机构，按所需制动转矩选择的标准制动器，当每小时制动次数不大于 150 次时，不需进行发热计算。

2.2.3.1 热平衡通式

对于滑摩式制动器和高温频繁工作的制动器，热平衡计算如下

$$Q \leqslant Q_1+Q_2+Q_3$$

式中 Q——制动器工作 1h 所产生的热量，kJ/h；

Q_1——每小时辐射散热量，$Q_1=(\beta_1 A_1+\beta_2 A_2)\left[\left(\dfrac{T_1}{100}\right)^4-\left(\dfrac{T_2}{100}\right)^4\right]$，kJ/h；

Q_2——每小时自然对流散热量，$Q_2=\alpha_1 A_3(t_1-t_2)(1-JC)$，kJ/h；

Q_3——每小时强迫对流散热量，$Q_3=\alpha_2 A_4(t_1-t_2)JC$，kJ/h；

β_1——制动轮光亮表面的辐射系数，通常可取 $\beta_1=5.4$，kJ/(m²·h·℃)；

β_2——制动轮暗黑表面的辐射系数，通常取 $\beta_2=18$，kJ/(m²·h·℃)；

A_1——制动轮光亮表面的面积，m²；

A_2——制动轮暗黑表面的面积，m²；

T_1，T_2——热力学温度，K，

$$T_1=273+t_1,$$
$$T_2=273+t_2;$$

t_1——摩擦材料的许用温度（表 16-2-6），℃；

t_2——周围环境温度的最高值，一般可取 30～35℃；

α_1——自然对流系数，$\alpha_1=20.9$，kJ/(m²·h·℃)；

α_2——强迫对流系数，$\alpha_2=25.7v^{0.73}$，kJ/(m²·h·℃)；

v——散热圆环面的圆周速度，m/s；

A_3——扣除制动带（块）遮盖后的制动轮外露面积，m^2；

A_4——散热圆环面的面积，m^2；

JC——工作率，见表 16-2-4 注。

2.2.3.2　提升设备和平移机构制动器的发热量

1）提升设备制动器的发热量

$$Q=\left(m_1gs\eta+\frac{1.2Jn^2}{182.5}\right)Z_0A \quad (\text{kJ/h})$$

2）平移机构制动器的发热量

$$q=\left(\frac{m_2v^2}{2}\eta+\frac{1.2Jn^2}{182.5}-\frac{F_tv}{2}t\eta\right)Z_0A \quad (\text{kJ/h})$$

式中　m_1——平均提升质量，kg；

m_2——直线运动部分的质量，kg；

s——平均制动行程，m；

η——机械效率；

J——换算到制动轴上的所有旋转质量的转动惯量，$kg \cdot m^2$；

n——电动机转速，r/min；

A——热功当量，$A=\frac{1}{100}$kJ/(N·m)；

Z_0——制动器每小时的工作次数；

F_t——运行阻力，N；

t——制动时间，s；

g——重力加速度，$g=9.8m/s^2$；

v——运行速度，m/s。

3）对于某些设备，还应按下式校核制动轮一次制动的温升是否超过许用值。

即
$$t=\frac{T_t\varphi}{1000mc}\leqslant 15\sim 50℃$$

式中　φ——制动过程转角，rad；

m——制动轮质量，kg；

T_t——载荷转矩，N·m；

c——制动轮材料的比热容，对钢和铸铁取 $c=0.523$kJ/(kg·℃)，对硅铝合金取 $c=0.879$kJ/(kg·℃)。

2.2.4　摩擦材料

用于制动器的摩擦材料，通常在很高的剪力和温度条件下工作。要求这类材料能吸收动能，并将动能转化为热散发到空气中。其工作温度和温升速度是影响性能的主要因素，制动器工作时，吸收的能量越大，完成的制动时间越短，则温升越高。摩擦材料的工作温度如超过其许用工作温度，性能会显著恶化。对摩擦材料的基本要求如下。

① 摩擦因数高而稳定，具有良好的恢复性能。

② 耐磨性好，允许压强大，又不损伤对偶材料。

③ 有一定的耐油、耐湿、抗腐蚀及抗胶合性能。

④ 有一定的机械强度和良好的制造工艺性。

在摩擦面上开槽可以储集侵入的灰尘等脏物而减轻磨损。

第16篇

表 16-2-5　摩擦材料的种类

<table>
<tr><th colspan="2" rowspan="2">类别</th><th rowspan="2">基材</th><th rowspan="2">黏合剂</th><th colspan="2">布氏硬度/N·cm²</th><th colspan="2" rowspan="2">抗剪强度/MPa</th><th colspan="2" rowspan="2">抗压强度/MPa</th><th colspan="2" rowspan="2">摩擦因数(干式)</th><th colspan="3" rowspan="2">线胀系数/K⁻¹(20～500℃)</th><th rowspan="2">主要特性及用途</th></tr>
<tr><th>20℃</th><th>60℃</th></tr>
<tr><td colspan="2" rowspan="2">金属粉末冶金材料</td><td>钢基粉末</td><td>烧结</td><td>18～20</td><td>25～28</td><td colspan="2">93～117</td><td colspan="2">245～274</td><td colspan="2">0.25～0.35</td><td colspan="3">17.6×10⁻⁶～22×10⁻⁶</td><td rowspan="2">高速、高温时摩擦因数稳定且较高，耐高温、耐磨，许用压强可达 2.74～3.92MPa。多用于重载荷的盘式制动器和重型汽车制动器</td></tr>
<tr><td>铁基粉末</td><td>烧结</td><td></td><td>50～150</td><td colspan="2"></td><td colspan="2">294～686</td><td colspan="2">0.2～0.6</td><td colspan="3"></td></tr>
<tr><td rowspan="3">石棉制品及其牌号</td><td rowspan="2">100</td><td rowspan="3">石棉绒、石棉布、带</td><td rowspan="3">橡胶或树脂</td><td rowspan="3"></td><td rowspan="2">80±20</td><td rowspan="3">冲击硬度</td><td rowspan="2">≥196</td><td rowspan="3">吸水(油)率/%</td><td rowspan="2">≤0.3(0.5)</td><td rowspan="3">工作温度120℃/250℃/300℃</td><td rowspan="2">0.42/0.35/—</td><td rowspan="3">磨损率/mm·(30min)⁻¹</td><td>布</td><td>绒</td><td rowspan="3">石棉纤维掺入一定的棉花，按需要在纺织时加入锌丝或铜丝织成布或带，再经黏合剂和充填物混合浸渍，干燥、热压制成。石棉绒的制法与石棉布类似，但不必织成布，是将绒经黏合，加添加剂经热压而成。这类制品各牌号分别制成轻、中、重型机械制动器</td></tr>
<tr><td>0.05</td><td>0.16</td></tr>
<tr><td>274</td><td>350±50</td><td>≥39.2</td><td>≤0.5</td><td>0.45/0.40/—</td><td>0.04</td><td>0.07</td></tr>
</table>

续表

类别		基材	黏合剂	布氏硬度 /N·cm²		抗剪强度 /MPa	抗压强度 /MPa	摩擦因数（干式）	线胀系数/K⁻¹ (20～500℃)	主要特性及用途
				20℃	60℃					
石棉制品及其牌号	307				250±50	≥39.2	≤0.5	0.45/0.45/—	0.04 0.07	石棉纤维掺入一定的棉花，按需要在纺织时加入锌丝或铜丝织成布或带，再经黏合剂和充填物混合浸渍，干燥、热压制成。石棉绒的制法与石棉布类似，但不必织成布，是将绒经黏合，加添加剂经热压而成。这类制品各牌号分别制成轻、中、重型机械制动器
	507				380±50	≥49	≤0.4	0.5/—/0.45	0.04 0.09	
	513				100±20	≥78.4	≤0.4	0.48/—/0.47	0.03 0.09	
碳-碳摩擦材料		碳纤维	树脂烧结	是新型摩擦材料，以碳纤维做增强剂，用有机高分子化合物黏结后焙烧而成。耐热性能好(可达 800～1000℃)，耐磨损，密度小，单位面积吸收功率高，在摩擦材料中性能最好						用于飞机制动器的摩擦材料
烧结陶瓷		无机物	烧结							用于超声速飞机、超重载荷制动器的摩擦材料

表 16-2-6　摩擦副计算用数据（推荐值）

摩擦材料	对摩材料	块式制动器				带式制动器				盘式制动器				摩擦因数 μ		许用温度 t/℃
		停止式		滑摩式[①]		停止式		滑摩式		干式		湿式				
		p_p	$(pv)_p$	p_p	$(pv)_p$	p_p	$(pv)_p$	p_p	$(pv)_p$	p_p	$(pv)_p$	p_p	$(pv)_p$	干式	湿式	
铸铁	钢	2	5	1.5	2.5	1.5	2.5	1	1.5	0.2～0.3		0.6～0.8		0.17～0.2	0.06～0.08	260
钢	钢或铸铁	2		1.5		1.5		1		0.2～0.3		0.6～0.8		0.15～0.18	0.06～0.08	260
青铜	钢									0.2～0.3		0.6～0.8		0.15～0.2	0.06～0.11	150
石棉树脂[②]	钢	0.6	5	0.3	2.5	0.6	2.5	0.3	2.5	0.2～0.3	1.4	0.6～0.8		0.35～0.4	0.10～0.12	250
石棉橡胶	钢		5		2.5	0.6	2.5	0.3	2.5		1.4			0.4～0.43	0.12～0.16	250
石棉铜丝	钢		5		2.5	0.6	2.5	0.3	2.5		1.4			0.33～0.35	—	—
石棉浸油	钢	0.6	5	0.3	2.5	0.6	2.5	0.3	2.5	0.2～0.3	1.4	0.6～0.8		0.3～0.35	0.08～0.12	250
石棉塑料	钢	0.6	5	0.4	2.5	0.6	2.5	0.4	2.5	0.4～0.6	1.4	1.0～1.2		0.35～0.45	0.15～0.20	

① 此处为通称，垂直制动时称下降式。

② 即石棉树脂刹车带。

注：p_p 为许用压强，MPa；$(pv)_p$ 为许用值，MPa·m/s。

2.3　瓦块式（鼓式）制动器

2.3.1　瓦块式制动器的分类、特点和应用

表 16-2-7　　瓦块式制动器的分类、特点和应用

分　类	特　点	应用范围
短行程交流电磁铁制动器	结构简单、体积小、重量轻、动作快，冲击大，噪声大，易烧线圈，寿命短，有剩磁现象，电磁铁可靠性低，无防爆型	用于短时不频繁操作、载荷较低的场合，频繁制动、潮湿、有灰尘的场合，怕噪声的场合不宜选用。现应用较少，逐步被电力液压块式与盘式制动器代替
短行程直流电磁铁制动器	结构简单、重量轻、动作快，有冲击，稳定可靠，耐用性较好	用于频繁操作，连续点动和工作环境较恶劣的场合。要求工作可靠性高，如轧钢机械等
长行程交流电磁铁制动器	制动较快，剩磁小，动作可靠，结构复杂，质量较大，效率低，冲击大，噪声大，可靠性低，耐用性差	用于中等工作载荷、操作不频繁的场合。怕振动、噪声、制动频繁的场合不宜选用，将逐步被淘汰，用电力液压块式制动器与盘式制动器代替
长行程直流电磁铁制动器	冲击小，寿命长，可靠性高，制动平稳，动作慢，质量和尺寸均大，耗电量大	用于平稳、操作不频繁、容量大的场合
液压推杆制动器	动作稍慢、平稳，噪声小，寿命长，尺寸小，重量轻，不易漏油，省电，无直流型，防爆困难	用于不需快速制动的场合，是应用广泛的块式制动器，可用于操作 720～1200 次/h 的场合，在运输机械、轧钢机械、矿山机械、石油机械都有广泛的应用
液压电磁制动器	动作平稳迅速。寿命长，噪声小，能自动补偿闸瓦的磨损，不需经常调整及维护，需配用硅整流器及控制器，要求维修工人技术水平较高，精度较高的场合，成本较高	用于频繁制动及工作要求较高的场合（接电次数每小时可达 900 次），部分已被电力液压块式制动器代替

2.3.2　瓦块式制动器的设计计算

2.3.2.1　弹簧紧闸长行程瓦块式制动器

表 16-2-8　　长行程瓦块式制动器的设计计算

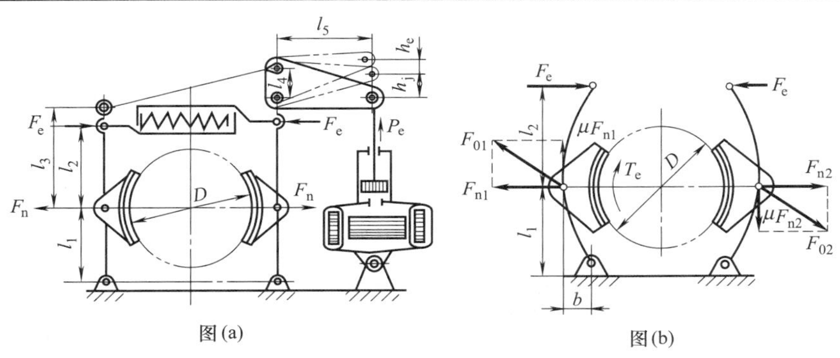

第 16 篇

续表

计算内容	公式或说明	计算内容	公式或说明
额定制动转矩 T_e/N·m	给定值	摩擦副间的摩擦系数 μ	见表 16-2-6
制动轮直径 D/mm	参照现有产品选取	驱动装置到制动瓦的效率 η	0.9～0.95
驱动装置额定推力 P_e/N	选定	制动瓦退距 ε/mm	见表 16-2-9
驱动装置额定行程 h_e/mm	按选定的驱动装置定	制动瓦允许磨损量 Δ/mm	根据要求
驱动装置补偿行程 h_1/mm	按选定的驱动装置定	制动瓦额定正压力 F_n/N　直形臂[图(a)]	$F_n=\dfrac{1000T_e}{\mu D}$
总杠杆比 i	$i=i_1i_2=\dfrac{l_1+l_3}{l_1}\times\dfrac{l_5}{l_4}$		
驱动装置到主弹簧的杠杆比 i_1	$i_1=\dfrac{l_1+l_3}{l_1+l_2}\times\dfrac{l_5}{l_4}$	制动瓦额定正压力 F_n/N　弯形臂[图(b)]	$F_{n1}=\dfrac{1000T_e}{\mu D}\times\dfrac{l_1+\mu b}{l_1}$
弹簧到闸瓦的杠杆比 i_2	$i_2=\dfrac{l_1+l_2}{l_1}$	弯形臂使制动轮轴产生弯矩的作用力 ΔF_0/N	$\Delta F_0=\dfrac{2000T_eb}{Dl_1}\sqrt{1+\mu^2}$

表 16-2-9　　瓦块式制动器的制动瓦退距和摩擦片厚度　　mm

制动轮直径 D	100	200	300	400	500	600	70	800
制动瓦退距 ε	0.5～1.1	0.6～1.2	0.7～1.4	0.8～1.6	0.9～1.8	1.0～2.0	1.2～2.1	1.4～2.2
摩擦片厚度 δ	8	8	8	10	10	10	12	12

注：ε 值中前一值是开始值，后一值是最终值，设计时应尽量靠近小值。

表 16-2-10　　长行程瓦块式制动器紧闸主弹簧的计算

计算内容	公式	说明
额定工作力 F_e/N	$F_e=\dfrac{F_n}{i_2\eta'}$	K_h——行程利用系数，对电磁液压推动器 $K_h=1$；对其他推动器 $K_h=0.5$～0.6 L_0——主弹簧自由长度，mm C——主弹簧刚度，N/mm η'——弹簧到闸瓦间的机械效率，取0.9～0.95 i_1,i_2——见表 16-2-8 F_n——制动瓦额定正压力，见表 16-2-8
与闸瓦磨损量对应的弹簧伸长量 L'/mm	当驱动装置有补偿行程时 $L'=0.95\dfrac{h_1}{i_1}$ 当利用额定行程 h_e 的一部分作为补偿行程时 $L'=0.95(1-K_h)\dfrac{h_e}{i_1}$	
安装长度 L_1/mm	$L_1=L_0-\left(\dfrac{F_e}{C}+L'\right)$	
安装力 F_1/N	$F_1=F_e+CL'$	
最大工作力 F_{emax}/N	$F_{emax}=F_e+C\left(L'+\dfrac{K_hh_e}{i_1}\right)$	

表 16-2-11　　长行程瓦块式制动臂的计算

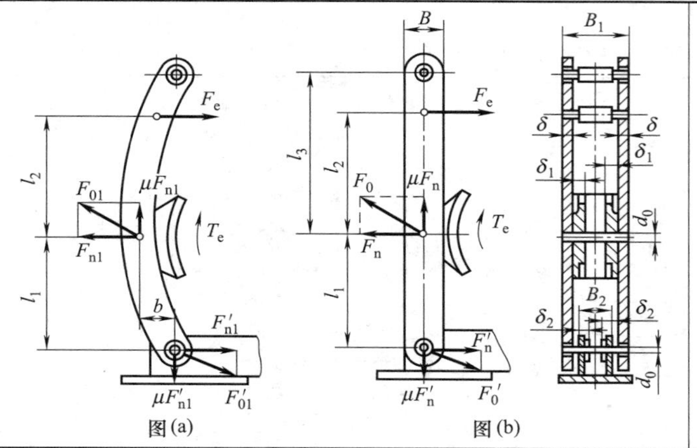

图(a)　　图(b)

M_1——弯矩，N·mm
W_1——截面系数，mm^3
K——动载系数，见表 16-2-13
F_1——安装力，见表 16-2-10
δ——制动臂厚度，mm
B——制动臂宽度，mm
d_0——制动臂销轴孔径，mm
l_1,l_2——长度，mm
σ_p——许用弯曲应力，$\sigma_p=0.4\sigma_s$，对于 Q235，$\sigma_p=88$MPa
p_{sp}——许用静压强，对于 Q235，$p_{sp}=12$～16MPa

续表

计算内容	计算公式	
制动臂弯曲应力σ(危险截面在制动瓦销轴孔处)/MPa	$\sigma=\frac{KM_1}{2W_1}=\frac{3KF_1l_1B}{\delta(B^3-d_0^3)}\leqslant\sigma_p$	p_{dp}——许用动压强，对于Q235，$p_{dp}=8\sim9$MPa
制动臂销轴孔压强 p_1/MPa	$p_1=\frac{KF_1\sqrt{1+\mu^2}}{2\delta d_0}\times\frac{l_1+l_2}{l_1}\leqslant p_{sp}$	
底座销轴孔压强 p_2/MPa	$p_2=\frac{Kp_1\sqrt{\left(\frac{l_2}{l_1+l_2}\right)+\mu^2}}{2\delta d_0}\times\frac{l_1+l_2}{l_1}\leqslant p_{dp}$	

表 16-2-12 **长行程瓦块式制动器制动瓦的计算**（见表16-2-11中的图）

计算内容	计算公式	说明
制动块摩擦面压强 p_3/MPa	$p_3=\frac{2F_1}{DB_2\beta}\times\frac{l_1+l_2}{l_1}\leqslant p_p$	D——制动轮直径，mm δ_1——制动瓦销轴孔长，mm B_2——制动瓦宽，mm β——制动块包角，一般取70°或88° p_p——许用压强，见表16-2-6 p_{sp}——许用静压强，见表16-2-11 d_0——制动臂销轴孔径，mm l_1,l_2——长度，mm
制动瓦销轴孔压强 p_4/MPa	$p_4=\frac{KF_1\sqrt{1+\mu^2}}{2\delta_1d_0}\times\frac{l_1+l_2}{l_1}\leqslant p_{sp}$	

表 16-2-13 **采用不同驱动装置时制动器的动载系数**

驱动装置	短行程电磁铁	长行程电磁铁	直流电磁铁	电磁液压推杆	电力液压推杆
动载系数 K	2.5	2.0	1.5	1.25	1.0

表 16-2-14 **弹簧紧闸长行程瓦块式制动器驱动装置松闸力的计算**

（见表16-2-8、表16-2-10、表16-2-11）

计算内容	计算公式	说明
启动力 F_g/N	$F_g=\frac{K_1F_1}{i_1\eta''}\leqslant P_e$	P_e——驱动装置额定推力 K_1——吸合安全系数，$K_1=1.1\sim1.2$(松闸振动大者取大值) K_2——吸持安全系数，$K_2=1.3\sim2.5$(振动大者取大值) η''——驱动装置到主弹簧的效率，$\eta''=0.94\sim0.97$ ε——见表16-2-9 F_1——安装力，见表16-2-10
保持力 F_b/N	$F_b=\frac{K_2F_{emax}}{i_1\eta''}$	
行程 h/mm	$h=2.2\varepsilon i\leqslant K_hh_e$	

2.3.2.2 弹簧紧闸短行程瓦块式制动器

表 16-2-15 **弹簧紧闸短行程瓦块式制动器的设计计算**

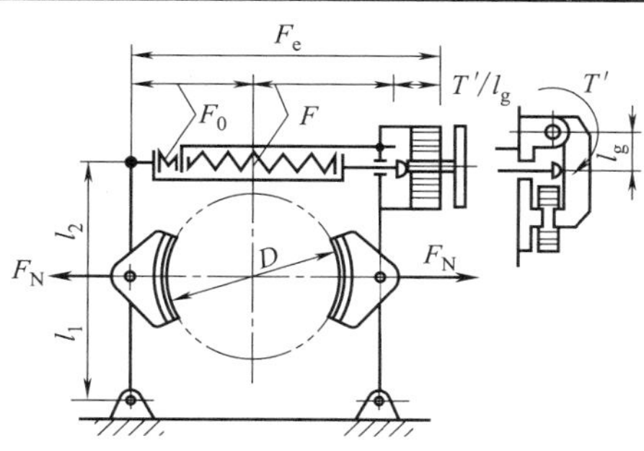

续表

	计算内容	计算公式	说明
主弹簧	杠杆比 i	$i=\dfrac{l_1+l_2}{l_1}$	F_0——辅助弹簧工作力，取 $F_0=20\sim80\text{N}$ T'——驱动装置转动部分质量产生的力矩，见有关产品目录，N·m D——制动轮直径，mm l_g——长度，mm T'_g——驱动装置额定力矩，N·m 应使 $T_g\leqslant T'_g$ C——主弹簧刚度，N/mm h_e——额定推杆行程，mm φ_e——驱动装置额定转角，rad K_h——行程利用系数，0.5～0.6 F_d——直动式电磁铁额定输出力，N 应使 $F_g\leqslant F_d$ K_1，K_2——见表 16-2-14 ε——见表 16-2-9 T_e——额定制动转矩，是给定值，见表 16-2-8
	机械效率 η	$\eta=0.9\sim0.95$	
	紧闸力 F/N	$F=\dfrac{1000T_e}{\mu D\eta i}$	
	额定工作力 F_e/N	$F_e=F+F_0+\dfrac{T'}{l_g}$	
转动式电磁铁	启动力矩 T_g/N·m	$T_g=\dfrac{F_e+0.95C(1-K_h)h_e}{\eta}l_g$	
	转角 φ/rad	$\varphi=\dfrac{2.2\varepsilon i}{1000l_g}\leqslant K_h\varphi_e$	
直动电磁铁	启动力 F_g/N	$F_g=\dfrac{K_1[F_e+0.95C(1-K_h)h_e]}{\eta}$	
	保持力 F_b/N	$F_b=K_2[F_e+C(0.95h_e+0.05K_hh_e)]$	
	行程 h/mm	$h=2.2\varepsilon i\leqslant K_hh_e$	

2.3.3 常用瓦块式制动器

表 16-2-16　　常用瓦块式制动器的类型、特点及应用

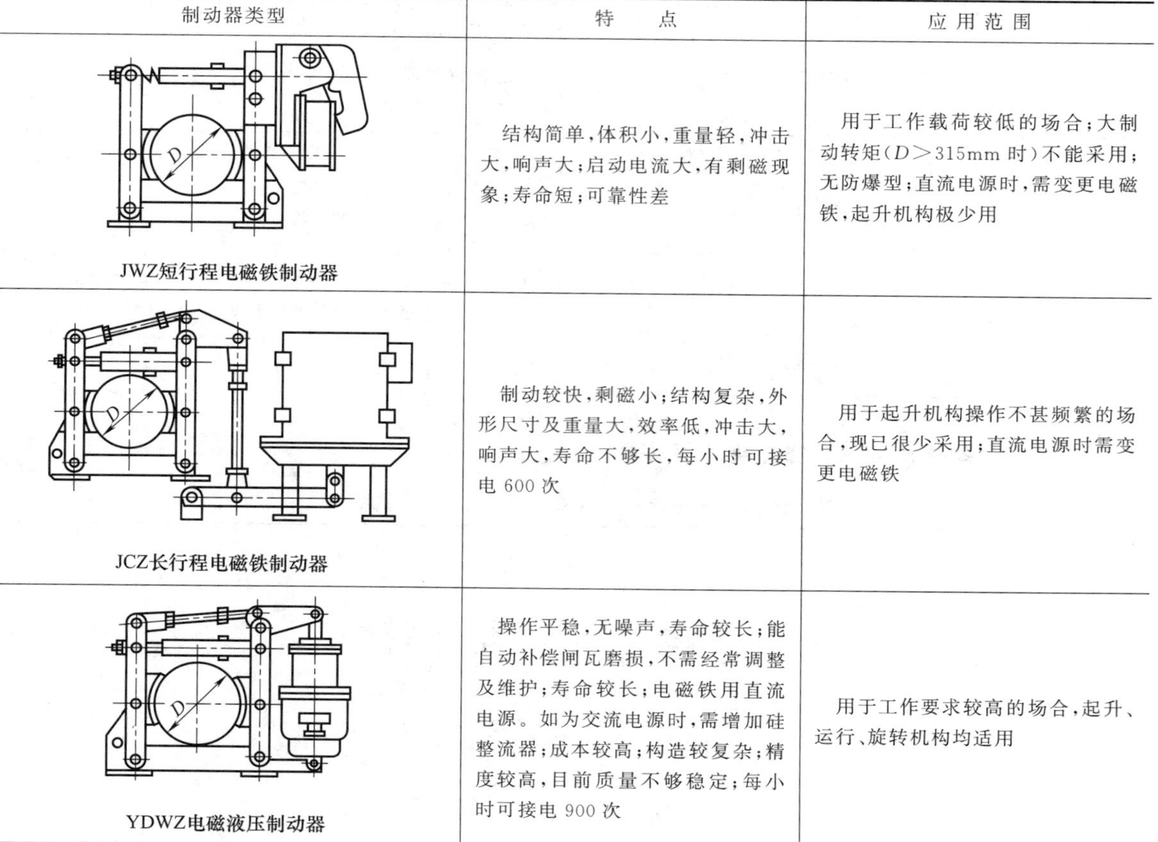

制动器类型	特点	应用范围
JWZ短行程电磁铁制动器	结构简单，体积小，重量轻，冲击大，响声大；启动电流大，有剩磁现象；寿命短；可靠性差	用于工作载荷较低的场合；大制动转矩（$D>315$mm 时）不能采用；无防爆型；直流电源时，需变更电磁铁，起升机构极少用
JCZ长行程电磁铁制动器	制动较快，剩磁小；结构复杂，外形尺寸及重量大，效率低，冲击大，响声大，寿命不够长，每小时可接电 600 次	用于起升机构操作不甚频繁的场合，现已很少采用；直流电源时需变更电磁铁
YDWZ电磁液压制动器	操作平稳，无噪声，寿命较长；能自动补偿闸瓦磨损，不需经常调整及维护；寿命较长；电磁铁用直流电源。如为交流电源时，需增加硅整流器；成本较高；构造较复杂；精度较高，目前质量不够稳定；每小时可接电 900 次	用于工作要求较高的场合，起升、运行、旋转机构均适用

续表

制动器类型	特　点	应用范围
YWZ电力液压双推杆制动器	动作平稳、寿命长；尺寸小、重量较轻；每小时可接电 720 次；无直流型；防爆困难	用于不需快速制动的场合，适于用在运行及旋转机构上
YWZ电力液压单推杆制动器	动作平稳，无噪声，寿命长；尺寸小，重量轻；动作快，每小时可接电 2000 次；补偿型单推杆具有补偿由于制动瓦磨损退距增大的功能，不需经常调整；可调型单推杆，上升、下降时间可调，其范围为 0.5～10s，安全可靠	用于工作要求高的场合：起升、运行、旋转及变幅机构均适用

2.3.3.1　电力液压瓦块式制动器

表 16-2-17　　YW 系列电力液压鼓式制动器（JB/T 6406—2006）

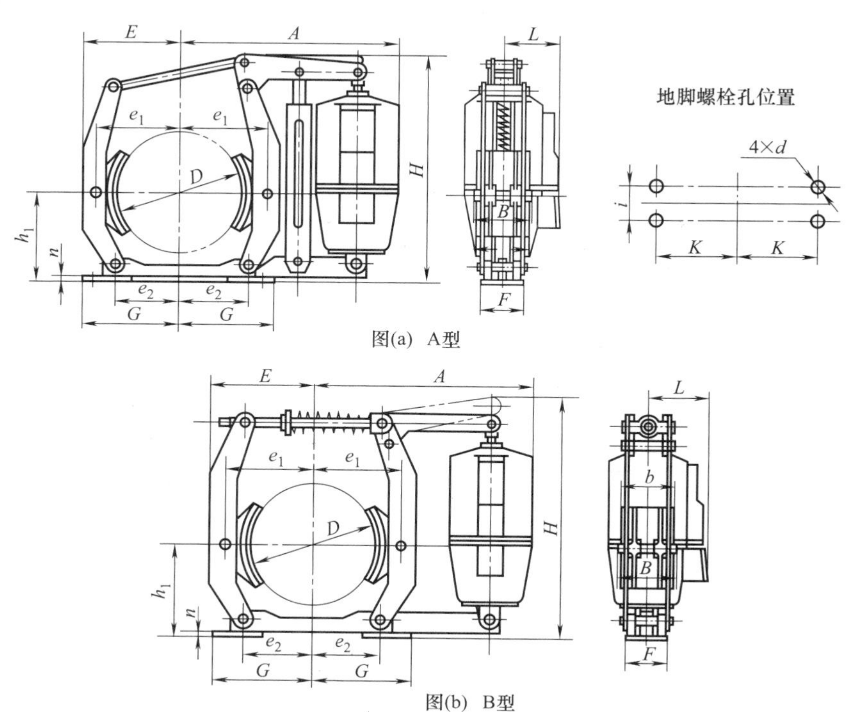

图(a)　A型

图(b)　B型

续表

规格		额定制动力矩/N·m	每侧制动瓦额定退距/mm
制动轮直径/mm	推动器额定推力/N		
160	220	100	1.00±0.10
200	220	140	
	300	224	
250	220	200	
	300	280	
	500	450	
315	300	335	1.25±0.15
	500	560	
	800	900	
400	500	710	
	800	1120	
	1250	1800	
500	800	1600	
	1250	2500	
	2000	4000	
630	1250	2800	1.60±0.20
	2000	4500	
	3000	6300	
710	2000	5300	
	3000	8000	
800	3000	9000	

注：制动器连接尺寸和形位公差应符合 JB/T 7021—2006 的规定，见表 16-2-18。

表 16-2-18　　鼓式制动器连接尺寸（JB/T 7021—2006）　　mm

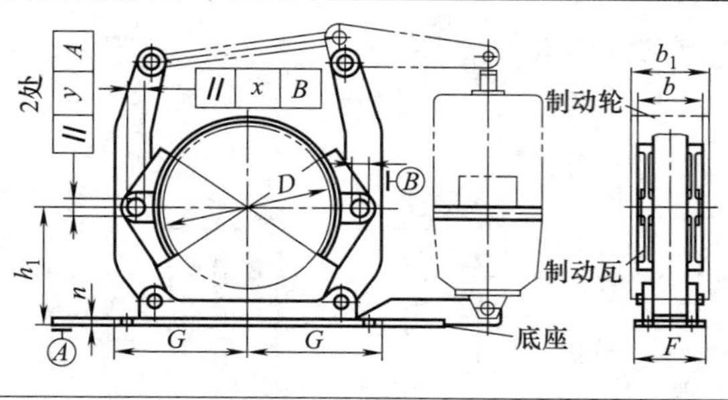

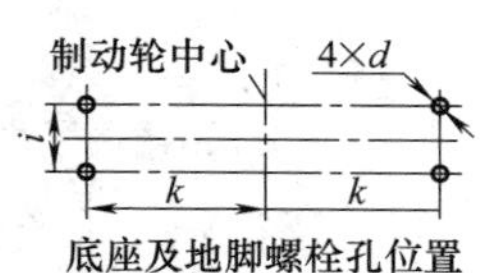

底座及地脚螺栓孔位置

轮径	连接尺寸									形位公差	
D	h_1	b	b_1	k	i	$n\geqslant$	d	F	G	y	x
160	132±0.6	65	70	130	55	6	14	90	150	0.15	0.15
200	160±0.6	70	75	145	55	8			165		
250	190±1.2	90	95	180	65	10	18	110	200		
315	230±1.2	110	118	220	80			125	245		

续表

轮径	连接尺寸									形位公差	
D	h_1	b	b_1	k	i	$n\geqslant$	d	F	G	y	x
400	280±1.5	140	150	270	100	12	22	150	300	0.20	0.20
500	340±1.5	180	190	325	130	16		180	365		
630	420±2.0	225	236	400	170	20	27	230	450	0.25	0.25
710	470±2.0	255	265	450	190			250	500		
800	530±2.0	280	310	520	210	22		280	570	0.30	0.30

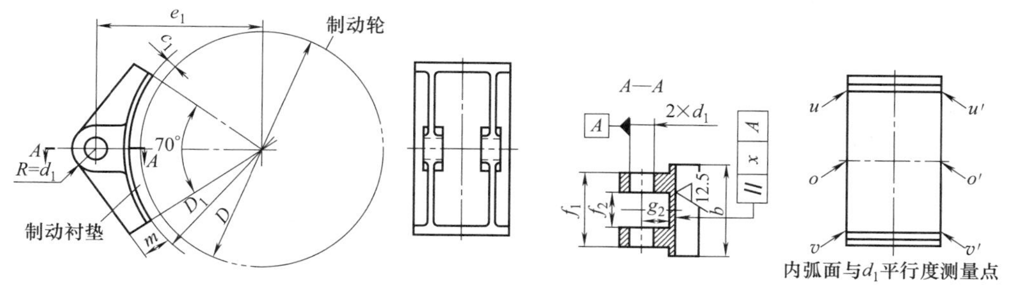

轮径	制动瓦连接尺寸											形位公差
D	D_1	b	e_1	c_1	f_1 基本尺寸	f_1 公差	f_2 基本尺寸	f_2 公差	$m\leqslant$	g_2	$d_1$①	x②
160	172	65	115	6	65	0 −0.20	35	+0.30 +0.10	20	23	16	0.10
200	216	70	140	8					25	24	20	
250	266	90	170		80	0 −0.30	40	+0.40 +0.20	28	29	25	
315	335	110	212	10	100		50		35	35	30	0.12
400	420	140	260		125	0 −0.40	62	+0.40 +0.20	35	40	35	
500	524	180	320	12	160		80		40	46	40	0.15
630	654	225	390		200	0 −0.50	100	+0.60 +0.30	40	51	45	
710	740	255	440	15	224		112		48	56	50	0.20
800	830	280	510		260		130		52	80	55	

①d_1 的公差配合宜采用 H9，配合销轴公差配合宜采用 f8

②内弧面相对于 d_1 轴线的平行度测量点（线）为 $u—u'$、$o—o'$、$v—v'$6 点 3 线

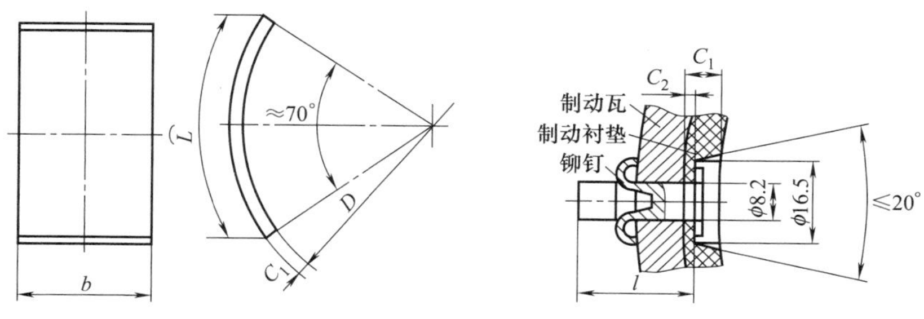

续表

轮径	制动衬垫连接尺寸			铆钉连接尺寸①	
D	b	$\overset{\frown}{L}$	C_1	C_2	l
160	65	105	6	1.6	12
200	70	132	8	2.0	15
250	90	162			
315	110	204	10	3.0	15
400	140	256			
500	180	320	12		18
630	225	399			
710	255	451	15		24
800	280	506			

① 采用 GB/T 875—1986 铆钉的尺寸。

2.3.3.2 电磁瓦块式制动器

表 16-2-19 电磁鼓式制动器（JB/T 7685—2006）

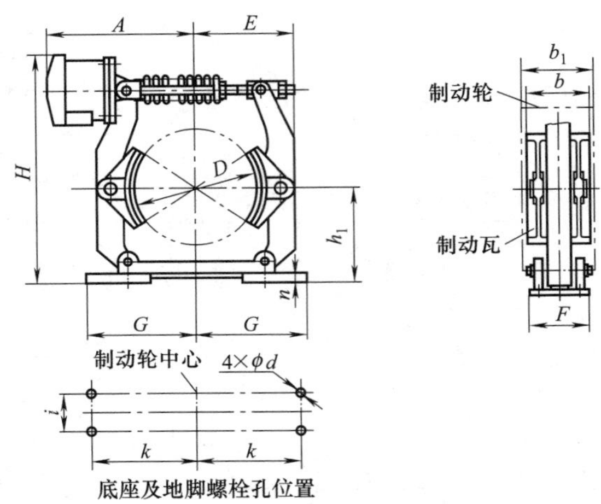

制动轮直径 D/mm	每侧制动瓦块退距 /mm	额定制动转矩/N·m			
		并励		串励	
		1h 定额	连续定额	30min 定额	1h 定额
200	0.80±0.10	160	125	160	100
250		355	250	355	225
315	1.00±0.20	1060	800	1060	630
400		1600	1250	1600	1000
500	1.25±0.30	3550	2500	3550	2000
630		6700	5000	6700	4000
710	1.60±0.40	8500	6300	8500	5400
800		12500	9500	12500	8000

制动轮直径 D/mm	每侧制动瓦块退距 /mm	额定制动转矩 /N·m
160	1.00±0.10	40
		63

续表

制动轮直径 D/mm	每侧制动瓦块退距 /mm	额定制动转矩 /N·m
200	1.00±0.10	80
		125
		200
250		160
		250
		400
315	1.25±0.30	315
		500
		800
400		630
		1000
		1600
500		1250
		2000
		3150
630	1.60±0.40	2500
		4000
		6300
710		4500
		7100
		9000
800		5000
		8000
		10000

制动轮直径 D/mm	公称尺寸/mm											
	h_1	b	b_1	k	i	$n\geqslant$	d	F	G	$A\approx$	$E\approx$	$H\approx$
160	132±0.6	65	70	130	55	6	14	90	150	280	165	380
200	160±0.6	70	75	145	55	8			165	325	210	455
250	190±1.2	90	95	180	65	10	18	110	200	370	246	530
315	230±1.2	110	118	220	80			125	245	410	306	630
400	280±1.5	140	150	270	100	12	22	150	300	535	380	780
500	340±1.5	180	190	325	130	16		180	365	630	440	890
630	420±2.0	225	236	400	170	20	27	230	450	725	460	1000
710	470±2.0	255	265	450	190			250	500	815	535	1120
800	530±2.0	280	310	520	210	22		280	570	890	642	1230

注：制动器连接尺寸和几何公差应符合 JB/T 7021—2006 的规定，外形尺寸由制造商自行确定或由供需双方协商确定。

表 16-2-20　　相配电磁铁基本参数（JB/T 7685—2006）

制动器规格		160	200	250	315	400	500	630	710	800
额定吸持力 F/N	装设在上部时	800	1250	2000	3150	5000	8000	12500	16000	20000
	装设在中部时	2000	3150	5000	8000	12500	20000	31500	40000	50000
额定工作行程 δ/mm	装设在上部时	3.55			4.25		5		6	
	装设在中部时	1.25			1.8		2.24		2.8	

注：1. 额定吸持力为基准工作方式时的吸持力。

2. 额定工作行程指最小行程，允许的最大行程由生产厂自行确定。

第16篇

表 16-2-21　　**JCZ 型电磁块式制动器**　　mm

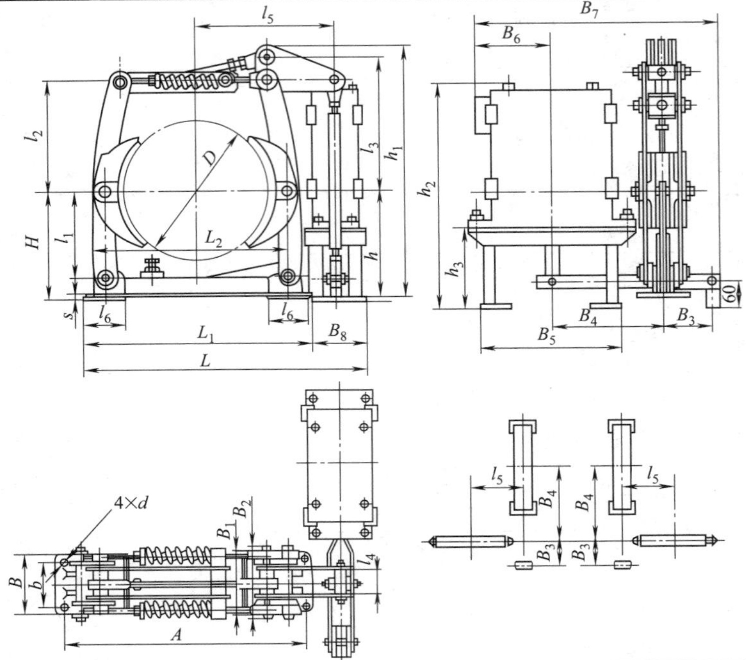

制动器型号	制动器直径/mm	制动力矩 T_f/N·m	瓦块退距 δ/mm	配用电磁铁				总质量/kg
				型号	吸力/N	衔铁额定行程/mm	质量/kg	
JCZ 200/15	200	200	0.7	MZSI-15	200	50	22	51
JCZ 300/15	300	320						82.6
JCZ 300/25B		630		MZSI-25B	350		45	105.7
JCZ 400/45C	400	1600	0.8	MZSIA-45H	565		55	185
JCZ 500/45C	500	2100						234
JCZ 500/80		2500		MZSIA-80H	1150	60	183	356
JCZ 600/100	600	5000		MZSI-100	1400	80	213	529.4

制动器型号	D	H	A	b	d	s	L	L_1	L_2	B	B_1	B_2	B_3	B_4
JCZ 200/15	200	170	350	60	17	8	540	390	280	100	90	126	110	250
JCZ 300/15	300	240	500	80	22	10	680	550	400	130	140	165		
JCZ 300/25B				80										
JCZ 400/45C	400	320	650	130		12	857	700	530	180	180	210	200	390
JCZ 500/45C	500	400	760	150		16	992	810	640	200	200	250		
JCZ 500/80							1007							
JCZ 600/100	500	475	950	170	26	18	1218	1000	780	200	240	305		520

2.3.3.3　制动轮

表 16-2-22　　**制动轮**　　mm

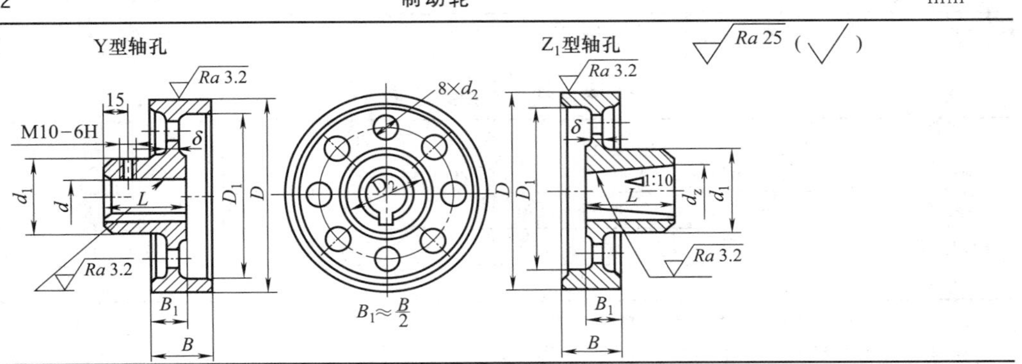

续表

D	Y 型轴孔		Z_1 型轴孔		B	D_1	D_2	d_1	d_2	δ	转动惯量 /kg·m^2	质量 /kg
	d	L	d_z	L								
100	25,28	62	25,28	44	70	84	—	65	—	8	0.0075	3
	30,32,35	82	30,32,35	60								
160	25,28	62	25,28	44	70	145	105	65	30	8	0.03	5
	30,32,35	82	30,32,35	60								
200	25,28	62	30,32,35,38	60	85	180	140	100	30	8	0.20	10
	30,32,35,38	82										
	40,42,45,48,50,55	112	40,42,45,48,50,55	84								
250	60	82	30,32,35,38	60	105	220	168	115	40	8	0.28	18
	40,42,45,48,50,55	112	40,42,45,48,50,55	84								
	60	142	60	107								
315 (300)	40,42,45,48,50,55	112	60,65,70,75	107	135	290 (275)	200	120	55	8	0.60	24.5
	60,65	142										
400	60,65,70,75		60,65,70,75	107	170	370	275	175	70	12	0.75	60.7
	80,85		80,85,90,95	132								
			100,110	167								
500	80,85,90,95		75	107	210	465	340	210	90	14	2.0	100.6
	100,110		80,85,90,95	132								
			100,110,120	167								
			130	202								
630 (600)	90,95		90,95	132	265	595 (565)	390	210	120	16	5.0	132.1
	100,110		100,110,120	167								
			130	202								
710 (700)	100,110,120		110,120	167	300	670 (660)	435	210	130	18	10	183.4
	130		130	202								
800	130,140,150		130,140,150	202	340	760	495	230	140	18	16.75	230.9

注：1. 括号内的制动轮直径不推荐使用。
2. 技术要求：(1) 轮缘表面淬火硬度 35～45HRC，深度为 2～3mm。
(2) 材料：$D\leqslant 200$mm 者为 45 钢；$D\geqslant 250$mm 者为 ZG 310-570。
(3) 键槽型式与尺寸应符合 GB/T 3852—2017 的规定。
3. 标记示例：制动轮 200-Y60 JB/ZQ 4389—2006
200—制动轮直径，mm；Y—圆柱形轴孔；60—轴孔直径，mm。

2.4　带式制动器

2.4.1　普通型带式制动器

2.4.1.1　普通型带式制动器结构

这种制动器常用于中、小载荷的起重、运输机械中，结构型式有简单式、差动式和综合式，图 16-2-1 为简单式带式制动器的结构。紧闸用重锤 4（也可用弹簧），松闸用电磁铁 5（或液力、气力、人力等），缓冲器 6 用于减轻紧闸时的冲击，调节螺钉 8 用来保证松闸时带与制动轮间间隙均匀，也可调节间隙的大小。制动轮制成带轮缘或在挡板上装调节螺钉处焊接一些卡爪，可防止带从轮上滑脱，如图 16-2-2 所示。

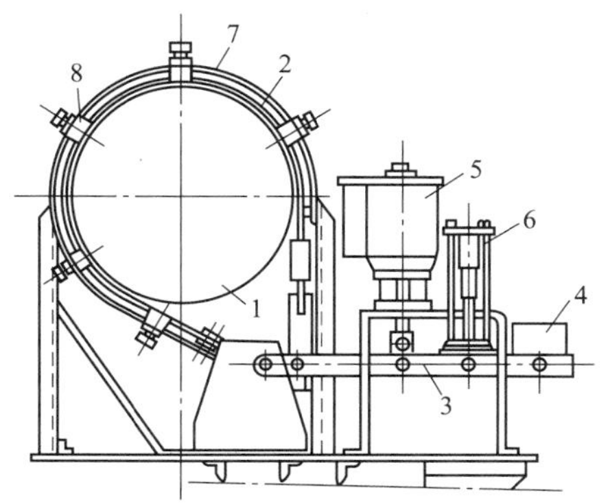

图 16-2-1　带式制动器结构
1—制动轮；2—制动钢带；3—制动杠杆；4—重锤；5—电磁铁；6—缓冲器；7—挡板；8—调节螺钉

制动带的连接如图 16-2-3 所示。带式制动器目前无定型产品，只能根据需要自行设计。设计制动器时，制动带与制动杠杆的交角应接近于直角，以消除作用到杠杆芯轴上的附加分力和减少带在杠杆上固定点所需的闭合行程。

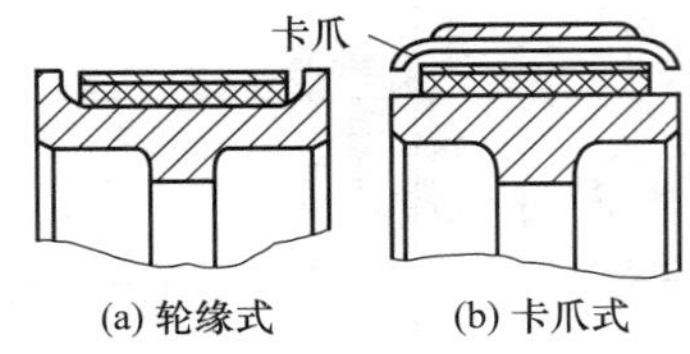

图 16-2-2 带式制动器的制动轮和制动带

2.4.1.2 普通型带式制动器的计算

普通型带式制动器的特点如下。

1）构造简单紧凑。

2）包角大（可超过 2π），制动转矩大，相同制动轮直径时，带式为块式的 2～2.5 倍。

3）在制动时，制动轴附加相当大的弯曲作用力，其值等于带张力 F_1、F_2 的向量和。

4）由于带的绕出端和绕入端的张力不等，故带沿制动轮周围的压强也不等，随着磨损也不均匀，其差别为 $e^{\mu\alpha}$ 倍（如 $\mu=0.2\sim0.4$，$\alpha=250°\sim270°$ 时，$e^{\mu\alpha}=2.4\sim6.6$ 倍）。

5）简单和差动带式制动器的制动转矩随转向而异，因而限制了它的应用范围。

这种制动器适于应用在转矩较大而又要求紧凑的场合，如用于移动式起重机中。

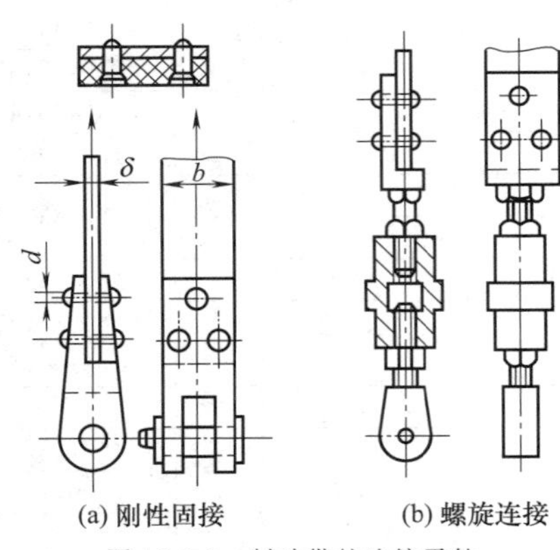

图 16-2-3 制动带的连接零件

表 16-2-23 普通型带式制动器操作部分计算

项目	计算公式与说明		
圆周力 F 及带两端张力 F_1（绕入端）、F_2（绕入端）	$F=\frac{2000T}{D}=F_1-F_2$ $F_1=\frac{Fe^{\mu\alpha}}{e^{\mu\alpha}-1}$ $F_2=\frac{F}{e^{\mu\alpha}-1}$ $F_1=F_2e^{\mu\alpha}$ T——制动力矩，N·m μ——摩擦因数，见表 16-2-6 α——制动轮包角，通常取为 250°～270°，复合带式的包角可达 360° D——制动轮直径，mm，可按表 16-2-24 选取		
	简单带式制动器	差动带式制动器	综合带式制动器
结构形式	图(a)	图(b)	图(c)
产生制动转矩 T 时，所需重锤的重力 G_c/N	$G_c=\frac{F_2a}{d\eta}-\frac{G_gb+G_xc}{d}$	$G_c=\frac{F_2a_1}{d\eta}-\frac{F_1a_2+G_gb+G_xc}{d}$	$G_c=\frac{(F_1+F_2)a}{d\eta}-\frac{G_gb+G_xc}{d}$
当退距为 ε(m)时，连于杠杆上的带端位移 Δ/mm	$\Delta=\varepsilon\alpha$	$\Delta_1=\varepsilon\alpha\frac{a_1}{a_1-a_2}$ $\Delta_2=\varepsilon\alpha\frac{a_1}{a_1-a_2}$	$\Delta=\frac{1}{2}\varepsilon\alpha$

续表

<table>
<tr><th colspan="2">项　目</th><th colspan="3">计算公式与说明</th></tr>
<tr><td colspan="2">电磁铁所做的功 $P_d h_d$/J</td><td>$P_d h_d=\frac{F_2\Delta}{\eta K_d}=\frac{2T\varepsilon\alpha}{D(e^{\mu\alpha}-1)\eta K_d}$</td><td>$P_d h_d=\frac{F_2\Delta_1-F_1\Delta_2}{\eta K_d}=\frac{2T(a_1-a_2 e^{\mu\alpha})}{D\eta K_d(e^{\mu\alpha}-1)}\times\frac{\varepsilon\alpha}{a_1-a_2}$</td><td>$P_d h_d=\frac{(F_1+F_2)\Delta}{\eta K_d}=\frac{T\varepsilon\alpha(e^{\mu\alpha}+1)}{D\eta K_d(e^{\mu\alpha}-1)}$</td></tr>
<tr><td colspan="2">安装电磁铁的最大距离 C_{max}/mm</td><td>$C_{max}=K_d h_d\frac{a}{\varepsilon\alpha}$</td><td>$C_{max}=K_d h_d\frac{a_1-a_2}{\varepsilon\alpha}$</td><td>$C_{max}=K_d h_d\frac{2a}{\varepsilon\alpha}$</td></tr>
<tr><td rowspan="2">产生的制动力矩 /N·m</td><td>顺时针</td><td>$T=(e^{\mu\alpha}-1)(G_c d+G_b b+G_x c)\frac{D}{2000a}\eta$</td><td>$T=\frac{e^{\mu\alpha}-1}{a_1-\eta a_2 e^{\mu\alpha}}(G_c d+G_b b+G_x c)\frac{D}{2000}\eta$</td><td>$T=\frac{e^{\mu\alpha}-1}{e^{\mu\alpha}+1}(G_c d+G_b b+G_x c)\frac{D}{2000a}\eta$</td></tr>
<tr><td>逆时针</td><td>T 减小到$\frac{1}{e^{\mu\alpha}}$倍</td><td>T 减小到$\frac{a_1-\eta a_2 e^{\mu\alpha}}{a_1 e^{\mu\alpha}-\eta a_2}$倍</td><td>$T$ 大小不变</td></tr>
<tr><td colspan="2">说明</td><td>a、b、c、d——长度尺寸，见图(a)～图(c)，mm
通常取 $d/a=10\sim15$
η——制动杠杆效率，一般取 $\eta=0.9\sim0.95$
G_g——制动杠杆重量，N
G_x——电磁铁衔铁重量，N</td><td>a_1、a_2——长度尺寸，见图(b)，m
为避免自锁现象，应使 $a_1>a_2 e^{\mu\alpha}$
通常取 $a_1=(2.5\sim3)a_2$
$a_2=30\sim50$mm</td><td>P_d——电磁铁吸力，N
h_d——电磁铁行程，mm
K_d——电磁铁行程利用系数，
$K_d=0.8\sim0.85$
ε——制动带退距，见表16-2-26</td></tr>
<tr><td colspan="2">适用条件及特点</td><td>正反转制动力矩不同，顺时针旋转时制动力矩大，常用于起重机起升机构，用于单向制动</td><td>正反转制动力矩不同，顺时针旋转时制动力矩大，紧闸所需重锤的重量 G_c 小，用于起升机构及变幅机构。一般很少采用，有时用于单向手操纵制动</td><td>制动转矩大，正反转制动力矩相同，用于运行及旋转机构，可用于双向制动</td></tr>
</table>

表 16-2-24　　带式制动器的荐用制动轮尺寸

计算制动转矩 T /N·m	制动轮尺寸/mm		计算制动转矩 T /N·m	制动轮尺寸/mm	
	直径 D	宽度 B		直径 D	宽度 B
～100	100	30	1400～1600	300～350	90
100～300	100～150	40	1800～2100	400～450	90
400～600	150～200	60	2850～4000	500～700	110
700～860	200～250	70	6400～8000	800～1000	150

表 16-2-25　　制动钢带荐用尺寸及计算

<table>
<tr><td>带宽 b/mm</td><td>25</td><td>30</td><td>40</td><td>50</td><td>60</td><td>80</td><td>100</td><td>140</td><td>200</td><td rowspan="2">为了保证带紧密地贴合到制动轮上，当轮径小于 1m 时，带宽不大于 100mm；当轮径大于 1m 时，带宽不应大于 150mm</td></tr>
<tr><td>带厚 t/mm</td><td colspan="2">3</td><td colspan="2">3～4</td><td colspan="2">4～6</td><td>4～7</td><td colspan="2">6～10</td></tr>
<tr><td>带和轮间的压强及带宽 b</td><td colspan="10">带和轮间的实际压强式
$p=\frac{2S}{Db}$
式中　D——轮径，mm
S——带的变动张力，N，其值由带的最小张力 F_2 变到最大张力 F_1，其相应的最小压强 p_{min} 和最大压强 p_{max} 为 $p_{min}=\frac{2F_2}{Db}$，$p_{max}=\frac{2F_1}{Db}$，则带宽 $b\geq\frac{2F_1}{Dp_p}$，mm，按式算出的 b 应比轮宽 B 小 5～10mm
p_p——摩擦材料的许用压强，MPa，见表 16-2-6</td></tr>
</table>

续表

覆面单位面积上摩擦功率 pv 验算	$$pv \leqslant (pv)_p$$ 式中　p——压强，取上栏中 p_{min} 与 p_{max} 的平均值，MPa v——制动轮圆周速度，m/s，$v=\frac{\pi D n_1}{60000}$ n_1——制动轮转速，r/min $(pv)_p$——覆面单位面积上许用摩擦功率值，MPa·m/s，见表 16-2-6
制动钢带厚度 t /mm	$$t=\frac{F_1}{(b-md)\sigma_p}$$ 式中　m——沿带宽每排最多的铆钉数 d——连接钢带与连接件（摩擦材料）用的铆钉直径，mm，一般取 $d=4\sim10$mm σ_p——钢带的许用拉应力，MPa，钢带材料常用 Q235A、Q275 和 45 钢，当具有覆面材料时，取 $\sigma_p=80\sim100$MPa，无覆面材料时，取 $\sigma_p=60$MPa

表 16-2-26　　**带式制动器荐用退距值**　　mm

制动轮直径 D	100	200	300	400	500	600	700	800
退距 ε	0.8		1.0	1.25～1.5		1.5		

2.4.2　短行程带式制动器

2.4.2.1　短行程带式制动器结构

短行程带式制动器如图 16-2-4 所示，制动带系由两条相同的镶有摩擦材料的钢带组合而成。右端用铰链连接到方柱 1 上，在弹簧 2 的作用下它在基架中可水平移动。带的左端用铰链连接到具有共同摆动轴心 5 的曲杆 3 和 4 的杠杆系中。由于弹簧 7 和拉杆 6 的作用，使 3、4 两曲杆被拉紧，从而使制动带两端产生张力，使制动器紧闸。电磁铁 9 的衔铁 8 装在曲杆 3 上。松闸时电磁铁通电，衔铁吸近铁芯，曲杆 3、4 分别绕轴心 10 和 11 转动，从而两杆的端部分开，制动带离开制动轮，方柱 1 也同样退开，于是松闸。随着制动带的磨损，曲杆 3、4 两端的行程及相应电磁铁的行程都将增大，而电磁铁的曳引力则随之减小。为确定衔铁的工作位置，可调整衔铁和曲杆 3 的螺钉 12。短行程直流电磁铁的行程为 2～6mm。衔铁对铁芯的正常转角为 6°～8°。

这种类型的带式制动器实际上是两个普通带式制动器的综合。这种制动器多用于重型起重机。

这类制动器的优点如下。

1）电磁铁行程较小，制动动作快。

2）制动转矩与制动方向无关。

3）围包角较大（约 320°），从而降低带轮之间的压强，相应地延长覆面的使用寿命。

4）由于包角大和连接带的铰链中具有支点作用，从而使弯曲制动轴力变小，但制动轴未能完全卸载。

带式制动器所有的其他缺点仍然存在，如带绕入端的磨损比绕出端的快 2～3 倍；很难使制动带均匀地离开制动轮，从而助长增加不均匀的磨损。

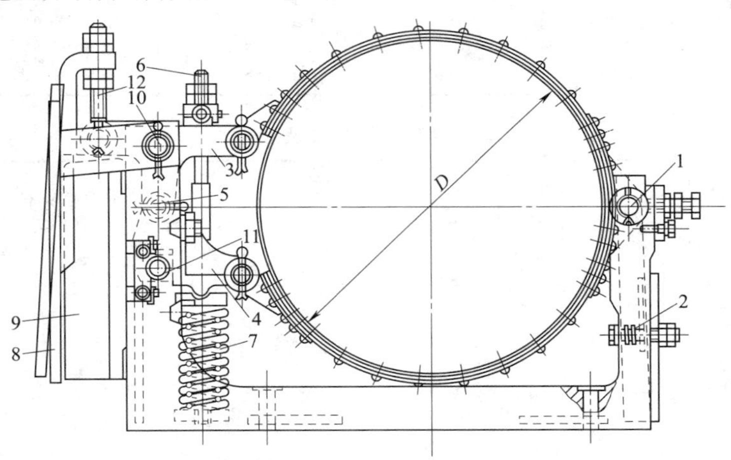

图 16-2-4　短行程带式制动器

1—方柱；2，7—弹簧；3，4—曲杆；5，10，11—轴心；6—拉杆；8—衔铁；9—电磁铁；12—螺钉另外，这种带式制动器带的张力彼此无关，杠杆系统的结构难以调整制动器使带按计算张力工作。因此，制动带之一可能大大超过计算张力工作。实际使用中由于带的过载以致有被拉断的情况发生。这种制动器的另一缺点是由于力的作用不在中心，使压强局部增加，并增加制动带两端制动覆面的磨损，以致造成它的破坏，这样使其可靠性降低。此外在这种制动器的结构中弹簧作用力的利用不完全，因弹簧作用力 P_n 与带的张力 F_1、F_2（见表 16-2-27 中图）成一角度，F_1、F_2 只是 nP_n 的一部分，所以电磁铁曳引力的利用也不够合理（故电磁铁是根据弹簧力选择），致使机构重量增加。

2.4.2.2 短行程带式制动器计算

表 16-2-27　　短行程带式制动器计算

项　目	计算公式	说　明
力图		
垂直力 S_1,S_2（不计自重）/N	$S_1=P_n\dfrac{ac+cb_2-c^2}{b_1b_2}-\dfrac{G_xd}{b_1}$ $S_2=P_n\dfrac{c}{b_2}$	以上下曲杆的平衡条件求出 S_1、S_2： P_n——弹簧力,N a,b_1,b_2,c,d——长度尺寸,mm,见图 G_x——电磁铁衔铁的重力,N
铰链中的垂直力/N	$N=P_n\dfrac{b_2-c}{b_2}$	在一般结构中,带的两半的包角 α 互相相等,角 β 亦相等 η——制动器杠杆传动效率,取 $\eta=0.9\sim0.95$
带两端张力 F_1,F_2/N	$F_1=\dfrac{S_1}{\cos\beta}$　$F_2=\dfrac{S_2}{\cos\beta}$	
上、下带的制动圆周力 F_s、F_x/N	$F_s=F_1\dfrac{e^{\mu\alpha}-1}{e^{\mu\alpha}}$　$F_x=F_2(e^{\mu\alpha}-1)$	
总制动力矩 T/N·m	$T=(F_s+F_x)\dfrac{D}{2000}$ $=\dfrac{D(e^{\mu\alpha}-1)}{2000\eta e^{\mu\alpha}\cos\beta}\left[\dfrac{P_n}{b_1b_2}(ac+cb_2-c^2+cb_1e^{\mu\alpha})-\dfrac{G_xd}{b_1}\right]$	
产生制动力矩所必需的弹簧力 P_n/N	$P_n=\dfrac{b_1b_2}{(ac+cb_2-c^2+cb_1e^{\mu\alpha})\eta}\left[\dfrac{2000Te^{\mu\alpha}\cos\beta}{D(e^{\mu\alpha}-1)}+\dfrac{G_xd}{b_1}\right]$	在一般结构中,带的两半的包角 α 互相相等,角 β 亦相等 η——制动器杠杆传动效率,取 $\eta=0.9\sim0.95$
电磁铁的转矩 T/N·m	$T=\dfrac{P_na}{1000}$	

表 16-2-28　　短行程带式制动器的性能（参考）

制动轮直径/mm	制动轮宽度/mm	制动转矩/N·m						制动器的质量/kg
		磁铁串励使用			磁铁分励使用			
		JC15%	JC25%	JC40%	JC25%	JC40%	JC100%	
200	85	130	100	70	190	140	80	52
255	85	390	290	180	380	320	180	62
355	120	1230	850	540	1400	900	550	141
455	170	1620	1170	830	2250	1400	1050	235
535	190	2250	1470	1120	1950	2300	1450	325
610	190	3030	1980	1500	4150	3050	1950	365
760	210	5200	3780	3000	8850	5350	390	580

注：摘自苏联乌拉尔重型机械制造厂设计资料。

2.5 盘式制动器

盘式制动器是沿制动盘轴向施制动力，制动轴不受弯矩，径向尺寸小，制动性能稳定。常用的盘式制动器有点盘式、全盘式及锥盘式三种。按驱动动力源分有电力液压驱动、液压驱动和气压驱动。

2.5.1 盘式制动器的结构及应用

2.5.1.1 点盘式制动器结构及产品

点盘式又称钳盘式，其单个制动块与制动盘接触面很小，在盘中所占的中心角一般仅为 30°～50°，因而称点盘式。为了不使制动轴受到径向力和弯矩，点盘式制动缸应成对布置，制动力矩较大时，可采用多对制动缸，如图 16-2-5 所示，必要时可在制动盘中间开通风沟，如图 16-2-6 所示，以降低摩擦副温升，还应采取隔热散热措施，以防止液压油高温变质。点盘式制动器体积小，重量轻，动作灵敏，通过调节油压可控制制动力矩的大小。这种制动器在矿井提升机和起重机械中已广泛应用。

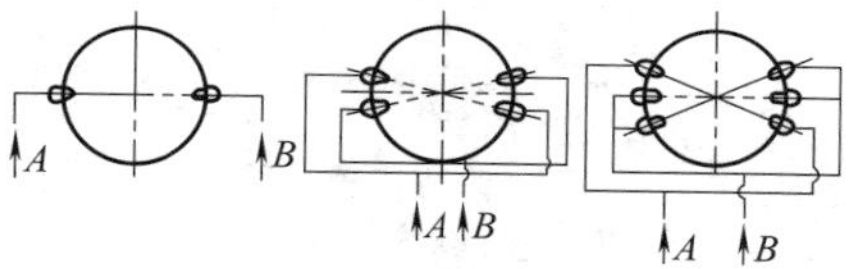

图 16-2-5 多对制动缸组合安装示意图

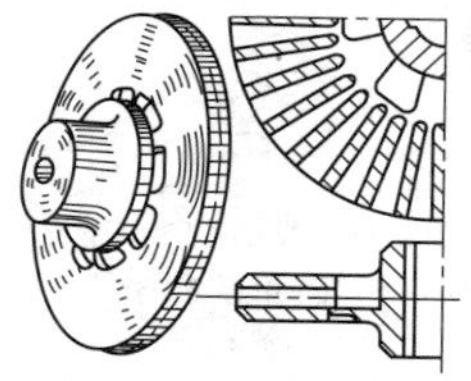

图 16-2-6 带有通风沟的制动盘

点盘式制动器按制动钳的结构型式分固定卡钳式和浮动卡钳式。固定卡钳式即制动钳固定不动，制动盘两侧均有油缸。制动时仅两侧油缸中的活塞驱使两侧制动块作相向移动。常闭固定卡钳式见图 16-2-7、图 16-2-8。常开固定卡钳式见图 16-2-9，摩擦块底板 4 通过销轴 6、1 和平行杠杆组 5 固定在基架 2 上。弹簧 8 使制动器常开。制动时，将液压油通入油缸 7，同时压缩弹簧而紧闸。平行杠杆组 5 能使摩擦元件与制动盘 3 保持平行。

浮动卡钳式的制动缸是浮动的，有滑钳式与摆动钳式。图 16-2-10 为常开滑动钳式制动器，油缸进油

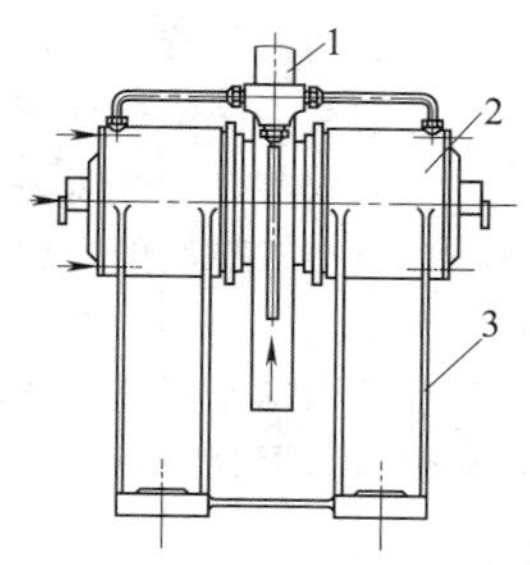

图 16-2-7 常闭固定卡钳式制动器

1—制动盘；2—制动缸；3—基架

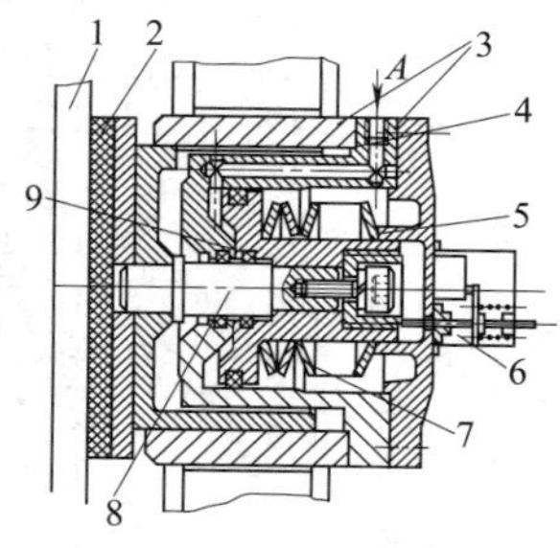

图 16-2-8 常闭固定卡钳式制动器制动缸结构

1—制动盘；2—摩擦块；3—缸体；4—导引部分；5—调整垫片；6—磨损量指示器；7—碟形弹簧；8—顶杆；9—活塞

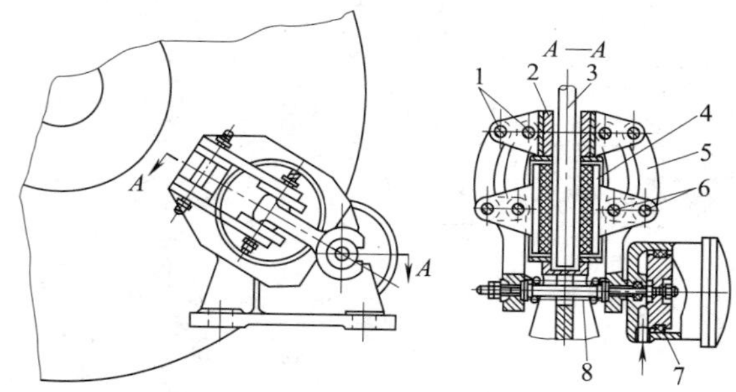

图 16-2-9 常开固定卡钳式制动器

1，6—销轴；2—基架；3—制动盘；4—摩擦块底板；5—平行杠杆组；7—油缸；8—弹簧

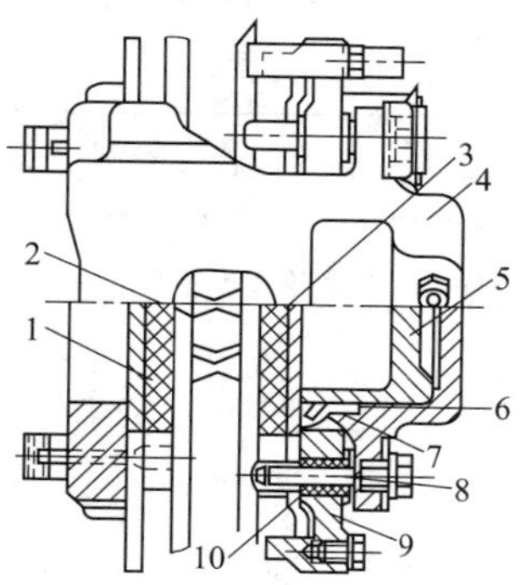

图 16-2-10 常开滑动钳式制动器

1—固定制动块；2—制动盘（通风型）；3—活动制动块；4—制动钳体；5—活塞；6—密封圈；7—防护罩；8—制动钳定位导向销；9—支承板；10—橡胶衬套

后活塞 5 推动活动制动块 3 左移靠紧制动盘 2 后，制动钳体 4（制动缸）在支承板 9 中向右滑动，并带动固定制动块 1 右移压紧制动盘 2。

图 16-2-11 为常开摆动钳式制动器。制动缸 6 通过销轴 12 与固定基架 11 铰接，并借助螺栓 9 及弹簧 10 定位。制动时，液压油由进油孔 7 进入制动缸推动活塞 5 使摩擦块 4 压制动盘 3，由于制动缸是浮动的，故活塞 5 同时也使摩擦块 2 压向制动盘。制动缸卸压后，弹簧 10 使制动器松闸。

（1）电力液压推动器盘式制动器（JB/T 7020—2006）

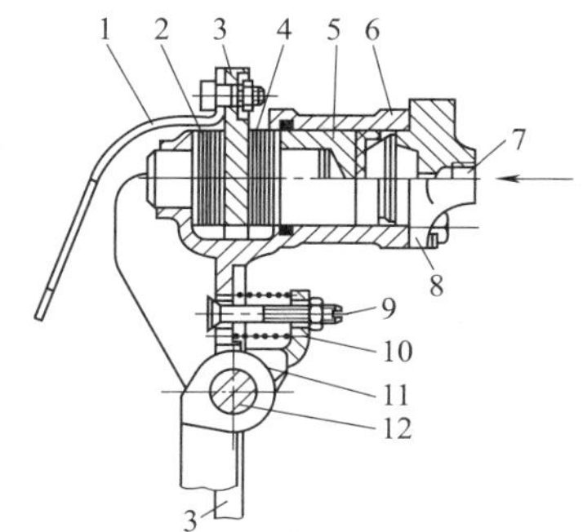

图 16-2-11　常开摆动钳式制动器

1—轮辐；2，4—摩擦块；3—制动盘；5—活塞；6—制动缸；7—进油孔；8—缸盖；9—螺栓；10—弹簧；11—基架；12—销轴

表 16-2-29　　电力液压盘式制动器（JB/T 7020—2006）

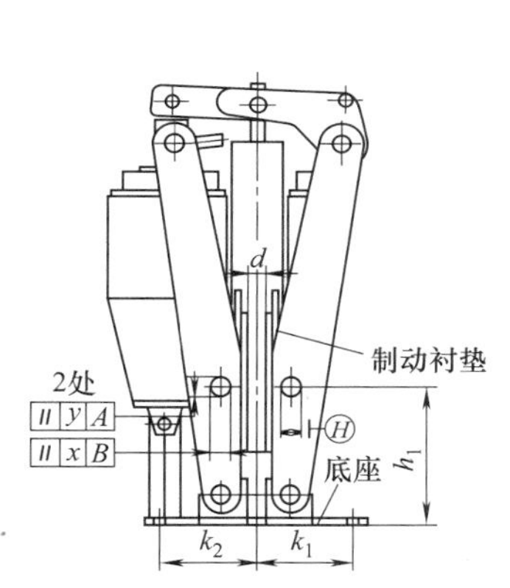

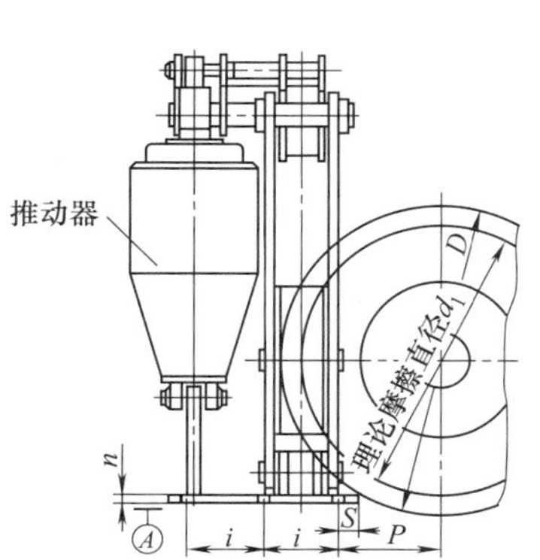

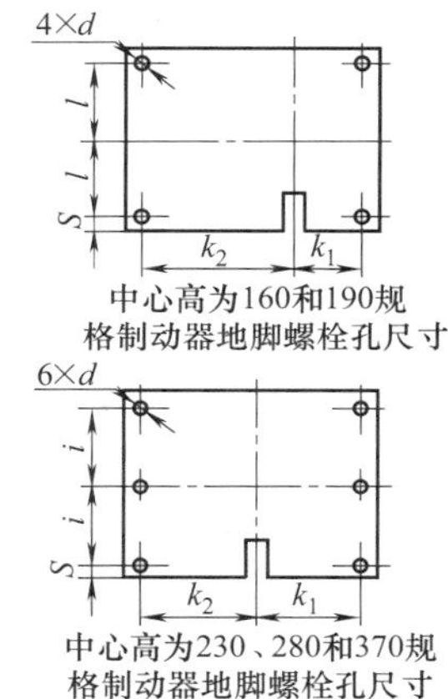

规格		额定制动力矩/N·m								每侧制动瓦退距/mm
制动器中心高/mm	推动器额定推力/N	制动盘直径 D/mm								
		250	315	400	500	630	710	800	900	
160	220	200	250	315	400	—	—	—	—	0.8±0.1
	300	280	355	450	560	—	—	—	—	
	500	450	560	710	900	—	—	—	—	
190	300	—	355	450	560	710	—	—	—	
	500	—	560	710	900	1120	—	—	—	
	800	—	900	1120	1400	1800	—	—	—	
230	500	—	—	710	900	1120	1260			0.9±0.2
	800	—	—	1120	1400	1800	2000			
	1250	—	—	1800	2240	2800	3150	—	—	
280	800	—	—	—	1400	1800	2000	2240	—	
	1250	—	—	—	2240	2800	3150	3550		
	2000	—	—	—	3550	4500	5000	5600	—	
370	1250	—	—	—	—	3550	4000	4500	5000	1.0±0.3
	2000	—	—	—	—	5600	6300	7100	8000	
	3000	—	—	—	—	8500	9500	10600	12000	

续表

规格		基本连接尺寸/mm										形位公差/mm	
制动器中心高/mm	推动器额定推力/N	h_1	k_1	k_2	l	d	$n\geqslant$	b	d_1	P	$S\leqslant$	x	y
160	220	160	80	150	100	14	14	20	$D-55$	d_1-50	16	0.15	0.15
	300												
	500												
190	300	190	90	160	100	18	18	30	$D-65$	d_1-50	20		
	500												
	800												
230	500	230	145	145	130	18	22	30	$D-80$	d_1-65	20	0.20	0.20
	800												
	1250												
280	800	280	180	180	160	27	24	30	$D-100$	d_1-80	30		
	1250												
	2000												
370	1250	370	180	180	160	27	30	30	$D-130$	d_1-80	30	0.25	0.25
	2000												
	3000												

（2）制动盘（JB/T 7019—2013）

表 16-2-30　**制动盘**（JB/T 7019—2013）　mm

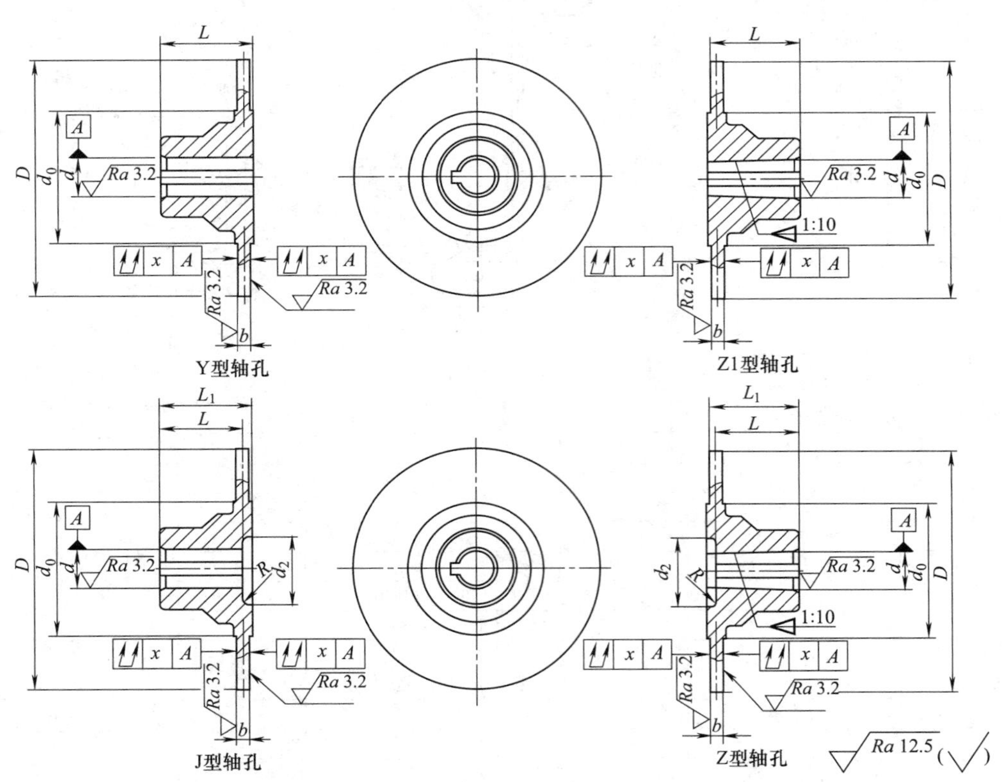

A型

续表

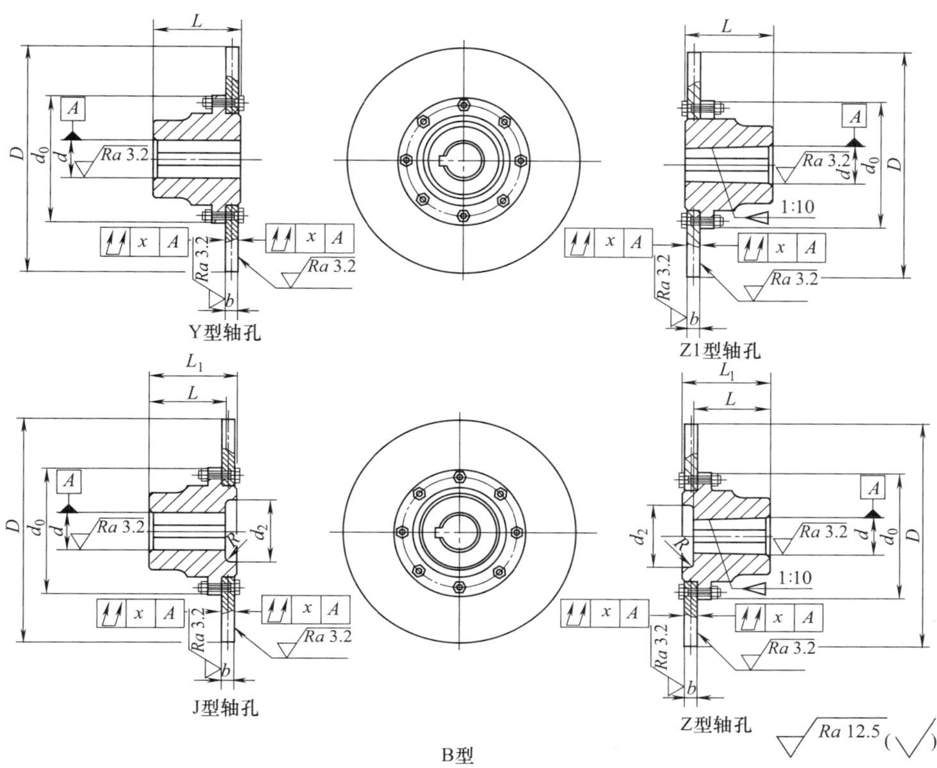

B型

D	b		d_0	x
	公称尺寸	极限偏差		
160	12,16	$^{-0.036}_{0}$	≤95	0.05
180	12,16		≤110	0.05
200	12,16		≤110	0.05
225	12,16		≤125	0.05
250	16,20		≤140	0.05
280	16,20		≤155	0.06
315	20,30	$^{+0.052}_{0}$	≤175	0.06
355	20,30		≤200	0.06
400	20,30		≤220	0.06
450	20,30		≤250	0.06
500	20,30		≤280	0.06
560	30,36	$^{+0.062}_{0}$	≤310	0.08
630	30,36		≤350	0.08
710	30,36		≤410	0.08
800	30,36		≤450	0.08
900	30,36		≤550	0.10
1000	30,36		≤650	0.10
1120	30,36		≤760	0.10
1250	30,36		≤870	0.10
1400	30,36		≤1000	0.12
1600	30,36		≤1200	0.12
1800	30,36		≤1400	0.12

续表

D	b		d_0	x
	公称尺寸	极限偏差		
2000	36,40	+0.062 0	≤1550	0.12
2250	36,40		≤1800	0.15
2500	36,40		≤2050	0.15
2800	36,40		≤2320	0.15
3150	36,40		≤2670	0.15
3550	36,40		≤3050	0.20
4000	36,40		≤3500	0.20
4500	36,40		≤4000	0.20
5000	36,40		≤4500	0.20

注：1. 轴孔尺寸（图中的 d、d_2、L、L_1、R）应符合 GB/T 3852—2017 的规定。
2. 轴孔与轴的连接型式和尺寸应符合 GB/T 3852 的规定。

表 16-2-31　　制动盘材料选用

使用条件		材料		使用推荐
制动覆面温度 /℃	单位制动覆面制动功① /J·cm⁻²	标准	牌号	
≤350	≤45	GB/T 1591—2008	Q345	制动盘
		GB/T 699—2015	20、25	锻造制动盘
		GB/T 11352—2009	ZG200-400 ZG230-450	铸造制动盘
		GB/T 1348—2009	QT400-15 QT400-18	
>350～650	>45～90	GB/T 1591—2008	Q345	制动盘
		GB/T 699—2015	35、45	锻造制动盘
		GB/T 3077—2015	40Cr	
		GB/T 8492—2014	ZG30Cr7Si2	铸造制动盘
		GB/T 11352—2009	ZG230-45 ZG270-500	
>650～1050	>90～160	GB/T 8492—2014	ZG30Cr7Si2 ZG40Cr13Si2 ZG40Cr17Si2 ZG40Cr24Si2	铸造制动盘

① 单位制动覆面制动功可根据机构制动参数按下式计算：

$$E=\frac{W}{\pi d_1 B}=\frac{n_1 M_{bz} t_b}{60 d_1 B}$$

式中　E——单位制动覆面上的制动功，J/cm²；
W——机构制动轴上一个制动轮或制动盘上一次的总制动功，J；
M_{bz}——机构同一制动轴上一个制动轮或制动盘上总制动力矩，N·m；
n_1——机构制动轴制动初转速（紧急制动时可能出现的最大制动初转速），一般取 n_1 为 n_e 或 $1.15n_e$，r/min；
t_b——机构在满载和全速（额定速度）时的理论制动时间，s；
d_1——理论制动直径（对制动轮为直径 D，对制动盘为理论摩擦直径），cm；
B——制动轮或制动盘总制动覆面宽度（对制动轮为制动衬垫有效摩擦面宽度，对制动盘为制动衬垫有效摩擦面宽度×制动面数），cm。

2.5.1.2　全盘式制动器结构及产品

全盘式制动器结构紧凑，摩擦面积大、制动转矩大，但散热条件差，装拆不如钳盘式方便，采用扇形摩擦片（图 16-2-13）较全环摩擦片更换方便。改变垫片厚度可调节弹簧的压缩量，可调节制动转矩。径向尺寸有限时，可采用多盘式来增大制动转矩。多用于电动机上。

图 16-2-12 为常闭单盘式制动器，动铁芯 5 兼作制动盘，可沿销做轴向移动，风扇 4 上装有摩擦环 3，

电机尾盖 1 上装有线圈 7 和弹簧 6，线圈 7 通电后，动铁芯 5 被吸合而松闸，转子运转。图 16-2-13 为采用扇形摩擦片的多盘式制动器，当线圈（图中未示出）通电后，弹簧 5 被压缩，动片与定片间出现间隙，松闸。

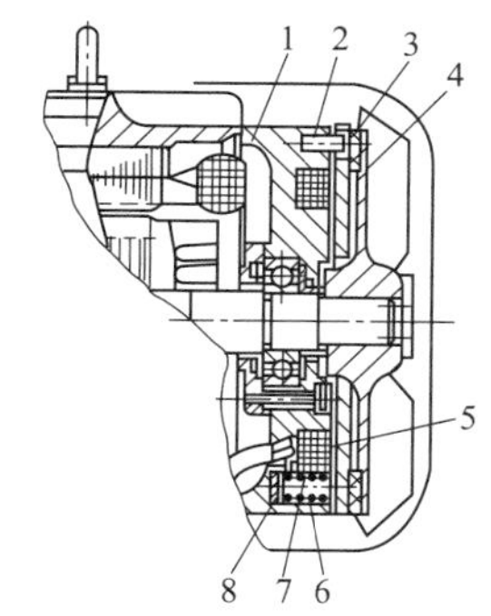

图 16-2-12　常闭单盘式制动器

1—尾盖；2—柱销；3—摩擦环；4—风扇；5—动铁芯；6—弹簧；7—线圈；8—垫片

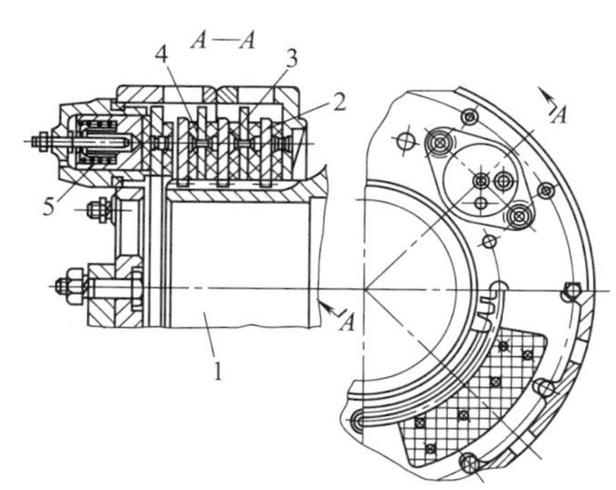

图 16-2-13　多盘式制动器

1—转动轴；2—动盘；3—定盘；4—摩擦片；5—弹簧

表 16-2-32　QPZ 型（常开型）气动盘式制动器（JB/T 10469.1—2004）　mm

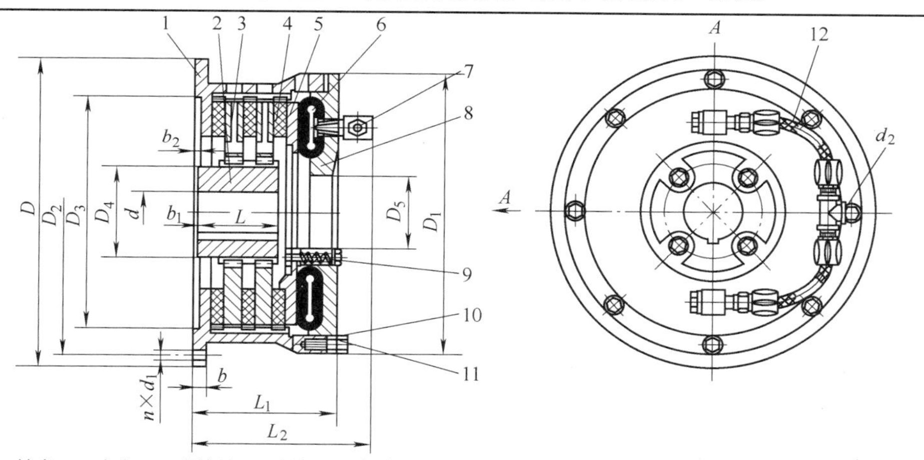

1—壳体；2—轴套；3—内盘；4—摩擦片；5—压板；6—气囊；7—快速排气阀；8—端盖；9—弹簧；10—垫片；11—螺钉；12—胶管总成

标记示例：

额定制动转矩为 5600N·m，型号为 QPZ5-3，轴孔直径 d＝80mm 的常开型气动盘式制动器的标记为：

QPZ5-3 制动器　80　JB/T 10469.1—2004

型　号	额定制动转矩 T_Z /N·m	许用转速 n_p /r·min^{-1}	转动惯量 J /kg·m^2	质量 /kg
QPZ1-2	315	2500	0.017	20
QPZ2-2	710	2000	0.044	32
QPZ3-2	1600	1500	0.200	75
QPZ4-2	2800	1200	0.450	105
QPZ5-2	4000	1100	0.825	148
QPZ5-3	5600		1.230	162
QPZ6-2	6300	1000	1.345	171
QPZ6-3	9500		1.997	210
QPZ7-2	8500	900	2.5	264
QPZ7-3	12500		4.0	330
QPZ8-2	15000	750	4.5	365
QPZ8-3	22400		6.75	465
QPZ9-2	17000	720	8.5	426
QPZ9-3	25000		12.6	540

第 16 篇

续表

型号	额定制动转矩 T_Z /N·m	许用转速 n_p /r·min^{-1}	转动惯量 J /kg·m^2	质量 /kg
QPZ10-2	31500	640	15.1	640
QPZ10-3	47500		19.5	795
QPZ11-2	50000	550	29.5	905
QPZ11-3	75000		44.7	1180

型号	d H7	L	L_1	L_2	D	D_1	D_2	D_3 H8	D_4	D_5	$n\times d_1$	d_2	b	b_1	b_2
QPZ1-2	15～45	82	132	195	220	225	203	190	70	50	4×ϕ9	Rc1/2	6	1.2	2
QPZ2-2	25～56	82	160	220	310	285	280	220	90	58	6×ϕ14		13	6	8
QPZ3-2	25～65	110	165	225	400	375	375	295	105	95	6×ϕ18		16	10	6
QPZ4-2	25～90	114	216	276	470	445	445	370	140	125	8×ϕ18				10
QPZ5-2	35～100	120	210	270	540	510	510	410	150	155	12×ϕ18				
QPZ5-3		165	256	318											
QPZ6-2	50～120	120	235	295	590	560	560	470	180	185	12×ϕ18	Rc3/4			11
QPZ6-3		120	263	325											
QPZ7-2	50～150	130	260	320	685	632	648	540	230	235	12×ϕ18		19	8	19
QPZ7-3		178	294	355											
QPZ8-2	50～150	130	257	320	760	735	730	620	230	335	12×ϕ18	Rc1¼		6	
QPZ8-3		190	314	375											
QPZ9-2	65～165	175	259	325	830	790	800	700	230	335	16×ϕ18				
QPZ9-3		202	318	380											
QPZ10-2	65～185	137	280	340	935	885	900	775	255	380	18×ϕ22				
QPZ10-3		190	320	380											
QPZ11-2	150～230	229	330	390	1105	1045	1065	925	305	570	18×ϕ22		22	5	16
QPZ11-3		314	410	480											

注：1. 键槽形式尺寸按 GB/T 3852—2017 的规定。
2. QPZ1～QPZ3 为一个进气口，无胶管总成；表中 d_2 为快速排气阀的接口尺寸。
3. 轴套内孔与轴的配合：$d\leqslant45\sim130$mm 时，采用 H7/t6；$d>130\sim480$mm 时，采用 H7/u6。

表 16-2-33　QPBZ 型（常闭型）气动盘式制动器（JB/T 10469.2—2004）　mm

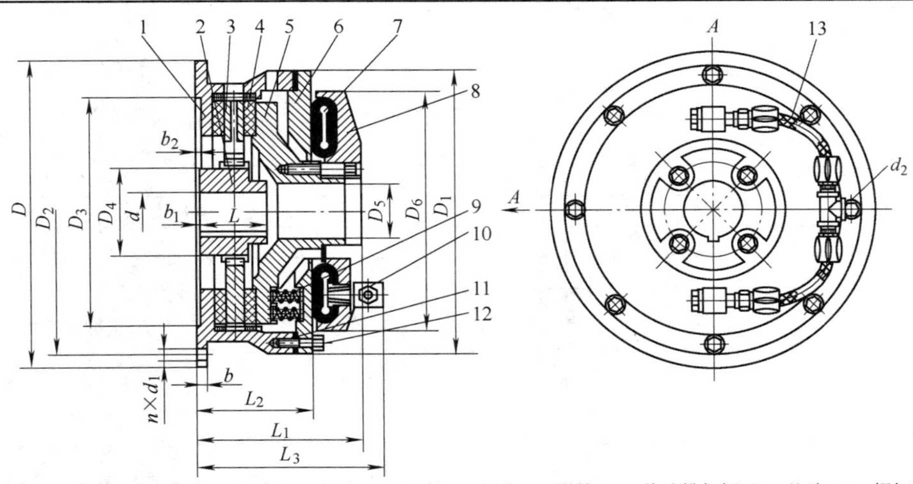

1—壳体；2—轴套；3—内盘；4—摩擦片；5—压板；6—端盖；7—气囊；8—托盘；9—弹簧；10—快速排气阀；11—垫片；12—螺钉；13—胶管总成

标记示例：

额定制动转矩为 80000N·m，型号为 QPBZ12-3，轴孔直径 $d=200$mm 的常闭型气动盘式制动器的标记为：

QPBZ12-3 制动器　200　JB/T 10469.2—2004

续表

型　　号	额定制动转矩 T_Z /N·m	许用转速 n_p /r·min^{-1}	转动惯量 J /kg·m^2	质量 /kg
QPBZ1-2	500	2500	0.017	25
QPBZ2-2	900	2000	0.044	37
QPBZ3-2	1400	1500	0.200	95
QPBZ4-2	3550	1200	0.450	135
QPBZ5-2	5000	1100	0.825	204
QPBZ6-2	7500	1000	1.345	216
QPBZ7-2	9500	900	2.5	314
QPBZ7-3	14000		4.0	367
QPBZ8-2	14000	750	4.5	435
QPBZ8-3	20000		6.75	550
QPBZ9-2	19000	720	8.5	552
QPBZ9-3	28000		12.6	630
QPBZ10-2	35500	640	15.1	728
QPBZ10-3	37000		19.5	1000
QPBZ11-2	47500	550	29.5	1230
QPBZ11-3	67000		44.7	1480

型号	d H7	L	L_1	L_2	L_3	D	D_1	D_2	D_3 H8	D_4	D_5	D_6	$n\times d_1$	d_2	b	b_1	b_2
QPBZ1-2	15～45	82	165	165	225	220	225	203	190	70	50	225	4×ϕ9	Rc1/2	6	1.6	2
QPBZ2-2	25～56	82	190	160	250	310	285	280	220	90	50	240	6×ϕ14		13	6	6
QPBZ3-2	25～65	110	218	200	280	400	375	375	295	100	75	305	6×ϕ18		16		9.5
QPBZ4-2	35～90	114	225	215	315	470	445	445	370	140	100	375	8×ϕ18			10	
QPBZ5-2	35～100	120	270	225	330	540	510	510	410	150	110	415	12×ϕ18				
QPBZ6-2	50～120	120	275	235	335	590	560	560	470	180	125	495	12×ϕ18	Rc3/4		11	
QPBZ7-2	50～150	130	305	360	365	685	635	648	540	220	155	550	12×ϕ18		19	19	8
QPBZ7-3		178	355	395	415												
QPBZ8-2	50～150	130	310	260	370	760	740	730	620	230	210	685	12×ϕ18	Rc1¼			6
QPBZ8-3		190	370	305	430												
QPBZ9-2	65～165	175	320	280	380	830	790	800	700	230	210	685	12×ϕ22				
QPBZ9-3		202	370	325	430												
QPBZ10-2	65～230	136	330	265	390	940	885	900	775	255	210	815	18×ϕ22				
QPBZ10-3		257	395	240	455												
QPBZ11-2	150～230	230	385	340	455	1105	1045	1065	925	305	325	975	18×ϕ22		22	16	
QPBZ11-3		314	520	410	580												

注：1. 键槽形式尺寸按 GB/T 3852—2017 的规定。

2. QPBZ1～QPBZ3 为一个进气口，无胶管总成；其 d_2 为快速排气阀的接口尺寸。

3. 轴套内孔与轴的配合：$d \leqslant 45 \sim 130$mm 时，采用 H7/t6；$d > 130 \sim 480$mm 时，采用 H7/u6。

2.5.1.3　锥盘式制动器

锥盘式是全盘式的变型，图 16-2-14 为应用于电动机的锥盘式制动器结构。当电动机启动时，产生一轴向磁拉力。推动锥形转子向右，并压缩弹簧 2，使得带风扇叶片的内锥盘 5 与电动机壳后端盖的外锥盘 3 脱开接触，于是松闸，电动机运转。反之，紧闸，电动机停止。

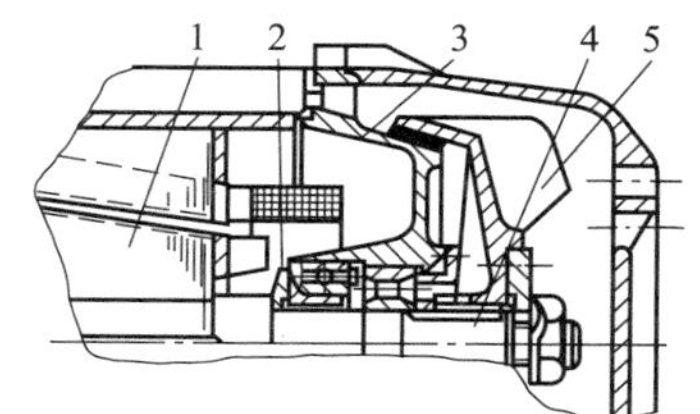

图 16-2-14　锥盘式制动器

1—电动机；2—弹簧；3—电动机尾盖外锥盘；4—电动机轴；5—电机风扇及内锥盘

2.5.1.4 载荷自制盘式制动器

表 16-2-34 QPWZ 型（水冷却型）气动盘式制动器（JB/T 10469.3—2004） mm

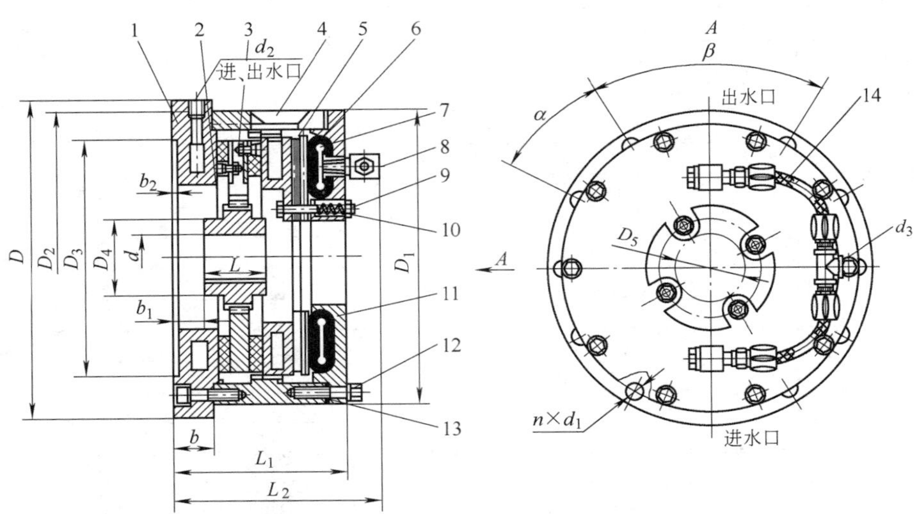

1—底座；2—轴套；3—摩擦盘；4—壳体；5—压盘；6—压板；7—气囊；8—快速排气阀；9—弹簧；10—拉紧螺栓；11—端盖；12—螺钉；13—垫片；14—胶管总成

标记示例：

额定转矩为 14200N·m，型号为 QPWZ8-2，轴孔直径 d＝90mm，水冷却气动盘式制动器的标记为：

QPWZ8-2 制动器 90 JB/T 10469.3—2004

型号	额定制动转矩 T_z/N·m	许用转速 n_p /r·min^{-1}	转动惯量 J /kg·m^2	质量 /kg	水流量 /L·min^{-1}
QPWZ1-1	100	2800	0.00125	10.6	4
QPWZ2-1	315	2500	0.02	21	6
QPWZ2-2	630		0.03	31	8
QPWZ3-1	560	2000	0.0225	36	8
QPWZ3-2	1120		0.0375	50	12
QPWZ4-1	1250	1500	0.113	78	12
QPWZ4-2	2500		0.25	90	17
QPWZ5-1	2240	1200	0.45	125	13
QPWZ5-2	4480		0.625	145	21
QPWZ6-1	3150	1100	0.495	168	18
QPWZ6-2	6300		0.72	250	25
QPWZ7-1	5000	1000	0.75	195	21
QPWZ7-2	11000		0.90	260	32
QPWZ8-1	7100	900	1.6	265	30
QPWZ8-2	14200		1.75	315	48
QPWZ9-1	7500	750	2.85	360	45
QPWZ9-2	15000		3.00	465	67
QPWZ10-1	13200	720	5.0	395	57
QPWZ10-2	26400		9.2	560	90
QPWZ11-1	26500	640	9.65	615	65
QPWZ11-2	53000		18.0	930	105

续表

型号	d H7	L	L_1	L_2	D	D_1	D_2	D_3 H8	D_4	D_5	α	β	$n\times d_1$	d_2	d_3	b	b_1	b_2
QPWZ1-1	15～25	22	108	170	180	200	165	140	45	50	90°	90°	4×ϕ9	Rc1/8	Rc1/2	32	32	4
QPWZ2-1	15～45	50	145	205	220	225	203	190	70	50	90°	90°	4×ϕ9	Rc1/4		32	20	
QPWZ2-2		112	198	260													32	
QPWZ3-1	25～56	50	172	235	310	285	280	220	90	55	60°	120°	4×ϕ14	Rc1/2		38	30	6
QPWZ3-2		102	225	285														
QPWZ4-1	25～65	70	188	250	400	375	375	295	105	82	60°	120°	4×ϕ18	Rc1/2			20	
QPWZ4-2		122	240	300														
QPWZ5-1	25～90	95	215	275	470	445	445	370	140	125	45°	90°	6×ϕ18	Rc1/2		45	28	
QPWZ5-2	25～71	143	268	330					110								45	
QPWZ6-1	35～100	102	220	280	540	510	510	410	150	150	30°	60°	10×ϕ18	Rc1/2			24	
QPWZ6-2	35～120	143	285	345					180									
QPWZ7-1	35～120	102	228	290	590	560	560	470	180	200	30°	60°	10×ϕ18	Rc1/2	Rc3/4		28	
QPWZ7-2	35～100	165	285	345					150					Rc3/4			42	
QPWZ8-1	50～150	102	245	305	685	635	648	540	230	235	30°	60°	10×ϕ18	Rc1/2			32	
QPWZ8-2	50～140	165	302	365										Rc3/4				
QPWZ9-1	50～150	102	255	320	760	740	730	620	230	235	30°	60°	10×ϕ18	Rc3/4	Rc1¼		35	
QPWZ9-2	50～140	205	315	375					205									
QPWZ10-1	65～160	115	255	320	830	790	800	700	230	335	22.5°	45°	14×ϕ18	Rc3/4		50	30	
QPWZ10-2		240	310	370														
QPWZ11-1	65～260	128	285	345	940	885	900	775	405	380	20°	40°	16×ϕ22	Rc3/4			35	
QPWZ11-2		205	425	485													50	

注：1. 键槽形式尺寸按 GB/T 3852—2017 的规定。

2. QPWZ1～QPWZ4 为一个进气口，无胶管总成；表中 d_3 为快速排气阀的接口尺寸。

3. 轴套内孔与轴的配合：$d\leqslant$45～130mm 时，采用 H7/t6；$d>$130～480mm 时，采用 H7/u6。

表 16-2-35 载荷自制盘式制动器结构特点

分类	结构简图	特点
蜗杆式	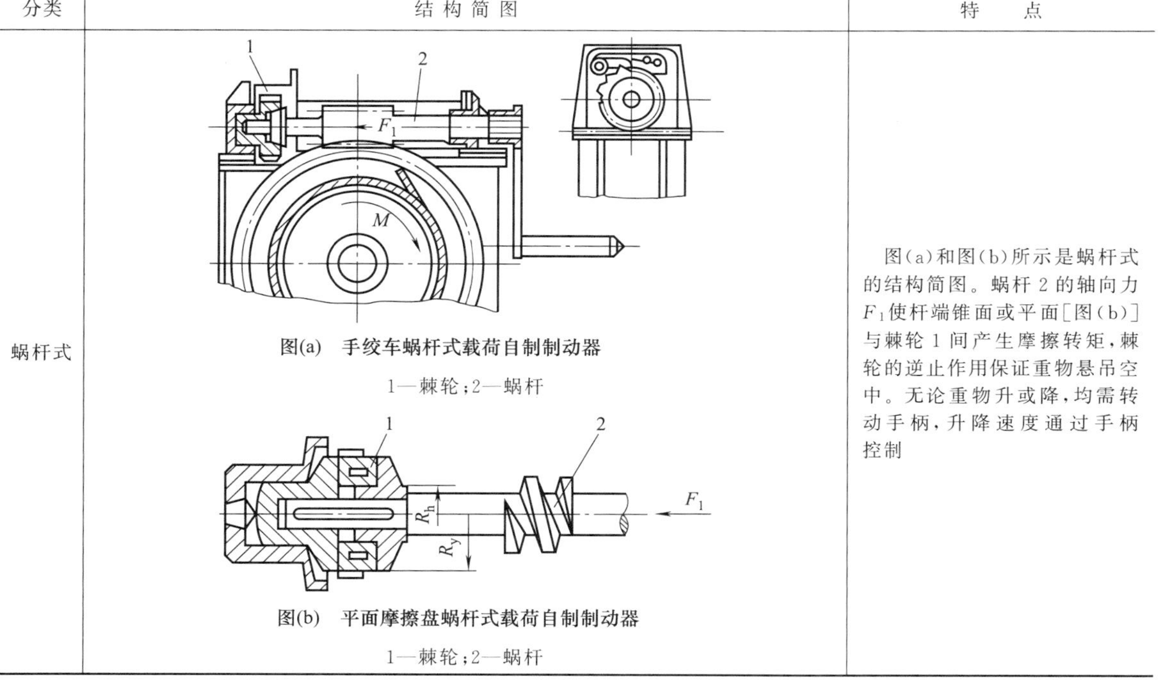图(a) 手绞车蜗杆式载荷自制制动器 1—棘轮；2—蜗杆 图(b) 平面摩擦盘蜗杆式载荷自制制动器 1—棘轮；2—蜗杆	图(a)和图(b)所示是蜗杆式的结构简图。蜗杆 2 的轴向力 F_1 使杆端锥面或平面[图(b)]与棘轮 1 间产生摩擦转矩，棘轮的逆止作用保证重物悬吊空中。无论重物升或降，均需转动手柄，升降速度通过手柄控制

续表

分类	结构简图	特点
螺旋式	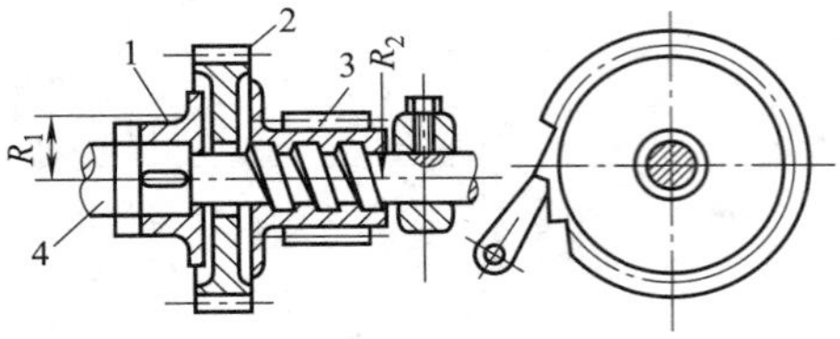 图(c)　机械驱动的螺旋式载荷自制制动器 1—挡圈；2—棘轮；3—小齿轮；4—轴 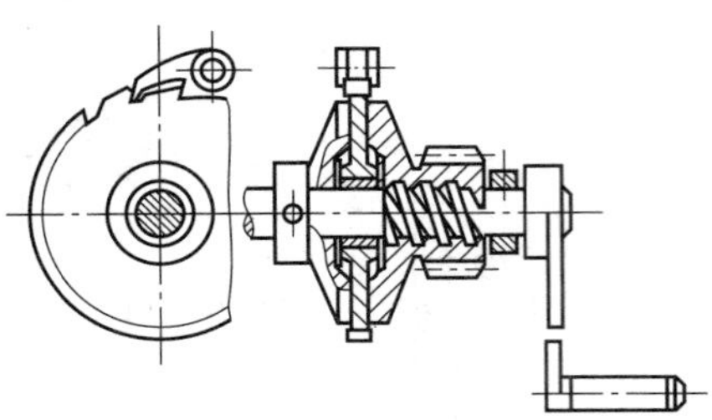 图(d)　安全手柄	小齿轮3正转时，使齿轮端面、棘轮2、挡圈1及轴4相互压紧，并带动轴4旋转而提升重物。小齿轮停止时，棘轮逆止，保证重物悬吊空中。小齿轮反转时重物下降 手驱动的螺旋式载荷自制制动器常称为“安全手柄”，如图(d)所示
牙嵌式	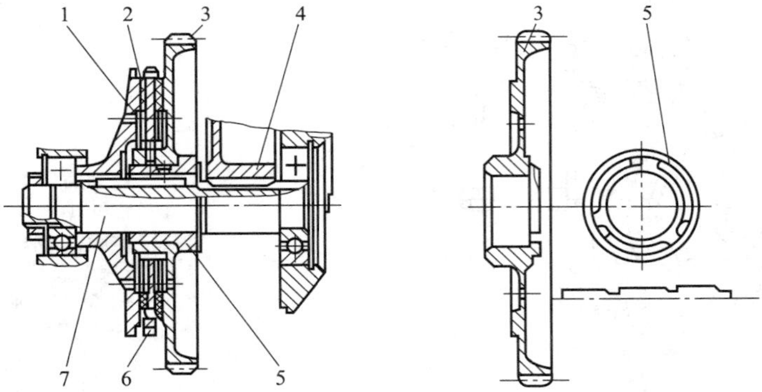 (ⅰ)示意图　(ⅱ)齿轮结构 图(e)　牙嵌式载荷自制制动器示意图 1—圆盘；2—摩擦片；3,4—齿轮；5—套筒；6—棘轮；7—齿轮轴	图(e)中(ⅰ)所示为牙嵌式载荷自制制动器。停车时，负载转矩通过齿轮4和齿轮轴7使套筒5转动，套筒端面的螺旋齿[图(e)中(ⅱ)]迫使齿轮3轴向移动并压紧摩擦片2及棘轮6而紧闸，下降原理同螺旋式

2.5.2　盘式制动器的设计计算

表 16-2-36　**盘式制动器的设计计算**

计算简图	计算内容	计算公式	说明
圆盘式	轴向推力 F 摩擦盘有效半径 R_e	$F=\frac{1000T}{n\mu R_e}$ $R_e=\frac{2R_y^3-R_n^3}{3R_y^2-R_n^2}$ $R_y\leqslant 1.8R_n$ $R_e=\frac{R_y+R_n}{2}$ $m=\frac{4F}{p'\pi d^2}$	T——计算制动转矩，N·m R_y，R_n——有效摩擦面的外、内半径，mm，R_y 取 $(1.2\sim2.5)R_n$，R_n 取结构允许的最小值 n——摩擦副数目 μ——摩擦因数，见表 16-2-6 p'——工作油压，MPa d——活塞直径，mm R——点盘中心到制动盘旋转中心的距离，mm P——每副点盘装置的推力，N A'——单缸的摩擦块面积，mm^2 A——摩擦面积总和，mm^2 p_p——许用压强，MPa，见表 16-2-6 m——分泵或液压缸个数 S——制动安全系数，见表 16-2-4 C——弹簧刚度，N/mm ε——退距，mm n_1——碟形弹簧数目 W——缸内各运动部分的摩擦阻力，N d_1——活塞轴径，mm W_1——弹簧外力，N D——液压缸内径，mm
点盘常开式	总轴向推力 F 点盘装置的副数 X 摩擦块的压强 p	$F=\frac{1000T}{\mu R}$ $X=\frac{F}{P}$ $P=pA'$ $p=\frac{F}{A}\leqslant p_p$	
点盘常闭式 制动盘	总轴向推力 F 单缸正压力 F_1 松闸时作用在弹簧上的力 F_2	$F=S\frac{1000T}{\mu R}$ $F_1=\frac{F}{m}$ $F_2=F_1+W_1$ $W_1=\frac{C\varepsilon}{n_1}+W$ $D=\sqrt{\frac{4F_1}{\pi p'}+d_1^2}$ $p=\frac{F_1}{A'}\leqslant p_p$	
锥盘式	轴向推力 F 摩擦锥面有效宽度 B	$F=\frac{T\sin\frac{\beta}{2}}{\mu R_e}$ $R_e=\frac{R'_y+R'_n}{2}$ $B\geqslant\frac{F}{2\pi R_e\sin\frac{\beta}{2}p_p}$	R'_y，R'_n——摩擦面的外、内半径，mm，取 $R'_y=(1.2\sim1.6)R'_n$，R'_n由结构限制决定 T_t——载荷力矩，N·mm R_0——蜗轮节圆半径，mm r——1/2 螺纹中径，mm α——螺纹角，(°) ρ'——螺纹副摩擦角，润滑条件好时$\rho'=2°\sim3°$ R_1——摩擦盘 1 的平均半径，mm R_2——摩擦盘 2 的平均半径，mm η_1，i_1——由电动机到制动轴的效率和传动比 T_1——螺旋式载荷自制制动器摩擦面间的摩擦力矩 $T_1=(0.15\sim0.5)T_t$ T'——螺旋副的摩擦阻力矩 通常 $T'=(0.1\sim0.3)T_t$ 通常 $T_0=(0.3\sim0.6)T_t$
蜗杆式载荷自制	轴向推力 F	$F=\frac{T_t}{R_0}$	
螺旋式载荷自制	轴向推力 F 保证重物悬吊条件 重物下降所需力矩 T_0	$F=\frac{T_t}{r\tan(\alpha+\rho')+\mu R_2}$ $\mu(R_1+R_2)\geqslant[r\tan(\alpha+\rho')+\mu R_1]\eta_1^2$ $T_0=(T_1-T')\frac{1}{i_1\eta_1}$	

第16篇

2.6　其他制动器

2.6.1　磁粉制动器

2.6.1.1　磁粉制动器的结构及工作原理

磁粉制动器主要利用磁粉磁化时所产生的剪力来制动，其特点是磁粉链抗剪力与磁粉磁化程度成正比，即制动转矩的大小与绕组中的励磁电流的大小成正比。但电流大到使磁粉达到磁饱和时，转矩增长速度就会减慢，见图 16-2-15，此外，磁粉的装满程度也影响转矩的特性。

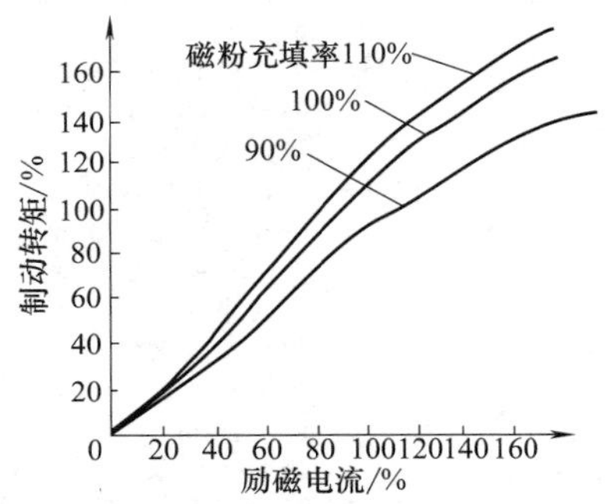

图 16-2-15　制动转矩与励磁电流特性

图 16-2-16 为一磁粉制动器。为了便于安装励磁绕组 3，固定部分做成装配式，由 2 及 5 组成。固定与转动部分薄壁圆筒 7 之间的间隙中填充磁粉。由转动部分薄壁圆筒 7 与非磁性铸铁套筒 1 铆接成被制动件。为了防止磁通短路，特装一非磁性圆盘 4。固定部分 2 上铸有散热片，由风扇 8 强迫通风冷却。

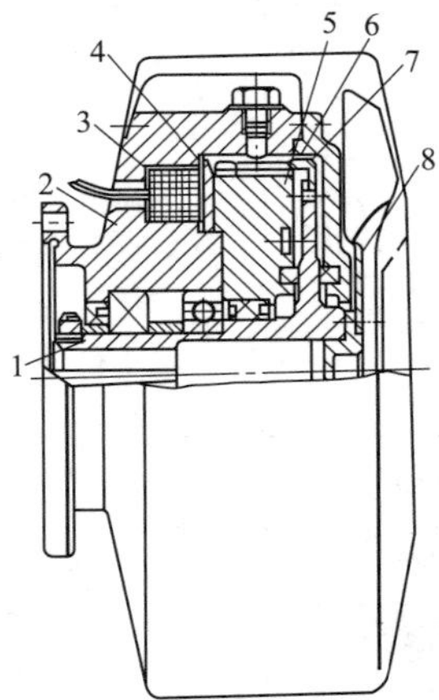

图 16-2-16　磁粉制动器

1—非磁性铸铁套筒；2，5—固定部分；3—励磁绕组；4—非磁性圆盘；6—磁粉；7—薄壁圆筒；8—风扇

这种制动器体积小，重量轻，具有恒转矩特性，制动平稳，励磁功率小且制动转矩与转动件的转速无关。但磁粉会引起零件磨损。用于机械设备的制动，张力控制和调节转矩等自动控制及各种机器的驱动系统中。

2.6.1.2　磁粉制动器的性能参数及产品尺寸

表 16-2-37　　磁粉制动器的基本性能参数

型　号	公称转矩 T_n /N·m	75℃时线圈			许用同步转速 n_p /r·min^{-1}	转动惯量 J/kg·m^2	自冷式	风冷式		液冷式	
		最大励磁电压 U_m/V	最大励磁电流 I_m/A ≤	时间常数 T_{ir} /s ≤			许用滑差功率 P_p/W ≥	许用滑差功率 P_p/W ≥	风量 /m^3·min^{-1}	许用滑差功率 P_p/W	液量 /L·min^{-1}
FZ0.5□	0.5	24	0.40	0.035	1500	6.6×10^{-5}	8	—	—	—	—
PZ1□	1		0.54	0.04		1.78×10^{-4}	15	—	—	—	—
FZ2.5□	2.5		0.64	0.052		3.4×10^{-4}	40	—	—	—	—
FZ5□	5		1.2	0.066		7.6×10^{-4}	70	—	—	—	—
FZ10□	10		1.4	0.11		1.43×10^{-3}	110	200	0.2	—	—
FZ25□·□/□	25		1.9	0.11		4.5×10^{-3}	150	340	0.4	—	—
FZ50□·□/□	50		2.8	0.12		1.2×10^{-2}	260	400	0.7	1200	3.0
FZ100□·□/□	100		3.6	0.23		4×10^{-2}	420	800	1.2	2500	6.0
FZ200□·□/□	200		3.8	0.33	1000	0.104	720	1400	1.6	3800	9.0
FZ400□·□/□	400		5.0	0.44		0.273	900	2100	2.0	5200	15
FZ630□·□/□	630	80	1.6	1.47		0.53	1000	2300	2.4	—	—
FZ1000□·□/□	1000		1.8	0.57	750	0.93	1200	3900	3.2	—	—
FZ2000□·□/□	2000		2.2	0.80		2.44	2000	6300	5.0	—	—

注：1. 工作条件：环境温度－5～40℃，空气最大相对湿度为 90%（平均温度为 25℃时），周围介质无爆炸危险，无腐蚀金属，无破坏绝缘的尘埃，无油雾。

2. 制动器用于海拔高度不超过 2500m。用于制动或快速制动的产品采用直流稳压电源；用于调节转矩的产品推荐用直流可调恒流电源或专用的电子微控制品。

3. 产品的安全系数 K_s：工业产品 $K_s>1.3$；调节产品 $K_s>1.5$；快速产品 $K_s>2.0$（安全系数 K_s 是最大转矩与公称转矩之比）。

4. 磁粉制动器的轴伸按 GB/T 1569—2005 的规定，键按 GB/T 1095—2003 的规定，轴孔和键槽按 GB/T 3852—2017 的规定。

表 16-2-38　　轴连接、止口支撑式和机座支撑式制动器主要尺寸　　mm

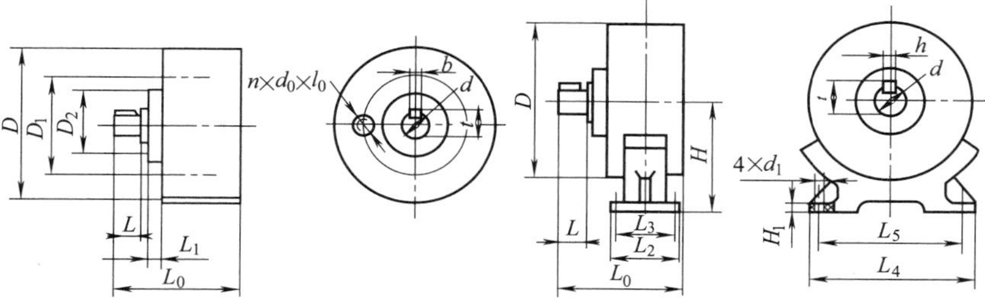

图(a)　止口支撑式　　图(b)　机座支撑式

型号		外形尺寸		连接尺寸				止口式安装尺寸						机座支撑式安装尺寸						
		L_0	D	d (h7)	L	b (p7)	t	D_1	D_2 (g7)	L_1	n	d_0	l_0	L_2	L_3	L_4	L_5	H	H_1	d_1
FZ2.5□	FZ2.5□.J	104	120	10	20	3	11.2	64	42	8	6	M5	10	70	50	120	100	80	8	7
FZ5□	FZ5□.J	114	134	12	25	4	13.5	64	42	10	6	M5	10	70	50	140	120	90	10	7
FZ10□	FZ10□.J	129	152	14	25	5	16	64	42	13	6	M6	10	90	60	150	120	100	13	10
FZ25□	FZ25□.J	148	182	20	36	6	22.5	78	55	15	6	M6	10	100	70	180	150	120	15	12
FZ50□	FZ50□.J	182	219	25	42	8	28	100	74	23	6	M6	10	110	80	210	180	145	15	12
FZ100□	FZ100□.J	232	290	30	58	8	33	140	100	25	6	M10	15	140	100	290	250	185	20	12
FZ200□	FZ200□.J	267	335	35	58	10	38	150	110	25	6	M10	15	160	120	330	280	210	22	15
FZ400□	FZ400□.J	329	398	45	82	14	48.5	200	130	33	6	M10	20	180	130	390	330	250	27	19
FZ630□	FZ630□.J	395	480	60	105	18	64	410	460	35	6×2	M12	25	210	150	480	410	290	33	24
FZ1000□	FZ1000□.J	435	540	70	105	20	74.5	460	510	40	6×2	M12	25	220	160	540	470	330	38	24
FZ2000□	FZ2000□.J	525	660	80	130	22	85	560	630	40	6×2	M12	30	230	170	660	580	390	45	24

注：表中 D、L_0、H_1 为推荐尺寸。

表 16-2-39　　空心轴连接、止口支撑式和机座支撑式制动器主要尺寸　　mm

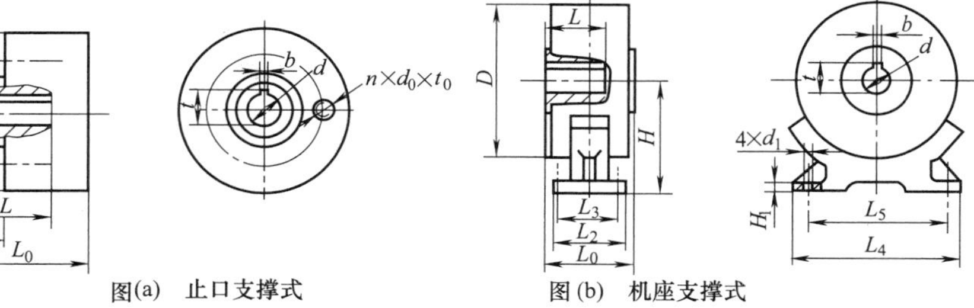
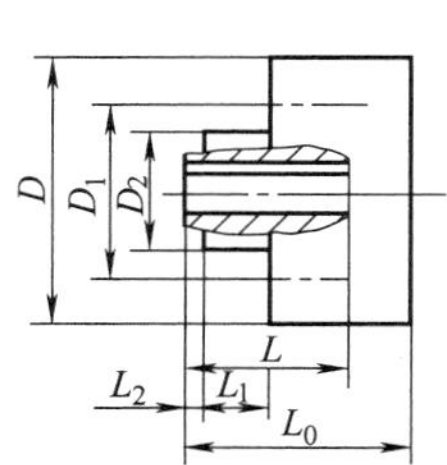
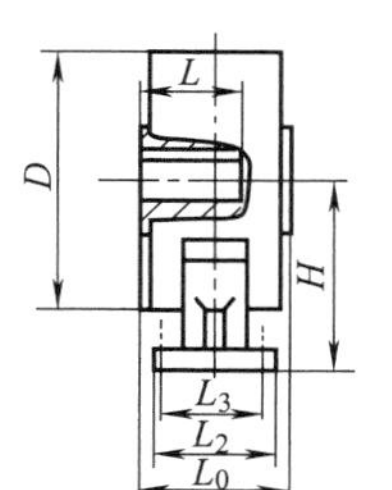

图(a)　止口支撑式　　图(b)　机座支撑式

型　号		外形尺寸		安装尺寸							连接尺寸			
		L_0	D	D_1	D_2	L_1	L_2	n	d_0	l_0	d (h7)	L	b (p7)	t
止口支撑式	FZ5□.K	80	130	90	70	10	2	6	M5	10	12	27	4	13.8
	FZ10□.K	90	160	94	74	13	2	6	M6	10	13	30	6	20.8
	FZ25□.K	100	180	120	100	15	2	6	M6	10	20	38	6	22.8
	FZ50□.K	120	220	130	110	23	4	6	M6	10	30	60	8	33.3
	FZ100□.K	140	290	150	110	25	4	6	M10	15	35	60	10	38.3
	FZ200□.K	165	340	200	160	25	6	6	M10	15	45	84	14	48.8
	FZ400□.K	210	398	200	160	33	6	6	M12	20	50	84	14	53.8

续表

型号		外形尺寸		安装尺寸				连接尺寸						
		L_0	D	d (h7)	L	b (p7)	t	L_2	L_3	L_4	L_5	H	H_1	d_1
机座支撑式	FZ5□.Z	72	130	12	27	4	13.8	70	50	140	120	90	10	7
	FZ10□.Z	79	160	18	30	6	20.8	90	60	150	120	100	13	10
	FZ25□.Z	87	180	20	38	6	22.8	100	70	180	150	120	15	12
	FZ50□.Z	101	220	30	60	8	33.3	110	80	210	180	145	15	12
	FZ100□.Z	119	290	35	60	10	38.3	140	100	290	250	185	20	12
	FZ200□.Z	146	340	45	84	14	48.8	160	120	330	280	210	22	15
	FZ400□.Z	183	398	50	84	14	53.8	180	130	390	330	250	27	19

注：1. L_0、D 为推荐尺寸。

2. 止口支撑式中空心轴配合长度不小于 L。

3. 止口支撑式中空心轴可为通孔，也可为不通孔。

2.6.2　电磁制动器和电磁离合制动器

电磁制动器或电磁离合制动器的转矩是通过干摩擦面的摩擦产生，其电磁铁线圈由 24V 直流电控制。图 16-2-17 是制动器安装在轴上的一种典型结构，定子 4 安装在机架（图中未示出）上并固定之，轴与法兰轮毂 2 连接，相对于定子 4 只能转动，无轴向移动。当轴需要制动时，给线圈 5 通电，定子产生的磁力牵引衔铁盘 1 压向摩擦垫 3（预应力弹簧张紧），完成轴的制动过程。当需要松闸时，定子断电，磁力消失，衔铁盘 1 在预应力弹簧的牵引下复位，完成松闸。这种制动器应常检查摩擦副的间隙 S。制动器常用于包装机械、纺织机械、自动门等机械中。

图 16-2-18 为电磁离合制动器，它是由电磁离合器（右侧）和电磁制动器（左侧）组成。其输入轴 1 同电动机相连，使离合器转子 3 旋转；当离合器处于合的工作状态时，就可以通过被吸引的衔铁盘 4 带动输出轴 6 转动，此时，左侧制动器处于松闸状态。当制动器工作时，制动器定子 5 吸引衔铁盘 4，使输出轴 6 制动，此时离合器处于离的工作状态。摩擦垫采用抗磨损无石棉的材料，衔铁盘的惯量很小，使装置有高的操作频率，能实现快速反应。可将三相异步电动机装在输入轴，或将减速器装在输出轴，实现模块式设计的多种传动型式。

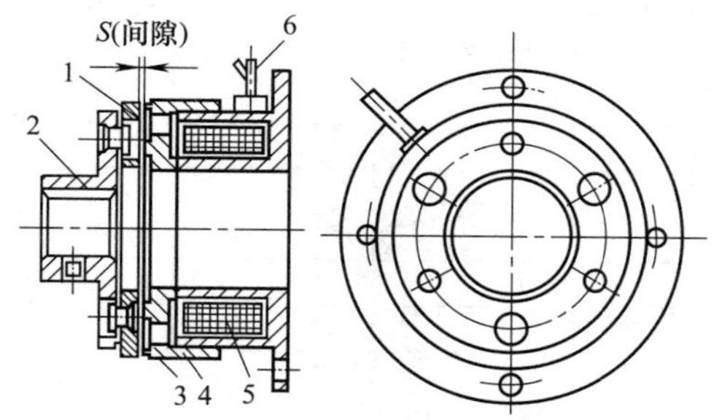

图 16-2-17　电磁制动器

1—衔铁盘；2—法兰轮毂；3—摩擦垫；4—定子；5—线圈；6—电线

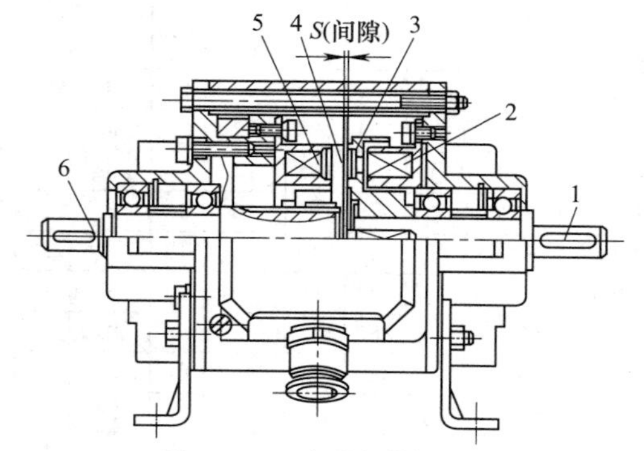

图 16-2-18　电磁离合制动器

1—输入轴；2—离合器定子；3—转子；4—衔铁盘；5—制动器定子；6—输出轴

2.6.3　人力操纵制动器

人力操纵制动器主要通过杠杆操纵，其优点是结构简单，重量轻，工作可靠。缺点是增力范围小，一般用于小型机械和汽车手动制动器。图 16-2-19 为手

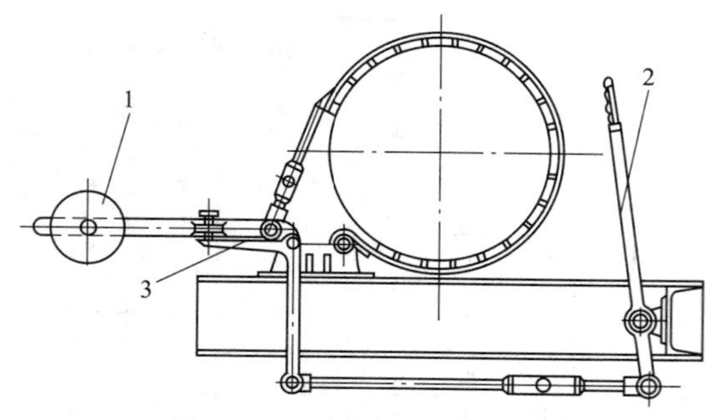

图 16-2-19　手动常闭带式制动器

1—重锤；2—手柄；3—弯杆

动常闭带式制动器，重锤 1 使制动器紧闸，操纵手柄 2 使制动器松闸。

设计杠杆时，应尽量使杠杆受拉，按最大操纵力来设计杠杆传动比。一般手动杠杆操纵力取 160～200N，用脚踏板操纵取 250～300N。

图 16-2-20 为脚踏操纵液体传力的常开内张蹄式制动器。这种制动器是脚踏操纵，通过液体传力控制制动蹄 5 压紧制动鼓 7 产生制动转矩。由于结构紧凑，人力控制方便，广泛用于各种运输车辆。

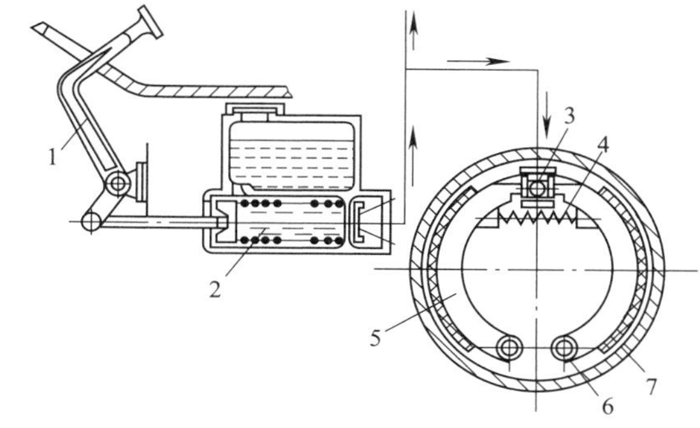

图 16-2-20　脚踏式常开内张蹄式制动器
1—脚踏杠杆；2—液压制动泵；3—制动分泵；4—拉簧；5—制动蹄；6—支承销；7—制动鼓

2.7　制动器驱动装置

常闭式制动器的驱动装置又称松闸器，目前常用的驱动装置有电磁液压推动器、电力液压推动器、离心推动器和滚动螺旋推动器等。

表 16-2-40　　制动器驱动装置原理和结构

类型	原理和结构
电磁液压推动器	图(a)所示为电磁液压推动器的结构。动铁芯 4 和静铁芯 2 间有工作腔 3，液压油从液压缸 1 经过通道 7 和单向阀 6 进入工作腔 3。线圈通电后，动铁芯 4 上升，液压油推动活塞 8 使推杆 9 推出。断电后，活塞 8 和推杆 9 下降复位 在动铁芯 4 的下部装有补偿阀 5，当制动块磨损时，通过阀 5 的作用实现推动器行程自动补偿，使制动块的退距保持不变 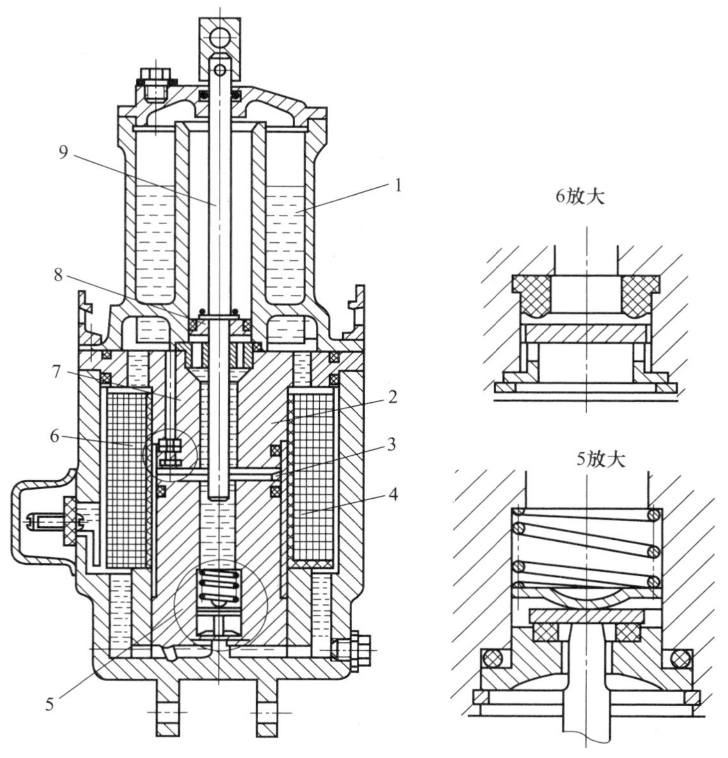 图(a)　电磁液压推动器的结构 1—液压缸；2—静铁芯；3—工作腔；4—动铁芯；5—补偿阀；6—单向阀；7—通道；8—活塞；9—推杆

续表

类型	原理和结构

电磁液压推动器

这种推动器具有动作平稳、无噪声、寿命长及能自动补偿摩擦衬片的磨损等优点。缺点是制造工艺要求较高，价格昂贵。制造不完善的电磁液压推动器也常有动作失灵、漏油等缺点。电磁液压推动器的技术性能见表1

表1　电磁液压推动器的技术性能

型号	额定推力/N	额定行程/mm	补偿行程/mm	上升时间/s	下降时间/s	操作频率/次·h^{-1}		液压油	
								环境温度	
						JC25%～40%	JC60%	<−10℃	>−10℃
MY_1-25	250	20	50	0.3	0.25	900	720	10号航空液压油	25号变压器油
MY_1-50	500	22	90	0.3					
MY_1-100	1000	25	110	0.35					
MY_1-200	2000	30	120	0.4					

电力液压推动器

电力液压推动器按其结构分为双推杆和单推杆两类；按其额定行程又分为短行程和长行程系列。其基本参数和连接尺寸见表16-2-41

双推杆电力液压推动器

图(b)所示为双推杆电力液压推动器的结构。它主要由电动机1、叶片泵6和液压缸4三部分组成。电动机空心轴端部装有带方形内孔的滑套7，与活塞5、叶片泵6轴上的方轴滑接。电动机通电后，叶片泵将工作油压入活塞5的下部工作腔，迫使活塞连同叶片泵和推杆3及2一齐上移。断电后，活塞靠制动器的主弹簧及推动器上移部分自重自动复位

这种推动器动作平稳，无噪声，耗电少，但动作稍缓慢，用于起升机构时制动行程较长

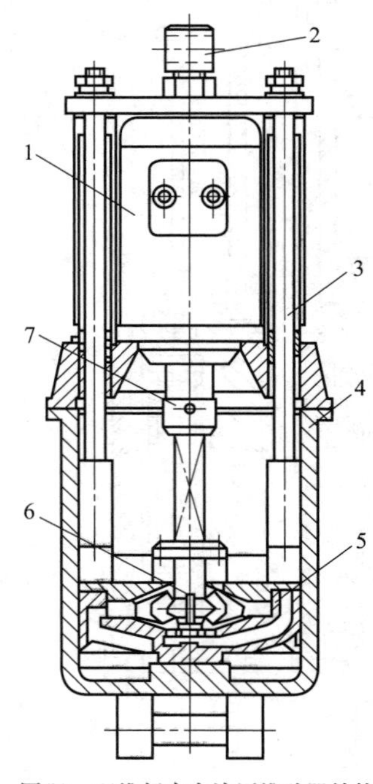

图(b)　双推杆电力液压推动器结构

1—电动机；2,3—推杆；4—液压缸；5—活塞；6—叶片泵；7—滑套

第16篇

续表

规格	基本参数		连接尺寸/mm										
	额定推力/N	额定行程 S/mm	H	D_1	D_2	b	b_1	b_2	a_1	a_2	$B\leqslant$	$B_1\leqslant$	$B_2\leqslant$
220-50	220	50	286	$16^{+0.25}_{+0.15}$	$12^{+0.10}_{0}$	20	40	80	20	26	160	80	200
300-50	300	50	370		$16^{+0.10}_{0}$	25				34			
500-60	500	60	435	$20^{+0.25}_{+0.15}$	$20^{+0.10}_{0}$	30	60	120	23	36	196	98	260
500-120		120	515										
800-60	800	60	450										
800-120		120	530										
1250-60	1250	60	645	$25^{+0.25}_{+0.15}$	$25^{+0.10}_{0}$	40	40	90	35	38	240	120	260
1250-120		120	705										
2000-60	2000	60	645										
2000-120		120	705										
3000-60	3000	60	645										
3000-120		120	705										

第16篇

参考文献

[1] 成大先主编. 机械设计手册. 第 6 版. 第 2 卷. 北京：化学工业出版社，2016.
[2] 闻邦椿主编. 机械设计手册. 第 6 版. 第 3 卷. 北京：机械工业出版社，2018.
[3] 周明衡主编. 离合器、制动器选用手册. 北京：化学工业出版社，2003.
[4] 阮忠唐主编. 联轴器、离合器设计与选用指南. 北京：化学工业出版社，2006.